SAP® Process Orchestration und SAP® Cloud Platform Integration

SAP PRESS

SAP PRESS ist eine gemeinschaftliche Initiative von SAP SE und der Rheinwerk Verlag GmbH. Ziel ist es, Anwendern qualifiziertes SAP-Wissen zur Verfügung zu stellen. SAP PRESS vereint das fachliche Know-how der SAP und die verlegerische Kompetenz von Rheinwerk. Die Bücher bieten Expertenwissen zu technischen wie auch zu betriebswirtschaftlichen SAP-Themen.

Oliver Lauffer, Jan Rauscher, René Zimmermann
Stammdatenmanagement mit SAP Master Data Governance
473 Seiten, 2016, gebunden
SAP PRESS, ISBN 978-3-8362-3887-8

Birgit Heilig, Martin Möller
Business Process Management mit SAP NetWeaver BPM
512 Seiten, 2014, gebunden
SAP PRESS, ISBN 978-3-8362-2604-2

Densborn, Finkbohner, Freudenberg, Mathäß, Wagner
Migration nach SAP S/4HANA
560 Seiten, 2017, gebunden
SAP PRESS, ISBN 978-3-8362-4297-4

Antolovic, Arlitt, Gahm, Junges, Otto, Schabert
Der SAP-Tuning-Guide: Best Practices für Performanceexperten
420 Seiten, 2017, gebunden
SAP PRESS, ISBN 978-3-8362-4280-6

Aktuelle Angaben zum gesamten SAP PRESS-Programm finden Sie unter *www.sap-press.de.*

Marcus Banner, Olaf Glebsattel, Raffael Herrmann,
Abdeljalil Labrache, Christian Niermann

SAP® Process Orchestration und SAP® Cloud Platform Integration

Rheinwerk
Publishing

Liebe Leserin, lieber Leser,

vielen Dank, dass Sie sich für ein Buch von SAP PRESS entschieden haben.

SAP-Systeme galten schon immer als sehr kompliziert. Sie bestehen aus vielen Einzelkomponenten auf verschiedenen Plattformen, die untereinander Daten austauschen. Mittlerweile sind zu den altbewährten Systemen noch Cloud-Systeme hinzugekommen, die wiederum andere Schnittstellen benötigen. SAP hat die damit verbundenen Probleme längst erkannt und stellt für die Kommunikation der SAP-Systeme SAP Process Orchestration bereit; für die Cloud-Lösungen ist jetzt noch SAP Cloud Platform Integration hinzugekommen.

Unsere Autoren Marcus Banner, Olaf Glebsattel, Raffael Herrmann, Abdeljalil Labrache und Christian Niermann zeigen Ihnen stets verständlich, wie SAP PO und SAP Cloud Platform Integration funktionieren und wie Sie die Systeme konfigurieren. Sie lernen außerdem, wie Sie mit SAP Business Rules Management Regeln definieren und Ihre Prozesse mit SAP Business Process Management in den Griff bekommen. So stellen Sie sicher, dass Ihre SAP-Landschaften einwandfrei funktionieren.

Wir freuen uns stets über Lob, aber auch über kritische Anmerkungen, die uns helfen, unsere Bücher zu verbessern. Scheuen Sie nicht, mich zu kontaktieren. Ihre Fragen und Anmerkungen sind jederzeit willkommen.

Ihre Kerstin Billen
Lektorat SAP PRESS

kerstin.billen@rheinwerk-verlag.de
www.rheinwerk-verlag.de
Rheinwerk Verlag • Rheinwerkallee 4 • 53227 Bonn

Auf einen Blick

Wir hoffen, dass Sie Freude an diesem Buch haben und sich Ihre Erwartungen erfüllen. Ihre Anregungen und Kommentare sind uns jederzeit willkommen. Bitte bewerten Sie doch das Buch auf unserer Website unter **www.rheinwerk-verlag.de/feedback**.

An diesem Buch haben viele mitgewirkt, insbesondere:

Lektorat Kerstin Billen
Korrektorat ardennatext, Bonn; Sonja Falk, Hetzles
Herstellung Janina Brönner
Typografie und Layout Vera Brauner
Einbandgestaltung Nadine Kohl
Coverbilder 123RF: 41038005 © Sergei Furtcev
Satz Typographie & Computer, Krefeld
Druck Beltz Bad Langensalza GmbH, Bad Langensalza

Dieses Buch wurde gesetzt aus der TheAntiquaB (9,35/13,7 pt) in FrameMaker. Gedruckt wurde es auf chlorfrei gebleichtem Offsetpapier (80 g/m²). Hergestellt in Deutschland.

Bibliografische Information der Deutschen Nationalbibliothek:
Die Deutsche Nationalbibliothek verzeichnet diese Publikation in der Deutschen Nationalbibliografie; detaillierte bibliografische Daten sind im Internet über *http://dnb.d-nb.de* abrufbar.

ISBN 978-3-8362-4481-7

1. Auflage 2018

Informationen zu unserem Verlag und Kontaktmöglichkeiten finden Sie auf unserer Verlagswebsite **www.rheinwerk-verlag.de**. Dort können Sie sich auch umfassend über unser aktuelles Programm informieren und unsere Bücher und E-Books bestellen.

Inhalt

TEIL II Komponenten einer Integrationslandschaft

Einleitung

Vor mehr als einem Jahrzehnt hat SAP unter dem Namen *SAP NetWeaver eXchange Infrastructure* (SAP XI) eine eigene *Enterprise Application Integration Plattform* (EAI) eingeführt. Damit begann ein Zeitalter in der nicht mehr auf Integrationsplattformen von Drittanbietern zurückgegriffen werden musste um SAP- und Nicht-SAP-Systeme in einer Systemlandschaft zusammenzuführen. Offene und moderne Integrationstechnologien wie Webservices, Java, ABAP und XML-basierte Services können nun verwendet werden um komplexe Prozesse in Unternehmen abzubilden. Seit der erfolgreichen Einführung von SAP XI wurde der Name zweimal geändert, zuerst im Jahr 2005 in *SAP XI SAP NetWeaver Prozess Integration* (SAP PI) und dann 2012 in *SAP Process Orchestration* (SAP PO).

Neben einem Facelift der internen Architektur, die den geänderten Anforderungen einer IT Landschaft gerecht werden soll, wurde SAP Process Orchestration auch neue Funktionen hinzugefügt und die Art der Erstellung von Integrationslösungen komplett neu designt. Dabei umfasst SAP Process Orchestration nun drei Hauptkomponenten, die zuvor als separate Module existierten: SAP Process Integration, SAP Business Rules Management (BRM) und SAP Business Process Management (BPM).

Durch diese Zusammenlegung wird es Unternehmen, die sich dazu entschließen, SAP Process Orchestration einzusetzen, erleichtert, auch komplexe Businessprozesse abzubilden und in ihre serviceorientierte Architekturstrategie (SOA) aufzunehmen. Durch aktuelle Standards ist es möglich, zuverlässig Nachrichten an verschiedene Systeme innerhalb des Unternehmens unter Verwendung von etablierten Integrationsstandards und Kommunikationsprotokollen zu senden.

Darüber hinaus ermöglicht SAP Process Orchestration die Automatisierung der Geschäftsprozesse und -regeln der Organisation auf eine Art und Weise, die die Lücke zwischen Unternehmen und IT-Organisationen überbrückt. Sowohl Geschäftsprozesse als auch Regeln können bestehende IT-Ressourcen wiederverwenden und dadurch die Gesamtbetriebskosten senken. SAP Process Orchestration und seine drei Kernkomponenten sind die zentralen Elemente dieses Buches.

Zielgruppe

Dieses Buch richtet sich an Geschäftsprozessentwickler und -experten sowie Integrationsarchitekten, die sich für das Design, die Erstellung und die Verwaltung von Application-to-Application- und Business-to-Business-Integration in einer SAP-Landschaft interessieren. Eine weitere Zielgruppe sind Geschäftsprozessexperten und Entwickler, die für die Automatisierung, Optimierung und Verwaltung von Geschäftsprozessen verantwortlich sind.

Dieses Buch kann von Lesern sowohl mit als auch ohne Vorkenntnisse in den Bereichen SAP Process Integration, SAP BPM, SAP BRM, SAP Process Orchestration oder SAP Process Integration gelesen und als Nachschlagewerk verwendet werden.

Aufbau des Buches

Das Buch ist in vier Hauptteile unterteilt und erläutert die Integrationskonzepte, die Komponenten einer SAP-Integrationslandschaft, die Implementierung einer hybriden Systemlandschaft und zu guter Letzt den Betrieb einer solchen.

Teil I beschäftigt sich detailliert und umfassend mit den aktuellen theoretischen Grundlagen und bietet auch Lesern, die sich neu in diesem Themengebiet bewegen, einen guten Einstieg in komplexe Sachverhalte.

In **Teil II** erläutern wir die Komponenten der SAP-Integrationsschicht. Nach einem kurzen Ausflug in die Geschichte der Einzelkomponenten beschreiben wir die administrative Ebene des SAP System Landscape Directory (SLD), erläutern Ihnen detailliert die möglichen Entwicklungsumgebungen für die Entwicklung von Schnittstellen und schließen diesen Teil mit umfassenden Beschreibung von SAP Process Integration (AEX) ab, die das Herzstück aller SAP-Integrationssysteme ist.

Nachdem wir Ihnen nun das nötige Handwerkszeug an die Hand gegeben haben, widmen wir uns im **Teil III** der praktischen Anwendung. Hier zeigen wir Ihnen, wie Sie Schnittstellen und Mappings erstellen und konfigurieren. Dieses umfassende Beispiel ist Schritt für Schritt erklärt und so aufgebaut, dass Sie es in Ihrem System nachbauen können.

Abschließend besprechen wir in **Teil IV**, wie der Betrieb des Systems gehandhabt wird. Dort zeigen wir Ihnen, wie Sie Ihr System umfassend und sinnvoll überwachen können und wie Sie Alert-Regeln konfigurieren und einsetzen.

Kapitel 1, »Integrationskonzepte«, erläutert, wie sich die Konzepte im Bereich der Integration in den letzten Jahren geändert haben, und welchen Herausforderungen ein Unternehmen sich heute stellen muss. Außerdem wird das Konzept der Enterprise Application Integration (EAI) erläutert.

Kapitel 2, »Integrationsarchitekturen und Vorgehensweisen«, zeigt welche Integrationskonzepte für SAP- und Nicht-SAP-Systeme derzeit möglich sind. Dazu wird als Beispiel ein fiktives Unternehmen herangezogen, das die Cloud- und On-Premise-Systeme in seiner Systemlandschaft miteinander verbinden will. In diesem Kontext führt das Unternehmen eine Evaluation der verschiedenen technischen Möglichkeiten durch. Die verschiedenen Möglichkeiten werden hier erklärt, mögliche Einsatzszenarien erläutert und die Vor- und Nachteile abgewogen.

Kapitel 3, »SAP Process Orchestration«, erläutert die Produktstrategie, die dazu führte, verschiedene SAP-Werkzeuge zu SAP Process Orchestration zusammenzuführen.

Kapitel 4, »System Landscape Directory«, widmet sich dem System Landscape Directory (SLD). Dieses enthält alle Informationen zu den in der Landschaft enthaltenen Objekten. Es wird erläutert, wie man von Anfang an eine strukturierte und durchdachte SLD-Strategie umsetzen kann.

Kapitel 5, »Entwicklungsumgebungen«, beschreibt wie man die Entwicklungsumgebungen für die Arbeit mit den SAP-Process-Orchestration-Komponenten einrichtet.

Kapitel 6, »SAP Process Integration (AEX)«, diskutiert detailliert die Advanced Adapter Engine Extended (AEX) als Kern des SAP-Process-Integration-Systems und stellt das Enterprise Services Repository und das Integration Directory umfassend vor. Wir zeigen die Einrichtung, die verschiedenen beinhaltenden Objekte sowie die Erstellung von Integration Flows.

Kapitel 7, »SAP Business Process Management«, zeigt, wie die Modellierungssprache Business Process Modell and Notation (BPMN) in der BPM-Komponente von SAP Process Orchestration genutzt wird, um Geschäftsprozesse zu modellieren.

Kapitel 8, « Business Rule Management«, beschreibt die Bestandteile des Business Rule Management und zeigt, wie man dieses erfolgreich im SAP-System einsetzt.

Mit **Kapitel 9**, »Einführung in SAP Cloud Platform Integration«, wird ein Einstieg in die neuen Integration Services der SAP Cloud Platform ermöglicht. Wir beschreiben die Oberfläche und den Umgang mit dem Tool sowie die Funktionen zur Integration von Cloud-Anwendungen.

In **Kapitel 10**, »Hybride Szenarien«, wird eine beispielhafte Lösungsarchitektur für eine hybride Systemlandschaft vorgestellt, die auf den in Kapitel 2 beschriebenen Anforderungen des Beispielunternehmens basiert. Weiterhin wird die Anbindung des SAP Cloud Platform Cloud Connectors detailliert beschrieben.

Kapitel 11, »Umsetzung in SAP Process Integration«, widmet sich der Umsetzung des in Kapitel 10 beschriebenen Szenarios in SAP Process Integration.

Kapitel 12, »Umsetzung der BPM- und BRM-Szenarien«, beschreibt die für das Szenario nötigen BPM- und BRM-Elemente.

In **Kapitel 13**, »Umsetzung in der SAP Cloud Platform Integration«, wird gezeigt, wie Sie mit SAP Cloud Platform Integration arbeiten.

Kapitel 14, »Administration und Überwachung von SAP Process Integration«, zeigt, wie der alltägliche Betrieb und das Monitoring von SAP Process Integration konfiguriert und gehandhabt werden.

Kapitel 15, »Betrieb der SAP Cloud Platform Integration«, beschreibt, wie der alltägliche Betrieb und das Monitoring der Schnittstellen auf SAP Cloud Platform Integration gehandhabt werden.

In **Kapitel 16**, »Zentrales Monitoring mit dem SAP Solution Manager«, wird das zentrale Monitoring über den SAP Solution Manager als Alternative und Ergänzung zu den lösungsinternen Monitoring-Funktionen vorgestellt.

Kapitel 17, »Administration und Überwachung von SAP Business Process Management«, umfasst das Monitoring und den alltäglichen Betrieb von SAP-BPM-Prozessen.

Kapitel 18, »Ausblick: SAP Operational Process Intelligence«, gibt einen Ausblick in die neue SAP-HANA-gestützte Lösung SAP Operational Process Intelligence. Hiermit können Sie die Prozesse in der Unternehmenslandschaft in Echtzeit überwachen.

[»] In diesem Buch verwenden wir Kästen, um Sie auf bestimmte Dinge gesondert hinzuweisen. In Kästen, die mit dem Hinweissymbol gekennzeichnet sind, finden Sie Informationen zu weiterführenden Themen oder wichtigen Inhalten, die Sie sich merken sollten.

[+] Die mit dem Tippsymbol gekennzeichneten Kästen geben Ihnen spezielle Empfehlungen, die Ihnen die Arbeit erleichtern können.

[!] Kästen mit dem Achtung-Symbol weisen Sie auf typische Probleme oder Fallstricke hin.

Danksagungen

Gemeinsam möchten wir, das Autorenteam, unseren Lektorinnen Kerstin Billen und Janina Karrasch danken, die sich mit großer Geduld durch die Vielzahl technischer Ausdrücke gearbeitet haben und uns stets eine gute Unterstützung waren.

Marcus Banner
Ich widme dieses Buch meiner Familie, meiner Frau Tanja und meinen beiden Kindern Cassie und Connie.

Olaf Glebsattel
Ich möchte mich insbesondere bei meiner Frau Bettina für Ihre Unterstützung und Geduld während des Buchprojektes bedanken und widme diese Buch meinen beiden Jungs, Constantin und Benedikt, die in dieser Zeit des Öfteren auf ihren Vater verzichten mussten.

Raffael Herrmann
Meinen besonderen Dank möchte ich an dieser Stelle meiner Freundin Cathi aussprechen, die während der Entstehung des Buchs leider oft nicht viel von mir gehabt hat. Mein weiterer Dank gilt Hakan Eren, für die erstklassige Ausbildung, die ich seinerzeit durch ihn erfahren durfte.

Abdeljalil Labrache
Zuerst richtet sich mein Dank an meine Frau und an meinen wunderbaren Sohn Elias, die mir Zeit und Kraft gegeben haben, mich meinem Buchprojekt zu widmen. Dazu möchte ich meinem Bruder Noureddine und seiner Familie und meinem Freund Florian für die Ermunterung und Hilfe danken.

Ein besonderer Dank geht an die Kollegen und Mitautoren für die effiziente Planung. Nicht zuletzt möchte ich auch dem Buch meiner Familie in Marokko und besonderes meiner Mutter widmen.

Christian Niermann
Mein besonderer Dank gilt meiner ganzen Familie und meiner Freundin Judith, die mich fortwährend unterstützten und mich ermutigten, dieses Buch zu vollenden. Ihr gabt mir stets den Rückhalt und den nötigen Ansporn, den ich brauchte.

Abschließend möchte ich noch allen Mitautoren für die gute Zusammenarbeit beim Schreiben dieses Buches danken.

TEIL I

Integrationskonzepte und -technologien

Kapitel 1
Integrationskonzepte

Um SAP Process Orchestration richtig einzusetzen, brauchen Sie auch etwas theoretischen Hintergrund, sozusagen das Basiswissen, mit dem Sie die Produkte von SAP besser verstehen. Das vermitteln wir Ihnen in diesem Kapitel.

In diesem Kapitel behandeln wir die theoretischen Grundlagen zu dem Thema Integration. Ein sicherlich etwas trockenes Thema, jedoch betrachten wir die theoretischen Grundlagen als wichtig, um ein Gesamtverständnis der Integrationswelt zu erhalten und auch die Produkte und Lösungen von SAP entsprechend eingruppieren zu können. Anders als in manchen Fachbüchern, die oft nur auf die Produkte eingehen, möchten wir Ihnen auch erklären, warum es diese überhaupt gibt.

1.1 Herausforderungen für moderne Integrationslandschaften

In der heutigen Zeit der Marktwirtschaft muss sich ein Unternehmen schnell und kostengünstig den sich verändernden Bedingungen am Markt anpassen. Diese notwendigen Prozesse müssen dabei anpassbar sein, um sich flexibel nach den Bedürfnissen des Unternehmens richten zu können. Da die Unternehmensprozesse bereits jetzt teilweise und in Zukunft durch die zunehmende Digitalisierung immer stärker von IT-Systemen abgebildet werden, müssen sich diese ebenfalls flexibel und agil den Veränderungen der Prozesse ohne große Kosten und Zeitaufwände anpassen können. Um dies sicherzustellen, ist insbesondere die Integrationsschicht zwischen den einzelnen Komponenten der Softwarelösungen oder Softwareelemente eines Unternehmens wichtig.

1.2 Einführung in Enterprise Application Integration

Als Enterprise Application Integration (EAI) bezeichnet man die Anstrengungen, in Unternehmen gewachsene Systeme in ein Gesamtsystem zu überführen und einheitliche Geschäftsprozess zu gestalten. Warum dies überhaupt notwendig ist, beschreiben wir im folgenden Abschnitt zur Geschichte. Danach gehen wir auf die aktuelle Situation ein und stellen Ihnen zum Abschluss die EAI-Architektur vor.

1.2.1 Geschichte der Integration

In vielen großen Unternehmen haben sich in Laufe von Jahren und Jahrzehnten eine Vielzahl unterschiedlicher Anwendungen und Systeme angesammelt, die teilweise nicht dafür geschaffen wurden, mit anderen Anwendungen zu kommunizieren (z. B. im Logistikbereich die Non-Stop-Himalaya-Systeme von Tandem Computers, die Hochverfügbarkeit garantieren sollen). Solche speziellen heterogenen Anwendungen sind teilweise gewachsen oder durch Zukauf anderer Unternehmen oder durch Unternehmenszusammenschlüsse entstanden.

Die Zusammenarbeit von Teilsystemen wurde jedoch immer wichtiger und wurde klassischerweise mit Schnittstellen zwischen den einzelnen Anwendungen gelöst. Oft wurde der Austausch genormter *Flat Files* per Filetransfer oder X-Transfer durchgeführt. Entsprechende Load-Programme (z. B. Cobol-Programme) wurden durch eine Jobsteuerung nach dem Filetransfer gestartet, um die Daten in die Applikationsschicht zu übernehmen.

Diese *Peer-to-Peer-Verbindungen* (bekannter als Punkt-zu-Punkt Schnittstellen) wurden individuell, passend zur Technologiefraktion des Erstellers, entwickelt und »fest verdrahtet« der Technologie der zu integrierenden Applikation angepasst (z. B. Extraktprogramme, Load-Programme oder Transfer- und Transporttechniken). In der Praxis führte dies zu einer großen Anzahl von Schnittstellen zwischen den einzelnen Systemen, die keinem zentralen Tracking oder Fehler-Monitoring unterlagen. Ein Wiederaufsetzen dieser Schnittstellen war oft nicht möglich. Probleme bei der Verarbeitung der Schnittstellen wurden nur dezentral von einzelnen Arbeitsgebietsbetreuern der extrahierenden oder importierenden Schnittstellen bemerkt. Eine Transport- und Manipulationssicherheit war nur selten gewährleistet.

Oft wurden diese Schnittstellen oder Änderungen und Weiterentwicklungen über Jahrzehnte (z. B. Hostsysteme, Cobol-Applikationen oder CICS-Transaktionen) nicht einwandfrei dokumentiert, sodass keine korrekten Übersichten über die Datenflüsse und Verarbeitungslogiken existierten. Die Übersicht der Kommunikation ging verloren.

Wegen der kontinuierlichen Änderungen in der Applikationslandschaft wurden dann teilweise neue Schnittstellen entwickelt, die gegebenenfalls nicht notwendig gewesen wären. Stattdessen ist es häufig sinnvoller, die bereits vorhandenen Datenflüsse entsprechend zu nutzen bzw. zu erweitern. Doppelte Datenhaltung, Schnittstellen-Hopping und erhöhter Entwicklungs- und Wartungsaufwand waren oft die negativen Auswirkungen dieser Infrastruktur. Spezielles applikationsnahes Expertenwissen musste gezielt vorgehalten werden (z. B. OS/390-Experten oder IMS-Experten etc.).

Diese Peer-to-Peer-Infrastrukturen waren meist geprägt von einer starren Jobsteuerungssoftware mit entsprechenden Sprachen (z. B. JCL [TMS] auf dem Host), die auf einer zentralen Steuerungsschicht aufgesetzt wurden. Die Programmierung, Wartung und Weiterentwicklung dieser Schnittstellen war oft in der Praxis mit erheblichem finanziellem Aufwand verbunden. Grafisch stellt sich das Problem wie in Abbildung 1.1 dar.

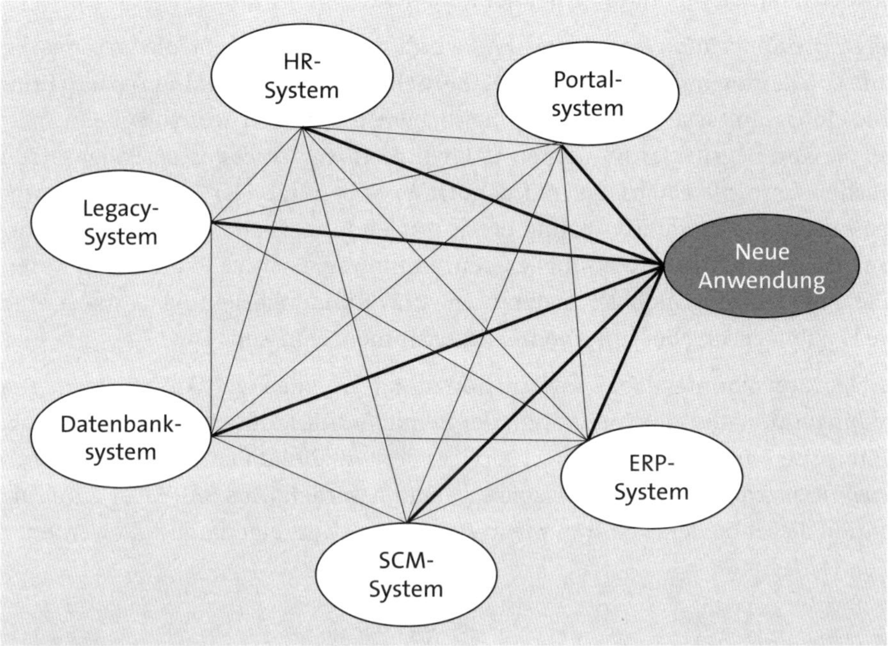

Abbildung 1.1 Peer-to-Peer-Verbindungen

Ein anderer Weg, um dieser Mischung unterschiedlicher Systeme zu begegnen, war die Umstellung aller Geschäftsprozesse auf ein Gesamtsystem, das auf einer gemeinsamen Softwarebasis steht. In solchen Systemen wurde versucht, möglichst viele Geschäftsbereiche mit standardisierten Programmkomponenten abzudecken und durch das Anpassen dieser Komponenten an die Bedürfnisse des Unternehmens den Prozess abzubilden. Einer der bekanntesten Anbieter einer solchen betriebswirtschaftliche Gesamtlösung, *Enterprise Resource Planning* (ERP) oder *Enterprise Resource Management* (ERM), ist SAP.

Das Ersetzen einer bestehenden IT-Infrastruktur durch eine solche Lösung ist jedoch sehr zeitaufwendig und kostenintensiv. Außerdem werden hierbei oft vorhandene Geschäftsprozesse auf neue Prozesse umgestellt, die durch das neue System vorgegeben werden. Dies kann sogar eine Neuorganisation im Unternehmen nach sich ziehen. Es ist auch oft nicht möglich, die hochspezialisierten vorhandenen Lösungen durch ERP-Programme zu ersetzen.

SAP bietet jedoch durch die Offenlegung der Komponenten-Quelltexte die Möglichkeit, den Standard nach eigenen Interessen und Prozessen zu modifizieren oder durch die Entwicklung eigener ABAP-Programme beliebig zu erweitern. In der Anfangszeit der SAP-R/3-Einführungen (dem Vorgänger von SAP ERP und SAP S/4HANA) wurden oft größere Modifikationen der Standardsoftware durchgeführt, was sich einige Jahre später bei der Wartung und weiteren Harmonisierung der Systemlandschaft als elementarer Fehler herausstellte.

Mit *Enterprise Application Integration* (EAI) wurde dagegen versucht, die Systeme, die im Laufe von Jahren und Jahrzehnten in Unternehmen gewachsen sind, dazu zu bringen, wie ein Gesamtsystem und ein einheitlicher Geschäftsprozess zu agieren. *Integration* als Kernbegriff der modernen EAI, wurde in verschiedensten Foliensätzen und Fachbüchern oft eingesetzt und genutzt bzw. benutzt. Der Hauptnutzen war eine beschleunigte Produktivsetzung neuer Anwendungen und eine bessere Informationsversorgung über traditionelle Grenzen hinweg. Positive Randeffekte waren oft eine Verbesserung globaler Lieferanten- und Kundenbeziehungen sowie eine höhere Flexibilisierung bei Unternehmenszusammenschlüssen.

Die Integration konnte dabei sowohl horizontal als auch vertikal erfolgen. Die *People-Integration* (also die Integration der Benutzer mit Frontend-Sichten, wie z. B. SAP Enterprise Portal oder den Portal Services der SAP Cloud Platform) und die *Prozessintegration* können hier als Beispiele genannt werden. Aus SAP-Sicht kann die Integration dieser beiden Faktoren wie in Abbildung 1.2 gezeigt dargestellt werden.

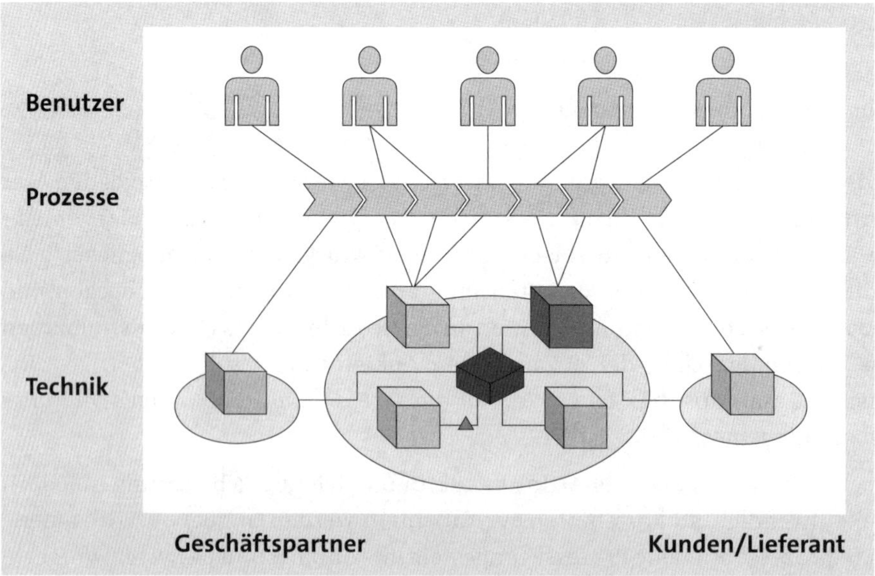

Abbildung 1.2 Integrationsübersicht aus Sicht von SAP

Für die People-Integration kamen und kommen Produkte aus dem Portal-Umfeld (z. B. das aktuelle SAP Enterprise Portal 7.x oder dessen Vorgängerversionen als On-Premise-Lösung sowie das neue Produkt SAP Portal Services in der SAP Cloud Platform als

Cloud-Lösung) und für die Prozess-Integration Produkte aus dem EAI-Umfeld (z. B. SAP Process Integration 7.x, vormals SAP NetWeaver Process Integration) zum Einsatz.

Der Trend geht deutlich zu einer Integration verschiedener Systeme anstelle einer Migration. 30 % des IT-Budgets und ca. 35 % der Entwicklungszeit werden im Durchschnitt für das Thema Integration eingesetzt. Die Anforderungen auf dem Markt haben sich seitdem kontinuierlich weiterentwickelt. Anforderungen im Hinblick auf Agilität, Flexibilität und Komplexität und veränderte Gesetzgebungen haben seitdem die Integration geprägt.

1.2.2 Aktuelle Situation

Durch globale Erfordernisse der Wirtschaft ist eine schnellere Reaktion auf Marktanforderungen (Agilität/Flexibilität) unabdingbar geworden. Beispiele sind Firmenfusionen und Übernahmen, Off-/Nearshoring-Trends, neue Wettbewerber oder das Anbieten neuer Dienste. Eine sich hieraus ergebende Erhöhung der Komplexität führt parallel zur Notwendigkeit der Reduktion der IT-Kosten und der Sicherstellung der Managementbarkeit der IT-Infrastruktur. Vor einigen Jahren gab es z. B. noch eine Trennung zwischen dem stationären Handel und dem reinen Versandhandel. Händler haben dann jedoch (z. B. durch Amazon) erkannt, dass sie einen Omnichannel-Ansatz umsetzen müssen, um zu überleben, also ihren stationären Handel mit dem Versandhandel kombinieren müssen. Die Firmen brauchen also deutlich komplexere IT-Systeme und -Lösungen, haben aber gleichzeitig einen hohen Kostendruck und nicht mehr Budget zur Verfügung, da z. B. Amazon sukzessive dem stationären Handel Marktanteile wegnimmt.

Weitere Katalysatoren in den Unternehmen, die Anforderungen mitbestimmen, sind z. B. das Einschlagen neuer Vertriebswege, die Standardisierung, gestiegene Sicherheitsanforderungen durch globale Kommunikation sowie ein höherer Verteilungsgrad von IT-Diensten. Die Gesetzgebung treibt diesen Trend der Anforderungen an eine höhere Flexibilität der IT mit Gesetzesentwürfen, wie z. B. Basel II und dem Sarbanes-Oxley Act, parallel voran. In den letzten Jahren wurde daher ein neues Paradigma für die Flexibilisierung von IT-Architekturen gesucht. Eine Antwort sollte die serviceorientierte Architektur (SOA) darstellen. Die Grundlage dieser zukunftsorientierten Architektur stellt EAI als Integrationsplattform im Backbone-Segment dar, womit die gestiegenen Anforderungen an agile Systemerwartungen erfüllt werden sollten.

Man unterscheidet zwischen drei verschiedenen Arten der Integration:

- Application-to-Application-Integration (A2A): Die Integration erfolgt hier auf der Systemebene. Es können sowohl eine Nabe-Speichen-Architektur (bekannt als *Hub and Spoke*) oder eine Bus-Architektur zum Einsatz kommen.

- Person-to-System-Integration (P2S): Hier werden mehrere Anwendungen mit einer gemeinsamen Benutzeroberfläche versehen (z. B. SAP-Portal-Applikationen oder Cross-Applications).
- Business-to-Business-Integration (B2B): Hier spricht man von dem Integrieren von Anwendungen über Unternehmensgrenzen hinweg (z. B. EDIFACT oder Lieferantenanbindungen).

1.2.3 Enterprise-Application-Integration-Architektur

Generell kann man somit EAI als eine Möglichkeit beschreiben, um heterogene und gegebenenfalls autonome Anwendungssysteme, eventuell unter Einbeziehung externer Systeme, prozessorientiert in der Unternehmenslandschaft zu integrieren. Man kann daher EAI auch als eine Methodik der prozessorientierten Integration von Anwendungskomponenten und -systemen in einer heterogenen IT-Systemlandschaft betrachten. EAI stellt Transformationsdienste zur Verfügung, die in der Lage sind, Standard- und proprietäre Message-Syntax und Semantik quer über heterogene Applikationen hinweg abzubilden. EAI hat den Anspruch, nicht nur eine technische Integrationsplattform zwischen den einzelnen Applikationen zu bilden, sondern auch eine übergreifende prozessorientierte Integration zwischen den Geschäftsprozessen und der gesamtheitlichen IT-Architektur eines Unternehmens sicherzustellen.

EAI wird eingesetzt, um die bereits vorhandenen Systeme miteinander oder im Zuge einer Neueinführung einzelne Systeme zu verbinden. Das Ziel ist, das »Wirrwarr« an Schnittstellen zwischen den Systemen aufzulösen und in eine strukturierte Form zu bringen. EAI grenzt sich somit von dem reinen SOA-Ansatz ab und wird oft als Backbone für ein nachträgliches SOA-Enabling bzw. eine Kapselung genutzt. Man spricht hierbei in der Praxis oft von einem *klassischen* EAI-Ansatz.

EAI basiert dabei auf vier Integrationsschichten, wie in Abbildung 1.3 gezeigt, das Prozessmanagement, das Nachrichtenmanagement, die Middleware und die einzelnen spezifischen Adapter. Außerdem basiert EAI auch auf diversen fachlichen Integrationsebenen, die wir Ihnen in diesem Abschnitt kurz vorstellen, um den technischen und fachlichen Ansatz von EAI zu verdeutlichen.

Es existieren aktuell viele Ansätze, um Applikationen erfolgreich zu integrieren. Einen universellen Ansatz kann es hier jedoch nicht geben, da die einzelnen Konzepte stark von der jeweils zu integrierenden Systemlandschaft abhängen. Da jedoch meist eine grundlegende Vorgehensweise und Ansatztheorie trotz unterschiedlicher Ausprägungen zum Einsatz kommt, kann eine grundlegende Einstufung grob definiert werden.

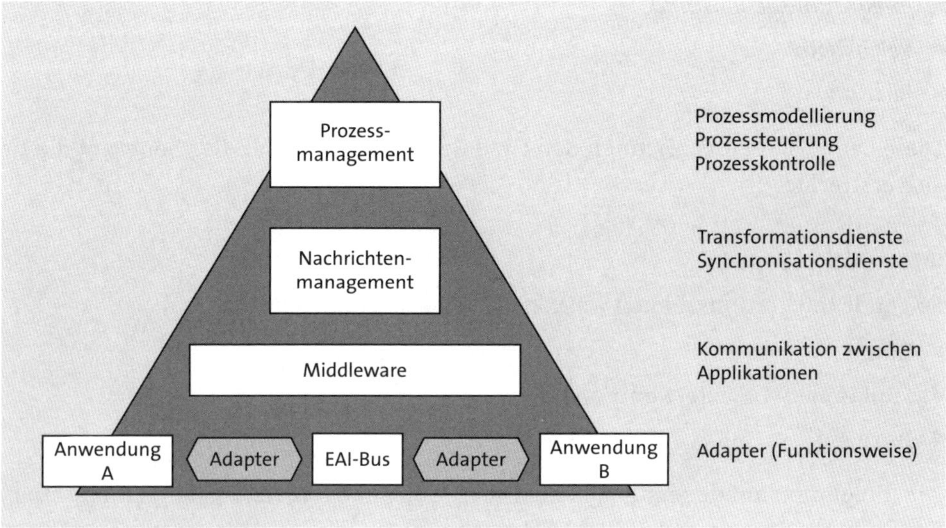

Abbildung 1.3 Vier Schichten der EAI-Architektur

Unterteilt werden die drei Ebenen in Daten, Objekte und Prozesse. Hiermit werden die individuelle Software und die Standardsoftware so miteinander verbunden, dass sie alle betriebswirtschaftlich relevanten Daten prozessorientiert über Systemgrenzen hinweg austauschen können. Die Syntax und die Semantik der betroffenen Daten in den operativen Systemen sollen hierbei nicht verändert werden. Die Systeme sollen in einem logischen Systemverbund integriert werden. Um diesen Anforderungen gerecht zu werden, muss neben den bereits vorhandenen operativen Systemen eine zusätzliche Architekturkomponente aufgebaut werden, die entweder selbst entwickelt oder als fertiges Produkt erworben und entsprechend den vorhandenen IT-Rahmenbedingungen individuell angepasst wird. Im Fokus sollten hier immer die Geschäftsprozesse stehen, die meist systemübergreifend stattfinden. In der Praxis gibt es nur drei grundlegende Unterscheidungen der fachlichen Integration:

- Einführung eines Neusystems/komplette Ablösung der vorhandenen Altsysteme
- Verwendung integrationsfähiger Softwarekomponenten
- nachträgliche Integration

Ein Beispiel für die Einführung eines Neusystems und die Ablösung der vorhandenen Altsysteme durch das Neusystem stellt oft die Einführung von ERP-Systemen, wie z. B. SAP ERP oder SAP S/4HANA, dar. Verschiedene Autoren haben Ansätze und Vorgehensmodelle entwickelt, um den bereits erreichten Grad der Integration eines Gesamtsystems zu ermitteln und zu beschreiben. Drei Dimensionen werden dabei unterschieden:

- *Integrationsgegenstand*
- *Reichweite*
- *Richtung*

Diese Dimensionen bezeichnen den Grad der Integration und die Ebene, auf die sie sich erstreckt.

Integrationsebenen

Folgende Integrationsebenen werden oft in der Theorie definiert:

- Daten
- Funktionen/Objekte/Komponenten
- Prozesse

Die Integration auf der ersten Ebene (Daten) soll auf der Nutzung der gemeinsamen Daten durch die unterschiedlichen Anwendungen beruhen. Die zu integrierenden Systeme sollen dabei nicht direkt physikalisch auf die gemeinsam benötigten Daten zugreifen, sondern über Schnittstellen die entsprechenden Informationen austauschen. Die einzelnen Systeme benutzen davon unberührt weiterhin ihre eigenen proprietären Datenquellen. Nur durch den Einsatz entsprechender Schnittstellen bzw. Datentransferprotokolle werden die Daten übertragen. EAI übernimmt hier nur die rein funktionelle Transportfunktion der Daten. Diese Ebene stellt die geringste Integrationstiefe dar. Der Integrationsgrad bei der Datenintegration steigt, je mehr Daten unabhängig von ihren Stammsystemen verwendet werden können.

Bei der nächsten Stufe, der Integration auf Funktions- bzw. Objektebene, kommunizieren die Anwendungen direkt miteinander auf einer Funktion bzw. Methodenebene. Hierbei werden Funktionen bzw. Methoden in Objekten der zu kommunizierenden Systemen direkt aufgerufen und teilweise systemübergreifend verwendet. Diese Ebene kann nur sinnvoll eingesetzt werden, wenn entsprechende APIs der beteiligten Systeme verfügbar sind oder größere Anpassungen in den beteiligten Systemen akzeptiert werden, um die entsprechenden Funktionen/Methoden zur Verfügung zu stellen. Auf einer weiteren Abstraktionsebene werden Programme bzw. Programmteile bei dieser Integrationsebene auch als Komponenten definiert. Durch eine effektive Kapselung und eine standardisierte Kommunikation und Orchestrierung dieser Komponenten kann eine flexible Integration eingesetzt werden. Je mehr Komponenten systemübergreifend eingesetzt werden, desto höher ist der Integrationsgrad in dieser Ebene.

Bei der dritten Integrationsebene werden die Geschäftsprozesse nicht mehr in den Einzelsystemen abgebildet und integrativ verbunden, sondern vielmehr unabhängig von den Einzelsystemen auf einer EAI-Prozessebene orchestriert und definiert. Durch eine Weiterentwicklung und Nutzung von Cross Applications können auf dieser Ebene sogar neue, flexiblere Geschäftsprozesse für ein Unternehmen entstehen. Um invasive Eingriffe in den vorhandenen Systemkomponenten zu verhindern bzw. zu minimieren (wie z. B. bei der Funktionsintegration/Datenintegration), wird beim EAI-Ansatz die Implementierung der betroffenen Geschäftsfunktionen der zu integrierenden Systemkomponenten nicht verändert. Die funktionalen Schnittstellen zwischen den Komponenten werden durch Adapter im EAI-Layer abgebildet bzw. abstrahiert. Abbildung 1.4 zeigt beispielhaft die SAP-EAI-Darstellung von SAP Process Integration.

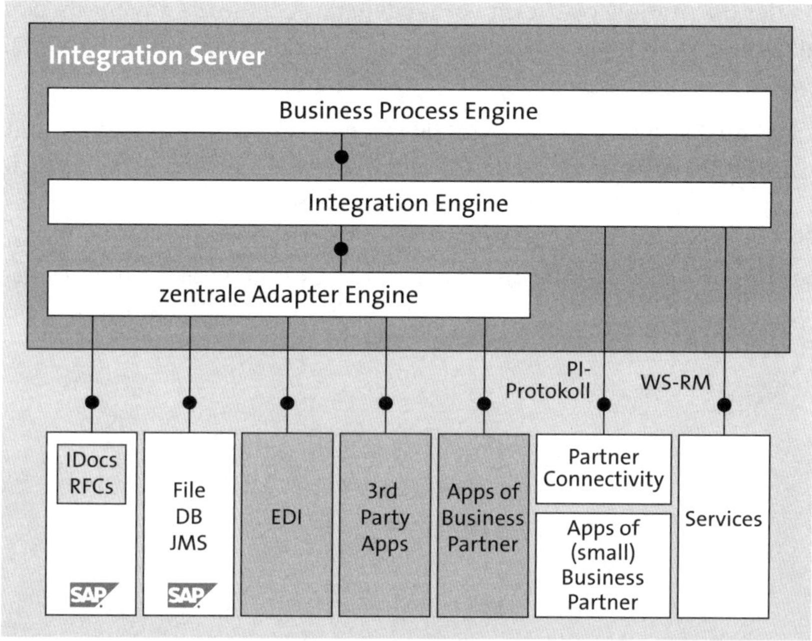

Abbildung 1.4 Übersicht der SAP-EAI-Architektur (SAP Process Integration)

Innerhalb des Integrationsservers (siehe Abbildung 1.4) werden die Daten der einzelnen Geschäftsvorfälle der Schnittstellen entsprechend übergeben und ausgewertet. Dann werden sie durch dynamische oder feste Regeln, Mappings bzw. Prozessablauffolgen in der richtigen Reihenfolge, mit der notwendigen Datentransformation mit dem korrekten Inhalt an die entsprechenden Funktionen der Zielkomponenten übergeben; dabei wird ein Ausgangsadapter verwendet.

Die Transportsicherheit von der Datenquelle bis zum Datenziel (auch Datensenke genannt) stellt hierbei eine weitere wichtige Eigenschaft des Integrationsservers dar. Das Senden doppelter Daten, der Verlust von Daten bei Wegfall einer Kommunikationskomponente, die ungewollte Veränderung von Daten beim Transfer (z. B. via FTP) oder sogar das erneute Senden von Daten auf Anforderung werden dabei von der Integrationsplattform ausgeschlossen bzw. verhindert. Abgeleitet von diesen Anforderungen stellt daher EAI eine lose gekoppelte Integrationsstrategie dar, die auf einer strikten Trennung von Geschäftsprozesslogik und Geschäftsfunktionen basiert. Einzelne Geschäftsprozesse werden hierfür in Makro- und Mikroabläufe zerlegt und modelliert. Die Mikroabläufe werden dabei zum Teil in den Funktionen integriert, da bei der Nutzung von Standardsoftware, wie z. B. SAP, eine Herauslösung oft nicht möglich bzw. gewünscht ist.

Im Unterschied zur klassischen Middleware bietet EAI die Möglichkeit, Geschäftsprozesslogik über Mediengrenzen hinweg zu modellieren. Meist ist eine Business Process Engine in der Integrationsplattform vorhanden, mit der Sie die entsprechende Geschäftslogik abbilden (z. B. Business Process Management, kurz BPM, bei SAP). Diese Engines basieren meist auf einer *BPEL*-fähigen Plattform.

Die Business Process Execution Language (BPEL) ist eine XML-basierte Sprache, mit der Geschäftsprozesse beschrieben werden. Die einzelnen Aktivitäten werden durch Webservices implementiert. Im Verlauf des Buches zeigen wir Ihnen anhand eines Praxisbeispiels, wie Sie sie in der SAP-Welt nutzen. Jetzt tauchen wir von der bisher sehr trockenen Theorie in die Betrachtung der Integrationsarchitektur und Vorgehensweisen ein.

Kapitel 2
Integrationsarchitekturen und Vorgehensweisen

In diesem Kapitel werden wir Ihnen die unterschiedlichen Möglichkeiten für Lösungsansätze für Ihre IT-Landschaftsarchitektur sowie allgemeine Vorgehensweisen vorstellen.

Nachdem wir sowohl die technischen Integrationsschichten und die fachlichen Integrationsebenen in Kapitel 1, »Integrationskonzepte«, betrachtet haben, stellen wir Ihnen in diesem Kapitel die verschiedenen *Kommunikationsmodelle* im EAI-Umfeld vor, um das theoretische Gesamtbild von Enterprise Application Integration (EAI) abzurunden. Die Kommunikationsmodelle stellen eine weitere Variante der Integrationsform im EAI-Umfeld dar und beeinflussen maßgeblich den Erfolg oder Misserfolg einer EAI-Einführung. Der Fokus liegt hierbei jedoch lose gekoppelt von den zuvor beschriebenen Integrationsebenen auf den Anordnungen der Kommunikation der beteiligten Systeme und der EAI-Middleware.

Die drei klassischen Kommunikationsmodelle sind:

- Punkt-zu-Punkt-Integration
- Hub-and-Spoke-Integration
- Integration-Bus

Bei diesen drei Kommunikationsmodelle beschreiben wir jeweils kurz die einzelnen Vor- und Nachteile. Danach gehen wir dann auf die sich neu formierenden Technologieansätze wie z. B. *Microservices* ein, welche die Art der Integration in den nächsten Jahren verändern werden. Die klassischen Grundlagen bleiben jedoch erhalten, daher ist es wichtig, auch diese etwas trockene Materie einmal gelesen und verstanden zu haben.

2.1 Punkt-zu-Punkt-Integration

Die Peer-to-Peer-Integration bzw. Punkt-zu-Punkt-Schnittstellen sind eigentlich keine Integrationen im klassischen Sinne. Wie zuvor bereits erläutert entstehen hier massive Integrations-, Management- und Wartungskosten. Die zu integrierenden

Anwendungssysteme werden dabei durch die Programmierung einer Projekteinzellösung starr miteinander verbunden. Abbildung 2.1 zeigt dies schematisch. Dieses Verfahren kann integrierte Geschäftsprozesse nicht abbilden und Änderungen erfordern neue Integrationslösungen. Soll aber nur eine sehr geringe Anzahl von Anwendungen miteinander verbunden werden, ist dieses Integrationsszenario meist ausreichend.

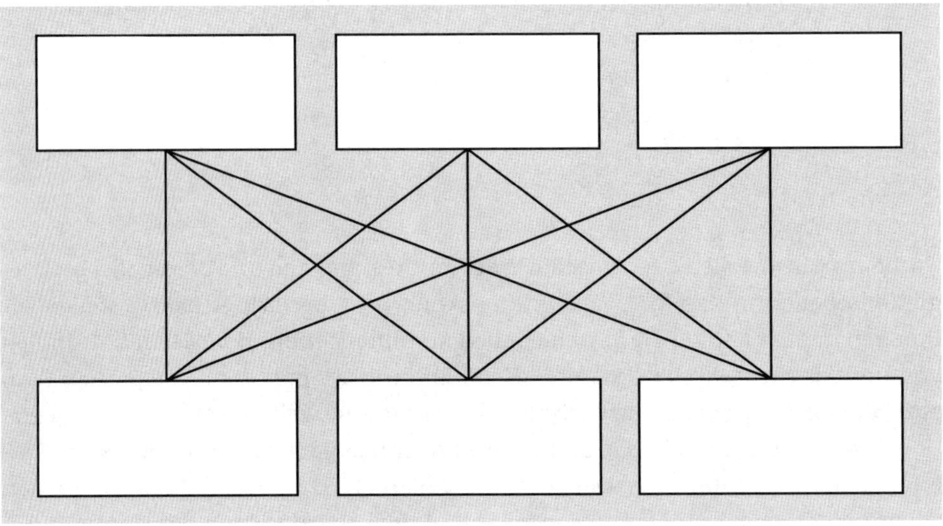

Abbildung 2.1 Peer-to-Peer-Integration

Das Verfahren ist jedoch in der heutigen Praxis veraltet und sollte in größeren Systemlandschaften nur in Sondersituationen eingesetzt werden. Bei kleineren Systemlandschaften, wo eventuell nur zwei bis drei Systeme miteinander kommunizieren müssen, kann dieses Szenario jedoch durchaus wieder sinnvoll zum Einsatz kommen. Interessant ist, das diese »veraltete« Art der Integration im Zeitalter der Microservices, die wir in Abschnitt 2.6.2 dieses Kapitels kurz beschreiben werden, wieder Einzug erhalten wird.

Diese Art der Integration hat folgende Vor- und Nachteile aus Sicht der klassischen Integration, bei der gesamte, in sich geschlossene Systeme miteinander integriert werden müssen.

- oft bekannt als Spaghettistruktur: Anwendungen werden direkt (1:1) verbunden
- nur praktikabel bei einer recht geringen Anzahl von Systemen
- ein Austausch einzelner Systeme ist meist mit einem hohen Aufwand verbunden
- unflexible Architektur/kein zentrales Monitoring & Tracking möglich
- hoher Aufwand bei Änderungen
- geringer Einführungsaufwand/langfristig hoher Supportaufwand

2.2 Hub-and-Spoke-Integration

Bei der *Hub-and-Spoke*-Integration verwendet man häufig den klassischen EAI-Ansatz (siehe Abbildung 2.2). Dieser ist meist jedoch schwer zu skalieren und stellt oft einen *Single Point of Failure* dar.

Bei der Architektur unterscheidet man in der Praxis oft zwischen einer *Single Allocation* und einer *Multiple Allocation*. Bei der Single Allocation hat jede Datenquelle und jeder Datenempfänger nur genau eine Verbindung zum Datenhub. Bei einer Multiple Allocation können Mehrfachzuordnungen vorkommen. Man unterscheidet zudem, ob ein Hub-and-Spoke-System ein reines Hub-and-Spoke-System ist (es also keine Direktverbindungen untereinander gibt) oder ein hybrides Hub-and-Spoke-System darstellt (bei dem es Direktverbindungen zwischen den Nicht-Hub-Knoten gibt).

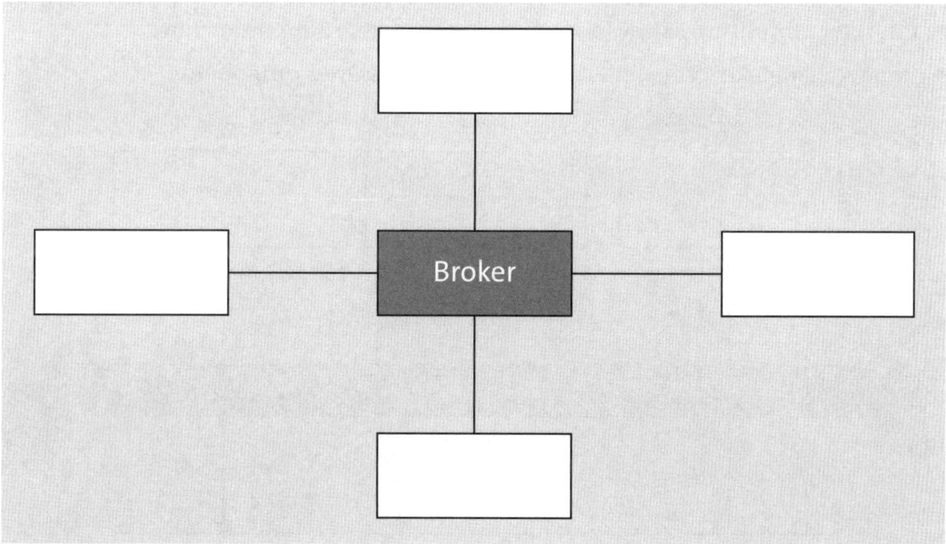

Abbildung 2.2 Hub-and-Spoke-Integration

Diese Integrationsarchitektur hat die folgenden Vor- und Nachteile :

- Der Zentralknoten (also die zentrale Hub-and-Spoke-Instanz) kann einen Single Point of Failure darstellen und gegebenenfalls einen Performanceengpass bei hohem Traffic darstellen.
- angebundene Systeme können leichter ausgetauscht werden
- flexible Architektur/zentrales Monitoring & Tracking im Zentralknoten möglich
- erhöhter Einführungsaufwand/langfristig geringere Supportkosten

2.3 Integration-Bus

Der *Integration-Bus* ermöglicht ein zentrales Management. Abbildung 2.3 zeigt dies schematisch. Die Integration erfolgt über offene, standardisierte Schnittstellen. Nachrichten werden über ein standardisiertes Bussystem verteilt, das meist über Queues abgebildet wird (JMS). Die Anbindung an diesen standardisierten Bus erfolgt meist über spezielle Software-Komponenten (Adapter) der eingesetzten Middleware-Komponente (EAI-Tool).

Die Vor- und Nachteile für diese Art der Integration sind:

- besonders geeignet für erhöhte Performance-Ansprüche
- lose Koppelung der angebundenen Systeme
- angebundene Systeme können leichter ausgetauscht werden
- erhöhter Einführungsaufwand/langfristig geringere Supportkosten
- hohe Abhängigkeit von der eingesetzten Middleware-Komponente

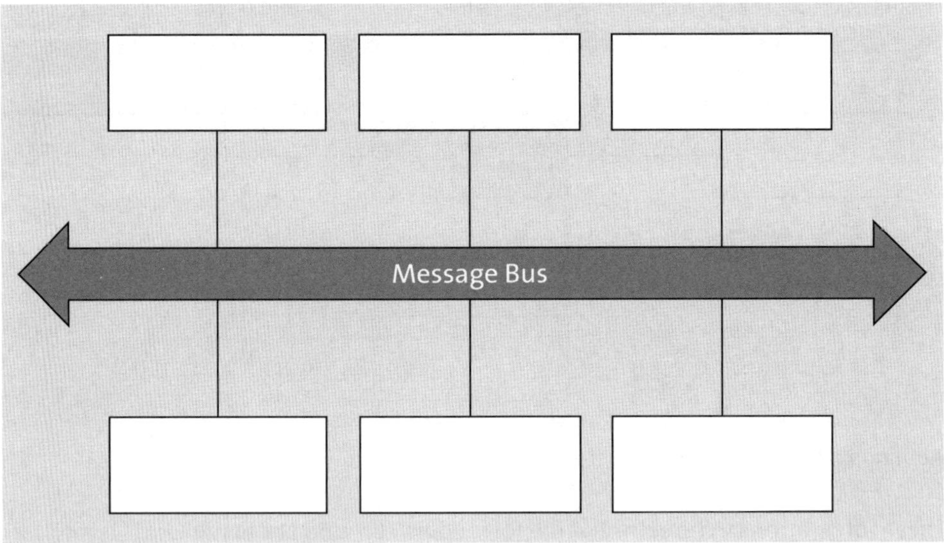

Abbildung 2.3 Integration-Bus

In der Praxis hat sich in den letzten Jahren der Integration-Bus als zentrale Architekturkomponente für größere Systemlandschaften durchgesetzt. Bei kleineren Systemlandschaften und Firmen werden aus Kostengründen öfters noch die Peer-to-Peer- sowie die Hub-and-Spoke-Kommunikationsmodelle eingesetzt. Der Integration-Bus dient bei komplexen Integrationsprojekten und SOA-Einführungen oft als zentrales Rückgrat der Integrationsarchitektur mit dem Fokus der Kommunikation zwischen den Systemlandschaftskomponenten bzw. -systemen. Der Integration-Bus wird daher in neuen Integrationsprojekten oft zu einem Enterprise Service Bus ausgebaut, um den Anforderungen komplexer eSOA-Projekten (enterprise Service-Oriented Architecture) gerecht zu werden.

2.4 Systemanforderungen

Nachdem wir sowohl die technischen, fachlichen als auch kommunikativen Grundlagen betrachtet haben, beschreiben wir nun die Anforderungen und Erwartungen an ein EAI-Produkt fachlich. Da ein EAI-Produkt als ein Dienstleister zwischen den Applikationen fungieren soll, gehen wir hier auf die einzelnen Services, die ein solcher Dienstleiter zu erbringen hat, ein. Im Folgenden listen wir die notwendigen Services, Eigenschaften und Fähigkeiten, die ein EAI-Tools haben sollte, produktunabhängig auf:

- **Plattform- und Protokollmanagement**
  Möglichst viele Hard- und Softwareplattformen, Middleware-Technologien sowie Kommunikationsprotokolle sollten unterstützt werden.
- **Synchronous and Asynchronous Support**
  Die EAI-Plattform sollte sowohl eine synchrone als auch asynchrone Kommunikation unterstützen, da z. B. in einem Unternehmen verschiedene Middleware-Lösungen eingesetzt werden, die nur eine der beiden Strategien unterstützen können. Daher sollte ein EAI-Produkt übergreifende Dienste für beide Arten der Kommunikation anbieten, um eventuell benötigte Bridging-Funktionen sicherstellen zu können.
- **Security-Management**
  Eine oft vernachlässigte Anforderung stellt die Sicherheit der Kommunikation dar. Die über die EAI-Plattform auszutauschenden Daten sind oft sehr sensible oder wichtige Unternehmensdaten, die nicht in falsche Hände geraten sollten. Es müssen daher effektive Mechanismen für die Verschlüsselung und zur Authentifizierung im EAI-Produkt angeboten werden.
- **Daten-Transformation und Mapping**
  Eine der Kernfunktionen eines EAI-Produktes ist die Umwandlung von proprietären Datenformaten (z. B. eine Cobol-Datei) in ein einheitliches Format (z. B. XML), inklusive Methoden und Funktionen zum Parsen dieses einheitlichen Formates. Eine Rückumwandlung des einheitlichen Formats in ein proprietäres Format muss ebenfalls zur Verfügung gestellt werden. Meist werden verschiedenste Adapter für die unterschiedlichsten proprietären Varianten zur Verfügung gestellt. Mechanismen zur semantischen Anpassung des Standardformats sollten diese Funktionalitäten abrunden.

- **Daten- und Nachrichten-Persistenz**
  Um die Zuverlässigkeit von Kommunikationswegen zu garantieren muss eine EAI-Suite die persistente Speicherung von Daten und Nachristen in Knotenpunkten sicherstellen können. Die Konsistenz eines Gesamtsystems muss durch das EAI-Tool gewährleistet werden. Dies bedeutet z. B. das beim Ausfall von einzelnen Systemen, die an dem Kommunikationsprozess beteiligt sind, die Konsistenz weiterhin gewährleistet werden kann, indem z. B. ein Rollback durchgeführt werden kann, oder Daten gezielt nach der Lösung des Kommunikationsproblems verarbeitet werden können.
- **Routing-Services**
  Durch den Einsatz einer EAI-Suite sollen die Applikationen nicht mehr direkt miteinander kommunizieren, sondern die EAI-Suite als Dienstleister für den Datenaustausch nutzen. Hierfür ist es notwendig, dass die EAI-Suite Nachrichten und Informationen dynamisch oder anhand von fest definierten Geschäftsvorfällen weiterleiten kann. Der Anwender sollte bei der Eingabe und Definition dieser Regelungen z. B. durch ein grafisches Toolsystem unterstützt werden, damit er möglichst komfortabel die Routing-Informationen hinterlegen und definieren kann.
- **Load-Balancing**
  Eine Aufteilung von Anfragen an gegebenenfalls mehrfach vorhandene Servern/Plattformen über einen Dispatcher etc. oder über Adaptive-Computing-Elemente, sollte vom EAI-Tool unterstützt werden um eine Skalierbarkeit der Infrastruktur zu gewährleisten.
- **Error- und Exception-Handling**
  Wenn Fehler während der Abarbeitung der Datenflüsse/-prozesse auftreten, sollten betroffene Systeme und Personen automatisch informiert werden und, falls möglich, geeignete Gegenmaßnahmen (z. B. Stoppen/Starten einer JMS-Queue) durchgeführt werden. Es müssen Tools und Monitoring-Elemente vorhanden sein, die den Zustand und die Konsistenz des Gesamtsystems ständig überwachen. Schnittstellen zu möglicherweise bereits vorhandenen Monitoring und Tracking-Systemen (z. B. IBM Tivoli oder der SAP Solution Manager) könnten die Funktionalität des EAI-Produkts abrunden.

2.5 Typische Phasen eines Integrationsprojektes

Nachdem wir bereits sowohl die technischen, fachlichen und kommunikativen Anforderungen an ein EAI-Produkt beschrieben haben, stellen wir in diesem Abschnitt nun kurz dar, welche Besonderheiten und Phasen ein EAI- bzw. Integrations-Projekt in der Theorie beinhaltet. Da es bei Integrationsprojekten oft ein ähnliches Vorgehen und ähnliche Phasen gibt, stellen wir diese fachlich dar und strukturieren sie. Dabei versuchen wir, aus der Praxissicht ein neutrales Vorgehensbild zu beschreiben. Bevor ein EAI-Projekt initialisiert wird, stehen die Verantwortlichen vor grundlegenden Fragestellungen. Einige Beispiele:

- Welche Zielstellung soll in dem Integrationsprojekt erreicht werden? Folgende Zielsetzungen sind z. B. möglich:
  - Integration, Optimierung, Änderung bzw. Erweiterung der Geschäftsprozesse
  - Homogenisierung der Systemarchitektur
  - Modernisierung und Standardisierung der Oberfläche
  - Anbindung mobiler Mitarbeiter und externer Partner
  - Anbieten von Produkten und Serviceleistungen im Internet
- Wie kann man die vorhandene Systemlandschaft nutzen?
  - Welche Betriebssysteme, Datenbanken, Standardsoftware oder Programmiersprachen werden verwendet?
  - Welche Rolle spielen Performance, Ausfallsicherheit, Zugriffssicherheit und Skalierbarkeit?
  - Welche Schnittstellen müssen auch in Zukunft bedient werden?
  - Welches Know-how ist im Unternehmen vorhanden?
- Welche Anwendungen sind zu integrieren?
  - Welche Anwendungen und Daten sind betroffen?
  - Welche Komponenten sollen integriert, portiert, migriert oder neu entwickelt werden?
  - Wie verbessert man die Effizienz und den Kundenservice?
  - Wie bleibt man flexibel für zukünftige Entwicklungen?

Aus der Beantwortung dieser Fragen und den daraus abzuleitenden Informationen entstehen meist identische Überlegungen zu einer Strukturierung eines EAI-Projektes. Die einzelnen Phasen eines EAI-Projekts sehen in der Theorie folgendermaßen aus:

- Geschäftsprozesse analysieren
- Anforderungen festlegen
- Interaktionen
- Detaillierung der Daten und Funktionen
- Schnittstellen spezifizieren
- Architektur und Implementierung

2.5.1 Geschäftsprozesse analysieren

In dieser Phase soll mit einer Dokumentation der Geschäftsprozesse die Ablauforganisation eines Unternehmens erfasst werden. Aufgrund der Komplexität dieses Vorhabens erfolgt dieser Prozess meist in mehreren Abstraktionsstufen. Das Ziel ist meistens eine Ausgangssituation aus der Top-Level-Sicht, von der die Möglichkeit besteht, auf die detaillierten Geschäftsprozesse zu navigieren. Ein optimiertes Ziel stellt eine ganzheitliche Sicht über das gesamte Unternehmen dar, wobei jedoch meist nur ausgewählte Prozesse, die durch die betroffenen Softwaresysteme unterstützt werden, betrachtet werden. Bei der Geschäftsprozessmodellierung können unterschiedlichste Modellierungstechniken eingesetzt werden. Ein Problem ist häufig die Aktualisierung dieser Modellierung, da nach einer projektbezogenen Ist-Aufnahme projektübergreifende Änderungen meist nicht nachgezogen werden, und das Modell nach einiger Zeit nicht mehr aktuell genug ist, um als Basis für weitere Projekte zu dienen. So ist oft eine Neuaufnahme notwendig.

2.5.2 Anforderungen festlegen

In dieser Phase sollen die konkreten Akteure, also die Auslöser für eine Interaktion in der EAI-Lösung identifiziert und definiert werden. Wenn die Ergebnisse der vorherigen Phase einen hohen Detaillierungsgrad aufweisen, können die Akteure direkt aus dem Geschäftsprozess hergeleitet werden. Da in der Praxis jedoch diese Zusammenhänge aufgrund eines meist nicht ausreichenden Detaillierungsgrades der vorherigen Phase noch nicht bekannt sind, müssen sie in Form einer Anforderungsanalyse manuell bestimmt werden.

Man unterscheidet zwischen den Anforderungen an die betroffenen Anwendungen und den Anforderungen an die über die betroffenen Anwendungen hinausgehende Integration. Wie in der vorherigen Phase können für die Modellierung wieder unterschiedlichste Techniken genutzt werden, z. B. Use-Case-Diagramme, um die Zusammenhänge zwischen den Akteuren und den Use Cases zu zeigen. Hierzu gehört auch eine externe Sicht auf die Integration.

2.5.3 Interaktionen identifizieren

In dieser Phase werden die Interaktionen unter Berücksichtigung der Möglichkeiten der zu integrierenden Systemen hergeleitet. Es werden meist mehrere Abstraktionsstufen zur Modellierung der Integration verwendet. Auch hier gibt es eine Vielzahl von Modellierungsmöglichkeiten und Techniken für die Visualisierung. Das Modellierungsergebnis dokumentiert dann die zeitliche Abfolge des Austauschs von Nachrichten zwischen den betroffenen und zu integrierenden Applikationen. Aspekte der Performance und Angaben zum Kommunikationslastprofil runden diese Phase ab, je nach gewünschter Ausprägung und Modellierungstiefe.

2.5.4 Detaillierung der Daten und Funktionen

Zu jeder der unter der Phase »Interaktionen identifizieren modellierten Interaktionen müssen nun in dieser Phase die entsprechenden Attribute, verwendeten Datentypen, Mengengerüste und ggf. die zu berücksichtigenden Routing- und Mapping Anforderungen der einzelnen Interaktionen definiert und beschrieben werden. Dies erfolgt meist in Form einfacher Word- oder Excel-Dokumente. Funktionale Eigenschaften werden hierbei oft mit Hilfe eines Zustandsdiagramms festgehalten, z. B. das Eintreffen einer Nachricht, das als ein Ereignis aufgefasst werden kann, welches wiederum einen Zustandsübergang innerhalb einer anderen Anwendung auslöst. Sollte die Interaktion technisch auf einem Web-Service basieren, so wird in dieser Phase z. B. eine entsprechende Definition analog der WSDL-Spezifikation erstellt.

2.5.5 Schnittstellenspezifikation

In dieser Phase wird die Reihenfolge und die Semantik der zu übertragenden Daten festgelegt. Beispielsweise wird bei einem WebService die Schnittstellenspezifikation durch WSDL definiert. Diese basieren auf dem XML-Format und beschreibt einen bestimmten Service. Dieser Service stellt Operationen zur Verfügung, die von einem Nutzer dieses WebServices z. B. per SOAP abgerufen werden können. Neben der Definition der funktionalen Eigenschaften werden auch die Strukturen der auszutauschenden Daten technisch beschrieben und definiert und einem ggf. potentiellen Abnehmer der Daten zur Verfügung gestellt.

2.5.6 Architektur und Implementierung

In dieser letzten Phase werden geeignete Integrations-Architekturen (z. B. der Integration-Bus aus Abschnitt 2.3) eruiert und definiert. Die Implementierung von eingesetzten Technologien (z. B. Webservices), der Aufbau der benötigten Architekturkomponenten (z. B. EAI-Plattform/Repositorys etc.), die Anbindung an Monitoring- bzw. Tracking-Systeme, die Planung und Durchführung von entsprechenden Testaktivitäten und die Vorbereitungen zur Einführung etc. sind z. B. Bestandteil dieser Projektphase. Ziel und Vision einer EAI-Lösung ist jedoch *Konfigurieren statt Implementieren*. Das heißt, dass neue Anforderungen oder die Integration von weiteren Anwendungssystemen problemlos möglich sein sollte, ohne dass sie größeren individuellen Programmieraufwand in den bestehenden oder neu zu integrierenden Systemen verursacht. Daher sollte in dieser Phase die Implementierung möglichst toolbasiert durchgeführt werden. Hierzu gehört auch die Modellierung der Datenflüsse im EAI-Layer (zur Modellierung bietet SAP z. B. BPM/BPEL als Modellierungssprache/-tool an, im späteren Praxisbeispiel zeigen wir Ihnen unter anderem die Möglichkeiten in SAP Process Orchestration). Insbesondere die iterative Vorgehensweise und das *Time Boxing*-Verfahren (Versuch der Begrenzung von Entwicklungszeiten durch die Forderung eines definierten In-/Outputs) sind meist Erfolgsfaktoren bei der Durchführung von EAI-Projekten in der Praxis. Die richtige Wahl der EAI-Suite, die mächtige Implementierungs-Tools (z. B. für Mappings) zur Verfügung stellt, unterstützt die Abarbeitung dieser Phase (z. B. das grafische Mapping-Tool in SAP Process Orchestration, dass wir in den Praxisbeispielen ab Kapitel 10 verwenden).

2.6 Neue Ansätze und Möglichkeiten in SAP

Die Anforderungen der Integrationswelt an die Unternehmen geht jedoch weiter. Aktuelle Trends des Markts sind zur Zeit Container-Technologien, Microservices und entsprechende Cloud- sowie On-Premise-Plattformen für die Laufzeit und die Orchestrierung. Diese neue Art, monolithische Anwendungen aus einzelnen Bausteinen zusammenzusetzen, wird die Anforderungen an die klassische Disziplin der Integration massiv verändern. Das SAP-Portfolio bietet hierfür Lösungen an, die wir Ihnen kurz vorstellen wollen. Im Anschluss gehen wir auf die neuen Microservices ein, die man aktuell in fast allen Publikationen wiederfindet (daher darf dies bei uns auch nicht fehlen).

2.6.1 Ein Überblick über die Cloud Foundry Services

Cloud Foundry ist eine OpenSource Cloud Computing Platform, die dem Ansatz *Platform as a Service* (kurz: *PaaS*) folgt. Das bedeutet, dass Cloud Foundry selbst keine Anwendungen oder Dienste für Endbenutzer anbietet, sondern Entwicklern bzw. Unternehmen eine Plattform für die Bereitstellung eigener Anwendungen zur Verfügung stellt. Dies ist vergleichbar mit einen Web-Hoster, der Kunden eine Plattform für Internetdienste bereitstellt. Anders als bei einem Web-Hoster entscheidet hier allerdings der Kunde selbst, welche Laufzeitumgebungen mit welchen Parametern er für seine Anwendungen einsetzen möchte.

Im Unterschied zu früheren Lösungen, wo Sie einen vollständigen Server (physisch oder virtualisiert) betreiben und entsprechend konfigurieren mussten, ist es nun möglich, dass Sie sich auf die reine Konfiguration der Laufzeitumgebung für eine spezifische Anwendung beschränken. Konkret bedeutet das: Sie können Arbeitsspeicher, Festplattenspeicher und weitere Parameter gezielt und exklusiv für jede in ihrer eigenen Laufzeitumgebung laufende Anwendung einstellen. Sie können darüber hinaus sogar angeben, wie viele separate Instanzen der Laufzeitumgebung mit der Anwendung gestartet werden sollen. Anstatt eines kompletten Betriebssystems müssen Sie sich also nur noch um Ihre Anwendung und ihre Laufzeitumgebung kümmern.

Vereinfacht ausgedrückt ist Cloud Foundry also eine Plattform zur Bereitstellung und Ausführung von Anwendungen oder Services unterschiedlichster Technologien.

Dies können z. B. mit Java, Node.js, PHP, Ruby oder auch C++ entwickelte Anwendungen sein, abhängig davon, welche konkreten Laufzeitumgebungen auf der jeweiligen Cloud-Foundry-Plattform unterstützt werden. Hierbei kann eine einzelne Anwendung durchaus aus mehreren Modulen unterschiedlicher Technologien zusammengesetzt sein. Diese Unterstützung wird durch die Bereitstellung sogenannter *Buildpacks* realisiert; dazu kommen wir gleich noch.

Die Anwendungen selbst werden innerhalb der Plattform in *Spaces* organisiert, die wiederum *Organisationen* zugeordnet sind. Hier spiegelt sich bereits gut erkennbar eines der Cloud-Konzepte wider: die organisatorische Trennung verschiedener Anwendungen nach Eigentümern (z. B. Unternehmen). Den Benutzern der Anwendungen können innerhalb der verschiedenen Spaces unterschiedliche Berechtigungen zugewiesen werden, womit eine sichere Trennung von Anwendungen und den jeweils relevanten Zugriffsrechten der Benutzer möglich ist.

Wird eine Anwendung auf die Plattform hochgeladen, so wird für jedes Modul das technologisch zugehörige *Buildpack* ermittelt und ausgeführt. Ein Buildpack beinhaltet im Wesentlichen sämtliche Dateien der jeweiligen Laufzeitumgebung sowie Skripte, die beim Hochladen einer Anwendung ausgeführt werden. Diese Skripte erstellen dann eine isoliert ausführbare Kopie aus Laufzeitumgebung, eine Anwendung sowie eventuell zusätzlich erforderlichen Bibliotheken zu erstellen. Ein Buildpack ist also nur eine Vorlage der Laufzeitumgebung, die später tatsächlich für die Anwendung instanziiert wird. Aus einem Buildpack können grundsätzlich beliebig viele Laufzeitkopien für unterschiedlichste Anwendungen erzeugt werden. Ein Buildpack kann zudem mehrere Versionen einer Laufzeitumgebung beinhalten, aus denen dann je nach Anwendung die jeweils benötigte kopiert wird.

Damit kommen wir zum nächsten wichtigen Punkt der Cloud-Foundry-Plattform, der *Laufzeitisolation*. Jedes Anwendungsmodul wird in seinem eigenen Prozess der Laufzeitumgebung mit den für dieses Modul definierten Laufzeitparametern, wie z. B. verfügbarer Arbeitsspeicher, Festplattenspeicher, etc., ausgeführt. Im Gegensatz zu SAP HANA XS bietet dies erhebliche Vorteile: Zum einen ist ein überlasteter oder gar nicht mehr reagierender Anwendungsteil hier keine Gefahr für die gesamte Plattform, zum anderen lassen sich die einzelnen Bestandteile einer Anwendung gezielt skalieren. Es können z. B. auch mehrere Instanzen desselben Moduls erzeugt werden, um so eine Lastverteilung zu erreichen.

Allen Komponenten einer webbasierten Anwendung ist gemein, dass der Benutzer über einen Browser, also per HTTP bzw. HTTPS darauf zugreift. Der Zugriff kann über direkte, explizit vom Benutzer aufgerufene, URLs bzw. Hyperlinks erfolgen oder indirekt durch von der Anwendung im Browser initiierte Service-Aufrufe (wie z. B. ein Datenabruf mittels REST). Der Entwickler verknüpft die verschiedenen Anwendungsmodule über die Definition von *Routen*. Diese Routen werden zur Laufzeit von einem *Applikationsrouter* übergeordnet in der Plattform verwaltet, der so die Kommunikation mit den Komponenten bzw. den Absprung in eine andere Komponente der Anwendung realisiert. Für jede Komponente kann außerdem definiert werden, welche Services der Plattform (wie z. B. die Benutzerauthentifizierung oder der Datenbankservice) sie benötigt, so dass auch diese zur Laufzeit entsprechend eingebunden werden. Hierzu aber später im Praxisteil ab Kapitel 10 mehr.

2.6.2 Microservices im Allgemeinen

Eine spannende Funktion der Cloud-Foundry-Plattform ist das Hosting von *Microservices*, einem Technologiethema, das aktuell immer mehr an Bedeutung gewinnt und daher auch von SAP in der SAP Cloud Platform unterstützt wird.

Wir haben in unseren vorangegangenen Ausführungen zunächst bewusst auf ganze Anwendungen konzentriert, denn das dürfte für die meisten Unternehmen der gedankliche Ausgangspunkt sein, sich mit den Themen Cloud und PaaS zu beschäftigen. Was also sind eigentlich Microservices und wie fügen sie sich in unseren Kontext ein?

Beginnen wir damit, was der Begriff Microservices beschreibt und welche Philosophie dahintersteckt. Hierzu möchten wir eine Kurzbeschreibung von James Lewis und Martin Fowler aufgreifen, die Microservices folgendermaßen beschreiben:

> *»Der Microservice-Architekturstil beschreibt den Ansatz, eine einzelne Anwendung als Komposition von kleinen Services zu entwickeln, die jeweils in ihren eigenen Prozessen ausgeführt werden und über leichtgewichtige Protokolle, meist HTTP-APIs, kommunizieren. Diese Services bilden einzelne Geschäftsfunktionen ab und können voneinander unabhängig und vollautomatisiert deployed werden. Es gibt eine minimale, zentralisierte Verwaltung dieser Services, die in unterschiedlichen Programmiersprachen geschrieben sein können und unterschiedliche Technologien zur Datenhaltung nutzen können.«*
> *(übersetzt von https://martinfowler.com/microservices)*

Eine kurze und sehr griffige Definition des Begriffes lieferte auch schon Adrian Cockcroft, ehemals Architekturdirektor des Cloud-Teams bei Netflix und heute Vice President für Architekturstrategie bei Amazon Web Services:

> *»Loosely coupled service oriented architecture with bounded contexts«*
> *(Adrian Cockcroft)*

Bei Microservices handelt es sich also um eine lose gekoppelte, service-orientierte Architektur mit abgegrenzten Kontexten. Was aber bedeutet das nun konkret? Zunächst sollten Sie verstehen, dass klein (bzw. »Micro«) nicht zwingend gleichzusetzen ist mit kleinen Softwaremodulen im Sinne von sehr wenig Programmcode. Es ist eher qualitativ als quantitativ zu verstehen und meint vielmehr, dass das Programm bzw. der Service eine genau definierte Geschäftsfunktion erfüllt und eine klar abgegrenzte Verantwortlichkeit besitzt. So kann zum Beispiel ein Microservice eine Warenkorbfunktion für einen Webshop bereitstellen, die es erlaubt, Artikel in den Warenkorb zu legen oder daraus wieder zu entfernen sowie den aktuellen Inhalt des Warenkorbes aufzulisten. Ein solcher Service könnte direkt in eine Webseite eingebunden werden und bräuchte bei entsprechend flexibel ausgelegter Schnittstelle keinerlei Kenntnis darüber, was für Artikel der Webshop anbietet, oder wie diese später vom Kunden bezahlt werden.

Wenden wir uns aber nochmal der oben genannten Definition etwas genauer zu. Sie besteht aus drei wesentlichen Teilen, die die Charakteristika von Microservices treffend beschreiben.

- **Lose gekoppelt**
  Jeder einzelne Service einer Microservice-Architektur kann individuell und unabhängig von den übrigen Services weiterentwickelt und aktualisiert werden. Zudem kann jeder Service einzeln hinsichtlich seiner Laufzeitumgebung konfiguriert und auch skaliert werden, indem z. B. bei steigender Last weitere Instanzen des Service hochgefahren werden können.
- **Serviceorientierte Architektur**
  Auch wenn es sich hier so anhört, hat der Ansatz doch wenig mit einer »klassischen« SOA, wie man es vor Microservices definierte, zu tun. Im Gegensatz dazu gibt es bei Microservices keinen *Enterprise Service Bus*, dies widerspräche der strikten Vorgabe der losen Kopplung und hat sich in der Praxis auch als recht unflexibel erwiesen. Stattdessen basieren Microservices in erster Linie auf Punkt-zu-Punkt-Aufrufen. Der zweite entscheidende Unterschied ist der bewusste Verzicht auf starre Schnittstellendefinitionen, wie sie beim XML-basierten *SOAP* zum Einsatz kommen. Stattdessen werden üblicherweise *RESTful-http*-Schnittstellen verwendet, die Daten mit dem flexiblen *JSON*-Format (*JavaScript Object Notation*) austauschen.
- **Abgegrenzter Kontext**
  Wie eben schon angesprochen, sollte ein Service möglichst wenig Kenntnis über das Vorhandensein oder die Funktionsweise und Datenobjekte anderer Services wissen. Die Schnittstellen sollten so ausgelegt sein, dass es zum Beispiel im Falle unseres oben genannten Warenkorbes keine Rolle spielt, ob der Nutzer des Service Konzertkarten, Bekleidungsartikel oder Produkte der Unterhaltungselektronik verkaufen möchte.

Prominente Beispiele für den erfolgreichen und intensiven Einsatz von Microservices sind z. B. Twitter und Netflix.

Sie mögen sich nun möglicherweise fragen: Wie unterstützt Cloud Foundry konkret bei der Implementierung oder Nutzung von Microservices?

Der Zugriff auf einen bestimmten Service erfolgt über ein vom Service definiertes Routing, so dass der Aufrufer nicht wissen muss, wie viele Instanzen eines Service gerade laufen und auf welche er zugreifen kann. Zudem können einzelne Instanzen in kürzester Zeit hochgefahren werden, entweder, um eine durch einen Fehler ausgefallene Instanz zu ersetzen oder um eine höhere Last durch viele Anfragen angemessen bedienen zu können. Außerdem können dadurch einzelne Services zur Laufzeit neu deployt werden, ohne dass es an dieser Stelle zu einem Ausfall des Gesamtsystems kommt.

2.6.3 Cloud Foundry im Detail

Die Cloud Foundry Services auf der SAP Cloud Platform sind eine recht neue und spannende Technologie. Es lohnt sich schon heute , sich damit auseinanderzusetzen und die Technologie für zukünftige Projekte in Betracht zu ziehen. Die Cloud Foundry Services werden über den *YaaS Market* von *SAP Hybris as a Service* angeboten, worauf wir im folgenden Abschnitt 2.6.4 etwas genauer eingehen werden um Ihnen diese Möglichkeit kurz vorzustellen um die bisherige Theorie etwas aufzulockern.

Sie könnten auf dieser Plattform z. B. eigene Anwendungen entwickeln, die nach dem *Mashup*-Prinzip aufgebaut sind und sich aus einer Kombination von eigenen Microservices und fertigen, im YaaS Market abonnierten Services zusammensetzen. Auch hierzu im folgenden Abschnitt mehr.

Bei eigenen Entwicklungen können Sie auf eine Reihe von unterstützenden Technologien der SAP Cloud Platform zurückgreifen. Aktuell sind dies folgende Services:

- *PostgreSQL* (*https://www.postgresql.org*) als *relationale Datenbank*
- *MongoDB* (*https://www.mongodb.org*) als dokumentenorientierte *NoSQL-Datenbank*
- *RabbitMQ* (*https://www.rabbitmq.com*) als *Messaging Service*
- *Redis* (*http://redis.io*) als *In-Memory Datenbank* mit einfacher *Key-Value-Struktur*

Unter der URL *http://s-prs.de/v448100* können Sie kostenlos einen Test-Account anlegen und die Cloud Foundry Trial Edition testen. Dort finden Sie weiterführende Informationen über Cloud Foundry im Allgemeinen, Release Notes, Anleitungen und Dokumentationen zur Entwicklung auf Cloud Foundry sowie viele weiterführende Informationen.

Die derzeit von SAP hier voll unterstützten Laufzeitumgebungen bzw. Buildpacks sind:

- Java
- Node.js

Ergänzend dazu gibt es Buildpacks mit *Community Support*, d. h., sie werden (noch) nicht offiziell unterstützt, es gibt aber eine aktive Gemeinschaft von Entwicklern, die hier bei Fragen oder Problemen aushelfen können. Verfügbare Buildpacks sind:

- Go
- PHP
- Python
- Ruby
- .NET Core

2.6.4 SAP Hybris as a Service (YaaS)

Die Plattform *SAP Hybris as a Service*, kurz *YaaS*, ist ein öffentliche Cloud-Plattform, auf der Softwarepakete für verschiedenste Geschäftsfunktionen entwickelt, erweitert, ausgeliefert und verkauft werden.

Genauer gesagt werden nicht die Pakete selbst, sondern ihre Nutzung über die Plattform im Rahmen eines Abonnementmodells angeboten. Diese Pakete können grundsätzlich von verschiedenen Herstellern stammen, bisher werden jedoch vorerst nur Pakete von SAP selbst dort angeboten. Dabei folgen die Softwarepakete der Microservices-Architektur, die wir in Abschnitt 2.6.2 beschrieben haben. In Zukunft können Sie dort selbst Pakete anbieten, die Sie z. B. auf der zuvor beschriebenen Cloud-Foundry-Plattform entwickeln und hosten können.

Ein Softwarepaket beinhaltet dabei eine Sammlung von Services, die eine gemeinsame Geschäftsfunktion abdecken. Um bei unserem zuvor schon verwendeten Beispiel des Warenkorbs zu bleiben, gibt es bei YaaS z. B. Pakete für Warenkorbfunktionen, andere für den Bezahlprozess der Kunden, wieder andere zur Unterstützung der Kundenbindung wie Gutschein- und Rabattmodelle und natürlich auch Pakete zur Verwaltung der angebotenen Produkte und ihrer Preise.

Sie können sich YaaS also wie einen Supermarkt für Microservices vorstellen, in dem Sie je nach Bedarf für ihre eigenen Cloud-Anwendungen Microservices abonnieren, die Sie dann in Ihre eigenen Anwendungen integrieren können. Wichtig zu erwähnen ist hierbei, dass die Softwarepakete selbst nicht auf YaaS gehostet werden. Über YaaS werden lediglich die Abonnements der Pakete sowie der Zugriff auf die Services und die damit einhergehenden Sicherheitsfunktionen abgebildet. Der Vorteil ist, dass Sie die effektiven Endpunkte zum Ansprechen der Services nicht selbst kennen und verwalten müssen.

Desweiteren überwacht und misst YaaS Nutzungsdaten für die Abrechnung der tatsächlichen Nutzung der Services. Hierbei gibt es verschiedene mögliche Abrechnungsmodelle, die je nach Paket und Anbieter variieren können. So kann ein Service zur Verwaltung von Produkten nach der Menge der effektiv für einen Kunden angebotenen Produkte abgerechnet werden, ein Warenkorb aber nach der Anzahl der getätigten Einkäufe. Die URL der YaaS-Webseite lautet *https://www.yaas.io*.

YaaS.io im Überblick

YaaS setzt sich aus den folgenden Bereichen zusammen:

- Im **YaaS Market** kann man Pakete abonnieren, wie zuvor bereits beschrieben.
- Der **YaaS Builder** dient der Verwaltung der eigenen Organisation und ihrer Projekte sowie der abonnierten Pakete und ihrer Nutzung. Außerdem können hier tägliche Aufgaben, wie z. B. die Verwaltung von Produkten eines Webshops, erledigt werden.
- Das **DevPortal** stellt eine Wissensquelle für Entwickler dar und bietet Informationen zu YaaS im Allgemeinen, Dokumentationen und Online-Trainings zu den verfügbaren Services sowie technische Informationen und API-Beschreibungen zu den angebotenen Microservices.
- Für Nicht-Techniker gibt es den **KnowledgeHub**, der Anleitungen, Artikel und Online-Trainings auf einer allgemeineren Ebene bereitstellt.
- Und zuletzt sind da noch die **YaaS Community** sowie das **Hybris Experts Forum**, die Sie zum Austausch mit anderen Nutzern und Entwicklern sowie zur Kontaktaufnahme mit den SAP-Hybris-Experten von SAP nutzen können.

Mit anderen Worten: Die Art und Weise, wie demnächst Anwendungen »zusammengebaut« werden, ändert sich in den nächsten Jahren dramatisch. Die »einfache« Welt von gestern, in der mit klassischen EAI-und Enterprise-Service-Bus-Ansätzen die einzelnen Anwendungen über Schnittstellen verbunden wurden, wird es morgen so nicht mehr geben. Die Welt wird sich in Cloud- und On-Premise-Komponenten aufteilen, die Hand in Hand in hybriden Szenarien agieren werden. Die Komponenten selbst werden aus unterschiedlichsten Einzelkomponenten bestehen, die wiederum eine Mischung aus Cloud- und On-Premise-Systemen sowie diversen Technologien sein können (Container), und über Punkt-zu-Punkt-Verbindungen miteinander kommunizieren. Daher war es uns am Anfang des Kapitels wichtig, Ihnen die trockene Theorie und die Historie der Integration näher zu bringen, da viele alte Ansätze von gestern heute wieder teilweise Einzug halten in die neue bunte Technologiewelt. Was damals mit der Einführung von EAI undenkbar geworden ist, die Punkt-zu-Punkt-Schnittstellen, wird heute wieder State of the Art im Bereich der Microservices. Die Herausforderungen, diese immer komplexer werdende Welt im Zeitalter von Serverless-Computing und DevOps-Ansätzen in den Griff zu bekommen, wird sicherlich die große Herausforderung an uns Integratoren und Architekten sein. Das Portfolio von SAP wird sich sicherlich in Zukunft weiter an diese Anforderungen und Technologietrends anpassen. Besonders das Monitoring und der Betrieb der Microservices wird auch in der Zukunft bei SAP von Bedeutung sein. Heute wird von SAP eine Standardplattform zur Verfügung gestellt, wir sind gespannt, wann SAP hier nachziehen wird und auch diese noch offene Frage beantworten wird.

2.7 Fallbeispiel und Beispielunternehmen

Kommen wir nun von der Theorie und einem kurzen Ausblick in die Zukunft zurück zu unserem eigentlichen Thema: der Integration mit SAP Process Integration und SAP Cloud Platform Integration. Uns ist wichtig, dass wir Ihnen nicht nur die Theorie vorstellen, sondern auch anhand von Praxisbeispielen die Integrationsmöglichkeiten mit dem EAI-Tool für On-Premise- und Cloud-Lösungen zeigen. Wir haben dafür ein Beispielunternehmen entwickelt: die Firma *HardSelling* aus der Branche Handel.

Die Firma Hardselling hat bisher ihre Warenwirtschaft auf einem alten Hostsystem, das sie selbst mit Cobol programmiert hat, betrieben. Bislang hatte sie nur SAP FI/CO für die Buchhaltung im Einsatz. Die Integration von SAP und Hostsystem erfolgte von Punkt zu Punkt über Flatfile-Schnittstellen. Der Kunde betreibt zudem einige Filialen, deren POS-Systeme ebenfalls per Flatfile-Schnittstellen an die Verwaltung (Hostsystem) angeschlossen sind. Die Logistik ist ausgelagert und wird ebenfalls per klassischer File-Schnittstelle vom Hostsystem heraus angeschlossen.

Der Händler stellte jedoch fest, dass seine Umsätze einbrechen, da die Konkurrenz durch moderne Omnichannel-Ansätze, Apps und sonstige Angebote (z. B. Couponing-Engines & Gamifications) die Kunden in der digitalen Welt besser ansprechen, erreichen und begeistern können. Des Weiteren hat der Hardselling festgestellt, dass die alten Systeme recht hohe Personalaufwände bedeuten da viele Prozesse nicht digitalisiert sind sondern noch manuell von Sachbearbeitern ausgeführt werden. Auch ist der Aufwand in der Systembetreuung recht hoch, die Cobol-Programmierer gehen bald in Rente und Ersatz ist auf dem Markt nicht kaum noch zu erwarten und entsprechend schwer zu bekommen.

Die Firma Hardselling möchte deshalb ein neues Standardprodukt mit einem Omnichannel-Ansatz einführen, das eine möglichst hohe Prozessunterstützung bietet. Sie plant daher, ihr Hostsystem durch ein SAP-Retail-System für die Warenwirtschaft abzulösen. Das bisherige FI/CO-System für die Buchhaltung soll bestehen bleiben und es soll ein Webshop auf Basis von SAP Hybris eCommerce hinzugefügt werden. Über eine hybride Architektur soll die SAP Cloud Platform Integration als Datendrehscheibe für die externe Anbindung zu Lieferanten und die Bereitstellung von B2C-Apps und -Diensten genutzt werden. Damit soll die Omnichannel-Strategie unterstützt werden.

Die On-Premise-Systeme sollen lose gekoppelt mit SAP Process Orchestration angebunden und in fachlichen Domänen aufgeteilt werden. So sollen zukünftig Veränderungen an der Landschaft schnell durchgeführt werden können. Dies wurde entschieden, da der Kunde erkannt hat, dass es durch die Digitalisierung immer wichtiger geworden ist, schnell zu handeln, und schnelles Handeln nur möglich ist, wenn auch die IT-Landschaft sich schnell verändern lässt.

Im Laufe des Buches werden wir daher auf die beiden Produkte SAP Process Orchestration und SAP Cloud Platform Integration näher eingehen und Ihnen anhand von Praxisbeispielen erläutern, wie Sie mit diesen beiden Produkten die oben genannten Herausforderungen meistern können. Außerdem werden wir auf die Betriebs- und Monitoring-Möglichkeiten eingehen.

Hiermit endet der etwas trockene Theorieteil und wir wünschen Ihnen viel Spaß bei dem nun für Sie hoffentlich interessanteren Praxisteil, bei dem wir uns stets sehr nah am System orientieren.

TEIL II

Komponenten einer Integrationslandschaft

Kapitel 3
SAP Process Orchestration

3

Was genau ist SAP Process Orchestration, und wie arbeitet es mit dem SAP NetWeaver zusammen? Das lesen Sie in diesem Kapitel. Außerdem erfahren Sie, was SAP Process Integration und SAP Composition Environment sind.

SAP Process Orchestration (SAP PO) ist eine neuere Komponente, die sich aus zwei älteren Komponenten zusammensetzt: SAP Process Integration (SAP PI) und SAP Composition Environment (SAP CE), das wiederum SAP Business Process Management (BPM) und SAP Business Rules Management (BRM) beinhaltet. Beide Komponenten, SAP Process Integration und SAP Composition Environment, sind bereits seit Jahren fester Bestandteil des SAP-Portfolios und wurden stetig weiterentwickelt.

Erstmals wurde SAP Process Orchestration im Jahr 2012 vorgestellt. Es enthält ein umfangreiches Installationspaket mit einem Enterprise Service Bus, einer SAP Business Rules Engine (BRE) und einer SAP Business Process Engine (BPE) in einem Paket auf einem Java-only-System.

Damit stellt SAP mit dem SAP Process Orchestration eine Middleware auf Java-Basis zur Verfügung, die sich vor allem für heterogene IT-Landschaften eignet. Als Entwicklungs- und Modellierungsumgebung wird ein Eclipse-Framework verwendet, das SAP NetWeaver Developer Studio (NWDS).

[«]

SAP Process Orchestration und SAP HANA

Im Gegensatz zu SAP Process Integration ist es möglich, SAP Process Orchestration auf einem SAP-HANA-System zu betreiben. Dies ist allerdings nicht notwendig. Auch wenn SAP Process Orchestration auf einem SAP-HANA-System betrieben wird, bemerkt der Nutzer das nicht zwingend. Stark vereinfacht ausgedrückt bezeichnet SAP HANA eine Art relationale Datenbanken zu bearbeiten. SAP HANA ist ein In-Memory-System, das es ermöglicht, äußerst schnell große Datenmengen zu verarbeiten.

Die Konfiguration und die Administration von SAP HANA gehört in der Regeln zu den Aufgaben der Unternehmens-IT-Infrastrukturabteilung. Deshalb wird SAP HANA in diesem Buch nicht detailliert betrachtet.

3.1 SAP NetWeaver

Um über die Komponenten SAP Process Integration und SAP Composition Environment sprechen zu können muss vorher erst der Begriff SAP NetWeaver erläutert werden. Mit SAP NetWeaver hat SAP ein Softwareprodukt geschaffen, das sich auf die Integration von Geschäftsprozessen und Datenquellen konzentriert, die aus verschiedenen Quellen zusammengeführt werden sollen. Als Middleware soll SAP NetWeaver das Bindeglied zwischen SAP und externer Software bzw. externen Systemen sein. SAP NetWeaver 7.3 besteht aus SAP Enterprise Portal, SAP NetWeaver Mobile, SAP Composition Environment und SAP Process Integration. Mit der Version SAP NetWeaver 7.4 wurde die Plattform für SAP HANA optimiert. Außerdem wurden Trends wie Cloud und mobil mit aufgenommen. Damit wird die Grundlage für die SAP Business Suite gebildet.

Als Basis für diese Technologien wird der SAP NetWeaver Application Server (AS) verwendet, der es Entwicklern erlaubt, »im Sinne einer serviceorientierten Architektur (SOA) Informationen und Prozesse von geografisch verteilten Orten mit verschiedenen Technologien zu integrieren« (Rouse 2014).

In Abbildung 3.1 ist der sogenannte SAP-NetWeaver-»Kühlschrank« zu sehen. Hieran ist gut zu erkennen, wie ein SAP-NetWeaver-System aufgebaut ist.

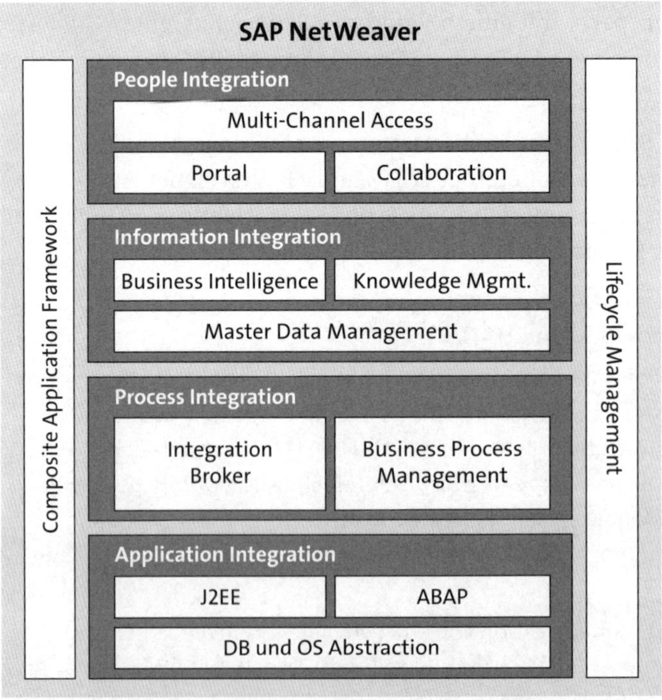

Abbildung 3.1 Die vier Ebenen der Integration und Komponenten von NetWeaver (Heilig & Karch 2008, S. 41)

Auch wenn diese Darstellung etwas veraltet ist, zeigt sie sehr übersichtlich, welche Ziele die Plattform verfolgt. Auf der untersten Ebene befinden sich die Datenbanken und die ABAP- bzw. Java-Server (in der Fachsprache auch *Stack* genannt). Auf der nächsten Ebene ist die Prozess Integration angesiedelt.

Auf der dritten Ebene befindet sich das Stammdatenmanagement, das die Grundlage für das Business-Management und das Wissensmanagement in einem Unternehmen ist. Dieser Bereich wird allgemein auch Informationsmanagement (Information Integration) genannt. Den Abschluss bildet auf der obersten Ebene die Mitarbeiterintegration.

3.2 Entwicklung von SAP Process Integration

Die erste Integrationsplattform von SAP wurde 2002 auf den Markt gebracht. Damals wurde dieses Modul unter der Bezeichnung SAP NetWeaver XI (SAP NetWeaver eXchange Infrastructure) vorgestellt. SAP NetWeaver XI wurde als Teil des damals neuen NetWeaver-Pakets eingeführt und arbeitete auf einem Double-Stack-System, das den SAP Application Server ABAP (AS ABAP) und den SAP Application Server Java (AS JAVA) beinhaltete. In den folgenden Jahren wurde es bis zur Version SAP NetWeaver XI 3.0 weiterentwickelt (siehe Abbildung 3.2).

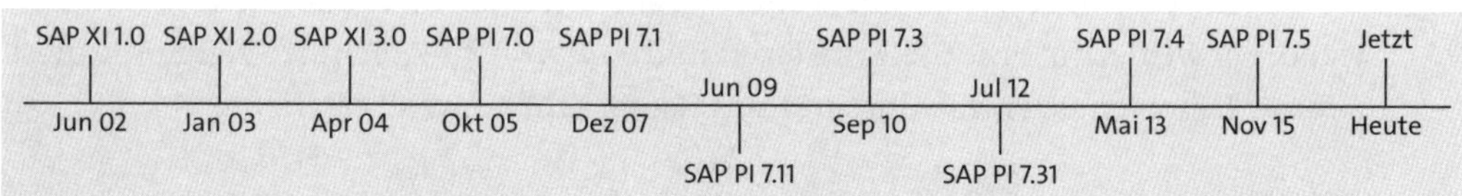

Abbildung 3.2 SAP-PI-Versionen

2005 wurde dieses Modul in SAP NetWeaver Process Integration umbenannt und mit der Version 7.0 neu initialisiert. Mit der letzten Version (SAP NetWeaver PI 7.11) wurde der Java-Stack unter dem Namen *Advanced Adapter Engine* (AAE) mehr in den Vordergrund gestellt. Damit konnten Schnittstellen auch ausschließlich auf dem Java-Stack realisiert werden. Allerdings waren zu diesem Zeitpunkt noch nicht alle Kommunikationsarten über den Java-Stack möglich, und so wurde der ABAP-Stack immer noch benötigt.

Erst mit der im Jahr 2010 veröffentlichten Version SAP Process Integration 7.3 wurde es möglich, alle Kommunikationsarten auch über den Java-Stack anzusprechen. Diese Erweiterung der bisherigen AAE-Umgebung wurde als Advanced Adapter Engine Extended (SAP AEX) eingeführt. Dies ist ein robuster Java-only Enterprise Service Bus, der fast alle Funktionalitäten des alten Double-Stacks abbilden konnte. Mit der Version 7.3 wurde die Funktionalität des Cross-Component Business Process

Managements (ccBPM) aufgegeben und vollständig an das SAP-CE-Modul übergeben. Seit November 2015 ist die aktuellste Version SAP Process Integration 7.5.

Die grundsätzliche Aufgabe eines PI-Systems ist es, Nachrichten zwischen sendenden Systemen und empfangenden Systemen zu vermitteln. Dabei ist wichtig, dass es sich bei SAP Process Integration nicht um einen Adapter handelt, sondern um ein Produkt mit einer offenen Architektur, mit der man sowohl unternehmensinterne als auch unternehmensfremde SAP- und Nicht-SAP-Systeme miteinander verbinden kann.

Vor der Zeit der Integrationsplattform SAP Process Integration kommunizierten IT-Systeme untereinander überlicherweise mittels einer Punkt-zu-Punkt-Verbindung. Diese ist zwar im Regelfall sehr schnell und einfach zu realisieren, aber man sieht gleich, dass eine größere IT-Landschaft unübersichtlich wird und mit einer wachsenden Zahl an IT-Systemen der Wartungsaufwand überproportional steigt. In Abbildung 3.3 ist gut zu erkennen, was passiert, wenn eine Systemlandschaft so aufgebaut wird.

Zwar kann es sein, dass nicht alle Systeme an das neue System angebunden werden müssen, aber der Aufwand ist erheblich. Ein weiteres Problem ist die Wartung der vielen Verbindungen. Aufgrund der Masse an Verbindungen ist ein sehr breites und tief gehendes Know-how der Systemlandschaft nötig, um überblicken zu können, welche Verbindungen wichtig sind und welche in einem Fehlerfall vorranging behandelt werden müssen. Ein weiterer Faktor ist der dadurch entstehende Aufwand, der wiederum erhöhte Arbeitszeit und somit Kosten nach sich zieht. Alle diese Gründe lassen eine zentrale Integrationslösung sehr sinnvoll erscheinen.

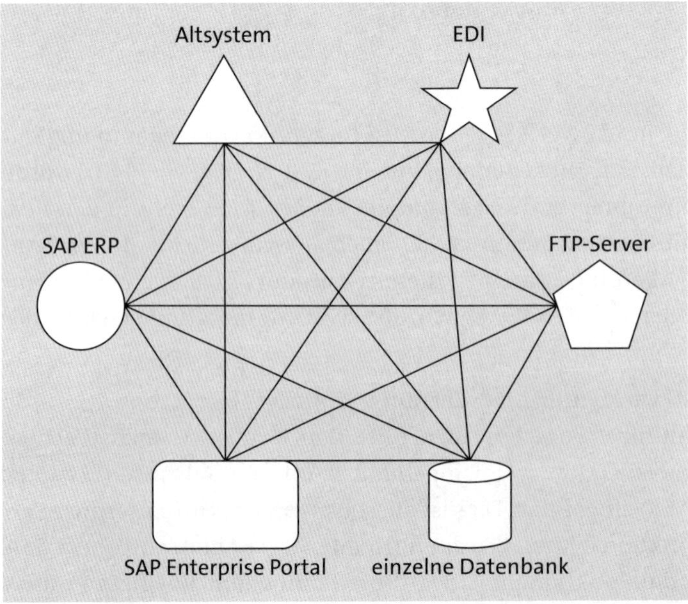

Abbildung 3.3 Punkt-zu-Punkt-IT-Landschaft

Eine solche zentrale Integrationslösung bietet SAP mit dem Middleware-System an. Hier wird eine Hub-and-Spoke- oder auch Sternentopologie verwendet. Wie in Abbildung 3.4 zu erkennen ist, fungiert das SAP-Process-Integration-System dort als zentrale Einheit, die die Kommunikation zwischen den Systemen steuert. Diese Architektur geht konform mit den SOA-Strategien, die Dienste einzelner Systeme für eine höher liegende Instanz kapseln und bereitstellen. Diese Dienste sind eigenständig, stellen eine bestimmte Funktionalität bereit und können remote aufgerufen werden.

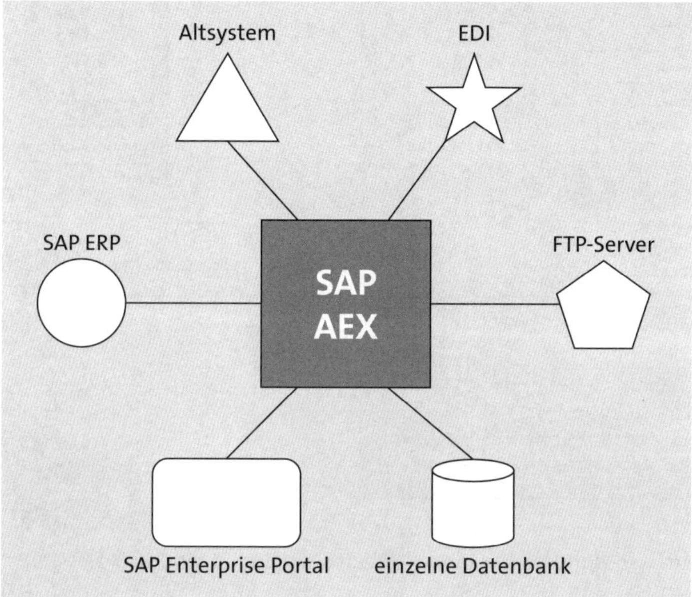

Abbildung 3.4 Hub-and-Spoke-IT-Landschaft

Ein Enterprise Service Bus kann die SOA-Architektur in einer heterogenen Systemlandschaft unterstützen. An diesem Punkt kommt das SAP-PI-System bzw. SAP AEX zum Tragen und übernimmt die Rolle eines Mittelsmannes, Übermittlers und Übersetzers.

Eine zentrale Rolle in einem SAP-PI-System spielen die Adapter. Dies sind Komponenten, die eine Nachricht von einem Sendersystem entgegennehmen bzw. an ein Empfängersystem senden. Dabei wandelt ein Senderadapter die Nachricht von einem nativen Senderformat in ein für das SAP-Process-Integration-System verständliches XML-Format um. Ein Empfängeradapter wandelt wiederum das XML-Format in ein natives Empfängerformat um. Standardmäßig wird eine Reihe von Formaten unterstützt, z. B. IDoc, FTP (File), HTTP und SOAP. Abbildung 3.5 zeigt eine Übersicht über die Architektur (aus AEX; SAP.com, 2016: Architektur [Advanced Adapter Engine Extended]).

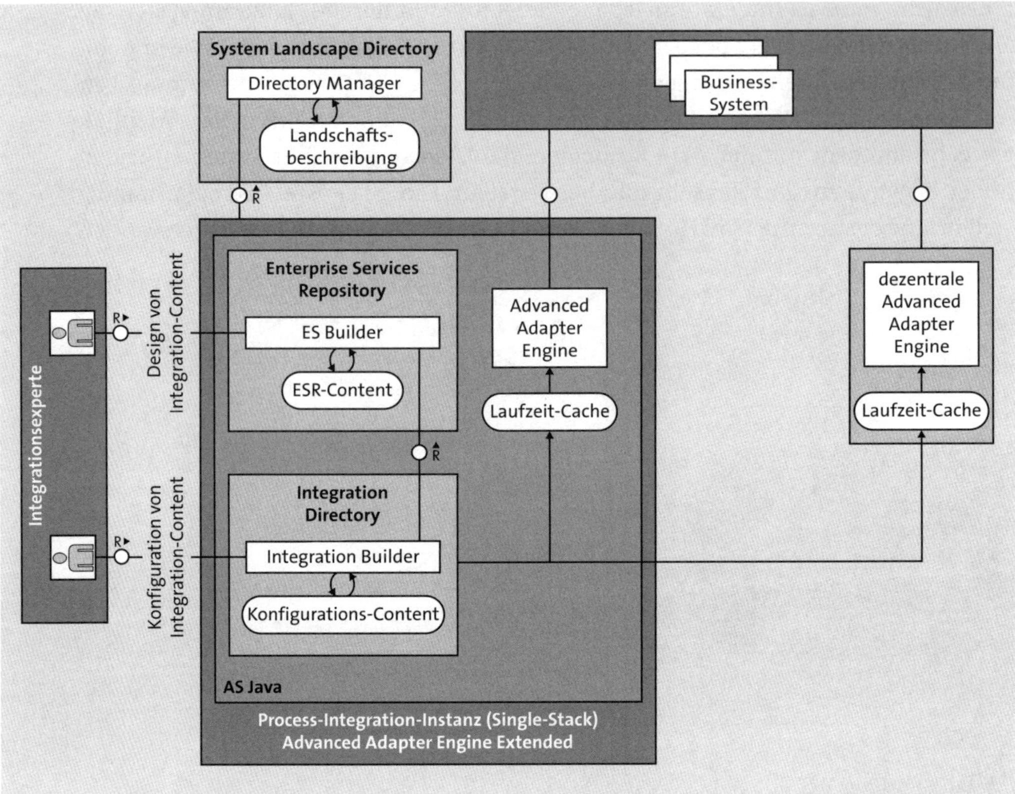

Abbildung 3.5 Architekturdarstellung der Advanced Adapter Engine Extended (AEX)

In einem SAP-NetWeaver-PI-System besteht die Möglichkeit, einen eigenen Adapter zu entwickeln und in das System einzuspielen (deployen). Dies kommt in seltenen Fällen vor, wenn ein System die Standardformate nicht lesen bzw. verarbeiten kann.

Wenn keine zu großen Unterschiede existieren, lassen sich auch Module für einen Adapter schreiben. Dies ist etwas weniger zeit- und kostenintensiv. Diese eigenentwickelten Adaptermodule können für alle Adapter erstellt werden, die auf dem System zur Verfügung stehen.

3.3 Entwicklung von SAP Composition Environment als Entwicklungsumgebung für SAP BPM und BRM

SAP Composition Environment wurde im Dezember 2007 erstmals veröffentlicht. Mit SAP CE wollte SAP eine Plattform anbieten, mit der man Applikationen erstellen und betreiben kann, die auf SOA basieren. In der ersten Version bestand SAP CE 7.1 aus dem SAP Composite Application Framework (CAF), Guided Procedures, Visual

Composer, Voice, Portal Content Modeling, Portal und der Universal Worklist. Erst in der Version 7.11 (2009) kam eine erste Version des SAP-BPM- und des SAP-BRM-Moduls hinzu (siehe auch Abbildung 3.6).

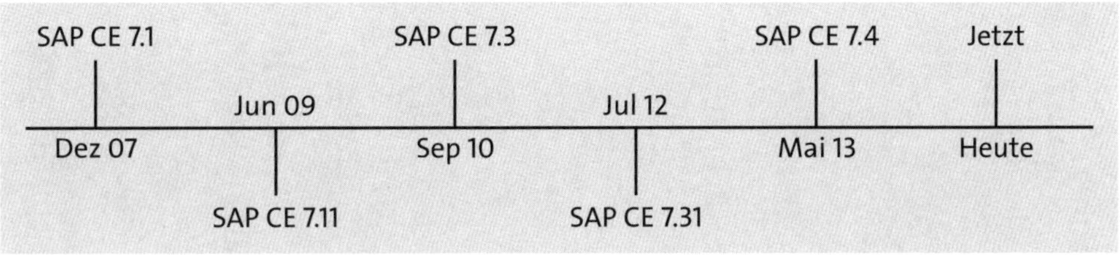

Abbildung 3.6 SAP Composition Environment Versionen

Mit der Version SAP Composition Environment 7.31 wurde es möglich, das Modul entweder als Teil des SAP-PO-Systems zu installieren oder weiterhin als Standalone-System zu verwenden.

3.3.1 SAP Business Process Management

Zusätzlich zu SAP Process Integration wurde der Bereich für Business-Prozesse überarbeitet. Die *Business Process Engine* (BPE) wurde durch das *Business Process Management* (BPM) abgelöst und soll die Unternehmensbereiche IT und Fachabteilungen näher zusammenbringen und die Arbeit über eine gemeinsame Prozessmodellierung vereinfachen. Dieser gemeinsame Standard ist BPMN 2.0.

3.3.2 SAP Business Rules Management

Schließlich rundet *SAP Business Rules Management* (BRM) das Gesamtpaket ab. Diese Komponente ermöglicht es Ihnen, einzelnen Prozessen Geschäftsregeln zuzuweisen. Diese Regeln können über eine eigene Oberfläche von der Fachabteilung selbstständig gepflegt werden und benötigen keine Transporte. Da diese Regeln zentral gesteuert werden, können sie flexibel zur Laufzeit der Unternehmenssituation angepasst werden.

Kapitel 4
System Landscape Directory

Eine SAP-Systemlandschaft ist meistens heterogen. Das heißt, in einer Unternehmenslandschaft gibt es unterschiedliche Anwendungssysteme verschiedener Hersteller, die miteinander agieren. Um die Komplexität zu optimieren, hat SAP das System Landscape Directory entwickelt. Diese Landkarte stellt die Topologie der Entwicklungen in der eigenen Systemlandschaft strukturiert und zentral dar.

In diesem Kapitel beschreiben wir zunächst den Aufbau eines solchen System Landscape Directorys (SLD), dessen technische Bestandteile sowie die Systemtypen. Dann kommen wir zum praktischen Teil, in dem Sie Schritt für Schritt die Konfiguration des SLD und der einzelnen, vorher kennengelernten Komponenten nachvollziehen können. Abschließend beschäftigen wir uns mit der strategischen Planung und der Organisation von Systemlandschaftsinformationen in Form von Topologieansätzen.

Das SLD dient als zentrales Systeminformationsverzeichnis der gesamten Landschaft. Es enthält die technischen Beschreibungen der in der Landschaft installierten und installierbaren Systeme, Produkte und Softwarekomponenten.

Das SLD trägt unter anderem dazu bei, wichtige Informationen, z. B. die für die Konfiguration benötigten Softwarekomponenten, an den SAP Solution Manager weiterzuleiten. Diese Informationen werden als Grundlage für das Landschaftsmanagement des Unternehmenssoftware-Lifecycles benötigt. Das SLD kann somit als *Standalone-System*, das zentral Landschaftsinformationen für alle beteiligen Systeme zur Verfügung stellt, betrachtet werden.

4.1 Common Interface Model

Das Common Interface Model (CIM) ist ein Standard der DMTF (Distributed Management Force) und basiert auf dem objektorientierten Modellierungsansatz. Die DMTF ist ein Konsortium aus verschiedenen Unternehmen zur Organisation einheitlicher Open-Source-Standards, die sich über verschiedene aufkommende und traditionelle IT-Infrastrukturen wie Cloud, Virtualisierung, Netzwerk, Server und Storage erstrecken.

»The DMTF creates open manageability standards spanning diverse emerging and traditional IT infrastructures including cloud, virtualization, network, servers and storage.«
(http://www.dmtf.org/about)

Der Vorteil dieser Standards ist die einfache Erweiterbarkeit der Beschreibungsschemata zu den einzelnen Elementen in einer Systemlandschaft im Rahmen von Kernklassen. SAP verwendet diese Norm in SAP-spezifischen Klassen. So werden z. B. für unterschiedliche Systeme unterschiedliche Objekte, basierend auf Klassen, erzeugt. Klassen können eine Ansammlung von anderen Objekten als Attribute umfassen. Damit diese Klassen Erweiterungen wie neue Attribute erhalten können, lassen sich diese mittels Beschreibungsschemata einfach vorgeben und auf die jeweilige Klasse übertragen.

Eine Besonderheit des CIM ist die Beschreibung der Verbindung zwischen den Klassen. Über *Referenzschlüssel* können z. B. zwei Klassen verbunden werden. Eine *Assoziation* ist eine Klasse, die zwei Referenzschlüssel beinhaltet und eindeutig einer CIM-Instanz zuzuordnen sein soll.

[»]

Definition CIM-Instanz

Eine Instanz ist eine Ausprägung einer Klasse oder ein Objekt der Klasse. Alle in der Klasse definierten Eigenschaften besitzen bei einer Instanz feste Werte.

Beispiel: Die CIM-Klasse `SAP_Product` kann Instanzen besitzen, wie z. B. `mySAP CRM` und `R/3 Enterprise`.

In Abbildung 4.1 werden zwei Instanzen mittels einer Verbindungsinstanz assoziiert.

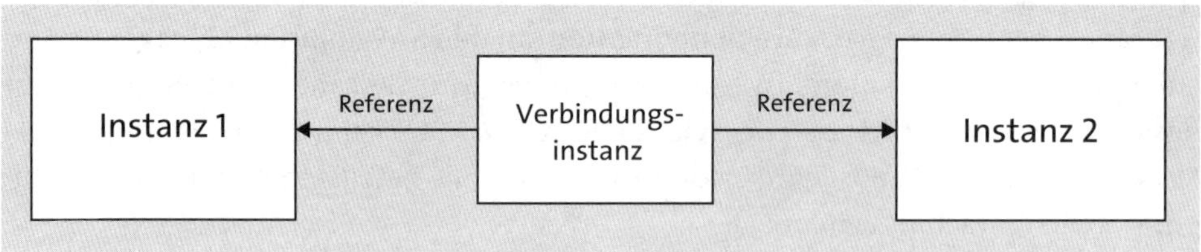

Abbildung 4.1 Assoziation zweier Instanzen

4.2 Zugriff und Konfiguration

Das System Landscape Directory (SLD) ist eine Komponente von SAP NetWeaver. Es ist eine Java-basierte Entwicklung, die auf dem SAP-Web-Application-Java-System deployt ist. Es ist seit SAP NetWeaver Release 04 Teil der Installation.

4.2.1 SLD-Zugriff

Der Zugriff auf dem SLD erfolgt über den Webbrowser unter der Eingabe folgender URL: *http://< Fully-Qualified Host Name>:<5$$00>/sld*

Die Portnummer beinhaltet den Platzhalter $$. An dessen Stelle wird die eigentliche Systeminstanznummer von SAP Process Orchestration gepflegt, zum Beispiel: *http://<hostname.musterfirma>.de:52300/sld*

Nach dem Aufruf des Links erhalten Sie die Login-Maske (siehe Abbildung 4.2).

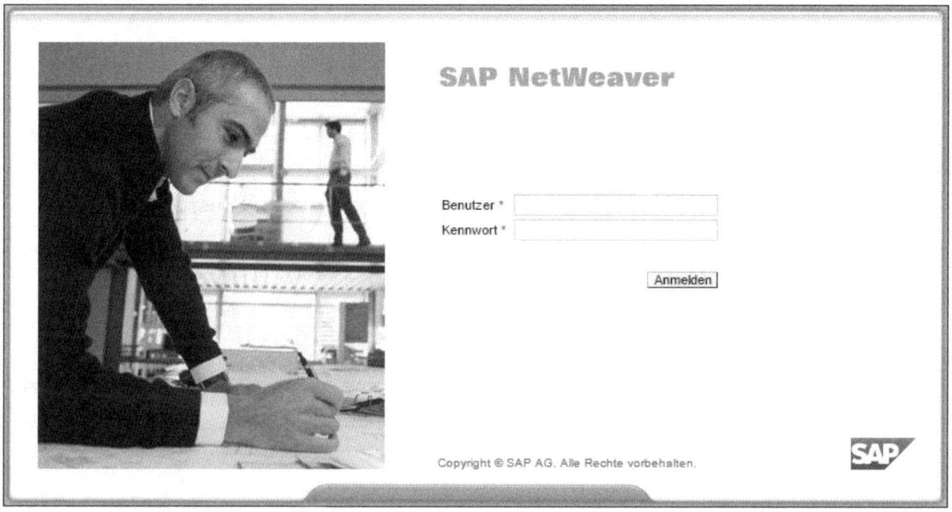

Abbildung 4.2 Anmeldebildschirm von SLD

4.2.2 SLD-Konfiguration

Nach der vollständigen Installation und vor der manuellen Konfiguration (z. B. der Sicherheitskonfiguration) können Sie die Wizard-basierte Grundkonfiguration für das SLD ausführen. Der Konfigurationsassistent dient dazu, Zeit zu sparen und den Administrator sicher durch die wichtigsten Einstellungen zu begleiten.

Erstkonfiguration

Im Rahmen dieses Abschnitts führen wir Sie Schritt für Schritt durch die Erstkonfiguration eines SLD.

Um in die SLD-Sicht zu gelangen, führen Sie wie in Abschnitt 4.2.1, »SLD-Zugriff«, beschrieben, Ihre SLD-URL aus. Mit der Eingabe der Kombination aus Benutzer/Passwort gelangen Sie zur SLD-Startseite, die in Abbildung 4.3 gezeigt wird

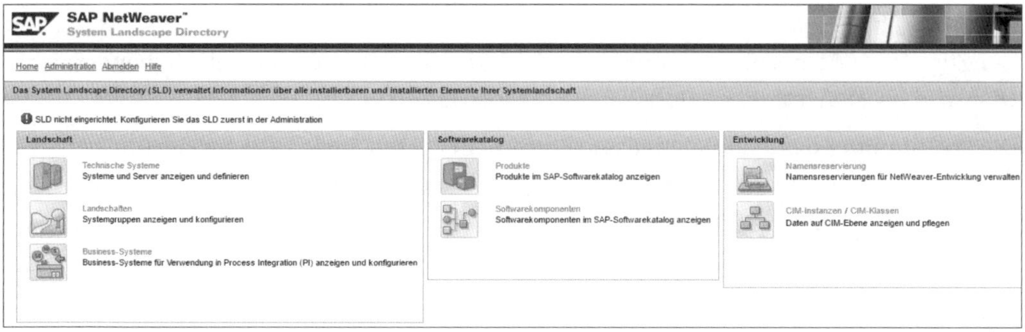

Abbildung 4.3 SLD-Startseite

Wie in der Systemmeldung in Abbildung 4.3 zu sehen, muss das SLD erstmals eingerichtet werden. Um das SLD konfigurieren zu können, müssen Sie als Administrator im SLD angemeldet sein. Als Nächstes wählen Sie den Link **Administration** aus.

Auf der Administrationsseite, die Sie in Abbildung 4.4 sehen, können Sie alle für die Steuerung des SLD wichtigen Einstellungen vornehmen.

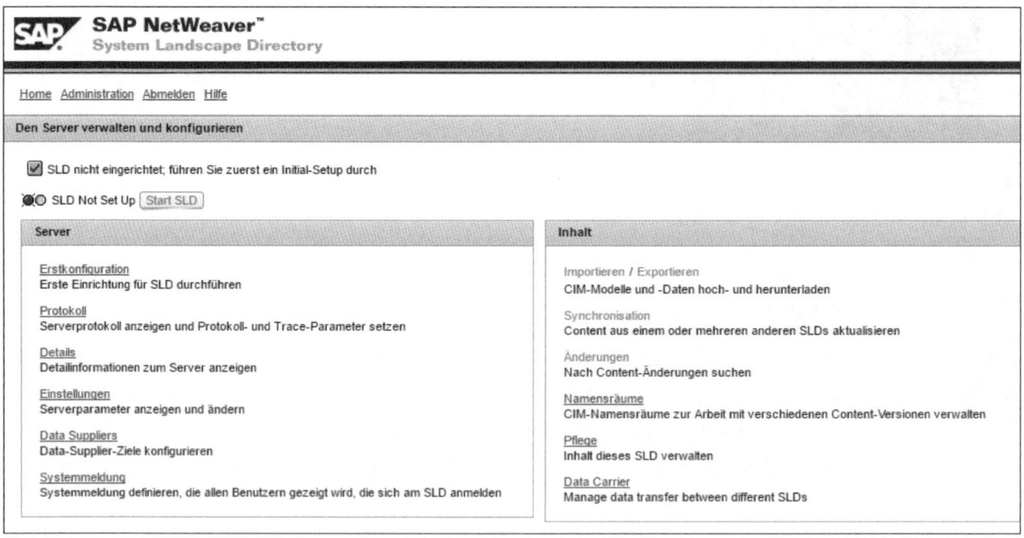

Abbildung 4.4 SLD-Administrationsseite

Um das SLD einrichten zu können, klicken Sie auf den Link **Erstkonfiguration** im Bereich **Server**, und führen Sie die aufgeführten Schritte aus:

1. Geben Sie wie in Abbildung 4.5 den Hostnamen des SLD im Feld **Object Server Name** ein.
2. Danach aktivieren Sie das Häkchen zum Import des Softwarekatalogs.

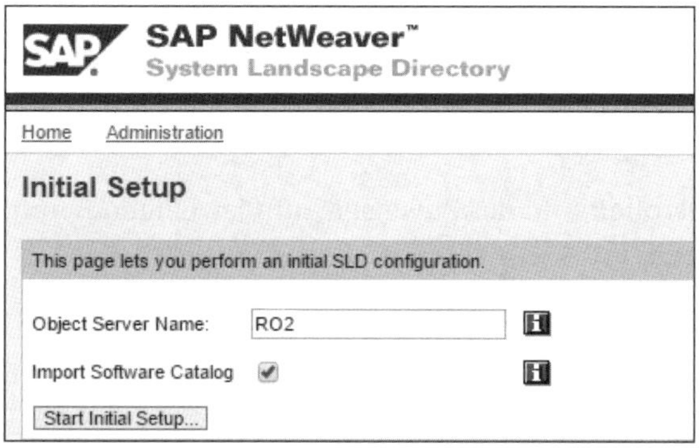

Abbildung 4.5 Initial Setup des SLD

3. Klicken Sie anschließend auf **Start Initial Setup**. Mit dieser Ausführung wird das lokale SLD automatisch eingerichtet.
4. Nach Abschluss dieses Vorgangs, klicken Sie wieder auf **Administration**.
5. Nun können Sie überprüfen, ob das SLD erfolgreich eingerichtet wurde.

Wenn das SLD richtig konfiguriert wurde, können Sie den Status *SLD Running*, wie in Abbildung 4.6 zu entnehmen, auf der Administrationsseite einsehen.

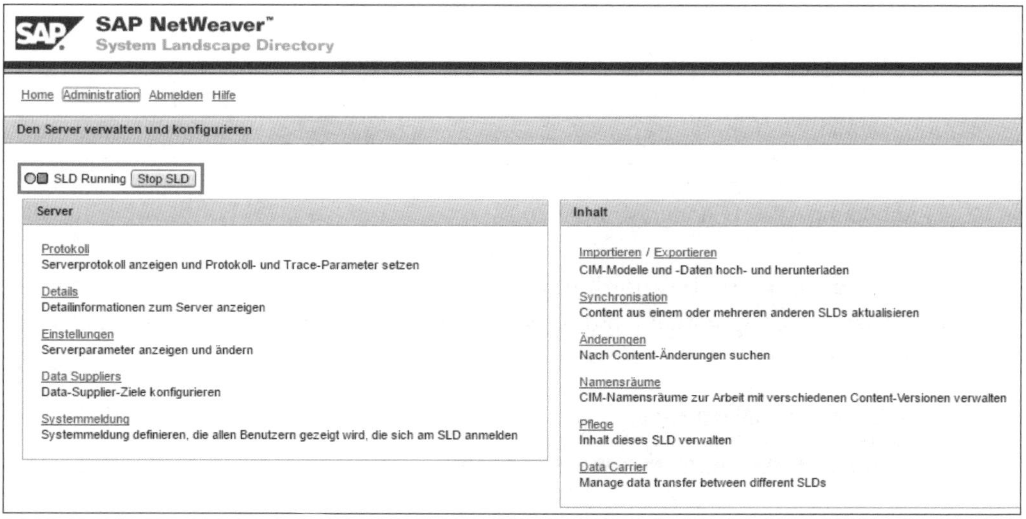

Abbildung 4.6 SLD-Administrationsseite nach der Konfiguration

Sicherheitskonfiguration

Im Rahmen des SAP-Berechtigungskonzepts werden Benutzern und Benutzergruppen Rollen und daraus resultierend Berechtigungen zugewiesen. Diese Zuweisung wird benötigt, um den jeweiligen Handlungsradius eines Benutzers abzustecken.

Das Gleiche gilt auch innerhalb des SLD. So müssen Benutzern für die Konfiguration bzw. Administration, an ihren Aufgaben orientiert, spezielle Rollen zugewiesen werden. Um dies zu realisieren, führen Sie ein sogenanntes Benutzerrollen-Mapping durch.

Die Erstellung von Berechtigungsrollen und das Zuweisen zum jeweiligen Benutzer nehmen Sie mit folgenden Schritten vor:

1. Rufen Sie den Navigationslink **Administration** auf.
2. Unter **Administration** wählen Sie in der Rubrik **Server** den Link **Einstellungen** (siehe Abbildung 4.7).

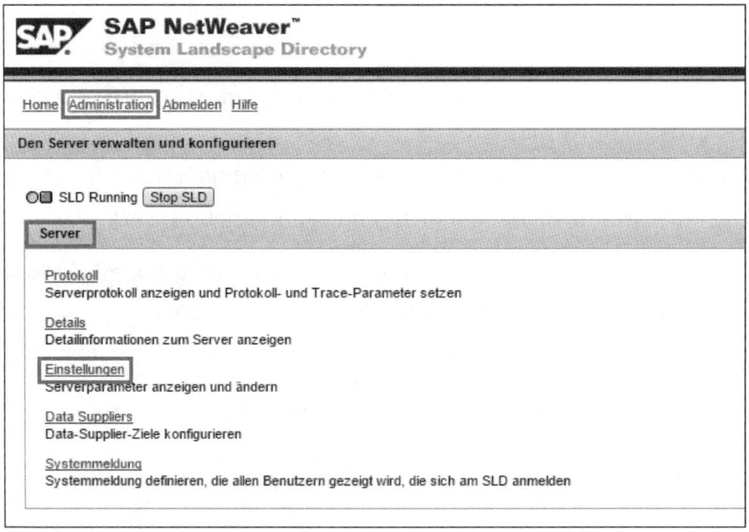

Abbildung 4.7 SLD-Administration

3. Um die automatische Zuordnung der Rollen durchzuführen, klicken Sie im Reiter **Server-Konfiguration** auf die Schaltfläche **Rollenzuordnung durchführen** (siehe Abbildung 4.8).

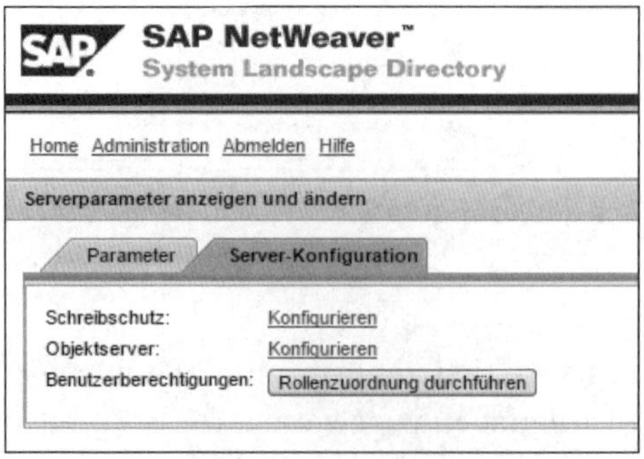

Abbildung 4.8 Rollenzuordnung

4. Nach dem Ausführen der automatischen Rollenzuordnung erhalten Sie eine Bestätigung mit allen relevanten Standard-SLD-Gruppen, die zu diesem Zeitpunkt die neuen Rollen erhalten haben (siehe Abbildung 4.9).

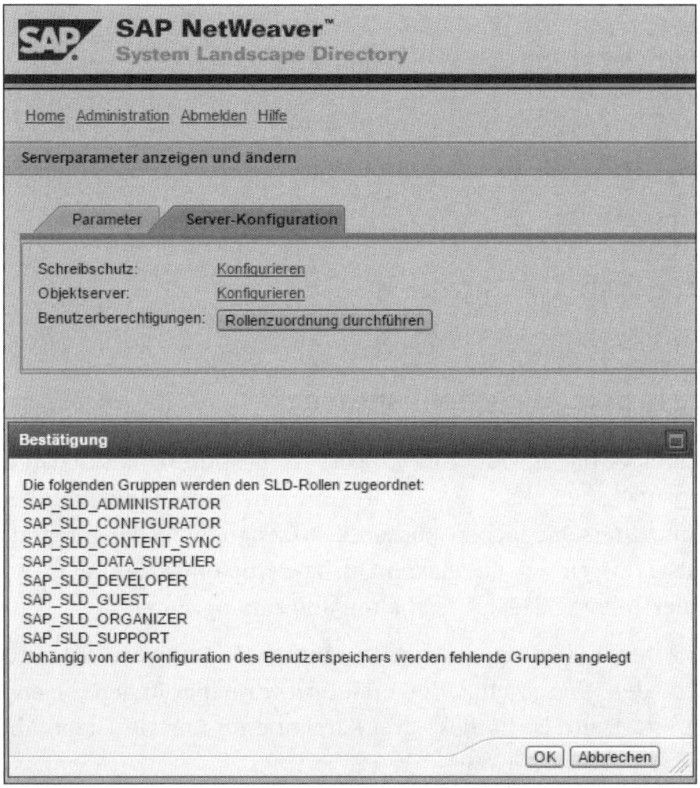

Abbildung 4.9 Bestätigung der Rollenzuordnung

5. Nun besitzen die relevanten Standardgruppen im SLD die Berechtigungsrollen. Sie müssen gegebenenfalls abschließend die Standardgruppen mit Ihren in SAP Process Orchestration vorhandenen Benutzern und Benutzergruppen verknüpfen.
6. Abschließend überprüfen Sie die Schreibschutzeinstellung für das SLD.
7. Klicken Sie bei **Schreibschutz** auf **Konfigurieren** (siehe Abbildung 4.9). Damit nur Benutzer mit den entsprechenden SLD-Berechtigungen Änderungen vornehmen können, kann der Schreibschutz für das SLD angepasst werden. Als Standard wird die Option **Kein/keine**, wie in Abbildung 4.10 zu sehen, vorgegeben. Mit dieser Option kann also jeder berechtigte Benutzer Änderungen innerhalb des SLD vornehmen. Weiter kann ein bestimmter Benutzer vorgegeben oder es können alle Benutzer ausgeschlossen werden.

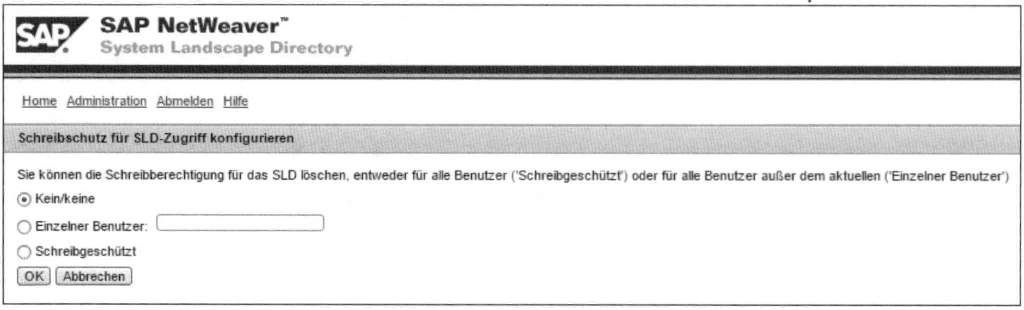

Abbildung 4.10 SLD-Schreibschutz

Nun haben Sie Ihr SLD grundlegend eingerichtet.

4.3 SLD-Objekte in der SAP-Systemlandschaft

Das SLD stellt die Schlüsselrolle in jeder SAP-Process-Orchestration-Landschaft dar. Es beinhaltet alle Informationen über die Softwarekomponenten, Produkte und Systeme, die ebenfalls in unterschiedlichen Phasen des Designs und der Integration benötigt werden. Im SLD lassen sich Entwicklungen bzw. Implementierungen in der Systemlandschaft einer Topologie gleich festhalten und katalogisieren.

Im SLD können Sie zwischen den drei Kategorien **Landschaft**, **Softwarekatalog** und **Entwicklung** unterscheiden. Diese Kategorien erläutern wir näher in den folgenden Abschnitten. Die SLD-Startseite ist in diese drei Kategorien unterteilt (siehe Abbildung 4.11).

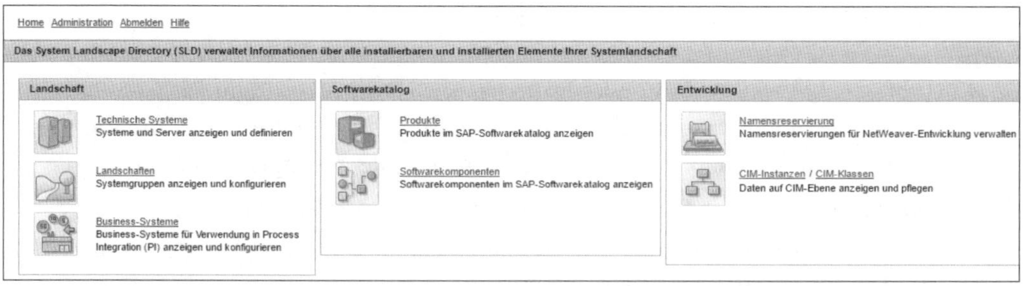

Abbildung 4.11 SLD Kategorien

In der Kategorie **Landschaft**, auch *Systemkatalog* genannt, werden alle Informationen der installierten und installierbaren Systeme festgehalten (siehe Abbildung 4.12). In dieser Kategorie werden explizit die technischen und die Business-Systeme beschrieben, die ebenfalls in einer »Art« Landschaft konfiguriert und gruppiert werden.

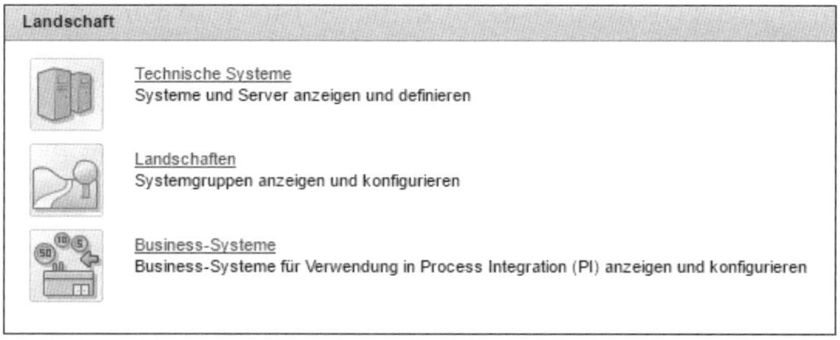

Abbildung 4.12 SLD-Landschaftskategorie

Technische Systeme sind Anwendungssysteme, die in der Landschaft installiert sind (z. B. SAP Customer Relationship Management [CRM], SAP Solution Manager, SAP Process Orchestration, SAP Hybris E-Commerce etc.). Die technischen Systeme im SLD lassen sich in die folgenden fünf Typen unterscheiden:

- Systeme, die auf dem SAP NetWeaver Application Server (AS) ABAP basieren
- Systeme, die auf dem SAP NetWeaver Application Server (AS) Java basieren
- Standalone-Systeme (eigenständige Systeme)
- Drittanbietersysteme
- SAP Process Orchestration (PO)

In den folgenden Abschnitten beschreiben wir die Konfiguration der ersten vier Typen.

Konfiguration des Systemtyps SAP Process Orchestration

Der letzte Typ, *SAP Process Orchestration*, stellt SAP Process Orchestration selbst dar und wird automatisch im SLD als Integration-Server und Adapter Engine registriert. Aus diesem Grund wird die Konfiguration nicht weiter beschrieben.

4.3.1 Technisches System, das auf SAP NetWeaver AS ABAP basiert

Ein SAP NetWeaver AS ABAP ist ein Applikationsserver, entwickelt von SAP, der aus mehreren Applikationsserver-Instanzen sowie einer oder mehreren Datenbanken besteht. SAP-Systeme wie SAP ERP, SAP CRM oder SAP Solution Manager basieren auf AS ABAP.

Das Anlegen bzw. die Registrierung eines technischen Systems vom Typ ABAP erfolgt in den meisten Fällen komplett automatisch. Dafür müssen das zugehörige SLD und der jeweilige ABAP-Stack verbunden sein. Dazu werden aufseiten von SAP NetWeaver AS ABAP Systeminformationen über ein Datenerfassungsprogramm gesammelt und an das SLD weitergeleitet (Transaktion RZ70). Dieser Vorgang wird meistens von der SAP-Basis-Abteilung eines Unternehmens durchgeführt.

Es ist nicht zu empfehlen, das technische System vom Typ ABAP manuell anzulegen. Nur wenn eine automatische Registrierung eines technischen ABAP-Systems nicht möglich ist, sollte das manuelle Anlegen angewandt werden.

[!]

Automatische Registrierung des Systems

SAP empfiehlt eine automatische Registrierung eines technischen Systems vom Typ ABAP.

Um ein technisches System vom Typ ABAP manuell anzulegen, müssen die folgenden Schritte durchgeführt werden:

1. Öffnen Sie die SLD-Startseite.
2. Klicken Sie auf **Technische Systeme** im Bereich **Landschaft**.
3. Anschließend klicken Sie auf **Neues technisches System** (siehe Abbildung 4.13).

Abbildung 4.13 Neues technisches System anlegen

4. Daraufhin werden Sie zum technischen Systemassistenten weitergeleitet.
5. Wählen Sie nun **AS ABAP** aus, und klicken Sie auf **Weiter**. Dann werden Sie vom System darauf hingewiesen, dass Systeme vom Typ SAP NetWeaver AS ABAP und AS Java im SLD automatisch registriert werden sollten.
6. Im nächsten Schritt müssen Sie die ABAP-Systemdetails eingeben (System-ID – Feld **AS ABAP Name (SID)**, **Installationsnummer** und **Datenbank-Hostname**, siehe Abbildung 4.14). Klicken Sie danach auf **Weiter**.

[»]

Installationsnummer

Die Installationsnummer können Sie beim Ausführen der Transaktion SLICENCE auf dem ABAP-Backend-System ermitteln.

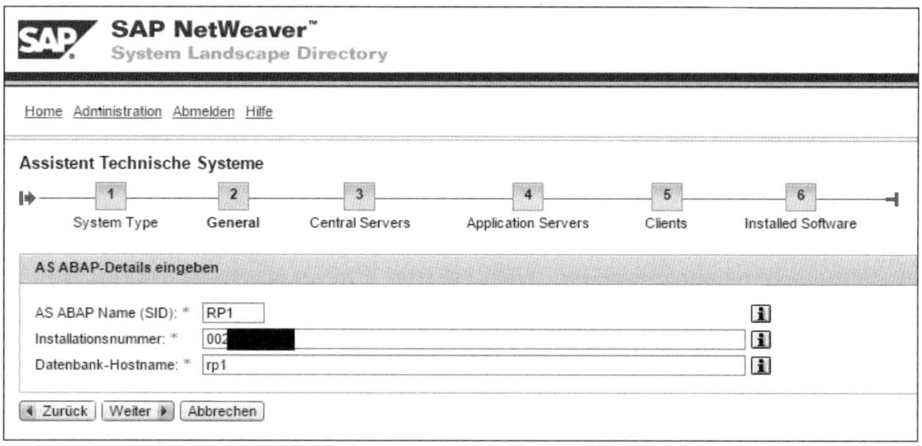

Abbildung 4.14 Allgemeine Informationen des ABAP-Systems

7. In diesem Abschnitt des Assistenten müssen Sie die Informationen zum Message-Server (Port und Anmeldegruppe) und zum zentralen Anwendungsserver eingeben (Hostname und Instanznummer, siehe Abbildung 4.15). Dann klicken Sie auf **Weiter**.

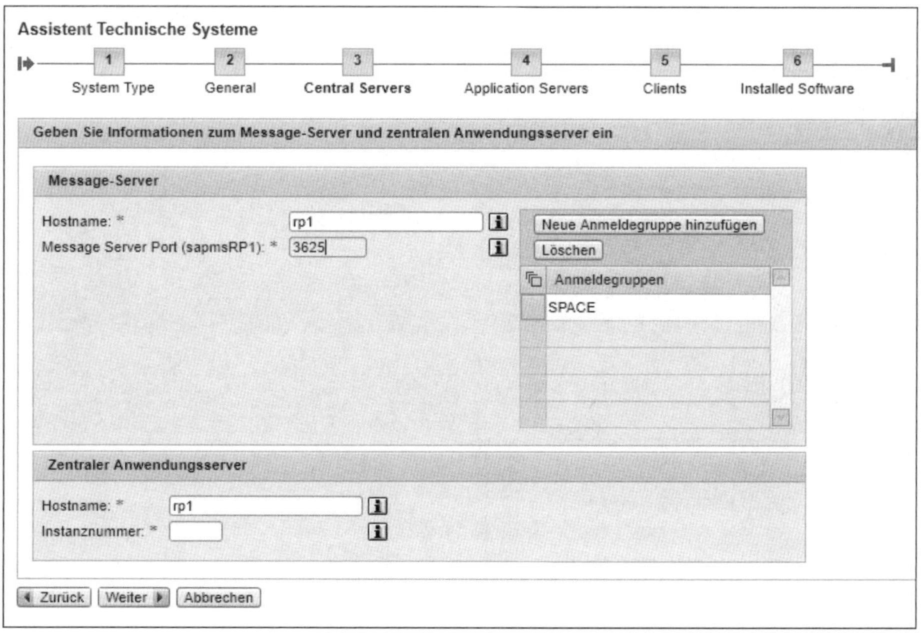

Abbildung 4.15 Message-Server-Port und Anmeldegruppen

[»]

Message-Server-Port

Der Message-Server-Port (sapmsSID-Port) besteht im Normalfall aus der Kombination *36$$*, (z. B. 3625, wobei $$ die Instanznummer 25 ist). Über die Transaktion SMMS können Sie diese Informationen direkt ermitteln.

8. Im Schritt **Anwendungsserver** fügen Sie manuell den Anwendungsserver des ABAP-Systems hinzu und klicken auf **Weiter**. (Dieser Schritt ist optional.)
9. Jetzt tragen Sie die Systemmandanten als Liste ein. Jeden Mandanten des ABAP-Systems müssen Sie für die weitere Verwendung in der Landschaft in diesem Schritt pflegen. Anschließend klicken Sie auf **Weiter**.
10. Abschließend installieren Sie die zugehörigen Produkte bzw. Softwarekomponenten.

Mit dem Assistenten haben Sie ein technisches System *manuell* angelegt. Wie in Abbildung 4.16 zu sehen, fehlen beim manuellen Anlegen viele Informationen z. B. Lizenznummer des Systems, Systemrelease, Datenbankdetails.

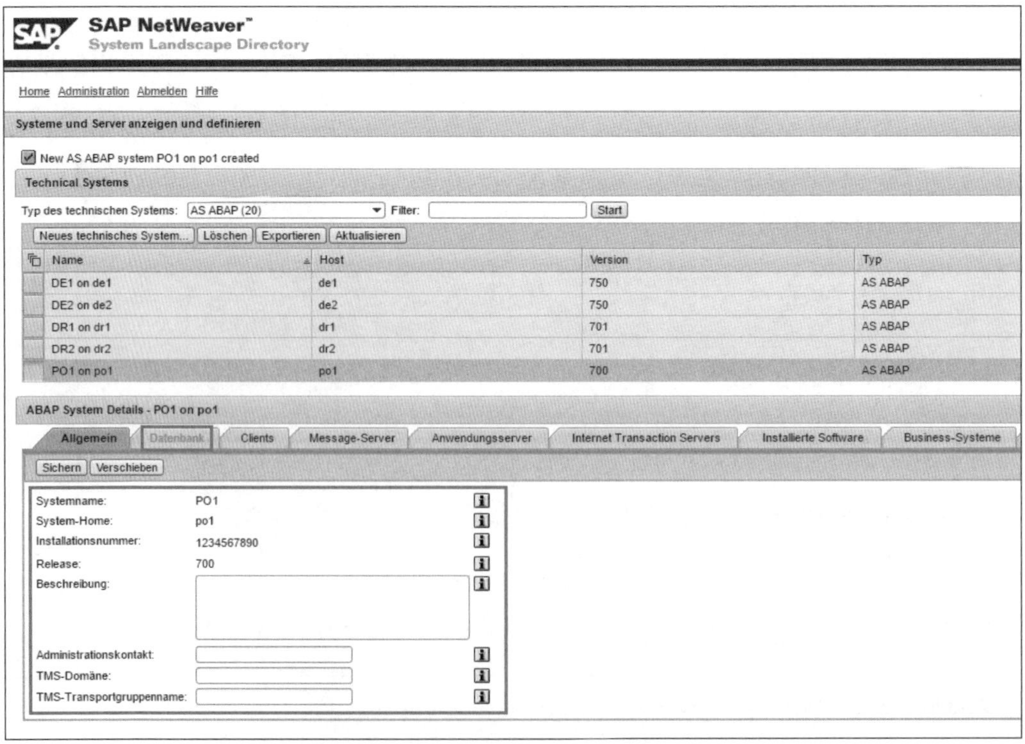

Abbildung 4.16 Manuell angelegtes technisches System vom Typ ABAP

Abbildung 4.17 zeigt, welche Informationen vorhanden sind, wenn das System automatisch registriert wird.

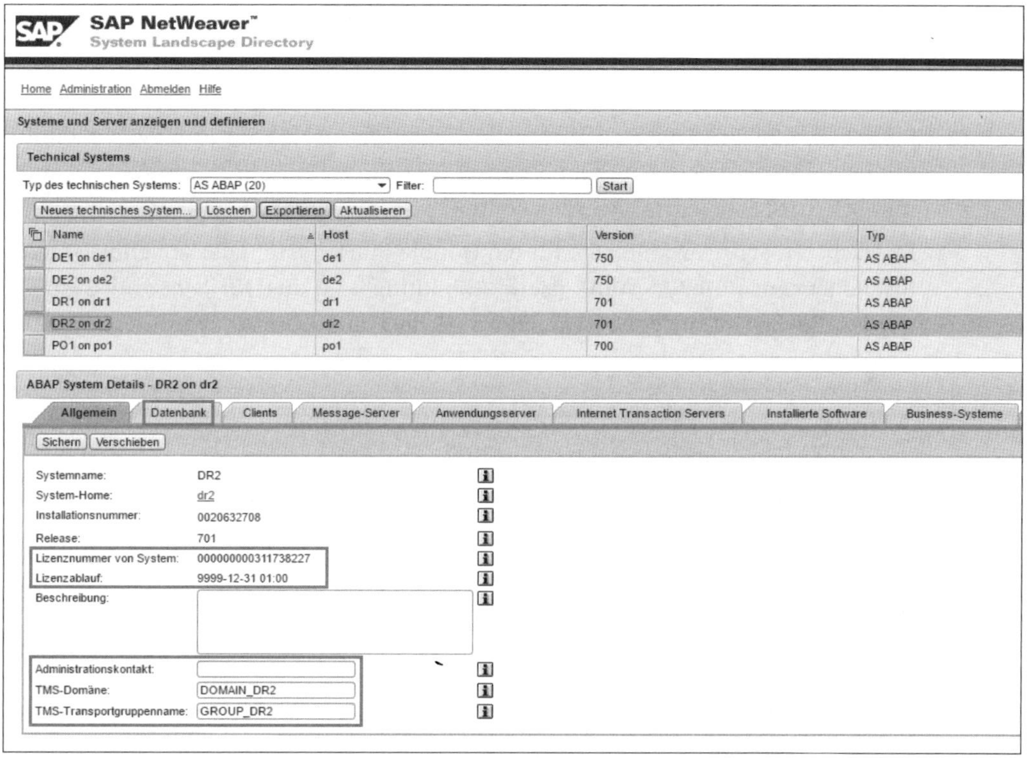

Abbildung 4.17 Automatisch registriertes technisches System vom Typ ABAP

4.3.2 Technisches System, das auf SAP NetWeaver AS Java basiert

Ein SAP NetWeaver AS Java ist ein Applikationsserver, entwickelt von SAP, der aus mehreren Applikationsserver-Instanzen sowie einer oder mehreren Datenbanken besteht.

So haben viele SAP-Systeme entweder einen Single Stack wie SAP-Process-Orchestration-Systeme (Java-only) oder wie SAP CRM oder SAP ERP im Rahmen des Dual-Stack-Prinzips neben einem ABAP-Stack einen Java-Stack. Aufgrund des plattformübergreifenden Java-Konstrukts lassen sich die unterschiedlichsten Technologien, etwa Webanwendungen (unter anderem WEBUI), integrieren. Daher werden ABAP- und Java-Stack gemeinsam in der SLD registriert.

Wie bei den technischen Systemen des Typs AS ABAP läuft das Anlegen eines technischen Systems vom Typ Java automatisch. Wenn eine automatische Registrierung nicht möglich ist, können Sie auch hier das technische System manuell anlegen. Um ein technisches System vom Typ Java *manuell* anzulegen, führen Sie die folgenden Schritte durch:

Führen Sie die Schritte 1 bis 4 aus dem vorangegangenen Abschnitt zur Anlage eines ABAP-Systems aus.

1. Wählen Sie im Anschluss bei der Auswahl der Systemtypen die Option **AS Java**, und klicken Sie auf **Weiter**. Während der Selektion werden Sie vom System darauf hingewiesen, dass Systeme vom Typ SAP NetWeaver AS ABAP und AS Java automatisch im SLD registriert werden sollten.
2. Im nächsten Schritt wählen Sie für ein Double-Stack-System das zugehörige technische System unter **AS ABAP** (siehe Abbildung 4.18) aus, für Java-only-Systeme wählen Sie die Option **None (standalone AS Java)** aus. Dann klicken Sie auf **Weiter**.

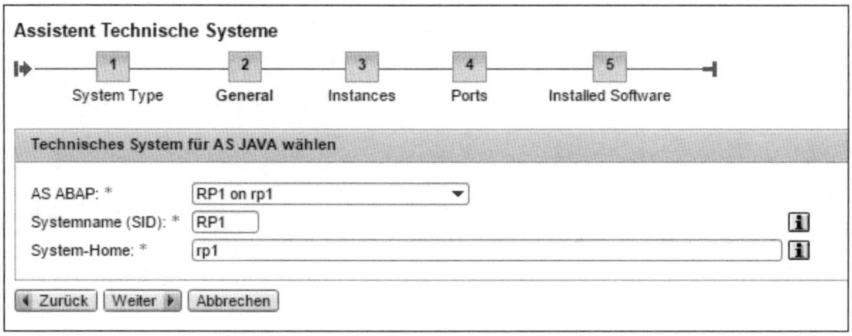

Abbildung 4.18 Technisches System für AS Java wählen

3. Im folgenden optionalen Schritt geben Sie die Informationen zu den Systeminstanzen (z. B. zentrale Instanz, Dialoginstanz), Knoten und Ports ein. Danach klicken Sie auf **Weiter**.
4. Anschließend können Sie die Informationen zur zentralen Instanz eingeben, wie Portnummer und die zugehörigen Protokolle.

[»]

Optionale Schritte im Assistenten

Das Anlegen der Systeminstanzen und die Definition der Ports sind optionale Schritte im Assistenten.

5. Im letzten Schritt wählen Sie die zugehörigen Produkte bzw. Softwarekomponenten aus und installieren diese auf dem angelegten technischen System. Wählen Sie hierfür auf der linken Seite die im System installierten Produkte aus, indem Sie **Installiert** auswählen (siehe Abbildung 4.19). Danach werden alle Softwarekomponenten zu dem ausgewählten Produkt erscheinen. Schließlich wählen Sie die installierten Softwarekomponenten aus, indem Sie das Symbol **Installiert** auswählen.

Im Allgemeinen lassen sich während des manuellen Anlegens der technischen Systeme (Java und ABAP) keine Daten direkt aus dem jeweiligen System auslesen. Das heißt, Sie müssen bei diesen Varianten des Anlegens alle technischen Details zum System manuell pflegen. Dies kann zu fehlerhafte Eintragungen oder einem hohen Zeitaufwand führen.

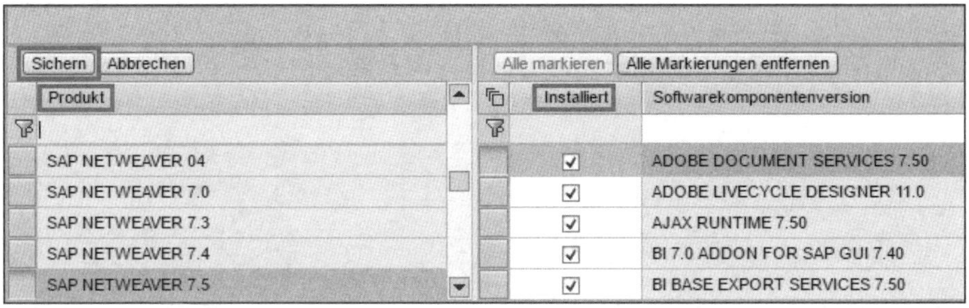

Abbildung 4.19 Installation eines Produkts auf dem technischen System

4.3.3 Technisches System vom Typ Standalone

Wie andere Systeme aus der eigenen Systemlandschaft (ABAP und Java) kann ein technisches SAP-System vom Typ Standalone manuell angelegt werden. Andere technische Systeme vom Typ Standalone, die nicht von SAP zur Verfügung gestellt werden, müssen hingegen generell manuell angelegt werden. Als Standalone-Systeme werden Systeme ohne einen eigenen ABAP-Stack bezeichnet.

So legen Sie ein Standalone-System an:

1. Wiederholen Sie auch hier die Schritte 1–4 aus Abschnitt 4.3.1, »Technisches System, das auf SAP NetWeaver AS ABAP basiert«, zum Anlegen eines technischen Systems.
2. Wählen Sie aus der Auswahl der anzulegenden Systemtypen die Option **Standalone** aus, und klicken Sie auf **Weiter** (siehe Abbildung 4.20).

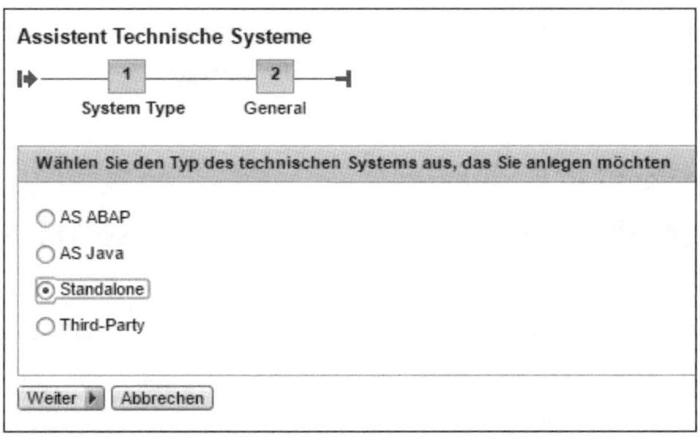

Abbildung 4.20 Auswahl des technischen Systems »Standalone«

3. Geben Sie hier die notwendigen technischen Daten **ID des technischen Systems** und **System-Hostname** ein. Abschließend klicken Sie auf **Fertig stellen** (siehe Abbildung 4.21).

[»] **Freie Wahl in der Namensgebung**

Die Namen sind frei wählbar und werden nicht vom SLD überprüft. Die ID des Systems stellt die technische Identifikation dieses Systems in der Systemlandschaft dar.

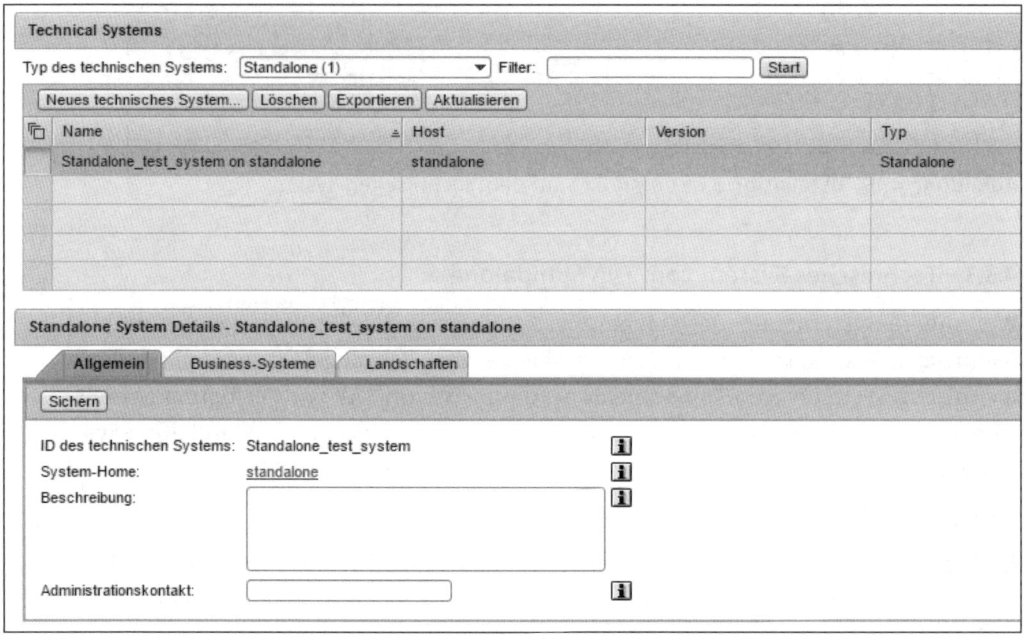

Abbildung 4.21 Technisches System vom Typ Standalone im SLD

Wie dem Assistenten zu entnehmen, setzt ein technisches System vom Typ Standalone keine Installationen von Produkten oder Softwarekomponenten voraus. Daher wird dieser Systemtyp in einer produktiven Landschaft selten benutzt.

4.3.4 Technisches System vom Typ Third-Party

Technische Systeme vom Typ Third-Party (Drittanbietersysteme) sind Systeme, die Drittanbieterprodukte bzw. Drittanbieter-Softwarekomponenten beinhalten.

Mit den folgenden Schritten legen Sie ein technisches System vom Typ Third Party an:

1. Wie in allen vorangegangenen technischen Systemkonfigurationen, führen Sie auch hier die Schritte 1–4 aus Abschnitt 4.3.1, »Technisches System, das auf SAP NetWeaver AS ABAP basiert«, durch.

2. Wählen Sie dann die Option **Third-Party**, und klicken Sie auf **Weiter** (siehe Abbildung 4.22).

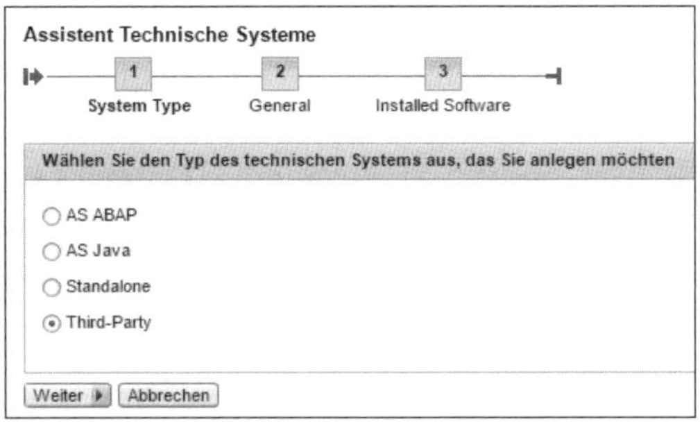

Abbildung 4.22 Anlegen des technischen Systems vom Typ »Third-Party«

3. Geben Sie den Systemnamen und den Hostnamen ein, und klicken Sie auf **Weiter**.
4. Im letzten Schritt müssen Sie die Produkte bzw. Softwarekomponenten auswählen und auf dem angelegten technischen System installieren. Wählen Sie auf der linken Seite die im System installierten Produkte aus, indem Sie **Installiert** auswählen. Danach werden alle Softwarekomponenten zu dem ausgewählten Produkt erscheinen. Schließlich wählen Sie die installierten Softwarekomponenten aus, indem Sie das Symbol **Installiert** auswählen.

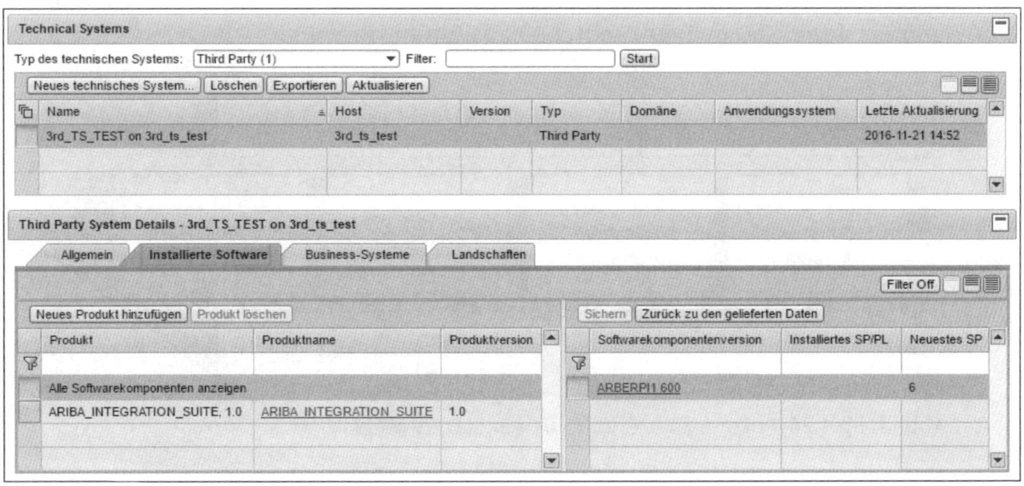

Abbildung 4.23 Third-Party-System mit installierten Softwareprodukten

4.4 SLD-Konzept

In diesem Abschnitt stellen wir Ihnen das Konzept zur Abbildung einer Systemlandschaft vor. Dieses Konzept stellt einen wichtigen Prozess bei der Definition einer individuellen Landschaftsstrategie für die SLD-Basis dar.

Jedes Unternehmen kann ein SLD installieren und es in den eigenen Betrieb integrieren. Allerdings muss vorher zur Reduzierung innerbetrieblicher Konflikte ein für die unternehmenseigene IT-Infrastruktur optimales Konzept erstellt werden.

Mehrere SLDs in einer Architektur stellen in einer heterogenen Landschaft keine Seltenheit mehr dar. Basierend auf der Systemverteilung (geografisch oder administrativ) werden Systemgruppen definiert (z. B. wird jede Gruppe einem SLD zugeordnet). Das Konzept, mehrere SLDs einzurichten (Poly-SLD) ist dann sinnvoll, wenn ein Unternehmen seine produktive Umgebung isolieren möchte. Dann haben nur die Administratoren den Zugriff auf das produktive SLD, wohingegen die Entwickler an einem Designtime-SLD arbeiten können.

Ein Vorteil dieser Isolierung und Trennung von SLDs ist die Ausführung von Tests, CIM-Data-Model-Updates und Patches. Mit verschiedenen SLDs lassen sich operative Releases in der Systemlandschaft organisierter umsetzen.

4.4.1 Der richtige Prozess

Sie können das SLD in Ihrer SAP-Landschaft auf unterschiedlichen Wegen implementieren und ausführen. Jede Option hat Vor- und Nachteile. Deshalb müssen Sie die Installation des SLD gemäß Ihren Landschaftsanforderungen planen.

Abbildung 4.24 zeigt einen möglichen Prozess, um eine Strategie zu definieren, wie und wo Sie ein SLD in Ihrer Landschaft ausführen können.

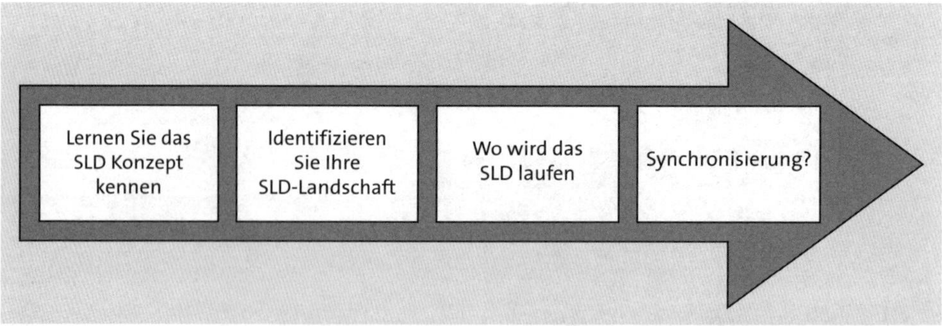

Abbildung 4.24 Prozess zur Definition einer SLD-Strategie

Das richtige SLD-Konzept zu definieren ist nach wie vor das Grundgerüst der Erstellung einer IT-Strategie. Aus diesem Grund sollten Sie sich mit dem SLD, den SAP-Systemen und deren fundamentalen Konzepten vertraut machen. Stellen Sie daher grundlegende Konzeptfragen, wie z. B.:

- Benötigen Sie mehrere SLDs? Wenn ja, warum?
- Wie soll das SLD eingerichtet und ausgeführt werden (als Standalone, auf dem SAP-Solution-Manager-System, auf dem SAP-Process-Orchestration-System etc.)?

- Sollen Daten ausgetauscht werden (nur CIM-Daten oder auch die System- und Softwarekataloge etc.)?
- Welche Synchronisierungsoptionen wollen Sie planen (unidirektional, volle Synchronisierung etc.)?
- Wie ist es mit der Releasehomogenität und Kompatibilität (sollen hier für das SLD Systeme gepatcht werden etc.)?
- Welche Anwendungen können im Fall einer Nichterreichbarkeit betroffen sein (Web-Dynpro-Anwendungen, SAP-BPM-Prozesse [SAP Business Process Management] etc.)?
- Wie sieht es mit den technischen Einschränkungen aus (Netzwerk, Firewall, Nachrichtenzahl, Hardware, Hochverfügbarkeit etc.)?

Die Fragen zur Konzepterstellung kommen oft Schritt für Schritt. Daher ist eine klare Planung notwendig und entscheidend.

4.4.2 SLD-Verwendung

Dieser Abschnitt gibt Auskunft darüber, wie SLD von verschiedenen Anwendungen und Systemen genutzt werden kann. Abbildung 4.25 zeigt unterschiedliche *SLD-Clients* wie Systeme, Anwendungen und Werkzeuge.

Abbildung 4.25 SLD-Clients

Diese SLD-Clients greifen auf die gespeicherten Informationen aus dem SLD zu und stellen diese als Services zur Verfügung. Diese Clients können zudem Daten in das SLD schreiben.

SAP Process Orchestration und SLD

SAP Process Orchestration (SAP PO) wird als Integrationsplattform für den Datenaustausch basierend auf XML-Nachrichten verwendet. In den folgenden Abschnitten gehen wir genauer darauf ein, wie das SLD von SAP Process Orchestration verwendet wird.

Zur Designzeit muss auf das SLD aus folgenden Gründen zugegriffen werden: Es bietet einen Softwarekatalog, der Informationen zu Produkten und Softwarekomponenten enthält. Eine Softwarekomponente ist eine Auslieferungseinheit für Designobjekte im Enterprise Services Repository (ESR), z. B. für Integrationsszenarien oder Interface-Objekte. Wenn Sie im ESR Designobjekte für den produktiven Einsatz anlegen, müssen Sie zuerst eine SLD-basierte Softwarekomponente in das ESR importieren.

Konfigurationszeit und Laufzeit

Zur Konfigurationszeit und zur Laufzeit wird zu folgenden Zwecken auf das SLD zugegriffen: Es enthält Informationen zu Business-Systemen und zu technischen Systemen. Das Business-System ist ein logisches System, das in einem Integrationsszenario als Sender oder Empfänger von Nachrichten verwendet wird. Das technische System ist ein physisches System, das von einer Serveradresse und anderen Attributen identifiziert wird. Wenn Sie mit dem Integration Builder (Swing-GUI) oder mit dem SAP NetWeaver Developer Studio als Konfigurationswerkzeug ein Integrationsszenario, einen Integration Flow oder eine integrierte Konfiguration für eine bestimmte Systemlandschaft konfigurieren, basieren diese auf den Daten des SLD.

Zur Laufzeit muss der Zusammenhang zwischen Business-Systemen und den zugeordneten technischen Systemen ebenfalls ausgewertet werden.

Für eine bessere Performance werden relevante SLD-Daten in einem SLD-Cache gehalten, damit das Integration Directory oder die Laufzeit-Engine schneller auf die Daten zugreifen können. Zur Aktualisierung des SLD-Cache ist die Verfügbarkeit des SLD obligatorisch.

Das SLD enthält auch die Zuordnung der Namen der Business-Systeme, wie sie in den Entwicklungs-, Test- und Produktionslandschaften verwendet werden. Zur Auswertung dieser Zuordnung ist die Verfügbarkeit des SLD ebenfalls entscheidend, wenn z. B. Inhalte aus dem Integration Directory aus einer Entwicklungs- in eine Testumgebung transportiert werden.

Zusammenfassend ist die Verfügbarkeit des SLD für die folgenden Aktivitäten entscheidend:

- Anlegen von Produkten und Softwarekomponenten (als Basis für weitere Designaufgaben im ESR)
- Anlegen von Business-Systemen und von technischen Systemen (als Basis für weitere Konfigurationsaufgaben im Integration Directory)
- Cache-Aktualisierung
- (Neu-)Start von PI-Komponenten

Web-Dynpro-Anwendungen

Das SLD speichert zentral Zielinformationen für ABAP-Systeme und Webservices. Diese Informationen werden von Web-Dynpro-für-Java-basierten Anwendungen benötigt, um adaptive Remote Function Calls (RFC) aufzulösen.

Für Web-Dynpro-Anwendungen, die adaptive RFCs verwenden, ist der Zugriff auf das SLD während des Startprozesses und der Laufzeit entscheidend, da die RFCs sonst nicht aufgerufen werden können und nicht gewährleistet werden kann, dass alle Funktionen bereitstehen.

SAP NetWeaver Development Infrastructure

Die SAP NetWeaver Development Infrastructure (NWDI) bietet die Umgebung für alle Prozesse der Java-basierten Entwicklung, des Java-basierten Software-Lifecycle-Managements und der Softwarelogistik.

SAP NWDI nutzt die SLD für folgende Aufgaben:

- als Nameserver für die Reservierung von Entwicklungsobjektnamen
- für eine zentrale Definition von Software, Produkten, Softwarekomponenten und zu entwickelnden Versionen, einschließlich Interdependenzen
- als zentrale Speicherung von Entwicklungskonfigurationen (für die Entwicklung erforderlich)
- zur Definition der logischen Landschaften und Transportwege der Business-Systeme

Während der Ausfallzeit des SLD kann man sich bei der SAP NWDI nicht anmelden. Daher sind eine Namensregistrierung und eine Versionsverwaltung der entwickelten Anwendungen nicht möglich.

SAP Solution Manager

Der SAP Solution Manager ist das zentrale System, mit dem die gesamte SAP-Landschaft verwaltet wird. Es soll die Implementierung, den Test, die Verwaltung, die

Überwachung, die Steuerung und die Anpassung der gesamten SAP-Lösungslandschaft gewährleisten. Um diese Funktionalitäten bereitzustellen, benötigt der SAP Solution Manager ein Systemdaten-Repository, z. B. ein SLD.

Während der SLD-Ausfallzeit sind im SAP Solution Manager keine Datenaktualisierungen für die Java-basierten Komponenten (J2EE-Komponenten) in Ihrer Landschaft verfügbar. Darüber hinaus können End-to-End-Ursachenanalyse-Funktionen nur eingeschränkt nutzbar sein, was bei Problemen mit Produktionssystemen in Ihrer Landschaft, die Sie analysieren möchten, kritisch sein könnte (vor allem, wenn Sie eine Ursachenanalyse für Probleme auf dem SLD-System durchführen möchten).

[»]

Lokales SLD auf dem SAP Solution Manager

Es ist zu empfehlen, zumindest ein lokales SLD auf dem Solution Manager zu installieren und mit dem zentralen SLD zu synchronisieren.

SAP NetWeaver Administrator

Der SAP NetWeaver Administrator bietet einen zentralen Einstiegspunkt für Administrations- und Überwachungsaufgaben Ihrer gesamten SAP-NetWeaver-Systemlandschaft. Er ruft Landschaftsdaten für das zentrale Monitoring aus dem SLD ab. Während der SLD-Ausfallzeit ist keine zentrale Verwaltung von Systemen möglich.

4.4.3 Datenverteilungsoptionen

Wenn Sie sich für mehrere SLDs in Ihrer Landschaft entschieden haben, müssen Sie definieren, wie die SLD-Daten von einem SLD in das andere übertragen werden sollen (Verteilung). Ziel ist es, den Bedarf an Informationen für Clients, Anwendungen und Systeme zu decken.

Verteilung meint hier den Austausch oder die Weiterleitung der Informationen, um den Betrieb mehrerer SLD-Instanzen zu unterstützen. Es gibt folgende Verteilungsvarianten:

- vollständige Synchronisierung
- automatische Weiterleitung von Datenlieferanten (Bridge Forwarding)
- manuelle Datenexport- und Datenimportfunktionen, die mit dem Transport der SLD-Objekte mittels des erweiterten Change and Transport Systems (CTS+) kombiniert werden können.

Im nächsten Abschnitt werden wir diese Varianten kurz umreißen.

Vollständige Synchronisierung

Mit der vollautomatischen Synchronisierungsfunktion des System Landscape Directorys von SAP ab Release NetWeaver 7.1 können SLDs alle Inhalte von einem Quell-SLD zu einem Ziel-SLD weitergeben. Dies bedeutet, dass Daten, die von Datenlieferanten ausgeliefert, manuell in das SLD eingegeben oder geändert wurden, automatisch an einen anderen SLD weitergegeben werden können. Daher ist es nun möglich, die erforderliche Transporttopologie zu definieren und eine automatisierte Synchronisation aller Inhaltsänderungen ohne regelmäßige manuelle Bedienung durchzuführen. Je nach Anwendungsfall reduziert dies den manuellen Synchronisationsaufwand drastisch.

Abbildung 4.26 zeigt eine vollständige bidirektionale Synchronisierung für zwei SLD-Instanzen.

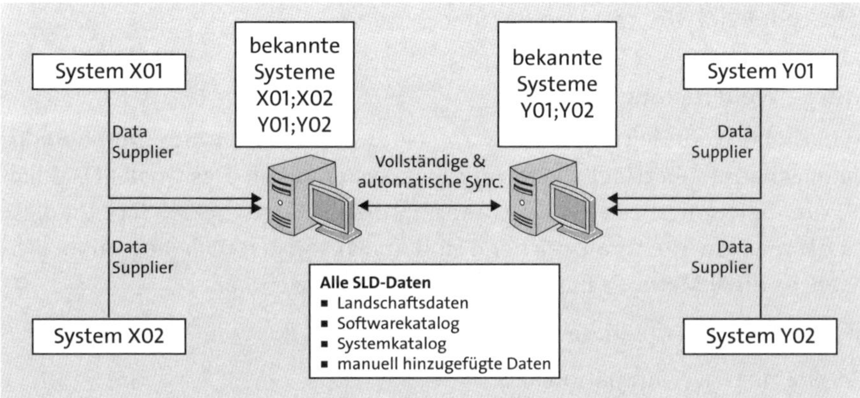

Abbildung 4.26 Vollständige bidirektionale Synchronisierung von zwei SLDs

Abbildung 4.27 skizziert eine vollständige unidirektionale Synchronisierung für zwei SLD-Instanzen.

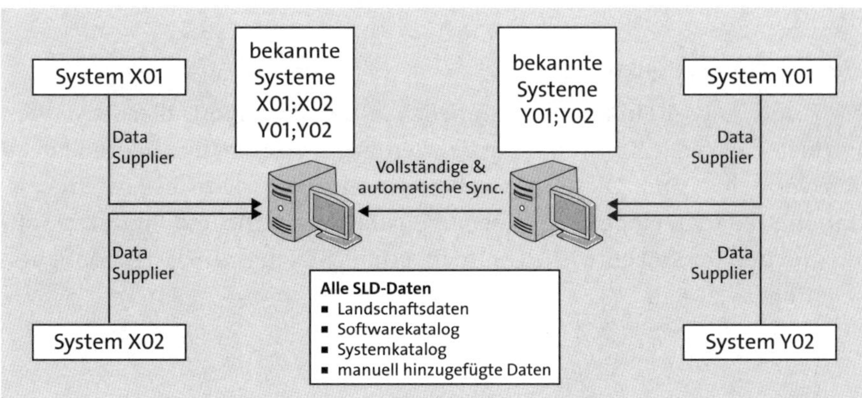

Abbildung 4.27 Vollständige unidirektionale Synchronisierung von zwei SLDs

Die vollständige und automatische Synchronisierung von SLDs hat mehrere Eigenschaften und Merkmale:

- Sie können diese Synchronisation entweder uni- oder bidirektional einrichten (wie in Abbildung 4.26 und Abbildung 4.27 gezeigt).
- Die Synchronisation erfolgt asynchron, d. h., ein System wird nach einer Unerreichbarkeit wegen z. B. Netzwerk- oder Systemausfallzeiten selbst automatisch synchronisiert.
- Das Lösen von Konflikten (aufgrund widersprüchlicher Paralleländerungen) erfolgt automatisch. Es ist keine Benutzerinteraktion erforderlich.
- Die Kommunikation für diese Synchronisation erfolgt über das HTTP-Protokoll.
- Gegenwärtig ist die Synchronisation der Inhalte nur für den gesamten Inhalt der teilnehmenden Namespaces möglich. Eine Filterung des zu synchronisierenden Namespace-Inhalts wird nicht unterstützt.

Automatische Weiterleitung

Die automatische Weiterleitung, auch Namensbrückenweiterleitung (*Name Bridge Forwarding*) genannt, überträgt alle technischen Systemdaten. Das Quell-SLD erhält von den Datenlieferanten unverändert Informationen zu jedem Ziel-SLD. Da diese Daten für die meisten Clients ausreichend sind und ansonsten nicht abgerufen werden können, ist diese Methode in jeder Landschaft unverzichtbar.

Folgende Daten werden mit dieser Methode synchronisiert:

- ABAP-Systemdaten (Transaktion RZ70)
- Java-Systemdaten (SLD Data Supplier Service)
- Hostdaten (SAPOSCOL)
- andere Systemdaten (SLDREG)

Abbildung 4.28 zeigt die automatische Weiterleitung zwischen zwei SLD-Instanzen.

SLD-Export- und Importfunktionen

Die Export- und Import-Funktionen ermöglichen den Transport aller Arten von Daten und bieten die volle Kontrolle über den Zeitpunkt, zu dem die Änderungen im Zielsystem verfügbar sind. Dieser Mechanismus wird vor allem in SAP-Process-Orchestration-Szenarien eingesetzt, in denen Business-Systeme und Produkte/Softwarekomponenten im SLD entwickelt werden, um rechtzeitig zur Designkonfigurationszeit verfügbar zu sein.

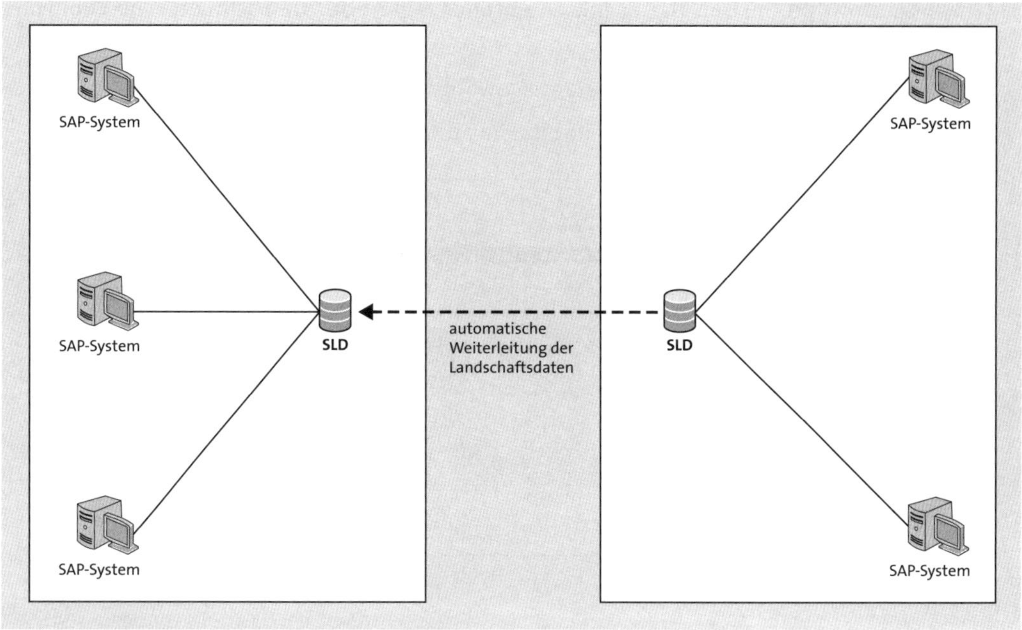

Abbildung 4.28 Automatische Weiterleitung

Um eine ordnungsgemäße Verteilung der Daten zu gewährleisten, müssen Sie ein SLD als Master SLD deklarieren. Sie können dieses Master SLD dann verwenden, um die anderen SLD-Instanzen zu aktualisieren. Der SLD-Inhalt wird in die folgenden drei Kategorien unterteilt:

- Landschaftsdaten (LD): Information zu den technischen und Business-Systemen
- Komponenten-Repository-Daten (CRD): alle Informationen des Produkt-/ Softwarekatalogs
- Namensreservierungsdaten (NR): Informationen zu den Namensreservierungen für Entwicklungen

Die Export- und Importfunktionen des SLD unterstützen sowohl den Transport von SLD-Inhalten für jede Unterkategorie als auch der gesamten Daten.

Nach einem anfänglichen vollständigen Export werden danach nur Änderungen exportiert: diese Methode wird als *Delta-Export* bezeichnet.

Um einen Export durchzuführen, führen Sie folgende Schritte aus:

1. Melden Sie sich zunächst am SLD an.
2. Rufen Sie dann den Navigationslink **Administration** auf.
3. Unter **Administration** wählen Sie in der Rubrik **Inhalt** den Link **Exportieren** aus.

4. Dann rufen Sie den Reiter **Inkrementeller Export** auf und wählen eine **Exportart** aus (siehe Abbildung 4.29).
5. Lassen Sie die Option **Komplett** ausgewählt.
6. Starten Sie dann den Export, indem Sie auf **Exportieren** klicken.

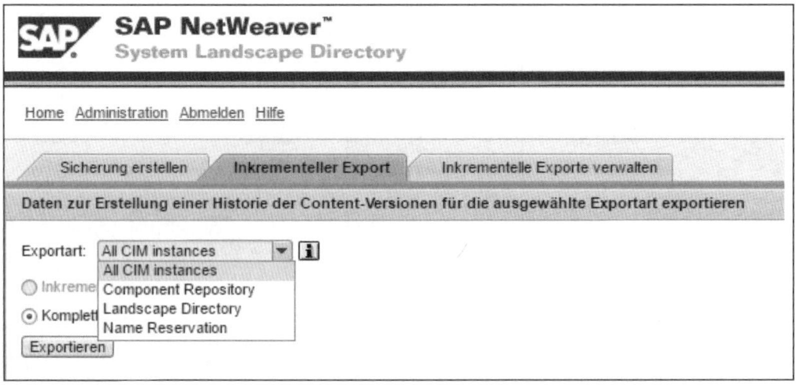

Abbildung 4.29 Export in SLD

[+]

Export von SLD-Daten

Wir empfehlen in diesem Zusammenhang, dass Sie alle drei Kategorien zusammen transportieren (Option **All CIM instances**).

Die Export- und Importfunktionen bieten die beste Flexibilität, sie können aber erheblichen operativen Aufwand erfordern. Deswegen wird ein solches Vorgehen nur empfohlen, wenn Sie entsprechende Anforderungen haben (z. B. zur Verfügbarkeit) oder wenn Sie nur eine kleinere Anzahl von manuellen Änderungen an Ihren SLD-Daten einkalkulieren, die manuell transportiert werden müssen.

In diesem Zusammenhang bietet sich auch die automatische Methode des Exports/Imports mit dem erweiterten Change and Transport System (CTS+) an. Mit dem CTS+ können Sie die ganz normalen Transportfunktionen des Transport Organizers und des Transport Management Systems nutzen, um Nicht-ABAP-Objekte zu transportieren.

Zu den Nicht-ABAP-Objekten zählen unter anderem:

- Objekte vom Typ SAP Enterprise Portal
- Objekte vom Typ SAP Process Orchestration
- Objekte vom Typ Development Infrastructure

Außerdem können Sie mit dem CTS+ auch SLD-Objekte wie technische Systeme, Business-Systeme, Softwarekomponenten und Produkte transportieren.

Zusammenspiel der SLD-Datenverteilungsmechanismen

Die oben beschriebenen Mechanismen der SLD-Datenverteilung haben unterschiedliche Eigenschaften, sodass Sie sie bei Bedarf kombinieren und parallel verwenden können. Dies hilft dabei, die SLD-Landschaft zu synchronisieren. Abbildung 4.30 zeigt das Zusammenspiel von parallelen SLD-Datenverteilungsmechanismen in einer SAP-Systemlandschaft.

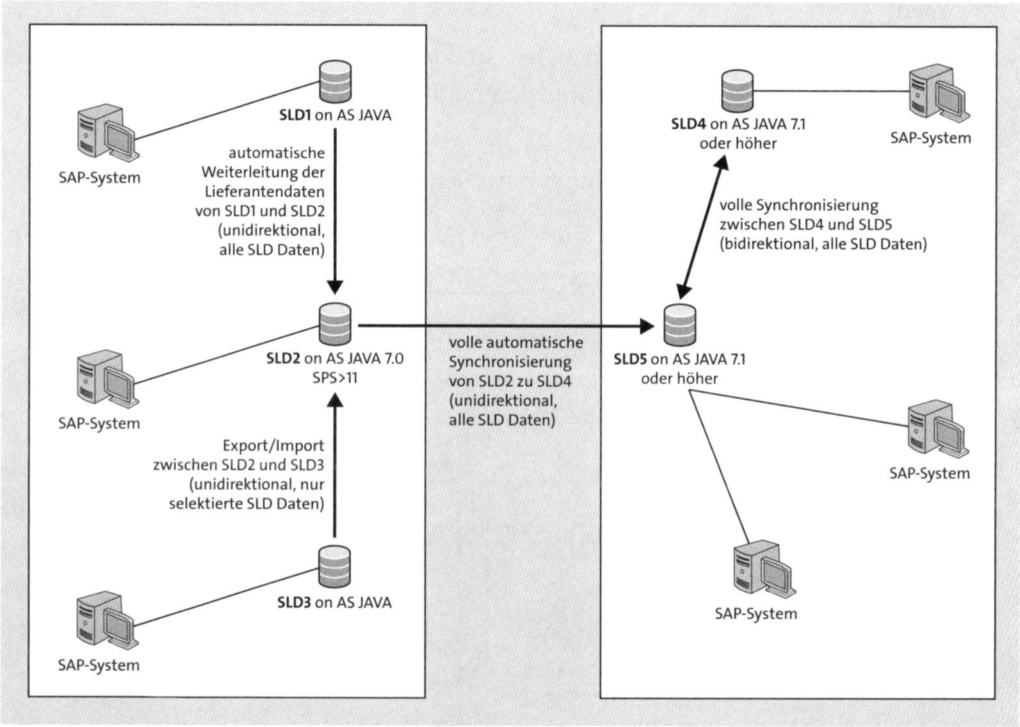

Abbildung 4.30 Zusammenspiel der Datenverteilungsmechanismen in einer SLD-Landschaft

4.4.4 SLD-Landschaftsplanung

In diesem Abschnitt stellen wir Ihnen im Detail vor, wie Sie den Aufbau einer SLD-Landschaft planen. Diese Planung wird Ihnen dabei helfen, die folgenden Entscheidungen zu treffen:

- Wie viele SLD-Instanzen möchten Sie in Ihrer Landschaft bereitstellen?
- Wo werden Sie die SLD-Instanzen ausführen? Als dedizierte SLD-Systeme, auf einem Managementsystem oder auf einem Applikationssystem?

Um diese Fragen zu klären, geben wir verschiedene Empfehlungen.

Allgemeine Empfehlungen: Für Landschaften ohne SAP Process Orchestration und ohne Web-Dynpro-Java-Anwendungen

Wenn Sie heute oder in der Zukunft kein SAP Process Orchestration und/oder keine Java-Web-Dynpro-Anwendungen einsetzen möchten, dann richten Sie Ihre Produktivsysteme so ein, dass sie Daten aus dem SLD des SAP Solution Managers beziehen.

Wie in Abbildung 4.31 zu sehen ist, haben wir eine Landschaft mit folgenden Systemen:

- nicht produktive Systeme inklusive ein oder mehrere SAP NetWeaver Developer Studios. Diese Systeme kommunizieren miteinander über ein Designzeit-SLD.
- produktive Landschaft
- SAP Solution Manager mit einem zentralen SLD

Dazu beschreibt die Abbildung, wie Sie die SLD-Datenlieferanten einrichten können.

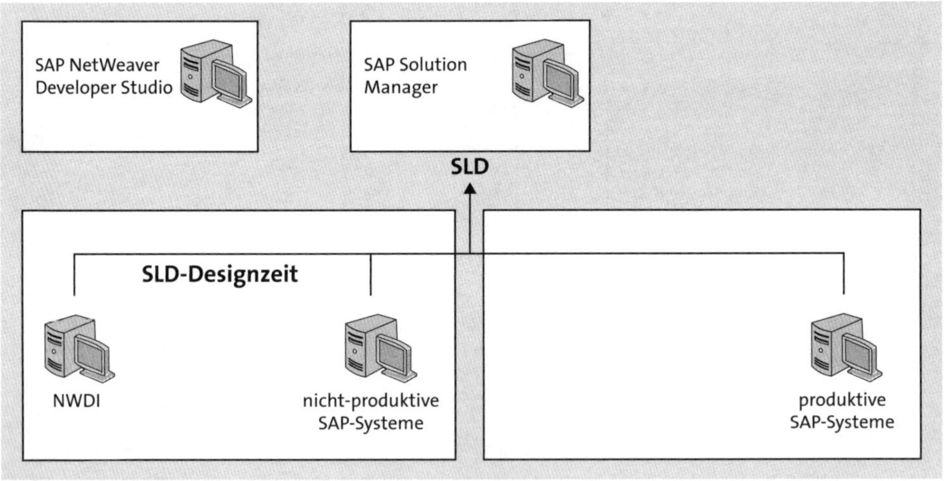

Abbildung 4.31 Data Supplier in einer Nicht-SAP-Process-Orchestration-Landschaft

[»]

Datenlieferanten und SAP Solution Manager

Achten Sie hier darauf, dass für alle SLD-Datenlieferanten das zentrale SLD des SAP Solution Managers konfiguriert werden muss.

Der Vorteil dieser Landschaft besteht darin, dass Sie für alle SAP-Systeme eine einheitliche Systemkonfiguration und Benutzeradministration haben.

Allgemeine Empfehlungen: Für Landschaften mit SAP Process Orchestration und/oder Web-Dynpro-Java-Anwendungen

In diesem Abschnitt wird eine allgemeine Empfehlung für eine SLD-Landschaft mit der Nutzung von SAP Process Orchestration bzw. Web-Dypro-Java-Anwendungen umrissen.

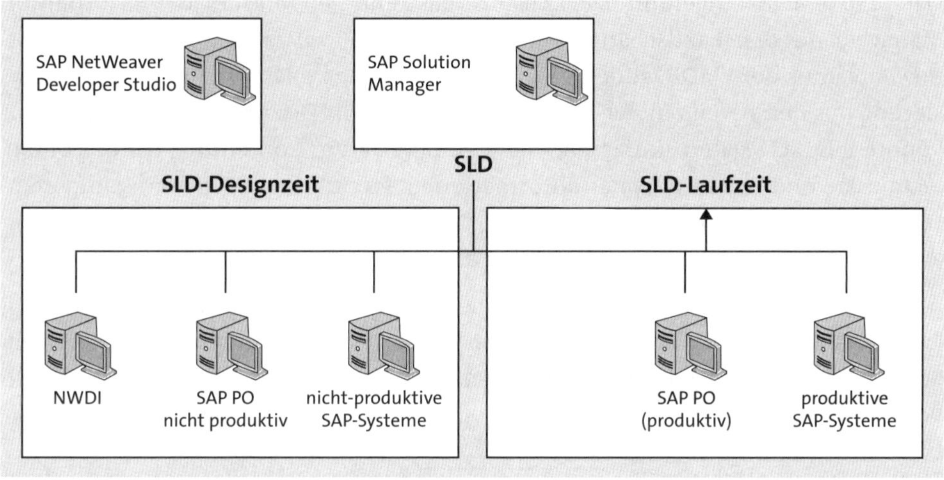

Abbildung 4.32 Data Supplier in einer SAP-Process-Orchestration-Landschaft

Wie in Abbildung 4.32 zu sehen ist, besteht die SAP-Process-Orchestration-Landschaft im Allgemeinen aus folgenden Komponenten:

- nicht produktive Umgebung (sowohl SAP Process Orchestration als auch andere Anwendungssysteme) mit einem zentralen Designzeit-SLD
- ein oder mehrere SAP-NetWeaver-Developer-Studio-Systeme
- SAP Solution Manager mit einem zentralen SLD
- produktive Umgebung mit einem zentralen Laufzeit-SLD

Der Vorteil dieser Landschaft besteht darin, dass Sie eine einheitliche Systemkonfiguration nutzen können. Zusätzlich kann die Benutzeradministration auch zentral stattfinden, da jeder SLD-Datenlieferant einen dedizierten Benutzer in SLD haben muss.

Die SLD-Instanzen in der Landschaft interagieren wie folgt:

- Der SAP Solution Manager nutzt sein lokales SLD.
- Das Laufzeit-SLD wird für Produktionszwecke benutzt und ist daher abgekapselt.
- Das Designzeit-SLD wird von allen anderen SLD-Clients (wie alle Entwicklungssysteme und QS-Systeme einschließlich alle NWDI-Systeme und alle NWDS-Instan-

zen) verwendet. Dazu werden in der Designzeit-SLD alle für die Entwicklung benötigten Softwarekomponenten und Produkte definiert und verwaltet.

Gesamtempfehlung: Standardtopologie

Mit Release 7.1 des SAP Solution Managers wurde die LandscapeManagement Database (LMDB) eingeführt. Die LMDB ist das zentrale Werkzeug des SAP Solution Managers, mit dem Landschaften (SAP und Nicht-SAP) verwaltet werden. Der Hauptmechanismus der LMDB ist der Datenabruf über eine vollautomatische Synchronisierung aus den bereits in der LMDB definierten SLDs. Der abgerufene Dateninhalt könnte alle SLD-Daten umfassen, wie z. B. CIM-Daten, Content-Repository-Daten, technische und Business-Systeminformationen, Produkte und Softwarekomponenten etc. Mit der LMDB wurde eine Standardtopologie bereitgestellt. Diese Topologieart ist empfehlenswert und wird von den meisten Unternehmen umgesetzt.

Abbildung 4.33 zeigt die Standardtopologie für eine SLD-Landschaft. In dieser Topologie werden die Daten aus dem zentralen Laufzeit-SLD (Produktion) über eine vollautomatische Synchronisierung (direktional oder bidirektional) direkt an die LMDB versendet.

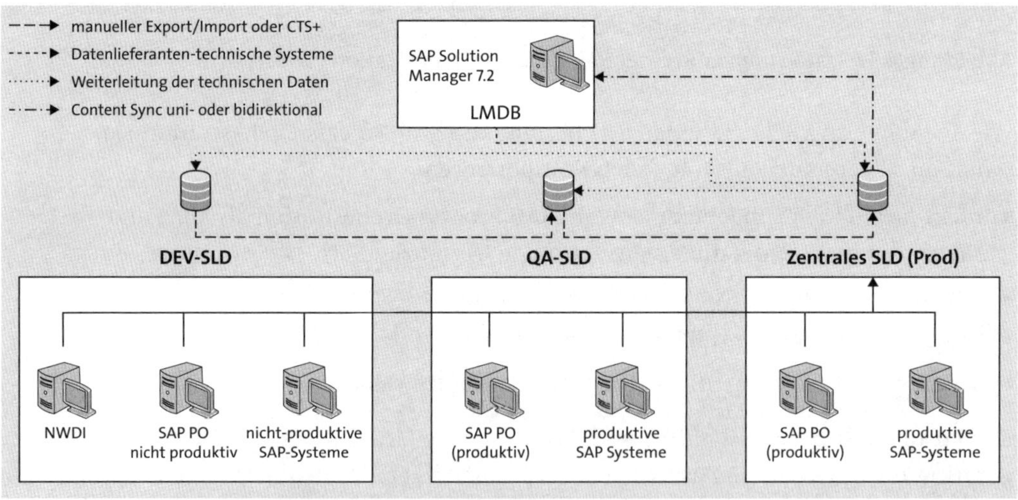

Abbildung 4.33 SLD-Standardtopologie und Solution Manager 7.2

[»]

SAP Solution Manager 7.2

Die Verwendung des lokalen SLD des SAP Solution Managers 7.2 ist optional. Wenn Sie z. B. SLD-Daten nicht produktiv in Ihrer Landschaft einsetzen möchten, dann können Sie das zentrale SLD des SAP Solution Managers als Ziel für die Datenlieferanten einsetzen.

4.4.5 SLD und die Systemlandschaft

Nachdem Sie die Anzahl und Typen der SLDs bestimmt haben, sollen Sie jetzt entscheiden, wo die einzelnen SLDs laufen sollen. Es gibt verschiedene Möglichkeiten, und jede Option hat Vor- und Nachteile. In einer normalen Landschaft haben Sie vielleicht eine Mischung aus einem zentralen Laufzeit-SLD (PI-Produktion), einen zentralen Designzeit-SLD (PI-Development und QA), und einem lokalen SLD (SAP Solution Manager).

Tabelle 4.1 und Tabelle 4.2 werden Ihnen helfen, sich einen Grundüberblick zu verschaffen, um entscheiden zu können, wo Sie das SLD einsetzen sollen.

Tabelle 4.1 zeigt Ihnen die Vor- und Nachteile eines dedizierten Standalone-SLD-Systems. Dies ist die flexibelste Art, ein SLD einzusetzen.

Faktor	Erläuterung
+ Flexibilität	Es ist einfach, Änderungen in Ihrer Systemlandschaft zu planen und durchzuführen, z. B. ist es einfacher, die Ausfallzeiten eines eigenständigen Applikationssystems zu planen, da es keine SLD-Verfügbarkeitsanforderungen für andere Anwendungen mehr gibt, die man berücksichtigen muss. Darüber hinaus können das SLD-System und die Systeme, die dieses SLD nutzen, verschiedene Releasestände haben. Anwendungen, die dieses SLD verwenden, werden nicht durch das Upgrade des entsprechenden SLD-Systems beeinträchtigt, da das SLD rückwärtskompatibel ist.
– Verfügbarkeit	Abhängig von den Verfügbarkeitsanforderungen, die Sie an ein dediziertes SLD stellen würden, könnte ein Hochverfügbarkeits-Setup erforderlich sein.
– Kosten	Sie müssen ein zusätzliches System betreiben und warten.

Tabelle 4.1 Dediziertes Standalone-SLD-System

Tabelle 4.2 zeigt Ihnen die Vor- und Nachteile eines SLD, das mit SAP NetWeaver, mit einem SAP-Anwendungssystem oder mit dem SAP Solution Manager integriert ist. Die Ausführung eines solchen SLD-Systems ist die einfachste und kostengünstigste Variante.

Allgemeine Empfehlungen für die Standardtopologie

Wenn Sie ein zentrales SLD auf dem Solution Manager eingesetzt haben, dann müssen Sie nur entscheiden, wo das Designzeit-SLD und das Laufzeit-SLD betrieben werden.

Faktor	Erläuterung
– Unflexibilität	Das Planen und Ausführen von Änderungen ist komplizierter: Wenn Sie z. B. die Ausfallzeiten eines Applikationssystems planen, müssen Sie die SLD-Verfügbarkeitsanforderungen anderer Applikationen berücksichtigen. Darüber hinaus gibt es eine Releaseabhängigkeit zwischen dem SLD und der Anwendung; die Anwendung würde durch Upgrade-Anforderungen Ihres SLD und umgekehrt betroffen sein. Wenn ein Upgrade auf eine erforderliche Version noch nicht für die Anwendung verfügbar ist, müssen Sie das Upgrade verschieben oder das SLD in ein anderes System verschieben.
+ Verfügbarkeit	Die Verfügbarkeit des SLD ist die gleiche wie die der Anwendung, d. h., wenn das Applikationssystem verfügbar ist, steht auch die SLD zur Verfügung. Wenn das System heruntergefahren ist, ist das SLD nicht verfügbar, aber das wäre nicht entscheidend für die Anwendung. Darüber hinaus würde das SLD automatisch von einem möglichen Hochverfügbarkeits-Setup der Applikation profitieren.
+ Kosten	Sie müssen kein zusätzliches System betreiben und warten.

Tabelle 4.2 Integriertes SLD-System

SAP empfiehlt Folgendes: Wenn Sie SAP-Process-Orchestration-Systeme haben, dann soll das Laufzeit-SLD auf dem produktiven System von SAP Process Orchestration laufen und das Designzeit-SLD auf dem Entwicklungs- bzw. auf dem Testsystem von SAP Process Orchestration.

Abbildung 4.34 zeigt ein Beispiel, das auf der Standardtopologie basiert. Die Landschaft besteht aus drei SLD-Instanzen (Laufzeit-SLD für die produktiven Systeme, Designzeit-SLD für die nicht-produktiven Systeme und ein lokalen SLD auf dem Solution Manager).

Vor- und Nachteile des Systems sind die folgenden:

- Sie profitieren von der erhöhten Verfügbarkeit für Ihre kritischen SAP-Process-Orchestration-Prozesse, da das produktive SAP-Process-Orchestration-System eine lokale SLD verwendet.
- Darüber hinaus profitieren Sie von einem möglichen Hochverfügbarkeits-Setup Ihres produktiven SAP-Process-Orchestration-Systems, das auch die Verfügbarkeit des zentralen Laufzeit-SLD für andere Anwendungsfälle erhöhen würde.
- Sie profitieren von der erhöhten Verfügbarkeit des SAP Solution Managers, da der SAP Solution Manger ein lokales SLD verwendet. Das ist besonders entscheidend für die End-to-End-Ursachenanalysefunktionen der SAP-Solution-Manager-Diagnose, wenn Probleme mit Ihrem Laufzeit-SLD/Produktions-Process-Integration-System auftreten.

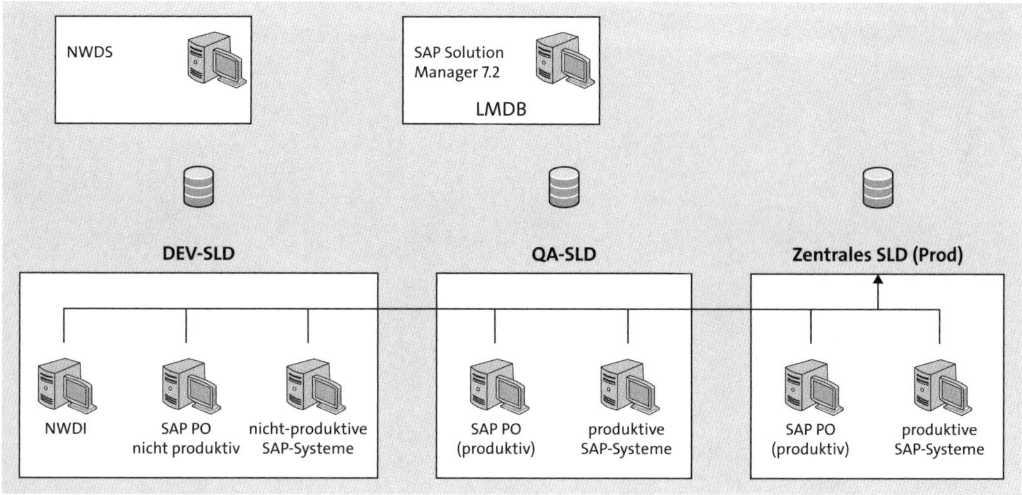

Abbildung 4.34 Topologie-Beispiel

- Es gibt eine Releaseabhängigkeit zwischen SLD und SAP Process Orchestration. Wenn Sie von neuen SLD-Features profitieren möchten, die nur auf einer höheren SAP-NetWeaver-Version verfügbar sind, müssen Sie auch Ihr PO-System aktualisieren.
- Es gibt eine Releaseabhängigkeit zwischen dem lokalen SLD und dem SAP Solution Manager. Wenn ein Upgrade für ein Release des SAP Solution Managers noch nicht verfügbar ist, können Sie nicht von den neuen Features des lokalen SLD profitieren.
- Mögliche Ausfallzeiten Ihres SAP-Process-Orchestration-Systems würden andere Anwendungen beeinflussen, da diese auch das SLD verwenden.
- Sie haben eine klare Trennung zwischen den produktiven und nicht produktiven Umgebungen. Die Entwickler würden nur das nicht produktive SLD nutzen.
- Sie bräuchten eine klare Trennung zwischen Ihrem Managementsystem (SAP Solution Manager) und den SAP-Anwendungssystemen in Ihrer Landschaft. Der SAP Solution Manager ist nicht vom produktiven SLD abhängig.
- Kein produktives System beruht sich auf der Verfügbarkeit des SLD, das auf dem SAP-Solution-Manager-System läuft.

Kapitel 5
Entwicklungsumgebungen

Ohne das passende Werkzeug geht es nicht! Da SAP verschiedene Werkzeuge für unterschiedliche Vorhaben im Kontext von SAP Process Orchestration und SAP Cloud Platform Integration zur Verfügung stellt, wollen wir uns nun mit der Einordnung sowie der grundlegenden Installation dieser Werkzeuge beschäftigen.

In diesem Kapitel stellen wir Ihnen die wichtigsten Entwicklungswerkzeuge für SAP Process Orchestration und SAP Cloud Platform vor und beschreiben deren Installation und Basiskonfiguration.

Am Ende dieses Kapitels sollen dazu Sie in der Lage sein, die Einsatzzwecke der Tools Java Swing-Client für das Enterprise Repository, Java Swing-Client für das Integration Directory und SAP NetWeaver Developer Studio zu erkennen, deren Unterschiede einzuschätzen sowie die Installation der eben genannten Tools durchzuführen.

5.1 SAP NetWeaver Developer Studio für SAP Process Orchestration

Das SAP NetWeaver Developer Studio ist eines der Tools aus der umfangreichen Auswahl von SAP, das in den vergangenen Jahren stark an Bedeutung gewonnen hat. Im Kern basiert das SAP NetWeaver Developer Studio auf der quelloffenen Entwicklungsumgebung Eclipse. Für die Entwicklung im Kontext von SAP NetWeaver wurde es von SAP angepasst. Es wird außer in der Entwicklung für SAP Process Orchestration auch bereits seit Längerem bei der Entwicklung für SAP Business Process Management (BPM), SAP Business Rules Management (BRM), Web Dynpro und anderen Produkten eingesetzt.

Im Kontext der SAP Process Orchestration ist ein wesentlicher Einsatzzweck des SAP NetWeaver Developer Studios die Entwicklung von Integration Flows, die in Abschnitt 6.6, »Integration Flow«, tiefergreifend erläutert wird.

Allerdings ist die Erstellung von Integration Flows nur einer der vielen Einsatzzwecke des SAP NetWeaver Developer Studios. So lassen sich mit dem SAP NetWeaver Developer Studio unter anderem auch Repository-Objekte für SAP Process Integration bzw. SAP Process Orchestration erzeugen, bearbeiten und löschen. Darüber hinaus können Sie sowohl Integrationsobjekte wie Kanäle, Konfigurationen oder Value Mappings verwalten als auch Adapter-Projekte und Enterprise JavaBeans (EJBs) kompilieren und deployen. In den folgenden Abschnitten betrachten wir die Installation und die Grundkonfiguration des SAP NetWeaver Developer Studios.

5.1.1 Download und Installation des SAP NetWeaver Developer Studios

Vor der Installation muss zuerst die passende Version des SAP NetWeaver Developer Studios ermittelt werden. Sie sollten darauf achten, dass die SAP-NetWeaver-Developer-Studio-Version der Version der installierten SAP Process Integration bzw. SAP Process Orchestration entspricht.

[»]

S-User

Für den Download sämtlicher SAP-NetWeaver-Developer-Studio-Versionen wird ein sogenannter *S-User* benötigt. Diesen erhalten Sie, indem Sie entweder eine Zertifizierung bei SAP ablegen oder Kunde bzw. Partner von SAP sind.

Leider ist das Auffinden der passenden Downloadlinks aufgrund wechselnder ULRs nicht ganz intuitiv, sodass wir in Tabelle 5.1 die Wege zum jeweiligen Download zeigen. Zu Versionen, die nicht direkt verlinkt werden können, haben wir Ihnen die entsprechenden Klickpfade dargestellt, die zum jeweiligen Download führen.

Version	Downloadpfad
7.30	*http://s-prs.de/v448101*
7.31	*http://s-prs.de/v448102*
7.40	Für SAP NetWeaver 7.4 existiert keine eigenständige SAP-NetWeaver-Developer-Studio-Version. Es ist das SAP NetWeaver Developer Studio in Version 7.31 zu verwenden.
7.50	*http://s-prs.de/v448103* ▪ **By Alphabetical Index (A-Z)** ▪ **N** ▪ **SAP NETWEAVER** ▪ **SAP NETWEAVER 7.5** ▪ **SUPPORT PACKAGES AND PATCHES** ▪ **DEVELOPER STUDIO** ▪ **NW DEVELOPER STUDIO 7.50**

Tabelle 5.1 Liste der SAP-NetWeaver-Developer-Studio-Downloadpfade

Sollten Sie eine ältere Version des SAP NetWeaver Developer Studios benötigen, finden Sie eine Auflistung weiterer Downloadpfade in folgendem SAP-Wiki-Eintrag: *http://s-prs.de/v448104*.

Nachdem Sie das passende SAP NetWeaver Developer Studio heruntergeladen haben, benötigen Sie zu dessen Ausführung ein Java Development Kit (JDK). Für SAP-NetWeaver-Developer-Studio-Versionen < 7.50 ist ein JDK mit mindestens Version 1.6 erforderlich. Für neuere SAP-NetWeaver-Developer-Studio-Versionen wird ein JDK ab Version 1.8 benötigt. Die jeweiligen JDK-Versionen können Sie z. B. direkt über die Oracle-Webseite beziehen: *http://s-prs.de/v448105*.

Entpacken Sie nun das heruntergeladene SAP NetWeaver Developer Studio, und starten Sie dieses per Doppelklick auf die **eclipse.exe**-Datei. (Bei älteren SAP-NetWeaver-Developer-Studio-Versionen kann diese Datei statt **eclipse.exe** auch **SapNetweaverDeveloperStudio.exe** heißen.) Nach dem Start werden Sie per Dialog nach dem gewünschten *Workspace* gefragt. Workspaces dienen als Arbeitsmappen. Da wir die SAP-Process-Integration- bzw. SAP-Process-Orchestration-Entwicklung von möglichen anderen Projekten trennen wollen, empfehlen wir, dass Sie an dieser Stelle einen neuen Workspace erstellen. Legen Sie also durch Auswahl eines neuen Ordners einen neuen Workspace an.

JDK

Sollte es nach dem ersten Start des SAP NetWeaver Developer Studios zu einer Fehlermeldung kommen, die besagt, dass kein passendes JDK gefunden wurde, finden Sie die passende Lösung in Abschnitt 5.1.4, »Troubleshooting, Tweaks und Tricks«.

Die Installation ist nun abgeschlossen. Im nächsten Schritt stellen Sie eine Verbindung zwischen dem SAP NetWeaver Developer Studio und SAP Process Integration bzw. SAP Process Orchestration her.

5.1.2 Grundkonfiguration des SAP NetWeaver Developer Studios

Vor dem ersten Einsatz muss das SAP NetWeaver Developer Studio an das entsprechende SAP-Process-Integration- bzw. SAP-Process-Orchestration-System angebunden werden, auf dem entwickelt werden soll. Bei dem SAP NetWeaver Developer Studio handelt es sich um ein Client-side-basiertes Tool, das zunächst keinen Bezug zum Server hat. Daher müssen die Server-URLs, über die das SAP NetWeaver Developer Studio kommunizieren soll, in der Konfiguration eingetragen werden.

Bei der Erstverwendung sollten folgende vier Verbindungen hergestellt werden:

1. SAP-Process-Integration-Tools-Verbindung (PI-Tools)
2. Enterprise-Services-Repository-Verbindung (ESR)

3. Application-Server-Java-Verbindung (AS Java)
4. System-Landscape-Directory-Verbindung (SLD)

PI-Tools-Verbindung einrichten

Die *PI-Tools-Verbindung* ist eine notwendige Verbindung, über die das SAP NetWeaver Developer Studio alle wesentlichen Konfigurations- und Managementaufgaben in Kommunikation mit dem Application Server Java (AS Java) abwickeln kann. Zur Einrichtung der PI-Tools-Verbindung sind folgende Schritte nötig:

1. Starten Sie das SAP NetWeaver Developer Studio.
2. Wählen Sie das Menü **Window** in der oberen Menüleiste.
3. Wählen Sie den Menüpunkt **Preferences • Konfiguration der PI-Tools • Verbindungen**.
4. Klicken Sie auf die **Hinzufügen**-Schaltfläche, und füllen Sie das Formular wie in Abbildung 5.1 gezeigt aus. Ersetzen Sie hierbei den Hostnamen sowie den Port durch die Werte Ihres eigenen Systems.

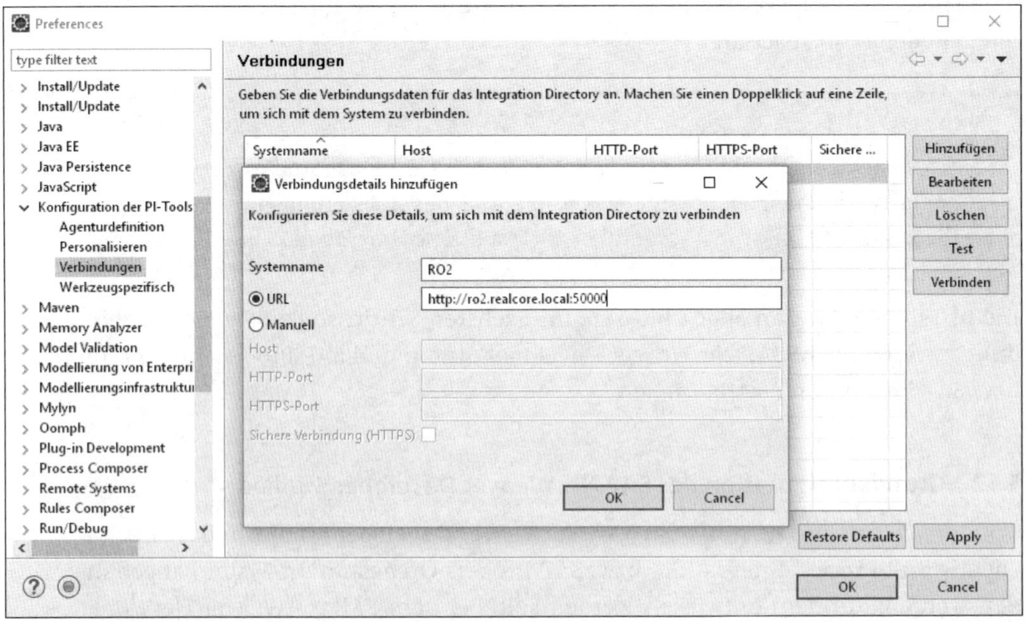

Abbildung 5.1 PI-Tools-Verbindungsparameter eingeben

Nach Eingabe der Verbindungsdaten können Sie die Verbindung mit einem Klick auf **Test** überprüfen.

Verbindung zum Enterprise Services Repository (ESR)

Die Einrichtung der ESR-Verbindung ist notwendig, um Repository-Objekte im SAP NetWeaver Developer Studio nicht nur abzurufen, sondern auch bearbeiten zu können.

Zur Einrichtung der ESR-Verbindung sind folgende Schritte nötig:

1. Starten Sie das SAP NetWeaver Developer Studio.
2. Wählen Sie das Menü **Window** in der oberen Menüleiste.
3. Wählen Sie den Menüpunkt **Preferences • Web Services • Enterprise Services Repository**.
4. Gegebenenfalls sind die Werte durch das Setzen der PI-Tools-Verbindung bereits vorgefüllt. Andernfalls füllen Sie die Felder wie in Abbildung 5.2 gezeigt aus und bestätigen Ihre Eingaben mit einem Klick auf **Apply**. Ersetzen Sie beim Eingeben der Werte die von uns angeführten Beispieldaten durch Hostname und Port Ihres SAP-Process-Integration-/SAP-Process-Orchestration-Systems.

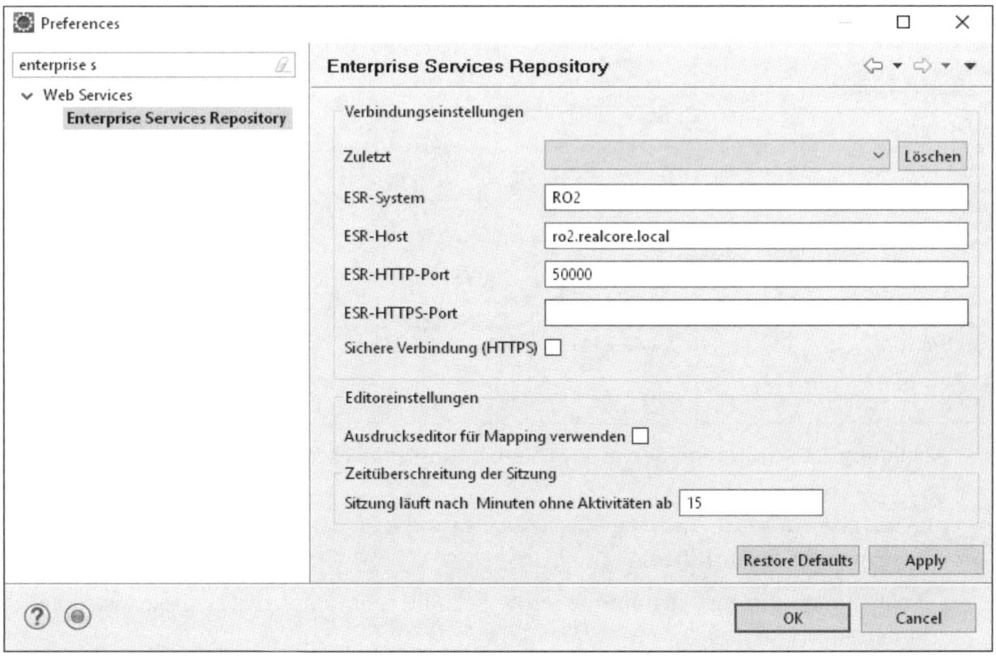

Abbildung 5.2 Enterprise-Services-Repository-Verbindung konfigurieren

> **Port prüfen**
>
> Sollten die Felder bereits vorausgefüllt sein, überprüfen Sie die Port-Felder. Es kann vorkommen, dass dort automatisch ein »-1« eingefügt wurde. Auch wenn die Konfiguration vollständig aussieht, wäre sie in diesem Fall nicht funktionsfähig.

Verbindung mit Application Server Java (AS Java)

Die Verbindung mit AS Java ist nötig, um im SAP NetWeaver Developer Studio Aufgaben wie Monitoring, Deployment oder Debugging auszuführen. Zur Einrichtung der AS-Java-Verbindung sind folgende Schritte durchzuführen:

1. Starten Sie das SAP NetWeaver Developer Studio.
2. Wählen Sie das Menü **Window** in der oberen Menüleiste.
3. Wählen Sie den Menüpunkt **Preferences • SAP AS Java** aus.
4. Klicken Sie auf die Schaltfläche **Hinzufügen**, und füllen Sie die Felder wie in Abbildung 5.3 gezeigt aus. Bestätigen Sie Ihre Eingaben mit einem Klick auf **OK**. Ersetzen Sie beim Eingeben der Werte die von uns angeführten Beispieldaten durch Hostname und Instanznummer Ihres SAP-Process-Integration-/SAP-Process-Orchestration-Systems. Beachten Sie, dass es ein paar Sekunden dauern kann, bis die Verbindung in der Liste auftaucht.

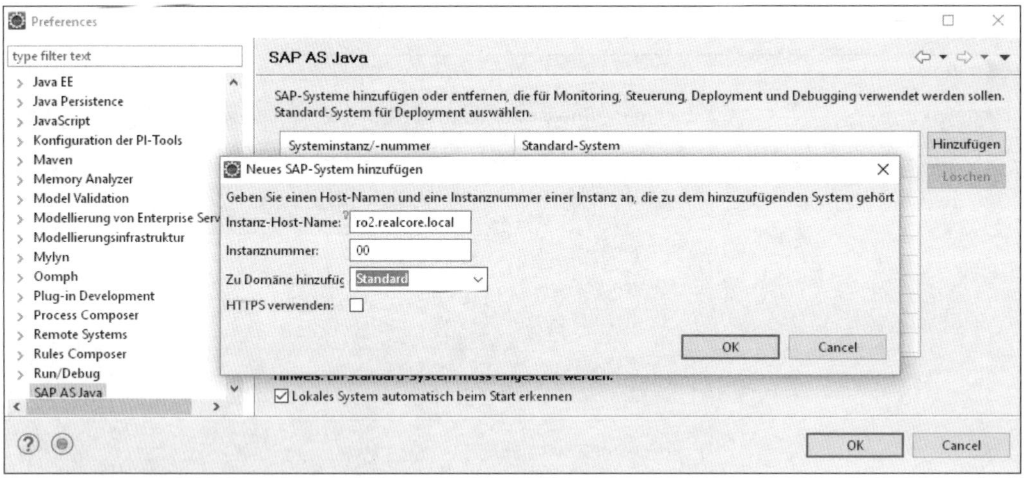

Abbildung 5.3 Application-Server-Java-Verbindung einrichten

[+]

Instanznummer ermitteln

Sollte Ihnen die Instanznummer nicht bekannt sein, können Sie diese wie folgt ermitteln:

1. Öffnen Sie die Administrationsweboberfläche Ihres Systems über folgende URL: *http://<hostname>:<port>/webdynpro/dispatcher/sap.com/com.sap.xi.adminweb/adminapp.*
2. Nach der Anmeldung sehen Sie am oberen rechten Rand der Webansicht neben dem Hostnamen auch die Instanznummer Ihres Systems.

Verbindung zum System Landscape Directory (SLD)

Die Verbindung zum SLD ist notwendig, damit das SAP NetWeaver Developer Studio auf das Architekturmodell der Landschaft zugreifen kann. Über die SLD-Verbindung können unter anderem Business-Systeme importiert werden, die zum Aufbau von Integration Flows genutzt werden können.

Zur Einrichtung der SLD-Verbindung sind folgende Schritte auszuführen:

1. Starten Sie das SAP NetWeaver Developer Studio.
2. Wählen Sie das Menü **Window** in der oberen Menüleiste.
3. Wählen Sie den Menüpunkt **Preferences • Development Infrastructure • System Landscape Directory**.
4. Füllen Sie das Feld **URL** mit der URL des SLD-Systems aus, wie in Abbildung 5.4 gezeigt. Ersetzen Sie beim Eingeben der Werte die von uns angeführten Beispielda-ten durch den Pfad Ihres SLD-Systems.

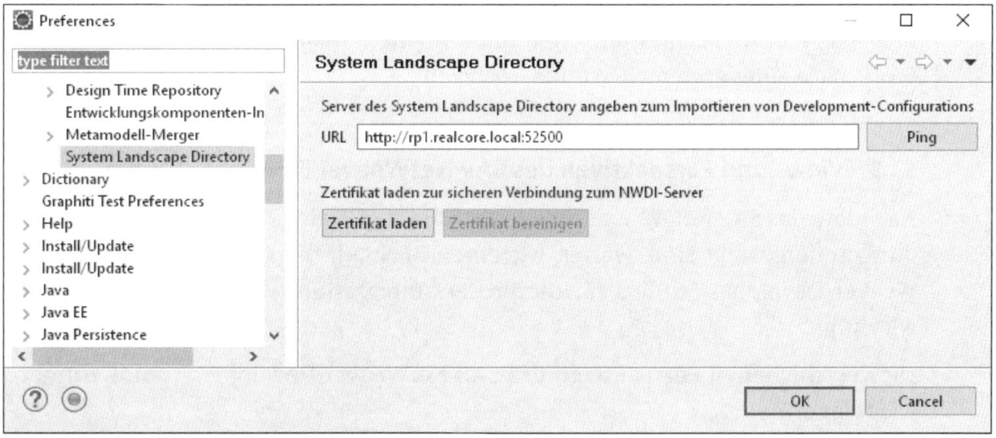

Abbildung 5.4 System-Landscape-Directory-Verbindung im SAP NetWeaver Developer Studio einrichten

5. Prüfen Sie die Eingaben mit einem Klick auf **Ping**.
6. Bestätigen Sie Ihre Eingaben mit einem Klick auf **OK**.

SLD-System ermitteln

Sollte Ihnen das SLD-System nicht bekannt sein, können Sie dieses wie folgt ermitteln:

1. Öffnen Sie die Directory-Startseite Ihres SAP-Process-Integration-/Process-Orchestration-Systems über folgende URL: *http://<hostname>:<port>/dir/start/index.jsp*.

2. Klicken Sie auf den Link **System Landscape Directory** in der unteren linken Spalte.
3. Kopieren Sie die URL der SLD-Seite bis hinter den Port. Diese können Sie in oben beschriebener Konfiguration angeben.

Die Verbindung zwischen dem SAP NetWeaver Developer Studio und dem SAP-Process-Integration-/SAP-Process-Orchestration-System ist nun konfiguriert. Vielleicht ist Ihnen dabei aufgefallen, dass es in den meisten Dialogen nur die Möglichkeit gibt, genau ein SAP-Process-Integration-/SAP-Process-Orchestration-System zu konfigurieren. Sollten Sie mehrere SAP-Process-Integration-/SAP-Process-Orchestration-Systeme mit dem SAP NetWeaver Developer Studio verbinden wollen, empfiehlt sich die Verwendung mehrerer Workspaces, da die Verbindungseinstellungen Workspace-abhängig sind. Um ein weiteres SAP-Process-Integration-/SAP-Process-Orchestration-System anzubinden, wählen Sie beim Start des SAP NetWeaver Developer Studios einen neuen Workspace und führen die Konfigurationsschritte erneut aus. Sollten Sie das SAP NetWeaver Developer Studio bereits geöffnet haben, können Sie über das Menü **File** und den Menüpunkt **Switch Workspace** in den gewünschten Workspace eines anderen Systems wechseln.

5.1.3 Views und Perspektiven des SAP NetWeaver Developer Studios

Nachdem das SAP NetWeaver Developer Studio nun eingerichtet ist und alle Verbindungen hergestellt sind, werfen wir einen Blick auf die Perspektiven des SAP NetWeaver Developer Studios für die Process-Integration-/Process-Orchestration-Entwicklung.

Die verschiedenen Perspektiven des SAP NetWeaver Developer Studios können Sie wie folgt öffnen:

1. Klicken Sie in der oberen Menüleiste auf **Window**.
2. Öffnen Sie den Menüpunkt **Perspective**.
3. Klicken Sie auf **Open Perspective**.
4. Klicken Sie auf **Other**.
5. Wählen Sie die gewünschte Perspektive aus, und bestätigen Sie mit **OK**.

Da das NetWeaver Developer Studio nicht ausschließlich für die SAP-Process-Integration- bzw. SAP-Process-Orchestration-Entwicklung gedacht ist, finden sich in den Menüs wesentlich mehr Perspektiven als für den täglichen Einsatz mit SAP Process Integration bzw. SAP Process Orchestration nötig sind. Deshalb wollen wir im Folgenden nur die hierfür wesentlichen vier Perspektiven des SAP NetWeaver Developer Studios erläutern.

SAP Process Integration Designer

Diese Perspektive vereint Funktionen des Directorys und des Repositorys. Sie eignet sich vor allem zu Entwicklungszwecken, da sie es erlaubt, innerhalb einer Perspektive mittels des Tabs **Enterprise Services Repository** Repository-Artefakte anzulegen. Darüber hinaus können diese Repository-Artefakte dann im Tab **PI Explorer** unmittelbar in einem Integration Flow eingebaut werden.

SAP Process Integration: Administration

In dieser Perspektive liegt der Fokus auf dem Directory. Sie erlaubt sowohl das Anlegen und Entwickeln von Integration Flows als auch deren Deployment und Monitoring. Im Gegenteil zur Integration-Designer-Perspektive können hier keine Repository-Artefakte erzeugt oder bearbeitet werden.

SAP Process Integration: Laufzeit

Diese Perspektive eignet sich zur Verwaltung bestehender Integrationsprozesse und zum Betrieb von SAP Process Integration bzw. SAP Process Orchestration. Neben dem Tab **PI-Laufzeit-Explorer**, der ebenfalls in der Administrationsperspektive verfügbar ist und das Deployment und die Verwaltung von Integration Flows erlaubt, findet sich der Tab **Werte-Mapping**. Über diesen können Werte-Mappings (auch Value Mappings genannt) verwaltet werden können.

Enterprise Services Repository (ESR)

In dieser Perspektive liegt der Blickpunkt auf dem ESR. Im Tab **Enterprise Services Respository**, der sich ebenfalls in der Integration-Designer-Perspektive befindet, können Sie Repository-Artefakte betrachten, anlegen, bearbeiten und löschen. Zusätzlich findet sich in dieser Perspektive der Tab **Metamodel Explorer**, der es ermöglicht, benutzerdefinierte Datendefinitionen anzulegen. Dies kann nützlich sein, wenn Sie mit den Standarddatentypen von SAP Process Integration bzw. SAP Process Orchestration nicht auskommen.

[+]

Perspektive zurücksetzen

Sollte eine Perspektive nicht korrekt dargestellt werden, können Sie diese durch nachfolgende Klickstrecke wieder zurücksetzen:

1. Klicken Sie in der oberen Menüleiste auf **Window**.
2. Öffnen Sie den Menüpunkt **Perspective**.
3. Klicken Sie auf **Reset Perspective**.

5.1.4 Troubleshooting, Tweaks und Tricks

In diesem Abschnitt finden Sie hilfreiche und notwendige Tipps zur Nutzung des SAP NetWeaver Developer Studios.

JDK-Version (Java Development Kit) festlegen

Sollten Sie beim ersten Start des SAP NetWeaver Developer Studios eine Fehlermeldung erhalten, die besagt, dass dieses mit einer »nicht-unterstützten JVM« betrieben wird (siehe Abbildung 5.5), können Sie die JVM-Version (Java Virtual Machine) von Hand pflegen.

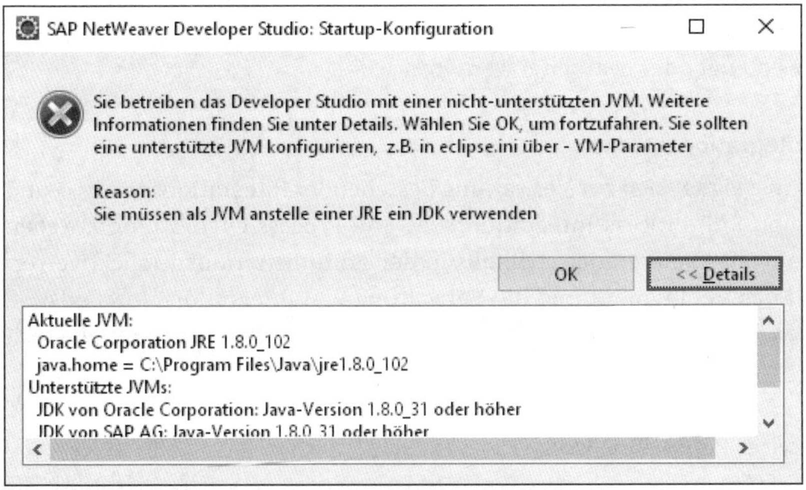

Abbildung 5.5 Fehlermeldung – falsche JVM-Version

Wechseln Sie hierzu in das Installationsverzeichnis des SAP NetWeaver Developer Studios, und öffnen Sie die Datei **eclipse.ini** (oder **SapNetweaverDeveloperStudio.ini**) mit einem Texteditor (siehe Abbildung 5.6). Fügen Sie am Anfang der Datei den Parameter »-vm« und in der zweiten Zeile den Pfad zum Binary-Verzeichnis innerhalb des JDK-Ordners ein.

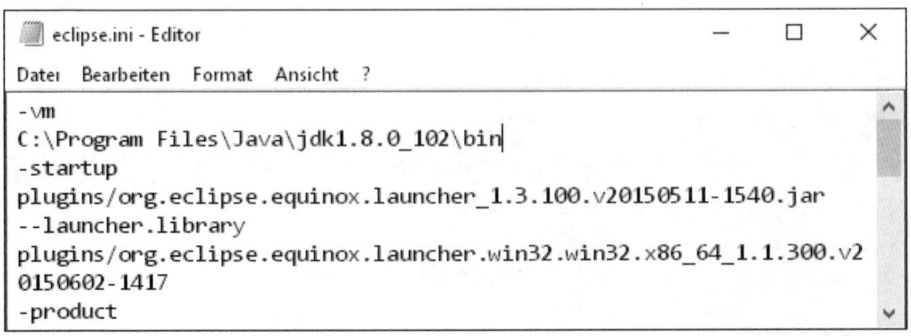

Abbildung 5.6 Beispiel einer JVM-Konfiguration mit JDK-Pfadangabe

Starten Sie das SAP NetWeaver Developer Studio neu. Der Fehler sollte nun behoben sein.

Falscher JDK Vendor – Vendor-Liste anpassen

Eine weitere Variante, die den Start des SAP NetWeaver Developer Studios verhindern kann, ist folgende Fehlermeldung:

You should exit the Studio and start it with a supported JVM.
Reason: JVM Version Check Failed.
Your JVM is not supported.

Diese Fehlermeldung tritt vor allem bei älteren Versionen des SAP NetWeaver Developer Studios auf. Die Ursache des Problems ist, dass das SAP NetWeaver Developer Studio den Hersteller (Vendor) des verwendeten JDKs abfragt. Da Java von *Sun Microsystems* zu *Oracle* gewechselt ist, haben nun alle JDK-Versionen den Vendor *Oracle*. Dadurch kommt es zum Konflikt, da alte SAP-NetWeaver-Developer-Studio-Versionen noch den Vendor *Sun Microsystems* erwarten.

Diese Dissonanz lässt sich durch eine Dateimanipulation beheben. Folgende Schritte sind hierzu notwendig:

1. Wechseln Sie in das Installationsverzeichnis des SAP NetWeaver Developer Studios.
2. Starten Sie eine Suche nach der Datei **com.sap.ide.jvm.check*.jar** (Das * gilt als Wildcard!).
3. Entpacken Sie die Datei mit einem Entpackprogramm wie WinZip oder 7-Zip.
4. Öffnen Sie die Datei **config.xml** aus dem entpackten Archiv mit einem Texteditor.
5. Fügen Sie das XML-Element aus Listing 5.1 in die Datei ein.

```
<vendor name="Oracle Corporation">
     <versionRange jdkRequired="true"
            minInclusive="1.6.0_07"/>
 </vendor>
```

Listing 5.1 JDK-Vendor-Fehler beheben

6. Speichern Sie die Datei, packen Sie die .jar-Datei erneut und starten Sie das SAP NetWeaver Developer Studio neu.

SAP NetWeaver Developer Studio schließt mit »Exit code = -1«

Wenn das SAP NetWeaver Developer Studio beim Starten direkt abstürzt und die Fehlermeldung »JVM terminated. Exit code = 1« ausgibt, kann dies an einer inkompatiblen JVM-Version liegen.

Stellen Sie sicher, dass die verwendete JVM die Architektur (32 Bit/x86 oder 64 Bit/x64) zur Verfügung stellt, die das SAP NetWeaver Developer Studio benötigt. Sollten Sie eine 64-Bit-JVM einsetzen, tauschen Sie sie testweise durch eine 32-Bit-Version aus.

OutOfMemory-Exception – Speicher der JVM erhöhen

Stürzt das SAP NetWeaver Developer Studio mit einer OutOfMemory-Exception oder einer Java-heap-space-Fehlermeldung ab, kann dies oftmals durch Zuteilung von mehr Speicher für die JVM behoben werden. Auslöser für solch einen Fehler können zu viele gleichzeitig geöffnete oder sehr komplexe Integration Flows sein.

Die Speicherzuteilung kann unter anderem über drei Parameter in der **eclipse.ini**- bzw. **SapNetweaverDeveloperStudio.ini**-Datei im Installationsverzeichnis des SAP NetWeaver Developer Studios vorgenommen werden. Öffnen Sie hierzu die entsprechende .ini-Datei in einem Texteditor, und ändern bzw. fügen Sie die drei Parameter aus Tabelle 5.2 hinzu.

Parameter	Wert
-Xmx	maximale heap-Größe Beispiel: -Xmx1024m
-Xms	minimale heap-Größe Beispiel: -Xms256m
-XX:MaxPermSize	maximale Größe des permanenten Speichers; der permanente Speicher hält z. B. Klassen und Methoden vor Beispiel: -XX:MaxPermSize=256m

Tabelle 5.2 Erläuterung der JVM-Speicherparameter

Erhöhen Sie die Werte leicht. Starten Sie danach das SAP NetWeaver Developer Studio neu und überprüfen Sie, ob Sie den Fehler reproduzieren können. Achten Sie beim Erhöhen des Speichers darauf, dass Sie nicht mehr Speicher zuteilen als Ihrem Computer Arbeitsspeicher zur Verfügung steht.

Blockierten Workspace wieder freigeben

Wenn das SAP NetWeaver Developer Studio doch einmal abstürzt oder per Taskmanager geschlossen werden muss, kann es vorkommen, dass bei dessen nächstem Start der Workspace blockiert ist. Die Fehlermeldung lautet dann »Workspace in use or cannot be created, choose a different one« oder ähnlich. Dieser Fehler lässt sich in den meisten Fällen wie folgt beheben:

1. Wechseln Sie in das Verzeichnis auf der Festplatte, in dem Sie Ihren Workspace angelegt haben.
2. Wechseln Sie in das **.metadata**-Verzeichnis innerhalb Ihres Workspace-Verzeichnisses.
3. Löschen Sie die Datei **.lock** aus dem Verzeichnis.
4. Starten Sie das SAP NetWeaver Developer Studio neu.

5.2 Swing-Oberfläche für SAP Process Orchestration

Die Swing-Oberfläche ist die älteste Oberfläche, um mit einem SAP-Process-Orchestration-System zu arbeiten. Sie basiert auf einem Java Runtime Environment (JRE). Hier sollten Sie darauf achten, die JRE-Version zu verwenden, die als Java-Version auf dem SAP-Process-Orchestration-System installiert ist. Nur auf diese Weise kann die Kompatibilität sichergestellt werden.

[«]

Sichere Verbindung

Wenn eine andere Java-Version für die JRE verwendet wird, kann es je nach Versionsunterschieden zu Sicherheitsfehlern in Java kommen. Um diese so gut wie möglich auszuschließen, kann man den SAP-Process-Integration-Server auch zu den sichern Java-Verbindungen im Client-System hinzufügen.

Hierfür wählen Sie **Systemsteuerung • Java (Java Control Panel)** und dort über den Reiter **Sicherheit • Sitelist bearbeiten**.

Die Startseite, mit der die einzelnen Bereiche der SAP Process Integration erreicht werden können, ist unter folgendem Link zu erreichen: *http://[hostname]:[port]/dir/start/index.jsp*.

- Hostname: Hier kann entweder der DNS-Name oder die IP-Adresse eingetragen werden.
- Port: Der Port eines SAP-Process-Integration-Systems folgt in der Regel immer dem gleichen Schema: »5[SID]00«. Bei der SID handelt es sich um die SAP-System-ID.

Daraus ergibt sich beispielhaft folgende URL für den Aufruf der Startseite:

http://192.168.0.50:53600/dir/start/index.jsp bzw. *http://beispielDNSname:53600/dir/start/index.jsp*.

Abbildung 5.7 zeigt eine typische Startseite.

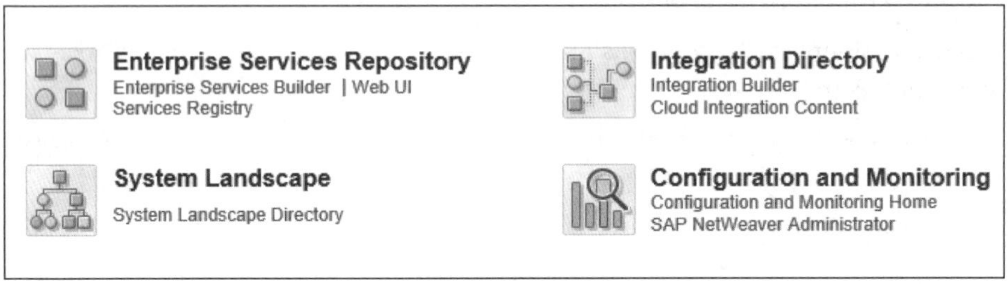

Abbildung 5.7 Startseite von SAP Process Integration

5.2.1 Enterprise Services Builder und Integration Builder starten

Sowohl den Enterprise Services Builder als auch den Integration Builder (IB) erreichen Sie unter dem gleichnamigen Link auf der Startseite. Sobald Sie diese aufrufen, werden Sie gebeten, eine Datei **repository.jnlp** bzw. eine Datei **directory.jnlp** herunterzuladen (siehe Abbildung 5.8).

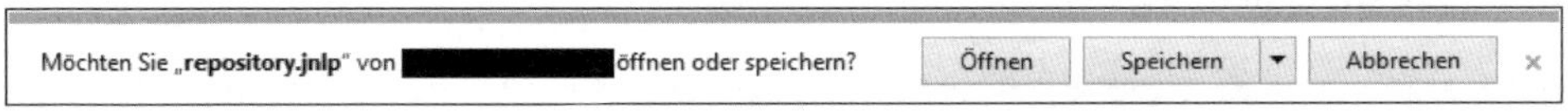

Abbildung 5.8 Datei »repository.jnlp« downloaden

Lokal speichern

Die Datei **repository.jnlp** kann auch lokal auf der Festplatte gespeichert und von dort aus aufgerufen werden. Bei der Wahl dieser Variante muss die Startseite von SAP Process Integration nicht aufgerufen werden.

Wenn Sie die Anwendung nicht lokal auf Ihrem Client speichern möchten, wählen Sie **Öffnen**. Damit wird die Datei vom Server auf Ihr System überspielt und direkt ausgeführt.

Beachten Sie, dass je nach Übertragungsgeschwindigkeit und Leistung des Client PCs einige Minuten vergehen können, bis sich die Anwendung öffnet. Anschließend öffnet sich das Grundgerüst der entsprechenden Anwendung.

5.2.2 Aufbau und Elemente des Enterprise Services Builders

Das Grundgerüst des Enterprise Services Builders zeigt die wichtigsten Elemente und einen ersten Überblick über das SAP-Process-Integration-System (siehe Abbildung 5.9).

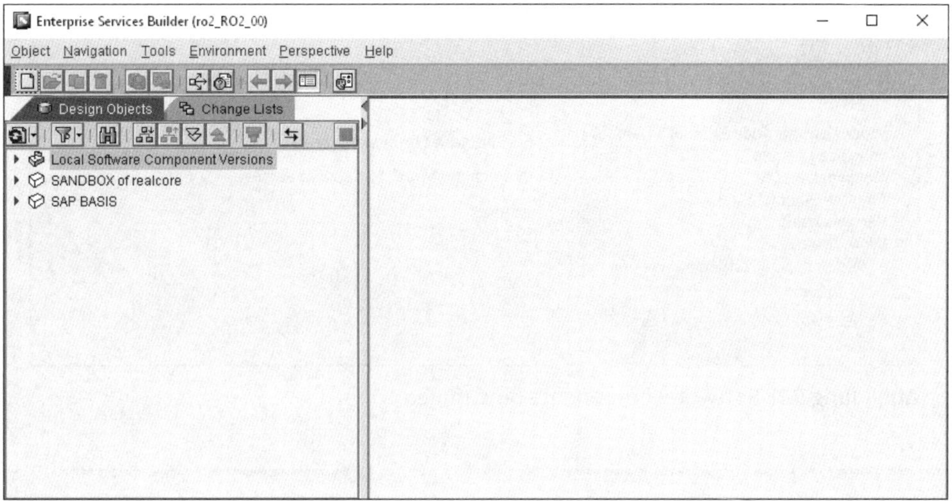

Abbildung 5.9 Grundgerüst des Enterprise Services Builders

Auf den ersten Blick sehen Sie, dass das Bild in zwei Bereiche unterteilt ist. Im linken Bereich finden Sie die verschiedenen Softwarekomponenten, die aufgeklappt werden können. Der rechte Bereich stellt den Arbeitsbereich dar, in dem z. B. Mappings bearbeitet werden können.

Hinzufügen einer Softwarekomponente

Möchten Sie eine weitere Softwarekomponente zu SAP Process Integration hinzufügen, muss diese aus dem SLD geladen werden. Bevor die Softwarekomponente jedoch aus dem SLD geladen werden kann, muss sie dort angelegt werden. Wie dies genau gemacht wird, können Sie Kapitel 4, »System Landscape Directory«, entnehmen.

Um eine bestehende Softwarekomponente aus dem SLD zu laden, gehen Sie folgendermaßen vor:

1. Führen Sie einen Rechtsklick auf **Local Software Component Versions** aus (siehe Abbildung 5.10).

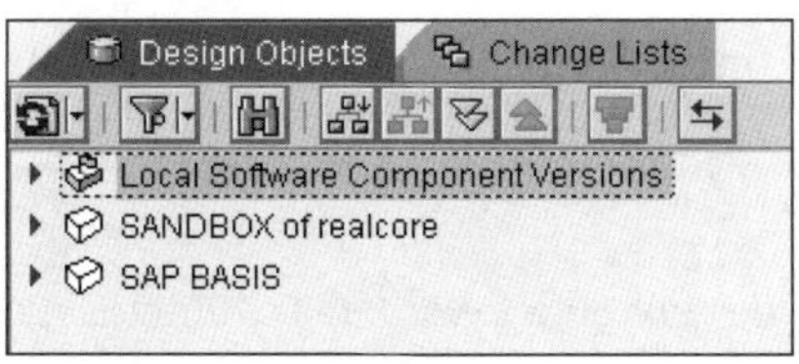

Abbildung 5.10 Softwarekomponente laden

2. Wählen Sie **New**. Als Nächstes öffnet sich ein weiteres Fenster, wie in Abbildung 5.11 gezeigt.

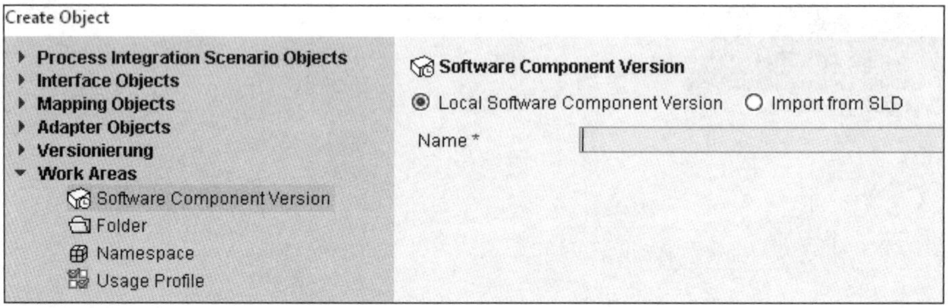

Abbildung 5.11 Softwarekomponente hinzufügen

> **[+]**
> **Work Area**
> Stellen Sie sicher, dass auf der linken Seite **Software Component Version** ausgewählt ist.

3. Klicken Sie auf der rechten Seite die Schaltfläche **Import from SLD** an (siehe Abbildung 5.12).

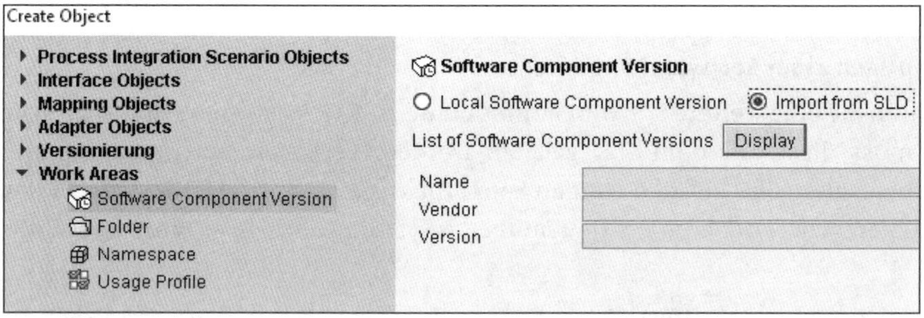

Abbildung 5.12 SLD importieren

4. Klicken Sie auf **Display**. Damit wird eine Verbindung zum SLD aufgebaut und eine Liste aller Softwarekomponenten angezeigt, die zur Verfügung stehen.
5. Suchen Sie über das Suchfeld Ihre Softwarekomponente (siehe Abbildung 5.13).

> **[»]**
> **Wildcards**
> In der Suchmaske können die üblichen Wildcards verwendet werden. Es hilft zusätzlich, die Softwarekomponenten immer nach einem bestimmten Schema anzulegen.

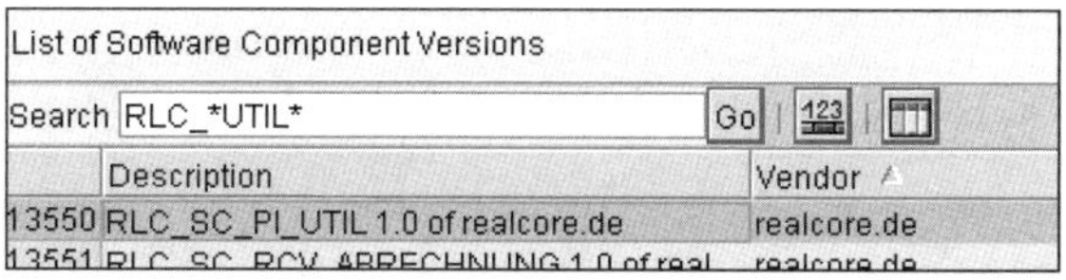

Abbildung 5.13 Suchmaske für den Import

6. Wenn Sie eine Softwarekomponente ausgewählt haben, klicken Sie unten links auf die Schaltfläche **Import**.
7. Nun springt die Ansicht wieder auf die Auswahl, die wir unter Punkt 3 gesehen haben.
8. Klicken Sie auf **Create**.
9. Danach öffnen sich im rechten Bereich Detailinformationen zu dieser Softwarekomponente, wie in Abbildung 5.14 zu sehen.

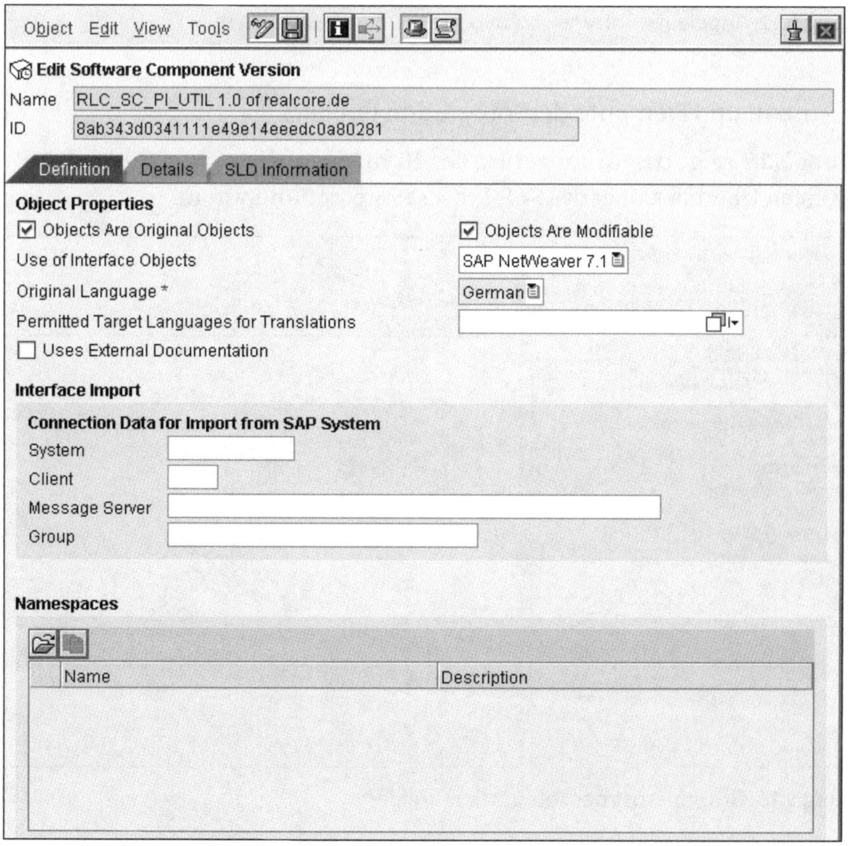

Abbildung 5.14 Detailinformationen einer Softwarekomponente

10. Wählen Sie eine Sprache aus.
11. Abschließend speichern Sie die Komponente mit dem Speichern-Icon in der oberen Leiste.

Nun sollte die neue Softwarekomponente im linken Bereich erscheinen und kann bearbeitet werden (siehe Abbildung 5.15).

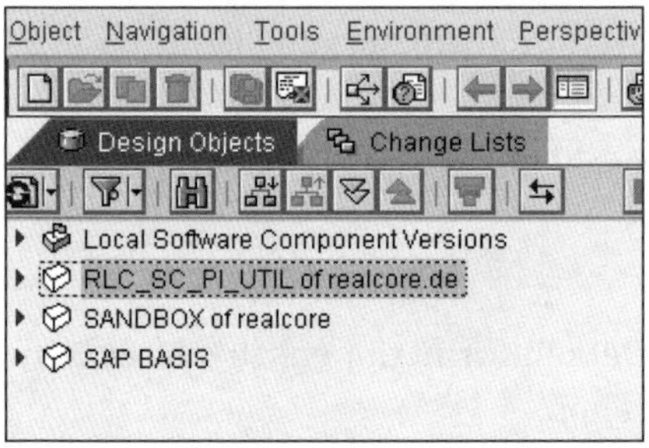

Abbildung 5.15 Angelegte Softwarekomponente im linken Bereich

5.2.3 Aufbau und Elemente des Integration Builders

Abbildung 5.16 zeigt das Grundgerüst des IB mit den wichtigsten Elementen und einem ersten Überblick über das SAP-Process-Integration-System.

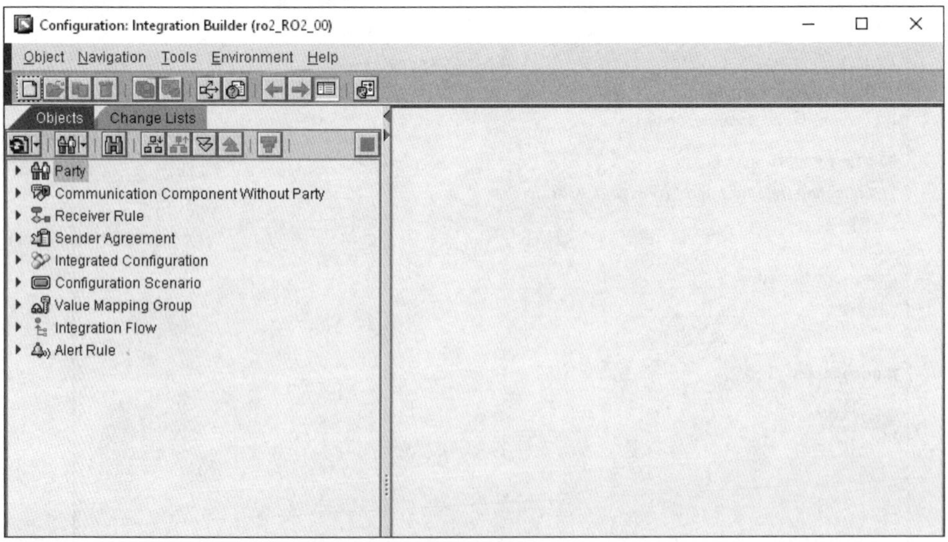

Abbildung 5.16 Grundgerüst des Integration Builders

Wie der Enterprise Services Builder ist auch der IB in zwei grundsätzliche Bereiche aufgeteilt. Auf der linken Seite gibt es eine Auswahlliste verschiedener Objekte. Wenn Sie ein Objekt auswählen, werden auf der rechten Seite dessen Details angezeigt.

Die Ansicht auf der linken Seite kann über ein Symbol in der oberen Leiste geändert werden. Sie können zwischen den Darstellungsmöglichkeiten Object View, Configuration Scenario View und Folder View wählen.

Object View

Im *Object View* werden die einzelnen Elemente nach Objekten sortiert und aufgelistet (siehe Abbildung 5.17).

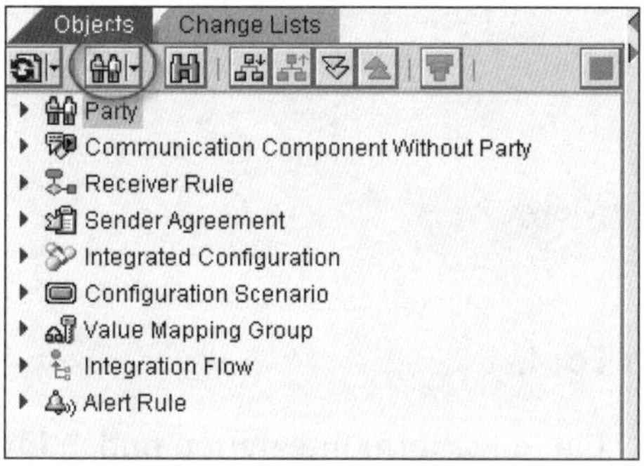

Abbildung 5.17 Ansicht der IB-Objekte im »Object View«

Configuration Scenario View

In dieser Ansicht werden alle Konfigurationsszenarien aufgelistet. Innerhalb dieser Liste werden dann alle IB-Objekte angezeigt, die einem Konfigurationsszenario zugeordnet sind (siehe Abbildung 5.18).

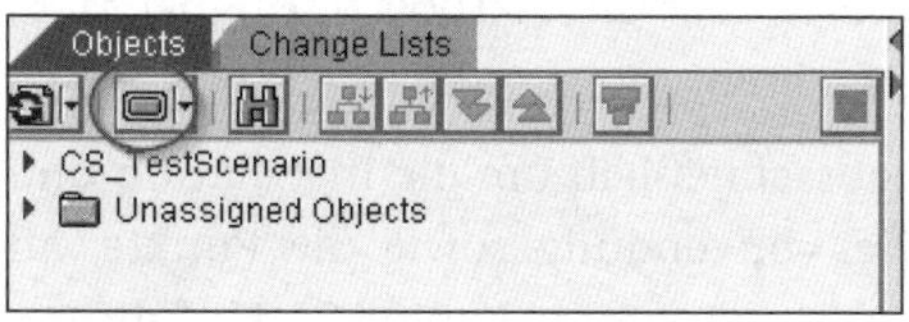

Abbildung 5.18 Ansicht der IB-Objekte im »Configuration Scenario View«

Folder View

Die Ordneransicht (Folder View) zeigt alle Objekte (siehe Abbildung 5.19).

Mit einem Doppelklick können Sie ein Objekt auswählen. Dann werden im rechten Arbeitsbereich die Details des Objekts aufgerufen. Hier können Sie die Konfiguration der Objekte vornehmen.

Wie eine mögliche Konfiguration aussehen kann, zeigen wir in Kapitel 11, »Umsetzung in SAP Process Integration«. Dort wird die vollständige Konfiguration an einem Praxisbeispiel detailliert erklärt und beschrieben.

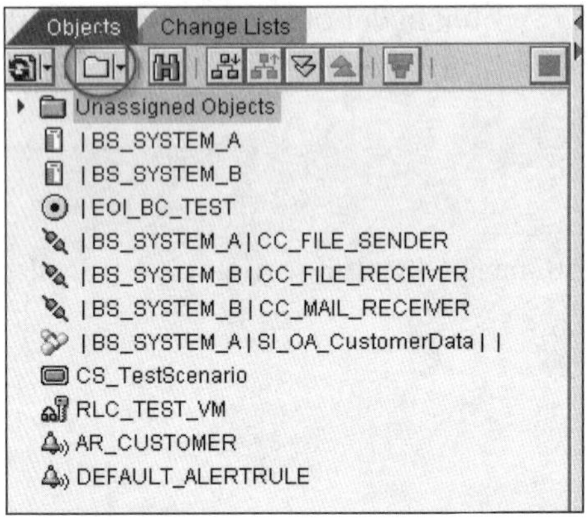

Abbildung 5.19 Ansicht der IB-Objekte im »Folder View«

5.3 SAP Cloud Platform Integration Tools

Die Entwicklung und das Monitoring für SAP Cloud Platform Integration finden im Wesentlichen in der webbasierten Oberfläche der SAP Cloud Platform statt. Allerdings gibt es noch eine weitere Möglichkeit, mit der SAP Cloud Platform Integration zu arbeiten: die *SAP Cloud Platform Integration Tools* (PI-Tools) für Eclipse.

Eben diese Tools ermöglichten es, überhaupt mit der SAP Cloud Platform Integration arbeiten zu können. Sie sollen jedoch nach und nach durch die Web IDE ersetzt werden, auf die SAP seit Längerem ihren Fokus legt. Da es zum jetzigen Stand allerdings immer noch Funktionen gibt, die ausschließlich über die PI-Tools verfügbar sind, möchten wir auch dieses Werkzeug näher betrachten.

Dabei soll es in den folgenden Abschnitten ausschließlich um die Installation und Grundkonfiguration der PI-Tools gehen. Die Verwendung sowie die Punkte, an denen die Tools derzeit noch unabdingbar sind, werden wir in Kapitel 9, »Einführung in SAP Cloud Platform Integration«, und Abschnitt 15.1, »Monitoring«, genauer betrachten.

5.3.1 Download und Installation der SAP Cloud Platform Integration Tools

Die PI-Tools sind ausschließlich als Erweiterung für Eclipse verfügbar. Im Gegenteil zum SAP NetWeaver Developer Studio, das als komplette, eigenständige Entwicklungsumgebung basierend auf Eclipse ausgeliefert wird, stehen die PI-Tools also nur als Plug-in-Download zur Verfügung. Aus diesem Grund muss zuerst Eclipse in der passenden Version installiert werden.

Installationsvoraussetzungen

Um die PI-Tools nutzen zu können, ist es wichtig, Eclipse in der passenden Version zu installieren. Derzeit ist die empfohlene Version 4.6 (Neon). Da sich die vorausgesetzte Version in der Vergangenheit jedoch öfter geändert hat, ist es ratsam, die aktuell notwendige Version vor der Installation auf der folgenden SAP-Webseite nachzuschlagen: *https://tools.hana.ondemand.com/#cloudintegration*.

Weiter gilt es zu beachten, dass die PI-Tools offiziell nur für Windows 8, 64 Bit freigegeben sind. In der Praxis gelang die Nutzung unter Windows 10 jedoch auch ohne erkennbare Einschränkungen. MAC OS wird als Plattform derzeit komplett ausgeschlossen. Zur Verwendung unter Linux-basierten Betriebssystemen trifft SAP keine Aussage.

Die dritte und letzte Voraussetzung ist ein installiertes Java JRE in Version 1.8.

Laden Sie sich die von SAP angegebene Eclipse-Version herunter. Eine Übersicht aller verfügbaren Versionen und Downloads finden Sie auf folgender Webseite: *http://s-prs.de/v448106*.

Wählen Sie dort die Version **Eclipse IDE for Java EE Developers** und anschließend das passende Release. Derzeit ist dies **Eclipse NEON**. Entpacken Sie die heruntergeladene .zip-Datei nach Abschluss des Downloads, und starten Sie Eclipse durch einen Doppelklick auf die **eclipse.exe**-Datei.

Wählen Sie anschließend den Workspace, der verwendet werden soll (siehe Abbildung 5.20). Wie schon in Abschnitt 5.1, »SAP NetWeaver Developer Studio für SAP Process Orchestration«, beschrieben, empfiehlt es sich, einen neuen Ordner zu wählen und somit einen eigenen Workspace für die Nutzung mit der SAP Cloud Platform Integration anzulegen.

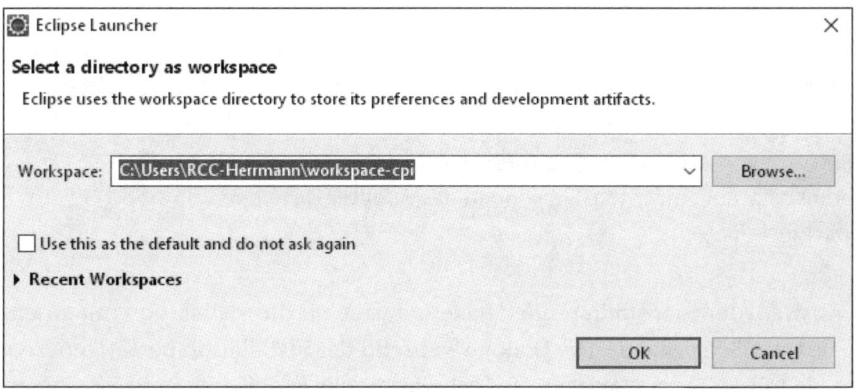

Abbildung 5.20 Einen neuen Workspace in Eclipse anlegen

Im nächsten Schritt installieren Sie die PI-Tools-Erweiterung für Eclipse. Hierzu öffnen Sie den Erweiterungsmanager über das Menü **Help • Install New Software**.

Im Dialog des Erweiterungsmanagers legen Sie über die Schaltfläche **Add** eine neue Paketquelle an. Der Name ist hierbei frei wählbar und hat keinen Einfluss auf die Pakete. Als Location geben Sie die URL des PI-Tools-Repositorys an (*https://tools.hana.ondemand.com/neon*), und bestätigen mit **OK** (siehe Abbildung 5.21).

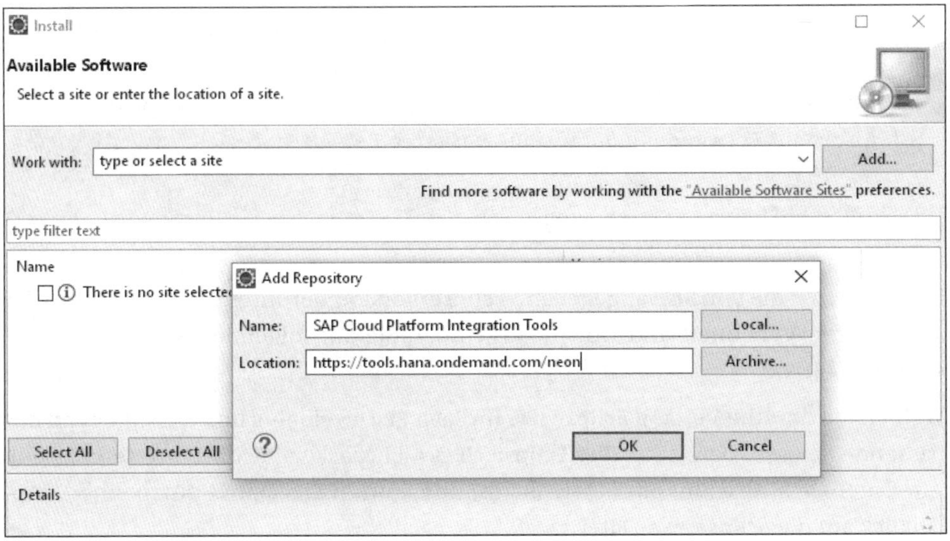

Abbildung 5.21 Paketquelle hinzufügen

Nach dem Hinzufügen der Paketquelle zeigt Eclipse alle verfügbaren Pakete des Repositorys an. Wählen Sie das Paket **SAP Cloud Platform Integration Tools**.

[»]

Kommunikationsadapter

Das Paket PI-Tools enthält neben den Komponenten für Entwicklung und Monitoring auch die Werkzeuge zur Entwicklung eigener Kommunikationsadapter, das *Adapter Development Kit for SAP Cloud Platform Integration*.

Wenn Sie nicht vorhaben, eigene Adapter zu entwickeln, können Sie den Haken während der Installation entfernen. Sie können das Adapter Development Kit bei Bedarf später nachinstallieren.

Nach der Auswahl der zu installierenden Pakete starten Sie die Installation mit einem Klick auf die **Next**-Schaltfläche. Die Dialoge während der Installation bestätigen bzw. quittieren Sie mit **OK** oder **Next**, bis die Installation der Erweiterung abgeschlossen ist. Anschließend muss Eclipse noch einmal neu gestartet werden.

5.3.2 Grundkonfiguration der SAP Cloud Platform Integration Tools

Nachdem der Download sowie die Basisinstallation abgeschlossen sind, konfigurieren wir nun die SAP-Cloud-Platform-Integration-spezifischen Komponenten, um die Verbindung zur SAP Cloud Platform Integration herzustellen.

Zur Einrichtung der Verbindung zur SAP Cloud Platform Integration sind folgende Schritte notwendig:

1. Starten Sie Eclipse, und wählen Sie den zuvor angelegten Workspace der SAP Cloud Platform Integration aus.
2. Wählen Sie das Menü **Window** in der oberen Menüleiste.
3. Wählen Sie den Menüpunkt **Preferences • SAP Cloud Platform Integration • Operations Server**.
4. Ersetzen Sie die Werte **URL**, **User** und **Password** durch Ihre eigenen Werte (siehe Abbildung 5.22).
5. Überprüfen Sie die Verbindung mit der Funktion **Test Connection**.

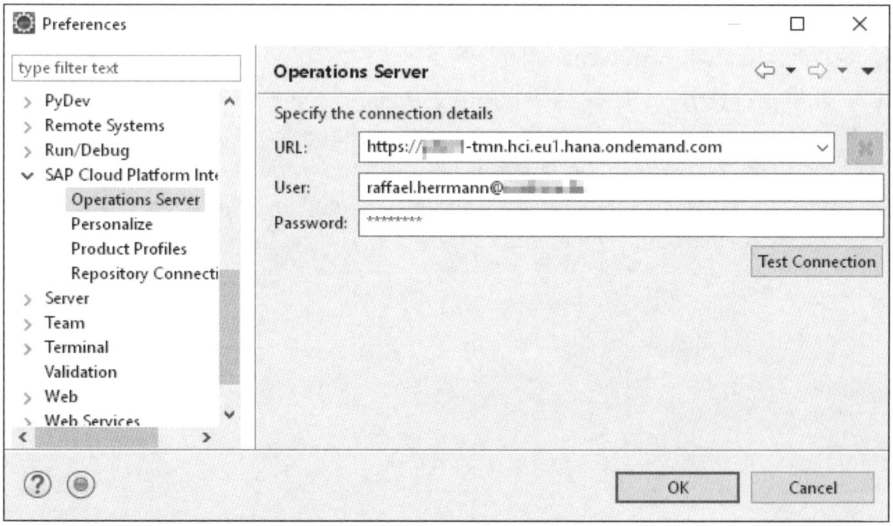

Abbildung 5.22 Anbindung des Operations Servers

An diesem Punkt ist die grundlegende Konfiguration der PI-Tools abgeschlossen. Ein weiterer, optionaler Schritt ist jedoch noch möglich: Wenn Sie Integration Flows für die SAP Cloud Platform Integration innerhalb von Eclipse entwickeln möchten, können Sie hierzu Repository-Objekte Ihrer bestehenden SAP-Process-Integration-Landschaft nutzen. Dies entspricht zwar nicht der allgemeinen Empfehlung von SAP, die webbasierte Entwicklungsumgebung bevorzugt zu nutzen. Doch es stellt die einzige Möglichkeit dar, Interfaces und Mappings aus bestehenden SAP-Process-Integration-/SAP-Process-Orchestration-Schnittstellen wiederzuverwenden.

Führen Sie zur Einrichtung der Verbindung zum Repository einer SAP-Process-Integration-/SAP-Process-Orchestration-Umgebung folgende Schritte durch:

1. Starten Sie Eclipse, und wählen Sie den zuvor angelegten Workspace der SAP Cloud Platform Integration aus.
2. Wählen Sie das Menü **Window** in der oberen Menüleiste.
3. Wählen Sie den Menüpunkt **Preferences • SAP Cloud Platform Integration • Repository Connection**.
4. Ersetzen Sie die Werte **URL**, **User** und **Password** durch Ihre eigenen Werte. Der Wert **URL** folgt dabei dem Schema *http(s)://<host>:<port>*.
5. Überprüfen Sie die Verbindung mit der Funktion **Test Connection**.

URLs und Zugangsdaten

Die Zugangsdaten, die in der Operations-Server-Konfigurationsseite eingegeben werden müssen, wurden Ihnen im Rahmen der Bestellung Ihres SAP-Cloud-Platform-Integration-Accounts vom SAP Operations-Team per E-Mail übersendet. Sollten Sie keine solche E-Mail erhalten haben, wenden Sie sich an den Einkaufsverantwortlichen oder an Ihren SAP-Partnermanager.

Die URL für das Enterprise Services Repository entspricht dem Hostnamen und Port Ihres SAP-Process-Integration-/SAP-Process-Orchestration-Systems. Als Benutzernamen und Passwort können Sie jeden validen Nutzer-Account Ihres SAP-Process-Integration-/SAP-Process-Orchestration-Systems verwenden. Üblicherweise sollte jeder Entwickler hier seinen eigenen Account nutzen.

Kapitel 6
SAP Process Integration (AEX)

In diesem Kapitel lernen Sie die Elemente der SAP-Process-Integration-Komponente kennen. Dabei betrachten wir sowohl das ESR als auch das Integration Directory, und zeigen Ihnen, welches Element wofür verwendet wird.

Die Advanced Adapter Engine Extended (AEX) ist der Kern des SAP-Process-Integration-Systems, weshalb wir Ihnen in diesem Kapitel deren Funktionsweise aufzeigen werden. Das Enterprise Services Repository (ESR) und das Integration Directory (ID) sind dabei die Hauptbestandteile von SAP Process Integration. Außerdem erklären wir, wie man Integration Flows erstellt, bearbeitet und deployt.

Im weitesten Sinne kann man SAP Process Integration in zwei Kernelemente aufteilen: zum einen in die Designumgebung (ESR) und zum anderen in die Kommunikation (Integration Directory).

6.1 Enterprise Services Repository

Im ESR werden verschiede Objekte modelliert, die im späteren Verlauf vom Integration Directory abgerufen werden. Hier werden die Objekte designt; es wird z. B. festgelegt, wie eine Schnittstelle (Interface) aussieht. Dabei kommen verschiede IT-Szenarien zum Einsatz:

- Enabling Enterprise Services
- Enabling Application-to-Application Processes
- Enabling Business-to-Business Processes

Alle erstellten Designobjekte werden im ESR aufgelistet und gespeichert. Sie ermöglichen Integrationslösungen für eine serviceorientierte Architektur (SOA).

In der *modellbasierten* Architektur des ESR bauen Informationen aufeinander auf, sodass auf unterster Ebene die grundlegende Struktur einer Schnittstelle liegt und die Services diese Struktur zur Laufzeit abfragen. Damit kann die Nachrichtenstruktur schnell und einfach angepasst werden, und der Lebenszyklus einer Schnittstelle kann unkompliziert auf Änderungen reagieren.

6.2 Basiselemente einer Schnittstelle

Die Basiselemente von Schnittstellen geben an, wie die Schnittstelle strukturell aufgebaut ist. Sie definieren, welche Felder in einer Schnittstelle vorhanden sind und befüllt werden können. In SAP Process Integration werden diese Elemente in einem XML-Format dargestellt. Sie werden auch als »Tags« bezeichnet. Diese Bezeichnung kommt aus dem XML-Umfeld und wird hier in gleicher Weise verwendet.

6.2.1 Datentyp

Datentypen sind die grundlegende Einheit von Schnittstellen. Sie enthalten die Datenstruktur von Messagetypen (message types; siehe Abschnitt 6.2.3, »Messagetyp«) und Service Interfaces (siehe Abschnitt 6.3, »Service Interface«). Ein Datentyp kann in verschiedenen Messagetypen wiederverwendet werden, wenn diese entweder in der gleichen Softwarekomponentenversion (SWCV) oder in anderen Softwarekomponentenversionen des ESR liegen. Damit der Datentyp referenziert werden kann, müssen alle nötigen Softwarekomponentenversionen-Abhängigkeiten im System Landscape Directory (SLD) konfiguriert sein.

Grundsätzlich werden folgende Datentypen vom ESR unterstützt:

- **Kern- und aggregierte Datentypen**
  Kern- und aggregierte Datentypen sind durch die *Core Components Technical Specification* (CCTS) definiert. Sie sind die Basis für diverse Datentypen, die in verschiedenen Industrien als Standard verwendet werden.

  Zum Beispiel ist `adresse` ein aggregierter Datentyp, der Adressfelder wie `stadt` enthält. `stadt` stellt dabei einen Kerndatentyp dar.
- **Freie Datentypen**
  Freie Datentypen sind Datentypen, die Sie selbst entwickelt und erstellt haben. Diese müssen Sie eigenständig pflegen und aktuell halten. Dafür gibt es im ESR einen Data Type Editor, der auf selbsterklärenden primitiven Datentypen basiert (z. B. String, Integer, Boolean).

6.2.2 Externe Definition

Externe Definitionen sind importierte Nachrichtenstrukturen, die entweder eine vollständige Nachricht oder einen Teil einer Struktur beschreiben. Eine Externe Definition kann über drei Arten in das ESR importiert werden: als WSDL (Web Services Description Language), XML Schema Definition (XSD) oder Document Type Definition (DTD). Nachdem Sie erfolgreich eine externe Definition in das ESR importiert haben, können Sie diese einem Service Interface zuweisen. Dabei ist es egal, ob es sich um eine Request-, eine Response- oder eine Fault-Nachricht handelt.

Unterstützte Funktionen

Aktuell gibt es einige Begrenzungen der XSD Features, die von SAP Process Orchestration bei externen Definitionen unterstützt werden. So wird z. B. verhindert, dass die XML-Funktion `choice` verwendet werden kann. Das bedeutet, dass bei der Aktivierung des Datentyps alle XSD-Typen vorhanden sein müssen, auf die verwiesen wird.

```
<xs:element name="auto">
  <xs:complexType>
    <xs:choice>
      <xs:element name="marke" type="automarke"/>
      <xs:element name="farbe" type="lackierung"/>
    </xs:choice>
  </xs:complexType>
</xs:element>
```

In diesem Beispiel werden die XSD-Typen `automarke` und `lackierung` verwendet. Diese müssen dann in SAP Process Orchestration bereitgestellt werden.

6.2.3 Messagetyp

Messagetypen kapseln Datentypen und beschreiben die Struktur von Nachrichten eines Service Interface. Der Messagetyp definiert das Root-Element einer Nachricht und beschreibt die Instanz der ausgetauschten Nachricht. Weiterhin beschreibt der Messagetyp das Root-Element bei Request-, Fault- und Response- Nachrichten (ausschließlich bei synchroner Kommunikation) eines Service Interface.

6.3 Service Interface

Das *Service Interface* ist ein plattform- und programmiersprachenunabhängiges Format, das der modellbasierten Architektur folgt. Es stellt Operationen (Methoden) bereit, die von SAP- und Nicht-SAP-Systemen aufgerufen werden können. Ein Service Interface hat eine One-to-Many-Beziehung zu den Operationen, die es beinhaltet.

6.3.1 Inbound Interfaces, Outbound Interfaces und Abstract Service Interfaces

Abhängig vom Business-Prozess und den funktionalen Anforderungen fällt jedes Interface in eine von drei Kategorien: Inbound, Outbound oder Abstract. Abbildung 6.1 zeigt den Dialog zum Bearbeiten der Service Interfaces.

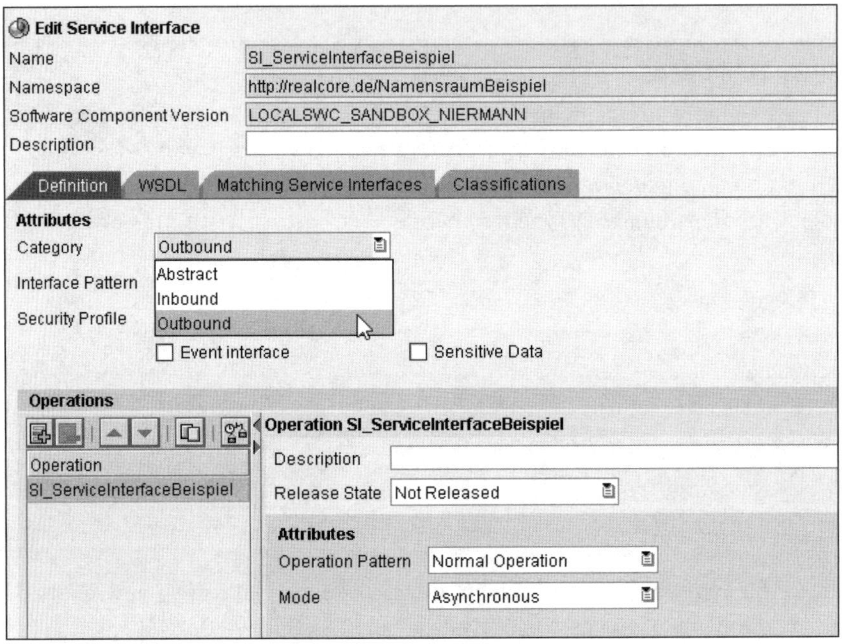

Abbildung 6.1 Interface-Kategorie

Während der Entwicklung werden auf der Applikationsseite folgende Elemente automatisch erzeugt:

- **Inbound** (Service Provider)
  Ein Inbound Interface stellt eine Funktion bereit, die von anderen Systemen oder Personen genutzt werden kann. Im Allgemeinen kann man bei Inbound Interfaces von Empfängerschnittstellen reden. Sie verarbeiten die Request-Nachricht und schicken gegebenenfalls bei synchronen Schnittstellen eine Response-Nachricht an das sendende System.
- **Outbound** (Service Consumer)
  Outbound Interfaces sind die Konsumenten von Diensten, die andere Systeme bereitstellen. Hier kann man auch von Senderschnittstellen sprechen. Dieser Begriff zeigt (ähnlich wie bei Empfängerschnittstellen), an welcher Position eines Prozesses man gerade ist.

- **Abstract** (nur in SAP-Process-Integration-Dual-Stack-Systemen)
  Abstrakte Interfaces wurden ausschließlich im *cross-component Business Process Management* (ccBPM) verwendet. Sie können nicht für Provider und Consumer Interfaces verwendet werden. Deshalb werden sie in diesem Buch nicht weiter betrachtet.

Für eine Verbindung mittels ABAP Proxy wird eine Punkt-zu-Punkt-Verbindung mit dem jeweiligen ABAP-System aufgebaut. Auf SAP-Process-Orchestration-Seite arbeitet diese Kommunikationsart über die Webservice-Runtime.

6.3.2 Synchrone/asynchrone Kommunikation

In der Systemintegration gibt es zwei grundlegende Konzepte, wie Systeme miteinander kommunizieren können: die asynchrone (unidirektionale) und die synchrone (bidirektionale) Kommunikation. Bei der asynchronen Kommunikation sendet das sendende System eine Nachricht und erwartet keine weitere Antwort. Die synchrone Kommunikation können Sie sich eher wie einen Dialog vorstellen: Das sendende System sendet eine Nachricht und wartet eine gewisse Zeit, bis das Empfängersystem eine Antwort (Response) gesendet hat und diese auch beim Sender wieder angekommen ist. Wichtig ist dabei, dass es sich bei der Antwort um eine fachliche Antwort handeln muss. Technische Acknowledgements (z. B. HTTP-Statuscode 200) sind explizit ausgeschlossen. Diese tragen keine fachlichen Informationen und gelten deshalb im Sinne der SAP Process Orchestration nicht als synchrone Kommunikation.

Asynchrone Kommunikation

Ein typisches Beispiel für asynchrone Kommunikation ist der File-Transport. Das Betriebssystem oder die Hardware gibt keine fachliche Antwort darauf, ob die Datei erfolgreich auf die Festplatte geschrieben wurde.

Ein anderes allgegenwärtiges Beispiel sind Social-Media-Dienste wie Facebook oder Twitter. Wenn Sie eine Nachricht in einem dieser Dienste hinterlassen, erwarten Sie nicht umgehend eine Antwort, sondern es kann einige Zeit vergehen, bis sich jemand auf den Tweet meldet.

Synchrone Kommunikation

Bei synchroner Kommunikation verhält es sich etwas anders. Wenn Sie jemanden mit einem Telefon anrufen, erwarten Sie, dass die andere Person auf diesen Anruf reagiert. Wenn die Person nicht abnimmt, könnten Sie es noch einmal versuchen oder eine Nachricht auf dem Anrufbeantworter hinterlassen. Letzteres ist ein gutes

Beispiel, wie Nachrichten in SAP Process Orchestration auf der Empfängerseite gepuffert werden, bis sie verarbeitet werden können.

Abbildung 6.2 zeigt schematisch die Unterschiede zwischen synchroner und asynchroner Kommunikation.

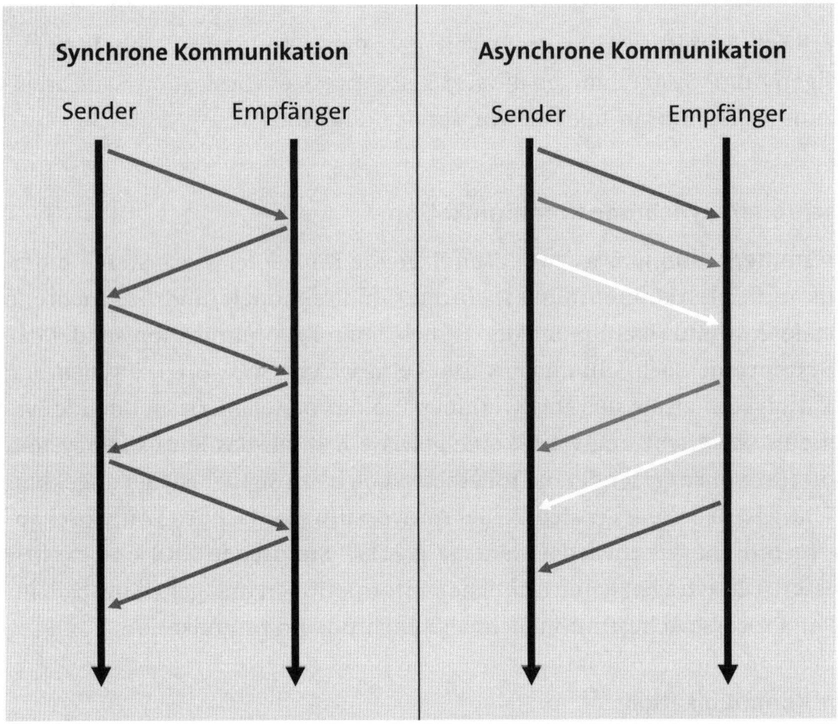

Abbildung 6.2 Synchrones und asynchrones Kommunikationsmodell

6.3.3 Integrationsmodell: stateful-/stateless-Kommunikation

Während der Konfiguration von Service Interfaces können Sie das Integrationsmodell (Interface Pattern) auswählen (siehe Abbildung 6.3). Dieses ermöglicht die Entwicklung verschiedener Arten von Schnittstellen. Aktuell werden vier unterschiedliche Arten unterstützt.

- **Stateful**
  Ein Service Consumer sendet eine Request-Nachricht an einen Service Provider. Der Service Provider empfängt und verarbeitet die Nachricht und sendet gegebenenfalls eine Response-Nachricht an den Sender zurück. Nachdem der Nachrichtenaustausch erfolgreich abgeschlossen wurde, steht die in der Request- und Response-Nachricht enthaltene Information (Status) für die Message-Laufzeitumgebung zur Verfügung und kann ausgelesen werden.

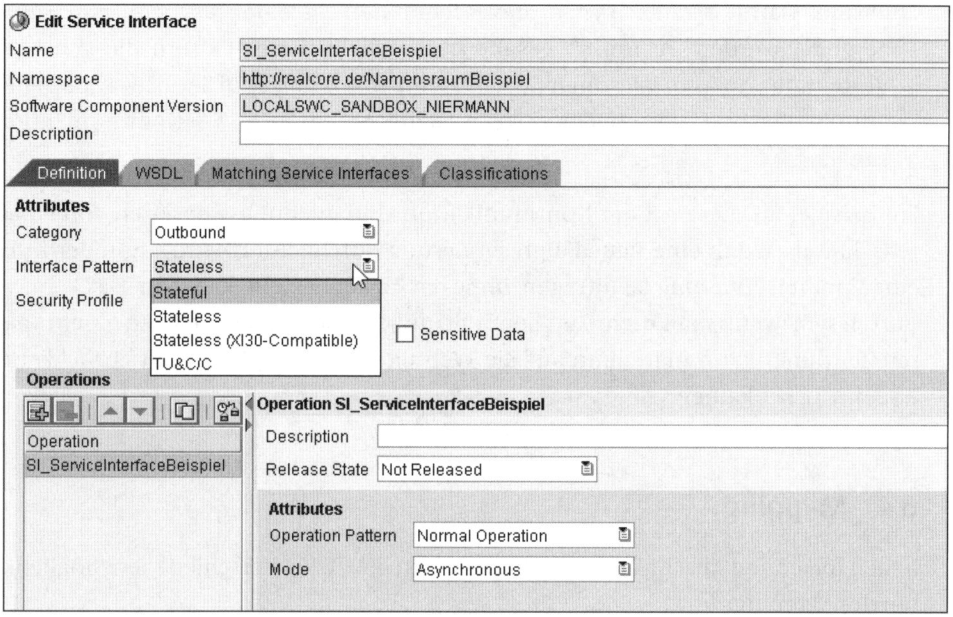

Abbildung 6.3 Integrationsmodell auswählen

- **Stateless**
  Das stateless-Integrationsmodell ist die Standardeinstellung von SAP Process Orchestration und wird bei den meisten Service Interfaces verwendet. Ein Service Consumer sendet eine Request-Nachricht an einen Service Provider. Der Service Provider empfängt und verarbeitet die Nachricht und sendet gegebenenfalls eine Response-Nachricht an den Sender zurück. Nachdem der Nachrichtenaustausch erfolgreich abgeschlossen wurde, werden die Statusinformationen der Request- und Response-Nachricht gelöscht und stehen der Message-Laufzeitumgebung nicht mehr zu Verfügung.
- **Stateless** (XI30-Compatible)
  Die Stateless-(XI30-Compatible)-Version wird dafür genutzt, eine Rückwärtskompatibilität zu SAP-NetWeaver-2004er-Systemen zu gewährleisten. Diese Systeme basierten auf Message Interfaces (Vorgänger der Service Interfaces). Wenn zuvor mit einem Integration Repository der Version SAP NetWeaver 2004 gearbeitet wurde und Message Interfaces in Service Interfaces migriert werden, muss dieses Interface Pattern ausgewählt werden. Es erlaubt nur eine Operation pro Service Interface.
- **Tentative Update and Confirm or Compensate**
  Dieses Pattern ist eine SAP-eigene Implementierung des allgemein bekannten *Zwei-Phasen-Commit-Protokolls*. Ziel dieses Protokolls ist es, atomare Transaktionen über verschiedene Systeme und Kommunikationstypen hinweg zu gewähr-

leisten. Damit können synchrone Nachrichten an einen asynchronen Service gesendet werden. Technisch gesehen ermöglicht dieses Pattern die synchrone Verteilung von Informationen über Systeme mit »Quality of Service« (QoS), »Best-Effort« (BE) und »ExactlyOnce« (EO) (siehe Abschnitt 6.5.5, »Kommunikationskanäle«).

Ein Beispiel für diese Art der Kommunikation sind Buchungswebseiten von Fluggesellschaften. Wenn eine neue Flugreservierung durchgeführt wird, kann der Kunde eine Vorabreservierung beantragen, ohne das Ticket bestellt zu haben. Das kann von Vorteil sein, wenn man mehr Zeit benötigt, um das Ticket zu kaufen. Zu einem späteren Zeitpunkt kann man dann auf die Webseite der Fluggesellschaft zurückkehren und das Ticket kaufen.

6.4 Mapping

In den folgenden Abschnitten stellen wir Ihnen die vielen verschiedenen Möglichkeiten des Mappings vor.

6.4.1 Operation Mapping

Operation Mappings kapseln alle Mapping-Schritte, die eine Nachricht durchlaufen muss, um so transformiert zu werden, dass das Empfängersystem die Nachricht verarbeiten kann. Dabei werden die Nachrichtenstrukturen des Senders und des Empfängers aus den Service Interfaces verwendet. Wichtig zu beachten ist, dass Operation Mappings Webservice-artige Operationen ausführen. Auch wenn die Nachrichten, die verarbeitet werden, nicht zwingend Webservice-Nachrichten sein müssen (z.B. CSV-Flatfiles oder Datenbankzugriffe), werden sie doch wie solche behandelt, um die Verarbeitung von Nachrichten zu generalisieren.

Kaskadierende Mappings (mehrere Mappings in einem Operation Mapping)

Bei komplexeren Umformungen kann es in manchen Situationen nötig sein, dass mehr als ein Mapping für eine Konvertierung durchlaufen werden muss. In diesem Fall werden die Mappings in dem Operation Mapping hintereinandergestellt. Bei diesen kaskadierenden Mappings können alle Mapping Varianten (also Java Mapping, XSLT Mapping oder Message Mapping) in beliebiger Reihenfolge und in beliebiger Häufigkeit verwendet werden. Abbildung 6.4 zeigt ein Beispiel für ein kaskadierendes Mapping. Es gibt allerdings eine Voraussetzung: Die Ausgangsstruktur des ersten Mappings muss gleich der Eingangsstruktur des zweiten Mappings sein. Weiterhin muss die Ausgangsstruktur des zweiten Mappings gleich der Eingangsstruktur des dritten Mappings sein etc.

Wird diese Strukturvorgabe nicht eingehalten, kommt es zu einem Laufzeitfehler, wenn eine Nachricht in dem Operation Mapping verarbeitet wird.

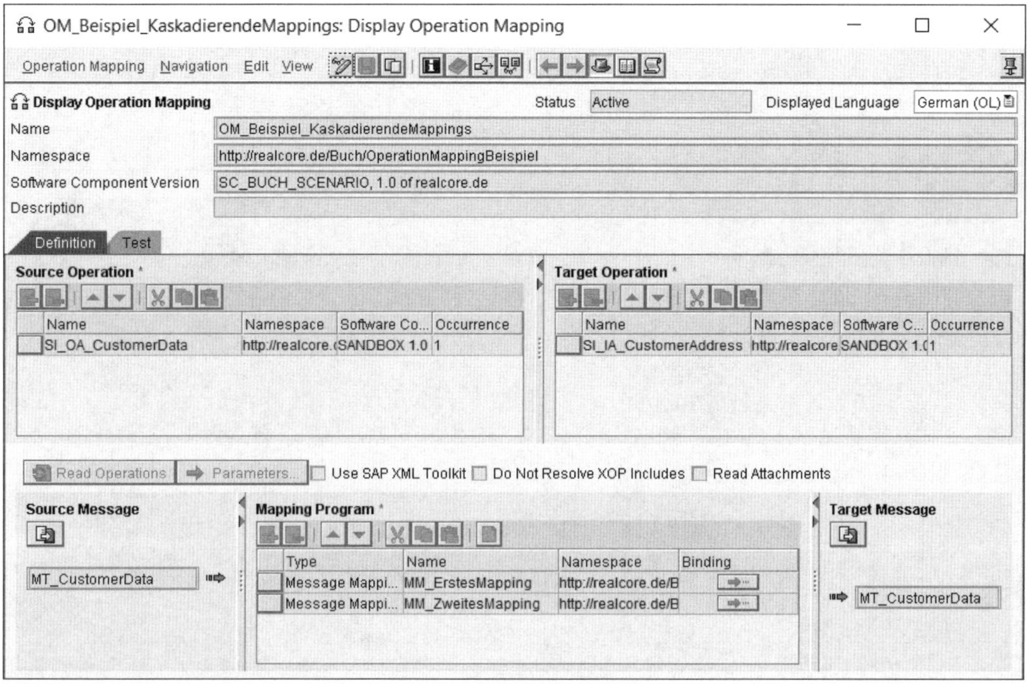

Abbildung 6.4 Operation Mapping mit kaskadierendem Mapping

Kein Operation Mapping zwischen Outbound und Inbound Service Interfaces

Es kommt immer wieder vor, dass das Outbound Interface und das Inbound Interface dieselbe XML-Struktur besitzen, z. B. wenn beide Interfaces denselben Messagetyp verwenden. In einem solchen Fall hat SAP Process Orchestration nur die Rolle eines Datenverteilers; es wird kein Operation Mapping benötigt.

Voraussetzung dafür ist aber, dass die Eingangs- und die Ausgangsstruktur genau gleich sind und keine Konvertierung des Nachrichteninhalts durchgeführt werden muss.

6.4.2 Message Mapping (grafisches Mapping)

Message Mappings, auch grafische Mappings genannt, werden von SAP in der Swing-GUI mit ausgeliefert. Hierbei werden Sender- und Empfänger-XML-Struktur gegenübergestellt. Anschließend kann mittels vorgefertigter Bausteine und Pfeile das Mapping erstellt werden (siehe Abbildung 6.5).

Für die Konvertierung von einem Sender- in ein Empfängerformat stehen in einem grafischen Mapping eine Vielzahl von Standardfunktionen bereit. An dieser Stelle möchten wir die Gelegenheit nutzen und einige ausgewählte Funktionen sowie den Begriff *Kontext* näher erläutern.

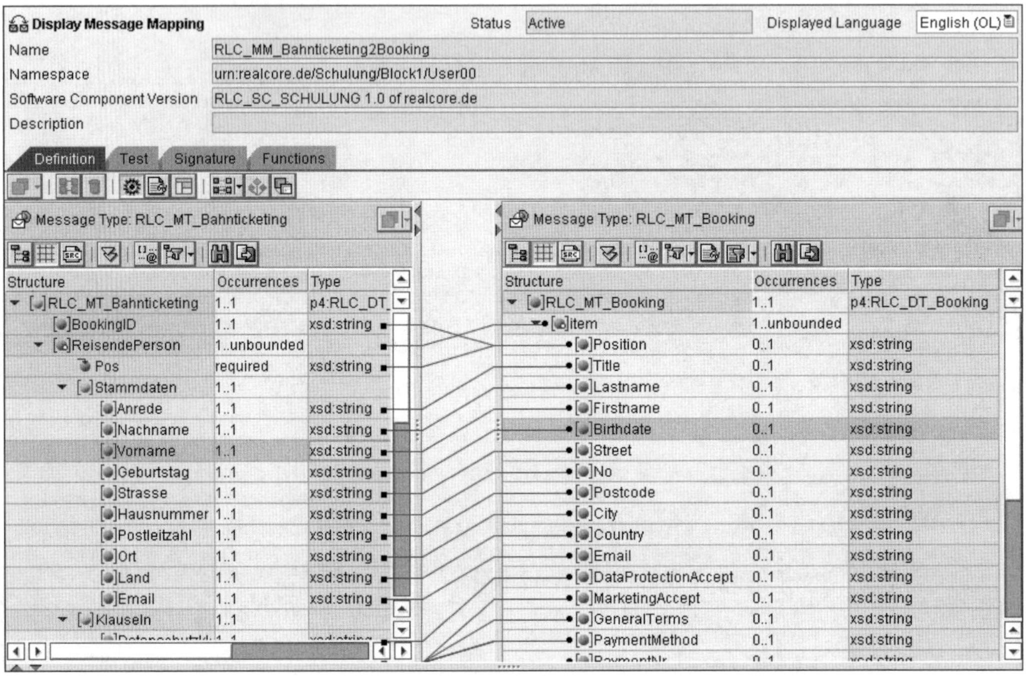

Abbildung 6.5 Beispieldarstellung eines Message Mappings

Der Reiter »Test«

Mit dem **Test**-Reiter kann ein grafisches Mapping getestet werden (siehe Abbildung 6.6). Dafür müssen in die Nachrichtenstruktur entweder von Hand Testdaten eingetragen werden, oder es wird eine komplette XML-Testnachricht eingefügt.

Abbildung 6.6 Händische Testfallpflege starten

Wenn Sie einen Testfall von Hand eingeben, können Sie die Darstellung aus Abbildung 6.7 verwenden. Damit wird die Struktur wie im Mapping angezeigt. Auf der rechten Seite können Sie Werte für einzelne Elemente hinterlegen.

In der Source-Ansicht können Sie den Source Code des Testfalls anschauen und verändern. Klicken Sie dazu auf das in Abbildung 6.8 markierte Icon. Diese Darstellung lohnt sich besonders dann, wenn Sie bereits einen Testfall in XML-Format besitzen. Diesen können Sie hier mit Copy & Paste einfach einfügen.

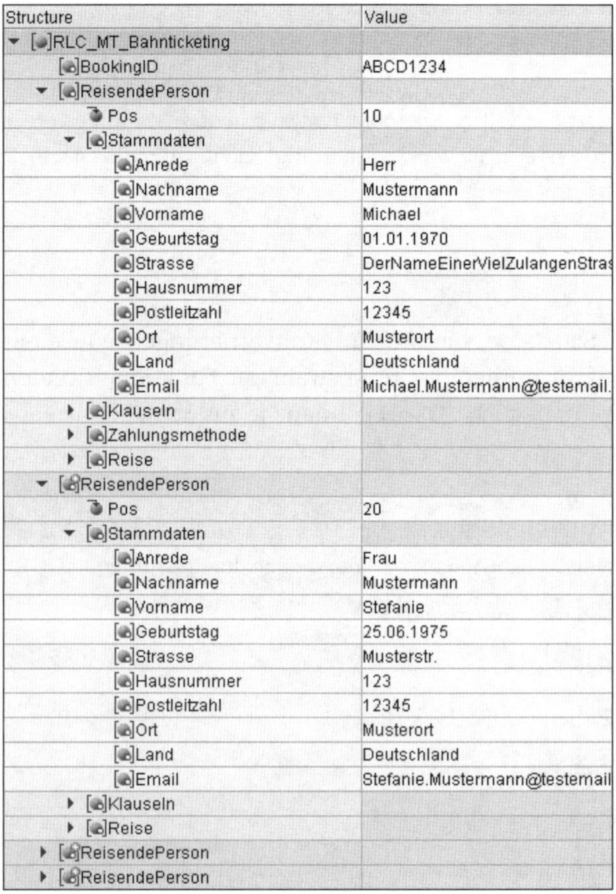

Abbildung 6.7 Händische Pflege von Testfällen

Abbildung 6.8 Source Code des Testfalls einsehen

Um Testfälle zu erstellen, zu speichern oder zu löschen, verwenden Sie die drei in Abbildung 6.9 markierten Icons. Mit dem linken Icon erstellen Sie eine Testfallinstanz, mit dem rechten Icon können Sie einen Testfall löschen. Das Icon in der Mitte dient dem Speichern eines Testfalls.

Abbildung 6.9 Testfälle erstellen, speichern und löschen

[»]

Transport der Testfälle

Bei einem Transport des Message Mappings werden nur die ersten drei Testfälle in das nächste System mit transportiert. Sollten Sie mehr Testfälle in dem Mapping verwendet haben, bleiben diese im System. Sie werden allerdings nicht mit in das nachfolgende System transportiert.

Standardfunktionen

Die Standardfunktionen sind Bausteine, die SAP für Konvertierungen von einer Sender- in eine Empfängerstruktur mitliefert. Die Auswahl der Funktionen finden Sie am unteren Rand des Mapping-Bereichs. Dabei können Sie aus den Gruppen aus Tabelle 6.1 auswählen.

Bereich	Beschreibung
Arithmetic	enthält Bausteine, um arithmetische Operationen durchzuführen
Boolean	Elemente für Boolean-Operationen
Text	String-Konvertierungen
Conversions	Festwert-Konvertierungen & Look-Ups
Date	Datumsformatierungen
Constants	konstanten Belegungen
Statistic	Statistikfunktionen

Tabelle 6.1 Mapping-Bausteine

Kontext und Kontextwechsel

Das wohl komplexeste Element in grafischen Mappings ist der Kontext. In den meisten Mappings muss dieser nicht berücksichtig werden. Müssen allerdings in einem Mapping Vergleiche über verschiedene Ebenen einer Nachricht erstellt werden, dann ist es wichtig, diese Funktion zu beachten. Sonst kann es dazu kommen, dass Nachrichten falsch gemappt werden und völligen Unsinn als Ergebnis ausgeben. Wenn ein Testfall (siehe oben) auf dem Reiter **Test** hinterlegt ist, können Sie sich die »Queue« des Elements anschauen (siehe Abbildung 6.10). Das bedeutet, dass alle Werte des Testfalles dargestellt werden. Dies kann für jeden einzelnen Schritt im grafischen Mapping durchgeführt werden. Dabei wird jedes Mal die komplette Queue dargestellt. In Abbildung 6.11 sehen Sie eine Queue aus einer Beispielnachricht. An erster Stelle sehen Sie ein graues <null>-Element. Dieses Element zeigt lediglich, dass es sich um den Anfang der Queue handelt. Es hat keine Auswirkung auf das Mapping und stellt auch keinen Wert dar.

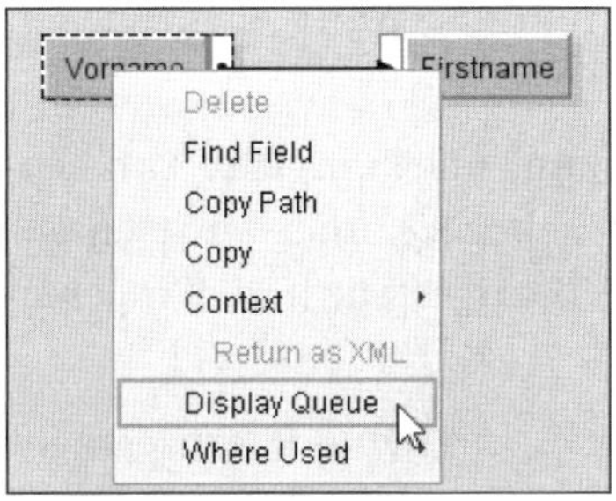

Abbildung 6.10 Queue-Darstellung

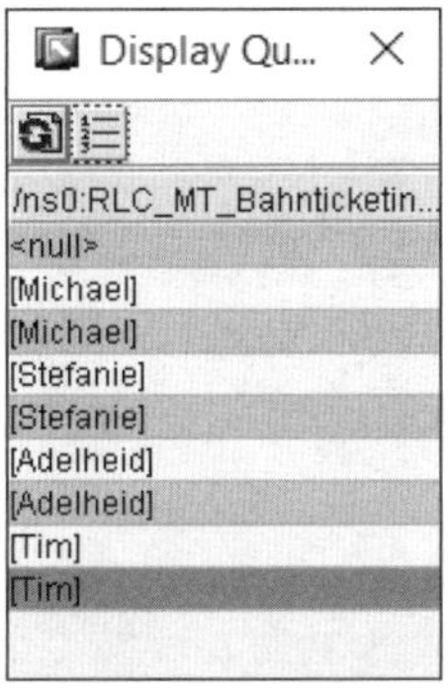

Abbildung 6.11 Werte in einer Queue

Darunter sehen Sie Werte, die abwechselnd hell- und dunkelgrau hinterlegt sind. Alle Werte in hellem Grau, die sich zwischen zwei dunkelgrauen Elementen befinden, bilden die Werte eines Kontextes. Die dunkelgrauen Elemente der Queue zeigen jeweils einen Kontextwechsel an.

In unserem Beispiel in Abbildung 6.11 gibt es immer nur einen Wert in einem Kontext. In Abbildung 6.12 sehen Sie eine Queue mit mehreren Werten für jeden Kontext.

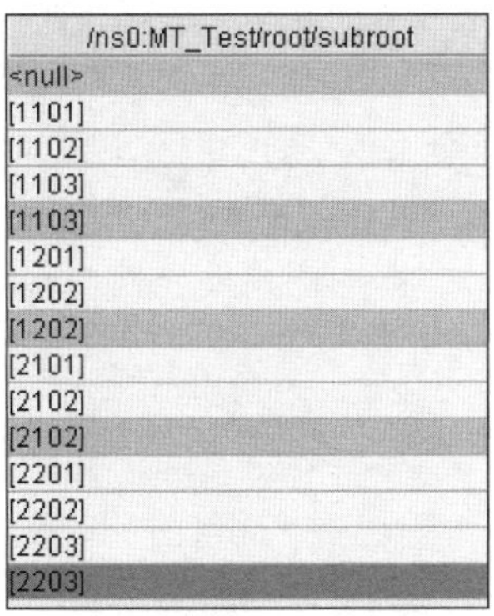

Abbildung 6.12 Queue mit mehreren Werten je Kontext

Ein Kontextwechsel kommt immer dann zustande, wenn die Werte einem neuen Elternsegment zugesprochen werden.

Betrachten wir noch einmal das Beispiel »ReisendePerson« (die komplette XML-Beispielnachricht finden Sie im Anhang). In Abbildung 6.13 sehen Sie unter dem Element **Vorname** die Namen, die in der Queue in Abbildung 6.11 dargestellt sind. Wir gehen von folgenden Voraussetzungen aus:

- Ein *Kontextwechsel* findet immer dann statt, wenn auf ein neues Elternsegment (aus Sicht des Elements, das die Werte beinhaltet) zugegriffen wird.

Oder:

- Ein *Kontextwechsel* findet immer dann statt, wenn das Level (Ebene) eines XML-Elements geändert wird.

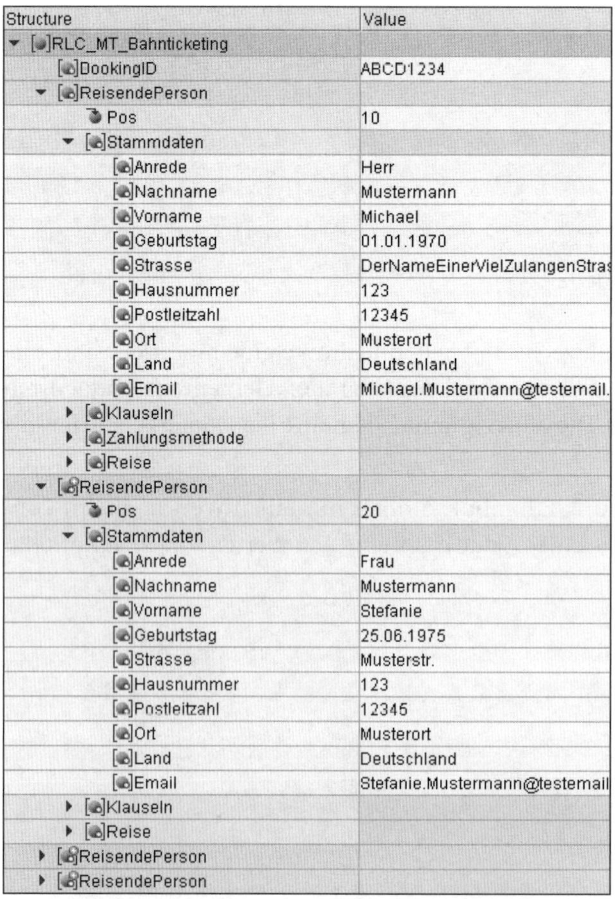

Structure	Value
RLC_MT_Bahnticketing	
BookingID	ABCD1234
ReisendePerson	
Pos	10
Stammdaten	
Anrede	Herr
Nachname	Mustermann
Vorname	Michael
Geburtstag	01.01.1970
Strasse	DerNameEinerVielZulangenStra
Hausnummer	123
Postleitzahl	12345
Ort	Musterort
Land	Deutschland
Email	Michael.Mustermann@testemail.
Klauseln	
Zahlungsmethode	
Reise	
ReisendePerson	
Pos	20
Stammdaten	
Anrede	Frau
Nachname	Mustermann
Vorname	Stefanie
Geburtstag	25.06.1975
Strasse	Musterstr.
Hausnummer	123
Postleitzahl	12345
Ort	Musterort
Land	Deutschland
Email	Stefanie.Mustermann@testemail
Klauseln	
Reise	
ReisendePerson	
ReisendePerson	

Abbildung 6.13 Beispielnachricht »ReisendePerson«

Die Struktur der Nachricht ist wie folgt:

/RLC_MT_Bahnticketing/ReisendePerson/Stammdaten/Vorname/

Somit wäre eigentlich »*/RLC_MT_Bahnticketing/ReisendePerson /Stammdaten*« das Elternsegment von `Vorname`. Das Segment `Stammdaten` führt allerdings kein neues Level (siehe Definition oben) von Vorname ein, da es nur einmal vorkommen kann. Somit führt erst das Element `ReisendePerson` ein neues Element von `Vorname` ein. Aus diesem Grund findet immer ein Kontextwechsel statt, wenn eine neue `ReisendePerson` erstellt wird (siehe Abbildung 6.14).

Name	Category	Type	Occurrence
▾ RLC_MT_Bahnticketing	Element	RLC_DT_Bahnticketing	
BookingID	Element	xsd:string	1
▾ ReisendePerson	Element		1..unbounded
Pos	Attribute	xsd:string	required
▾ Stammdaten	Element		1
Anrede	Element	xsd:string	1
Nachname	Element	xsd:string	1
Vorname	Element	xsd:string	1
Geburtstag	Element	xsd:string	1
Strasse	Element	xsd:string	1
Hausnummer	Element	xsd:string	1
Postleitzahl	Element	xsd:string	1
Ort	Element	xsd:string	1
Land	Element	xsd:string	1
Email	Element	xsd:string	1
▸ Klauseln	Element		1
▸ Zahlungsmethode	Element		1
▸ Reise	Element		1

Abbildung 6.14 Nachrichtenstruktur von »ReisendePerson«

Das Element `ReisendePerson` hingegen hat keine Kontextwechsel, da auf Elternebene von `ReisendePerson` kein neues Level erschaffen wird (siehe Abbildung 6.15).

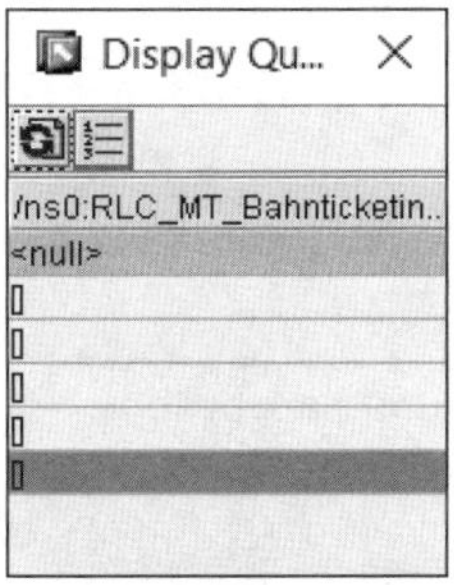

Abbildung 6.15 Queue-Darstellung des Elements »ReisendePerson«

Kontextfunktionen

Nachdem Kontext und Kontextwechsel näher beleuchtet wurden, möchten wir an dieser Stelle noch auf ein paar Funktionen eingehen, die von SAP als Standardfunktionen mitgeliefert werden. Mit diesen Funktionen können Sie die Kontexte innerhalb einer Queue manipulieren. Abbildung 6.16 zeigt die möglichen Einträge. In Tabelle 6.2 finden Sie eine Beschreibung.

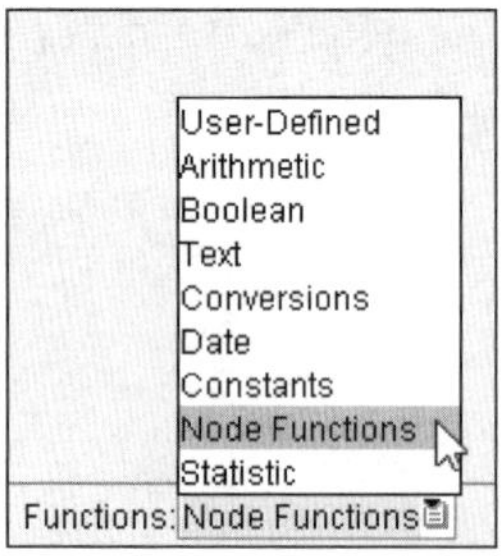

Abbildung 6.16 Node Functions

Name der Funktion	Beschreibung
createIf	Erstellt ein neues Element, wenn ein Eingangs-Boolean »True« ist.
removeContexts	Entfernt alle Kontextwechsel in einer Queue.
replaceValues	Ersetzt alle Werte.
exists	Prüft, ob ein Element existiert, und gibt einen booleschen Wert zurück.
SplitByValue	Es werden Kontextwechsel eingefügt. Dabei kann eingestellt werden, ob nach jedem Wert, jeder Wertänderung oder nach einem leeren Wert ein Kontextwechsel eingefügt werden soll.
collapseContexts	Alle Kontextwechsel werden entfernt. In jedem Kontext wird nur noch der erste Wert akzeptiert. Ausgabe: Eine neue Queue ohne Kontextwechsel, die nur noch die ersten Werte jedes einzelnen Kontextes beinhaltet.
useOneAsMany	Diese Funktion wird im Detail unten beschrieben, da sie sehr komplex ist.
mapWithDefault	Wenn kein Wert für ein Element vorhanden ist, wird ein Default-Wert festgelegt, der stattdessen genommen werden soll. Es kann auch ein leerer Wert sein, um ein Element zu erzeugen.

Tabelle 6.2 Node-Function-Bausteine

Node Function »useOneAsMany«

Die Node Function »useOneAsMany« ist wohl die komplexeste der Standardfunktionen. Im SAP Community Network wird sehr häufig nach der Funktionsweise dieser Operation gefragt. Dort können Sie detailliertere Informationen dazu finden. Grundsätzlich ist die Aufgabe dieser Funktion, einen Wert in einer bestimmten Anzahl zu wiederholen. Die Funktion hat drei Eingangsparameter (siehe Abbildung 6.17):

- Im ersten Parameter wird eine Liste von zu vervielfätigenden Werten erwartet.
- Der zweite Parameter stellt die Anzahl dar, wie häufig der erste Parameter wiederholt werden soll.
- Der dritte Parameter ist die Liste der Kontextwechsel. Ausgehend von diesem Parameter werden die wiederholten Elemente in die Kontexte überführt.

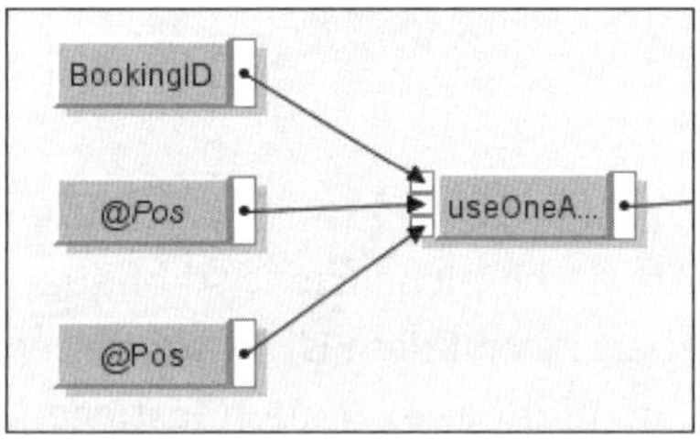

Abbildung 6.17 Beispielhafte Darstellung der »useOneAsMany«-Funktion

Beachten sollten Sie hierbei folgendes:

- Parameter 1 und Parameter 2 müssen die gleiche Anzahl an Kontexten haben.
- Parameter 2 und Parameter 3 müssen die gleiche Anzahl an Werten in der Liste haben.

Abbildung 6.18 zeigt, wie die »useOneAsMany«-Funktionen in der Queue-Darstellung angezeigt werden.

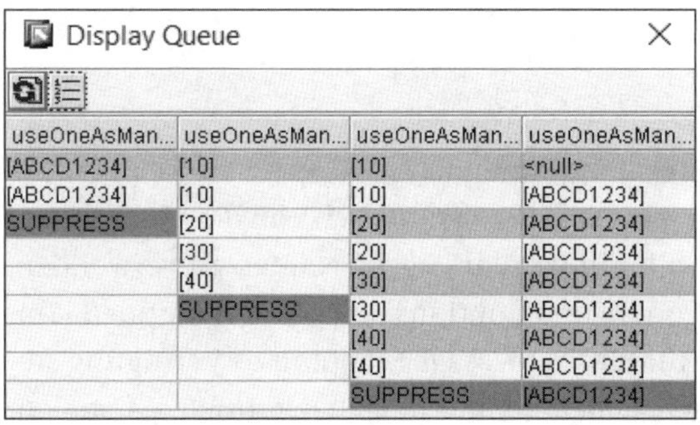

useOneAsMan...	useOneAsMan...	useOneAsMan...	useOneAsMan...
[ABCD1234]	[10]	[10]	<null>
[ABCD1234]	[10]	[10]	[ABCD1234]
SUPPRESS	[20]	[20]	[ABCD1234]
	[30]	[20]	[ABCD1234]
	[40]	[30]	[ABCD1234]
	SUPPRESS	[30]	[ABCD1234]
		[40]	[ABCD1234]
		[40]	[ABCD1234]
		SUPPRESS	[ABCD1234]

Abbildung 6.18 Queue-Darstellung der »useOneAsMany«-Funktionen

User Defined Functions

User Defined Functions (UDF) sind kleine Java Programme. Diese können selbst entwickelt werden, um eine Logik in einem Mapping zu erstellen, die entweder mit den Standardbausteinen nicht realisiert werden kann oder sehr komplex ist.

Ab einer bestimmten Komplexität einer Mapping-Logik wird der Baum, der mit Standardbausteinen entwickelt werden kann, sehr unübersichtlich. Eine Wartung wird zunehmend schwieriger. In solchen Fällen eignet sich eine UDF, die meist übersichtlicher ist.

Erreicht werden kann die Eingabemaske für UDFs über den Reiter **Functions** in **Message Mappings** (siehe Abbildung 6.19).

Abbildung 6.19 UDF-Reiter in Message Mapping

Bestandteile von UDFs

Wenn Sie eine neue UDF erstellen, sehen Sie zwei Arbeitsbereiche (siehe Abbildung 6.20). Auf der linken Seite finden Sie eine Liste mit bereits erstellen UDFs für dieses Mapping. Beim Erstellen einer neuen UDF können Sie hier deren Namen festlegen. Dies ist auch der Name der Funktion im Java Coding.

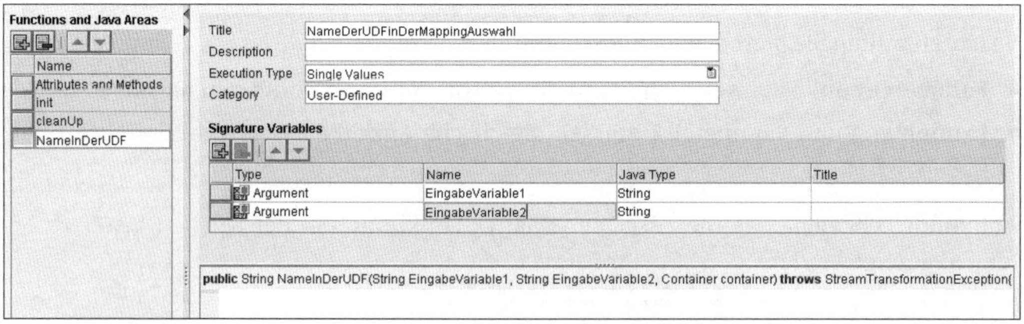

Abbildung 6.20 Elemente einer UDF

Im rechten Abschnitt legen Sie als Erstes den Namen der UDF fest, den Sie anschließend im Message Mapping auswählen können. Dieser kann sich von dem Namen der UDF unterscheiden. Es empfiehlt sich allerdings, hier gleiche Namen zu verwenden, um die Funktionen schnell wiederzufinden. Im Funktionsbereich **User-Defined** können alle UDFs ausgewählt werden, die für dieses Message Mapping zu Verfügung stehen (siehe Abbildung 6.21). Sie können beliebig viele Eingabeparameter erstellen; diese müssen allerdings im Mapping mit Werten gefüllt werden.

Abbildung 6.21 Ansicht von UDFs in Message Mapping

Im dritten Bereich organisieren und konfigurieren Sie Java-Importe für das Mapping.

Ein Message Mapping wird zur Laufzeit durch eine Java-Klasse repräsentiert. Eine UDF stellt deshalb eine Methode innerhalb dieser Klasse dar. Es kann vorkommen, dass besondere Klassen für eine UDF benötigt werden. Diese müssen dann über die Bereiche **Import Instructions** und **Archives Used** hinzugefügt werden. Abbildung 6.22 zeigt die **Import Instructions**.

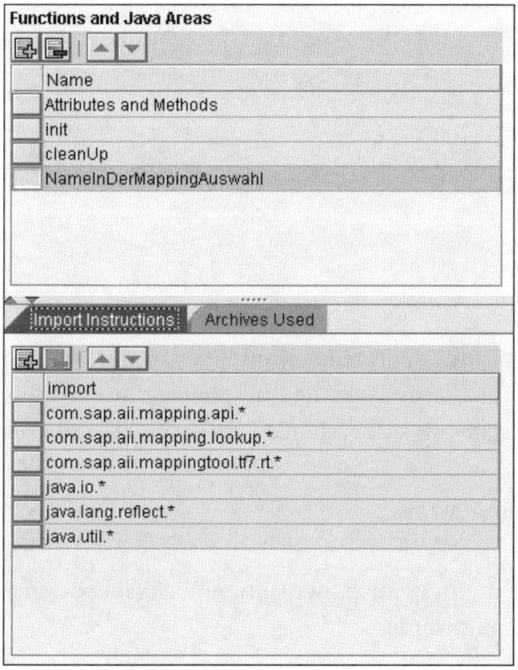

Abbildung 6.22 Auswahl importierter Archive und Java-Bibliotheken

Ausführungstypen von UDFs

Es gibt drei Ausführungsmöglichkeiten, wie eine UDF arbeiten kann. Abbildung 6.23 zeigt diese Möglichkeiten.

- **Single Values**
  In der Auswahl **Single Values** wird eine Methode erzeugt, bei der String-Variablen als Parametervariablen übergeben werden. Am Ende der Methode muss ein String zurückgegeben werden.

[»]

Java-Basistypen

Wenn Sie in einer UDF Eingabewerte als Integer oder andere Basistypen als String verwenden möchten, müssen diese erst auf den entsprechenden Basistyp gecastet werden.

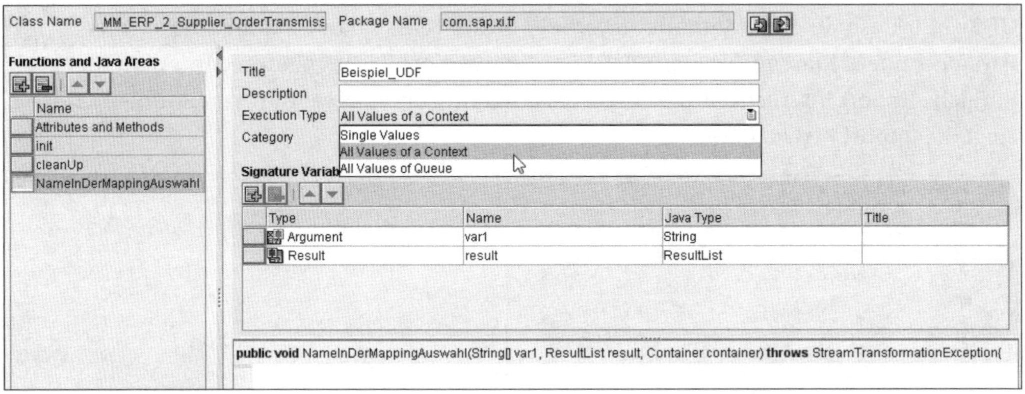

Abbildung 6.23 UDF-Typen

- **All Values of a Context**

  Hier wird die Methode für alle Werte innerhalb eines Kontextes ausgeführt. Im Gegensatz zu **Single Values** gibt es hier allerdings keine Rückgabewerte. Stattdessen müssen alle Werte, die in der Ausgabe-Queue stehen sollen, in den Parameter **ResultList** eingetragen werden.

  Die Parametervariablen sind hier String-Arrays.

- **All Values of Queue**

  Ähnlich wie bei **All Values of a Context** gibt es auch hier keinen Rückgabeparameter. Auch hier muss **ResultList** verwendet werden.

  Der Unterschied ist, dass die gesamte Queue verarbeitet wird. Für Kontextwechsel und `Suppress`-Elemente muss die UDF selbst sorgen.

[»]

Kontextwechsel und Suppress-Elemente

Kontextwechsel können über die Methode `[ResultListName].addContextChange()` hinzugefügt werden.

Suppress-Elemente werden über `[ResultListName].addSuppress()` in die Queue eingefügt.

6.4.3 Java Mapping

Java Mappings sind eine weitere Möglichkeit, um die Konvertierung von einem Sender- in ein Empfängerformat durchzuführen. Dabei wird das Mapping komplett als Java-Programm geschrieben. Diese Variante sollte immer dann verwendet werden, wenn das Mapping eine sehr hohe Komplexität hat oder sehr viele Abhängigkeiten von Sender- und Zielfeldern existieren. Ein Beispiel hierfür kann sein, dass komplexe Kontextabhängigkeiten innerhalb des Mappings abgebildet werden müssen.

Um Sie an dieser Stelle nicht alleine stehen zu lassen, widmen wir uns mittels eines kurzen Exkurses einem Java Mapping. Dabei diskutieren wir die zwingend nötigen Bestandteile, wie man ein solches Mapping aufbauen kann, und »Best Practice«-Ansätze.

Für dieses Beispiel wird als Java-Entwicklungsumgebung ein SAP NetWeaver Developer Studio verwendet. Es empfiehlt sich, diesem Beispiel zu folgen, da SAP für die Entwicklung mit dem SAP NetWeaver Developer Studio direkt Bibliotheken mit ausliefert.

Java-Klassen

Sie können beliebig viele Java-Klassen für das Java Mapping verwenden. Wenn Sie mehrere Klassen in dem Java Mapping nutzen, wählen Sie die Java-Klasse im ESR aus, die von `AbstractTransformation` abgeleitet ist.

Voraussetzungen schaffen

Zuerst muss ein Entwicklungsprojekt angelegt werden. Hier eignet sich ein einfaches Java-Projekt. Um ein solches Projekt anzulegen, wählen Sie **New • Java Project** (siehe Abbildung 6.24).

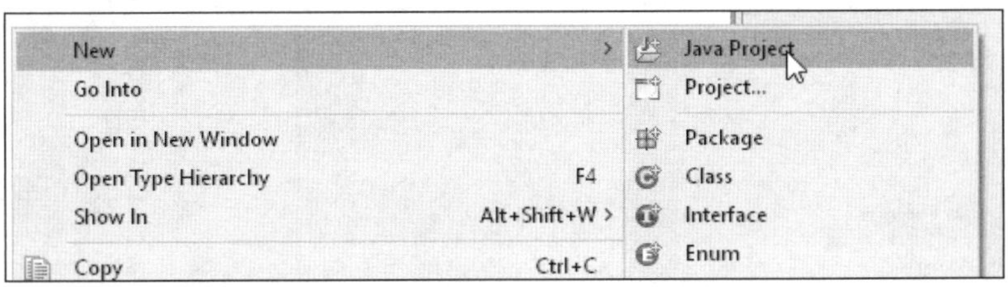

Abbildung 6.24 Java-Projekt anlegen

Wenn das Java Projekt angelegt ist, müssen als Nächstes die Einstellungen angepasst werden. Dafür gehen Sie mit einem Rechtsklick auf das Projekt über **Properties • Java Build Path** auf den Reiter **Libraries**. Dort sollte die Auswahl aus Abbildung 6.25 erscheinen:

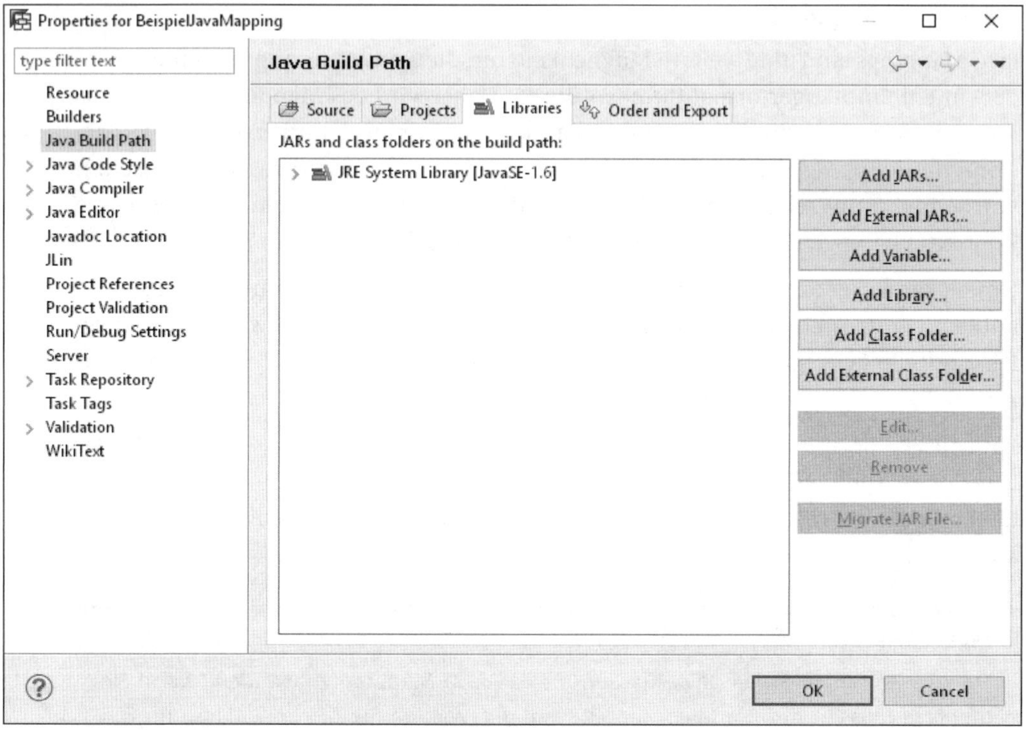

Abbildung 6.25 Java Build Path – Einstellungen

Wählen Sie auf der rechten Seite **Add Library** aus. Dort öffnet sich ein weiteres Fenster, bei dem Sie **XPI Library** auswählen müssen (siehe Abbildung 6.26).

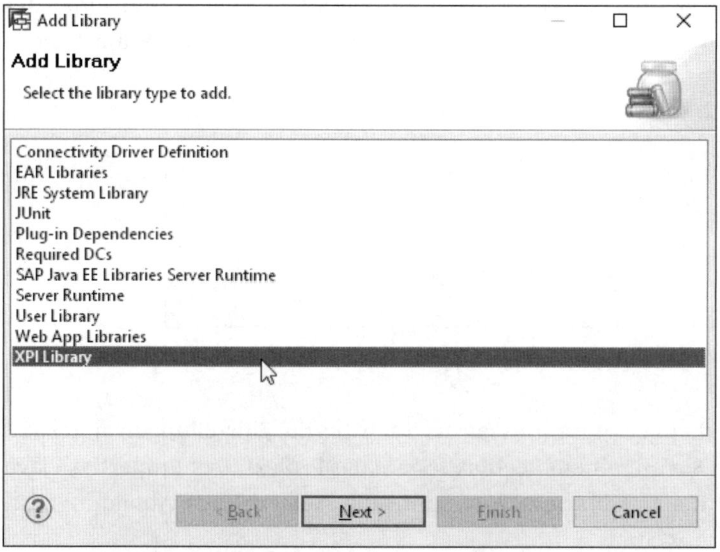

Abbildung 6.26 SAP Libraries hinzufügen

Anschließend sollte der Build Path wie in Abbildung 6.27 gezeigt aussehen:

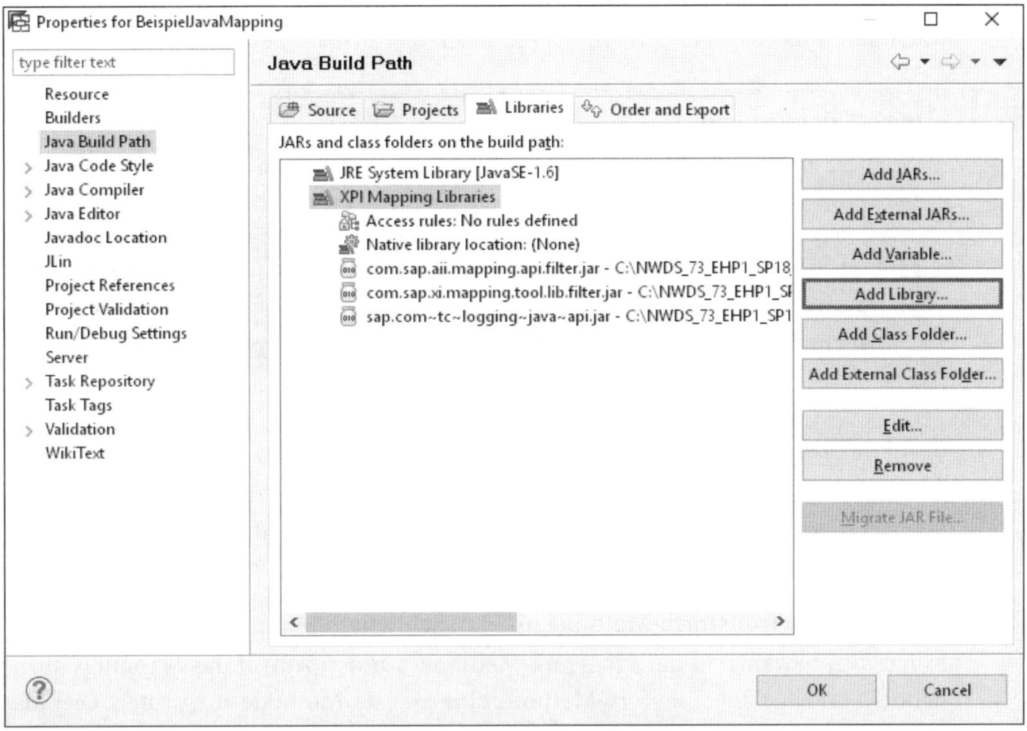

Abbildung 6.27 Java Build Path mit hinzugefügten Bibliotheken

Erstellen Sie dann wie gewohnt ein Java Package und eine Klasse mit einem sprechenden Namen. Damit wären die Vorbereitungen abgeschlossen, und wir können uns dem Aufbau eines Java Mappings widmen.

Aufbau der Mapping-Klasse

Durch das Hinzufügen der SAP XPI Libraries können wir nun auf das Paket `com.sap.aii.mapping.api` zugreifen. Für das Java Mapping muss die Klasse von `AbstractTransformation` abgeleitet werden. Der Aufruf würde damit wie folgt aussehen:

```
public class BeispielJavaMapping extends AbstractTransformation
```

Durch das Ableiten der abstrakten Klasse `AbstractTransformation` muss die folgende abstrakte Methode hinzugefügt und ausimplementiert werden:

```
public void transform
(TransformationInput in, TransformationOutput out) throws StreamTransformation
Exception
```

Die transfom-Methode wird während der Laufzeit von SAP Process Orchestration aufgerufen und mit einem TransformationInput-Stream gefüllt. Die fertig transformierte Nachricht muss dann in den TransformationOutput-Stream geschrieben werden.

[!]

In XML umwandeln

Wenn Sie eine XML-Nachricht verarbeiten bzw. transformieren möchten, müssen Sie zuerst den TransformationInput-Stream in ein XML-Format überführen. Hierfür eignen sich alle gängigen Parser (DOM, SAX, JAX). Verwenden Sie den Parser, der Ihnen am besten liegt bzw. der für das Mapping der geeignetste ist. Auf die unterschiedlichen Stärken und Schwächen der einzelnen Parser möchten wir an dieser Stelle nicht eingehen; eine kurze Suche im Internet könnte etwaige Fragen schnell beantworten.

Best Practices für Java Mappings

Im Folgenden möchten wir Ihnen einige hilfreiche Hinweise zu Java Mappings sowie Beispiel-Methoden geben, die Sie in so gut wie allen Java Mappings verwenden können.

Trennung von transform-Methode und tatsächlichem Mapping

Es hat sich bewährt, in der transform-Methode nur den Aufruf des Mappings abzuhandeln und aus der transform-Methode eine execute-Methode aufzurufen. Dies bietet den Vorteil, dass man das Mapping bereits im SAP NetWeaver Developer Studio mit lokalen Daten testen kann. Nutzen Sie dafür den Code aus Listing 6.1.

```
public void transform(TransformationInput transIn, TransformationOutput
transOut)
    throws StreamTransformationException {

  InputStream in = null;
  OutputStream out = null;

  if (transIn != null) {

    // Aufruf aus PO
    in = transIn.getInputPayload().getInputStream();
    out = transOut.getOutputPayload().getOutputStream();

  } else {
    // Aufruf aus NWDS
    try {
      in = new FileInputStream("IhreTestdatei.xml");
      out = new FileOutputStream("IhreZieldatei.xml");
    } catch (FileNotFoundException e) {
```

```
      e.printStackTrace();
    }
  }
  try {
    printAudit("Starte Java Mapping...");
    execute(in, out);
    printAudit("Java Mapping beendet.");
  } catch (Exception e) {
    e.printStackTrace();
  }
}
```

Listing 6.1 »transform«-Methode für Java Mappings

Mit diesem einfachen Beispiel können Sie jedes Java Mapping ganz einfach entweder lokal auf dem eigenen Rechner testen oder in SAP Process Orchestration ausführen, ohne dass weitere Änderungen am Quellcode nötig sind.

Gleichzeitig bietet es den Vorteil, dass eine Konvertierung der Eingangsdaten bereits in einen generellen `InputStream` erfolgt ist und im weiteren Verlauf einfach darauf zugegriffen werden kann.

Das Trace-Objekt

Im Trace-Objekt werden die Zustände des Mappings bzw. der Nachricht vorgehalten. Nachrichten, die man in den Trace schreibt, können im Message Monitoring gesehen werden. Aus diesem Grund ist es von Vorteil, dieses Trace-Objekt zu nutzen, um auf Fehler oder zusätzliche Informationen im Java Mapping hinzuweisen.

Um auf das Trace Objekt zuzugreifen, müssen Sie eine Variable des Typs `AbstractTrace` deklarieren. Hier würde sich eine Klassenvariable anbieten, um von verschiedenen Punkten im Mapping darauf zugreifen zu können.

Um dann auf den Trace zugreifen zu können, müssen Sie im Konstruktor eine einfache Zuweisung vornehmen. Listing 6.2 zeigt den notwendigen Code.

```
public class BeispielJavaMapping extends
          AbstractTransformation {

  AbstractTrace trace;

  public BeispielJavaMapping() {
    this.trace = getTrace();
  }
}
```

Listing 6.2 »AbstractTrace«-Objekt

In den Trace schreiben

Auch hier möchten wir Ihnen wieder eine kleine Methode zur Verfügung stellen, die für den lokalen Test geeignet ist. Sie kann ohne Veränderungen am Quellcode im System angewendet werden kann. Listing 6.3 zeigt, wie es geht.

```
public void printAudit(String message) {
  if (this.trace != null) {
    this.trace.addInfo(message);
  } else {
    System.out.println(message);
  }
}
```

Listing 6.3 In das Trace-Objekt schreiben

Neben der addInfo-Methode gibt es noch weitere Möglichkeiten, um in den Trace zu schreiben: addDebug, addInfo, addTestMessage, addWarning (siehe Abbildung 6.28).

Diese unterscheiden sich darin, wann sie ausgegeben werden.

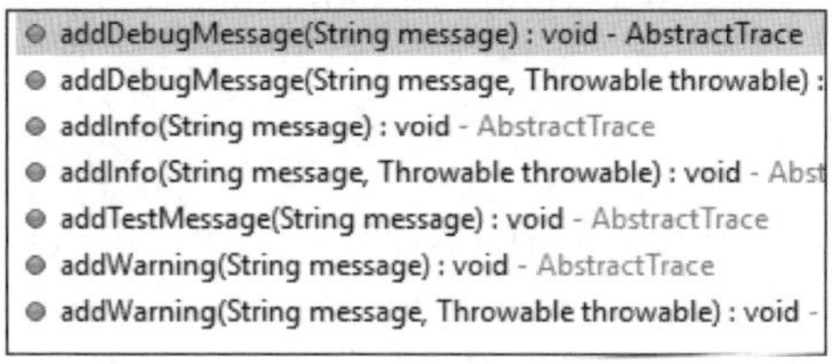

Abbildung 6.28 Trace-Methoden

Java-Klassen mit in die .jar-Datei exportieren

Es zeigt sich immer wieder, dass man Java Mappings irgendwann aus den Augen verliert, die einmal geschrieben wurden und lange Zeit nicht mehr korrigiert werden mussten. Nach einer gewissen Zeit weiß man nicht mehr, was diese genau tun oder – im schlimmsten Fall – dass Anpassungen daran durchgeführt werden müssen. Wenn einige Monate dazwischen vergangen sind oder der Mitarbeiter, der dieses Mapping geschrieben hat, vielleicht nicht mehr im Unternehmen ist, dann ist es oftmals eine große Herausforderung, sich diesem Mapping zu widmen.

Viele dieser Probleme können gelöst werden, wenn die Java-Klassen des Mappings mit in die .jar-Datei des Mappings exportiert werden. Diese stehen dann im importierten Archiv im ESR zu Verfügung, und man kann schnell und einfach Korrekturen an dem Mapping vornehmen.

6.4.4 XSL Mapping

Neben grafischen Mappings und Java Mappings ist es auch möglich, Mappings in XSLT (Extensible Stylesheet Language Transformation) zu schreiben. Seit Version SAP NetWeaver 7.31 wird empfohlen, das Java Development Kit (JDK) für XSL-Transformationen zu verwenden; davor wurde noch das SAP XML Toolkit bevorzugt. Das JDK bietet allerdings einige Vorteile im Vergleich zum SAP XML Toolkit:

- XSLT-Programme werden schneller ausgeführt.
- Die Fehlerbehandlung ist eleganter.
- Der Funktionsumfang ist größer.

Um ein XSLT Mapping im Operation Mapping verwenden zu können, müssen Sie es ähnlich wie beim Java Mapping zuerst als **Imported Archive** in das ESR laden.

Gehen Sie wie folgt vor, um ein XSLT Mapping zu verwenden:

1. Erstellen Sie Ihr XSLT Mapping.
2. Erstellen Sie eine .zip-Datei.
3. Laden Sie die .zip-Datei als Imported Archive in das ESR.
4. Erstellen Sie ein Operation Mapping.
5. Wählen Sie als Mapping-Typ »XSL« aus.
6. Wählen Sie Ihr XSLT Mapping aus.

6.4.5 Übersicht von Mapping-Objekten

Tabelle 6.3 zeigt eine Übersicht der verschiedenen Mapping-Objekte, die erstellt werden können.

Mapping-Objekt	Beschreibung
Operation Mapping	Überbau für ein oder mehrere Mapping-Programme für eine Kombination aus Outbound Interface und Inbound Interface. Ein Operation Mapping kapselt alle Mapping-Programme, die zur Laufzeit ausgeführt werden.
Message Mapping	Grafisches Mapping, das in der SWING GUI von SAP Process Integration erstellt wird.
Java Mapping	Individuell geschriebenes Java-Programm, das eine Konvertierung von einem Sender- in ein Empfängerformat durchführt.
XSLT Mapping	Selbst geschriebene XSL-Transformation für die Konvertierung von einem Sender- in ein Empfängerformat.

Tabelle 6.3 Mapping-Objekte

Mapping-Objekt	Beschreibung
Funktionsbibliothek	Mapping-Element in SAP Process Integration. Es enthält eine Sammlung von Funktionsbausteinen, die in einem grafischen Mapping verwendet werden können.
Importierte Archive	SAP-Process-Integration-Elemente, die eine Nachrichtenstruktur widerspiegeln. Es können nur XSD- oder WSDL-Dateien importiert werden.
Mapping Template	Ein Mapping Template enthält spezifische, wiederverwendbare Teile eines Message Mappings, mit denen neue Message Mappings erstellt werden können.

Tabelle 6.3 Mapping-Objekte (Forts.)

6.5 Integration Directory

Während im ESR das Design einer Schnittstelle entwickelt wird, organisiert das Integration Directory die Kommunikation zwischen Sendern und Empfängern. Dabei können einer Schnittstelle sowohl ein oder mehrere Sender als auch ein oder mehrere Empfänger zugeordnet werden.

In diesem Kapitel zeigen wir, welche Elemente der Integration Builder (IB) zur Verfügung stellt und beleuchten diese im Detail.

6.5.1 Arbeitsbereich im Integration Builder

Der Arbeitsbereich des IB unterteilt sich, ähnlich wie im ESR, in zwei Hauptbereiche (siehe Abschnitt 5.2.3, »Aufbau und Elemente des Integration Builders«).

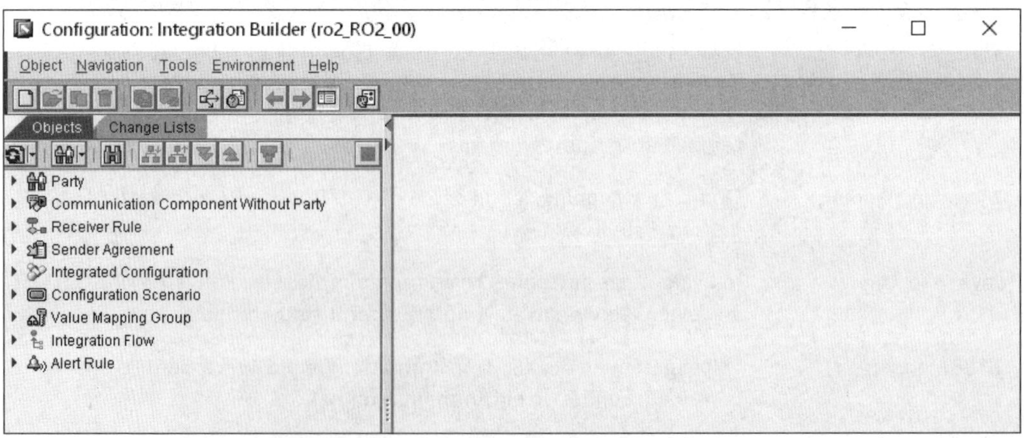

Abbildung 6.29 Arbeitsbereich des Integration Builder

In der linken Spalte finden Sie die Komponenten des IB. Auf der rechten Seite wird der Arbeitsbereich gezeigt, in dem der objektspezifische Inhalt dargestellt wird.

Sie können eine von drei möglichen Darstellungsarten wählen:

- **Object View**

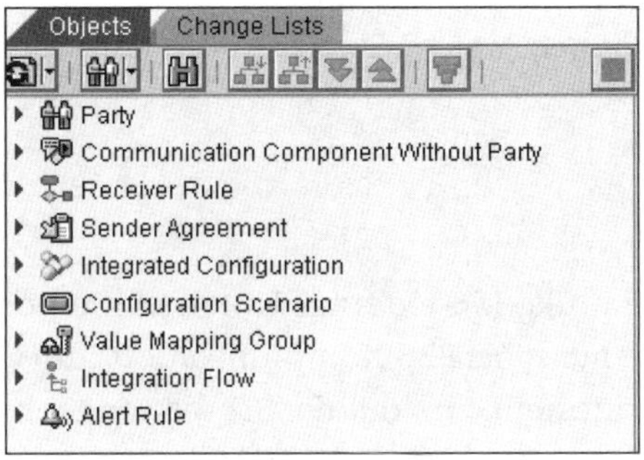

Abbildung 6.30 Object View

- **Configuration Scenario View**

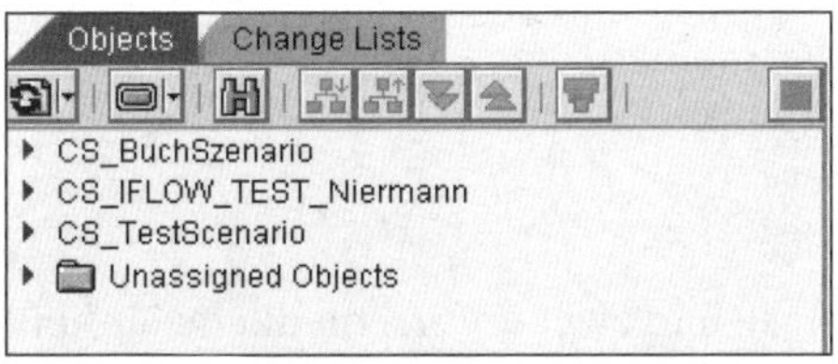

Abbildung 6.31 Configuration Scenario View

- **Folder View**

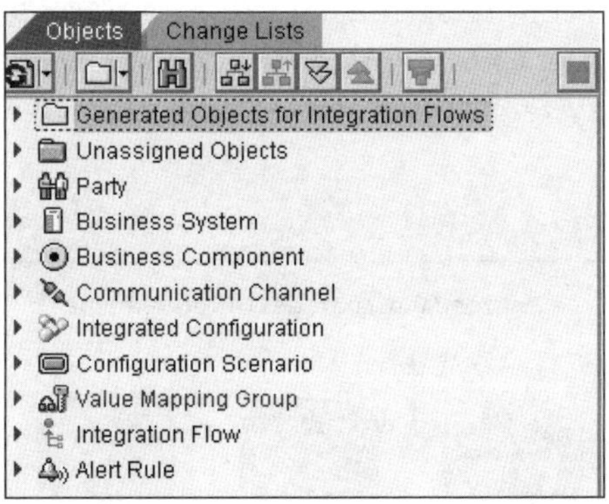

Abbildung 6.32 Folder View

6.5.2 Konfigurationsszenario (Configuration Scenario)

Das Konfigurationsszenario (CS) ist eine Sammlung von Objekten, die typischerweise zu einer Schnittstelle gehören. Dieses Konfigurationsszenario soll dazu dienen, Objekte sinnvoll zusammenzufassen. Zum Beispiel sollen alle Systeme, die zu einer Schnittstelle gehören, hier hinterlegt werden. Gerade für das Monitoring ist es sehr von Vorteil, auf einen Blick feststellen zu können, welche Systeme bei einer Schnittstelle betroffen sind.

6.5.3 Party

Eine *Party* wird typischerweise für die Identifikation externer Unternehmen oder Organisationen verwendet. Partys kommen meist bei B2B-Kommunikation zum Einsatz und sollen eine weitere Abstraktionsstufe abbilden, mit der Sie die Sender bzw. Empfänger gruppieren können. Für Kommunikationskomponenten in der eigenen Systemlandschaft werden keine Partys benötigt, stattdessen werden diese Komponenten komplett ohne Party angelegt und verwendet.

Wenn Sie eine Party verwenden, sollten Sie einen eindeutigen sprechenden Namen vergeben, um spätere Verwechslungen zu vermeiden.

6.5.4 Kommunikationskomponenten

Kommunikationskomponenten unterteilen sich in zwei unterschiedliche Einheiten: Business-Systeme und Business-Komponenten.

Unterschied zwischen Business-System und Business-Komponente

Um Sender- und Empfängersysteme von Schnittstellen darzustellen, gibt es Business-Systeme und Businesskomponenten. Der Unterschied zwischen diesen beiden Varianten liegt darin, wie sie in die Gesamtsystemlandschaft des Unternehmens eingebunden sind (siehe Abbildung 6.33).

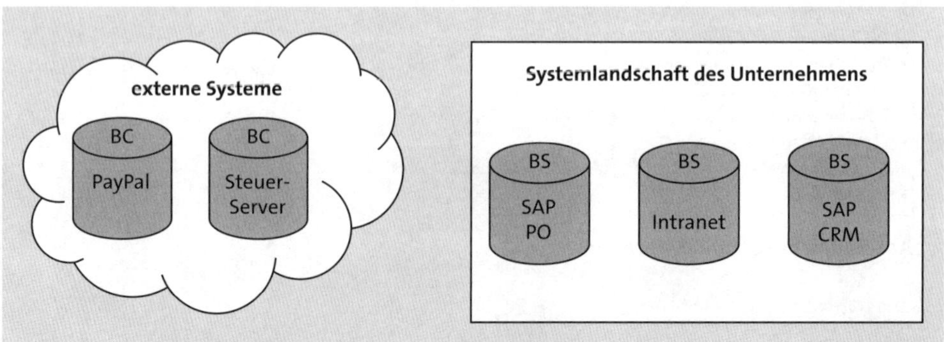

Abbildung 6.33 Unterschied zwischen Business-System und Business-Komponente

Business-Systeme werden über das SLD angelegt und verwaltet. SLDs gehören in der Regel direkt zum Firmennetzwerk wie dem ABAP-ERP-System, SAP Customer Relationship Management (CRM) oder einem Intranet.

Business-Komponenten werden direkt in SAP Process Integration angelegt und nicht aus einem anderen zentralen System geladen. Ganz allgemein kann man sagen, dass diese Systeme nicht direkt zur unternehmenseigenen Systemlandschaft zählen. Business-Komponenten sind z. B. ein angebundenes PayPal- oder Elster-System oder der Steuerprüfserver des Bundeszentralamtes für Steuern.

Business-System

Ein Business-System ist ein System, das im SLD vorhanden ist und über das SLD in das Integration Directory importiert wird. Details zu diesem Thema können Sie in Kapitel 4, »System Landscape Directory«, nachlesen. An dieser Stelle möchten wir uns nur dem Umgang mit Business-Systemen im IB widmen.

Um ein Business-System in den IB einzubinden, unternehmen Sie folgende Schritte:

1. Machen Sie einen Rechtsklick auf den Knoten **Business System**.
2. Wählen Sie **Assign Business System...** aus (siehe Abbildung 6.34).

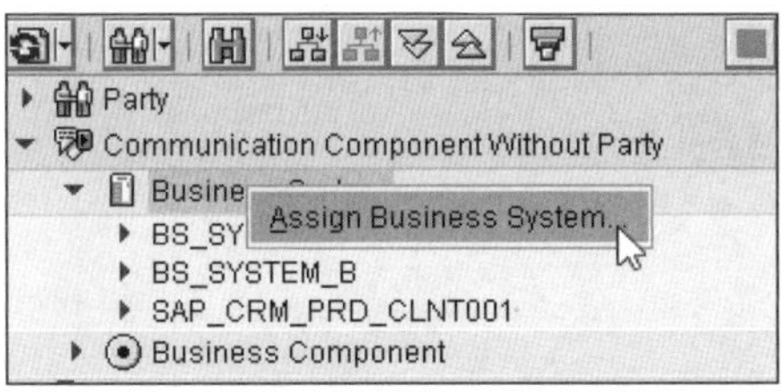

Abbildung 6.34 Business-System hinzufügen

3. Anschließend öffnet sich ein neues Fenster, in dem Sie auf **Continue** klicken.

Dadurch werden Sie in dem Wizard einen Schritt weitergeführt. Hier werden dann alle Business-Systeme angezeigt, die in dem angeschlossenen SLD vorhanden sind (siehe Abbildung 6.35).

1. Aus dieser Liste wählen Sie das System aus, das in den IB importiert werden soll, indem Sie vor dem entsprechenden System einen Haken setzen.
2. Abschießend klicken Sie auf **Finish**.

Damit haben Sie nun ein Business-System aus dem SLD importiert.

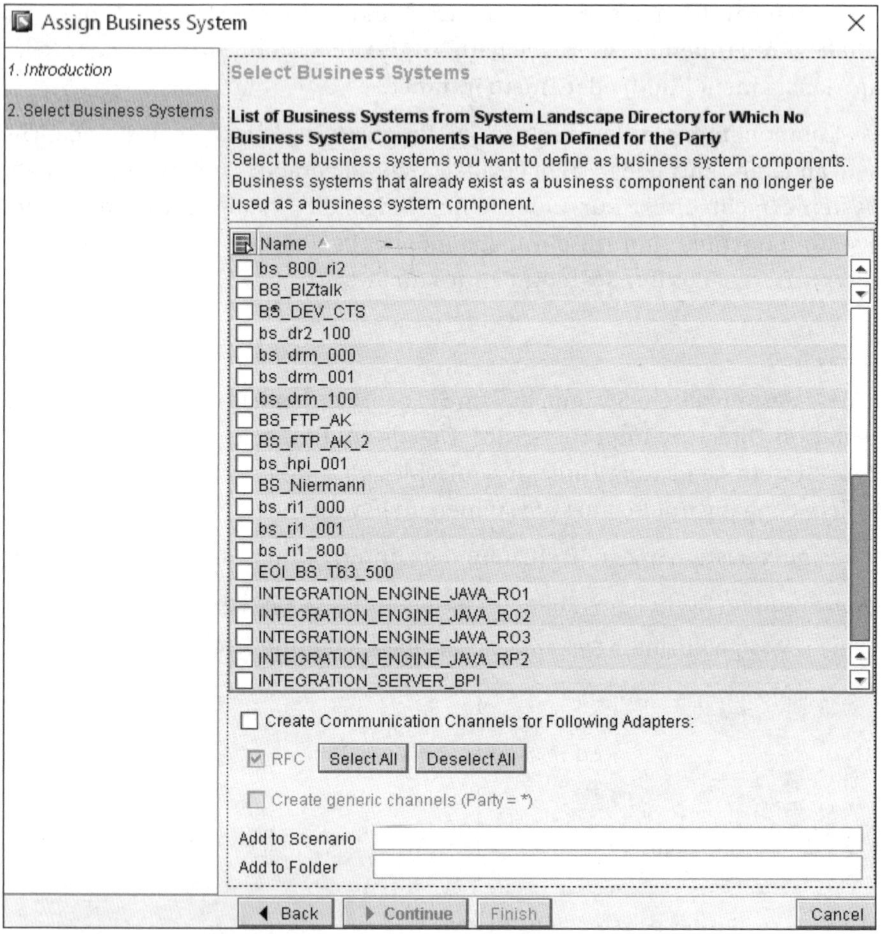

Abbildung 6.35 Beispielliste mit Business-Systemen aus dem SLD

Business-Komponente

Wie oben beschrieben, handelt es sich bei Business-Komponenten um externe Systeme, die nicht zur unternehmenseigenen Systemlandschaft gehören. Aus diesem Grund werden diese Systeme auch nicht in das SLD eingetragen und können nicht daraus importiert werden.

Um eine neue Business-Komponente in SAP Process Orchestration anzulegen, führen Sie folgende Schritte durch:

1. Gehen Sie auf den Knoten **Business Component**, und machen Sie einen Rechtsklick.
2. Wählen Sie **New** aus (siehe Abbildung 6.36).
3. Es wird ein neues Dialogfenster geöffnet, in dem Sie den Namen und gegebenenfalls die Party des Systems eintragen (siehe Abbildung 6.37).

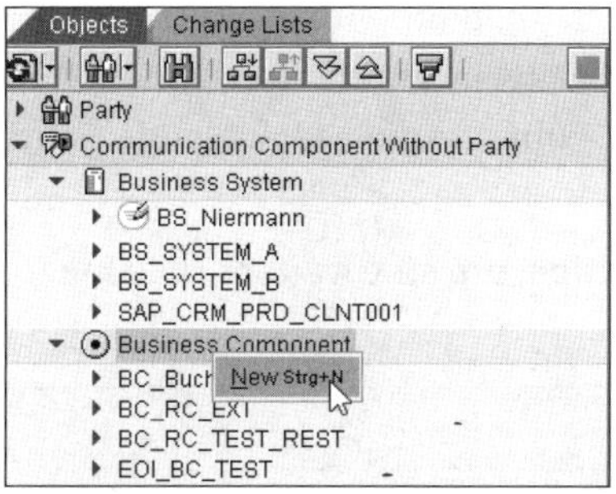

Abbildung 6.36 Business-Komponente anlegen

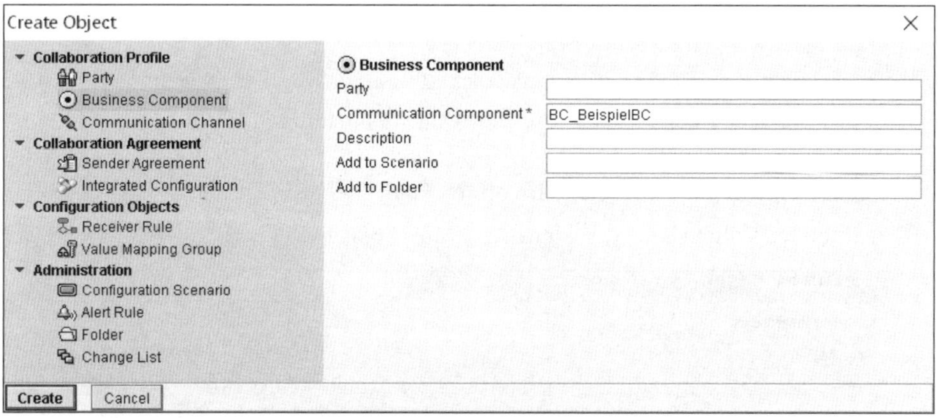

Abbildung 6.37 Name und Party der Business-Komponente festlegen

4. Abschließend klicken Sie auf **Create**. Die Business-Komponente wird angelegt und angezeigt (siehe Abbildung 6.38).

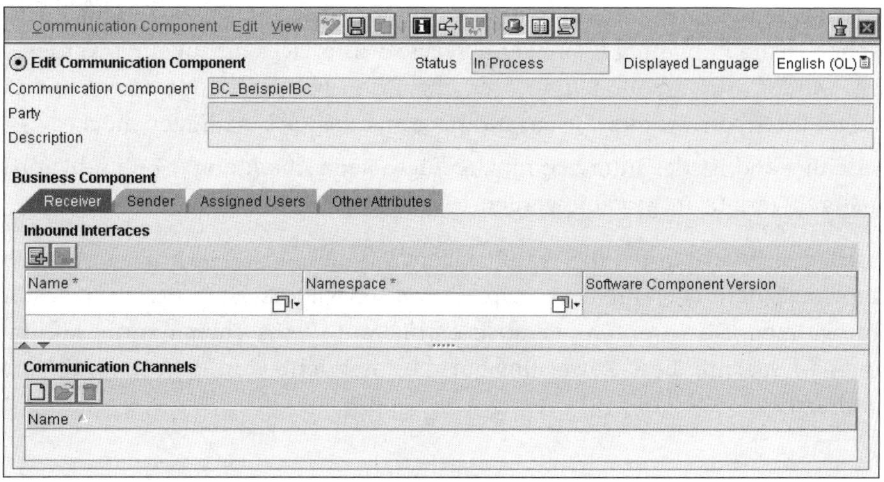

Abbildung 6.38 Neue Business-Komponente

Im Gegensatz zum Business-System finden sich in einer Business-Komponente keine Sender- und Empfängerschnittstellen. Die Interfaces, die verwendet werden sollen, müssen von Hand importiert werden. Dafür führen Sie folgende Schritte durch:

1. Klicken Sie auf das Icon **Insert Line Below Selection**, um eine weitere Zeile hinzuzufügen (siehe Abbildung 6.39).

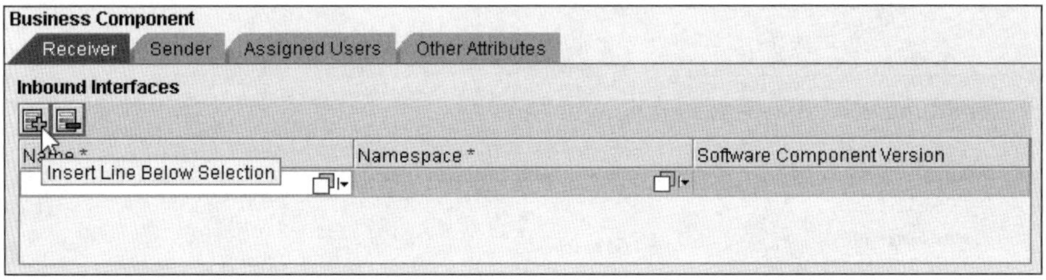

Abbildung 6.39 Neue Zeile für Interface-Objekte hinzufügen

2. Klicken Sie auf das Icon rechts im ersten Feld.
3. Wählen Sie **Value List...** aus (siehe Abbildung 6.40).

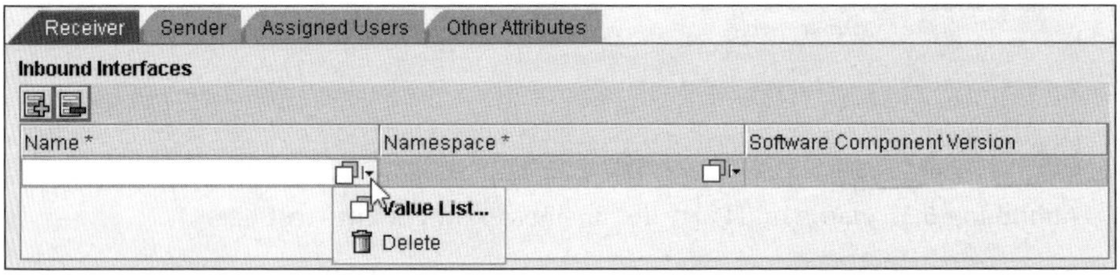

Abbildung 6.40 Neues Interface-Objekt in eine Business-Komponente eintragen

4. Anschließend öffnet sich ein neues Fenster mit allen Interfaces, die zur Auswahl stehen (siehe Abbildung 6.41). Wenn Receiver Interfaces hinzugefügt werden sollen, werden nur Inbound Interfaces angezeigt, bei Sender-Interfaces nur Outbound Interfaces. Wählen Sie das Interface aus, das Sie hinzufügen möchten.

   Abschließend ist das Interface hinzugefügt (siehe Abbildung 6.42) und kann im späteren Verlauf ausgewählt werden.

Sie stellen sich vermutlich die Frage, warum Sie diesen Arbeitsaufwand betreiben sollten. Im späteren Verlauf dieses Kapitels werden wir uns der integrierten Konfiguration widmen. Dort werden wir noch einmal auf dieses Thema zurückkommen, denn es ist ratsam, diese Zuweisung für die integrierte Konfiguration im Voraus gemacht zu haben.

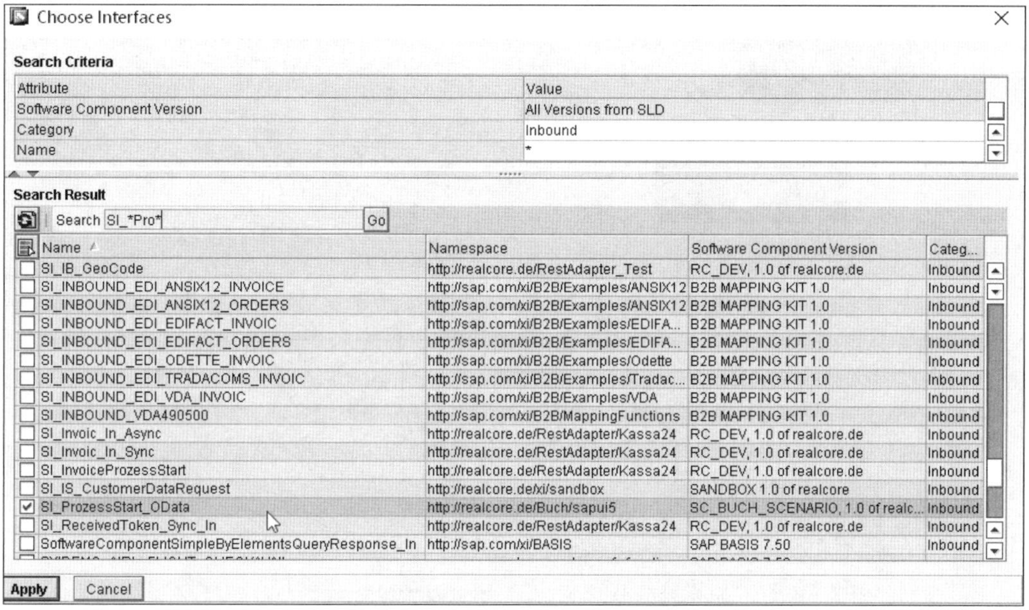

Abbildung 6.41 Auswahl des Interface-Objekts

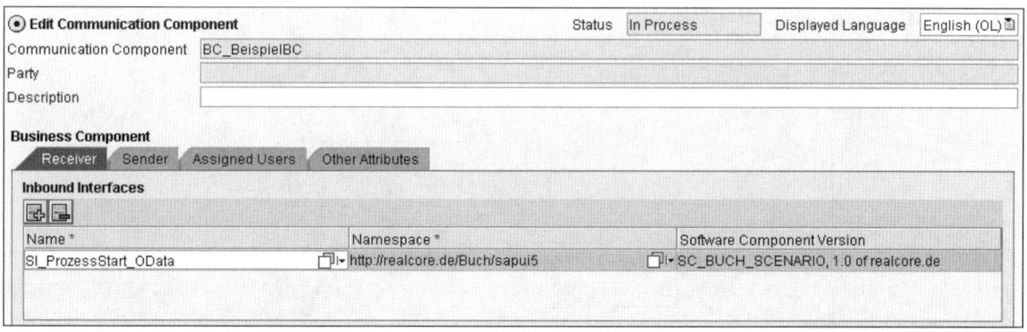

Abbildung 6.42 Hinzugefügtes Interface

6.5.5 Kommunikationskanäle

Kommunikationskanäle (CC) können sowohl für Business-Systeme als auch für Business-Komponenten angelegt werden. Anders als die Interfaces, die bei Business-Systemen automatisch aus dem ESR importiert werden, können Kommunikationskanäle nicht importiert werden und müssen manuell angelegt werden.

Sie können beliebig viele Kommunikationskanäle für jedes Business-System bzw. jede Business-Komponente anlegen. Abbildung 6.43 zeigt ein Beispiel mit Kommunikationskomponenten mit und ohne Party.

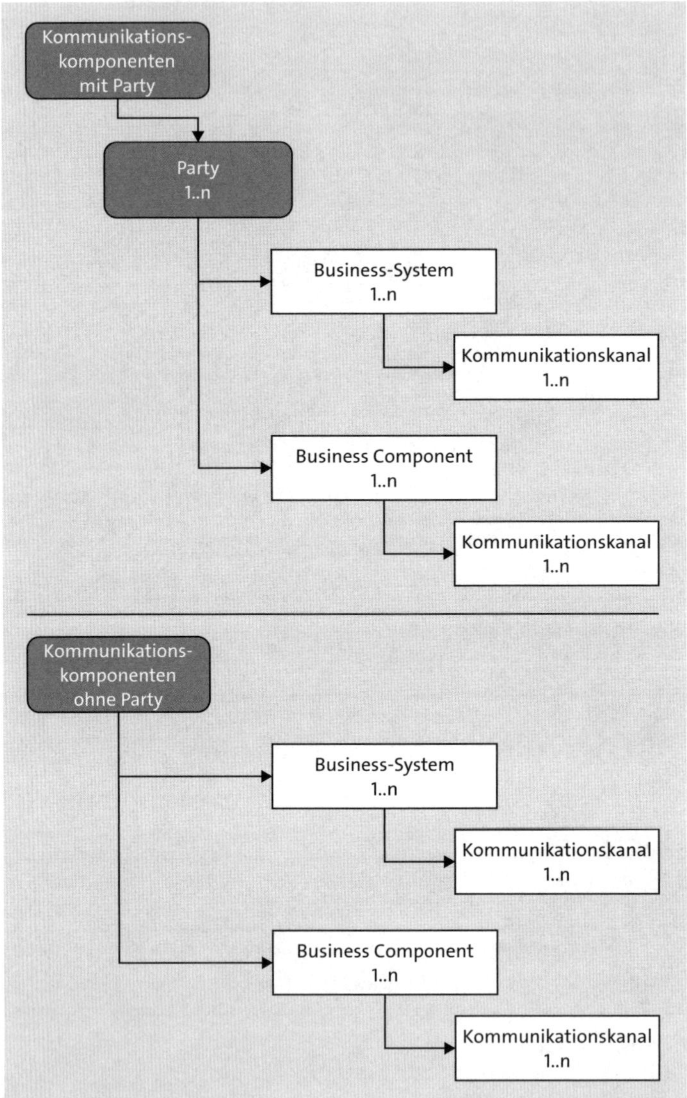

Abbildung 6.43 Baumdarstellung der Kommunikationskomponenten mit und ohne Party

Die Parameter, die in den Kommunikationskanälen eingestellt werden können, hängen vom ausgewählten Adaptertyp ab.

Adaptertypen

Wenn ein neuer Kommunikationskanal angelegt wird, muss als Erstes der Adaptertyp ausgewählt werden. Dabei wählen Sie den benötigten Adapter aus einer Liste aus.

Wenn Sie Adaptertypen von Drittanbietern auf dem System installiert oder selbst Adaptertypen entwickelt haben, können Sie diese ebenfalls aus der Liste auswählen.

Die Adapterliste wird aus der Softwarekomponente SAP Basis (Namensraum *http://sap.com/xi/XI/System*) aus dem ESR ausgelesen.

Adapter für technische Kommunikation

Im Allgemeinen sind die Adaptertypen aus Tabelle 6.4 technische Adapter, die für die Kommunikation zwischen SAP- und Nicht-SAP-Systemen (Third Party) genutzt werden.

Adaptertyp	Beschreibung
File (FTP/FTPS/NFS)	Lesen/Schreiben des Inhalts einer Datei
JDBC	Zugriff auf eine Datenbank. Der Adapter nimmt die Konvertierung im XML-Format vor. Entsprechende Datenbanktreiber müssen vorher auf SAP Process Integration deployt werden.
JMS	Übertragung von Daten an einen JMS Provider
SOAP	Konsumieren und Übertragen von Daten an Webservices via SOAP
HTTP_AAE	Übertragen von Daten via HTTP-Protokoll
Mail	Senden und Empfangen von E-Mails. Der E-Mail-Server muss vorher an die SAP Process Integration angeschlossen werden.
Marketplace	Dieser Adapter erlaubt die Konvertierung von XI- und HTTP-Nachrichten, die MML-Inhalte haben.

Tabelle 6.4 Adaptertypen für technische Kommunikation

Adapter für Kommunikation zwischen SAP-Systemen

Die Adaptertypen, die in Tabelle 6.5 aufgelistet werden, sind für die Kommunikation zwischen SAP-Systemen gedacht.

Adaptertyp	Beschreibung
RFC	Adapter für das Empfangen und Versenden von RFC-Nachrichten über die AEX. Der Senderadpater konvertiert den RFC-Aufruf in eine XML-Nachricht.

Tabelle 6.5 Adapter für Kommunikation zwischen SAP-Systemen

Adaptertyp	Beschreibung
IDoc_AAE	Adapter für die Konvertierung von IDocs auf der AEX. Der ursprüngliche IDoc-Adapter wurde auf dem ABAP-Stack realisiert, für den Single-Java-Stack musste der IDoc-Adapter neu erstellt werden. Der Adapter wandelt IDoc-Daten in XML um.
ABAP Proxy (via SOAP mit XI 3.0)	Je nach verwendetem SAP-Applikations-server können ABAP Proxys oder Java Proxys verwendet werden, um mit ihm zu kommunizieren. Nachrichten, die über die Proxy-Methode ausgeführt werden, verwenden SOAP über HTTP.

Tabelle 6.5 Adapter für Kommunikation zwischen SAP-Systemen (Forts.)

Adapter für Industriestandards

Für die Umsetzung von Industriestandards werden die Adaptertypen aus Tabelle 6.6 genutzt.

Adaptertyp	Beschreibung
RNIF 2.0/1.1 (RosettaNet)	RNIF steht für RosettaNet Implementation Framework. Es unterstützt die RNIF-Standard-protokollversionen 1.1 und 2.0.
CIDX (RNIF 1.1)	Dieser Adapter unterstützt einen Standard für die chemische Industrie. Er ermöglicht den Austausch von Daten zwischen Unternehmen in der chemischen Industrie.

Tabelle 6.6 Adapter für Industriestandards

Sender-/Empfängereinstellung

Die Sender-/Empfängereinstellung dient dazu, festzulegen, ob der Kanal zu einem Sender oder zu einem Empfänger gehört. Ein Senderkanal braucht andere Einstellungen als ein Empfängerkanal. Wenn man z. B. einen Senderkommunikationskanal mit dem Adaptertyp *File* (also Dateiübertragung) betrachtet, hat der Sender ein Adressverzeichnis, aus dem die Datei gelesen wird. Weiter kann man einstellen, welchen Dateinamen die zu lesende Datei hat. Zum Schluss gibt man noch das **Polling**-Intervall an. Es beschreibt die Häufigkeit in der geprüft werden soll, ob die Datei im Verzeichnis ist.

Ein File-Empfängerkommunikationskanal hat zwar auch die Einstellungen für Adressverzeichnis und Dateinamen, hier handelt es sich aber um einen Schreibvorgang. Dafür wird kein Polling-Intervall benötigt.

- **Transportprotokoll**
  Je nach Adaptertyp kann es sein, dass es hier mehrere Möglichkeiten zur Auswahl gibt. Typische Protokolle sind HTTP 1.1 oder HTTPS sowie bei File-Kommunikationskanälen FTP (File Transfer Protocol) und NFS (lokale Festplatte).
- **Message-Protokoll**
  Das Message-Protokoll ist abhängig von dem Adaptertyp, den Sie gewählt haben.
- **Adapter Engine**
  Das Feld **Adapter Engine** wird nur relevant, wenn Sie in Ihrer Umgebung eine dezentrale Adapter Engine haben. Hier können Sie dann auswählen, auf welcher Adapter Engine der Kommunikationskanal arbeiten soll.

[!]

Dezentrale Adapter Engine

Wenn Sie eine dezentrale Adapter Engine verwenden und ein Kommunikationskanal darauf arbeitet, müssen alle Kommunikationskanäle, die in der integrierten Konfiguration verwendet werden, auch auf der dezentralen Adapter Engine arbeiten.

- **Identifier**
  Identifikatoren werden verwendet, wenn Sie Partys in den Kommunikationskomponenten nutzen. Wenn mehrere Identifikatoren in den Party-Einstellungen verwendet werden, können diese im Kommunikationskanal ausgewählt werden.
- **Adaptermodule**
  Adaptermodule erweitern die Möglichkeiten eines Kommunikations-kanals zur Laufzeit. So kann beispielsweise noch eine *Content Conversion* über ein Adaptermodul ausgelöst werden, bevor die Nachricht an ihren Empfänger übermittelt wird (bei einem Empfängerkommunikationskanal).

  Jedes Adaptermodul wird dabei auch als Modulprozessor bezeichnet. Einige Standardmodule sind:
  - `CallSapAdapter`
    Typischerweise in den Modulen FILE, SOAP (Sender) und JDBC vorhanden.
  - `sap.com/com.sap.aii.af.soapadapter/XISOAPAdapterBean`
    Wird bei Empfänger-SOAP-Kanälen verwendet.
  - `sap.com/com.sap.aii.adapter.mail.app/XIMailAdapterBean`
    Wird bei Mail-Adaptermodulen verwendet.
  - `RfcAFBean`
    Wird bei RFC-Adaptern (Remote Function Call) verwendet (üblicherweise Kommunikation zu einem ABAP-System).

Wenn Sie Adaptermodule verwenden, spielt die Reihenfolge, in der diese stehen, eine wichtige Rolle, denn es wird immer von oben nach unten gearbeitet (siehe Abbildung 6.44).

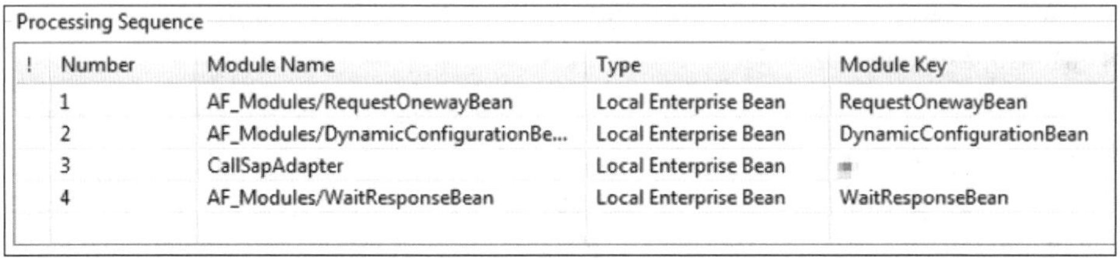
Processing Sequence

!	Number	Module Name	Type	Module Key
	1	AF_Modules/RequestOnewayBean	Local Enterprise Bean	RequestOnewayBean
	2	AF_Modules/DynamicConfigurationBe...	Local Enterprise Bean	DynamicConfigurationBean
	3	CallSapAdapter	Local Enterprise Bean	
	4	AF_Modules/WaitResponseBean	Local Enterprise Bean	WaitResponseBean

Abbildung 6.44 Darstellung einer Adaptermodulreihenfolge im SAP NetWeaver Developer Studio

Im unteren Bereich werden die Parameter ausgewählt, mit der die jeweiligen Adaptermodule ausgeführt werden sollen.

Bei der Installation von SAP Process Orchestration werden viele Adaptermodule bereits mitgeliefert. Eine detaillierte Auflistung finden Sie auf der SAP-Seite. In Tabelle 6.7 stellen wir Ihnen einige gängige Adaptermodule.

Modulname	Anwendung
`PayloadSwapBean`	Kann verwendet werden, um die Nachrichten-Payload mit einer anderen Nachrichten-Payload als Anlage zu tauschen.
`XMLAnonymizerBean`	Kann verwendet werden, um Namespace- oder Namespace-Präfixdetails aus der Payload oder einer XML-Nachricht zu entfernen.
`StrictXml2PlainBean`	Dieses Modul konvertiert die XML-SAP-Process-Integration-Nachricht in eine Plain-Text-Nachricht.
`PayloadZipBean`	Bietet die Funktionalität, eine Nachricht zu »zippen«, und gibt eine .zip-Datei zurück. Es kann auch eine Payload aus einer gezippten Datei extrahieren.
`TextCodepageConversionBean`	Konvertiert die aktuelle Codepage der SAP Process Integration Payload auf eine andere Codepage.
`DynamicConfigurationBean`	Dieses Modul ermöglicht die Manipulation der dynamischen Konfiguration. Es überschreibt einige ASMAs (adapterspezifische Nachrichtenattribute oder adapter-specific message attributes) mit neuen Laufzeitwerten.

Tabelle 6.7 Adapter für Sender und Empfänger

Modulname	Anwendung
XiHeaderValidationBean	Überprüft und validiert die XI-Header-Parameter gegen die im Kommunikationskanal konfigurierten Parameterwerte.

Tabelle 6.7 Adapter für Sender und Empfänger (Forts.)

Anders als bei anderen Reiter, bei denen man auf feste Systeminhalte mittels Drop-down-Menüs zugreifen kann, ist dies bei Adaptermodulen nicht möglich. Deshalb müssen Adaptermodule von Hand eingetragen werden.

Module, die von SAP bei der Installation des Adapter Frameworks mitgeliefert werden, haben immer das Präfix `AF_Modules/` (siehe Abbildung 6.44). Als Typ müssen Sie weiterhin `Local Enterprise Bean` angeben.

Quality of Service

Die Quality of Service (QoS) legt fest, wie die Nachrichten technisch versendet werden sollen. Dabei gibt es drei Möglichkeiten, die wir im Folgenden vorstellen werden. Diese Option kann nicht für alle Adaptertypen ausgewählt werden, sondern nur bei Adaptertypen mit möglicher synchroner Kommunikation.

Adapter, die von ihrer Natur aus bereits festgelegt sind, bieten keine Option, die QoS zu verändern (z. B. File Adapter, bei denen nur asynchrone Kommunikation möglich ist).

- **Best Effort** (BE)
  Synchrone Schnittstellen haben immer den QoS *Best Effort*. Der Sender erwartet dabei immer eine Antwort, allgemein Response-Nachricht genannt. Typische Anwendungsfälle sind Remote Function Calls (RFC), synchrone ABAP Proxys oder Webservices.
- **Exactly Once** (EO)
  Exactly Once findet bei asynchronen Schnittstellen Anwendung. Dabei erwartet der Sender, im Gegensatz zu BE, keine Response-Nachricht. Im übertragenen Sinne kann man davon sprechen, dass der Sender »vergisst«, dass er die Nachricht gesendet hat. Ein Schlagwort, das in diesem Zusammenhang häufig verwendet wird, ist »fire-and-forget«. Ein wichtiger Punkt ist weiterhin, dass die Reihenfolge egal ist, in der die Nachrichten in SAP Process Orchestration verarbeitet werden. SAP Process Orchestration stellt bei EO-Schnittstellen also nicht sicher, dass die erste Nachricht auch wirklich vor der dritten Nachricht verarbeitet wird. Sollte dies in einem Ihrer Business-Prozesse wichtig sein, ist der folgende QoS für Sie interessant.

- **Exactly Once In Order** (EOIO)
  Während bei EO die Reihenfolge nicht beachtet wird, wird bei *Exactly Once In Order* explizit darauf geachtet, dass AEX die erste Nachricht auch wirklich zuerst verarbeitet und versendet und erst im Anschluss daran die zweite etc. Damit diese Reihenfolge eingehalten werden kann, muss bei diesen Service Interfaces eine explizite Queue angegeben werden.

[»]

Queues

Die Queues für EOIO-Schnittstellen werden im Directory angegeben. Sie können nicht im ESR definiert werden.

Die feste Reihenfolge hat allerdings einen Nachteil: Wenn eine Nachricht einen Fehler hat, bleiben auch alle nachfolgenden Nachrichten stehen und werden in SAP Process Orchestration zwischengespeichert. Die so gespeicherten Nachrichten werden so lange in den Status »eingeplant« gesetzt, bis alle vorangegangen Nachrichten erfolgreich verarbeitet wurden. Aus diesem Grund sollte immer gründlich bedacht werden, ob die feste Reihenfolge wirklich nötig ist.

6.5.6 Integrierte Konfiguration

Die *integrierte Konfiguration* stellt das Herzstück der Konfiguration im IB dar. Hier werden Sender und Empfänger zusammengebracht und die Kommunikationskanäle festgelegt, die für diese Verbindung genutzt werden sollen. Zudem wird das Operation Mapping ausgewählt, das das Sender- in das Empfängerformat überführt, und gegebenenfalls festgelegt, unter welchen Bedingungen welcher Empfänger ausgewählt werden soll.

Eine integrierte Konfiguration wird immer für eine Kombination aus Sender-Party, Senderkomponente und Sender Interface erstellt. In dieser Kombination ist die integrierte Konfiguration einmalig. Wenn das sendende System die gleiche Nachrichtenstruktur (Sender-Interface) an unterschiedliche Empfangssysteme sendet, müssen diese Empfänger auf dem Reiter **Receiver** aufgelistet werden. Es ist nicht möglich, für jeden Empfänger eine eigene integrierte Konfiguration anzulegen.

In Anlehnung an die klassische Konfiguration werden die folgenden vier Elemente in einem Objekt gebündelt:

- Sender-Agreement
- Receiver Determination
- Interface Determination
- Empfänger-Agreement

Dabei haben diese Elemente neue Namen bekommen und heißen jetzt:

- Sender-Agreement -> Inbound Processing
- Receiver Determination -> Receiver
- Interface Determination -> Receiver Interfaces
- Empfänger-Agreement -> Outbound Processing

Neben diesen vier Grundelementen einer Kommunikation gibt es zwei weitere Reiter, die wir hier auch beschreiben möchten:

- Assigned User
- Advanced Settings

Inbound Processing

Im Schritt **Inbound Processing** wird beschrieben, wie eine Nachricht an das SAP-Process-Orchestration-System gesendet wird. Hier kann der Kommunikationskanal der Senderkomponente ausgewählt werden (siehe Abbildung 6.45).

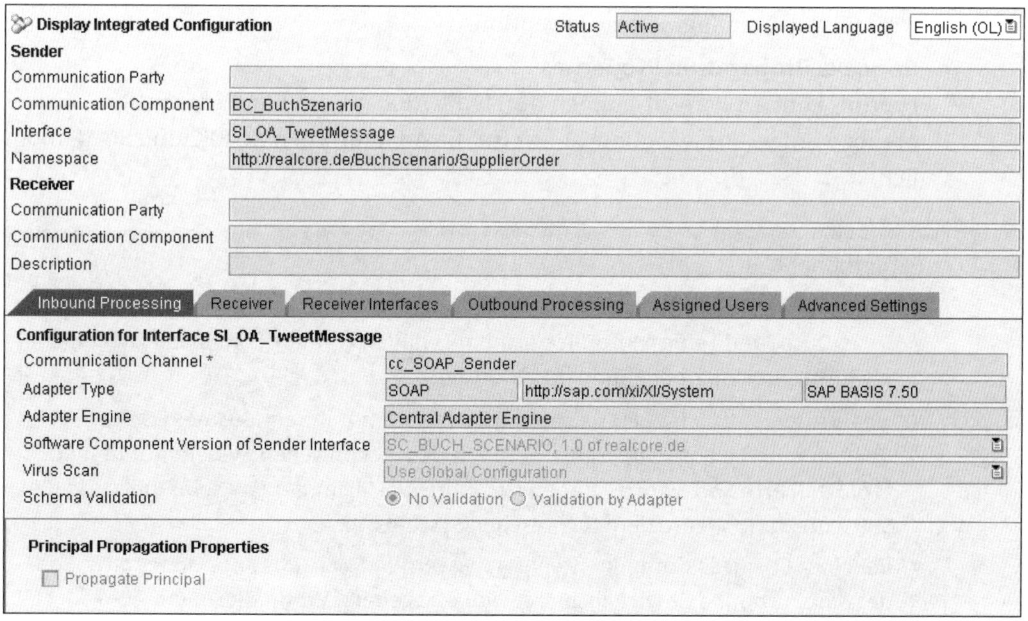

Abbildung 6.45 Details zum Inbound Processing

Neben dem Kommunikationskanal können weitere Optionen ausgewählt werden:

- **Software Component Version of Sender Interface**
  Wenn das Service Interface verschiedene Versionen hat, kann hier ausgewählt werden, welche Version verwendet werden soll.

- **Virus-Scan**
  Mit dieser Option kann ausgewählt werden, ob und wenn ja wie eine Nachricht und deren Inhalt auf Viren geprüft werden soll, bevor sie in der SAP Process Orchestration verarbeitet wird. Hierbei gibt es drei Auswahloptionen:
  - **Using global configuration**
    Wenn im SAP NetWeaver Administrator globale Einstellungen für den Virus-Scan gepflegt sind, kann diese Option gewählt werden.
  - **Virus scanning by adapter**
    Diese Option sollte gewählt werden, wenn nur bestimmte Sender-Interfaces auf Viren geprüft werden sollen.
  - **No virus scanning**
    Wenn Sie diese Option wählen, wird kein Virus-Scan durchgeführt.
- **Schema Validation**
  Mit dieser Option wird die XSD-Schema-Prüfung aktiviert oder deaktiviert. Ist sie aktiviert, wird die eingehende XML-Nachricht auf XSD-Schema-Korrektheit geprüft. Sofern diese Prüfung einen Fehler in der XML-Nachrichtenstruktur findet, wirft die Adapter Engine eine Exception.
- **Principal Propagation Properties**
  Hiermit können Berechtigungen durch die AEX auf das Empfängersystem ausgebreitet werden. Diese Option ist nur für die Adaptertypen XI, RFC und SOAP möglich.

[+]

Fehlerbehebung

Wenn der Fehler auftritt, dass Sie bei der Konfiguration einer integrierten Konfiguration das Outbound Service Interface nicht auswählen können, können Sie die folgenden Schritte zur Fehlerbehebung durchführen:

- Überprüfen Sie, ob im SLD das technische System mit dem Business-System verbunden und die Softwarekomponente in dem technischen System auf dem Reiter **Installierte Software** zu finden ist. Sollte dies nicht der Fall sein, fügen Sie die Softwarekomponente dem technischen System hinzu.
- Bei einer Business-Komponente vergewissern Sie sich, dass auf dem Reiter **Sender** das Outbound Service Interface eingetragen ist. Wenn dies nicht der Fall ist, fügen Sie das Service Interface hinzu.
- Prüfen Sie, ob das betreffende Service Interface im ESR vorhanden und als Outbound Service Interface konfiguriert ist.

Receiver

Im Abschnitt **Receiver** wird festgelegt, welche Empfänger die Nachricht bekommen sollen (siehe Abbildung 6.46). Dabei können beliebig viele Empfänger eingetragen werden.

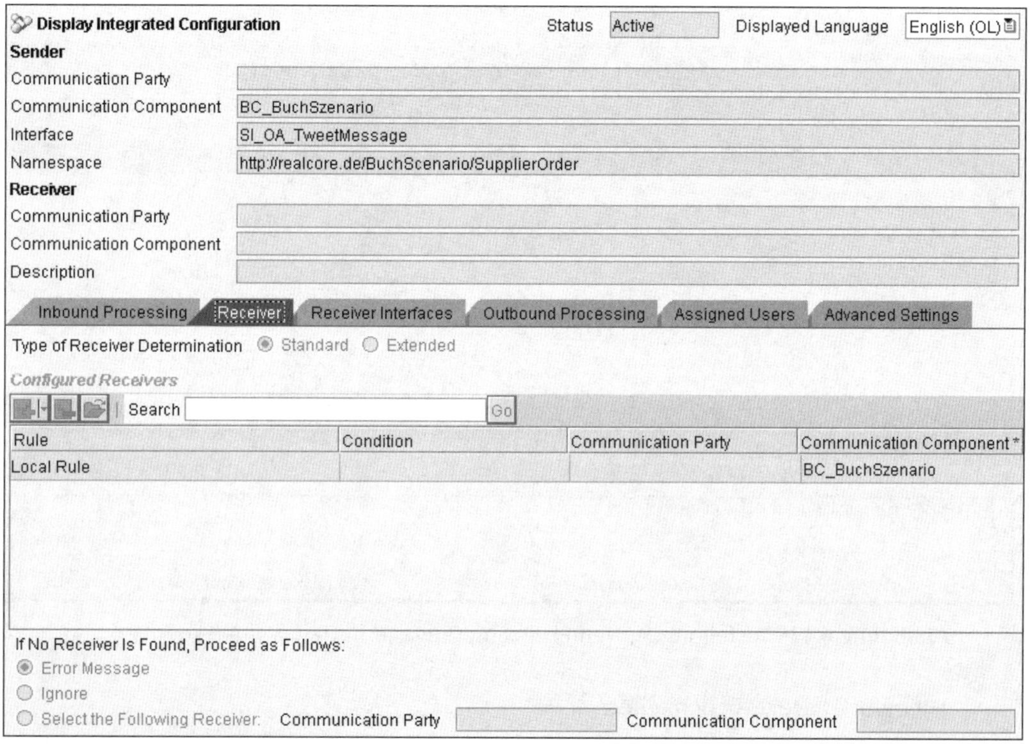

Abbildung 6.46 Details von Receiver

Wenn Sie mehrere Empfänger eingetragen, für diese aber keine Bedingungen festgelegt haben, bekommen alle Empfänger jede Nachricht. Möchten Sie die Empfänger spezifizieren, die eine Nachricht bekommen sollen, gibt es zwei Möglichkeiten: Unter **Type of Receiver Determination** können Sie zwischen **Standard** und **Extended** auswählen.

- Bei **Standard** kann man die Empfänger mit Bedingungen (**Conditions**) voneinander abgrenzen. In diesem Fall erhalten dann alle Empfänger die Nachricht, bei der die Bedingung `True` ergibt.
- Für die **Extended**-Variante muss ein Operation Mapping ausgewählt werden, das das Mapping für die Empfänger übernimmt.

Am unteren Ende (siehe Abbildung 6.47) finden Sie Einstellungen für den Fall, dass kein Empfänger gefunden werden konnte.

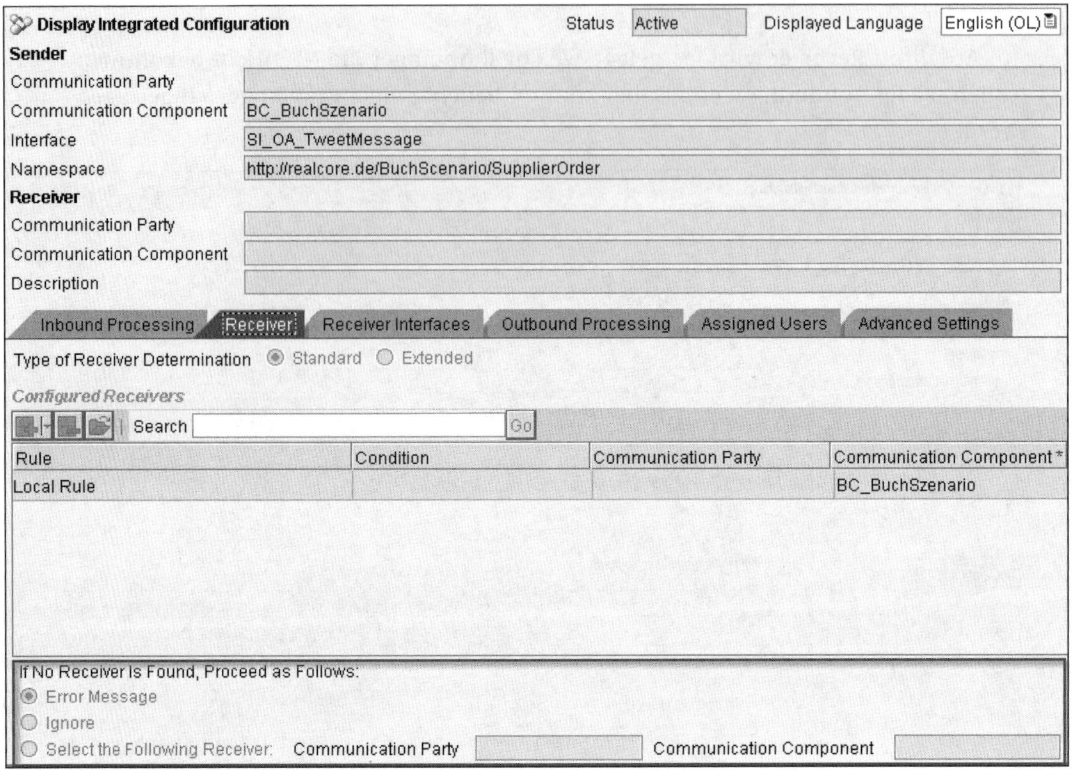

Abbildung 6.47 Einstellungen, wenn kein Empfänger ermittelt werden konnte

Hier gibt es drei Möglichkeiten:

- **Error Message**
  Bei dieser Option wird eine Fehlermeldung im Monitoring angezeigt, wenn kein Empfänger ermittelt werden konnte. Die Nachricht kann im Monitoring erneut gesendet werden.
- **Ignore**
  Mit dieser Variante wird die Nachricht ignoriert und auch nicht weiter im Monitoring aufgeführt. Ein erneutes Senden der Nachricht ist nicht mehr möglich.
- **Select the Following Receiver**
  Hier wird ein Default-Empfänger eingetragen, an den alle Nachrichten gesendet werden, die keinem Empfänger zugeordnet werden konnten.

Standard Receiver Determination

Wenn Sie bei der Empfängerermittlung die Version **Standard** wählen, können Sie anschließend zwischen **Operation-Specific** und **Not Operation-Specific** auswählen (siehe Abbildung 6.48). Welche Variante Sie verwenden sollten, hängt davon ab, ob

Sie alle Operationen des Outbound Service Interface über eine allgemeine Routing-Bedingung verarbeiten möchten (**Not Operation-Specific**) oder ob jede Operation eine eigene Routing-Bedingung erhalten soll (**Operation-Specific**).

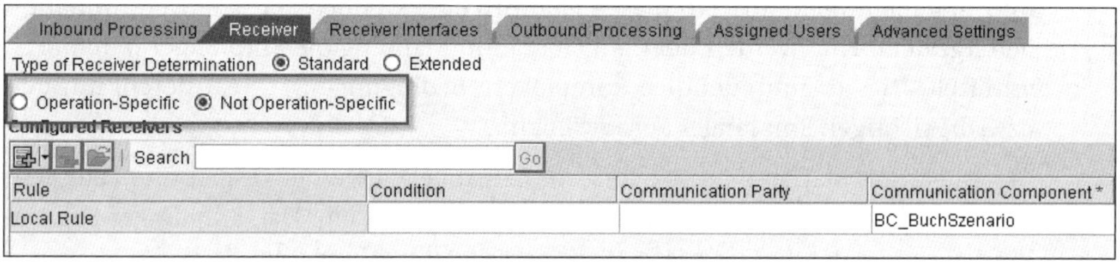

Abbildung 6.48 Auswahl der Option »Not Operation-Specific«

Verwenden Sie abschließend den Bedingungseditor, um die Routing-Bedingung zu definieren (siehe Abbildung 6.49). Achten Sie darauf, XPath-Ausdrücke zu verwenden, um die Bedingung anzugeben.

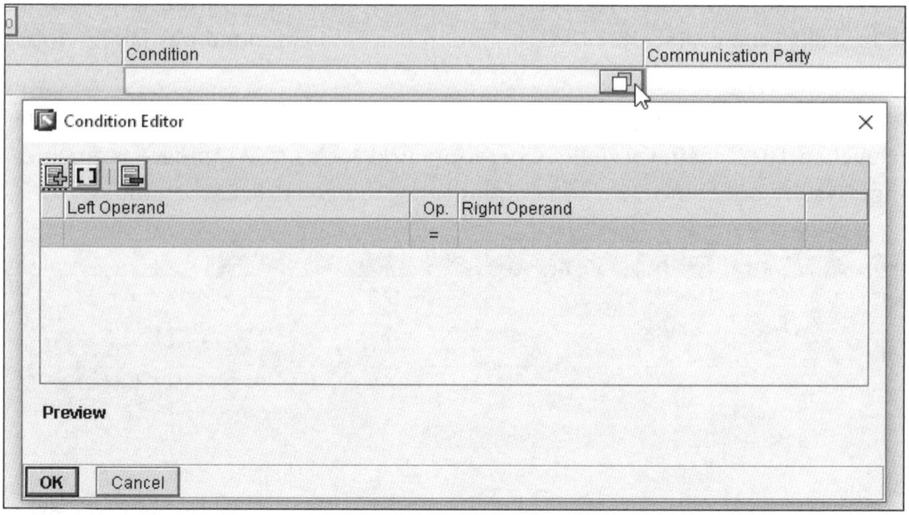

Abbildung 6.49 Bedingungseditor für Conditions

Wählen Sie auf der linken Seite (**Left Operand**) den XPath aus, dessen Wert geprüft werden soll. Auf der rechten Seite (**Right Operand**) tragen Sie den Wert ein, auf den geprüft werden soll.

Keine Anführungszeichen

Der rechte Operand muss ohne Anführungszeichen eingetragen werden, auch wenn es sich um einen String handelt.

Extended Receiver Determination

Sollte es der Fall sein, dass die Bedingungen, unter denen, die Empfänger ausgewählt werden, deutlich komplexer sind, reicht eine Standardmethode zur Empfängerermittlung nicht mehr aus. Für diesen Fall wird die Extended Receiver Determination bereitgestellt. Hier werden über ein Operation Mapping die Empfänger dynamisch ermittelt. Dies erlaubt, deutlich komplexere Bedingungen zu realisieren, um den bzw. die richtigen Empfänger auszuwählen.

Das Operation Mapping muss zuerst im ESR angelegt werden. Dabei muss das Sender-Service-Interface das Outbound-Sender-Interface sein. Das Empfänger-Service-Interface muss das SAP Interface »ReceiverDetermination« sein.

Das Service Interface **ReceiverDetermination** finden Sie im ESR im Systemnamensraum *http://sap.com/xi/XI/* in der SAP-Basis- Softwarekomponente.

Um erweiterte Extended Receiver Determinations zu konfigurieren, gehen Sie wie folgt vor:

1. Gehen Sie auf den Reiter **Receiver** der integrierten Konfiguration, und wählen Sie im Feld **Type of Receiver Determination** das Feld **Extended** aus (siehe Abbildung 6.50).
2. Sie werden dann im Folgebildschirm dazu aufgefordert, ein Operation Mapping anzugeben. Dies ist ein spezielles Operation- und Message Mapping, das ein Empfängersystem oder eine Liste von Empfängersystemen zurückgeben muss.

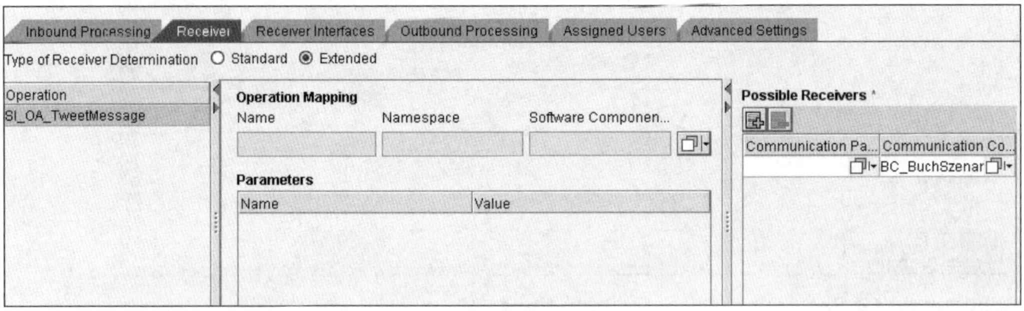

Abbildung 6.50 Extended Receiver Determination

Receiver Interfaces

Im nächsten Schritt der **Receiver Interfaces** legen Sie für alle Empfängersysteme das Mapping fest, das durchgeführt werden soll, wenn der entsprechende Empfänger ausgewählt wird (siehe Abbildung 6.51). Da zum Zeitpunkt der Erstellung alle möglichen Empfänger bekannt sind, müssen für jeden Empfänger die Operation Mappings ausgewählt werden.

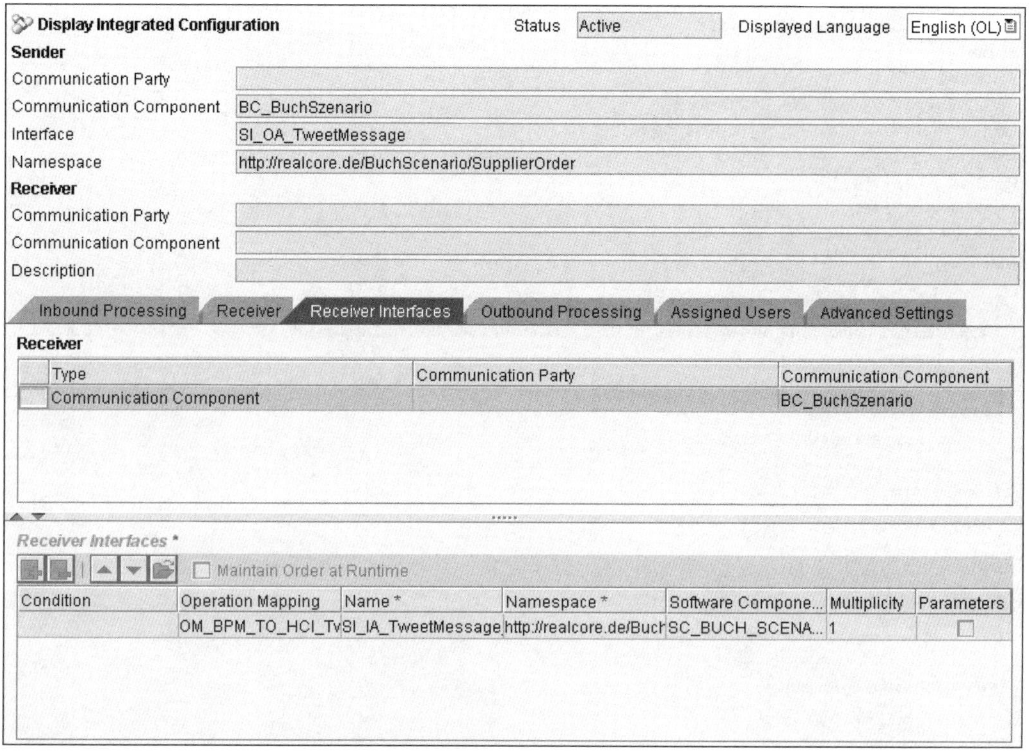

Abbildung 6.51 Detailansicht für Receiver Interfaces

Es kann der Fall sein, dass unter bestimmten Bedingungen unterschiedliche Operation Mappings durchgeführt werden sollen. Diese können wie **Conditions** auf dem Reiter **Receiver** konfiguriert und ausgewählt werden.

Outbound Processing

Im letzten Verarbeitungsschritt einer integrierten Konfiguration, dem **Outbound Processing**, wird festgelegt, wie das Inbound-Empfänger-Interface an das Empfängersystem gesendet wird. Dafür wird an dieser Stelle der Empfängerkommunikationskanal ausgewählt (siehe Abbildung 6.52).

In der Ansicht unterscheidet sich der Reiter **Outbound Processing** kaum von dem Reiter **Inbound Processing**. Hier beziehen sich die Einstellungen auf das Versenden der Nachricht von SAP Process Orchestration an das Zielsystem.

Neben der Auswahl des Kommunikationskanals ist es möglich, ein **Header-Mapping** durchzuführen. Dabei können die Elemente **Sender Party, Sender Komponente, Empfänger Party** und **Empfänger Komponente** geändert werden.

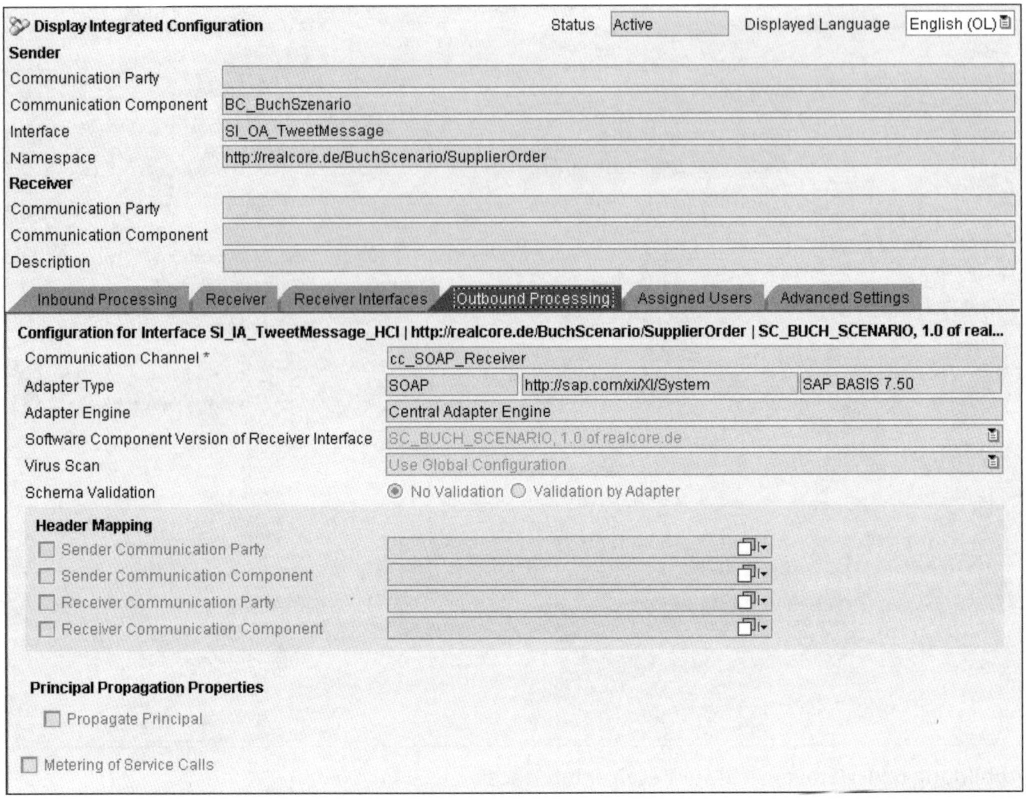

Abbildung 6.52 Detailansicht des Outbound Processings

Header Mappings sind immer dann hilfreich, wenn der Name der Business-Komponente nicht direkt im Nachrichteninhalt auftreten soll. Häufig verwendet man diese Option bei B2B-Kommunikation, in der die technischen Business-System-Namen (meist aus dem SLD) nicht an den Empfänger gesendet oder aus Vereinfachungsgründen geändert werden sollen. Abhängig von der Art des verwendeten Adapters können die oben genannten Elemente der SLD-Business-Systeme zusammen mit der Nachricht als Teil der Header-Daten gesendet werden.

Diese Funktion kann dann sinnvoll sein, wenn Sie die internen und externen verwendeten Business-System-Namen voneinander trennen möchten.

Die Werte, die für die Zuordnung verwendet werden sollen, können feststehende Zielwerte sein oder von Partys oder Kommunikationskomponenten stammen, die im Integration Directory definiert sind. Es ist auch möglich, Werte aus der Nachrichten-Payload zu erhalten, indem man den Pfeil neben dem Symbol **Input Help** und dann **Extended** auswählt. Die Werte werden anschließend im **Expression Editor** präsentiert, mit dem Sie einen XPath-Ausdruck erstellen oder angeben können.

Assigned User

Auf dem Reiter **Assigned User** können Sie Benutzern erlauben, diesen Service zu benutzen. Sie können so viele Benutzer eintragen, wie benötigt werden (siehe Abbildung 6.53). Beachten Sie, dass es sich um eine Beschränkungsliste handelt, die diejenigen Benutzer auflistet, die den Dienst in der Laufzeitumgebung aufrufen dürfen. Benutzer, die in dieser Liste nicht aufgeführt sind, dürfen den Service nicht nutzen. Diese Funktion ist besonders bei B2B-Szenarien interessant.

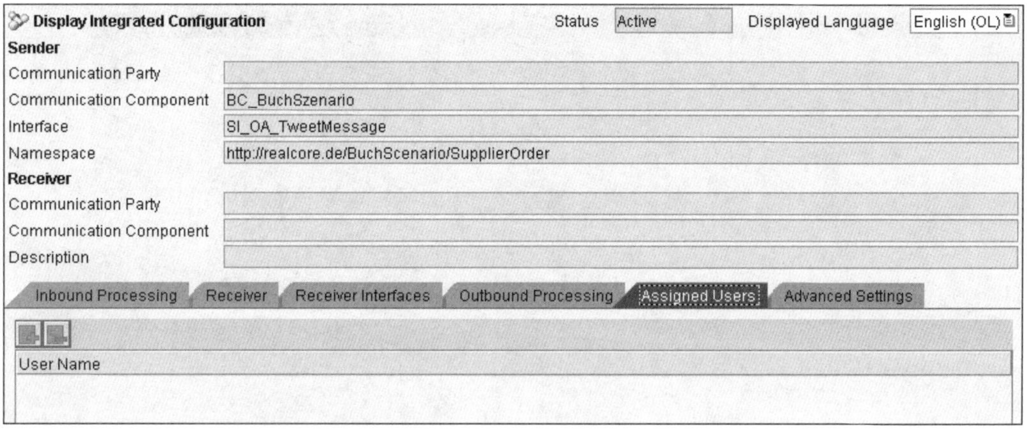

Abbildung 6.53 Detailansicht Assigned User

Es ist außerdem möglich, die Benutzer zu begrenzen, die diese Funktion aus der Kommunikationskomponente (Business-System oder Business-Komponente) aufrufen können. Sofern Benutzer auch in der Kommunikationskomponente angegeben sind, ist es wichtig sicherzustellen, dass die in der integrierten Konfiguration angegebene Liste der Benutzer mit der in der Kommunikationskomponente angegebenen Liste übereinstimmt.

Wenn auf dem Reiter **Assigned Users** keine Benutzer angegeben sind, werden keine Berechtigungsprüfungen durchgeführt. Dann haben alle Benutzer die Berechtigung, diesen Service zu nutzen. Dies ist die Standardeinstellung.

Advanced Settings

Auf dem Reiter **Advanced Settings** können Logging- und Staging-Optionen ausgewählt werden (siehe Abbildung 6.54). Standardmäßig ist hier die Option **Use global configuration** ausgewählt. Die globalen Einstellungen für das Logging und Staging werden im SAP NetWeaver Administrator festgelegt. Sie können aber auch für jede integrierte Konfiguration individuelle Werte für Logging und Staging einstellen.

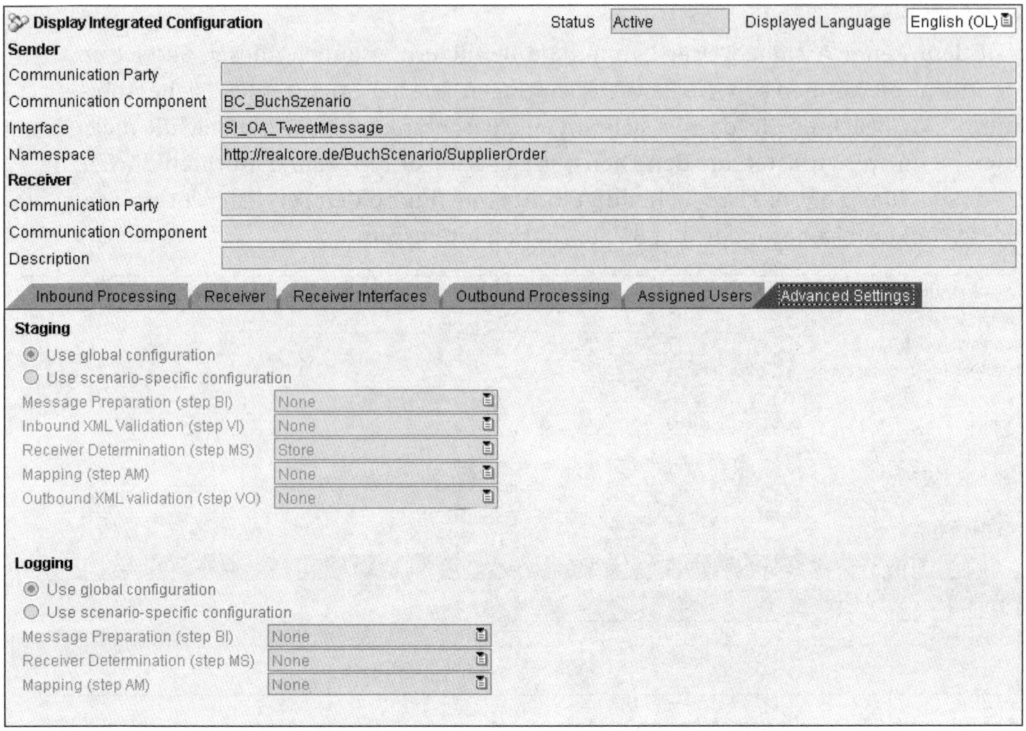

Abbildung 6.54 Detailansicht von Advanced Settings

- **Staging**
  Mit **Staging** können Sie jeden Schritt der Nachrichtenversionen speichern. Sie können dann die Nachricht in jeder Phase bearbeiten und die bearbeitete Nachricht erneut senden oder neu starten. Sie müssen das Staging-Optionsfeld ändern, um die szenariospezifische Konfiguration zu verwenden. Dabei stehen Ihnen folgende Optionen zur Auswahl: **None**, **Store on error** und **Store**.
- **Logging**
  Im **Logging**-Bereich wählen Sie aus, bei welchen Schritten der Nachricht ein Log geschrieben werden soll. Dabei kann hier unter folgenden Einstellungen ausgewählt werden: **None**, **Log**, **Log on error**, **Log without payload** und **Log on error without payload**.

Der größte Unterschied zwischen Logging und Staging ist, dass bei Staging die Nachricht nochmals in SAP Process Integration verarbeitet werden könnte. Mit Logging wird nur eine Read-Only-Version der Nachricht erzeugt. Synchrone Nachrichten sollten deshalb nicht mit Staging versehen werden, da eine Wiederverarbeitung keinen Sinn ergeben würde. Logging kann aber ohne Probleme für asynchrone Schnittstellen verwendet werden.

6.5.7 Sender & Receiver Agreement

Seit Version SAP Process Orchestration 7.5 SPS 06 gibt es wieder Sender und Receiver Agreements, ähnlich wie man sie aus der alten (klassischen) Konfiguration her kennt. Diese erlauben es, integrierte Konfigurationen dynamischer zu erstellen als es bisher möglich war.

Nur ein Agreement-Typ

Dabei gibt es eine wichtige Einschränkung: In einer integrierten Konfiguration können entweder nur Sender- oder nur Receiver Agreements verwendet werden. Warum das so ist, können Sie z. B. unter *http://s-prs.de/v448108* oder *http://s-prs.de/v448109* im Detail nachlesen. Eine volldynamische Schnittstelle mit variablen Sendern und Empfängern ist zum Zeitpunkt der Erstellung dieses Buches nicht möglich.

Sender Agreement

Vor der Einführung von Agreements musste für jede Kombination aus Sendersystem und Outbound Interface eine eigene integrierte Konfiguration erstellt werden. Dies hatte zur Folge, dass viele integrierte Konfigurationen verwaltet werden mussten, obwohl alle gleich aufgebaut waren und sich nur das Sendersystem geändert hat.

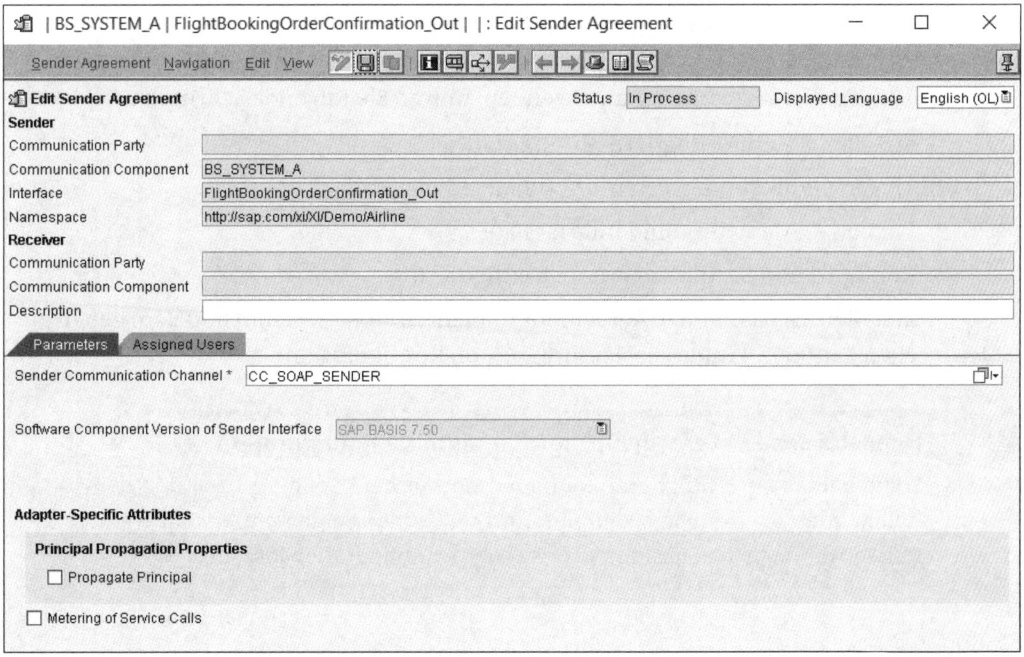

Abbildung 6.55 Sender Agreement

Inzwischen gibt es Szenarien, in denen viele Sendersysteme dasselbe Outbound Interface verwenden. Daher kann nun in der integrierten Konfiguration eine Wildcard als Sendersystem verwendet werden. Diese wird in das Feld **Communication Component** eingetragen (siehe Abbildung 6.55)

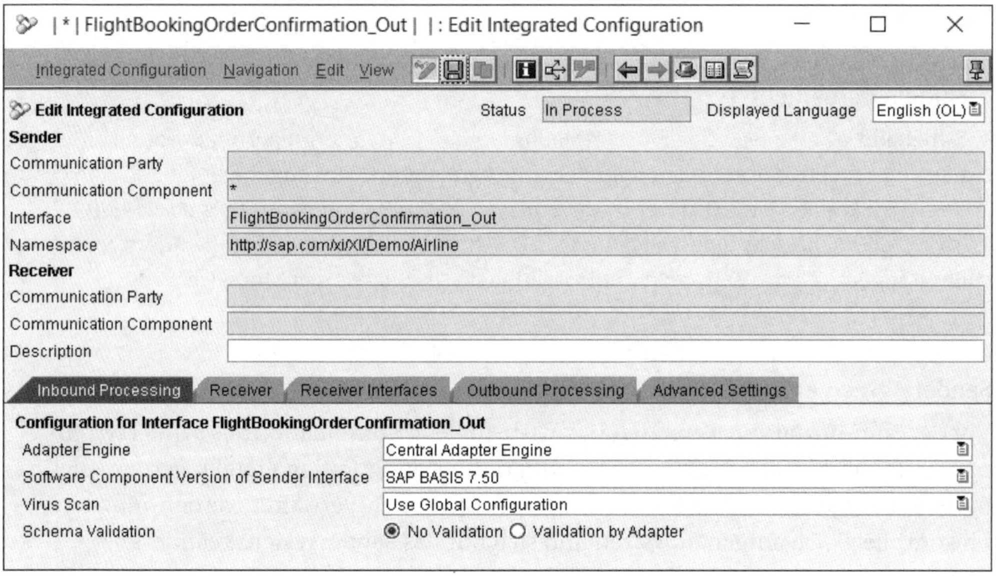

Abbildung 6.56 Integrierte Konfiguration mit Wildcard

Um ein Sender-Agreement zu verwenden, führen Sie folgende Schritte aus:

1. Erstellen Sie eine integrierte Konfiguration.
2. Tragen Sie als Sendersystem »*« (Wildcard) ein.
3. Wählen Sie das Outbound Interface aus.
4. Konfigurieren Sie die integrierte Konfiguration.
5. Erstellen Sie das Sender-Agreement mit einem Sendersystem und dem genau gleichen Outbound Interface der integrierten Konfiguration.

Doppelte Sender-Agreements durch integrierte Konfiguration

Sollte bereits eine integrierte Konfiguration mit dem Sendersystem und dem Outbound Interface bestehen, kann hierfür *kein* Sender Agreement erstellt werden. Sie müssen dafür erst die bestehende integrierte Konfiguration löschen.

Receiver Agreement

Receiver Agreements verhalten sich ähnlich wie Sender Agreements, sind aber für eine dynamische Empfängerermittlung verantwortlich. Wie die Sender Agreements sehen auch die Receiver Agreements genauso aus wie ihr Pendant in der integrierten Konfiguration. Abbildung 6.57 zeigt den Dialog zur Konfiguration des Receiver Agreements.

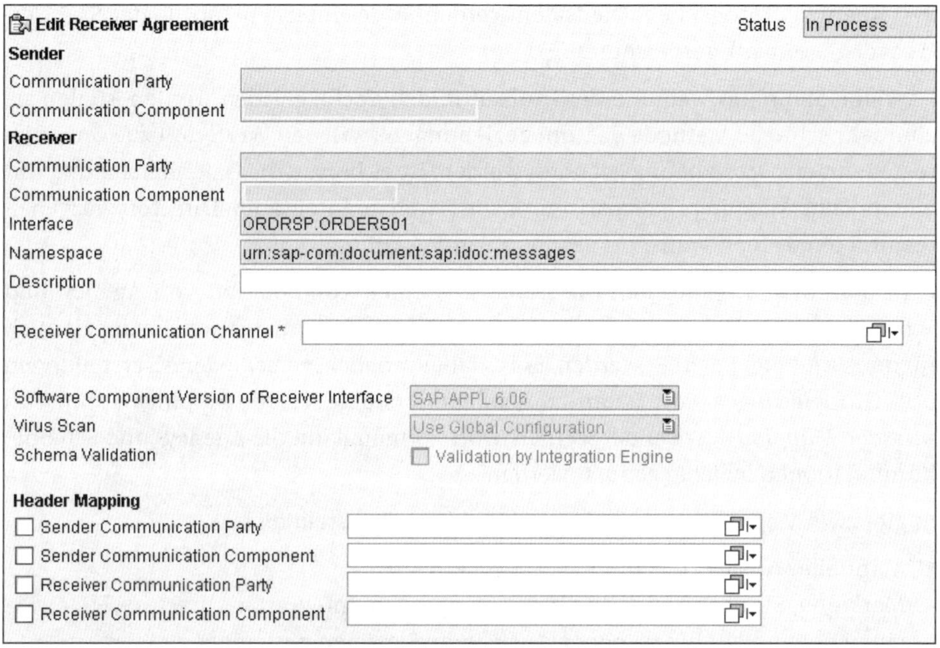

Abbildung 6.57 Einstellungen eines Receiver Agreements

Damit eine dynamische Empfängerermittlung durchgeführt werden kann, muss dies für die jeweilige integrierte Konfiguration festgelegt werden. Dazu aktivieren Sie auf dem Reiter **Receiver** der integrierten Konfiguration die Funktion »Allow arbitrary receivers (outbound processing by receiver arrangements)« (siehe Abbildung 6.58).

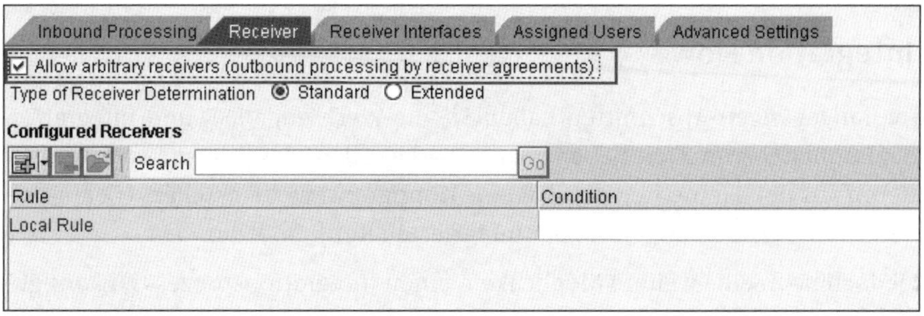

Abbildung 6.58 Einstellungen in einer integrierten Konfiguration, die Receiver Agreements verwendet

6.5.8 Value Mapping

Value Mappings können verwendet werden, um mit einer dynamischen Methode verschiedene Darstellungen derselben Daten in unterschiedlichen Kontexten oder Systemen zu ermöglichen. Die Daten werden in der internen Tabelle der SAP-NetWeaver-Datenbank gespeichert.

Da Value Mappings während der Laufzeit in den Cache geladen werden, stellen sie eine sehr schnelle Methode dar, um Beziehungen zwischen Werten 1:1 zu konvertieren. Wenn die Daten häufig geändert werden, ist es besser, die Datendarstellung mit einem Value Mapping zu realisieren, da die Daten im Integration Directory vorgehalten und ohne einen Transport geändert werden können.

Bei Value Mappings werden die Daten aus einer Kombination von Agency und Schema gebildet. Dabei müssen Agency und Schema sowohl für den Sender als auch für den Empfänger erstellt werden. Es ist daher möglich, verschiedene Darstellungen und Gruppierungen von Daten zu erstellen. Erstellte Value Mappings können in *Message Mappings* verwendet werden. Dort können dann die Agency- und Schema-Kombinationen beliebig genutzt werden.

Es gibt zwei Möglichkeiten, um Value Mappings zu erstellen:

- **Manueller Ansatz**
  Markieren Sie das gewünschte Value Mapping im Integration Directory. Fügen Sie einen neuen Wert hinzu, oder aktualisieren Sie einen vorhandenen Wert.
- **Aus externer Quelle laden**
  Bei diesem Ansatz existiert die Übersetzungstabelle bereits in einer anderen Quelle (z. B. in Ihrem SAP ECC), und Sie möchten die Daten in ein Value Mapping kopieren oder replizieren. Für die Übertragung der Daten nach SAP Process Orchestration gibt es eine Standardschnittstelle.

6.6 Integration Flow

In den vorangegangen Abschnitten haben Sie die Werkzeuge ESR und Integration Directory kennengelernt. Dort haben wir den Swing-Client des Integration Directory genutzt, um aus den Elementen des ESR eine Konfiguration zu erstellen. Hierzu verwendeten wir die Darstellungsform der integrierten Konfiguration.

Es gibt jedoch noch eine weitere Möglichkeit, einen Integrationsprozess zu konfigurieren, bei der ein anderes Werkzeug und eine andere Konfigurationsart eingesetzt werden: Anstelle des Swing-Clients nutzen wir das SAP NetWeaver Developer Studio, mit dem wir statt einer integrierten Konfiguration einen Integration Flow (IFlow) erstellen.

Hierzu ist es wichtig, zu verstehen, in welchem Zusammenhang Integration Flows und integrierte Konfigurationen stehen. Wie einleitend beschrieben, handelt es sich bei Integration Flows aus Entwicklungsperspektive um das Gegenstück zu integrierten Konfigurationen. Praktisch sind Integration Flows jedoch noch ein wenig mehr.

Ein IFlow ist ein Objekt, das die Konfiguration eines Integrationsprozesses abbildet. Es wird im SAP NetWeaver Developer Studio entwickelt und abschließend auf ein SAP-Process-Orchestration-System deployt. Während des Deployments wird der Integration Flow in eine integrierte Konfiguration umgewandelt, sodass jeder deployte Integration Flow auch über den Swing-Client des Integration Directory betrachtet werden kann. Eine Entwicklung von Integration Flows im Swing-Client oder eine Konvertierung einer integrierten Konfiguration in einen Integration Flow ist hingegen nicht möglich.

Der Informationsgehalt eines Integration Flows gleicht dementsprechend jenem einer integrierten Konfiguration. Der Unterschied liegt in der Art und Weise der Visualisierung und des Handlings.

Gut zu wissen

Integration Flows werden nicht nur in SAP Process Orchestration, sondern auch in der SAP Cloud Platform Integration genutzt. Dort sind sie sogar die einzige Darstellungsform der Schnittstellenkonfiguration. Trotz der Namensgleichheit und vielen Ähnlichkeiten in Optik und Handhabung unterscheiden sich sowohl der Funktionsumfang als auch die zugrundeliegende Technologie beider Plattformen.

Weitere Informationen zu Integration Flows in der SAP Cloud Platform Integration sowie zu den Unterschieden zwischen Integration Flows auf der SAP Process Orchestration und der SAP Cloud Platform Integration geben wir in Kapitel 9, »Einführung in SAP Cloud Platform Integration«.

Die Darstellung von Integration Flows ist an die *Business Process Model and Notation* (BPMN) angelehnt und erlaubt insbesondere eine verbesserte Darstellung des Prozessablaufs.

6.6.1 Anlegen und Verwalten von Integration Flows

Um einen neuen Integration Flow anzulegen, starten Sie das SAP NetWeaver Developer Studio. Nach der Auswahl des Workspace wechseln Sie in die Perspektive SAP Process Integration Designer, wie in Abschnitt 5.1.3, »Views und Perspektiven des SAP NetWeaver Developer Studios«, beschrieben.

Im nächsten Schritt verbinden Sie sich mit einem Klick auf das **Verbinden**-Icon mit dem SAP-Process-Orchestration-System.

SAP-Process-Integration-/SAP-Process-Orchestration-System

Sollten Sie noch kein SAP-Process-Integration-/SAP-Process-Orchestration-System im SAP NetWeaver Developer Studio konfiguriert haben, holen Sie dies an dieser Stelle nach. Die Grundkonfiguration, die auch das Anlegen eines SAP-Process-Integration-/SAP-Process-Orchestration-Systems umfasst, finden Sie in Abschnitt 5.1, »SAP NetWeaver Developer Studio für SAP Process Orchestration«.

Nachdem die Verbindung zum SAP-Process-Integration-/SAP-Process-Orchestration-System hergestellt wurde, finden wir links im SAP NetWeaver Developer Studio den **PI Explorer**. (Lassen Sie sich von dem Namen nicht täuschen – der **PI Explorer** gilt gleichermaßen für SAP-Process-Integration- und SAP-Process-Orchestration-Systeme.)

Der **PI Explorer** ist in drei Bereiche aufgeteilt (siehe auch Abbildung 6.59):

❶ Empfängerregeln

❷ Integration Flows

❸ Systems

Im Bereich **Empfängerregeln** können Regeln für das Routing von Nachrichten in Abhängigkeit zu Absender und Nachrichteninhalt angelegt werden. Diese Regeln lassen sich in Integration Flows verwenden.

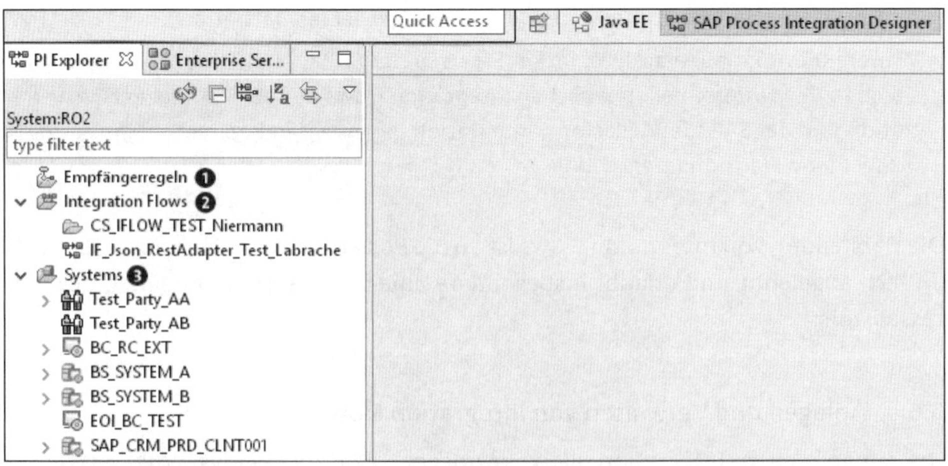

Abbildung 6.59 PI Explorer

Im Bereich **Integration Flows** lassen sich Integration Flows (Icon) und Konfigurationsszenarien (Icon) verwalten. Die Konfigurationsszenarien dienen hierbei nur als logische Verwaltungseinheit bzw. zur Gruppierung der Integration Flows.

Im Bereich **Systems** lassen sich (Sender-)Partner, Business-Komponenten, Business-Systeme, Kommunikationskanäle sowie Sendervereinbarungen pflegen.

Per Rechtsklick auf den Baumeintrag **Integration Flows** legen Sie mit dem Menüpunkt **Neuer Integration-Flow** einen neuen Integration Flow an.

Im nächsten Schritt öffnet sich der Integration Flow Wizard (siehe Abbildung 6.60). In diesem Wizard müssen Sie den Namen sowie die ID des Integration Flows festlegen. Die ID des Integration Flows muss hierbei systemweit eindeutig sein. Wird eine ID angegeben, die bereits existiert, kann der Integration Flow nicht erstellt werden. Sobald ein Name verwendet wird, der bereits existiert, gibt der Wizard eine Warnung aus. Diese kann jedoch übersprungen werden.

ID

Wie in Abbildung 6.60 zu sehen ist, ist die Länge der Integration Flow-ID auf 31 Zeichen begrenzt. Da an manchen Stellen im SAP-Process-Integration-/SAP-Process-Orchestration-Umfeld nur die ID, nicht aber der Name lesbar ist, sollten Sie darauf achten, eine »sprechende« ID zu verwenden.

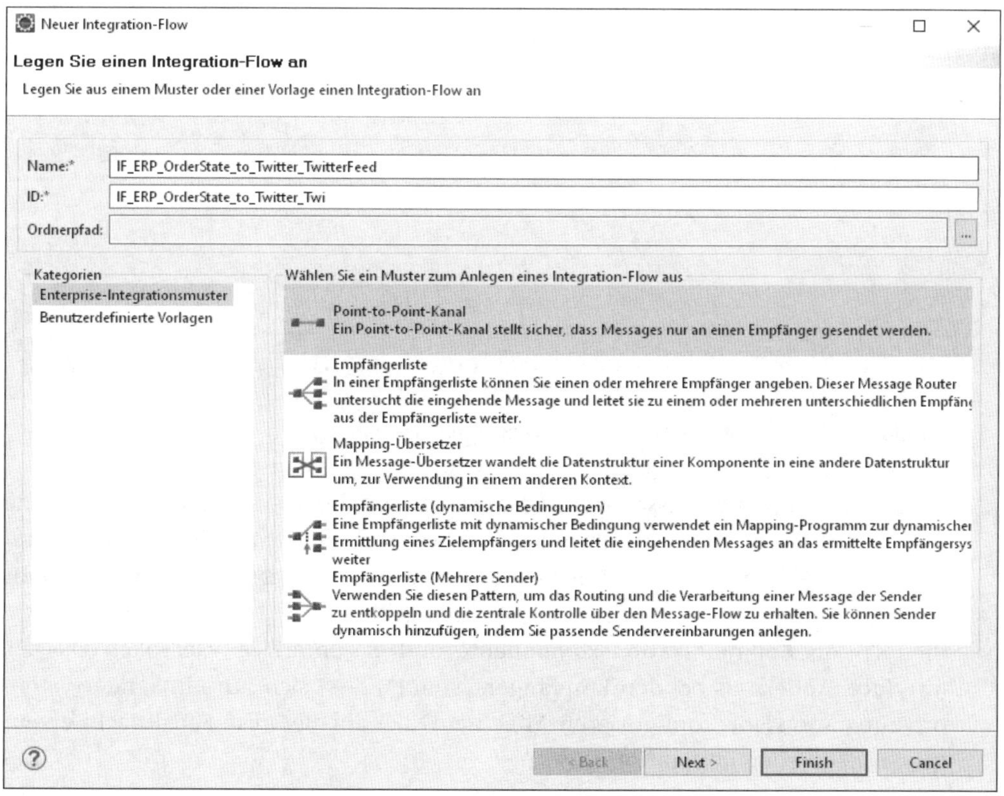

Abbildung 6.60 Integration Flow Wizard

Neben der Festlegung von Name und ID können Sie im Wizard noch ein Muster auswählen, nach dem der Integration Flow erzeugt werden soll. Das Muster **Point-to-Point-Kanal** stellt hierbei die einfachste Ausprägung dar. Da alle anderen Ausprägungen auch durch Konfiguration aus der Point-to-Point-Kanalvorlage erstellt werden können, wählen Sie für dieses Beispiel diese Vorlage.

Der Integration Flow lässt sich mit einem Klick auf die **Finish**-Schaltfläche direkt erzeugen. Mit einem Klick auf die **Next**-Schaltfläche leitet der Wizard eine vereinfachte Konfiguration für Sender- und Empfängersystem ein (siehe Abbildung 6.61). Beides lässt sich jedoch auch später im Integration Flow festlegen, weshalb wir für dieses Beispiel nur den Sender über den Wizard konfigurieren, um dann am Integration Flow die Unterschiede zwischen Wizard- und Nicht-Wizard-Konfiguration aufzuzeigen.

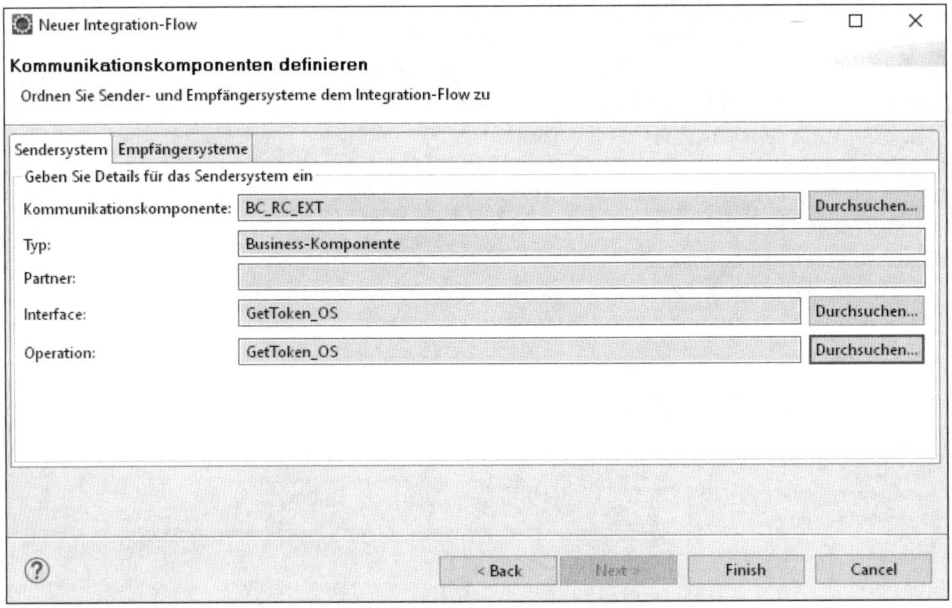

Abbildung 6.61 Sender- und Empfängerkonfiguration per Wizard

Sender und Empfänger lassen sich im Wizard nur mit den Wertehilfen ausfüllen. Eine Konfiguration per Freitexteingabe ist an dieser Stelle nicht möglich. Dementsprechend müssen die beteiligten Business-Systeme und Business-Komponenten zuvor angelegt worden sein. Für unser Beispiel konfigurieren Sie das Sendersystem »BC_RC_EXT« als **Kommunikationskomponente** und das Interface »GetToken_OS« als **Interface**. Anders als bei den Empfängersystemen lässt sich nur ein Sendersystem pro Integration Flow konfigurieren. Mit einem Klick auf die **Finish**-Schaltfläche erzeugen Sie den neuen Integration Flow.

> **Mehrere Sender**
>
> Da ein Integration Flow per Definition immer nur einen Sender mit einem Interface enthalten kann, lässt sich im Wizard auch nur ein Sender konfigurieren. Sollen mehrere Sender genutzt werden, muss das Muster **Empfängerliste (Mehrere Sender)** im Wizard ausgewählt werden. Der Wizard belegt dann die Felder passend vor.
>
> In diesem Anwendungsfall müssen die Sender jedoch anschließend mittels Sendervereinbarung (engl. Sender Agreements) konfiguriert werden.

6.6.2 Aufbau und Bestandteile eines Integration Flows

Nachdem wir im vorigen Abschnitt das Integration Flow-Objekt mit dem Wizard erzeugt haben, wollen wir nun einen Blick auf den Integration Flow-Editor und dessen grundlegende Funktionen werfen (siehe Abbildung 6.62).

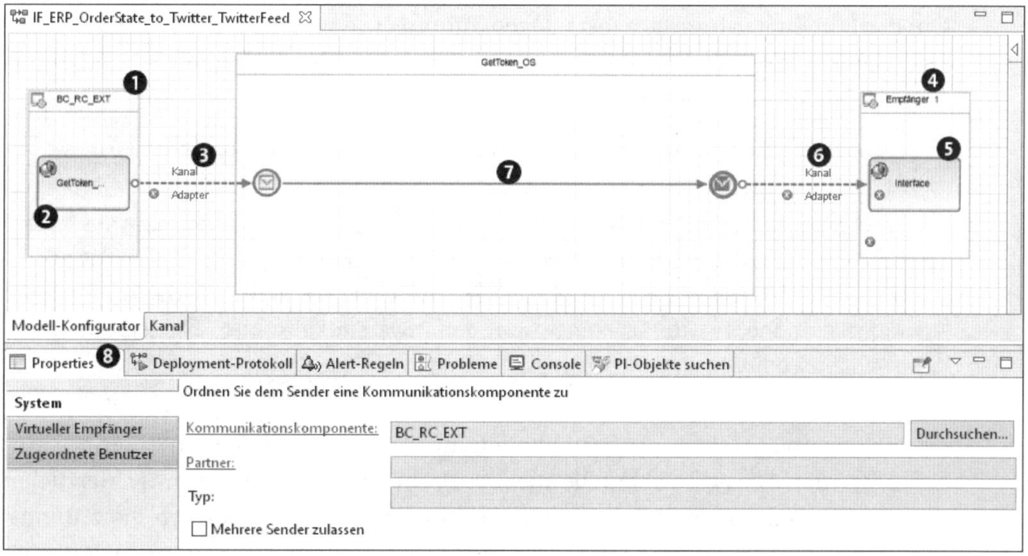

Abbildung 6.62 Aufbau Integration Flow-Editor

In der oberen Hälfte des Editor-Fensters sehen Sie die Visualisierung des Integration Flows (❶–❼). In der unteren Hälfte befinden sich verschiedene Views, unter anderem der **Properties**-View (❽). Dieser zeigt die Einstellungen des jeweils in der oberen Hälfte angeklickten Elements an.

Sendersystem und -Interface

❶ in Abbildung 6.62 markiert das Sendersystem und ❷ das Interface, die Sie zuvor im Wizard konfiguriert haben.

Empfängersystem und -Interface

Der Empfänger (❹) sowie dessen Interface (❺) sind bisher nicht konfiguriert. Um das Empfängersystem festzulegen, führen Sie einen Rechtklick auf den Titel des Empfängersystems (❹) aus und wählen den Menüpunkt **System zuordnen (F4)**. Es öffnet sich derselbe Systemauswahldialog, der Ihnen bereits im Integration Flow Wizard begegnet ist.

Neben dem Festlegen bestehender Kommunikationskomponenten kann über das Rechtsklickmenü auch eine neue Business-Komponente angelegt und zugewiesen werden. Über den Menüpunkt **Entfernen** lassen sich Empfänger aus dem Integration Flow löschen.

Mit einem Rechtsklick auf die Verbindungslinie zwischen Sender und Empfänger (❸ in Abbildung 6.62) lassen sich über den Menüpunkt **Empfänger hinzufügen** weitere Empfängersysteme hinzufügen. Diese können analog zu eben beschriebener Vorgehensweise konfiguriert werden.

Um das Empfänger-Interface festzulegen, führen Sie einen Rechtsklick auf das Interface-Element (❺) aus und wählen den Menüpunkt **Interface zuordnen (F4)**. Das Interface wählen Sie über die Wertehilfe aus.

[»]

> **Interfaces**
>
> Ist das gewünschte Interface nicht in der Liste aufgeführt, kann es sein, dass die Softwarekomponente nicht auf der zuvor ausgewählten (Empfänger-)Kommunikationskomponente installiert ist. Prüfen Sie in diesem Fall die Konfiguration der Kommunikationskomponente im SLD oder auf dem **System**-Reiter im SAP NetWeaver Developer Studio.

Optional kann anstelle eines bestehenden Interface auch ein *Dummy*-Interface hinterlegt werden. Dies geht ebenfalls über das Rechtsklickmenü. Wählen Sie hierzu den Menüpunkt **Dummy-Interface definieren**. Dummy-Interfaces können Sie z. B. nutzen, wenn Sie eine Datei-zu-Datei-Schnittstelle konfigurieren möchten, in der keine Transformation und auch keine Repository-Objekte verwendet werden sollen.

Kommunikationskanäle

Über die gestrichelten Verbindungslinien zwischen Sendersystem und Hauptblock (❸ in Abbildung 6.62) sowie zwischen Hauptblock und Empfängersystem (❻) können Sie per Rechtsklick die Kommunikationskanäle festlegen. Hierbei können Sie aus drei verschiedenen Menüoptionen wählen: **Kanal konfigurieren**, **Kanalvorlage anwenden** und **Referenzierten Kanal zuweisen**.

Die Option **Kanal konfigurieren** erstellt einen neuen Kommunikationskanal und weist diesen direkt im Integration Flow zu. Die Option **Kanalvorlage anwenden** erzeugt einen neuen Kommunikationskanal unter Anwendung einer Vorlage, die bestimmte Felder des Kanals vorbelegt. Mit der Option **Referenzierten Kanal zuweisen** lässt sich ein bereits bestehender Kanal auswählen.

[+]

Kommunikationskanäle wiederverwenden

In der Praxis hat es sich als empfehlenswert erwiesen, wenn möglich die Kommunikationskanäle erst im Bereich **Systems** unterhalb einer Kommunikationskomponente anzulegen und dann per Option **Referenzierten Kanal zuweisen** auszuwählen. Dies gewährt die höchste Wiederverwendbarkeit.

Legt man den Kanal hingegen mit der Option **Kanal konfigurieren** direkt im Integration Flow an, gibt das SAP NetWeaver Developer Studio zum einen den Namen vor, der nicht immer eindeutig nachvollziehbar ist. Zum anderen lassen sich im Integration Flow angelegte Kanäle nicht mehr an allen Stellen von SAP Process Integration bzw. SAP Process Orchestration ohne Weiteres anzeigen.

Mapping und Routing

Um Message- und Routing-Objekte wie Operation Mapping und Interface Split, mit dem sich eine Eingangsnachricht in verschiedene Ausgangsnachrichtentypen mappen lässt, zu konfigurieren, müssen diese über das Rechtsklickmenü der Verbindungslinie innerhalb das Hauptblocks (❽ in Abbildung 6.62) hinzugefügt werden. Zur Auswahl stehen dabei die folgenden fünf Optionen:

1. Empfängerliste hinzufügen
2. Interface Split hinzufügen
3. Mapping hinzufügen
4. Empfänger hinzufügen
5. Interface hinzufügen

Mit **Empfängerliste hinzufügen** lässt sich das Äquivalent zur klassischen Receiver Determination konfigurieren. Die Empfängerliste erlaubt das Ausfiltern und Routing von Nachrichten an keinen, einen oder mehrere Empfänger über Bedingungen. Diese Bedingungen wiederum werden im Bedingungseditor in Form von XPath-Ausdrücken definiert.

Mit **Interface-Split hinzufügen** lässt sich das Äquivalent zur klassischen Interface Determination hinzufügen. Der Interface-Split-Baustein erlaubt das Routing von Nachrichten an ein oder mehrere Interfaces. Die Bedingungen für das Routing werden wie bei der Empfängerliste durch XPath-Ausdrücke formuliert.

Die Option **Mapping hinzufügen** fügt einen Mapping-Baustein in den Integration Flow ein. Per Rechtsklick auf den Mapping-Baustein kann dann ein *Operation Mapping* festgelegt, entfernt und getestet werden.

Der Menüpunkt **Empfänger hinzufügen** erlaubt das Hinzufügen weiterer Empfänger, die Sie analog zum ersten Empfänger konfigurieren können. Ob und wann eine Nachricht an einen der Empfänger geleitet werden soll, können Sie mit der *Empfängerliste* steuern.

Mit der Option **Interface hinzufügen** können Sie weitere Interfaces hinzufügen. Die Zuweisung geschieht dabei pro Empfänger. Ob und wann welches Interface angesprochen werden soll, können Sie mit dem Interface-Split-Baustein definieren.

6.6.3 Aktivieren und Deployen von Integration Flows

Nachdem Sie den Integration Flow angelegt, den Integration Flow-Editor kennengelernt und daraufhin Ihren ersten Integration Flow konfiguriert haben, wollen wir nun betrachten, wie der Integration Flow produktiv gesetzt werden kann.

Im Vergleich zur Entwicklung mit dem Swing-Client auf SAP-Process-Integration-/SAP-Process-Orchestration-Systemen ist hierzu ein neuer, zusätzlicher Schritt nötig: das *Deployment*. Kurz gefasst besteht der Weg vom Entwicklungsobjekt hin zum produktiven Integration Flow aus den folgenden drei Schritten: *Speichern*, *Aktivieren* und *Deployen*.

Speichern

Ein Integration Flow kann über die Option **File • Save**, mit der Tastenkombination [Strg] + [S] oder per Klick auf das Speichern-Symbol  in der Werkzeugleiste gespeichert werden. Beim Speichern sichern Sie Ihren Entwicklungsstand, sodass dieser nach dem Schließen des Integration Flows und/oder des SAP NetWeaver Developer Studios weiterhin erhalten bleibt. Nicht abgespeicherte Änderungen erkennen Sie an dem Stern  neben dem Namen des Entwicklungsobjekts. Ihre Entwicklungen werden beim Speichern automatisch in einer Änderungsliste abgelegt, die Sie unten links im SAP NetWeaver Developer Studio auf dem Reiter **Meine Änderungen** wiederfinden.

Aktivieren

Nach dem Speichern der Entwicklung folgt das Aktivieren. Dieser Schritt ist besonders wichtig, wenn Sie im Team arbeiten. Erst nach der Aktivierung Ihrer Änderungen können Ihre Teamkollegen die Änderungen im SAP NetWeaver Developer Studio und/oder dem Swing-Client sehen. Noch nicht aktivierte Objekte sind zum einen durch ihren Eintrag in der **Meine Änderungen**-Ansicht und zum anderen durch das Plus-Zeichen  erkenntlich.

Die Aktivierung der Objekte können Sie per Rechtsklick auf das Objekt in der **Meine Änderungen**-Ansicht und die Menüoption **Aktivieren** erledigen. Alternativ können Sie das zu aktivieren Objekt auch im **PI-Explorer** auswählen und dort per Rechtsklick aktivieren.

Möchten Sie eine Änderung verwerfen, die Sie bereits gespeichert haben, können Sie dies per Rechtsklick und die Menüoption **Zurücknehmen** tun. Hierbei sollten Sie jedoch Vorsicht walten lassen. Beim Zurücknehmen werden alle Änderungen seit der letzten Aktivierung verworfen. Einmal zurückgenommene Änderungen können nicht wiederhergestellt werden.

Deployen

Der dritte und letzte Schritt ist das *Deployment*. Durch die vorherige Aktivierung ist der Integration Flow zwar für alle Nutzer in SAP Process Integration bzw. SAP Process Orchestration als Entwicklungsobjekt sichtbar, jedoch noch nicht betriebsbereit. Dies geschieht durch das Deployment auf dem SAP-Process-Integration-/SAP-Process-Orchestration-System. Während des Deployments wird der Integration Flow auf das SAP-Process-Integration-/SAP-Process-Orchestration-System geladen und in eine integrierte Konfiguration umgewandelt. Nach Abschluss des Deployments ist der Integration Flow lauffähig und kann Nachrichten verarbeiten.

Zum Deployen wählen Sie den Integration Flow im **PI-Explorer** aus, führen einen Rechtsklick aus und wählen die Option **Deployen**. Der Status des Deployments kann in der Ansicht **Deployment-Protkoll** verfolgt werden. Ist die Ansicht nicht verfügbar, kann sie per Rechtsklick auf den Integration Flow und die Option **Deployment-Protokoll anzeigen** oder über das **Window**-Menü und die Menüpunkte **Show View** und **Deployment-Protokoll** geöffnet werden.

Alternativ kann das Deployment über den Deployment-Status-Dialog durchgeführt und ausgelesen werden. Diesen Dialog können Sie über das Rechtsklickmenü des Integration Flows im **PI-Explorer** mittels des Menüpunkts **Deployment überprüfen** öffnen.

Am Beispiel von Abbildung 6.63 sehen Sie, dass der aktuellste Entwicklungsstand auch dem auf der SAP Process Orchestration deployten Stand entspricht. Zudem können Sie mit der Schaltfläche **Deployment ausführen** den aktuellen Entwicklungsstand deployen; mit der Schaltfläche **Deployment zurücksetzen** kann der Integration Flow deaktiviert werden. Zu beachten ist, dass das Zurücknehmen des Integration Flows nicht bedeutet, dass eine ältere Version des Integration Flows aktiv wird, sondern dass der Integration Flow auf dem SAP-Process-Orchestration-System komplett deaktiviert wird.

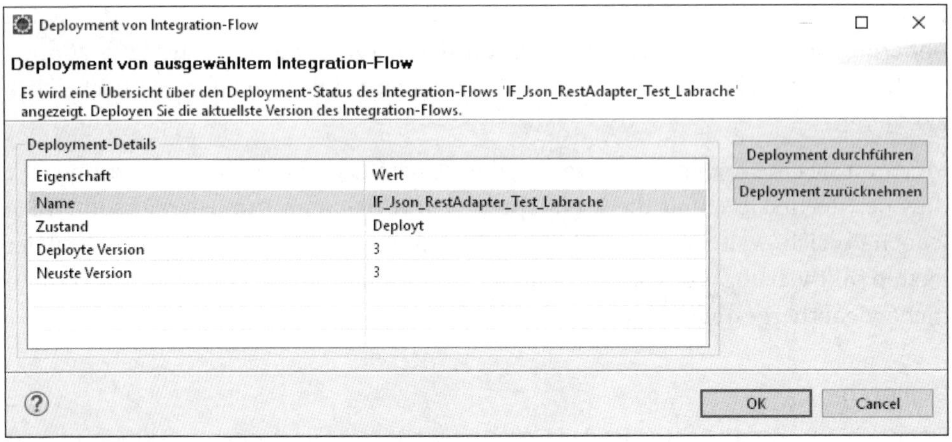

Abbildung 6.63 Deployment-Status-Dialog

Der Deployment-Status-Dialog ist die einfachste Möglichkeit, herauszufinden, ob der deployte Integration Flow dem neuesten Entwicklungsstand entspricht. Ein Auslesen dieser Information über den Swing-Client ist nicht möglich.

Kapitel 7
SAP Business Process Management

SAP Business Process Management (SAP BPM) ist ein Begriff, der derzeit viel Aufmerksamkeit erregt. In diesem Kapitel führen wir Sie in die Grundlagen von SAP BPM ein. Außerdem lernen Sie die wichtigsten Komponenten und Funktionen dieser »neuen« SAP-Technologie in der Kombination mit SAP Process Orchestration näher kennen.

Business Process Management (BPM) wird als Synonym für das Geschäftsprozessmanagement oder auch lediglich das Prozessmanagement verwendet. Dieser Bereich beschäftigt sich mit der Gestaltung und der Optimierung von Geschäftsprozessen in einem Unternehmen oder darüber hinaus. Als *Prozess* wird eine Reihe von Tätigkeiten (z. B. Aktivitäten, Aufgaben) definiert, die von Menschen oder Maschinen in einer bestimmten Reihenfolge ausgeführt werden, um ein oder mehrere Ziele zu erreichen.

Letztlich geht es darum, einen Kundennutzen zu schaffen und damit für das Unternehmen Mehrwert zu generieren. BPM ist ein systematischer Ansatz, um sowohl automatisierte als auch nicht automatisierte Prozesse zu erfassen, zu gestalten, auszuführen, zu dokumentieren, zu messen, zu überwachen und zu steuern. BPM umfasst die bewusste, zunehmend IT-unterstützte Bestimmung, Verbesserung, Innovation und Erhaltung von End-to-End-Prozessen:

- **BPM und SAP NetWeaver**
  SAP NetWeaver bietet Ihnen für alle Aspekte des BPM zahlreiche Vorteile und unterstützt den gesamten Lebenszyklus von Geschäftsprozessen von der Planung über die Implementierung und das Monitoring bis hin zur Optimierung.

  Das BPM in SAP NetWeaver bietet über alle Ebenen der Prozessmodellierung eine einheitliche Methode, die für alle Projektbeteiligten einen gemeinsamen Bezugsrahmen bildet und die Modelle der unterschiedlichen Abstraktionsebenen miteinander verknüpft:

  - Betriebswirtschaftliche Prozessmodelle beschreiben die Prozesslandkarte und die Prozessarchitektur eines Unternehmens, ausgehend von Wertschöpfungsdiagrammen über ereignisgesteuerte Prozessketten bis hin zu End-to-End-Prozessen.

  - Prozesskonfigurationsmodelle unterstützen die prozessgesteuerte Konfiguration und Implementierung von Prozessen.
  - Prozessausführungsmodelle unterstützen die servicebasierte Prozessausführung.
- **Synchronisation**
  Durch die Synchronisation von betriebswirtschaftlichen Modellen, Konfigurationsmodellen und technischen Prozessmodellen können Sie die Ebenen Business Engineering, Softwareimplementierung und Prozessausführung miteinander verknüpfen und zwischen Prozessmodell und Prozesskonfiguration navigieren.
- **Referenzmodelle**
  Für die unterschiedlichen Ebenen der Modellierung stehen Referenzmodelle zur Verfügung. Diese bieten vordefinierte, anpassbare Inhalte, die Sie auf die Gegebenheiten und Anforderungen Ihres Unternehmens zuschneiden können. Dadurch können Sie auf bewährtes Prozesswissen zurückgreifen und Ihre Projekte schneller umsetzen.
- **Prozessdokumentation**
  Durch die Verwendung eines gemeinsamen Bezugsrahmens für Modellierung und Konfiguration von Prozessen können Sie Ihre Einführungsprojekte prozessorientiert dokumentieren. Sie können alle Anpassungen und Konfigurationsschritte übersichtlich und nachvollziehbar dokumentieren.
- **Integration**
  BPM unterstützt die Integration von in Anwendungen eingebetteten Prozessen (Workflows) und systemübergreifenden Prozessen. Sie können anwendungsspezifische Einstellungen, z. B. die Einstellungen aus dem SAP-Einführungsleitfaden, sowie zentrale Integrationseinstellungen, z. B. Operation Mappings, mit den Modellinformationen verknüpfen. Vordefinierte Prozessintegrationsszenarien (PO-Szenarien) und Prozessmuster ermöglichen Ihnen eine schnelle und sichere Entwicklung und Anpassung von Prozessen.
- **Monitoring**
  Das Monitoring ermöglicht sowohl die Überwachung der Business-Objekte der Anwendungen als auch ein technisches Monitoring der Message-Verarbeitung.
- **Architektur des IT-Szenarios**
  Abbildung 7.1 gibt einen Überblick über die Architektur.
- **ARIS in SAP BPM**
  Für die betriebswirtschaftliche Modellierung können Sie ARIS for SAP NetWeaver einsetzen. ARIS for SAP NetWeaver unterstützt Modellierung, Design, Analyse und Dokumentation von Prozessen.

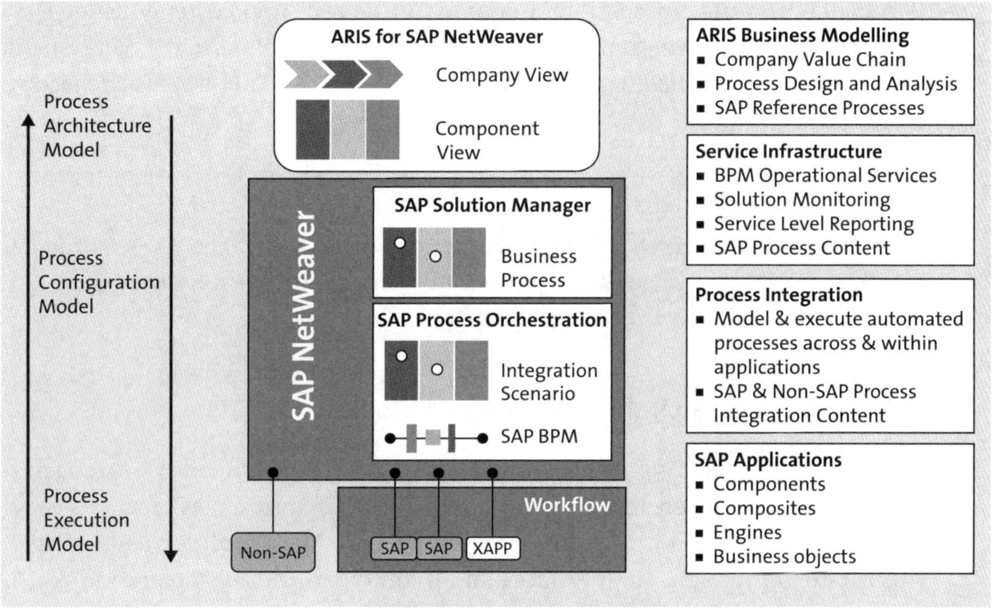

Abbildung 7.1 Architektur des SAP Business Process Managements

Der SAP Solution Manager stellt Ihnen die SAP-Referenzmodelle zur Verfügung. Sie können in ARIS for SAP NetWeaver ein Einführungsprojekt anlegen und dieses mit dem SAP Solution Manager synchronisieren. Dadurch können Sie z. B. die SAP-Referenzmodelle in ARIS for SAP NetWeaver verfügbar machen, anpassen und erweitern. Anschließend können Sie das Einführungsprojekt wieder im SAP Solution Manager zur Verfügung stellen, um dort die Prozesse zu konfigurieren und an Ihre konkrete Systemlandschaft anzupassen. Der SAP Solution Manager bietet außerdem umfangreiche Funktionen für das Monitoring Ihrer Lösungen.

Zur Integration von z. B. Fremd- oder Altsystemen können Sie in SAP Process Orchestration Integration Flows, integrierte Konfigurationen und Integrationsprozesse definieren (siehe auch Kapitel 6, »SAP Process Integration (AEX)«). Über den SAP Business Workflow können Sie in SAP-Anwendungen eingebettete Prozesse automatisieren. Dabei können Sie eingebettete mit übergreifenden Prozessen kombinieren.

- **Referenzmodelle für die Prozessmodellierung**
  Vordefinierte Prozessmodelle erleichtern und beschleunigen die Entwicklung und Umsetzung von Prozessmodellen. BPM stellt Ihnen Referenzmodelle für die unterschiedlichen Ebenen der Prozessmodellierung zur Verfügung. Dadurch können Sie die Implementierung von Geschäftsszenarien, Geschäftsprozessen und Prozessschritten aktiv und effizient steuern und vorantreiben.

Für die Einführung einer SAP-Lösung und für die zeit- und kostengünstige Umsetzung dieses Einführungsprojekts können Sie die vordefinierten Inhalte aus dem Solution Manager, ARIS for SAP NetWeaver oder aus der SAP Process Orchestration verwenden.

[»]

Prozessmodellierung

In diesem Buch werden wir die Referenzmodelle nicht erwähnen, sondern in den nächsten Abschnitten des Kapitels den Aufbau eines Prozesses verfolgen.

7.1 SAP Process Orchestration und BPM

SAP Process Orchestration bietet eine integrierte Infrastruktur aus Werkzeugen zum Modellieren, Designen und Ausführen von Geschäftsprozessen (auch als Serviceorchestrierung bekannt) – vom gesamten Prozessablauf und der Reihenfolge der Aktivitäten bis hin zu den Interfaces und Datentypen, die zur Integration von SAP-Systemen und Fremdsystemen benötigt werden.

SAP Process Orchestration kombiniert die Integrationsmöglichkeiten der Advanced Adapter Engine Extended (AEX) von SAP Process Integration mit den Möglichkeiten der Prozessmodellierung, des Betriebs und der Überwachung von SAP Business Process Management (BPM). Wie AEX basiert auch SAP Process Orchestration nur auf SAP NetWeaver Application Server (AS) Java. (Weitere Informationen finden Sie in Kapitel 3, »SAP Process Orchestration«.)

7.2 Business Process Model and Notation (BPMN)

Business Process Model and Notation (BPMN) wurde weitgehend als grafische Notation für die Geschäftsprozessmodellierung betrachtet und genutzt. Sie wird für das Design, die Visualisierung und die Verwaltung der Geschäftsprozesse der umgesetzten Workflows eingesetzt, um Geschäftsprozesse zu automatisieren. Wegen ihrer Einfachheit wurde sie sowohl vom IT- als auch vom Fachbereich benutzt.

Die neueste Version der BPMN, genannt BPMN 2.0, wurde von der Open Management Group (OMG) als OMG-Standard 1 auf verschiedene Weise erweitert. Sie enthält unter anderem Kollaborationsprozesse, verfeinert vorhandene Elemente und fügt neue Austauschformate hinzu, die für Prozessdefinitionen sowie Diagrammlayouts grundlegend wichtig sind.

In den folgenden Abschnitten wird der Umfang von BPMN 2.0 erläutert und die Einhaltung dieser Richtlinien erörtert.

7.2.1 Umfang von BPMN

BPMN ist eine Modelliersprache speziell für die Gestaltung verschiedener Typen von Geschäftsprozessen. Als solche werden einige Modellierungskonstrukte vorgestellt, wie Kompensationsaktivitäten (abstrakte Tasks), menschliche Benutzerinteraktionen (*human activities*), unterbrechende und nicht unterbrechende Ereignisse etc. Diese Konstrukte werden nicht durch allgemeinere Modellierungssprachen abgedeckt, die typischerweise mit BPMN vergleichbar sind, wie z. B. das Unified Modelling Language (UML) Activity Diagram.

BPMN 2.0 basiert auf BPMN 1.1, bietet aber zusätzlich ein Metamodell und eine Notation für Choreografien an. Die Notation verfeinert Elemente, die bereits in BPMN 1.1 verfügbar waren, wie etwa menschliche Benutzerinteraktionen und Ereignisse, und löscht bekannte Inkonsistenzen und Unklarheiten. Sie stellt Austauschformate für Prozessdefinitionen sowie Diagrammlayouts vor. Schließlich formalisiert sie die Ausführungssemantik von BPMN-Elementen, die es ermöglicht, BPMN-Prozessmodelle eindeutig zu interpretieren.

Der Umfang von BPMN 2.0 umfasst folgende neue Features:

- **Notation**: Verlängert den vorhandenen Satz grafischer Elemente mit Elementen für neue Ereignistypen, Mensch-Benutzer-Interaktionen und Choreografie-Aktivitäten.
- **Semantisches Modell**: Stellt ein Meta-Object-Facility-basiertes (MOF) Metamodell vor, das die abstrakte Syntax und Semantik der Modellierungskonstrukte definiert. Das Metamodell wird verwendet, um die Austauschformate für BPMN-Prozesse und Choreografien abzuleiten.
- **Visual Model**: Führt ein MOF-basiertes Metamodell ein, das die Diagrammsyntax definiert. Es enthält eine Reihe von Konzepten, die für die Diagrammdarstellungen benötigt werden. Das Metamodell wird verwendet, um das Austauschformat für das Diagrammlayout abzuleiten.
- **Formalisierung der Ausführungstechnik**: Hier wird die Ausführungssemantik der BPMN-Elemente präzise definiert, um eine eindeutige Interpretation von BPMN-Prozessmodellen zu gewährleisten. Dies erleichtert die Portabilität von BPMN-Prozessen in verschiedenen Prozessabläufen.
- **Austauschformate**: Einführung von XML-Metadata-Interchange-basierten (XMI) und nicht XMI-basierten Formaten, die es erleichtern, die Geschäftsprozessmodelle und deren Diagrammlayouts unter Prozessmodellierungswerkzeugen auszutauschen.
- **Choreografie**: Gibt die Möglichkeit, Business Contracts (eine Reihe von Nachrichten und die Reihenfolge, in der sie ausgetauscht werden können) unter mehreren Partnern zu modellieren, und beschreibt, wie ein Business Contract in Bezug auf das individuelle Verhalten von Partnern fest vorgegeben wird.

- **Diagramme**: BPMN 2.0 unterstützt verschiedene Diagrammtypen und verschiedene Views für die Prozessorchestrierungen, Kollaboration und Choreografien unabhängig oder als integrierte Modelle. Dies ermöglicht es den Endnutzern, sich auf bestimmte Sachbezüge zu konzentrieren.
- **Parallelisierung mit anderen Standards** (Webservices Business Process Execution Language; WS-BPEL): Bietet eine optionale Zuordnung eines BPMN-Subsets zu WS-BPEL, um die Ausrichtung mit der Ausführungssemantik von WS-BPEL zu illustrieren. Diese Zuordnung beschränkt sich auf BPMN-blockstrukturierte Ströme ohne Zyklen. Es zeigt, dass diese BPMN-Prozesse auch in WS-BPEL-basierten Umgebungen ausgeführt werden können (z. B. in alten SAP-NetWeaver-Process-Integration-Umgebungen mit Cross Component BPM).

7.2.2 Einhaltung von BPMN 2.0

Mit BPMN 2.0 können Sie verschiedene Szenarien einschließlich Geschäftsprozessmodellierung einrichten, den Austausch von Prozessdefinitionen und Prozessausführungen. Es wird nicht erwartet, dass alle Werkzeuge sowohl das Modellieren als auch die Ausführung von Geschäftsprozessen unterstützen. Daher können einige Werkzeuge das Modellieren von Prozessorchestrierung und keine Choreografien oder umgekehrt anbieten. Um diese Szenarien einrichten zu können, werden verschiedene Compliance-Punkte eingeführt.

Prozessmodellierungswerkzeuge unterstützen das Zeichnen von Prozessdiagrammen und einfachen Kollaborationsdiagrammen, die keine Choreografie-Elemente beinhalten. Dies setzt die Unterstützung von BPMN-grafischen Elementen für Prozesse und Kooperationen voraus. Prozessmodellierungswerkzeuge unterstützen den Austausch von Diagrammlayouts und Definitionen von Prozessen und einfacher Kollaboration.

Prozessausführungsumgebungen unterstützen die BPMN-Semantik und das zugrunde liegende semantische Modell, um BPMN-Prozesse wie definiert auszuführen. Sie werden auch den Austausch von Prozessdefinitionen unterstützen.

7.3 Konfiguration von SAP BPM

Bevor Sie SAP BPM einsetzen können, müssen Sie einige Konfigurationsschritte durchführen. In diesem Abschnitt werden wir alle wichtigen Konfigurationen zur Einrichtung von SAP BPM und dessen Komponenten (SAP Business Process Engine – BPE, Benutzer, Prozess-Desk, Aufgaben etc.) nach einer Installation von SAP Process Orchestration erläutern.

7.3.1 Webbasierte Konfiguration für SAP BPM

Nach einer vollständigen Installation und vor der manuellen Konfiguration können Sie den Konfigurationsassistenten starten, um zunächst das SAP BPM einzurichten. Der Assistent spart Ihnen Zeit und muss in manuellen Schritten durchgeführt werden.

Upgrade

Wenn Sie ein System-Upgrade oder den Assistenten zuvor ausgeführt haben und Sie diesen erneut ausführen möchten, zeigt der Assistent nicht die aktuellen Werte an. Deshalb müssen Sie alle Werte erneut eingeben.

Um die assistentenbasierte Initialisierung für BPM durchführen zu können, führen Sie die folgenden Schritte aus:

1. Rufen Sie die folgende URL auf: *http://<host>:<port>/sld/fun*.
2. Nachdem Sie sich erfolgreich angemeldet haben, werden Sie zur SAP-NetWeaver-Funktionseinheit weitergeleitet und wählen dort **Process Server** aus.
3. Falls der **Process Server** nicht aktiv ist, klicken Sie auf **Automatisch aktivieren** (siehe Abbildung 7.2).

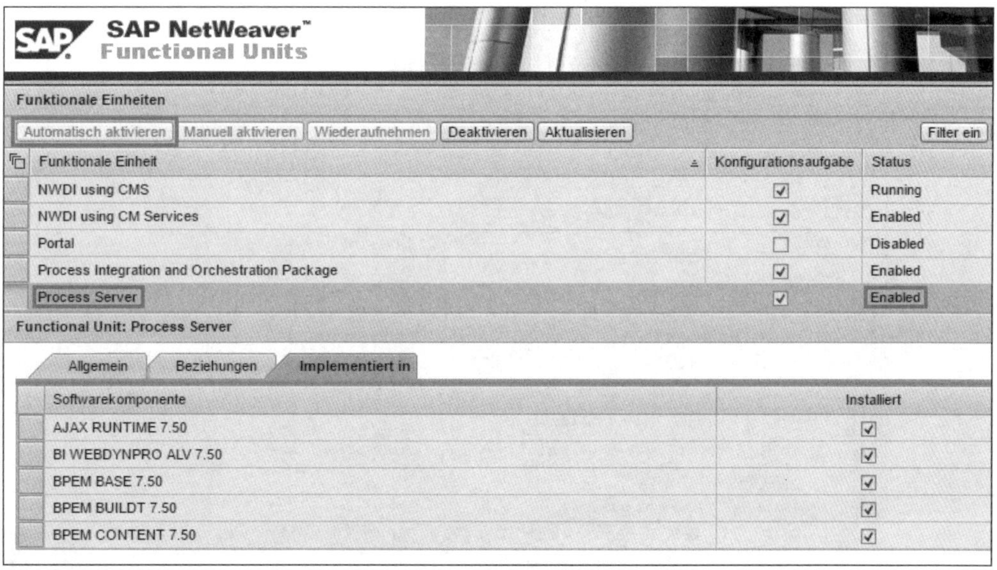

Abbildung 7.2 Funktionseinheit und Aktivierung des Process Servers

Aktivierung einer Funktionseinheit

Die Aktivierung einer Funktionseinheit darf nur in Absprache mit dem SAP-Basis-Team oder den Systemadministratoren durchgeführt werden.

4. Nach der Aktivierung der Funktionseinheit werden Konfigurationsassistenten im SAP NetWeaver Administrator erstellt.
5. Rufen Sie die URL *http://<host>:<port>/nwa* auf.
6. Nach einer erfolgreichen Anmeldung gelangen Sie auf die Startseite des SAP NetWeaver Administrators.
7. Navigieren Sie zu **Konfiguration • Szenarios • Konfigurationsassistent** (siehe Abbildung 7.3).

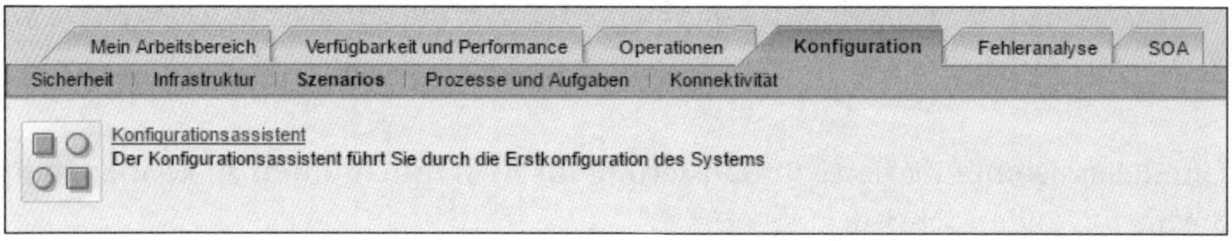

Abbildung 7.3 Konfigurationsassistent öffnen

8. In der Automatisierungsaufgabensicht klappen Sie die Aufgabennamen **Nicht ausgeführt** auf, und wählen Sie den Assistenten mit dem Namen **BPM: Konfigurationsaufgaben** aus.
9. Anschließend klicken Sie auf **Starten** (siehe Abbildung 7.4).

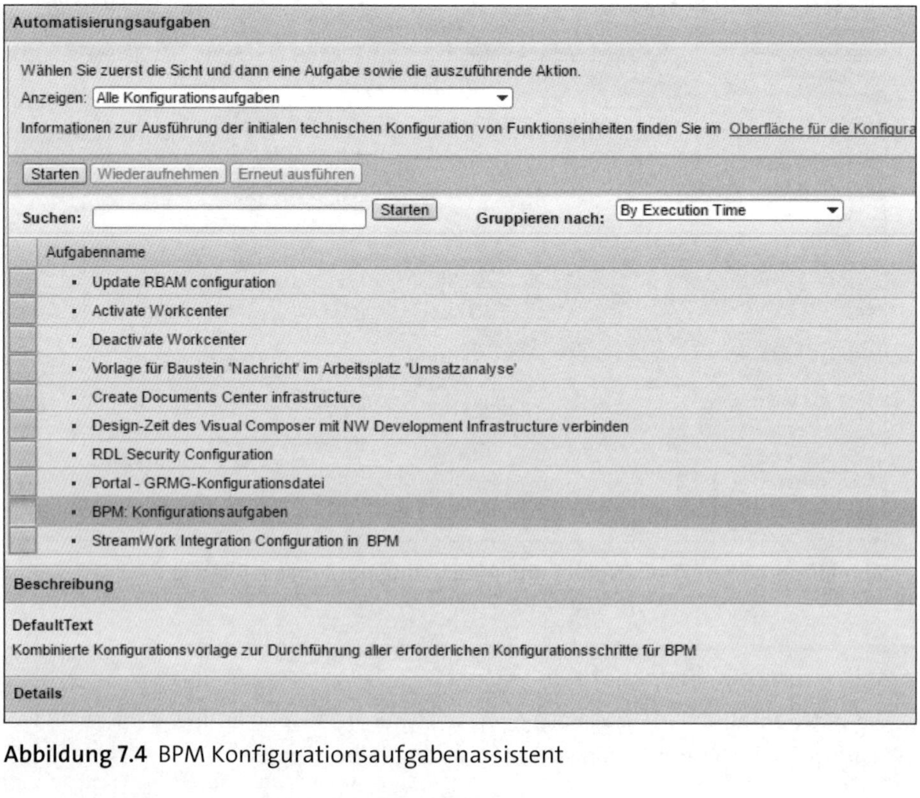

Abbildung 7.4 BPM Konfigurationsaufgabenassistent

10. Nach dem Assistentenstart müssen Sie die **Standardeigenschaften angeben** (siehe Abbildung 7.5).

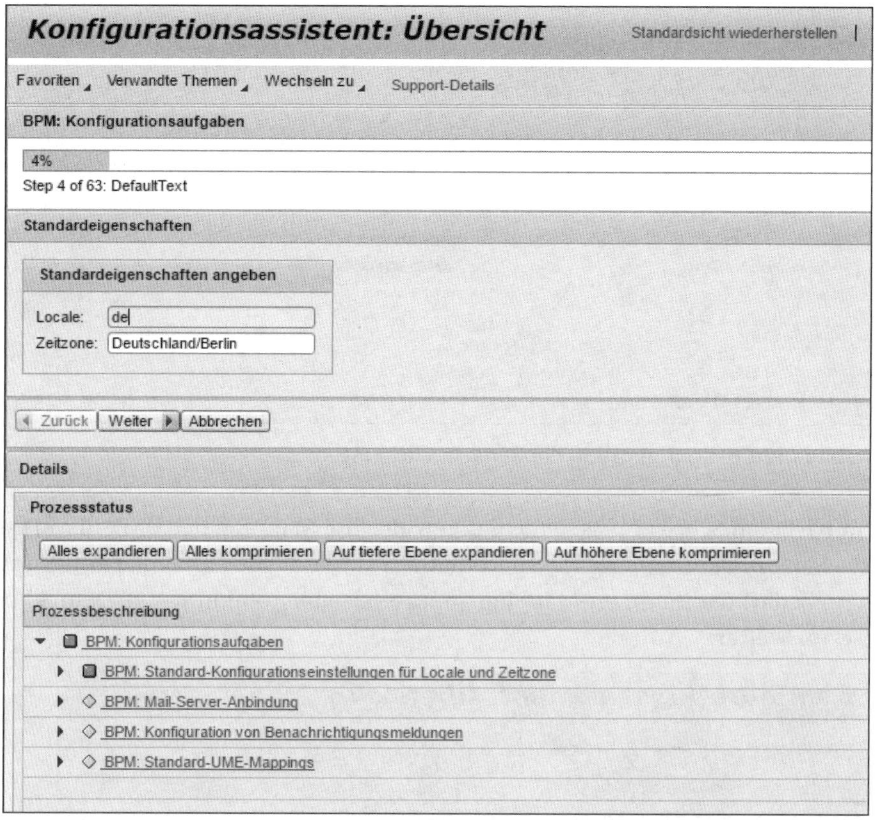

Abbildung 7.5 Eingabe der Standardeigenschaften im Assistenten

11. Im nächsten Schritt müssen die Eigenschaften der Mail-Server-Anbindung gepflegt werden. Diese Informationen werden vom Prozess genutzt, um Benachrichtigungen, z. B. per E-Mail, zu senden. Sie können diesen Schritt überspringen, falls die Konfiguration der Java-Mail bereits in den Systemeigenschaften durchgeführt wurde.

12. Im folgenden Schritt müssen Sie die Details zur Benachrichtigung eingeben. Hier können Sie die URLs des SAP-Process-Orchestration-Systems in der Form *http://<hostname>:<port>* anpassen. Für die **Task Inbox** wird standardmäßig eine **Universal Worklist** gepflegt (siehe Abbildung 7.6). Klicken Sie anschließend auf **Weiter**.

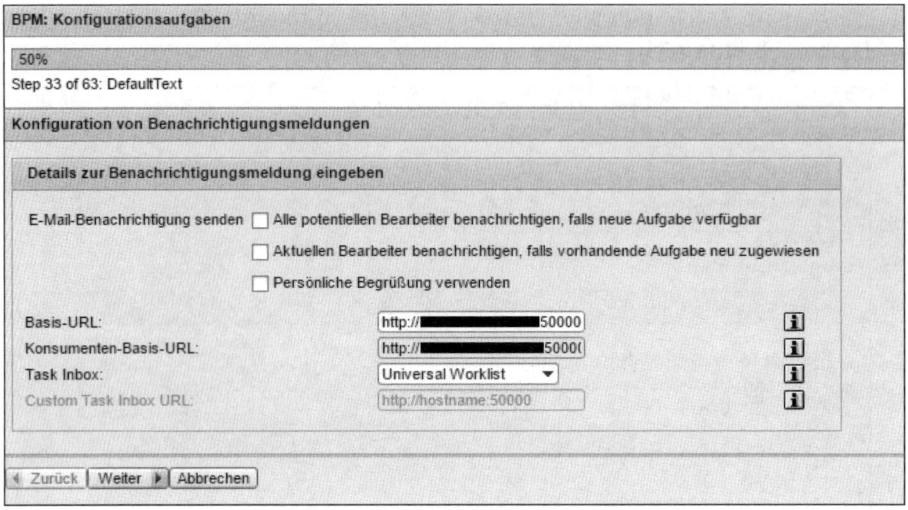

Abbildung 7.6 Konfiguration der Benachrichtigung

13. Im nächsten Schritt müssen Sie das gewünschte Mapping der UME-BPM-Benutzer wählen. Das Mapping wird automatisch aktiviert. Sie können aber nach eigenem Bedarf das Benutzer-Mapping anpassen (siehe Abbildung 7.7). Dann klicken Sie auf **Weiter**.

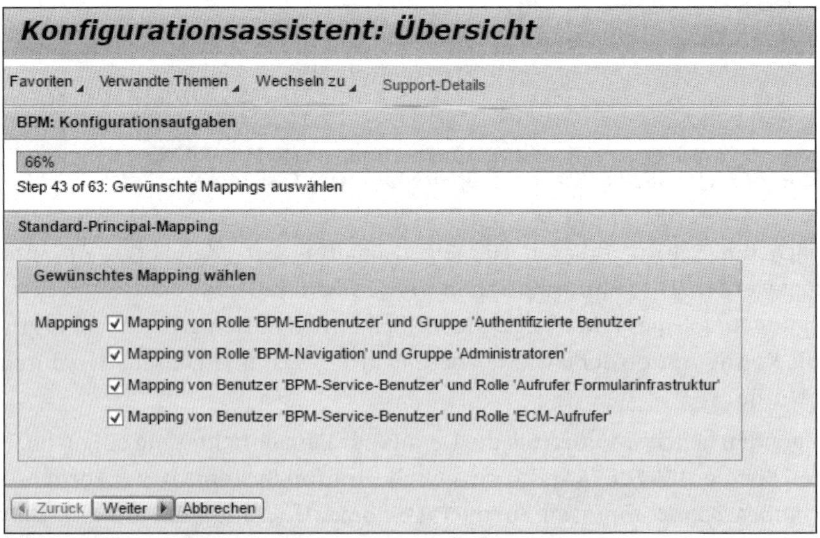

Abbildung 7.7 BPM-Benutzer-Mapping im Konfigurationsassistenten

14. Nachdem Sie auf **Weiter** geklickt haben, wird der Assistent die letzten Schritte der Konfiguration automatisch durchführen und abschließen (siehe Abbildung 7.8).

Abbildung 7.8 Abschluss des Konfigurationsassistenten

Schritte der Konfiguration

Falls Sie wichtige Schritte übersprungen haben, werden Sie im Status informiert, dass der Assistent mit übersprungenen Schritten abgeschlossen wurde. Die Legende in Abbildung 7.9 zeigt die möglichen Status eines Assistenten.

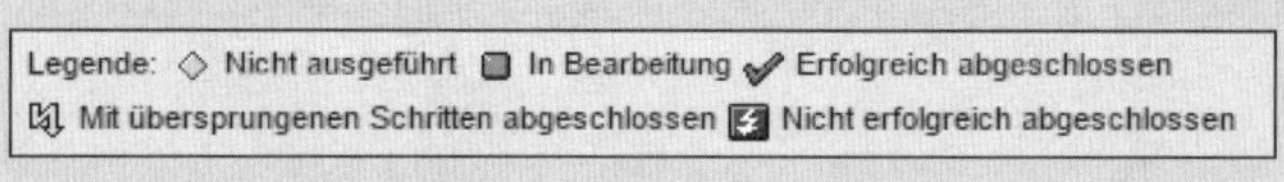

Abbildung 7.9 Legende der möglichen Status eines Assistenten

7.3.2 E-Mail-Konfiguration und Benachrichtigungen

Mit SAP BPM können Sie Meldungen per E-Mail an potenzielle und tatsächliche Besitzer von Aufgaben über neue und zugewiesene Aufgaben im Posteingang senden. Die E-Mail-Nachricht hat als Thema die Aufgabe Titel und ist ein statischer Text, der automatisch übersetzt wird. Sie enthält einen direkten Link zur Task-Ausführungsbenutzeroberfläche und einen Link zum Task-Posteingang (Standard ist Universal Worklist, UWL).

BPM sendet auch spezifische Benachrichtigungen als Ergebnis einer Benachrichtigungsaktivität, die Sie zur Designzeit modellieren. Der E-Mail-Betreff und der Text des Körpers können zur Designzeit angepasst werden, einschließlich dynamisch erstellter Texte, die auf dem Prozesskontext basieren.

Konfiguration des Java-Mail-Client-Service

Die Konfiguration dieses Dienstes ist global für SAP NetWeaver AS Java und ist für die Verwendung von Benachrichtigungen, modellierten Benachrichtigungen und Formularservices erforderlich. Wenn die Eigenschaften zuvor von einem Systemadministrator konfiguriert werden, müssen Sie sicherstellen, dass diese korrekt sind, z. B. dass die korrekte Absender-E-Mail-Adresse eingegeben wurde.

Zur Konfiguration führen Sie die folgenden Schritte aus:

1. Öffnen Sie den SAP NetWeaver Administrator in einem Browser über den Pfad *http://<host>:<httpport>/nwa.*
2. Wählen Sie **Konfiguration • Infrastruktur • Java-Systemeigenschaften** (siehe Abbildung 7.10).

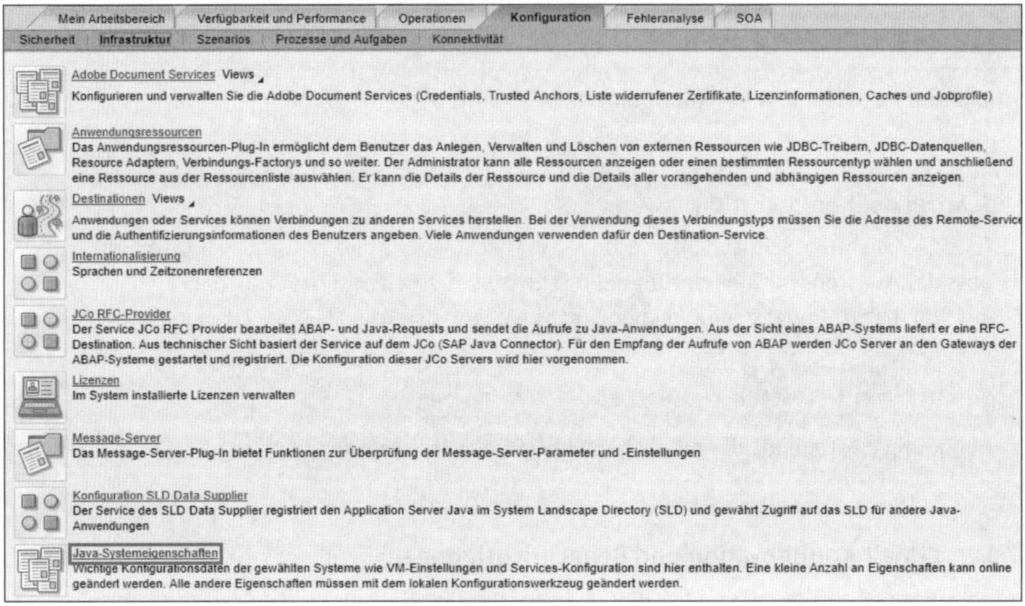

Abbildung 7.10 Java-Systemeigenschaften

3. Gehen Sie zum Reiter **Services**, und suchen Sie nach »mail« (siehe Abbildung 7.11)

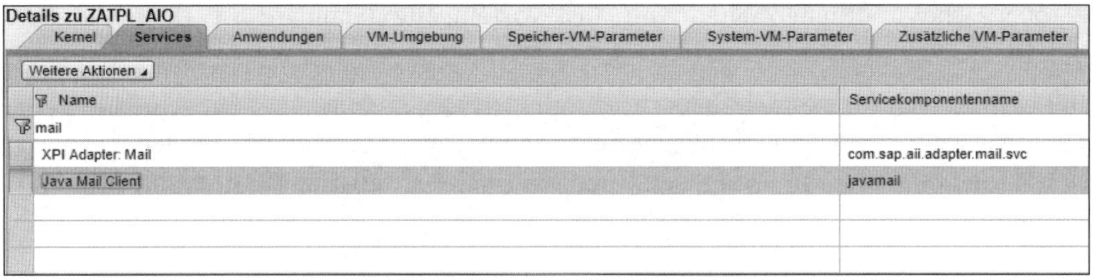

Abbildung 7.11 Der Java-Mail-Client-Service im SAP NetWeaver Administrator

4. Pflegen Sie die folgenden Eigenschaften:
   - **Mail.smtp.host**: Geben Sie den Host des SMTP-Servers ein.
   - **Mail.smtp.port**: Geben Sie den Port des SMTP-Mail-Servers ein, z. B. <25>.
   - **SslCertificate**: Geben Sie das SSL-Zertifikat an, das für die Authentifizierung verwendet werden soll, wenn die Verbindung sicher ist.

5. Legen Sie die Werte für die Eigenschaften des Kontos fest, von denen alle E-Mails und Benachrichtigungen gesendet werden:
   - **Mail.smtp.user**: Geben Sie den Benutzernamen des Absenders ein.
   - **Mail.smtp.password**: Geben Sie das Passwort des Absenders ein.
   - **Mail.from**: Geben Sie die E-Mail-Adresse des Absenders ein.
6. Definieren Sie Zeitüberschreitungen (**Time outs**), um zu verhindern, dass Ressourcen in dem Fall unnötigerweise beansprucht werden, obwohl der SMTP-Server nicht verfügbar ist:
   - **Mail.smtp.timeout**: Geben Sie ein Zeitintervall in Millisekunden für eine Zeitüberschreitung ein, falls der SMTP-Server nicht verfügbar ist, z. B. »60000« (1 Minute).
   - **Mail.smtp.connectiontimeout**: Geben Sie ein Zeitintervall in Millisekunden für eine Zeitüberschreitung ein, falls keine Verbindung zum SMTP-Server besteht, z. B. »60000« (1 Minute).
7. Sichern Sie die Eigenschaften des Java-Mail-Client-Service.

Konfiguration der Benachrichtigungen

Um die Benachrichtigungen zu konfigurieren, führen Sie die folgenden Schritte aus:

1. Öffnen Sie den SAP NetWeaver Administrator in einem Browser mit dem Pfad *http://<host>:<httpport>/nwa*, und melden Sie sich mit Administratorrechten an.
2. Wählen Sie **Konfiguration • Infrastruktur • Java-Systemeigenschaften** (siehe Abbildung 7.10).
3. Gehen Sie zum Reiter **Anwendungen**, und suchen Sie nach »tc~bpem~base~ear« (siehe Abbildung 7.12).

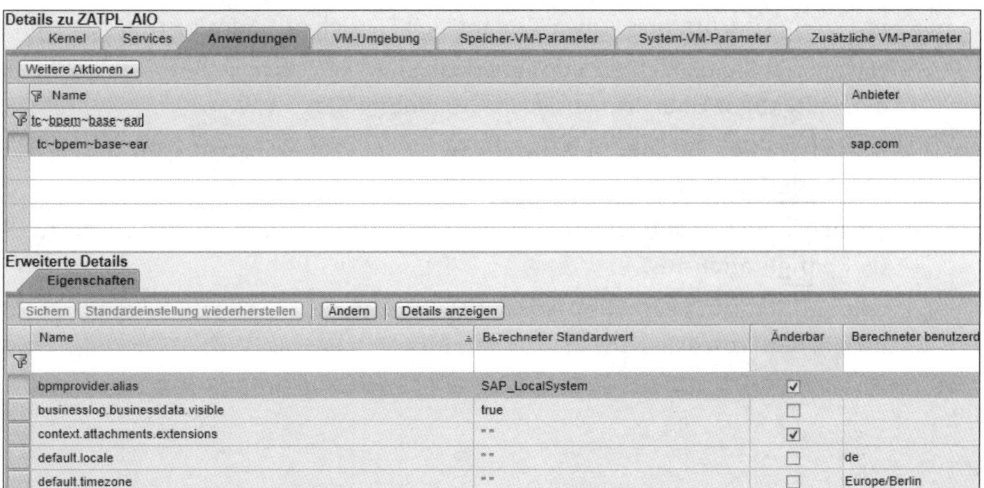

Abbildung 7.12 SAP-BPM-Eigenschaften

4. Legen Sie die folgenden Eigenschaften für den Benachrichtigungsdienst fest:
   - **Notification.assigned**: Um eine Benachrichtigung an Benutzer zu senden, die tatsächliche Besitzer einer Aufgabe werden, setzen Sie diese Eigenschaft auf **true**, andernfalls auf **false**.
   - **Notification.newtasks**: Um eine Benachrichtigung an alle potenziellen Besitzer einer neuen Aufgabe in Ihrem Posteingang zu senden, setzen Sie diese Eigenschaft auf **true**, andernfalls steht sie im Standard auf **false**.
   - **Notification.salutation**: Um eine persönliche Anrede in der Benachrichtigung zu verwenden, setzen Sie diese Eigenschaft auf **true**, andernfalls auf **false**.
   - **Http.baseurl**: Geben Sie die URL ein, einschließlich Protokoll, Hostname und Portnummer, mit der die Verknüpfungen zur Task-Ausführungsoberfläche in der Benachrichtigungs-E-Mail wie *http://<host>:<httpport>* generiert werden.
   - **Http.consumerbaseurl**: Wenn sich das SAP Enterprise Portal auf einem anderen System als SAP Composition Environment/BPM befindet, geben Sie die URL einschließlich Protokoll, Hostname und Portnummer ein, mit der die Links zum UWL in der Benachrichtigungs-E-Mail generiert werden: *http://<host>:<httpport>*.
5. Sichern Sie die Anwendungseigenschaften.

7.3.3 Konfiguration der Prozesse und Aufgaben

Um die Anzahl der Prozessinstanzen bzw. die Verfügbarkeit der BPM Engine und der Prozesse zu erhöhen, müssen wir noch einige manuelle Konfigurationsschritte vornehmen.

1. Öffnen Sie den SAP NetWeaver Administrator in einem Browser mit dem Pfad *http://<host>:<httpport>/nwa*, und melden Sie sich mit Administratorrechten an.
2. Navigieren Sie danach zu **Verfügbarkeit und Performance**, und wählen Sie dort den Reiter **BPM-Übersicht** aus (siehe Abbildung 7.13).
3. Danach wählen Sie **Speicherschwellenwert der Prozessinstanz** ganz unten, wie in Abbildung 7.13 gezeigt. Klicken Sie auf **Anzeigen/Konfigurieren**.
4. Ein neues Fenster wird geöffnet (siehe Abbildung 7.14), danach wählen Sie den Reiter **Konfiguration** aus.
5. Beim Klicken auf **Bearbeiten**, können Sie alle Werte wie gewünscht anpassen (z. B. Anzahl der Prozessinstanzen pro Definition).

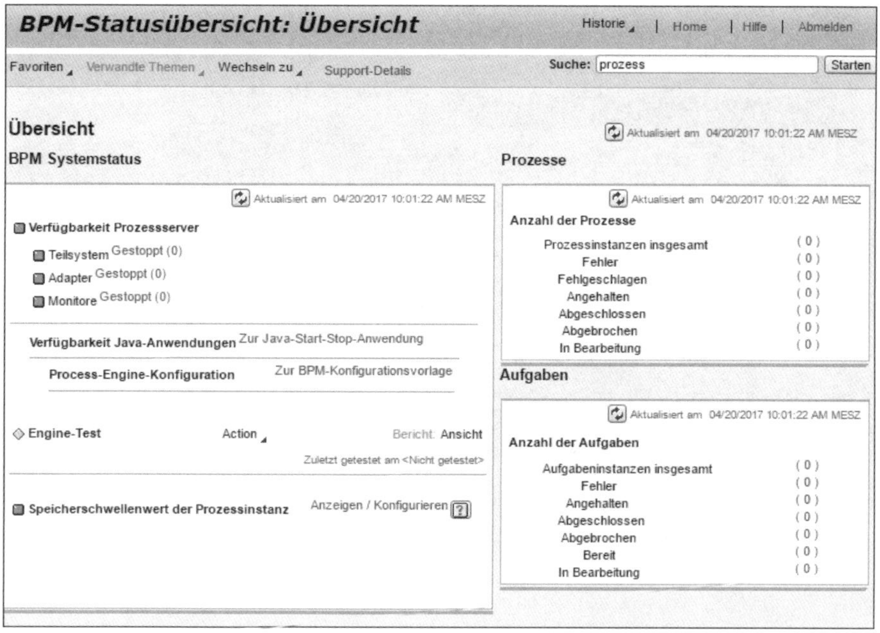

Abbildung 7.13 BPM-Statusübersicht

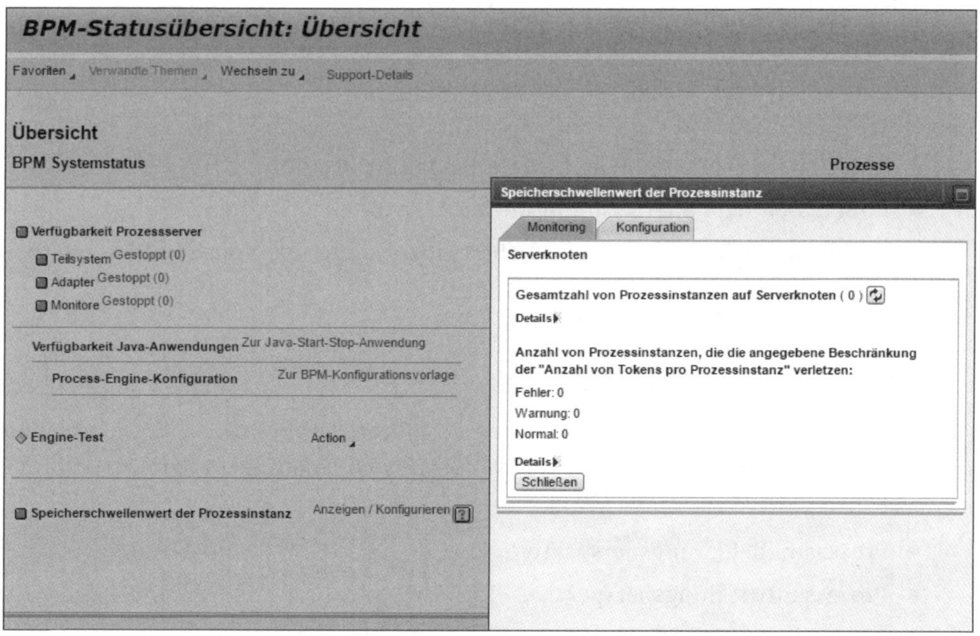

Abbildung 7.14 Speicherschwellenwert der Prozessinstanz

6. Nachdem Sie einen Prozess modelliert und deployt haben, können Sie der Prozessdefinition diese Werte zuweisen (siehe Abbildung 7.15).

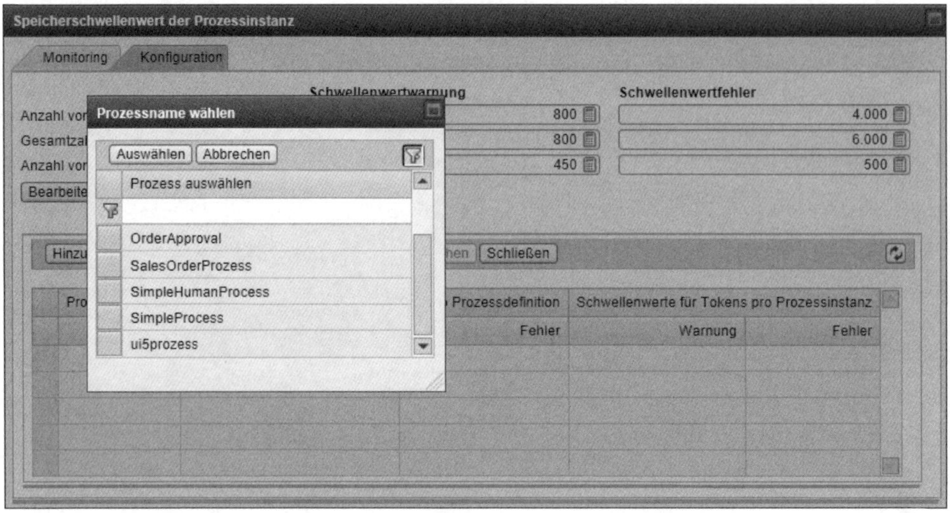

Abbildung 7.15 Prozessdefinition und Speicherschwellenwerte

7.4 Prozessmodellierung

Mit SAP BPM können Sie Composite-Geschäftsprozesse modellieren, verbinden, kompilieren, implementieren und pflegen.

Ein Prozessmodell ist eine Abstraktion eines Prozesses und beschreibt alle Aspekte des Prozesses:

- **Aktivitäten**: Schritte, die im Prozess ausgeführt werden
- **Rollen**: Benutzer oder Systeme, die die Aktivitäten ausführen
- **Artefakte**: Objekte, wie z. B. Geschäftsdokumente, die vom Prozess verarbeitet werden

7.4.1 Process Composer und Designzeit

Die Modellierung von Geschäftsprozessen führen Sie im Process Composer durch. Der Process Composer ist in SAP NetWeaver Developer Studio integriert und umfasst zwei Perspektiven:

- Prozessmodellierungsperspektive
- Prozessentwicklungsperspektive

Die Prozessmodellierungsperspektive dient dazu, Prozesse zu skizzieren, die vor allem an Business-Analysten gerichtet sind. In dieser Perspektive können Sie einen Prozess entwerfen, der immer im Status Draft (Entwurf) bleibt. Daher können Sie in der Prozessmodellierungsperspektive keinen Prozess builden und deployen. Sie kann als Ausgangspunkt für die Prozessmodellierung dienen, für die ein Business-Analyst den Prozess entwirft und an einen Entwickler weitergibt, der die notwendigen technischen Details hinzufügt.

Die Prozessmodellierungsperspektive enthält eine Untermenge an Ansichten, die in der Prozessentwicklungsperspektive verfügbar sind. Die Ansichten werden wiederum gefiltert, um nur Informationen zu zeigen, die für Business-Analysten relevant sind (siehe Abbildung 7.16). Die von dieser Gruppe von Benutzern erstellten Prozesse werden danach nicht auf Fehler und Einschränkungsverletzungen hin geprüft. Daher bleiben sie im Status **Draft** und können somit nur in der Prozessentwicklungsperspektive für das Building und Deployment freigegeben werden.

Abbildung 7.16 Übersicht der Prozessmodellierungsperspektive

Die Prozessentwicklungsperspektive dient dazu, die Prozesse ausführbar zu machen, die vor allem an Entwickler gerichtet sind. Die Prozessentwicklungsperspektive (siehe Abbildung 7.17) bietet eine ganze Reihe von Funktionen für Design, Implementierung, Build und Deployment eines Prozesses. Ein Entwickler kann einen Prozess öffnen, der von einem Business-Analysten in der Prozessmodellierungsperspektive entworfen wurde, und die erforderlichen Änderungen durchführen. Ziel ist es hier, den Prozess ausführbar zu machen und seinen Status von **Draft (Entwurf)** zu **Freigegeben zu Build** zu ändern.

[!]

Prozessstatusänderung

Das Ändern des Status von **Draft** zu **Freigegeben zu Build** ist irreversibel.

Ein Entwickler kann direkt in der Prozessentwicklungsperspektive Prozesse entwerfen. Diese Prozesse haben als Ausgangspunkt den Status **Freigegeben zu Build** und können direkt auf Fehler und Einschränkungsverletzungen hin geprüft werden.

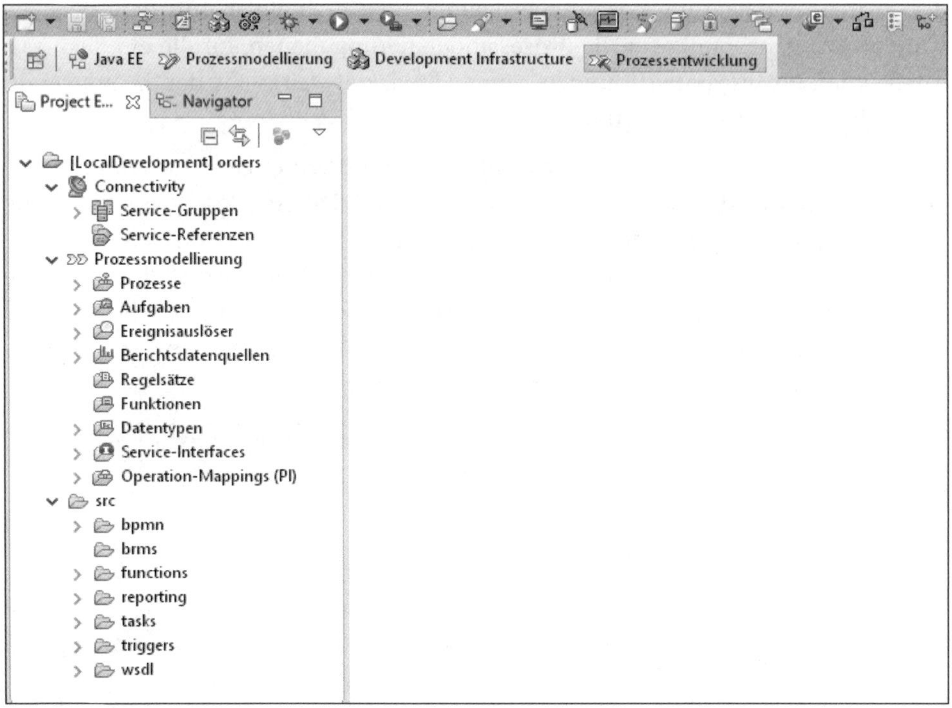

Abbildung 7.17 Übersicht der Prozessentwicklungsperspektive

7.4.2 SAP-BPM-Objekte

Beide Perspektiven des Process Composers haben im SAP NetWeaver Developer Studio das gleiche Spektrum an Ablaufobjekten, Verbindungen, Artefakten und Schwimmbahnen, die für die Prozessmodellierung verwendet werden können. Abbildung 7.18 zeigt die Modellierungspalette.

Im Folgenden werden wir diese Objekte näher betrachten.

Verbindungen

Unter den Verbindungsobjekten findet man der **Sequenzfluss**, **Datenfluss**, **Assoziation** und **Message-Fluss**. Mit diesen Objekten werden die verschiedenen Prozesselemente, z. B. Aktivitäten und Ereignisse, miteinander verknüpft. Die wichtigste Komponente der Verbindungen ist der Sequenzfluss, der die Flussobjekte verbindet, und entlang dieser Verbindung wandern die Tokens.

Ein Message-Fluss beschreibt die Kommunikation über Pools hinweg, während der Sequenzfluss hingegen innerhalb eines Pools Verwendung findet.

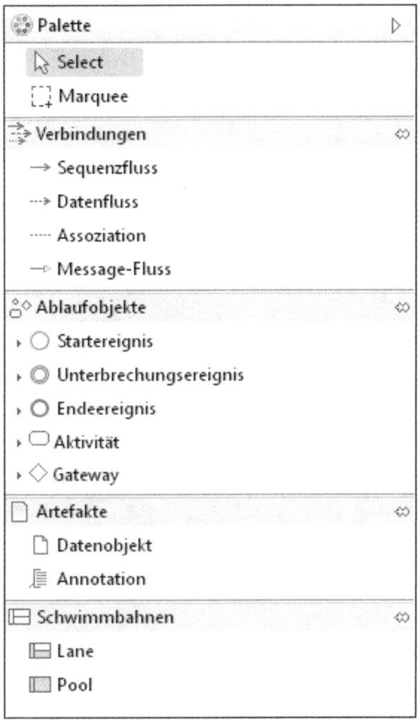

Abbildung 7.18 Modellierungspalette

Ablaufobjekte (Flussobjekte)

Im Prinzip müssen in einem Prozess Dinge getan werden (Flussobjekt *Aktivität*), möglicherweise aber nur unter bestimmten Bedingungen (Flussobjekt *Gateway*), und es können Dinge geschehen (Flussobjekt *Ereignis*). Flussobjekte werden miteinander verbunden (z. B. mit Verbindungen wie dem *Sequenzfluss*), und zwar in einer Reihenfolge, die Sie mit dem Prozess definieren. Alle Flussobjekte nehmen Einfluss auf den Prozessablauf.

Ereignisse

Über Ereignisse lassen sich Nachrichten (Messagetypen) an den jeweiligen Prozess schicken. Diese Nachrichten können beim Start des Prozesses (Startereignis) oder im Verlauf eines Prozesses (Zwischenereignis) versendet werden. Die Nachrichtentypen, die erwartet werden, sind über Service Interfaces definiert.

Neben einer automatisierten Aktivität (die wir im nächsten Abschnitt beschreiben) können auch Endereignisse Nachrichten verschicken. Dies ist nur unter der Voraussetzung möglich, dass der gesamte Prozess in synchronen Modus durchlaufen wird. Dann entspricht die beim Startereignis eingehende Nachricht dem Request und die beim Endereignis ausgehende Nachricht der Response.

Eine besondere Art der Ereignisse ist das Boundary-Ereignis. Diese Art von Ereignissen reagiert auf Events, die außerhalb des Systems eintreten (z. B. Time outs).

In Abbildung 7.19 finden Sie die verfügbaren Ereignissymbole zusammengefasst.

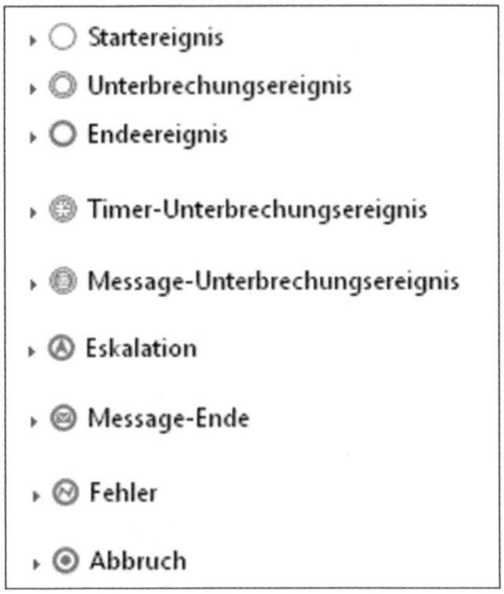

Abbildung 7.19 Verfügbare Ereignissymbole

Aktivitäten

Die Aktivitäten in der SAP-BPM-Modellierung beschreiben den Umfang der jeweiligen To-dos, die von Menschen oder Systemen ausgeführt werden sollen. Sie gehören zu den wichtigsten Objekten der Flussobjekte, da Sie einen atomaren Schritt im fachlichen Prozess darstellen. Mit Aktivitäten können Nachrichten verschickt (**automatisierte Aktivität**), E-Mails (**Benachrichtigungen**) versandt oder Daten gemappt (**Mapping**) werden. Die menschlichen Aktivitäten werden als Benutzeraktivität (**Human Activity**) dargestellt. Benutzeroberflächenmasken werden über Aufgaben (**Tasks**) mit den Aktivitäten verknüpft.

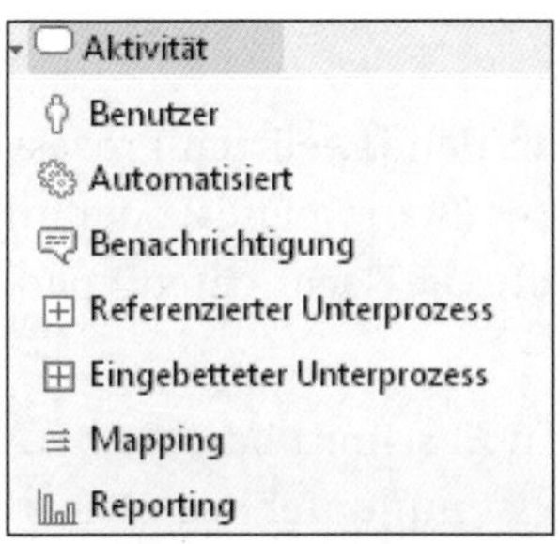

Abbildung 7.20 Verfügbare Aktivitätssymbole

Eine spezielle Datensammlung in einer **Reporting**-Aktivität wird für Überwachungszwecke verwendet. Es lassen sich sogar andere komplette BPMN-Prozesse durch Aktivitäten abbilden (**referenzierter Unterprozess** oder **eingebetteter Unterprozess**).

In Abbildung 7.19 finden Sie die verfügbaren Aktivitätssymbole.

Gateways

Die Gateways werden in SAP BPM verwendet, um die Divergenz und Konvergenz des Sequenzflusses in einem Prozess zu steuern. Es bestimmt Entscheidungen, Forking (Gabelung), Merging (Verschmelzung) und das Verbinden von Wegen.

Im Gegensatz zu den Aktivitäten bestimmen Gateways den Sequenzfluss der Flussobjekte. Sie können den Sequenzfluss spalten (ausschließende Alternative, paralleler Split und ereignisbasierte Alternative) oder auch verschiedene Sequenzflüsse zusammenführen (unkontrollierter Merge und paralleler Join).

Es ist auch möglich, den Sequenzfluss nach einem zuerst eingetretenen Ereignis (ereignisbasierte Alternative) oder nach Werten in Kontextobjekten (Datenobjekte) zu trennen. In Abbildung 7.21 sind die Symbole in der Palette des Process Composers zu sehen.

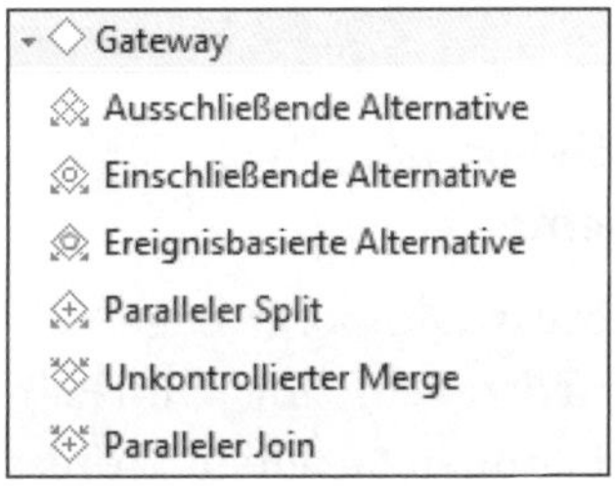

Abbildung 7.21 Verfügbare Gateway-Symbole

Artefakte

Artefakte sind Objekte, die generell vom Prozess verarbeitet werden, z. B. Geschäftsdokumente. Mit den Datenobjekt- und Annotationstypen von Artefakten werden zusätzliche Informationen über den Prozess bereitgestellt. Für die Übergabe von Informationen in Form von Daten werden Datenobjekte benötigt. Datenobjekte halten Daten im Prozesskontext. Es besteht zwar die Möglichkeit, über das Composite Application Framework (CAF) Daten in Java Beans abzulegen. Sinnvoller ist jedoch, den Prozess so zu entwerfen, dass sämtliche Daten über Datenobjekte gehalten werden können. Neben der Vereinfachung der Implementierung ist hierbei von großem Vorteil, dass die Daten standardisiert als XML-Daten abgelegt werden und damit für alle Mappings unmittelbar zugänglich sind.

Die Annotationstypen beschreiben generell die Prozessschritte und haben keinen Einfluss auf die Geschäftslogik eines Prozesses.

In Abbildung 7.22 sind die Symbole in der Palette des Process Composers zu sehen.

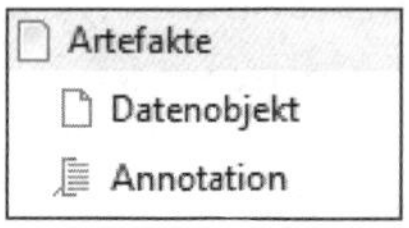

Abbildung 7.22 Verfügbare Artefakte-Symbole

Schwimmbahnen

Pools und *Lanes* (Schwimmbahnen) sind optional. Sie dienen der besseren Strukturierung und Zuordnung von User Management Engine Principals. Ein Principal, der für eine Lane verantwortlich ist, führt standardmäßig die Tasks aus, die in dieser Lane definiert sind. Diese Principals können z. B. mit Rollen, Benutzern oder Gruppen besetzt sein. In der Palette des Process Composers sind die Symbole aus Abbildung 7.23 zu finden.

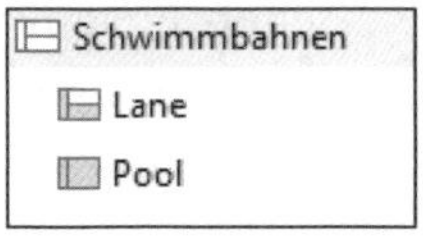

Abbildung 7.23 Verfügbare Schwimmbahnen-Symbole

7.4.3 Konfiguration des SAP NetWeaver Developer Studios, der Entwicklungsumgebung und Softwarekomponente

Bevor Sie mit der Modellierung eines Prozesses im Process Composer beginnen, müssen Sie die Entwicklungsumgebung konfigurieren und dann ein Projekt im Rahmen einer Softwarekomponente erstellen. Anschließend können Sie einen Prozess im zuvor erstellten Projekt anlegen. Wie Sie das SAP NetWeaver Developer Studio herunterladen und konfigurieren, ist in Abschnitt 5.1, »SAP NetWeaver Developer Studio für SAP Process Orchestration«, beschrieben.

Anlegen von Development-Configuration und Softwarekomponente

Nachdem Sie die notwendige Entwicklungsumgebung im SAP NetWeaver Developer Studio konfiguriert haben, sollten Sie als Erstes eine Development-Configuration (DC) oder einen Entwicklungs-Track für den SAP-NetWeaver-Development-Infrastructure-Einsatz (NWDI) einrichten. Anschließend legen Sie eine Softwarekomponente im System Landscape Directory (SLD) an.

[!]

Prozessmodellierung und NWDI

Im Rahmen der Prozessmodellierung werden wir nur die Variante für eine lokale Entwicklung betrachten. Die NWDI-Einrichtung und das Anlegen von Tracks bzw. von DCs des CM-Service werden im Rahmen des Buches nicht erläutert.

Für eine lokale Entwicklung müssen Sie in der Perspektive **Development Infrastructure** eine DC und eine Softwarekomponente erstellen:

1. Im Menü des SAP NetWeaver Developer Studios wählen Sie **Window • Perspective • Open Perspective • Other** (siehe Abbildung 7.24), falls die Perspektive **Development Infrastructure** nicht direkt angeboten wird.

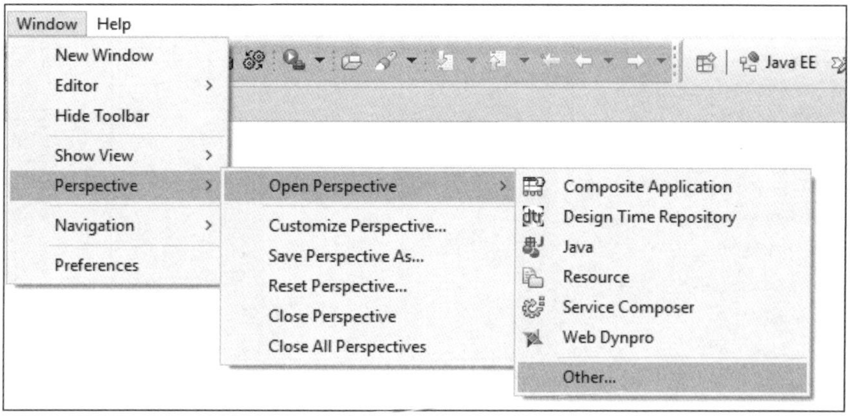

Abbildung 7.24 Suche nach Perspektiven im SAP NetWeaver Developer Studio

2. In der Perspektivenliste wählen Sie **Development Infrastructure** und klicken dann auf **OK** (siehe Abbildung 7.25). Sie werden direkt in die Perspektive **Development Infrastructure** weitergeleitet.

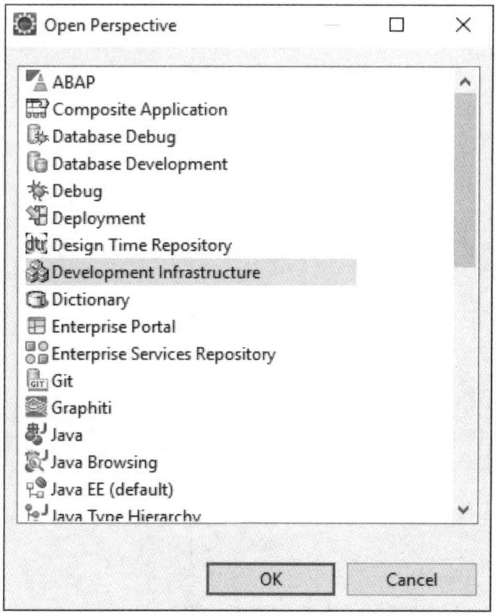

Abbildung 7.25 Verfügbare Perspektiven

3. In der Perspektive **Development Infrastructure** klicken Sie im Kontextmenü auf **Neu • Development-Configuration** (siehe Abbildung 7.26).

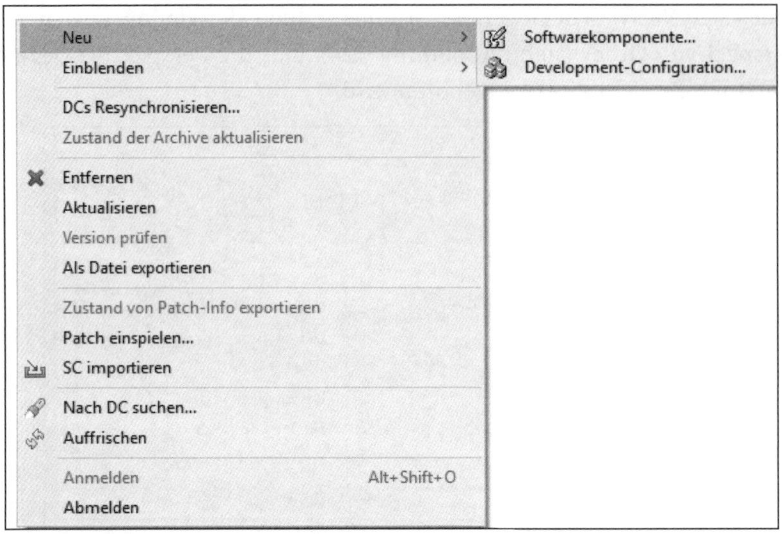

Abbildung 7.26 Anlegen einer Entwicklungskonfiguration

4. In diesem Schritt wählen Sie eine der Optionen aus der Liste (siehe Abbildung 7.27). Wählen Sie hier für unser Beispiel **Ganz neu anlegen**, und klicken Sie auf **Weiter**. Die anderen Optionen beziehen sich auf NWDI-Tracks bzw. auf DCs des CM-Service.

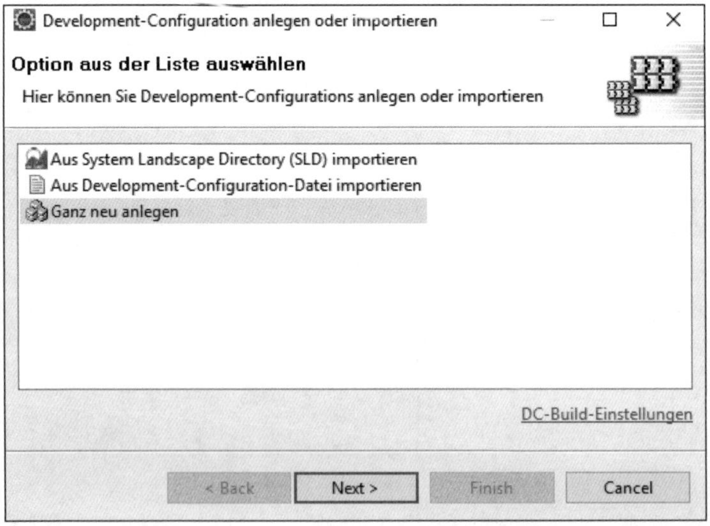

Abbildung 7.27 Entwicklungskonfiguration anlegen oder importieren

5. Anschließend geben Sie den Namen der DC ein. Die Eingabe der **Caption** bzw. der Beschreibung ist optional. Wichtig ist, dass Sie hier auch die Möglichkeit haben, direkt eine Softwarekomponente anzulegen. In Abbildung 7.28 finden Sie die Details dazu.

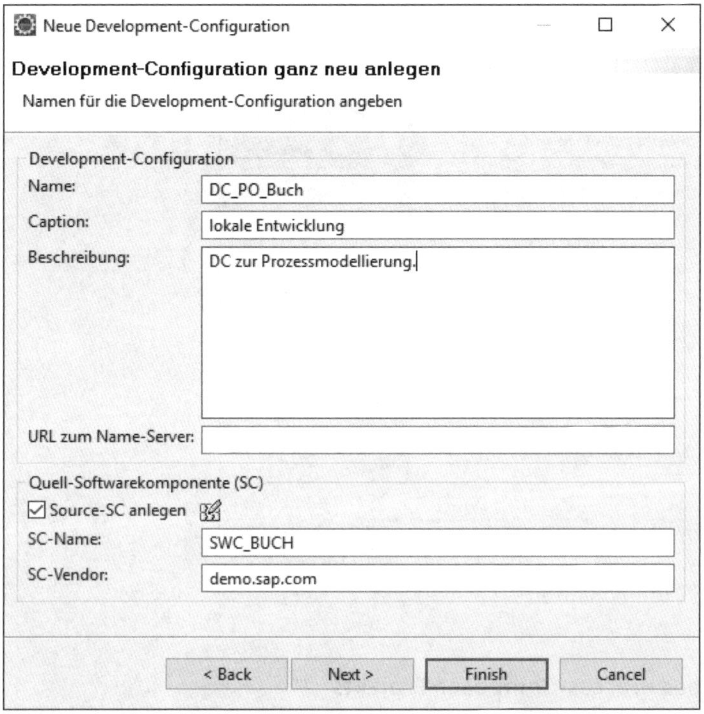

Abbildung 7.28 DC neu anlegen

6. Im nächsten Schritt werden Sie die Abhängigkeiten der zuvor angelegten Softwarekomponente mit den Archiv-Software-Komponenten (siehe Abbildung 7.29) konfigurieren. Diese Abhängigkeit bezieht sich auf die Projektart. In unserem Beispiel legen wir ein Projekt vom Typ *Process Composer* an. Selektieren Sie hier alle Archivkomponenten, und klicken Sie auf **Finish**.

Abhängigkeit von SWC und Archivkomponenten

Die Abhängigkeit der Softwarekomponente in der DC mit den Archivkomponenten ist nur bei dem Einsatz von NWDI-Tracks bzw. CM-Services notwendig. Mehr Informationen zu den SWC-Abhängigkeiten finden unter dem folgenden Link: *http://s-prs.de/v448110*

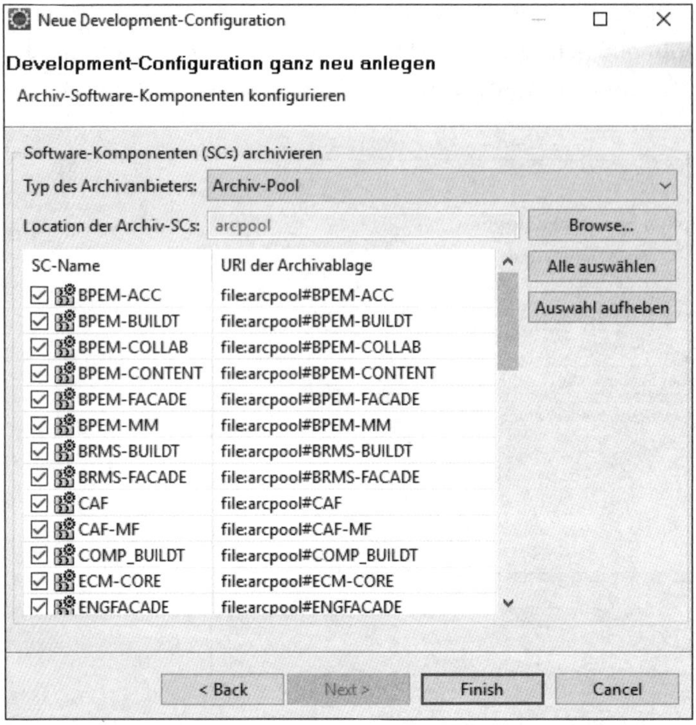

Abbildung 7.29 Archivkomponenten

7.4.4 Anlegen eines Process-Composer-Projekts

Ein Prozess ist die Basis Ihres Geschäftsprozessmodells. Mit dem Anlegen eines Prozesses setzen Sie z. B. die verbal definierten Anforderungen der Fachabteilung (technisch oder fachlich) um.

Im ersten Schritt werden wir ein Projekt erstellen. Darauffolgend erstellen wir als Basis des Geschäftsprozessmodells einen Prozess und werden diesem die Flussobjekte hinzufügen, um einen End-to-End-Geschäftsprozess zu modellieren. Dazu werden wir Artefakte einbinden, mit denen Sie zusätzliche Informationen in dem Geschäftsprozessmodell bereitstellen können. Schließlich werden wir diese Flussobjekte und Artefakte verbinden, um eine fertige Struktur des Geschäftsprozessmodells zu modellieren.

Nach einer erfolgreichen Konfiguration der Entwicklungsumgebung, dem Anlegen der DC und der Softwarekomponente können Sie nun ein Projekt beginnen. Um ein Projekt anlegen zu können, führen Sie folgende Schritte aus:

1. Im SAP NetWeaver Developer Studio wählen Sie **File • New • Project**.
2. Markieren Sie im daraufhin angezeigten Dialogfeld **Process Composer**, und wählen Sie **Process-Composer-Entwicklungskomponente** (siehe Abbildung 7.30). Klicken Sie dann auf **Weiter**.

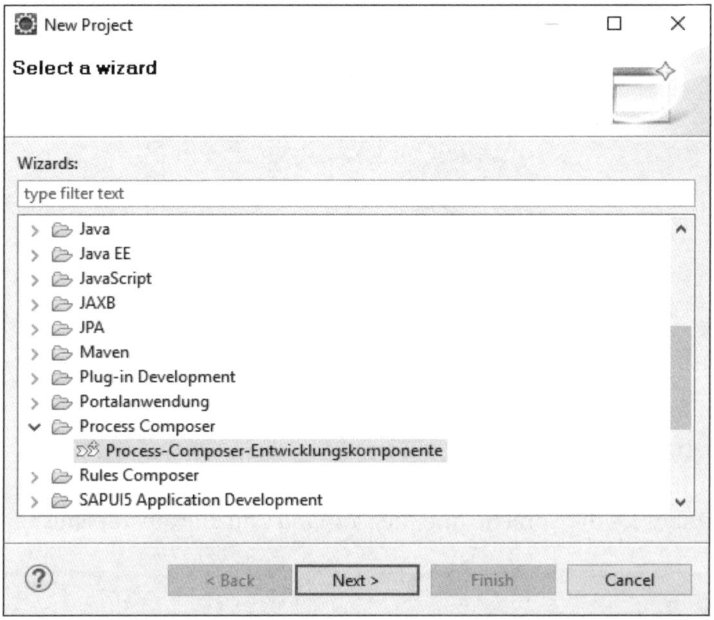

Abbildung 7.30 Projekttyp »Process-Composer-Entwicklungskomponente«

3. Erweitern Sie die Entwicklungskonfiguration, in der Sie die DC erstellen möchten.
4. Wählen Sie die Softwarekomponente (siehe Abbildung 7.31), in der Sie die DC erstellen möchten, und klicken Sie auf **Weiter**.

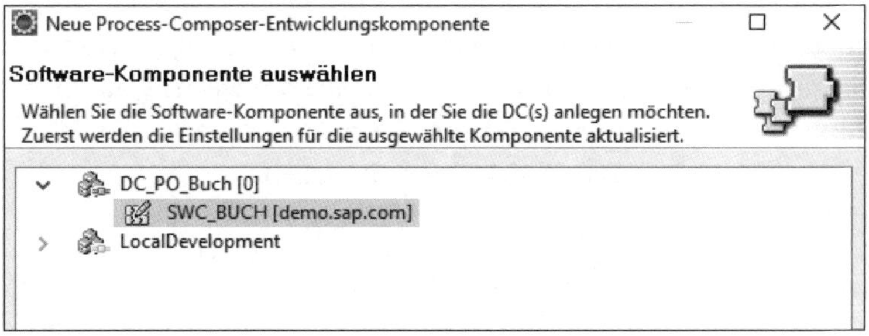

Abbildung 7.31 Auswahl der Softwarekomponente

5. Wählen Sie einen **Vendor**, und geben Sie dem Prozess einen sprechenden Namen (siehe Abbildung 7.32).

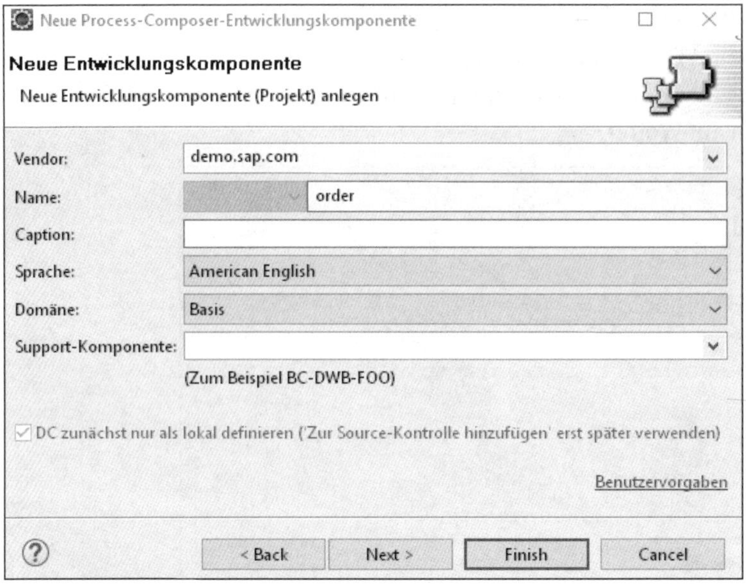

Abbildung 7.32 Geschäftsprozessinformationen

6. Abschließend wählen Sie die Sprache und die Domäne und klicken auf **Finish**.

Namenreservierung

Im SLD können Sie die für die Entwicklung benötigten Namen und Präfixe definieren. Diese Namen werden nach der Anbindung von NWDI-Tracks im SAP NetWeaver Developer Studio beim Anlegen eines Projekts gefunden. Mehr Informationen zu der Namensreservierung finden Sie in Kapitel 4, »System Landscape Directory«.

7. Damit haben Sie erfolgreich ein Projekt vom Typ *Process Composer* angelegt. Nachdem Sie den Assistenten beendet haben, werden die Daten synchronisiert, und Sie werden automatisch aufgefordert, den Perspektivenwechsel durchzuführen (wie Abbildung 7.33 zu entnehmen). Klicken Sie auf **Yes**. Nun werden Sie automatisch in die Perspektive **Prozessentwicklung** weitergeleitet.

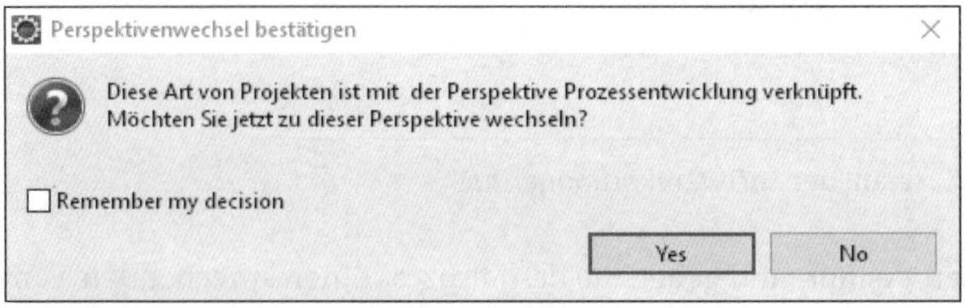

Abbildung 7.33 Perspektivenwechseldialogfenster

7.4.5 Prozessmodellierung

Bevor Sie mit der Prozessmodellierung beginnen, müssen Sie in der Konzeptphase den Prozessentwurf illustrieren. Dieser Entwurf kann in einem beliebigen Tool erstellt werden. Er dient dazu, die Prozessmodellierung im SAP NetWeaver Developer Studio zu vereinfachen. Dadurch lassen sich Fehler schneller erkennen, die Prozessbeteiligten (System, Mensch) definieren und die Konditionen erstellen. In unserem Beispielprozess aus dem Alltag werden wir eine Online-Bestellung darstellen.

[«]

Online-Bestellprozess

In unserem Prozessbeispiel wird nicht der gesamte Lebenszyklus des Prozesses bis zur Ausführung abgedeckt. Im Beispiel konzentrieren wir uns nur auf die Grundlagen der Prozessmodellierung mit SAP BPM.

Geschäftsanforderungen an einen Online-Bestellprozess

Der Vorgang beginnt, wenn eine Auftragsanforderung eingegangen ist. Danach wird ein Auftragsformular ausgefüllt und die Ware auf Verfügbarkeit geprüft:

- Wenn die Ware verfügbar ist, wird ein Kundendetailformular ausgefüllt und die Ware geliefert.
- Wenn die Ware nicht verfügbar ist, wird ein Warennachschubformular ausgefüllt. Nach dem Erhalt der Ware werden Kundendetails ausgefüllt und die Ware geliefert.

Der Prozess endet, wenn die Warenlieferung empfangen wurde. Abbildung 7.34 zeigt das oben beschriebene Beispiel.

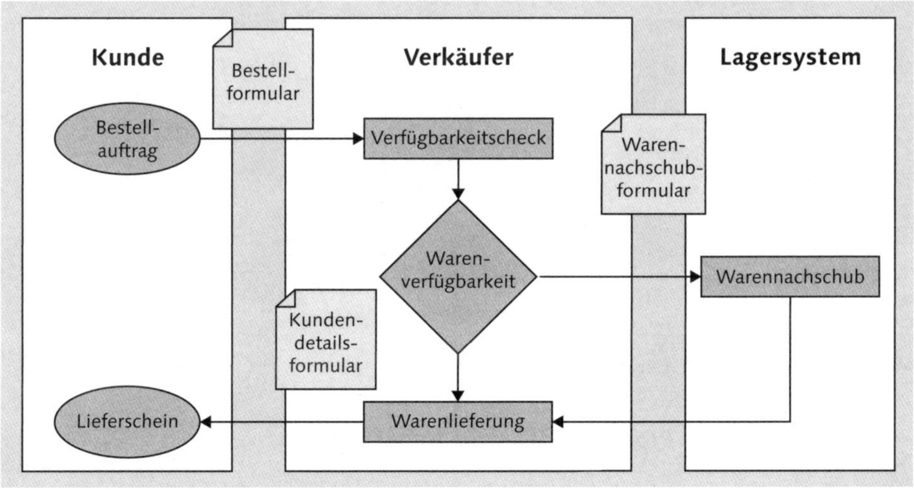

Abbildung 7.34 Waren-Online-Bestellprozess

Der Prozess hat drei Teilnehmer: einen Kunden, einen Verkäufer und einen Lagersystemmitarbeiter. Der Kunde sendet einen Warenbestellungsauftrag an den Verkäufer, indem er ein Warenbestell-Online-Formular ausfüllt. Der Verkäufer prüft automatisiert, ob die Ware vorhanden ist oder nicht.

Wenn die Ware verfügbar ist, füllt der Verkäufer ein Kundendetailformular aus, und die Ware wird über den Lieferservice an den Kunden geliefert. Der Kunde erhält seine bestellte Ware.

Wenn die Ware nicht verfügbar ist, füllt der Verkäufer ein Warennachschubformular aus und sendet es an den Lagermitarbeiter. Der Lagermitarbeiter füllt die Ware und sendet sie an den Verkäufer. Die bestellte Ware wird dann über den Lieferservice an den Kunden geliefert.

Prozess anlegen

Nach der Erstellung eines Projekts und Skizzierung des zu modellierenden Geschäftsprozesses können Sie nun mit der Modellierung im SAP NetWeaver Developer Studio beginnen.

Als Erstes werden Sie einen Prozess im zuvor angelegten Projekt erstellen:

1. Öffnen Sie die Prozessentwicklungsperspektive im SAP NetWeaver Developer Studio, und erweitern Sie Ihr Projekt in der Project-Explorer-Ansicht (siehe Abbildung 7.35).

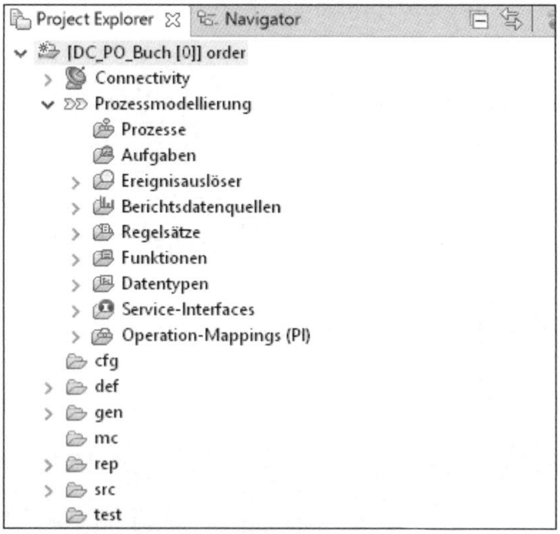

Abbildung 7.35 Project-Explorer-Ansicht

2. Im Kontextmenü der **Prozesse** wählen Sie **Neuer Prozess**.

3. Geben Sie im daraufhin angezeigten Dialog einen Namen und optional eine Beschreibung ein, wie in Abbildung 7.36 zu sehen ist.
4. Optional können Sie folgende Zusatzoptionen pflegen:
   - **Ausrichtung**: Wählen Sie das jeweilige Optionsfeld aus, um die Ausrichtung des Prozessablaufs anzugeben. Die Standardeinstellung verläuft **Von oben nach unten**, aber Sie können diese in **Von links nach rechts** ändern (Abbildung 7.36).
   - **Neuer Pool**: Diese Option ist nützlich, wenn Sie einen Prozess mit mehr als einem Teilnehmer im Sinne einer Geschäftseinheit modellieren wollen. Jeder Pool repräsentiert einen Teilnehmer am Prozess. Für unser Prozessbeispiel tragen Sie die Namen der Teilnehmer ein, wie es in Abbildung 7.36 zu sehen ist.
   - Aktivieren Sie das Kontrollkästchen **Pool anlegen mit folgendem Namen und folgenden Lanes**.
   - Geben Sie den Namen des Pools und die Namen der Lanes im Pool an (siehe Abbildung 7.36), und klicken Sie auf **Next**.

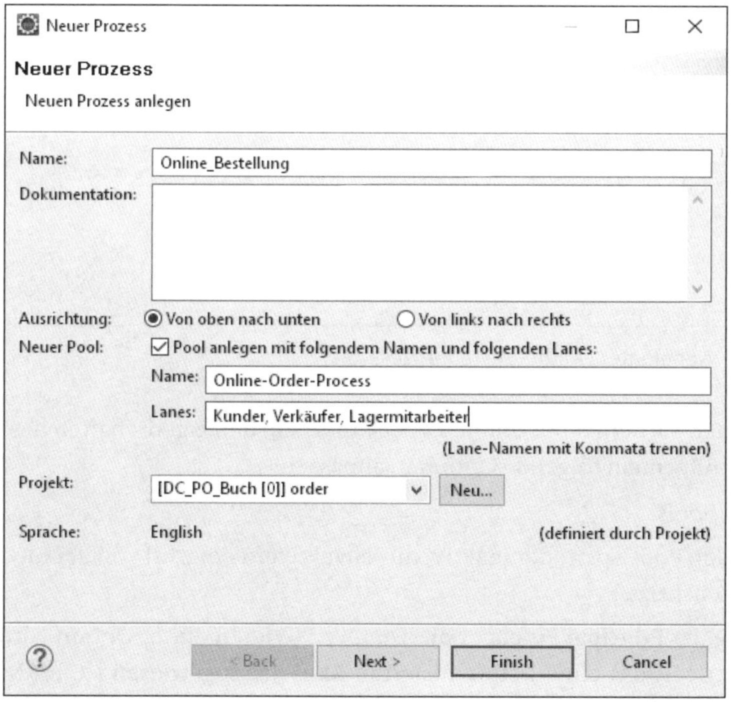

Abbildung 7.36 Neuen Prozess anlegen

5. Im letzten Schritt des Assistenten lassen Sie das Kontrollkästchen aktiv, um die Start- und Endereignisse bzw. einen leeren Serviceauslöser anzulegen. Klicken Sie abschließend auf **Finish**.

Nach der Beendigung des Assistenten wird einen Prozess angelegt. Es wird auch ein rudimentärer BPM-Workflow mit Start- und Endereignis sowie eine Verbindung zwischen beiden erstellt (siehe Abbildung 7.37).

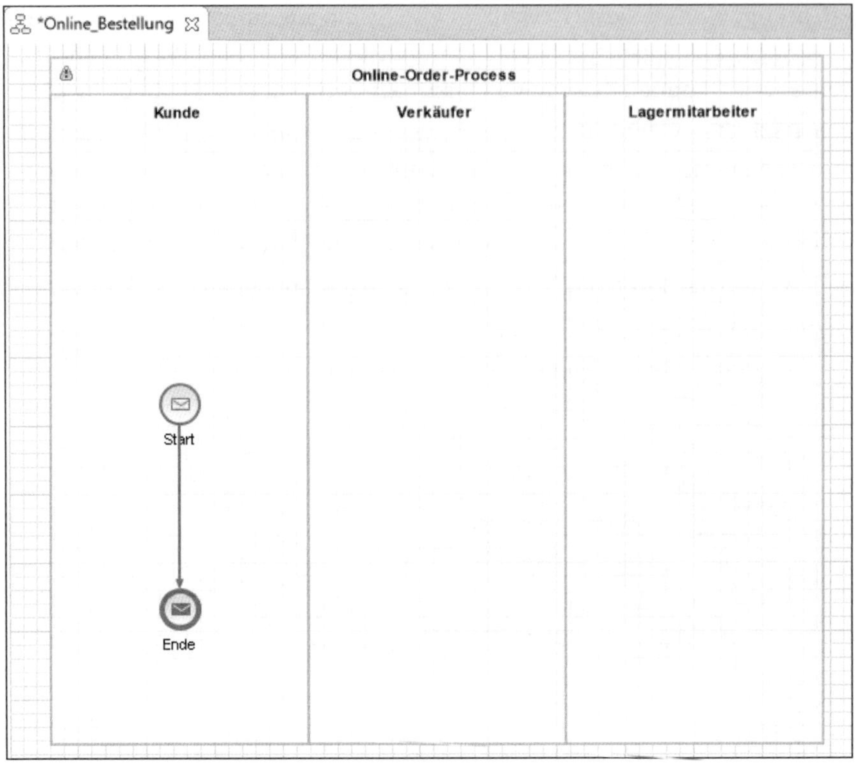

Abbildung 7.37 Angelegter Online-Bestellprozess

Optional können Sie beim Pool **Online-Order-Process** in den Eigenschaften des Pools und im Reiter **Allgemein** folgende Optionen anpassen:

- Namen des Pools
- Setzen Sie den Pool aktiv oder inaktiv; nur ein aktiver Pool wird von der Modellierung berücksichtigt.
- Aktivierung der **Principal Propagation**: Durch Aktivieren dieser Option wird eine Service Interface, das einer automatisierten Aktivität zugewiesen ist, im Namen des letzten Principals aufgerufen, der eine Aufgabe in einem vorherigen Prozessschritt ausgeführt hat.

Jetzt haben Sie erfolgreich einen Prozess mit einem Pool und drei Lanes erstellt. Im Folgenden werden wir die Flussobjekte anlegen.

Anlegen der Flussobjekte

In diesem Schritt werden Sie die Prozessmodellflussobjekte anlegen, um einen End-to-End-Geschäftsprozess zu modellieren. Die wichtigsten Flussobjekte sind Aktivitäten, Ereignisse und Gateways.

Anlegen eines Startereignisses

Das Startereignis wird normalerweise mit der Erstellung des Prozesses automatisch angelegt. Es besteht aber die Möglichkeit, dies manuell durchzuführen.

1. In der Palette erweitern Sie **Flussobjekte**.
2. Wählen Sie im Dropdown-Menü die Option **Message-Start** aus. Das Message-Startereignis erscheint an der Stelle, an die Sie geklickt haben.
3. Weisen Sie dem Nachrichten-Startereignis einen Namen zu. Um dies zu tun, öffnen Sie den Reiter **Allgemein** in der Eigenschaftsansicht, oder ändern Sie den Namen direkt am Symbol (siehe Abbildung 7.38). Bei unserem Beispiel tragen Sie den Namen *Bestellauftrag* ein.

Abbildung 7.38 Startereignis anlegen und benennen

Anlegen einer automatisierten Aktivität

Eine automatisierte Aktivität ist eine Art Flussobjekt im Prozess, das das System automatisch ausführt. Zuerst erstellen Sie eine automatisierte Aktivität als Teil Ihres Prozesses. Um die automatisierte Aktivität ausführbar zu machen, gehen Sie wie folgt vor:

- Weisen Sie der automatisierten Aktivität eine Serviceschnittstellendefinition in Form einer WSDL-Datei (via Import der Datei oder Import des Service Interface aus dem Enterprise Services Repository, ESR) oder einen Webservice mit einer Operation zu.

- Definieren Sie Eingabe- und Ausgabedatenzuordnungen für die automatisierte Aktivität.

Diese Schritte beschreiben wir gleich im Detail.

Wenn Sie eine automatisierte Aktivität erstellen, wird ihr standardmäßig eine **SampleTimer**-Serviceschnittstelle zugewiesen. Die Standard-Serviceschnittstelle ermöglicht es Ihnen, ausführbare Prozesse einfacher und schneller zu modellieren. Sie können die Standard-SampleTimer-Serviceschnittstelle durch eine neue ersetzen.

Wenn der Prozess zur Laufzeit ausgeführt wird, wird der jeweilige Webservice aufgerufen und die automatisierte Aktivität ausgeführt.

Im Folgenden werden wir eine automatisierte Aktivität in unserem Beispielprozess anlegen:

1. Erweitern Sie die Flussobjekte aus der Palette.
2. Wählen Sie **Automatisiert** aus dem Dropdown-Menü der **Aktivität**, und klicken Sie auf die Modellierungsoberfläche. Die automatisierte Aktivität erscheint an der Stelle, an die Sie geklickt haben (siehe Abbildung 7.39).
3. Wählen Sie in der Sicht **Properties** den Reiter **Allgemein** aus, und geben Sie im Feld **Name** einen Namen der Aktivität an. In unserem Beispiel geben Sie »Verfügbarkeitscheck« ein (siehe Abbildung 7.39).

Sie können ein Service Interface auf folgenden Wegen zur Verfügung stellen:

- Sie können die Service-Interface-Definition importieren.
- Sie können selbst Service-Interface-Definitionen mit Operationen anlegen.
- Sie können Remote-Function-Call-(RFC-)Modul aus dem ABAP Backend-System importieren.
- Sie können auch ein Operation Mapping aus dem ESR der SAP Process Orchestration importieren.

[»]

Import der Servicedefinitionen

In diesem Buchabschnitt werden wir nur die Möglichkeit eines Imports der Servicedefinition erläutern. Das Importieren von RFC-Bausteinen und Operation Mappings bzw. das Anlegen einer Servicedefinition wird nicht näher erläutert.

Abbildung 7.39 Automatisierte Aktivität

Sie können eine Servicedefinition oder WSDL-Datei für das Prozessmodell verwenden, um Nachrichtenereignisauslöser zu erstellen oder in der automatisierten Aktivität zuzuordnen (in den meisten Fällen als Service Interface einer integrierten Konfiguration). Die Servicedefinition können Sie aus den folgenden Quellen importieren:

- aus dem ESR des SAP-Process-Orchestration-Systems
- aus dem Dateisystem oder von einer entfernten Stelle (z. B. URL)
- aus der Service Registry (SR)

In der Praxis wird das Design der Service Interfaces meist im ESR durchgeführt und zur Designzeit der Prozesse (Modellierung) wieder importiert. Daher werden wir nur diese Variante beschreiben.

Bevor Sie mit dem Import starten, sollten Sie schon das ESR im SAP NetWeaver Developer Studio konfiguriert haben. Weitere Informationen hierzu finden Sie in Kapitel 5, »Entwicklungsumgebungen«.

1. Öffnen Sie Ihr Projekt in der **Projekt-Ansicht**, und erweitern Sie **Service Interfaces**.
2. Wählen Sie im Kontextmenü des Ordners **WSDL-Dateien** den Eintrag **WSDL importieren** (siehe Abbildung 7.40).

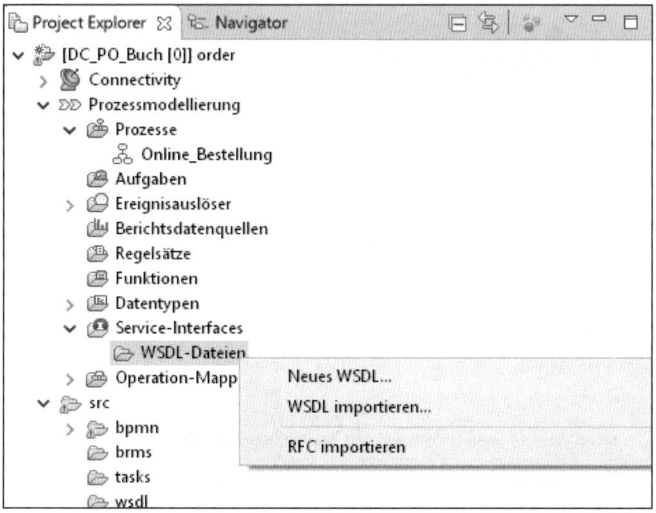

Abbildung 7.40 Import einer WSDL-Datei

3. Es erscheint ein Dialogfenster, in dem Sie den Ausgabeordner und die Quelle für den Import angeben. Je nach gewählter Option sehen Sie auf den nachfolgenden Bildschirmen unterschiedliche Optionen. Für unser Beispiel wählen Sie **Enterprise Services Repository** und klicken auf **Weiter** (siehe Abbildung 7.41).

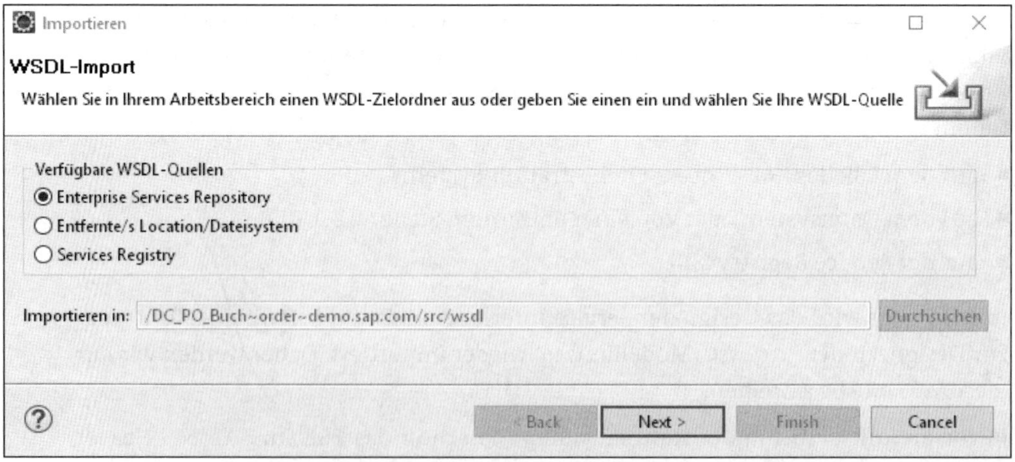

Abbildung 7.41 Verfügbare Quellen für den WSDL-Import

4. Dann werden Sie aufgefordert, sich am ESR anzumelden. Geben Sie hier die Zugangsdaten von SAP Process Orchestration an, und klicken Sie auf **Next** (siehe Abbildung 7.42).

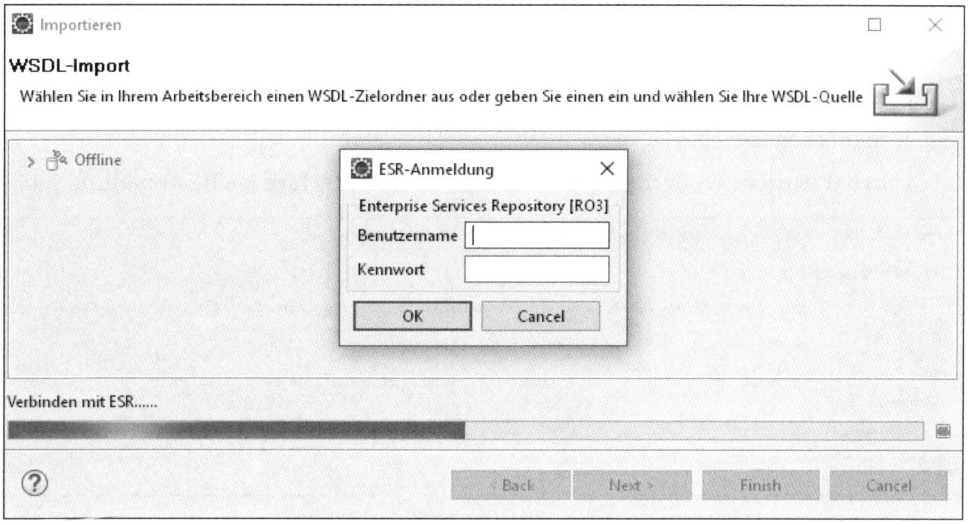

Abbildung 7.42 ESR-Anmeldung bei WSDL-Import

5. Wählen Sie ein Service Interface zum Import aus, und klicken Sie auf die Schaltfläche **Finish** (siehe Abbildung 7.43).

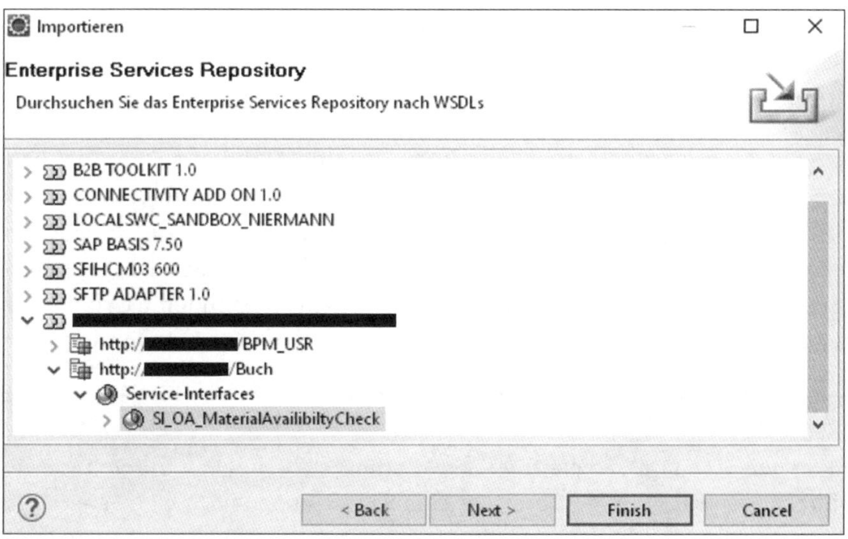

Abbildung 7.43 Auswahl eines Service Interface aus ESR

Das Service Interface wird im Ordner **Service Interfaces** angezeigt, und die WSDL-Datei wird im Ordner **WSDL Files** angelegt.

Nach dem Anlegen der automatisierten Aktivität und dem Import der Servicedefinition müssen Sie nun die Servicedefinition der automatisierten Aktivität zuordnen. Die folgenden Schritte beschreiben, wie diese Zuordnung durchgeführt wird:

1. Erweitern Sie in der Ansicht **Prozessmodellierung** den Ordner **Prozesse**.
2. Im Kontextmenü des Online-Bestellprozesses wählen Sie **Öffnen**.
3. Wählen Sie in der Modellierungsoberfläche eine automatisierte Aktivität, z. B. Verfügbarkeitscheck, aus.
4. In der Ansicht **Properties** öffnen Sie den Reiter **Interface** (siehe Abbildung 7.44).

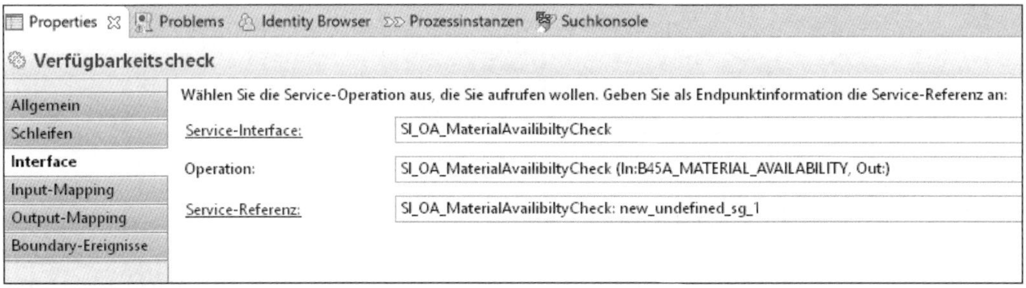

Abbildung 7.44 Zuordnung eines Service Interface zur Aktivität

5. Wählen Sie im Feld **Service Interface** einen Service aus dem Dropdown-Menü aus. Für das Beispiel wird nehmen wir **SI_OA_MaterialAvailibilityCheck** (siehe Abbildung 7.44).
6. Wählen Sie im Feld **Operation** einen Vorgang aus dem Dropdown-Menü aus, falls Sie dem Service Interface mehrere Operationen zugeordnet haben (siehe Abbildung 7.44).

Nachdem Sie das Service Interface der automatisierten Aktivität zugeordnet haben, müssen Sie im Folgenden die Servicereferenzen erstellen. Servicereferenzen ermöglichen die Verbindung zur Laufzeit mit den jeweiligen Systemen, die die notwendigen Webservices bereitstellen. Servicereferenzen werden auch Servicegruppen (z. B. alle XI-Services in einer Gruppe und alle Webservices in einer anderen Gruppe) zugewiesen. Ziel ist, dass jede Gruppe eine eindeutige Konfiguration bekommt.

SampleTimer-Serviceschnittstelle

Wenn Sie die Standard-SampleTimer-Serviceschnittstelle in einer automatisierten Aktivität verwenden, müssen Sie weder eine Servicegruppe noch eine Servicereferenz für dieses Service Interface erstellen. Die Servicegruppe für dieses Service Interface existiert standardmäßig in Ihrem Projekt, und die Servicereferenz wird darauf automatisch angelegt.

Im Folgenden werden wir eine Servicegruppe und eine Servicereferenz anlegen:

1. Öffnen Sie Ihr Projekt in der **Projekt-Ansicht**, und wählen Sie im Kontextmenü der **Connectivity** eine **Neue Service-Gruppe** aus (siehe Abbildung 7.45).

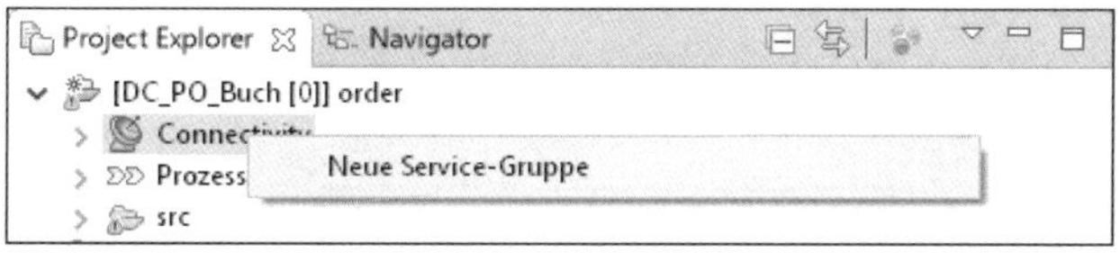

Abbildung 7.45 Neue Servicegruppe anlegen

2. Es erscheint ein Dialogfenster, in dem Sie den Namen und die Beschreibung (optional) einer Servicegruppe eingeben (siehe Abbildung 7.46). Wählen Sie anschließend die Schaltfläche **Finish**.

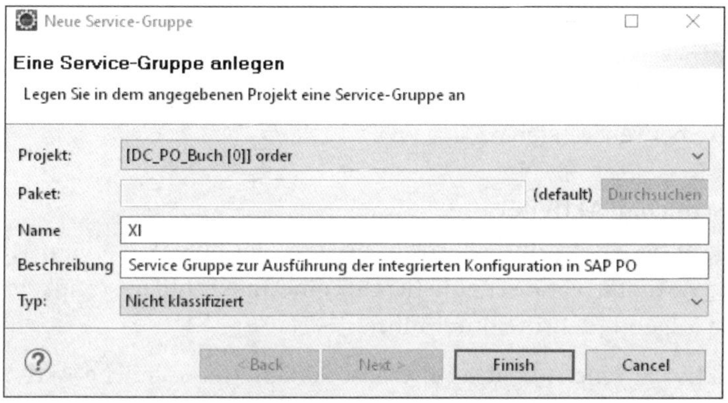

Abbildung 7.46 Servicegruppe anlegen

3. Um eine Servicereferenz anzulegen, wählen Sie **Service-Referenz** in der Eigenschaftensicht der automatisierten Aktivität im Reiter **Interface** aus und klicken auf **Neu** (siehe Abbildung 7.47).

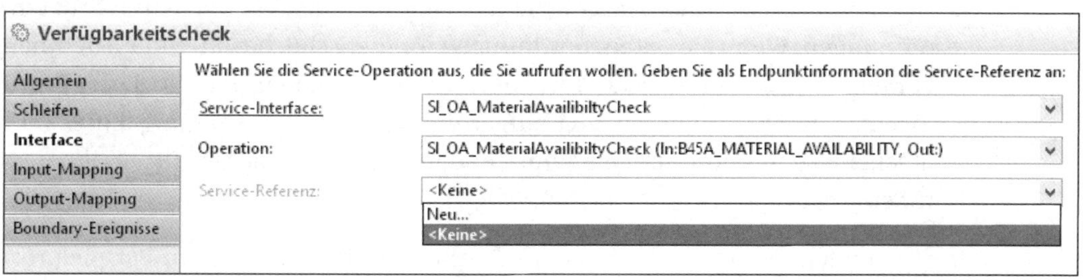

Abbildung 7.47 Anlegen einer neuen Servicereferenz auf eine automatisierte Aktivität

4. Es erscheint ein Dialogfenster, in dem Sie den Namen und die Beschreibung (optional) einer Servicereferenz eingeben. Lassen Sie das Häkchen **Lokales Provider-System** auf inaktiv (siehe Abbildung 7.48).

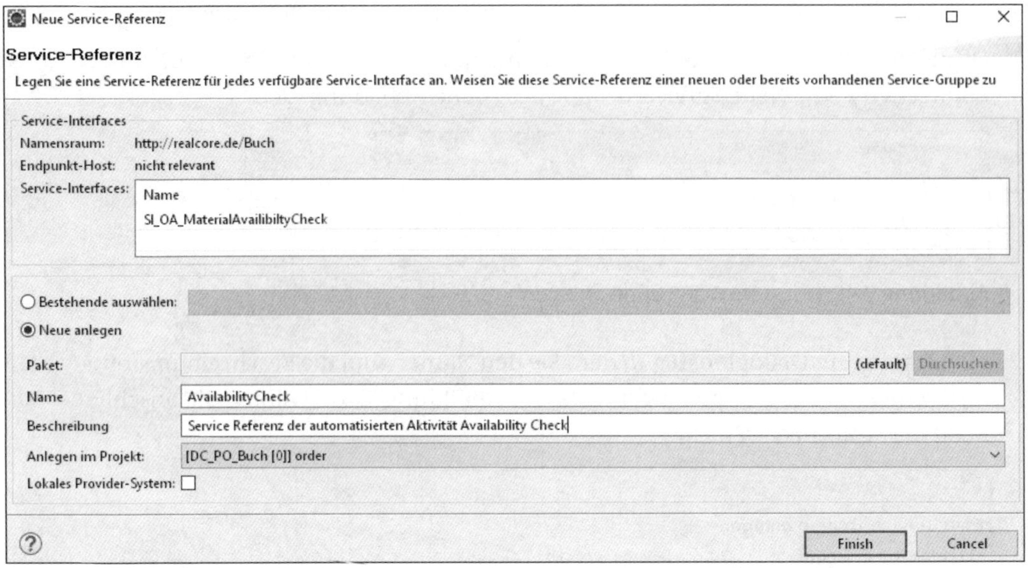

Abbildung 7.48 Detail einer Servicereferenz

Anlegen einer menschlichen Aktivität

Eine menschliche Aktivität ist ein Flussobjekt im Prozess, das eine von einem Menschen durchgeführte Aktivität veranschaulicht. Um eine menschliche Tätigkeit zu erstellen, müssen Sie folgende Schritte durchführen:

1. Weisen Sie der Aktivität eine Aufgabe zu: Wenn Sie eine menschliche Aktivität erstellen, ist dieser eine Standardaufgabe zugeordnet. Die Standardaufgabe ermöglicht es Ihnen, ausführbare Prozesse einfacher und schneller zu modellieren. Die Standardaufgabe wird in der Universal Worklist eines jeden potenziellen Inhabers als Aufgabe angezeigt. Sie können die Standardaufgabe gegen eine neue Aufgabe austauschen.
2. Definieren Sie für die menschliche Aktivität die Eingabe- und Ausgabedatenzuordnungen: Wenn Sie Datenzuordnungen für menschliche Aktivitäten definieren, können Sie das Datenobjekt *ProcessInstanceId* verwenden, das die ID der Prozessinstanz enthält, die zur Laufzeit aufgerufen wird. Die Verwendung dieses Datenobjekts in den Zuordnungen kann bei der Identifizierung des Prozesskontextes für eine gegebene Aufgabe helfen.

Im Folgenden werden wir eine menschliche Aktivität in unserem Beispielprozess anlegen:

1. Erweitern Sie die **Prozessmodellierung**, und erweitern Sie dann **Prozesse**.
2. Im Kontextmenü des Prozesses wählen Sie **Öffnen**.

3. Erweitern Sie **Flussobjekte** aus der Palette.
4. Wählen Sie **Benutzer** aus dem Dropdown-Menü aus, das alle Aktivitäten enthält, und klicken Sie auf die Modellierungsoberfläche (Drag & Drop). Die menschliche Aktivität erscheint an der Stelle, an die Sie geklickt haben.
5. Wählen Sie in der Sicht **Properties** den Reiter **Allgemein** aus, und geben Sie im Feld **Name** den Namen der Aktivität an. In unserem Beispiel geben Sie »Warenlieferung« ein.
6. Optional können Sie im Feld **Dokumentation** eine Beschreibung hinzufügen (siehe Abbildung 7.49).

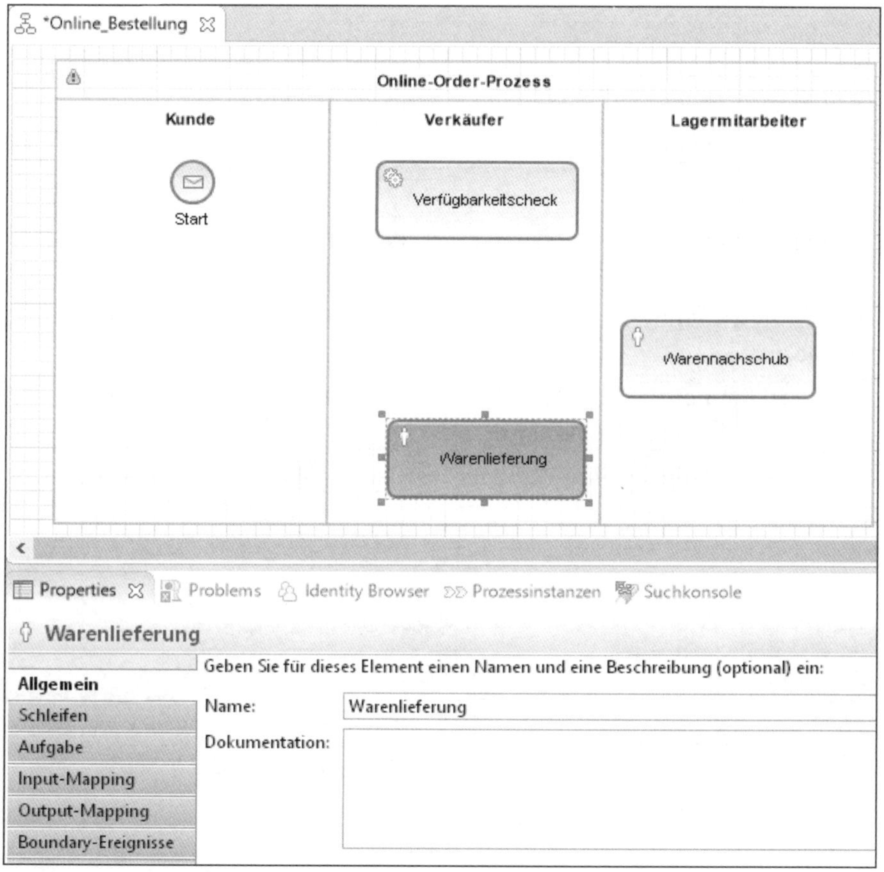

Abbildung 7.49 Eigenschaften einer menschlichen Aktivität

7. Wiederholen Sie die Schritte 1 bis 6, um die menschliche Aktivität »Warennachschub« anzulegen.

Nach der Erstellung einer menschlichen Aktivität müssen wir nun Aufgaben erstellen und der menschlichen Aktivität zuweisen.

Anlegen einer Aufgabe

Eine Aufgabe ist eine Anfrage an einen Menschen, eine Aktion durchzuführen. Sobald Sie eine Aufgabe erstellt haben, sollten Sie die Aufgabe editieren und ihre Attribute anpassen.

Mit dem Einsatz der Aufgaben in einem Prozess können Sie Folgendes tun:

1. Erstellen Sie die Aufgabe:
   - Erweitern Sie **Prozessmodellierung**.
   - Wählen Sie im Kontextmenü des **Aufgaben**-Ordners die Option **Neue Aufgabe** aus (siehe Abbildung 7.50).

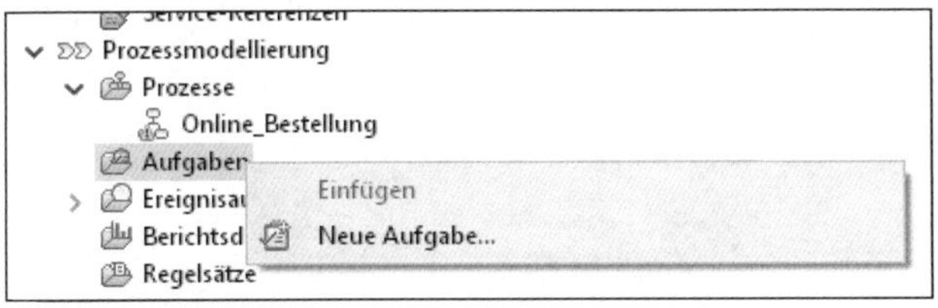

Abbildung 7.50 Anlegen einer neuen Aufgabe

   - Geben Sie im daraufhin angezeigten Dialogfeld den Namen der Aufgabe im Feld **Name** an.
   - Optional können Sie im Feld **Dokumentation** eine Beschreibung eingeben, und wählen Sie die Schaltfläche **Finish**.

Weisen Sie der Aufgabe eine Benutzeroberfläche (UI für *User Interface*) zu (siehe Abbildung 7.51).

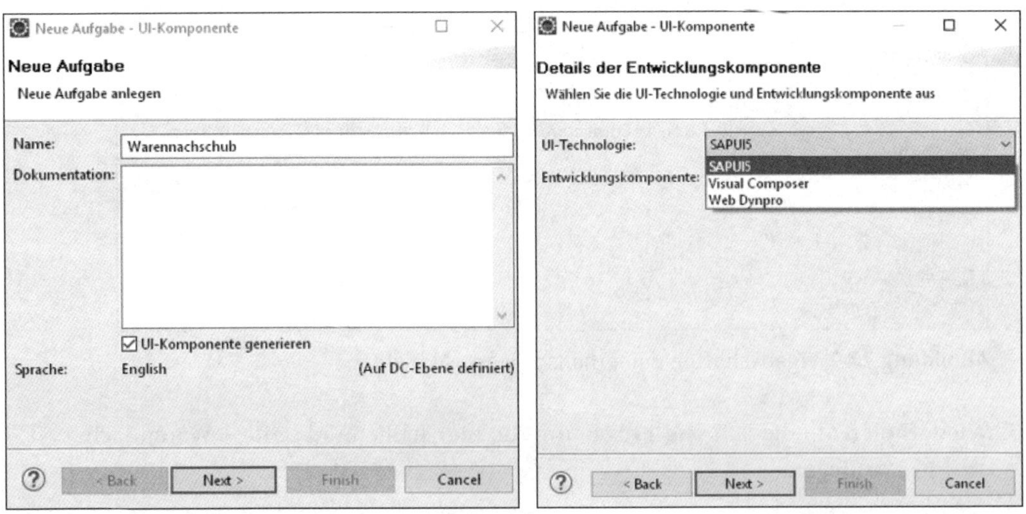

Abbildung 7.51 UI-Technologie-Generierung

Sie haben die Wahl, entweder Web Dynpro Java (WDJ), Web Dynpro ABAP (WDA), Visual Composer (VC), SAPUI5, eine benutzerdefinierte UI-Komponente oder ein Adobe-Formular Ihrer Aufgabe zuzuweisen. (Mehr Informationen zu den Benutzeroberflächen finden Sie in Abschnitt 7.4.6, »SAP BPM und Benutzeroberflächen«). Es besteht die Möglichkeit, die Benutzeroberfläche der Aufgabe im Assistenten durch das System generieren zu lassen, indem Sie das Häkchen **UI-Komponente generieren** aktiv setzen.

2. Definieren Sie den Aufgabenbesitzer. Sie können den Besitzer der Aufgabe festlegen, die Sie menschlichen Aktivitäten in Ihrem Prozessmodell zuordnen. Diesen Besitzer können Sie auf einer der folgenden Ebenen definieren:
   - Lanes-Ebene
   - Menschliche-Aktivität-Ebene
   - Aufgabenebene

   Sie können auch einem eigentlichen Aufgabenbesitzer erlauben, die Mitwirkenden (z. B. Vertreter) zur Laufzeit zur Aufgabe einzuladen, was bedeutet, dass mehrere Benutzer auf einer einzigen Task-Instanz zusammenarbeiten können.

7

[«]

Aufgabenbesitzer

Die Definition der Aufgabenbesitzer wird in diesem Buch nicht betrachtet.

3. Definieren Sie die Aufgabenadministratoren. Sie können Administratoren für Aufgaben im Prozess definieren. Administratoren auf Aufgabenebene können administrative Aktionen auf der Aufgabe auslösen, wie z. B. das Abbrechen, das Suspendieren und die Fortsetzung einer Aufgabe sowie die Zuordnung von Prozessoren zur Aufgabe mit dem Tool SAP NetWeaver Administrator.
   - Wählen Sie eine Aufgabe unter dem **Aufgaben**-Ordner in der Prozessmodellierungsansicht aus.
   - Auf dem Reiter **Rollen** definieren Sie unter Administratoren die **Administratoren** anhand einer der folgenden Optionen:
     - Wählen Sie das Optionsfeld **Ein oder mehrere UME-Principals** aus, um die Principals aus einer Liste zu durchsuchen.
     - Klicken Sie auf die Schaltfläche **Wählen**.
     - Selektieren Sie im daraufhin angezeigten Dialog einen Principal-Typ (**Rolle**, **Gruppe** oder **Benutzer**) aus dem Dropdown-Menü, oder geben Sie direkt einen Hauptnamen ein. Klicken Sie anschließend auf **Suchen** (siehe Abbildung 7.52).

- Wählen Sie im Feld **Suchergebnis** einen Principal aus, und wählen Sie die Schaltfläche **Hinzufügen**, um den Principal dem Feld **Auszuwählende Principals** hinzuzufügen (siehe Abbildung 7.52). Anschließend klicken Sie auf **OK**.

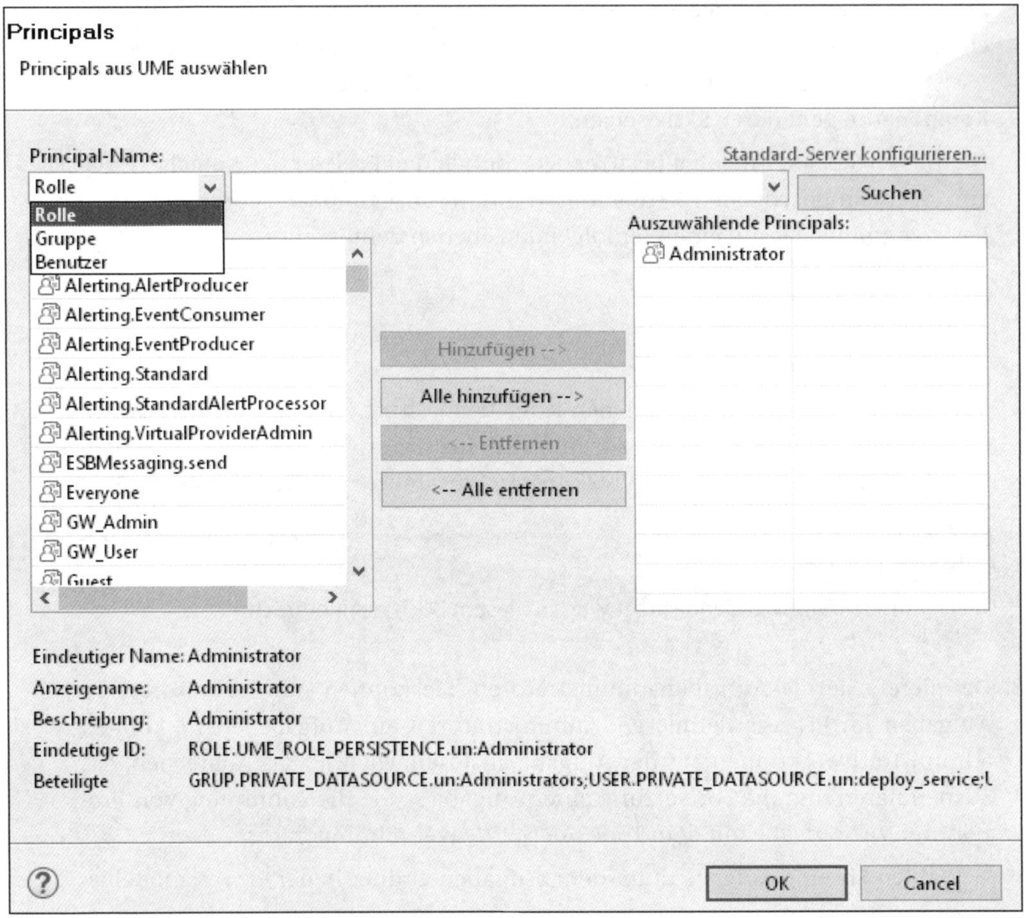

Abbildung 7.52 Auswahl der Principals aus dem UME

4. Definieren Sie zeitliche Einschränkungen für die Aufgabe. Die zeitlichen Einschränkungen sind Fristen, die sich auf die Aktivierungs-, Start-, Fertigstellungs- und Ablaufzeit der Aufgabe beziehen. Diese Option ist optional

[»]

Zeitliche Einschränkungen einer Aufgabe

Die Definition der zeitlichen Einschränkungen einer Aufgabe wird in diesem Buch nicht in Betracht gezogen.

5. Definieren Sie Aufgabenprioritäten:
   - Wählen Sie eine Aufgabe unter dem **Aufgaben**-Ordner in der Prozessmodellierungsansicht aus.
   - Wählen Sie im Dropdown-Menü unter **Priorität** auf dem Reiter **Übersicht** eine Priorität aus (siehe Abbildung 7.53). Dieser Schritt ist optional.

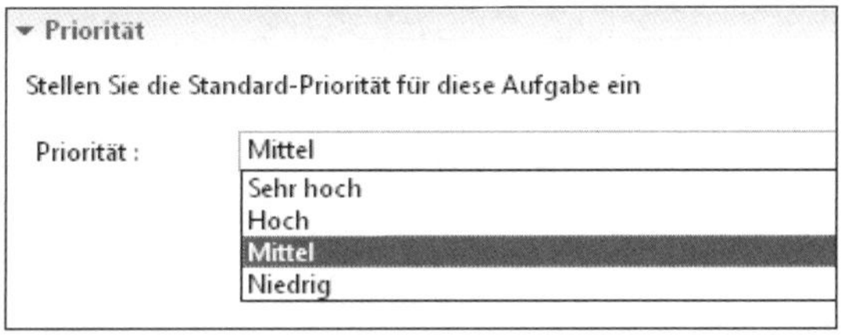

Abbildung 7.53 Aufgabenpriorität

6. Definieren Sie einen Namen und eine Beschreibung der Aufgabe:
   - Wählen Sie eine Aufgabe im **Aufgaben**-Ordner in der Prozessmodellierungsansicht aus.
   - Wählen Sie die Schaltfläche **Umbenennen** im Dropdown-Menü unter **Allgemeine Informationen** auf dem Reiter **Übersicht**, und geben Sie der Aufgabe einen Namen.
7. Definieren Sie Benutzertexte für die Aufgabe. Benutzertexte sind das Thema und die Beschreibung einer Aufgabe, die für den Prozessor der Aufgabe angezeigt werden. Benutzertexte von Aufgaben, die Sie einer WDJ-, WDA-, VC-, SAPUI5- oder einer benutzerdefinierten UI-Komponente zugeordnet haben, werden in der Universal Worklist angezeigt.
8. Versenden Sie eine Benachrichtigung per E-Mail an die potenziellen Besitzer. Sie haben in Abschnitt 7.3.2, »E-Mail-Konfiguration und Benachrichtigungen«, den Java-Mail-Client konfiguriert; nun können E-Mails versendet werden. Sie können das Kontrollkästchen **Benutzerdefinierte E-Mail-Benachrichtigung an potenzielle Besitzer** auf dem Reiter **Übersicht** einer Aufgabe auswählen, wenn Sie eine E-Mail-Benachrichtigung an die potenziellen Besitzer einer Aufgabe senden möchten.
9. Weisen Sie die Aufgabe einer menschlichen Aktivität zu:
   - Erweitern Sie **Prozessmodellierung** und dann **Prozesse**.
   - Im Kontextmenü eines Prozesses wählen Sie **Öffnen**.
   - In der Modellierungsoberfläche wählen Sie eine menschliche Aktivität, z. B. »Warenlieferung«.
   - Wählen Sie in der Ansicht **Properties** den Reiter **Aufgabe**.

– Wählen Sie im Feld **Aufgabe** eine Aufgabe aus dem Dropdown-Menü aus (siehe Abbildung 7.54).

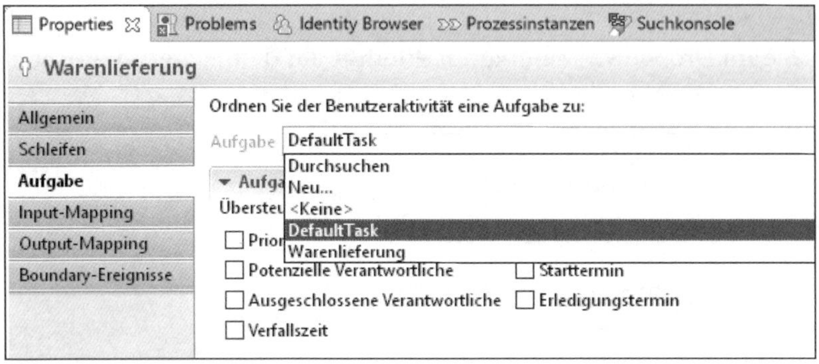

Abbildung 7.54 Zuordnung der menschlichen Aktivität einer Aufgabe

Anlegen eines Endereignisses

Das Anlegen eines Endereignisses wird normalerweise mit der Erstellung des Prozesses automatisch angelegt. Es besteht aber die Möglichkeit, es manuell durchzuführen. Führen Sie dazu die Schritte aus, die wir im Abschnitt »Anlegen eines Startereignisses« beschrieben haben. Hier sollen Sie nur das **Message-Ende**-Ereignis auswählen.

Anlegen eines Gateways

Ein Gateway ist eine Art von Flussobjekt im Prozess, das einen Zusammenschluss oder eine Aufteilung des Prozessflusses veranschaulicht. Sie erstellen ein Gateway, um anzuzeigen, dass eine Entscheidung getroffen werden muss oder dass der Prozessablauf abhängig von den gegebenen Bedingungen aufgeteilt oder zusammengeführt werden muss.

In diesem Abschnitt werden wir das Gateway vom Typ *ausschließende Alternative* anlegen:

1. Erweitern Sie **Prozessmodellierung** und dann **Prozesse**.
2. Im Kontextmenü des Prozesses wählen Sie **Öffnen**.
3. Erweitern Sie **Flussobjekte** aus der Palette.
4. Wählen Sie das Gateway **Ausschließende Alternative** aus dem Dropdown-Menü, und klicken Sie auf die Modellierungsoberfläche (Drag & Drop).
5. Das Gateway erscheint an der Stelle, an die Sie geklickt haben.
6. Wählen Sie in den **Properties** den Reiter **Allgemein** aus, und geben Sie im Feld **Name** den Namen des Gateways an. In unserem Beispielprozess geben Sie den Namen »Verfügbar?« ein.

7. Optional können Sie im Feld **Dokumentation** eine Beschreibung des Gateways eingeben.
8. Wählen Sie *nach* der Verbindung mit den anderen Objekten (vorher ist die Bedingungsauswertung inaktiv) den Reiter **Bedingungsauswertung** aus.
9. Definieren Sie die Bedingungsauswertungsreihenfolge für dieses Gateway, indem Sie einen Namen für jede Alternative eingeben und Bedingungen über den Bedingungsausdruck eingeben (siehe Abbildung 7.55).

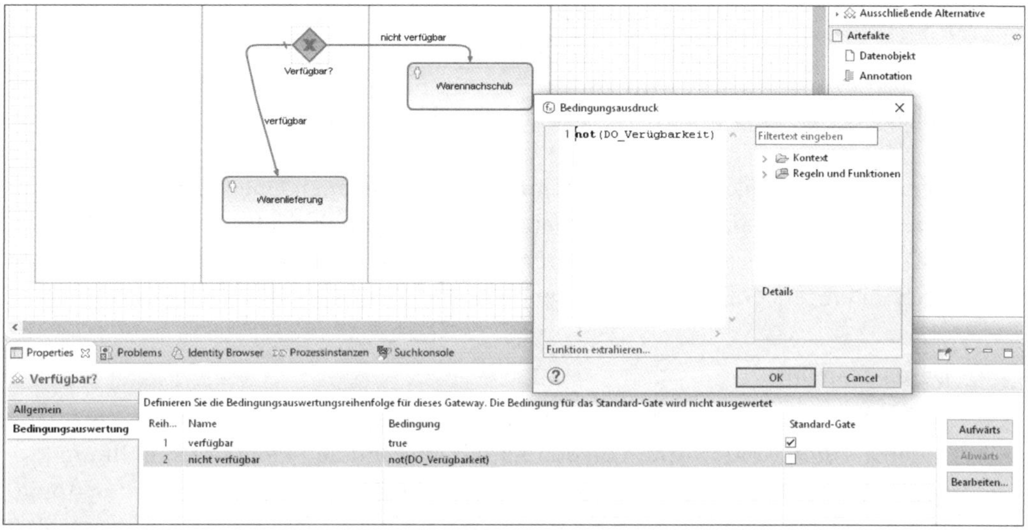

Abbildung 7.55 Ausschließende Alternative und Bedingungsausdruck

Anlegen eines Datenobjekts

Ein Datenobjekt ist ein Artefakt, mit dem Sie dem Prozess zusätzliche Informationen zur Verfügung stellen. Die Datenobjekte sind Datentypen, die Eingabe- und Ausgabedaten im Prozess definieren (im Rahmen einer Aktivität).

Um ein Datenobjekt anlegen zu können, müssen Sie folgende Schritte ausführen:

1. Erweitern Sie **Prozessmodellierung**, und erweitern Sie dann **Prozesse**.
2. Im Kontextmenü eines Prozesses wählen Sie **Öffnen**.
3. Erweitern Sie **Artefakte** aus der Palette.
4. Wählen Sie **Datenobjekt**, und klicken Sie auf die Modellierungsfläche (per Drag & Drop). Das Datenobjekt erscheint an der Stelle, an die Sie geklickt haben.
5. Wählen Sie in der Sicht **Properties** den Reiter **Allgemein** aus, und geben Sie im Feld **Name** einen Namen für das Datenobjekt an.
6. Wählen Sie in der Eigenschaftenansicht den **Datentyp**, und wählen Sie im Drop-down-Menü einen **Datentyp** aus (siehe Abbildung 7.56).

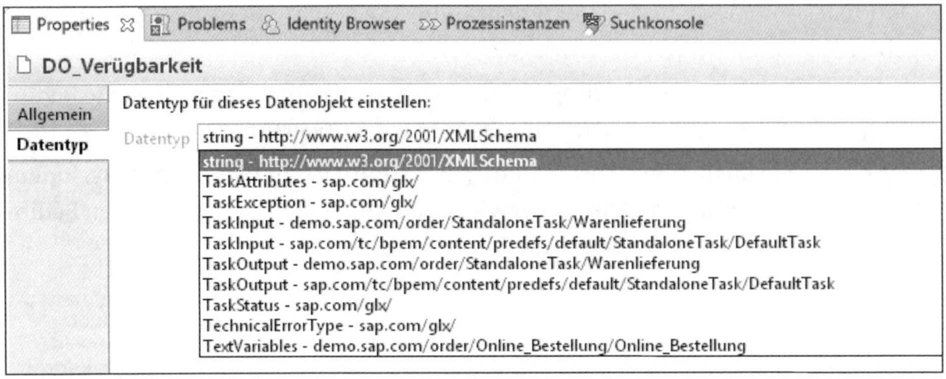

Abbildung 7.56 Datentypliste für ein Datenobjekt

Der Datentyp eines Datenobjekts kann aus verschiedenen Quellen ausgewählt werden. Dieses wird aus der vordefinierten Liste ausgewählt oder aus einer externen XSD-Schema-Datei (z. B. beim Import einer Servicedefinition) importiert. Sie können auch im Process Composer eine eigene XSD-Datei anlegen.

Daten-Mapping

In diesem Abschnitt werden wir die Daten-Mappings definieren, um zu zeigen, wie Daten als Input und Output von den Aktivitäten und den Ereignissen in Ihrem Prozess verwendet und transformiert werden. Wenn Sie die Eingabezuordnung (Input-Mappings) definieren, legen Sie fest, wie die Datenumwandlung zwischen dem Prozesskontext und dem Eingabekontext einer Aktivität oder eines Ereignisses erfolgen soll. Wenn Sie die Ausgabezuordnung (Output-Mappings) definieren, legen Sie fest, wie die Datenumwandlung zwischen dem Ausgabekontext einer Aktivität oder einem Ereignis und dem Prozesskontext zu erfolgen hat. Ihre Aufgabe ist, zu definieren, wie die Transformation mit den Funktionen und Ausdrücken erfolgt.

Um ein Input-Mapping zu definieren, führen Sie die folgenden Schritte aus:

1. Erweitern Sie **Prozessmodellierung**, und erweitern Sie dann **Prozesse**.
2. Im Kontextmenü eines Prozesses wählen Sie **Öffnen**.
3. Wählen Sie in der Modellierungsoberfläche eine Aktivität oder ein Ereignis aus.
4. In der Ansicht **Properties** öffnen Sie den Reiter **Input-Mapping**.
5. Wenn Sie eine Mapping-Aktivität ausgewählt haben, öffnen Sie den Reiter **Mapping**.
6. Wählen Sie im Feld **Prozesskontext** einen Knoten aus, und weisen Sie den Knoten per Drag & Drop einem Knoten im Feld **Inputs** zu (siehe Abbildung 7.57). Sie können hier mehr als einen Prozesskontext mappen. Sie können auch Ausdrücke und Funktionen im Mapping nutzen.

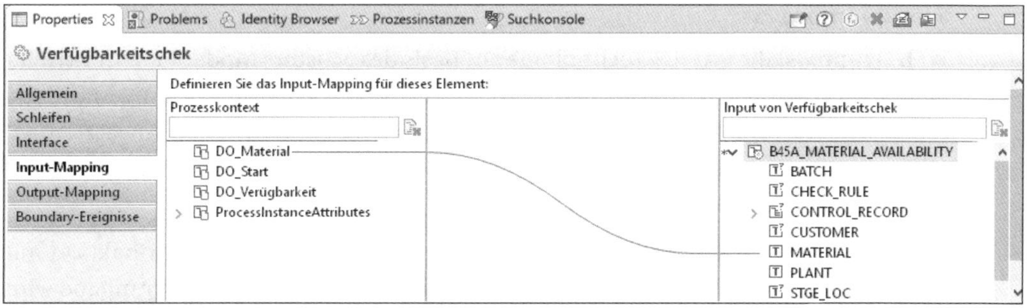

Abbildung 7.57 Input-Mapping in einer automatisierten Aktivität

Das Input-Mapping in einer automatisierten Aktivität dient dazu, das Sender-Interface einer integrierten Konfiguration zu befüllen. Mit der Servicereferenz wird die integrierte Konfiguration ausgeführt.

Um ein Output-Mapping zu definieren, müssen Sie die gleichen Schritte wie beim Input-Mapping durchführen, allerdings wählen Sie hier den Reiter **Output-Mapping**. Das Output-Mapping ergibt in einer automatisierten Aktivität nur einen Sinn, wenn Sie eine synchrone Servicedefinition einer automatisierten Aktivität zugeordnet haben.

Verbinden der Flussobjekte

In diesem Abschnitt werden wir Sequenzflüsse erstellen, um die bereits erstellten Flussobjekte zu verbinden.

1. Erweitern Sie **Prozessmodellierung**, und erweitern Sie dann **Prozesse**.
2. Im Kontextmenü eines Prozesses wählen Sie **Öffnen**.
3. Erweitern Sie **Verbindungen** aus der Palette, und klicken Sie auf **Sequenzfluss**, dann wählen Sie ein Flussobjekt aus der Modellierungsfläche aus.
4. Schließlich können Sie eine Verbindung zu einem anderen Flussobjekt per Drag & Drop erstellen.

7.4.6 SAP BPM und Benutzeroberflächen

Die BPM-Komponente kann verwendet werden, um Workflows zu erstellen, die die verteilte Erfassung von Daten und die Genehmigung dieser Daten ermöglichen, bevor sie in einem Backend-System (einschließlich SAP-ABAP-Systemen) aktualisiert werden. Früher wurden Benutzeroberflächen mit Web Dynpro (Java oder ABAP) oder Visual Composer erstellt; jetzt wird auch HTML5 durch den Einsatz von SAPUI5 unterstützt. Im Folgenden werden wir die einzelnen Technologien näher beschreiben.

Web Dynpro Java

Web Dynpro ist die SAP-UI-Technologie auf Basis des Musters Model View Controller zur Entwicklung von Benutzeroberflächen. Web-Dynpro-Java-Anwendungen werden im SAP NetWeaver Developer Studio mit einem modellgetriebenen Ansatz entwickelt, der die manuelle UI-Codierung minimiert und visuelle Werkzeuge zur Konstruktion von Komponenten verwendet.

Im Process Composer von SAP BPM wird eine direkte menschliche Interaktion mit dem Prozessmodell durch eine menschliche Aktivität dargestellt. Eine Aufgabe wird wiederum der menschlichen Aktivität zugewiesen, sodass diese ausgeführt werden kann. Der Aufgabe muss eine Benutzeroberfläche (UI) zugeordnet sein. Die UI-Integration mit der Prozessschicht erfolgt auf dieser Ebene. Darüber hinaus muss eine menschliche Aktivität Eingabedaten aus dem Prozesskontext empfangen und transformieren können.

Um eine Kommunikation zwischen der Komponente Web Dynpro Java (WDJ) und einer menschlichen Aktivität herzustellen, müssen Sie zunächst Prozessereignisse für die Aufgabenausführung in der Prozessebene bereitstellen. Zu diesem Zweck erstellen Sie sowohl im Komponenten-Controller als auch im lokalen Interface-Controller mindestens ein Event, um den Abschluss des Tasks zu signalisieren, und optional ein Fehlerereignis, das während des Lebenszyklus der Komponente einen Fehler signalisiert.

Web Dynpro ABAP

Ab SAP NetWeaver 7.2 haben Sie die Möglichkeit, Web Dynpro ABAP in Form von CHIPs (Collaborative Human Interface Parts) in das SAP NetWeaver Developer Studio zu integrieren. Ein großer Vorteil von CHIPs ist, dass Sie sie nur einmal erstellen müssen. Sie können sie dann endlos in anderen Web-Dynpro-Anwendungen durch Konfiguration einbetten. Es ist kein Programmieraufwand erforderlich. Ein funktionaler Berater könnte die Konfiguration für neue oder existierende Anwendungen durchführen.

Das Framework des Page Builders bietet eine Runtime-Authoring-Umgebung, mit der Sie Seiten aus locker verbundenen CHIPs erstellen. Ein typischer Anwendungsfall sind Einstiegsseiten, die dem Benutzer einen Überblick über seine tägliche Arbeit mit Navigation zu typischen Aufgaben bieten. Der Benutzer kann mit dem Page Builder erstellte Seiten flexibel seinen Bedürfnissen anpassen.

Nachdem Sie die CHIPs in der ABAP Workbench entwickelt haben, ordnen Sie sie wie folgt der Aufgabe zu:

1. Wählen Sie eine Aufgabe unter dem **Aufgaben**-Ordner in der Prozessmodellierungsansicht aus.
2. Im Reiter **Benutzeroberfläche** des Reiters **Übersicht** klicken Sie auf **Auswählen**.

3. Wählen Sie aus dem UI-Assistenten den Typ **Online-Technologien (Web Dynpro Java, Web Dynpro ABAP, Visual Composer)** aus, und bestätigen Sie die Eingabe mit **OK**.
4. Wählen Sie dann das ABAP-System, auf dem Sie die CHIPs entwickelt haben, und klicken Sie auf **Suchen** (siehe Abbildung 7.58). (Die Anbindung eines R3-Systems haben wir in Kapitel 5, »Entwicklungsumgebungen«, beschrieben.)

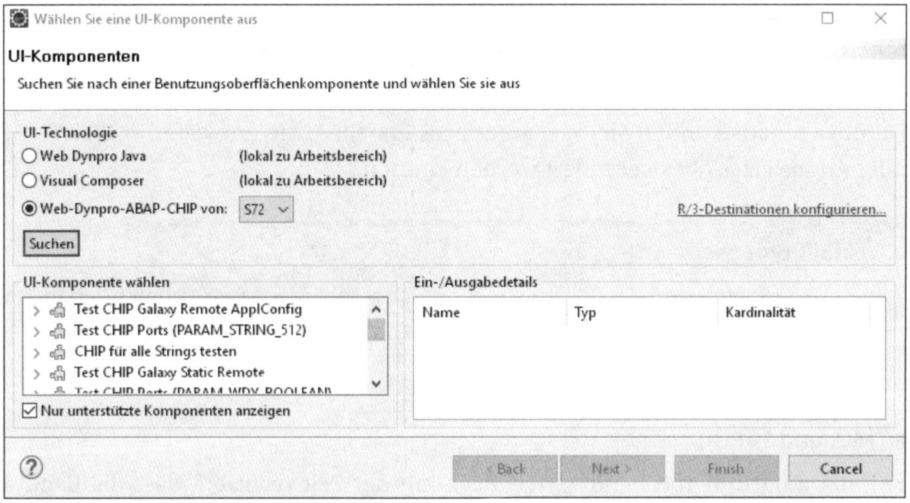

Abbildung 7.58 Auswahl der CHIPs

5. Wählen Sie die CHIPs aus, und klicken Sie auf **Next**. Sie können bestätigen, dass Sie den richtigen CHIP erhalten haben, indem Sie ihn erweitern, um seine Inputs/Outputs zu sehen und einen auszuwählen und die entsprechenden Parameter im Bereich **Ein-/Ausgabedetails** anzuzeigen.
6. Bestätigen Sie schließlich, welches Output für das Erledigungsereignis ist und welche Outputs als ErrorEvents behandelt werden sollen, um Ausnahmen/Ausfälle/Stornierungen zu behandeln, und wählen Sie **Finish** (siehe Abbildung 7.59).

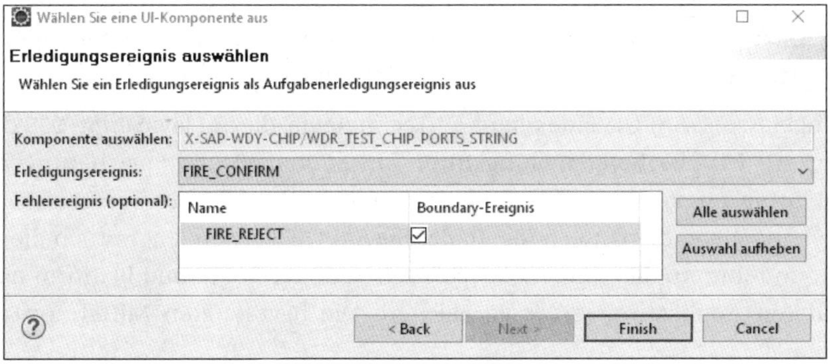

Abbildung 7.59 Auswahl eines Erledigungsereignisses

Damit haben Sie die Aufgabe einer Benutzeroberfläche vom Typ Web Dynpro ABAP CHIPs zugeordnet.

Visual Composer

Visual Composer ist ein browserbasiertes Modellierungswerkzeug, das es ermöglicht, Anwendungen auf vorhandenen Datendiensten zu erstellen. Die Datendienste können Verbindungen zu Transaktions- (RFC, Webservice, Portal JDBC) oder analytischen (SAP Business Intelligence, JDBC, SAP Query, XMLA, ODBO) Backend-Systemen sein.

Darüber hinaus können Sie User Interfaces erstellen, die entweder in Web Dynpro oder Adobe Flash/Flex gerendert werden können.

[»]

Visual Composer

In diesem Buch ist das Modellieren einer Benutzeroberfläche nicht beschrieben. Die Zuordnung einer UI zu einer Aufgabe folgt dem Web-Dynpro-ABAP-Muster.

HTML5 und SAPUI5

SAP hat aufgrund von Benutzerfeedback mit der Zeit realisiert, dass die Benutzeroberflächen heutzutage anfälliger sind als je zuvor und im Vordergrund des Kundeninteresses stehen. Die sich entwickelnden Bedürfnisse und Anforderungen der Benutzer können neue Anforderungen an die Konzeption und das Design einer Anwendung stellen. Deshalb sollte das Backend getrennt vom Frontend entwickelt und gepflegt werden. Abgesehen von dieser Backend-Frontend-Aufteilung können die einzelnen UI-Elemente einer App auch separat entwickelt werden.

Basierend auf der obigen Theorie hat SAP ein HTML5-basiertes Entwicklungs-Toolkit namens *SAPUI5* eingeführt, das eine konsistente Benutzererfahrung fördert. Eine Anwendung kann daher parallel auf Smartphones, Tablets und Desktops laufen. Die Benutzeroberflächensteuerungen passen sich automatisch an die Fähigkeiten jedes Geräts an. Dazu bietet SAPUI5 robuste Entwicklungskonzepte zur Erstellung von Apps mit kostengünstigen, browserbasierten Geschäftsanwendungen.

Zusammengefasst ist SAPUI5 eine Client-UI-Technologie, die auf JavaScript, CSS und HTML5 basiert. Für die Bereitstellung Ihrer Anwendungen, die Speicherung der SAPUI5-Bibliotheken und die Verbindung zu einer Datenbank stehen Server zur Verfügung. Abhängig von der Umgebung, in der Sie SAPUI5 verwenden, werden die Bibliotheken und Ihre Applikationen beispielsweise auf der SAP Cloud Platform oder einem anderen Applikationsserver gespeichert. Die bevorzugten Mittel, um auf

Geschäftsdaten für Ihre Anwendung zuzugreifen, ist die Verwendung des Open-Data-Modells (OData).

Zuvor wurde die Integration der benutzerdefinierten Benutzeroberflächen in SAP BPM mit den BPM-Java-API-Standards umgesetzt. Die einfache Integration von benutzerdefinierten Benutzeroberflächen mit BPM OData in SAP BPM bietet mehr Möglichkeiten. Damit ist die Integration von SAPUI5 in einen BPM-Prozess einfacher geworden. Im Folgenden werden wir zeigen, wie Sie eine menschliche Aufgabe mit der SAPUI5-Technologie in einen SAP-BPM-Prozess integrieren:

1. Erstellen oder importieren Sie ein XSD-Schema, das dem Datenobjekt zugewiesen und zum Speichern der Prozessdaten verwendet werden soll. In diesem Abschnitt werden wir eine Serviceschnittstelle aus dem ESR von SAP Process Orchestration importieren und dem Prozess zugeordnen.
2. Wählen Sie eine menschliche Aktivität aus. Dann navigieren Sie zu dem Reiter **Aufgaben** in der Einstellungssicht.
3. Folgen Sie den Schritten des Anlegens der Aufgabe (wie im Abschnitt »Anlegen einer Aufgabe« in Abschnitt 7.4.5 beschrieben, siehe auch Abbildung 7.51).
4. Sobald Sie auf die Schaltfläche **Finish** klicken, erzeugt die SAPUI5-Technologie im Prozesskontext einen eigenen Datentyp aus dem ursprünglichen Datenobjekt (siehe Abbildung 7.60).

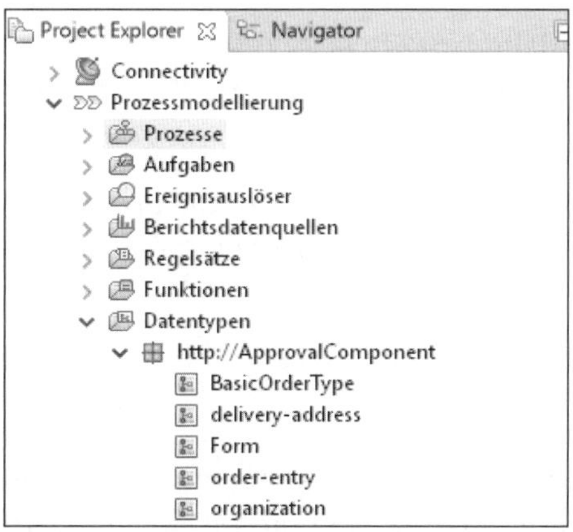

Abbildung 7.60 Von SAPUI5 erzeugte Datenobjekte

5. Aus dem SAP NetWeaver Developer Studio wechseln Sie in die Webperspektive (Perspektivenwechsel finden Sie im Unterabschnitt »Anlegen von Development-Configuration und Softwarekomponente« in Abschnitt 7.4.3), um alle Dateien anzuzeigen, die für die SAPUI5-DC generiert wurden. Navigieren Sie in der DC-Projektstruktur. Dort finden Sie die generierten Ordner, Bibliotheken, JSON- und Indexdateien (siehe Abbildung 7.61).

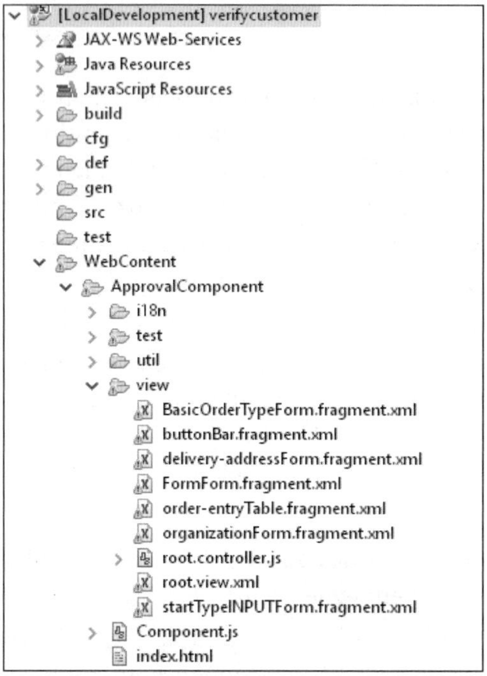

Abbildung 7.61 Generierte Objekte der SAPUI5-Benutzeroberfläche

6. Die erstellte SAPUI5-DC muss auf der SAP Process Orchestration deployt werden. Um das zu erreichen, müssen Sie ein Enterprise-Java-Application-Projekt anlegen und der SAPUI5-DC zuordnen.

Nach dem Deployment und der Ausführung des Prozesses wird die erstellte Java-Anwendung-Entwicklungskonfiguration alle Aktionen für die SAPUI5-Entwicklungskonfiguration automatisch durchführen.

7.4.7 BPM OData Service

Mit dem BPM OData Service können Sie auf BPM-bezogene Daten und Operationen mit einer benutzerdefinierten Benutzeroberfläche zugreifen, die auf einer modernen Webtechnologie wie SAPUI5 basiert. Es handelt sich um einen Wrapper, der ausgewählte Funktionen der BPM Public API zur Verfügung stellt.

Aufgrund des klar definierten OData-Protokolls bietet der Service eine einheitliche Möglichkeit, auf die vorhandenen Daten und Funktionalitäten zuzugreifen. Daher unterstützt der Service Sie bei der Entwicklung von benutzerdefinierten Desktop-Anwendungen sowie mobilen Anwendungen mit Zugriff auf BPM-bezogene Daten und Operationen.

Erreichbarkeit der BPM-Daten und -Operationen mit BPM OData Service

Mit dem BPM OData Service können Sie auf folgende BPM-Daten und Operationen aus benutzerdefinierten Benutzeroberflächen zugreifen:

- BPM-Aufgabendaten und Operationen auf der Aufgabenebene (BPM-Aufgaben-Metadaten, BPM-Aufgabeneingabe- und -ausgabe-Daten, BPM-Aufgaben bereinigen, BPM-Aufgaben beenden)
- Werthilfe
- BPM-Prozess starten

Um auf BPM-Aufgaben und Task-Daten zuzugreifen, stehen folgende Dienste zur Verfügung:

- BPM Aufgaben OData Service (**task.svc**) zum Zugriff auf Aufgaben- Metadaten
- BPM Task Data OData Service (**taskdata.svc**) zum Zugriff auf Eingabe- und Ausgabedaten

Entitätsdatenmodell

Die Daten, die von einem OData Service zur Verfügung gestellt werden, basieren auf einem zugrunde liegenden abstrakten Datenmodell. Dieses Datenmodell heißt *Entity Data Model* (EDM, Entitätsdatenmodell). Die Datentypen der BPM-Daten werden während der Designzeit modelliert. Das Format, das für die Modellierung dieser Datentypen verwendet wird, ist die XML-Schema-Definition (XSD). Das EDM des BPM OData Service wird zur Laufzeit generiert. Das EDM kann mit der Standard-OData-Operation `$metadata` überprüft werden.

Aufruf des BPM OData Service

Der BPM OData Service ist über eine definierte URL verfügbar. Die URL setzt sich wie folgt zusammen:

http://<host>:<port>/bpmodata/<service_name>/<path_segment(s)>/<OData_resource_path_and_query_options>

Sie müssen den Hostnamen und den Serverport kennen, der für die Verbindung mit SAP BPM verwendet wird. Dem Schlüsselwort *bpmodata* folgt dann der Name des spezifischen Dienstes, den Sie verwenden möchten.

Das Pfadsegment ist spezifisch für den Service und wird nicht immer benötigt. Der letzte Teil der URL ist der OData-Ressourcenpfad und die Abfrage. Der OData-Ressourcenpfad gibt die Ressource an, auf die Sie zugreifen, oder die Operation, die Sie ausführen möchten.

In SAP BPM verwenden wir IDs, um verschiedene Artefakte zu identifizieren, z. B. Task-Instanzen oder Prozess-IDs. IDs können in zwei verschiedenen Formaten dargestellt werden: hexadezimal und per URI. Der BPM OData Service kann beide Formate verarbeiten.

- **Hexadezimal**

  Beispiel-ID: d6e6590d109d11e39633000000288732

  Die folgenden Beispiele zeigen URLs mit einer beispielhaften ID im hexadezimalen Format:

  - GET */bpmodata/tasks.svc/TaskCollection('d6e6590d109d11e39633000000288732')*
  - GET */bpmodata/taskdata.svc/d6e6590d109d11e39633000000288732/InputData*

- **URI**

  Beispiel-ID:

  bpm://bpm.sap.com/task-instance/d81fe974703611e0803800000156fd47

  Eine ID im URI-Format, die in einer URL enthalten ist, muss wie folgt URL-codiert werden: *bpm% 3A% 2F% 2Fbpm.sap.com% 2Ftask-Instanz% 2Fd6e6590d109d11e 39633000000288732*

  Die folgenden Beispiele zeigen zwei URLs mit einer beispielhaften ID im URI-Format:

  - GET */bpmodata/tasks.svc/TaskCollection('bpm%3A%2F%2Fbpm.sap.com%2Ftask-instance%2Fd6e6590d109d11e39633000000288732 ')*
  - GET */bpmodata/taskdata.svc/bpm%3A%2F%2Fbpm.sap.com%2Ftask-instance%2Fd6e6590d109d11e39633000000288732/InputData*

Kapitel 8
SAP Business Rules Management

In diesem Kapitel werden wir Ihnen die Grundlagen des SAP Business Rules Managements (SAP BRM) erläutern und anhand eines einfachen Beispiels das Prinzip von SAP BRM darstellen. In unserem Praxisbeispiel in Kapitel 10 werden wir dies dann entsprechend im Gesamtkontext umsetzen.

Jeder Entwickler und Berater kennt das Problem. In selbst geschriebenem Coding, egal, auf welcher Technologie, müssen oft Entscheidungswerte hinterlegt werden, nach dem Motto: »Wenn größer 10, dann ...« Diese Entscheidungswerte kann der Entwickler natürlich hart im Code hinterlegen, was für den Betrieb nicht besonders nett ist, oder er kann diese Entscheidungsparameter in die Datenbank oder sonstige Konfigurationsdateien auslagern. Die bedeutet jedoch dass es im Unternehmen meist keinen zentralen und standardisierten Ort für die Ablage dieser *Rules* (Regeln) gibt oder dieser per Entwicklungsrichtlinien festgeschrieben und konzipiert werden muss. Auch ist eine Änderung der Entscheidungsparameter oft mühsam, sie müssen direkt in der Datenbank oder in Konfigurationsdateien geändert werden, oder es müssen mit erhöhten Aufwänden entsprechende Pflegemasken mit einem entsprechenden Berechtigungsmodell angelegt werden. Oft wiederholen sich in einem Unternehmen auch die Entscheidungswerte und müssen somit in jedem Programm einzeln hinterlegt und geändert werden. Um einen zentralen Konfigurationspunkt zu ermöglichen, hat SAP daher das *Business Rules Management* (BRM) entwickelt und zur Verfügung gestellt.

8.1 Vorbereitungen

Bevor wir mit der Konfiguration im SAP BRM starten können, müssen wir uns die passende Entwicklungsumgebung von SAP herunterladen und installieren. Wir benötigen hierfür das SAP NetWeaver Developer Studio. Alle notwendigen Informationen zu den Download-Links und zu der Installation für Ihr lokales SAP NetWeaver Developer Studio finden Sie in Abschnitt 5.1, »SAP NetWeaver Developer Studio für SAP Process Orchestration«.

8.2 SAP BRM mit SAP NetWeaver Developer Studio einrichten und nutzen

Nachdem Sie, wie in Abschnitt 5.1, »SAP NetWeaver Developer Studio für SAP Process Orchestration«, beschrieben, auf Ihrem System das SAP NetWeaver Developer Studio installiert haben, starten Sie die Entwicklungsumgebung und finden sich dann im Startbild aus Abbildung 8.1 wieder.

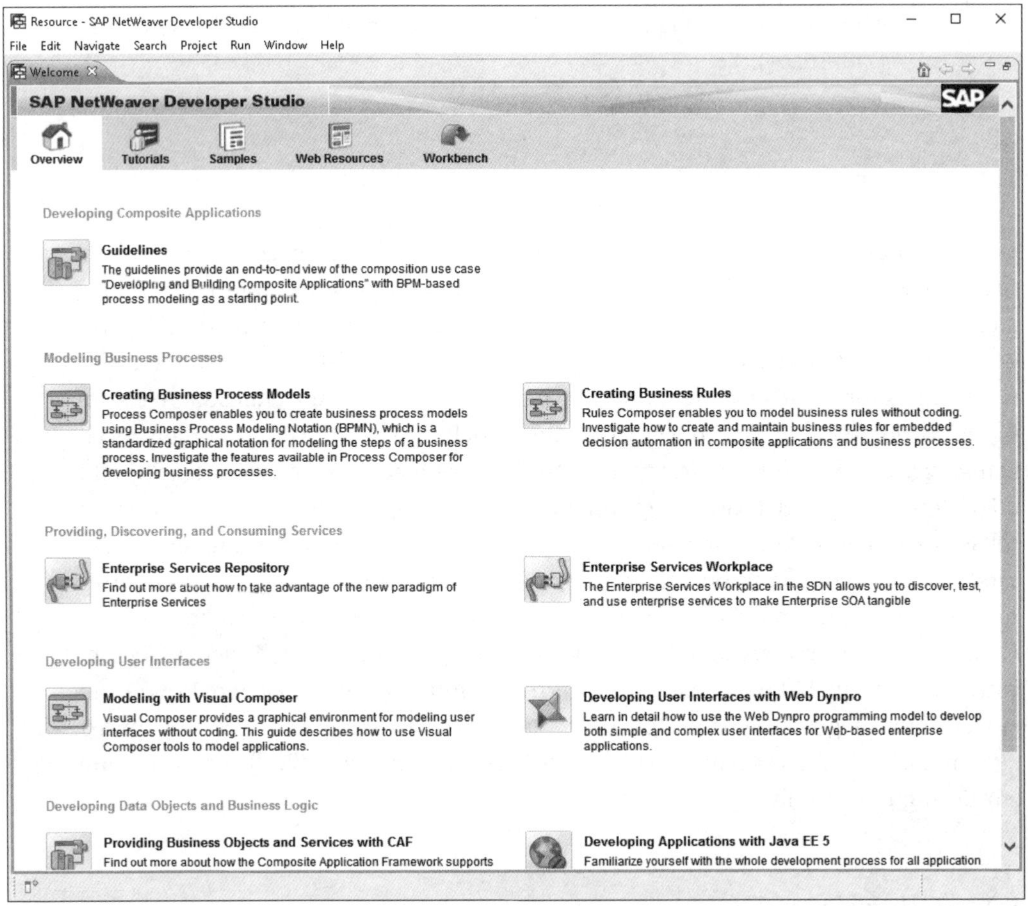

Abbildung 8.1 Startbild der Entwicklungsumgebung

8.2.1 Projekt anlegen

1. Sie legen nun ein neues Projekt an, um eine Business Rule zu erstellen und diese auf SAP Process Orchestration zu installieren bzw. zu deployen. Dafür legen Sie über die Menüfunktion **File • New • Project** ein neues Projekt an, wie in Abbildung 8.2 gezeigt.

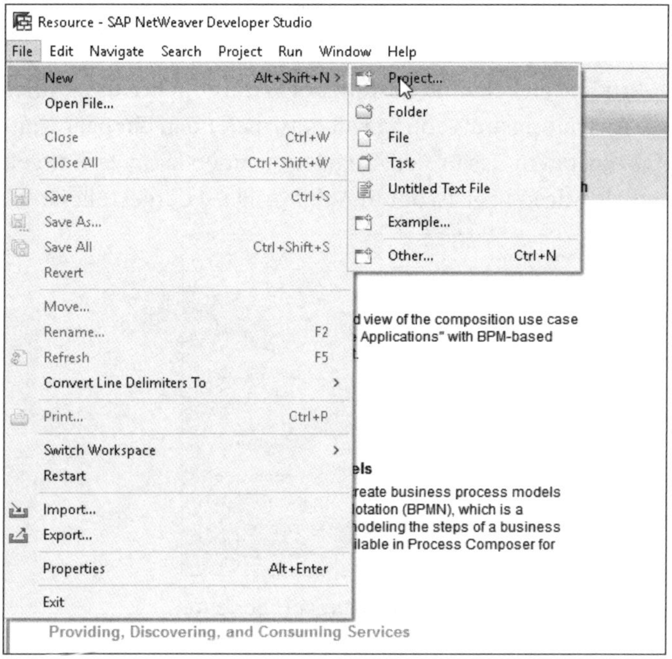

Abbildung 8.2 Neues Projekt anlegen

2. Nachdem Sie ein neues Projekt angelegt haben, gelangen Sie in einen Folgedialog, in dem Sie auswählen müssen, was für eine Art von Projekt Sie anlegen wollen. Dieser Folgedialog ist in Abbildung 8.3 dargestellt.

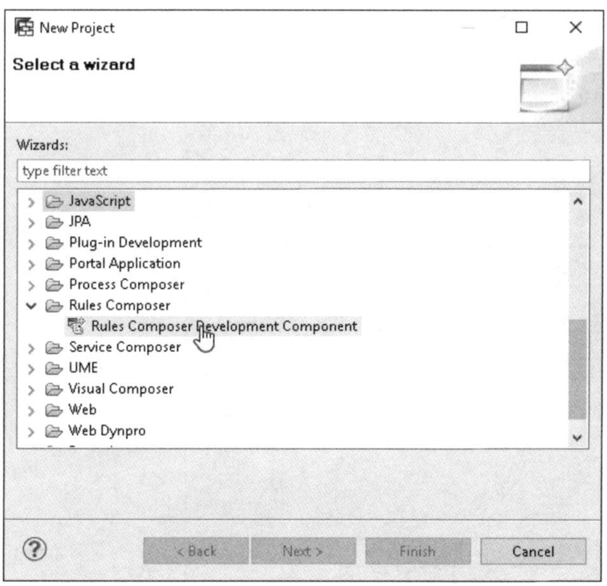

Abbildung 8.3 Rules-Composer-Projekt anlegen

3. Da wir eine Business-Rules-Development-Komponente anlegen wollen, wählen Sie in Abbildung 8.3 diese passende Projektart.
4. Wie von anderen SAP-Produkten bekannt, besteht der Wizard nicht nur aus diesen beiden Dialogen. Die Entwicklungsumgebung will natürlich noch ein paar weitere Details von Ihnen erfahren, bevor das Projekt angelegt werden kann. Somit gelangen Sie in einen Folgedialog des Wizards, der in Abbildung 8.4 dargestellt ist.

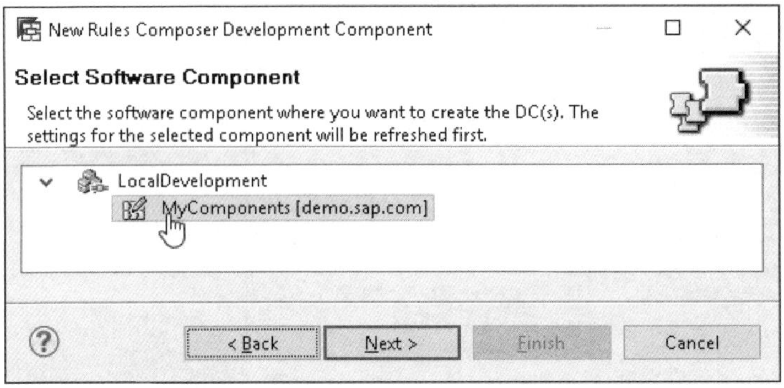

Abbildung 8.4 Projekt-Wizard – Auswahl der Softwarekomponente

5. In diesem Wizard-Schritt müssen Sie Ihre Softwarekomponente auswählen. Wir wählen für diese einfache Demo die im Standard vorhandene Demo-Komponente (siehe Abbildung 8.4). Wählen Sie **MyComponents**, und klicken Sie auf **Next**. Sie gelangen nun in einen Folgedialog des Projekt-Wizards, der in Abbildung 8.5 gezeigt wird.

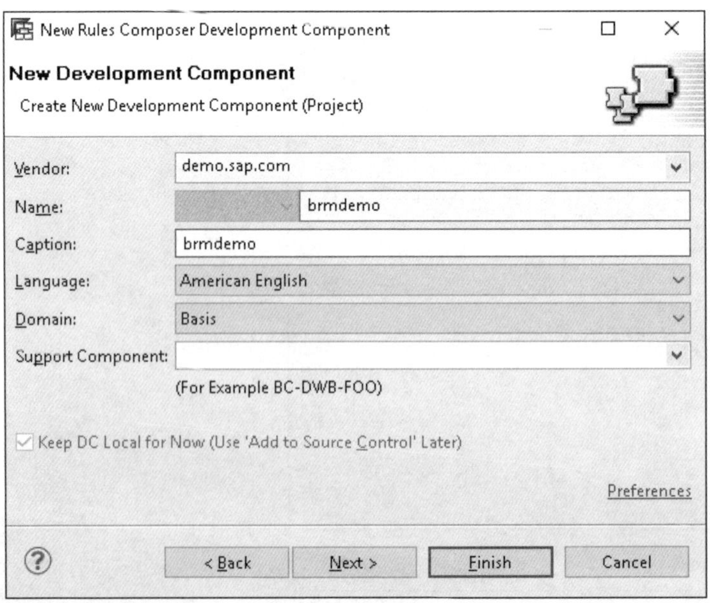

Abbildung 8.5 Projekt-Wizard – Abschlussdialog (Anlage)

6. Hier können Sie den Namen festlegen und die Beschreibung der Komponenten. Klicken Sie dann **Finish**. Die Komponente wird nun durch den Wizard automatisch in Ihrer Entwicklungsumgebung lokal auf Ihrem Client angelegt.
7. Sollten Sie keinen Fehler gemacht haben, wurde die Komponente erfolgreich angelegt, und es erscheint der Dialog aus Abbildung 8.6.

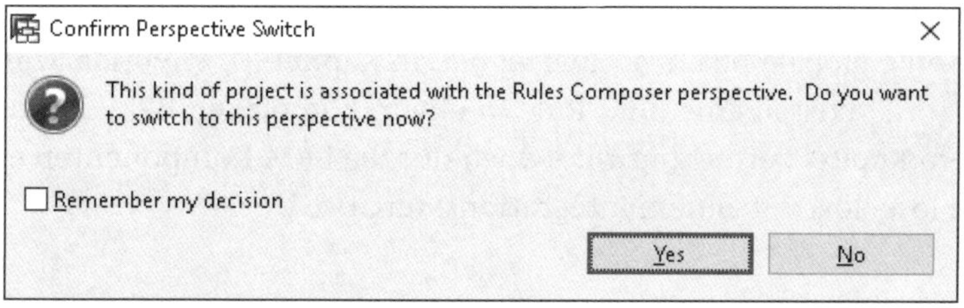

Abbildung 8.6 In die Rules-Composer-Perspektive wechseln

8. Hier werden Sie gefragt, ob Sie direkt in die Rules-Composer-Perspektive in Ihrer lokalen Entwicklungsumgebung wechseln wollen. Da wir als IT-Experten bequem sind, nehmen wir dieses Angebot gerne an und klicken auf **Yes**.
9. Wenn der Perspektiven-Wechsel funktioniert hat, sollten Sie nun wie in Abbildung 8.7 das erfolgreich angelegte Projekt mit der passenden Perspektive sehen.

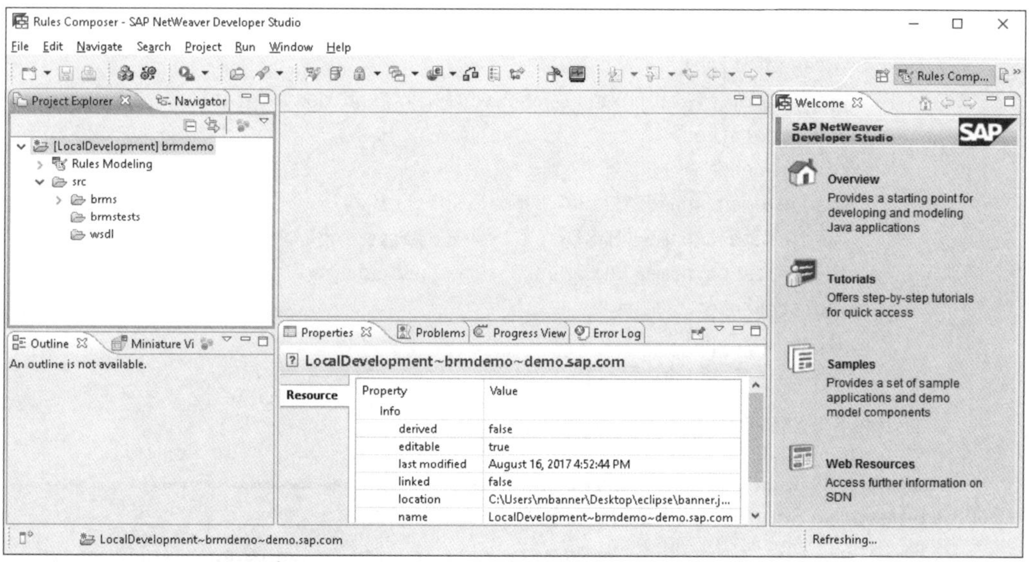

Abbildung 8.7 Rules-Composer-Sicht

8.2.2 Business Rule anlegen

Sie haben jetzt die Voraussetzungen geschaffen, um eine Business Rule anzulegen. Bevor Sie starten, ist es noch wichtig zu wissen, dass es zwei Möglichkeiten gibt, eine

Business Rule im SAP NetWeaver Developer Studio zu erstellen. Die schwierigere Variante basiert auf einer Java-Implementierung, und die leichtere Variante basiert auf dem Weg, den wir Ihnen in den folgenden Abschnitten zeigen werden.

Wir wollen eine Business Rule anlegen, die entscheiden kann, wie hoch – abhängig vom jeweiligen Land – die Mehrwertsteuer ist. Dies ist ein Parameter, der sich während der Lebenszeit eines Programms bzw. Mappings öfter ändern kann und der sich daher sehr gut für eine globale Business Rule eignet. In Kapitel 10, »Hybride Szenarien«, werden wir im Praxisteil eine BRM-Rule in einem komplexen BPM-Szenario einsetzen. In diesem Kapitel betrachten wir jedoch nur die BRM-Komponenten einzeln und testen sie losgelöst von einem Integrationsszenario.

XSD-Datei manuell anlegen

Wir starten mit der Definition der notwendigen Struktur für unsere Business Rule.

1. Legen Sie eine XSD-Datei mit dem Inhalt aus Listing 8.1 an. Bezogen auf die Mehrwertsteuer sollte der Inhalt selbsterklärend sein.

```
<?xml version="1.0" encoding="UTF-8" standalone="no"?>
<xsd:schema xmlns="http://TestBanner.de" xmlns:xsd="http://www.w3.org/2001/
XMLSchema" targetNamespace="http://TestBanner.de">
  <xsd:element name="MWST" type="MWST"/>
  <xsd:complexType name="MWST">
    <xsd:annotation>
      <xsd:documentation xml:lang="EN">MWST</xsd:documentation>
    </xsd:annotation>
    <xsd:sequence>
      <xsd:element name="Land" type="xsd:string"/>
      <xsd:element name="MWSTArt" type="xsd:string"/>
      <xsd:element name="MWSTWert" type="xsd:string"/>
    </xsd:sequence>
  </xsd:complexType>
</xsd:schema>
```

Listing 8.1 XSD-Datei/Mehrwertsteuer

[+]

Enterprise Services Builder nutzen

Die SAP-Process Integration/Process Orchestration-Profis unter Ihnen wissen, dass man diese Struktur im Enterprise Services Builder (ESB) bequem per Messagetyp und Datentyp anlegen kann und per Export daraus die oben dargestellte Datei generieren lassen kann.

2. Speichern Sie diese einfache XSD-Datei unter dem Namen **Mehrwertsteuer.xsd** auf Ihrem lokalen Client ab, wo Sie auch das SAP NetWeaver Developer Studio installiert haben.
3. Es gibt nun die Möglichkeit, diese Datei zu importieren oder manuell anzulegen. Wir zeigen Ihnen erst den manuellen Weg, um dann die bequeme Abkürzung per Import zu zeigen, beide Wege führen zum Ziel. Wir starten wie bei der manuellen Anlage der **Mehrwertsteuer.xsd** in unserem Rules Composer, wie in Abbildung 8.8 zu sehen.

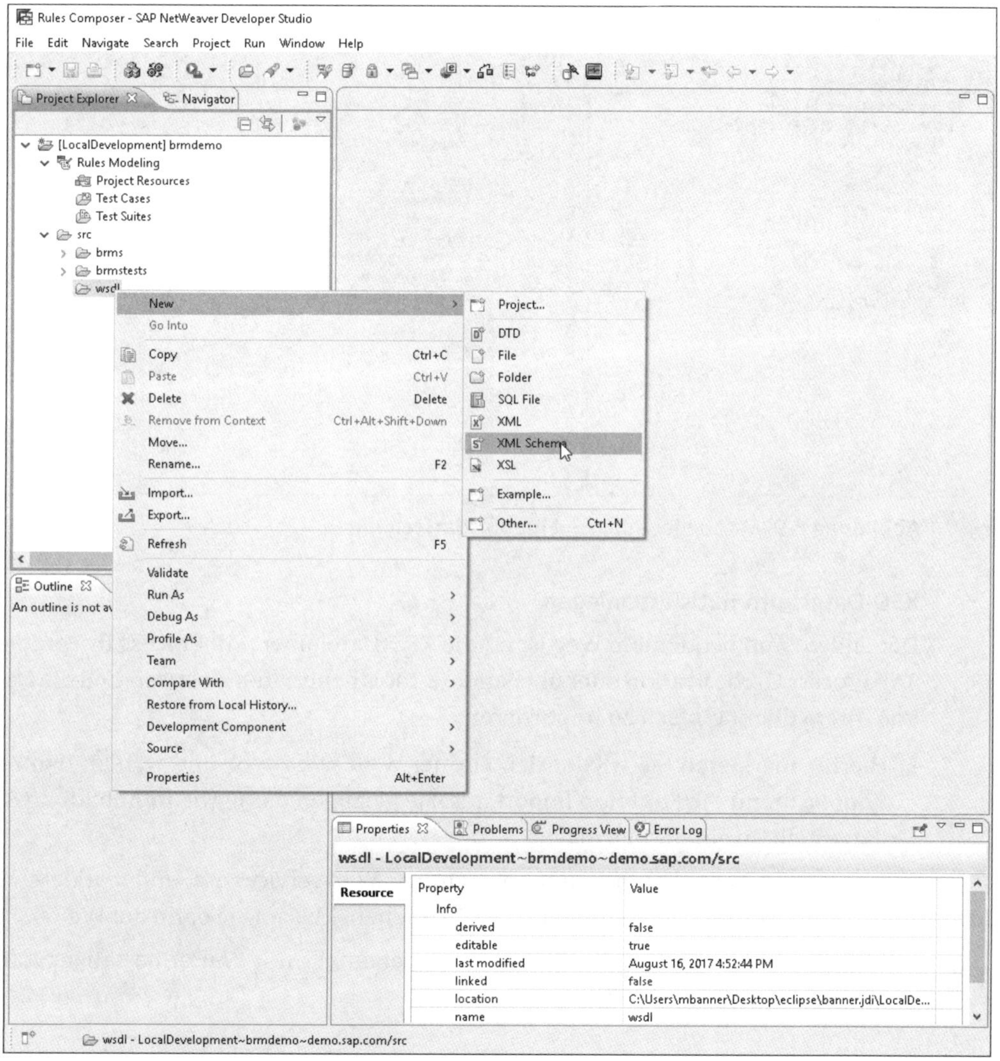

Abbildung 8.8 Manuelle Anlage der XSD-Datei

4. Gehen Sie dafür auf den Ordner **src**, klappen ihn auf, markieren den Ordner **wsdl**. Wählen Sie dann im Kontextmenü **New • XML Schema** aus, um ein neues XML-Schema zu erstellen.
5. Übertragen Sie nun den Inhalt aus der oben dargestellten XSD-Datei in den Editor, um die Datei anzulegen und zu speichern. Sie sollten nun erfolgreich die Datei **Mehrwertsteuer.xsd** Ihrem Projekt hinzugefügt haben, wie in Abbildung 8.9 zu sehen.

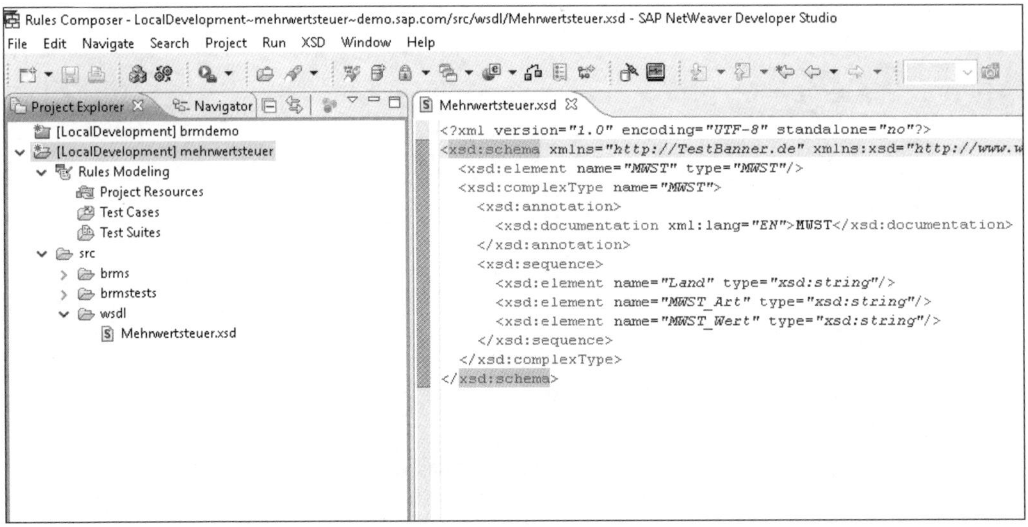

Abbildung 8.9 Manuelle Anlage – Ergebnisdarstellung

XSD-Datei automatisiert anlegen

Der andere und bequemere Weg ist es, die XSD-Datei über SAP Process Integration/SAP Process Orchestration oder über andere Tools generieren zu lassen und die Datei von Ihrem Client einfach zu importieren:

1. Hierfür markieren Sie wieder den Ordner **wsdl** wie zuvor und wählen dann im Kontextmenü die Funktion **Import** aus. Sie gelangen dann, wie in Abbildung 8.10 dargestellt, in einen Folgedialog.
2. Klappen Sie in der Baumstruktur den Ordner **Web services** auf, und markieren Sie den Eintrag **XSD**, wie in Abbildung 8.10 zu sehen. Klicken Sie dann auf **Weiter**.
3. Sie gelangen in einen Folgedialog, den Sie ebenfalls mit **Weiter** bestätigen, ohne eine Änderung durchzuführen.

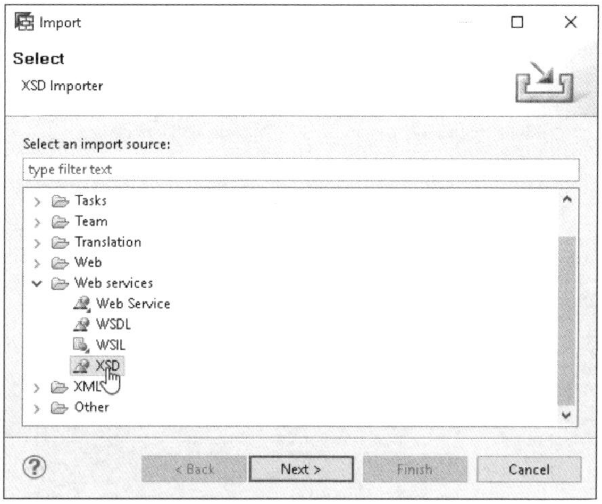

Abbildung 8.10 XSD-Datei importieren

4. Danach gelangen Sie in einen weiteren Folgedialog, in dem Sie dann Ihre Datei auswählen können (siehe Abbildung 8.11). Klicken Sie auf **Finish**, um den Vorgang abzuschließen.

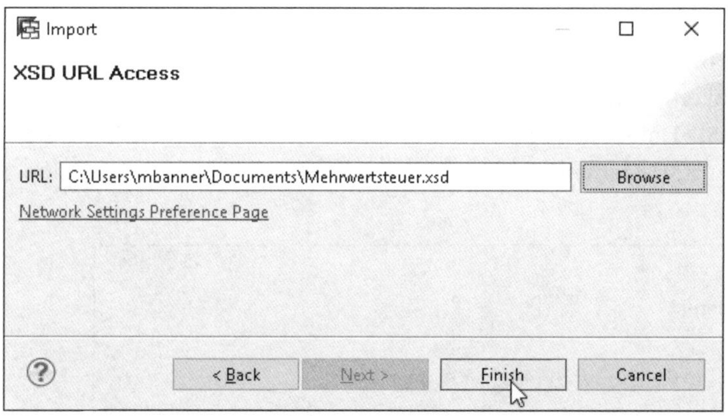

Abbildung 8.11 Importvorgang der XSD abschließen

Egal, welchen Weg Sie bevorzugen, Sie haben nun Ihrem Projekt die Datei **Mehrwertsteuer.xsd** erfolgreich hinzugefügt.

Mehrwertsteuerregel anlegen

Nun geht es weiter mit der Anlage einer Mehrwertsteuer-Regel im SAP NetWeaver Developer Studio:

1. Dafür klicken Sie auf die Funktion **Project Resources** und gelangen in einen Bearbeitungsdialog, wie in Abbildung 8.12 dargestellt.

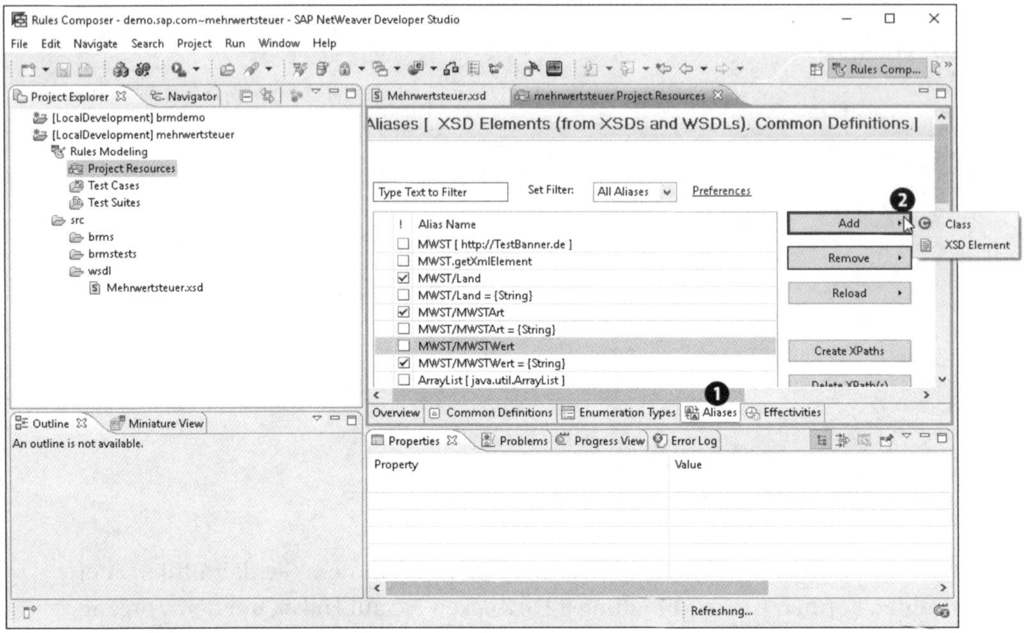

Abbildung 8.12 Project Resources im Rules Modeler hinzufügen

2. Wählen Sie die Funktion **Aliases** ❶ aus, und klicken Sie auf **Add** ❷. Sie sehen hier die zwei Möglichkeiten, die wir am Anfang des Abschnitts kurz erwähnt haben. Da wir uns für die XSD-Datei entschieden haben und nicht für die Java-Klasse, wählen Sie die Funktion **XSD-Element** aus und gelangen dann in den Folgedialog aus Abbildung 8.13.

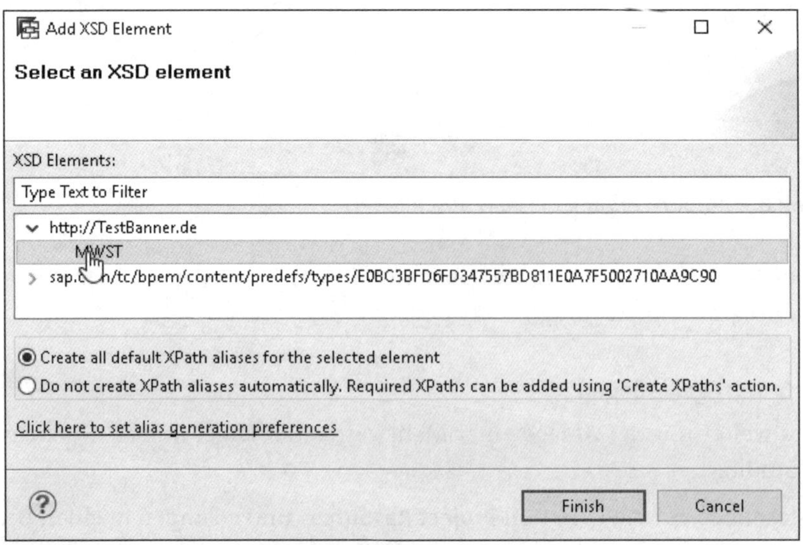

Abbildung 8.13 XSD-Element auswählen/hinzufügen

3. Hier sollten Sie Ihre importierte oder manuell angelegte Mehrwertsteuerstruktur wiederfinden. Diese wählen Sie aus und klicken auf **Finish**.
4. Die Struktur wird dann, wenn alles gut gegangen ist, übernommen, und Sie können auswählen, welche Felder Sie für Ihre Business Rule nutzen wollen.
5. Wie in Abbildung 8.14 abgebildet, entscheiden wir uns für die Eingabefelder **MWST/Land** und **MWST/MWSTArt** und für das Ausgabefeld **MWST/MWSTWert={..}**. Eingabe- und Ausgabefelder unterscheiden sich in ihrem Namen: Bei Ausgabefeldern steht ein »= {..}« am Ende

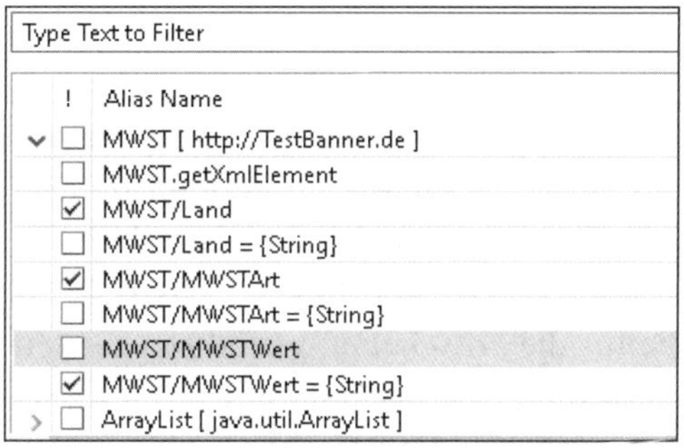

Abbildung 8.14 Elemente auswählen

Nachdem wir nun geklärt haben, wie unsere Eingabe- und Ausgabefelder der Business Rule aussehen sollen, ist es Zeit, die eigentliche Business Rule anzulegen:

1. Dafür klicken Sie, wie in Abbildung 8.15 dargestellt, auf den Ordner **Rules Modeling** und öffnen das Kontextmenü. Wählen Sie die Funktion **New Ruleset** aus.

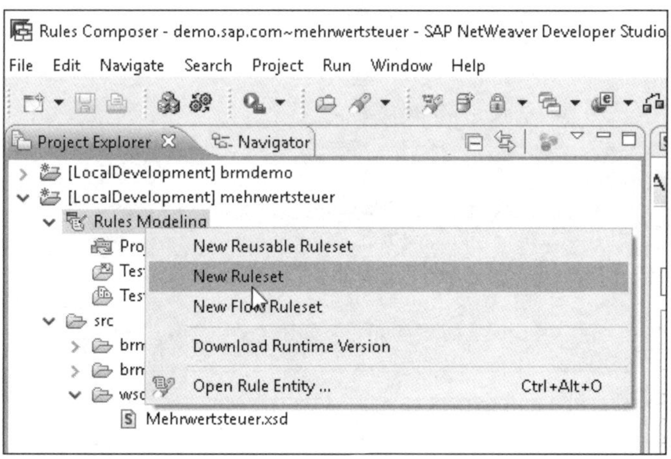

Abbildung 8.15 Neues Ruleset anlegen

2. Sie gelangen nun in den Anlege-Wizard und müssen, wie in Abbildung 8.16 gezeigt, einen Namen für das neue Ruleset definieren. In unserem Beispiel wählen Sie den Namen »MWST_Ruleset« und klicken auf **OK**.

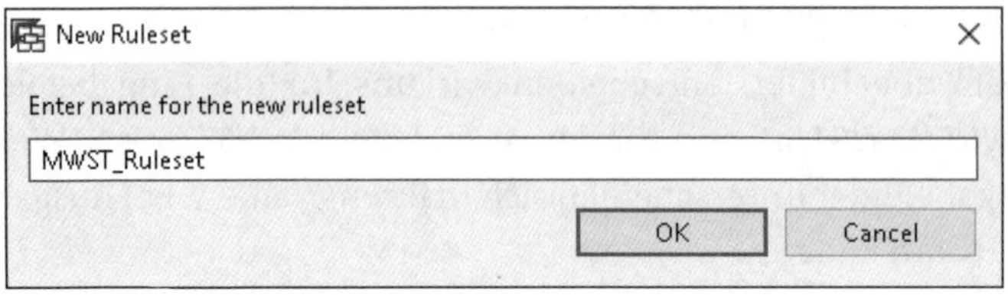

Abbildung 8.16 Ruleset per Wizard anlegen

3. Nachdem Sie ein neues Ruleset mit dem Namen **MWST_Ruleset** angelegt haben, sehen Sie nun einen neuen Ordner im Projektbaum mit diesem Namen, den Sie erweitern können (siehe Abbildung 8.17). In diesem neuen Ordner legen Sie jetzt eine Entscheidungstabelle (*Decision*-Tabelle) an. Das ist eine Tabelle, in der Sie Daten für die Business Rules hinterlegen, die für die Entscheidungsfindung verwendet werden. Dafür markieren Sie den Unterordner, wie in Abbildung 8.17 dargestellt, öffnen das Kontextmenü und wählen die Funktion **New Decision Table** aus.

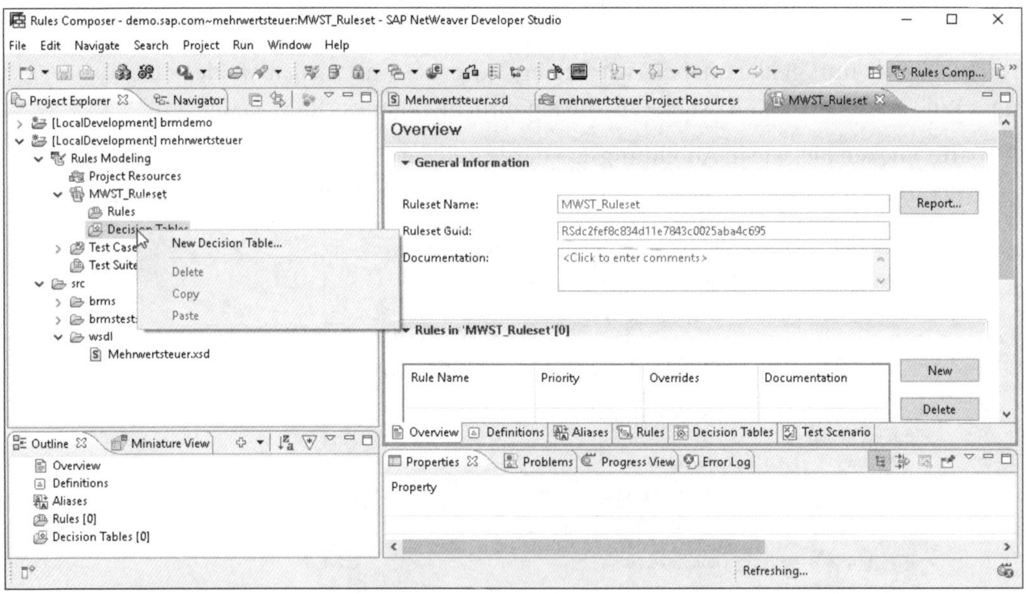

Abbildung 8.17 Decision-Tabelle anlegen

4. Im Folgedialog legen Sie den Namen für diese Tabelle mit Daten fest (siehe Abbildung 8.18). Für unser Beispiel wählen Sie hier den Namen »MWST_Decision_Tab« und klicken auf **Next**.

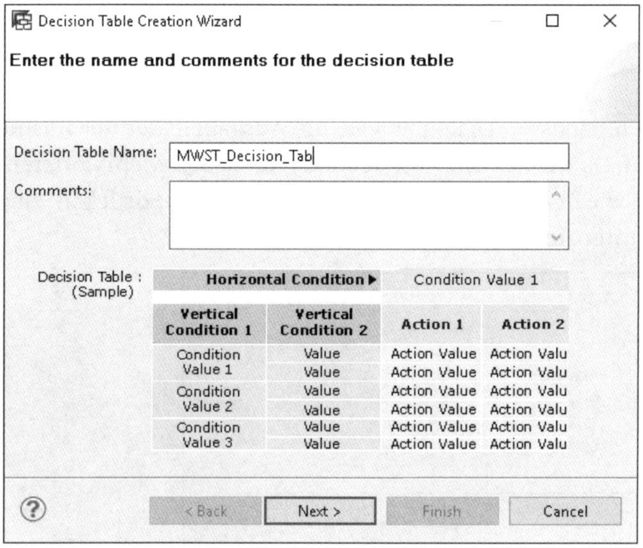

Abbildung 8.18 Decision-Tabelle anlegen

5. Auf der nächsten Dialogseite können Sie die Eingabefelder aus der MWST-Struktur auswählen, wie in Abbildung 8.19 zu sehen.

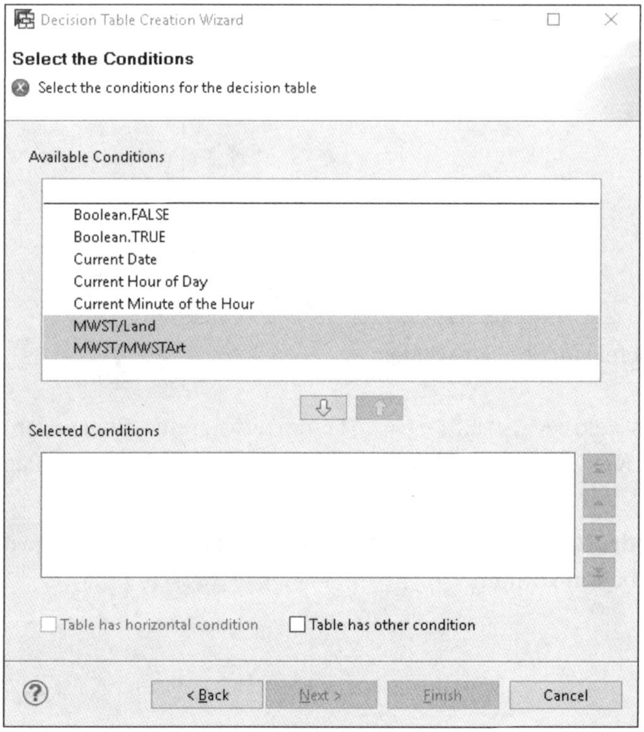

Abbildung 8.19 Conditions auswählen

6. Nachdem Sie die *Conditions*, also die Eingabefelder, ausgewählt haben, übernehmen Sie diese durch Klicken auf den gelben Pfeil nach unten und klicken im Anschluss auf **Next**.
7. Sie gelangen nun in den nächsten Dialog, wo Sie die Ausgabefelder der Business Rule definieren können. Da wir nur ein Ausgabefeld haben, den Mehrwertsteuersatz, wählen Sie diesen, wie in Abbildung 8.20 dargestellt, aus und drücken wieder den gelben Pfeil nach unten, um dieses Feld zu übernehmen.

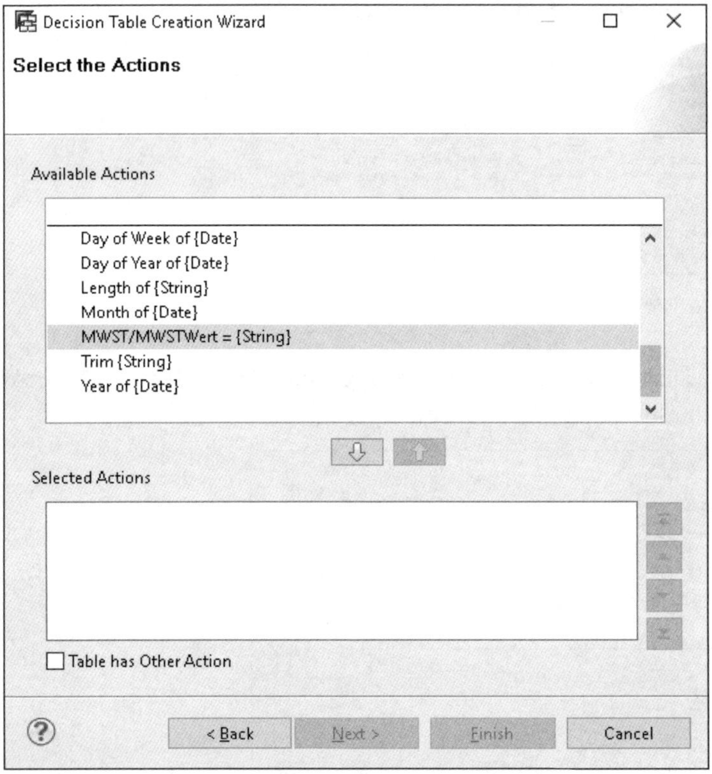

Abbildung 8.20 Ausgabefeld (Action) auswählen

8. Nachdem Sie nun das Feld `MWST/MWSTWert = {String}` erfolgreich übernommen haben, klicken Sie auf **Next**, dann auf **Finish**, um die Decision-Tabelle anzulegen (siehe Abbildung 8.21).
9. Nachdem Sie **Finish** gedrückt haben, gelangen Sie in einen Editor, in dem Sie den Inhalt der Tabelle bearbeiten können.

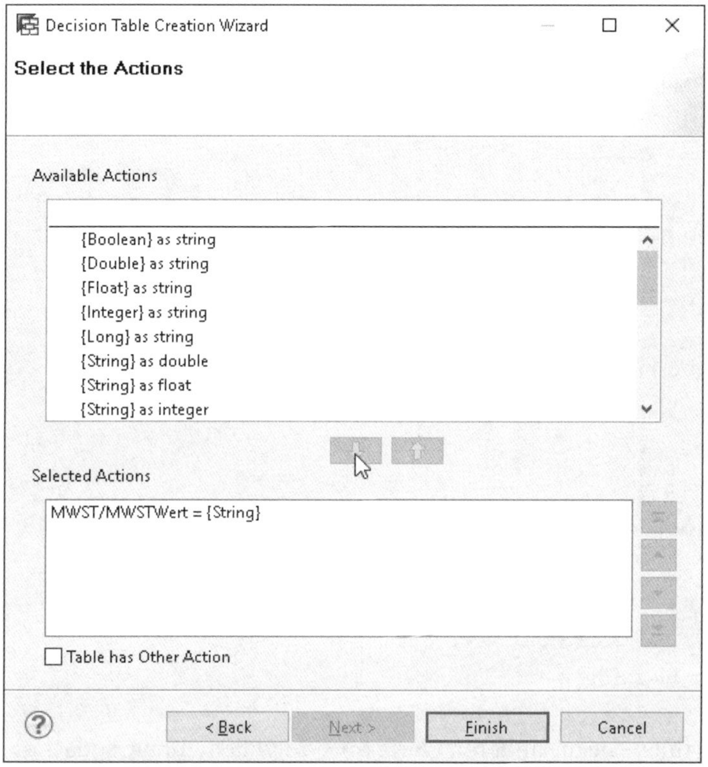

Abbildung 8.21 Die Auswahl der Action ist erfolgt.

Conditions definieren

Sie sehen in Abbildung 8.22 die Struktur mit den beiden Eingabeparametern (Conditions) und dem Ausgabewert (Action).

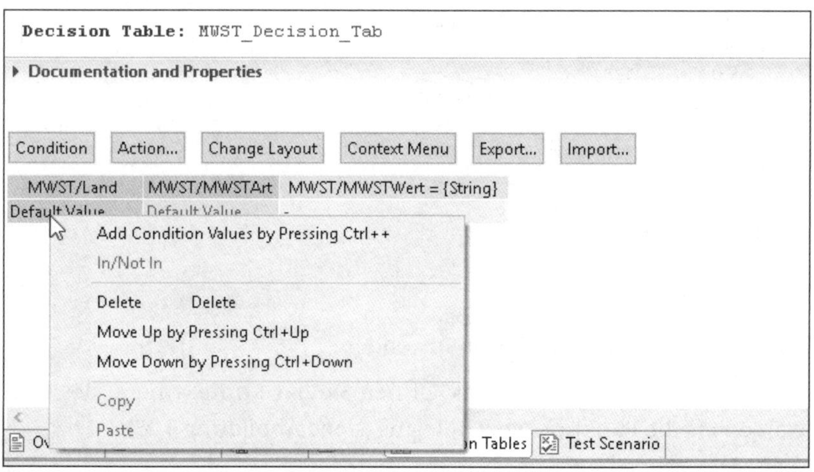

Abbildung 8.22 Decision-Tabelle editieren

1. Mit der rechten Maustaste können Sie nun in der jeweiligen Spalte das Kontextmenü öffnen und mit der Menüfunktion **Add Conditions Values** Inhalte der Tabelle hinzufügen. Wir fügen, wie in Abbildung 8.23 gezeigt, für Land den Wert »Deutschland« hinzu.

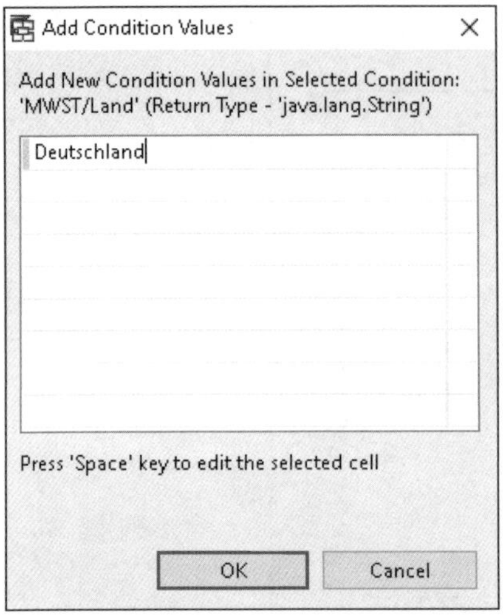

Abbildung 8.23 Werte hinzufügen

2. Auf demselben Weg füllen Sie die anderen Werte mit sinnvollem Inhalt, sodass die Tabelle am Ende den in Abbildung 8.24 dargestellten Inhalt hat.

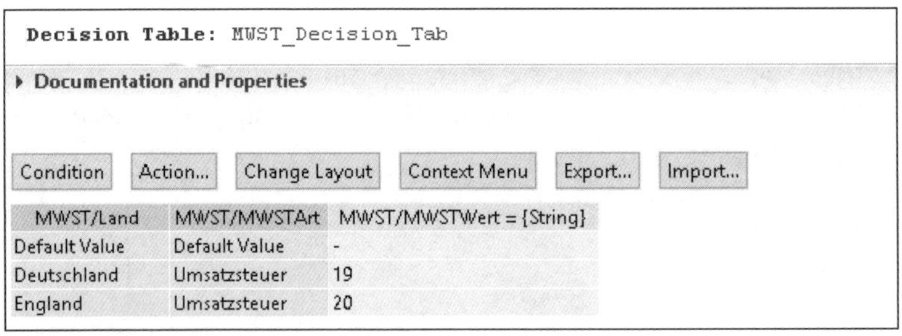

Abbildung 8.24 Inhalte einpflegen

3. Speichern Sie Ihre Änderungen.

Regel anlegen und konfigurieren

Jetzt können Sie die definierten Conditions anwenden:

1. Wechseln Sie in den Projektordner **Rules**. Öffnen Sie das Kontextmenü des Ordners, und wählen Sie die Funktion **New Rule** aus (siehe Abbildung 8.25).

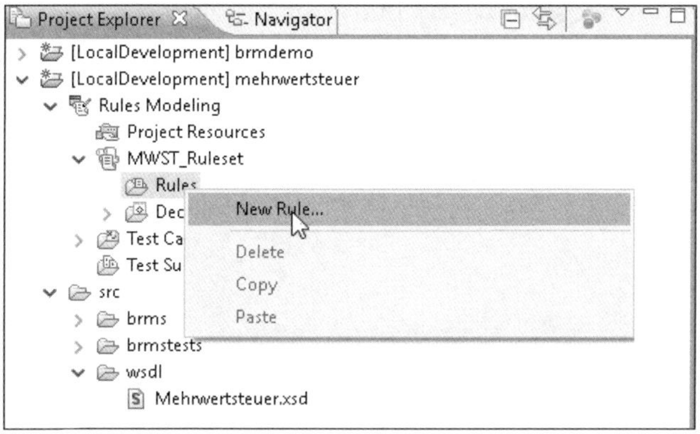

Abbildung 8.25 Neue Regel im Rules Modeling anlegen

2. Es wird ein Anlege-Wizard geöffnet, in dem Sie einen Namen für die neue Rule definieren. Wie in Abbildung 8.26 zu sehen, wählen wir für unser Beispiel den Namen »MWST_Rule«.

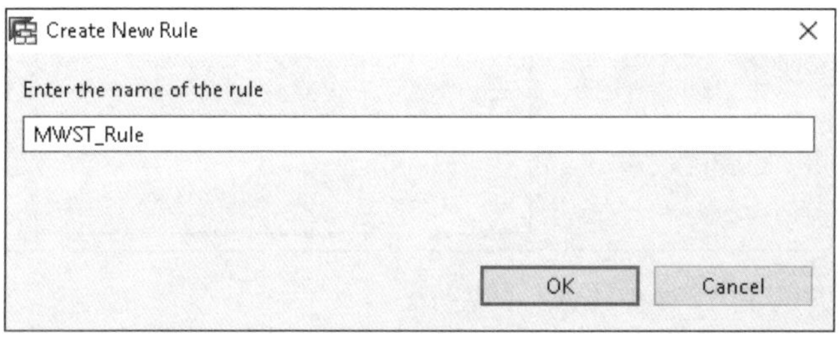

Abbildung 8.26 Rule per Wizard anlegen

3. Klicken Sie auf **OK**, um die Rule anzulegen. Der Rules-Editor aus Abbildung 8.27 wird angezeigt.

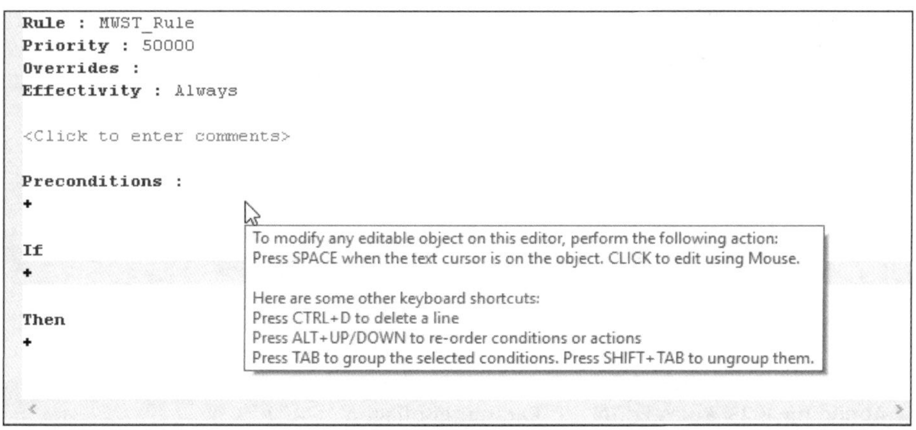

Abbildung 8.27 Rules-Editor

4. Hier sehen Sie nun bekannte Begriffe wie `If` und `Then`, mit denen die Business Rules Regelwerke hinterlegen können.

   Starten Sie für unser Beispiel mit dem `If`-Parameter, und klicken Sie auf das Pluszeichen unter dem `If` (siehe Abbildung 8.28).

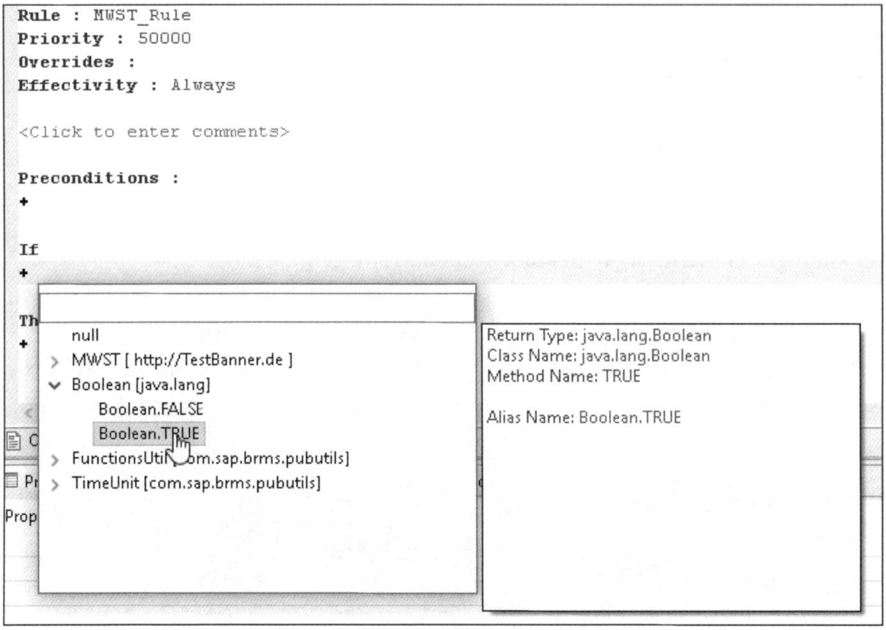

Abbildung 8.28 If-Parameter pflegen im Rules-Editor

5. Wählen Sie hier, wie in Abbildung 8.28 zu sehen, die Option `Boolean.TRUE` aus, und betrachten Sie dann das Ergebnis im Rules-Editor (siehe Abbildung 8.29).

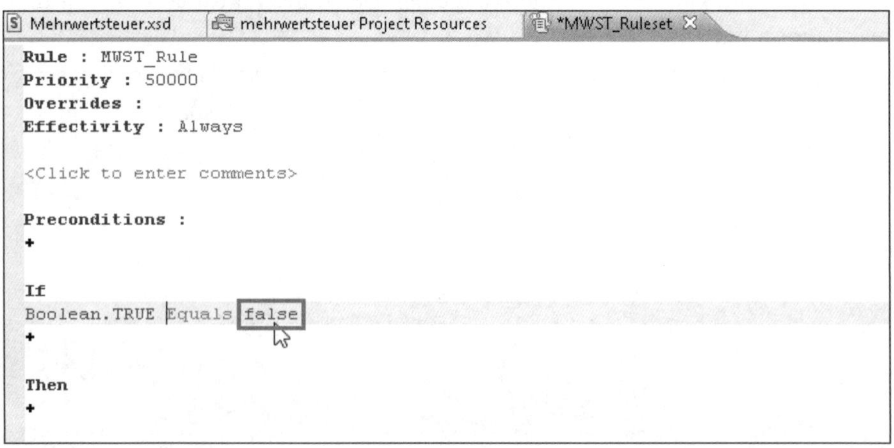

Abbildung 8.29 Rules-Editor – If-Parameter pflegen

6. Sie sehen, dass unter dem If eine Expression, ein Ausdruck, hinzugefügt wurde. Wir möchten mit unserer Business Rule erreichen, dass, wenn die Eingabeparameter »Land« und »MWSTArt« gleich sind, das passende Ausgabefeld, also die Mehrwertsteuer, zur Verfügung gestellt wird. Dafür müssen Sie das false entfernen und dafür auf das markierte false klicken, wie in Abbildung 8.29 zu sehen.

   Auch hier wählen Sie, wie in Abbildung 8.30 zu erkennen, die Option Boolean.TRUE aus.

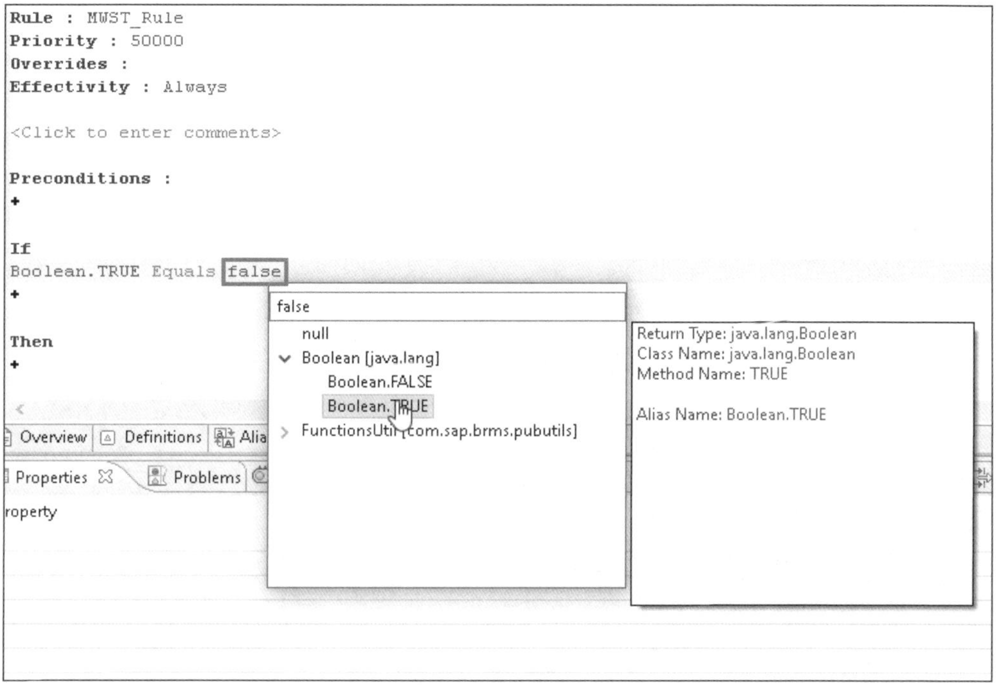

Abbildung 8.30 If-Parameter im Rules-Editor pflegen

Im Anschluss sollte dann der If-Parameter wie in Abbildung 8.31 definiert sein.

7. Nun müssen wir natürlich noch den korrespondierenden Then-Parameter einstellen. Wie schon in Abbildung 8.31 zu erkennen ist, klicken Sie dazu auf das Pluszeichen unter Then und wählen unsere vorher angelegte Decision-Tabelle mit dem Namen MWST_Decision_Tab aus.
8. Als Ergebnis sollten Sie nun im Rules-Editor die folgenden Definitionen wie in Abbildung 8.32 sehen, wenn alles korrekt angelegt wurde.

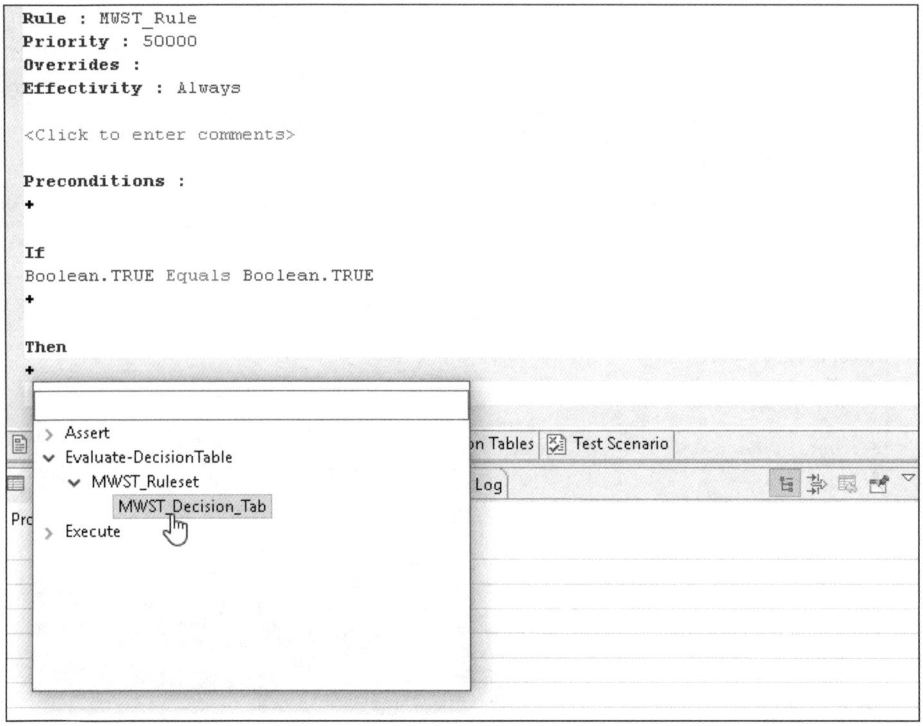

Abbildung 8.31 If-Parameter-Ergebnis

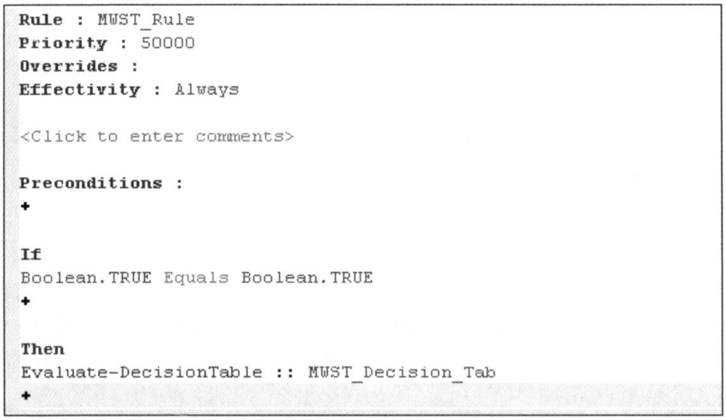

Abbildung 8.32 Ergebnis der gesamten Rule-Definition

9. Nun sind wir schon fast fertig. Wechseln Sie nun wieder in den Projektbaum zurück, klicken Sie mit der rechten Maustaste auf unser zuvor angelegtes Ruleset mit dem Namen **MWST_Ruleset**, und wählen Sie hier die Funktion **WebServices • Create WSDL Artifact** aus.

10. Sie gelangen dann wieder in einen Anlage-Wizard mit bereits automatisch ausgefüllten Vorschlagswerten, die Sie beibehalten. Klicken Sie auf **Next**.

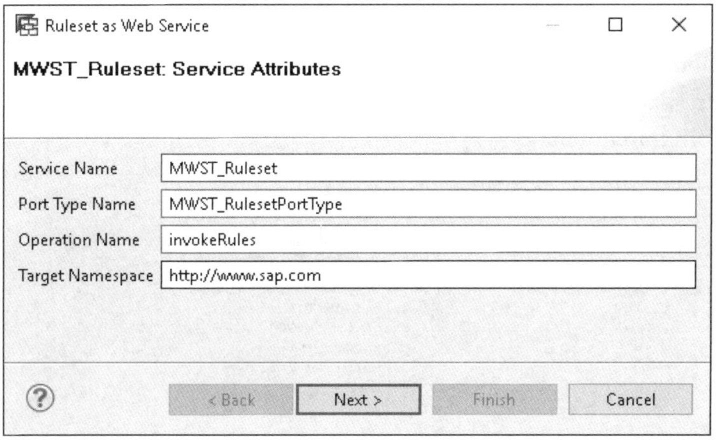

Abbildung 8.33 Webservice anlegen – Ruleset

11. Im Anschluss gelangen Sie auf die letzte Seite des Anlage-Wizards, die in Abbildung 8.34 gezeigt wird. Mit Klick auf **Finish** beenden Sie den Wizard.

Abbildung 8.34 Anlage im Wizard abschließen

8.2.3 Projekt erstellen

Nun müssen Sie das Projekt nur noch per Build-Prozess erstellen, um es dann per Deploy auf dem SAP-Server zu installieren.

1. Wechseln Sie wieder in den Projektbaum, und markieren Sie den obersten Knotenpunkt des Projekts, wie in Abbildung 8.35 gezeigt. Wählen Sie die Funktion **Development Component • Build**.

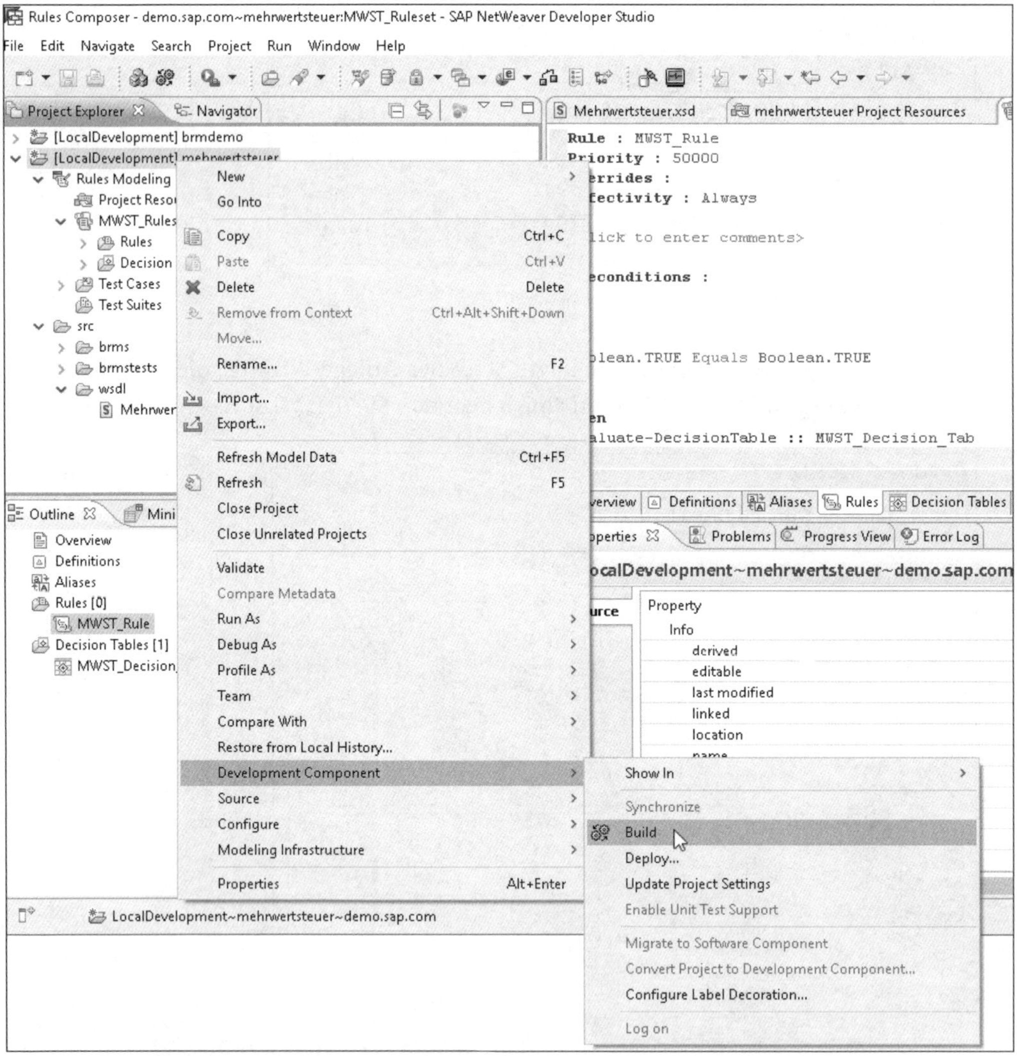

Abbildung 8.35 Build-Prozess starten

2. Nachdem Sie den Build-Prozess abgeschlossen haben, starten Sie nun auf demselben Weg den *Deploy*-Prozess. Sollten Sie bisher noch nicht Ihren SAP NetWeaver Application Server (AS) Java hinterlegt haben, können Sie dies nun unter **Win-**

dows • Preferences • SAP AS Java in Ihrem SAP NetWeaver Developer Studio tun. Falls der Deploy-Prozess ohne Fehler durchlaufen wurde, sollten Sie nun Ihre erste Business Rule erfolgreich angelegt und auf dem SAP NetWeaver AS Java installiert haben.

8.2.4 Regel testen

Nun sind wir natürlich neugierig und wollen unsere neue Business Rule auch mal testen:

1. Wechseln Sie in den Webbrowser des Clients und dort auf die Startseite des SAP-NetWeaver-AS-Java-Servers. In unserem Beispiel rufen wir den Server mit der URL *http://r02.realcore.local:50000* auf und gelangen dann auf die Startseite des Servers (siehe Abbildung 8.36).

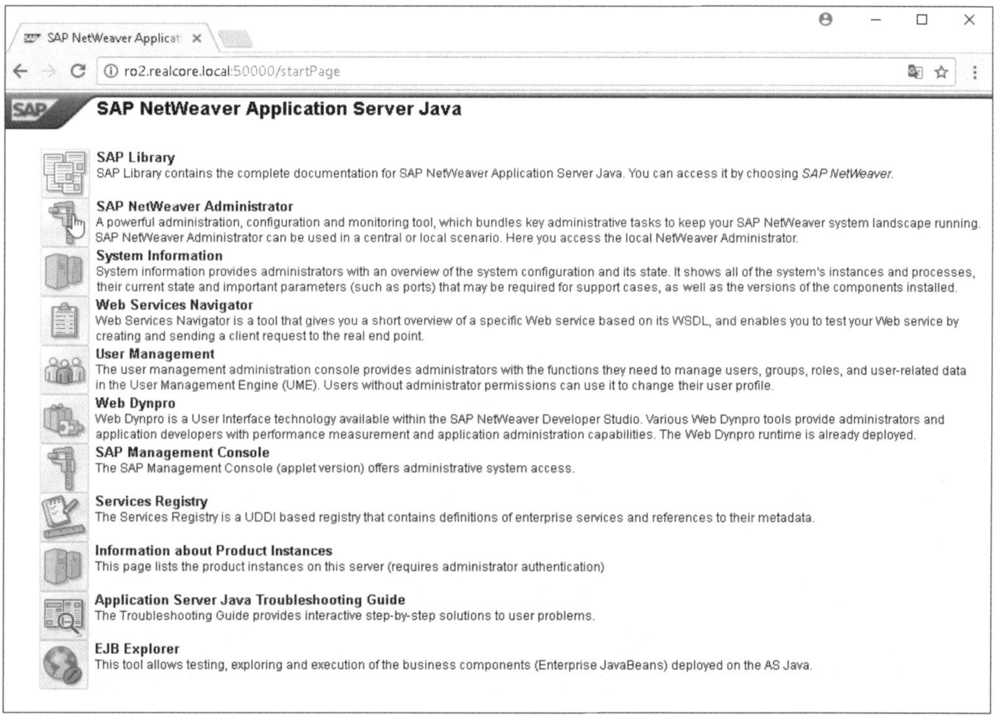

Abbildung 8.36 Startseite des SAP-NetWeaver-AS-Java-Servers

2. Klicken Sie hier auf die Funktion **SAP NetWeaver Administrator**, und melden Sie sich mit Ihrer UserID an. Hierfür benötigen Sie eine entsprechende Berechtigung. Sie gelangen dann auf die Startseite des SAP NetWeaver Administrators, wie in Abbildung 8.37 dargestellt.
3. In Abbildung 8.38 sehen Sie den Reiter **SOA**. Wählen Sie die Menüfunktion **Anwendungs- und Szenariokommunikation** aus.

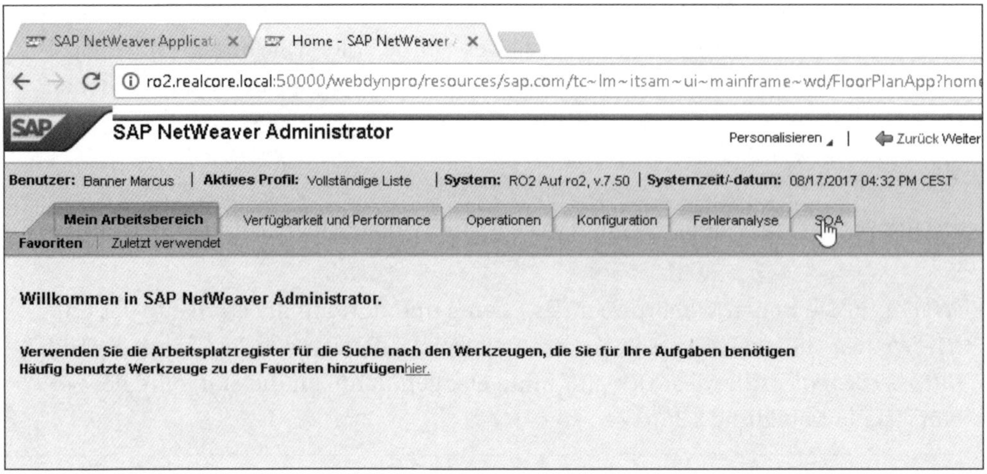

Abbildung 8.37 Startseite des SAP NetWeaver Administrators

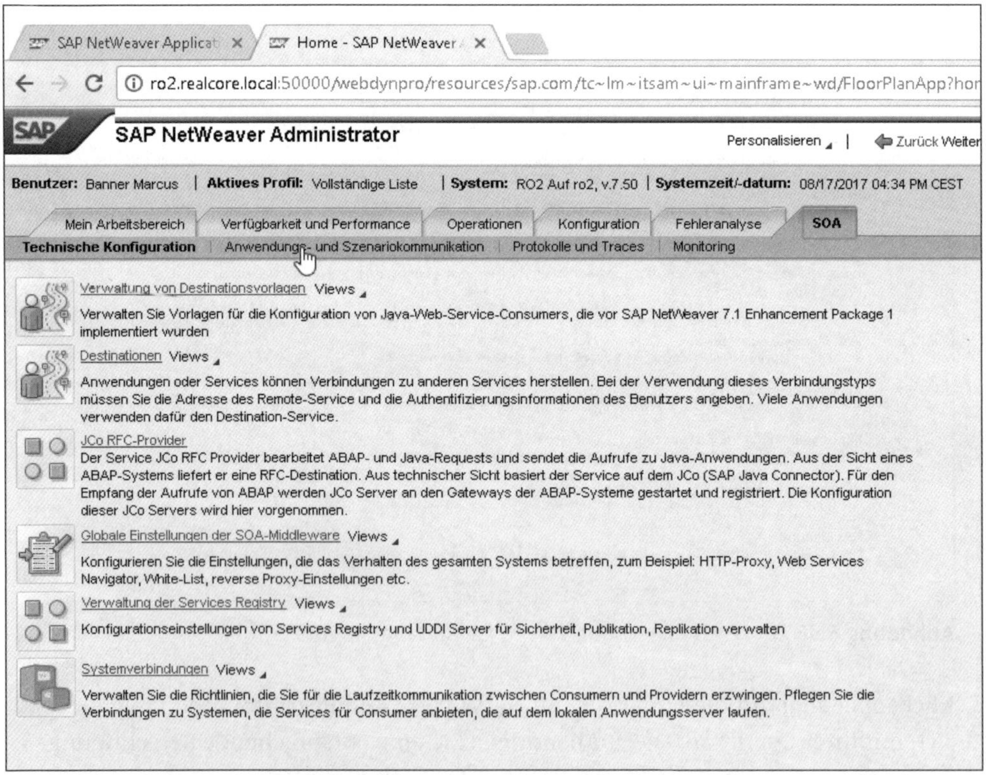

Abbildung 8.38 Reiter »SOA«

4. Sie gelangen in einen weiteren Auswahldialog, der in Abbildung 8.39 abgebildet ist. Wählen Sie die erste Funktion **Administration einzelner Services** aus.

Abbildung 8.39 Anwendungs- und Szenariokommunikation

5. Sie gelangen nun in einen Folgedialog, in dem Sie einzelne Services suchen können. Geben Sie in der Suchmaske »MWST« ein, und klicken Sie auf **Suchen**. Sie sollten nun Ihren zuvor deployten Service finden, wie in Abbildung 8.40 gezeigt.

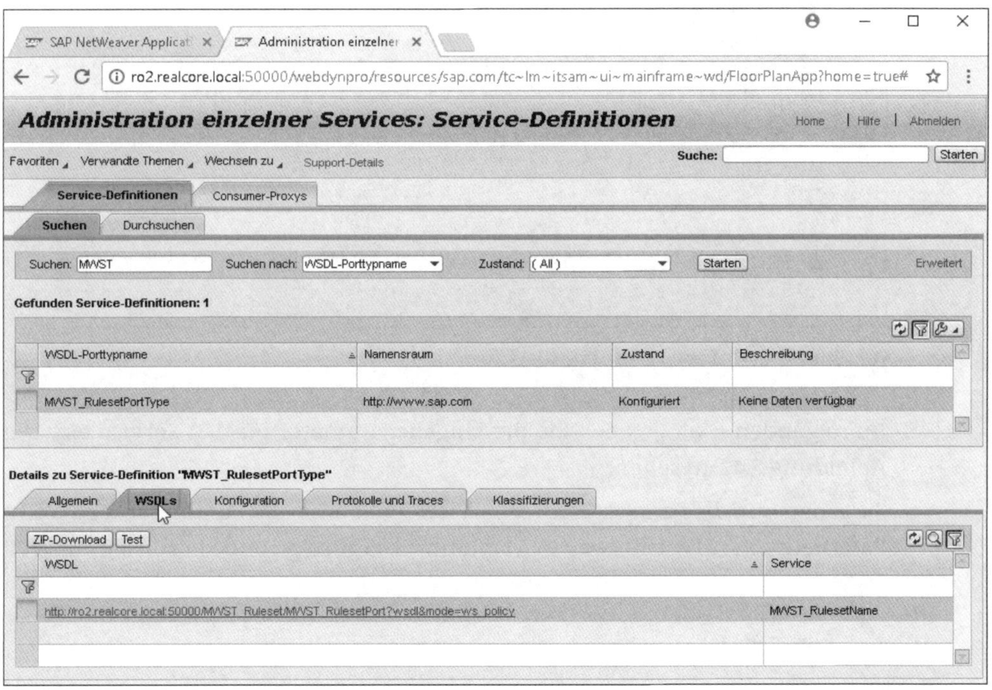

Abbildung 8.40 Services suchen und testen

6. Markieren Sie unseren Beispielservice **MWST_RulesetPortType**, und klicken Sie unten auf den Reiter **WSDL**. Dort sehen Sie die Schaltfläche **Test**, mit dem Sie diesen Service testen können. Bitte achten Sie darauf, dass Sie keinen Pop-up-Blocker in Ihrem Browser aktiv haben, da der SAP NetWeaver Administrator ein neues Fenster öffnen wird.
7. Der Test-Wizard für unseren Service wird geöffnet, wie in Abbildung 8.41 zu sehen. Markieren Sie die einzige Auswahl, und klicken Sie auf **Next**.

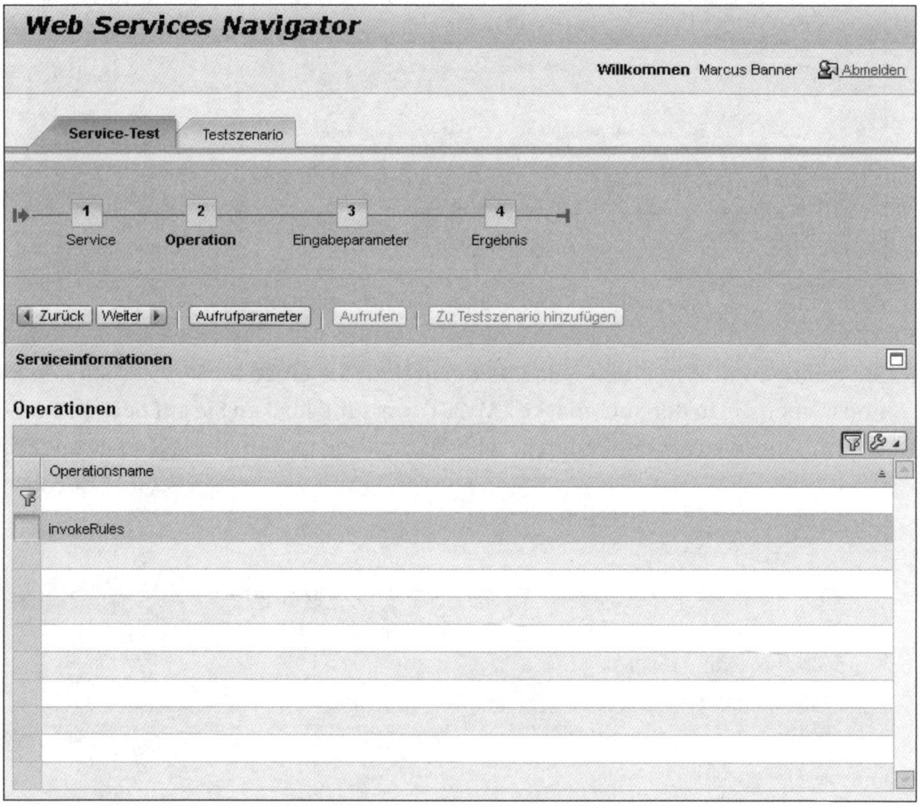

Abbildung 8.41 Test-Wizard für den Service

8. Im folgenden Dialog geben Sie die Eingabeparameter für den Service ein, wie in Abbildung 8.42 zu sehen.
9. Sie sehen nun die Parameter Ihrer Services. Füllen Sie den Parameter **Land** und den Parameter **MWSTArt** aus, wie in Abbildung 8.43 gezeigt, und klicken Sie auf **Weiter**.

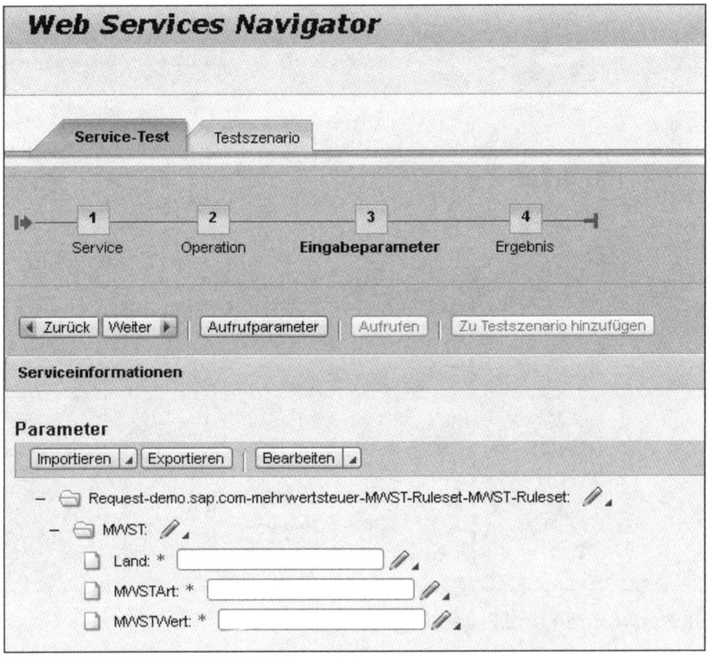

Abbildung 8.42 Eingabeparameter ausfüllen

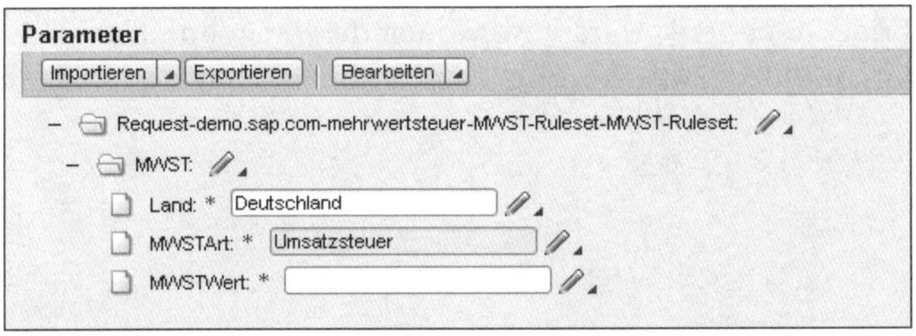

Abbildung 8.43 Inhalte hinzufügen für das Testen des Service

10. Nachdem Sie den Service mit den Eingabewerten ausgeführt haben, sollte laut der Decision-Tabelle das Ausgabefeld **MWSTWert** mit dem Inhalt 19 gefüllt werden. In Abbildung 8.44 sehen Sie, dass genau dies passiert ist und dass unsere Business Rule genau so funktioniert, wie wir es uns vorgestellt haben.

Sie haben soeben also erfolgreich Ihre erste Business Rule angelegt. Dieser Service kann nun bequem in beliebigen Programmen als Webservice aufgerufen werden, und der Mehrwertsteuersatz für diverse Länder kann an einer zentralen Stelle bequem gemanagt werden.

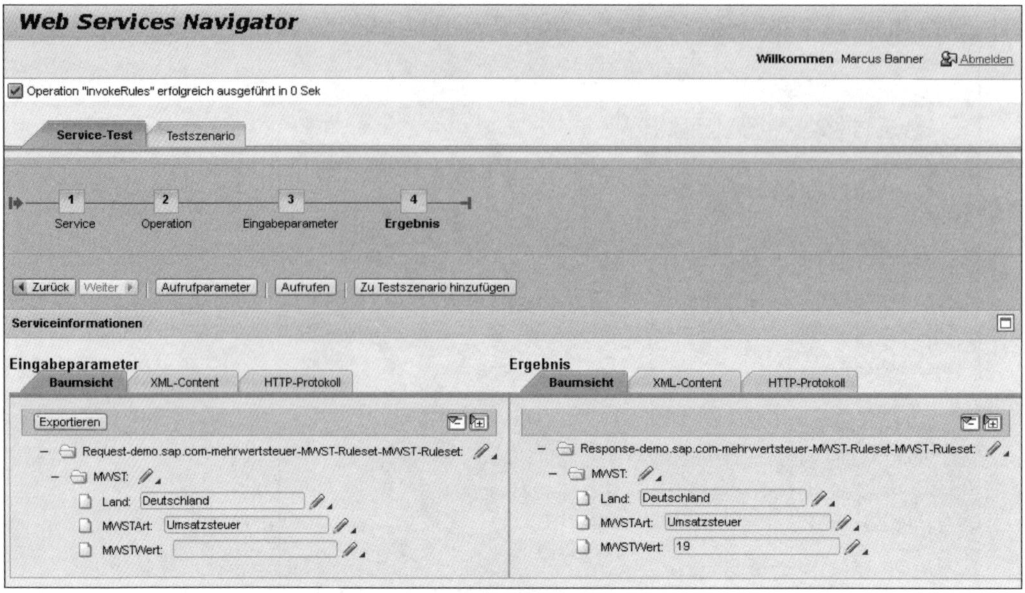

Abbildung 8.44 Service ausführen und Ergebnisse prüfen

Wir hoffen, wir konnten Ihnen anhand des Mehrwertsteuerbeispiels die Funktion und Wirkungsweise von SAP BRM verdeutlichen. In unserem großen Praxisbeispiel in Kapitel 10, »Hybride Szenarien«, werden wir Ihnen die integrierte Nutzung von BRM in Kombination mit BPM, SAP Process Orchestration und SAP Cloud Platform zeigen.

Kapitel 9
Einführung in SAP Cloud Platform Integration

Mit der SAP Cloud Platform Integration bietet die SAP eine neue Integrationsplattform in der Cloud an. In diesem Kapitel geben wir Ihnen einen Überblick über den Aufbau, den Funktionsumfang und die Werkzeuge der SAP Cloud Platform Integration und ordnen diese im Kontext von SAP Process Integration/Process Orchestration ein.

In diesem Kapitel stellen wir Ihnen die Cloud-basierte Prozessintegrationsplattform *SAP Cloud Platform Integration* vor. Hierbei werden wir die Cloud Platform Integration in den historischen Kontext einordnen, ihren Funktionsumfang beschreiben sowie auf die Vor- und Nachteile dieser Cloud-basierten Integrationslösung eingehen. Am Ende dieses Kapitels sollten Sie die Einsatzzwecke der Cloud Platform Integration kennen und unterscheiden können, wann der Einsatz der Cloud-Lösung und wann der Einsatz einer On-Premise-SAP-Process-Orchestration sinnvoller ist sowie die grundlegenden Entwicklungswerkzeuge der Cloud Platform Integration kennen und nutzen können.

9.1 Grundlagen der SAP Cloud Platform Integration

In diesem Abschnitt werden Sie die Grundlagen der SAP Cloud Platform Integration kennenlernen und in den Kontext der bisher dominierenden On-Premise-Integrationslösungen einordnen.

9.1.1 Prozessintegration in der Cloud

In Zeiten der steten Digitalisierung, von Industrie 4.0, immer vielfältigerer Internet-of-Things-(IoT-)Lösungen sowie dem rasanten Wachstum von Cloud-Services und -Applikationen entwickelt sich auch SAP Stück für Stück in die Cloud. Zwar ist mittelfristig nicht abzusehen, dass Unternehmen ihre komplette Infrastruktur in die Cloud verlagern, jedoch steigt die Anzahl der Unternehmen, die zumindest partiell Cloud-Dienste nutzen, stetig. An dieser Stelle entstehen *hybride* Systemlandschaften – also solche, die aus IT-Systemen in der Cloud sowie aus IT-Systemen in der On-Premise-Landschaft des Kunden bestehen.

Um eine möglichst einfache Integration zwischen On-Premise- und Cloud-Systemen sowie zwischen Cloud- und Cloud-Systemen zu ermöglichen, hat SAP die SAP Cloud Platform Integration entwickelt.

Auch wenn die SAP Cloud Platform Integration auf den ersten Blick als disruptive Technologie gegenüber der SAP Process Orchestration angesehen werden könnte, sieht SAP die SAP Cloud Platform mehr als zusätzliche Lösung. Reine On-Premise-Schnittstellen sollen weiterhin durch die Produkte SAP Process Integration sowie SAP Process Orchestration abgebildet werden. Erst wenn eine oder mehrere Cloud-Systeme Teil des zu integrierenden Szenarios sind, kommt die Cloud Platform Integration zum Zuge. Tabelle 9.1 zeigt eine Übersicht.

Integrationspartner	Empfohlene Integrationslösung
on premise zu on premise	SAP Process Orchestration
on premise zu Cloud	SAP Cloud Platform Integration/ SAP Process Orchestration
Cloud zu on premise	SAP Cloud Platform Integration/ SAP Process Orchestration
Cloud zu Cloud	SAP Cloud Platform Integration

Tabelle 9.1 Empfohlene Integrationslösungen für die verschiedenen Integrationspartner

Bei reinen Cloud-to-Cloud-Schnittstellen ist die Empfehlung klar die SAP Cloud Platform Integration. Bei Schnittstellen zwischen On-Premise- und Cloud-Systemen kann fallabhängig entschieden werden, ob eine Integration mit SAP Cloud Platform oder SAP Process Orchestration sinnvoller ist. Hierbei spielen verschiedene Faktoren wie mögliche Firewall-Freigaben, Verbindungsproblematiken, das zu übertragene Datenvolumen sowie die Komplexität der Schnittstelle eine Rolle, auf die wir im Verlauf des Kapitels noch eingehen werden.

Weitere große Vorteile der SAP Cloud Platform Integration liegen in der Natur von Cloud-Applikationen selbst und werden in Abbildung 9.1 dargestellt. Dadurch, dass es sich bei der SAP Cloud Platform Integration um eine standardisierte Applikation handelt, die von SAP gehostet und betreut wird, sind wesentlich schnellere Entwicklungen möglich. Vergingen in der klassischen On-Premise-Landschaft oftmals Monate von der Entscheidung für die Process Orchestration über den Kauf von Lizenzen und Hardware, die Installation, Einrichtung und Entwicklung bis hin zum Deployment, so lässt sich ein Cloud-Platform-Projekt binnen Wochen, teils sogar innerhalb weniger Tage stemmen. Von der Bestellung der Lizenz bis zur Bereitstellung der fertig installierten Cloud-Platform-Integration-Instanz vergehen nur wenige Tage. Hardwarekauf, -installation und Basisadministration entfallen bei der Nutzung einer Managed Cloud-Applikation.

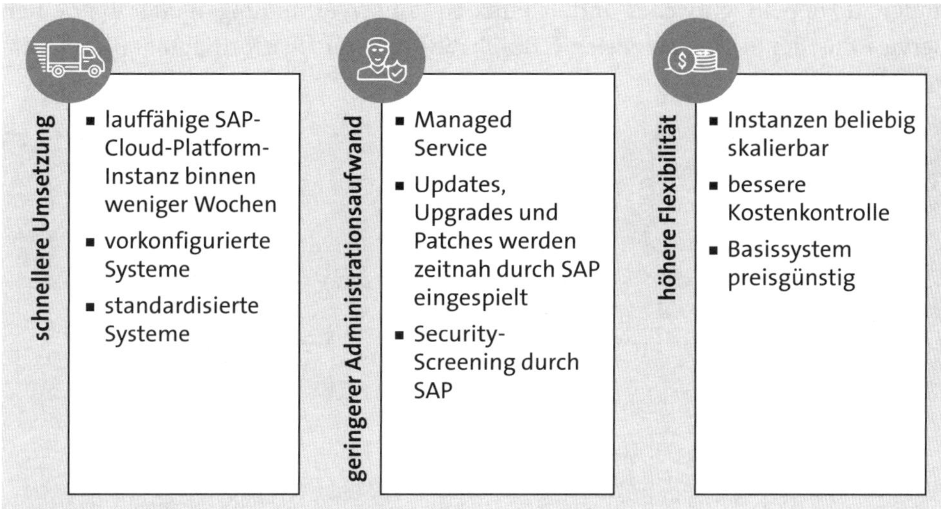

Abbildung 9.1 Vorteile der SAP Cloud Platform

Auch Aufwände und Verzögerungen für das Aufspielen von Upgrades, Updates und Patches entfallen, da dies bei Managed Services in den Aufgabenbereich von SAP als Cloud-Dienstleister fällt.

Zusammengefasst sind die wesentlichen Vorteile der SAP Cloud Platform Integration also die Geschwindigkeit von der Entscheidung bis zur produktiven Schnittstelle, die flexible Preis- und Ressourcenpolitik sowie der verminderte Basisadministrationsaufwand.

9.1.2 Einsatzszenarien und Funktionsumfang der SAP Cloud Platform Integration

Web- und Cloud-basierte Geschäftsprozesse finden sich heutzutage an diversen Stellen, sei es die Registrierung auf einer Lieferantenplattform, der Abschluss einer neuen Kfz-Versicherung oder der Kauf in einem Onlineshop. Hinter all diesen Aktivitäten stecken Geschäftsprozesse, an denen jeweils eine Vielzahl an Backend-Systemen beteiligt ist. Nehmen wir z. B. den Abschluss einer Kfz-Versicherung. Gibt der Kunde seine Daten in das Formular ein und bestätigt den Versicherungsabschluss, muss eine neue Akte im Customer-Relationship-Management-System (CRM-System) angelegt werden, ein neuer Vertrag in der Verkaufsplattform generiert werden sowie ein Mailing mit den Vertragsunterlagen an den Kunden ausgelöst werden. In diesem Beispielszenario müssen also die Daten vom Webserver an drei weitere Systeme verteilt werden, die in der Regel von unterschiedlichen Herstellern stammen und alle proprietäre Schnittstellen anbieten.

Nun gibt es, wie in Abbildung 9.2 gezeigt, zwei Möglichkeiten, diese Systeme miteinander zu koppeln: entweder mittels Punk-zu-Punkt-Verbindungen oder über einen Service-Bus, der in unserem Beispiel durch die SAP Cloud Platform Integration repräsentiert wird.

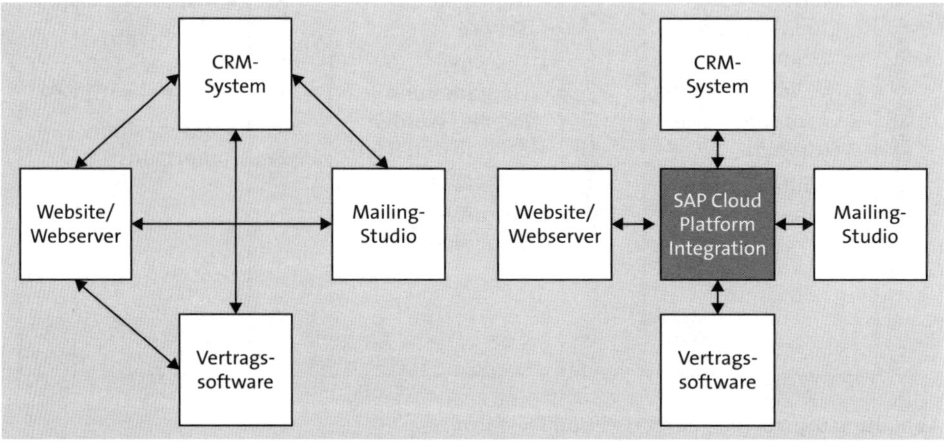

Abbildung 9.2 Lose gekoppelte Systeme im Vergleich zur Service-Bus-basierten Kommunikation

Bei einer lose gekoppelten Architektur, die auf Punkt-zu-Punkt-Verbindungen basiert, kann eine Systemkomponente eingespart werden, jedoch schmälert dies mittel- bis langfristig die Wartbarkeit und steigert die Kosten für Wartung und Betrieb.

Eine auf einem *Service-Bus* basierende Architektur hingegen bringt mehrere Vorteile mit sich. So kann zum einen die Anzahl der Schnittstellen reduziert werden, und zum anderen betreffen Aktualisierungen immer nur Teilsysteme. Würde in unserem Szenario beispielsweise ein Update des CRMs dessen Schnittstellenvereinbarung ändern, so müssten bei einer Punkt-zu-Punkt-Verbindung drei Schnittstellen geändert, getestet und neu deployt werden. Im Fall einer zentralisierten Service-Bus-Architektur müsste nur die Schnittstelle zwischen CRM und SAP Cloud Platform Integration aktualisiert werden. Alle weiteren Schnittstellen und Systeme wären von dem Update nicht betroffen.

Ein weiterer Vorzug dieses Architekturmodells ist das verbesserte Monitoring. Da alle Prozesse über die Integrationsplattform laufen, kann jeder Datenfluss betrachtet, protokolliert und gemessen werden, sodass sich wesentlich leichter Aussagen über Nutzungsverhalten und Arbeitslast treffen lassen.

Wie in Abschnitt 9.1.1, »Prozessintegration in der Cloud«, bereits erläutert wurde, lassen sich die Integrationsszenarien, die durch die SAP Cloud Platform Integration abgebildet werden können, in verschiedene Typen kategorisieren. Die Unterscheidung geschieht hierbei nach dem Standort der beteiligten Systeme. Es wird zwischen *Cloud-* und *On-Premise-Systemen* unterschieden.

- **Cloud-Systeme**
  Cloud-Systeme sind Applikationen und Services, die in der Cloud gehostet werden. Cloud bezeichnet hierbei ein externes, über das Internet erreichbares Rechenzentrum, das nicht im Besitz des Kunden ist. Cloud-Systeme werden üblicherweise als Managed Services angeboten, d. h., dass Wartungs- sowie Servicearbeiten durch den Cloud-Dienstleister vorgenommen werden.
- **On-Premise-Systeme**
  On-Premise-Systeme sind Applikationen oder Services, die lokal in der Systemlandschaft des Kunden laufen. Wartung, Betrieb sowie die Hardware, auf der das System läuft, werden vom Kunden selbst verwaltet. Verbindungen aus der Systemlandschaft des Kunden heraus sind von der Leistungsfähigkeit sowie der Ausfallsicherheit der vom Kunden geschalteten Internetanbindung abhängig.

In den folgenden Abschnitten stellen wir Ihnen die einzelnen Typen näher vor und beschreiben die praktische Eignung der Cloud Platform Integration für einzelne Szenarien.

Cloud-zu-Cloud-Integration

Bei einer reinen Cloud-zu-Cloud-Integration werden zwei Cloud-Systeme über eine SAP Cloud Platform Integration miteinander verbunden (siehe Abbildung 9.3). Hierbei muss keinerlei Software installiert werden, da sowohl die Cloud-Systeme als auch die SAP Cloud Platform Integration als Software as a Service (SaaS) angeboten werden.

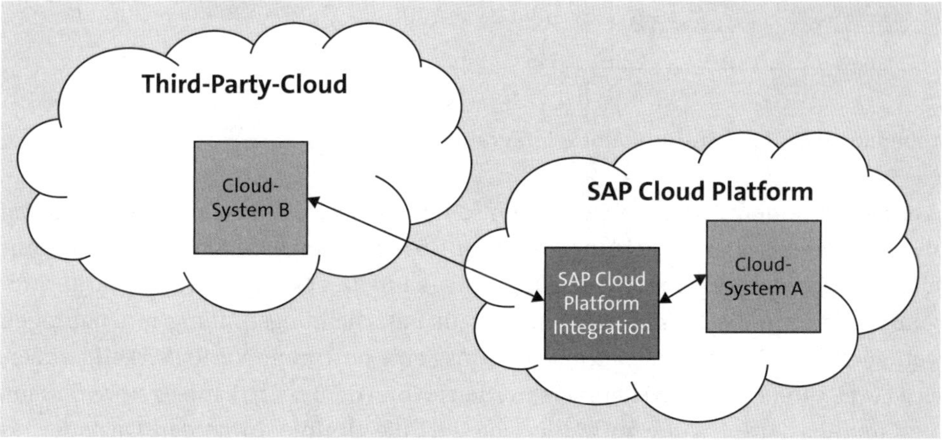

Abbildung 9.3 Cloud-zu-Cloud-Integration

Neben der schnellen Umsetzbarkeit bietet eine Integration zweier Cloud-Systeme über einen Cloud-basierten Service-Bus wie die SAP Cloud Platform vor allem bei erhöhtem Datenaufkommen erhebliche Geschwindigkeitsvorteile. Würden die Cloud-Systeme über eine On-Premise-Lösung wie SAP Process Orchestration verbunden werden, so müsste der gesamte Traffic über die lokale Internetleitung des Unternehmens geschleust werden. Dies stellt sich in der Praxis oftmals als Flaschenhals heraus.

Cloud-zu-On-Premise-Integration

Bei einer Cloud-zu-On-Premise-Integration wird mindestens ein Cloud-System mit mindestens einem On-Premise-System verbunden. Hierbei gibt es zwei Varianten: Entweder werden die Systeme, Cloud wie on premise, über eine Cloud-basierte EAI wie die SAP Cloud Platform Integration oder über eine On-Premise-Lösung wie SAP Process Orchestration verbunden. Abbildung 9.4 zeigt beide Varianten.

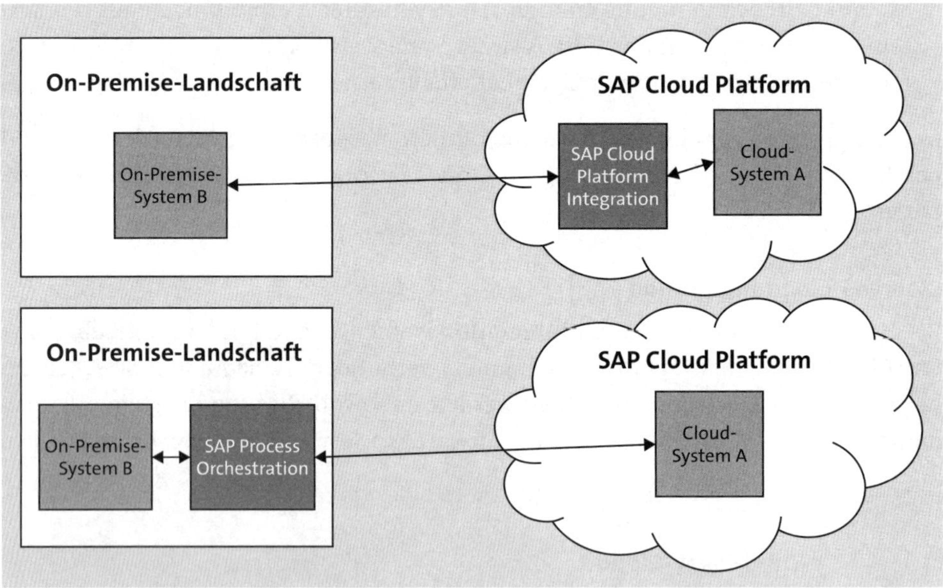

Abbildung 9.4 Cloud-zu-On-Premise-Integration

Welche der beiden Varianten Sie wählen sollten, hängt von verschiedenen Faktoren ab. Wenn bereits eine der beiden Integrationslösungen angeschafft wurde und somit schneller oder günstiger zur Verfügung steht, kann dies ein Entscheidungskriterium sein. Auch kann die Betriebskostenfrage zur Entscheidungsfindung hinzugezogen werden. Ist die Schnittstelle »kritisch«? Muss eine bestimme Verfügbarkeit per Service Level Agreement (SLA) definiert werden? Wenn dem so ist, kann es sinnvoll sein, die Cloud-basierte Lösung zu wählen, da dort die Uptime durch den Dienstleister garantiert wird und nicht mehr in der Verantwortung des Kunden liegt. Ein weiteres

Entscheidungskriterium kann bestehender Integrationsinhalt (Integration Content) sein. Gibt es für eine der Integrationsplattformen bereits Standardinhalt (Standard Content) zur Anbindung der Systeme, so kann auf diesem System die Time-to-Value drastisch reduziert werden.

Vordefinierter Integration Content/Content Hub

Im *Content Hub* stellt SAP vordefinierte Content-Pakete für die SAP Cloud Platform Integration bereit. Diese Pakete existieren für verschiedenste Cloud-Applikationen und bieten Inhalte zur leichteren Anbindung verschiedener Geschäftsprozesse. Kunden können vordefinierten Content direkt über den Content Hub in die eigene SAP-Cloud-Platform-Instanz laden und somit in kürzester Zeit Standardschnittstellen umsetzen. Der Umfang der zur Verfügung gestellten Pakete nimmt stetig zu, sodass es sich lohnt, vor der Umsetzung einer neuen Schnittstelle immer erst im Content Hub nach Neuerungen zu schauen.

Hybride Cloud-zu-On-Premise-Integration

Eine hybride Cloud-zu-On-Premise-Integration ähnelt in vielen Punkten der normalen Cloud-zu-On-Premise-Integration. Auch hier wird mindestens ein On-Premise-System mit mindestens einem Cloud-System verbunden. Jedoch stellt sich bei einer hybriden Lösung nicht die Frage, ob eine On-Premise-Integrationslösung oder eine Cloud-Integrationslösung genutzt wird, da in einer hybriden Lösung sowohl on premise als auch in der Cloud auf einen Service-Bus gesetzt wird. Abbildung 9.5 zeigt die Architektur.

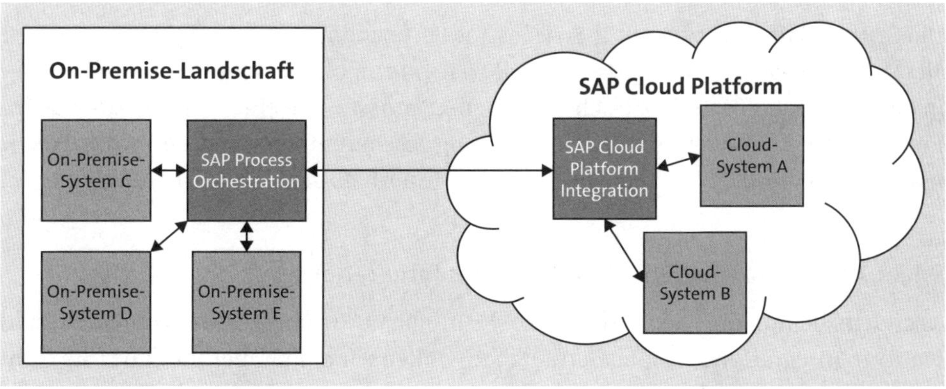

Abbildung 9.5 Hybride Cloud-zu-On-Premise-Integration

Die Verbindung zwischen on premise und Cloud wird zwischen den beiden Integrationssystemen aufgespannt. Dieser Ansatz lohnt sich besonders, wenn sowohl auf Cloud- als auch auf On-Premise-Seite mehrere Systeme stehen, die miteinander verbunden werden sollen, da so im Idealfall nur eine einzige Verbindung im lokalen Netz geöffnet werden muss.

On-Premise-zu-On-Premise-Integration

Eine On-Premise-zu-On-Premise-Integration verbindet zwei On-Premise-Systeme miteinander (siehe Abbildung 9.6). Der Vollständigkeit halber führen wir auch dieses Szenario auf, da es sich technisch mit der SAP Cloud Platform Integration umsetzen lässt. In der Praxis sollte dieses Szenario jedoch nicht aufgebaut werden, sondern stattdessen eine On-Premise-Integrationslösung wie SAP Process Orchestration genutzt werden.

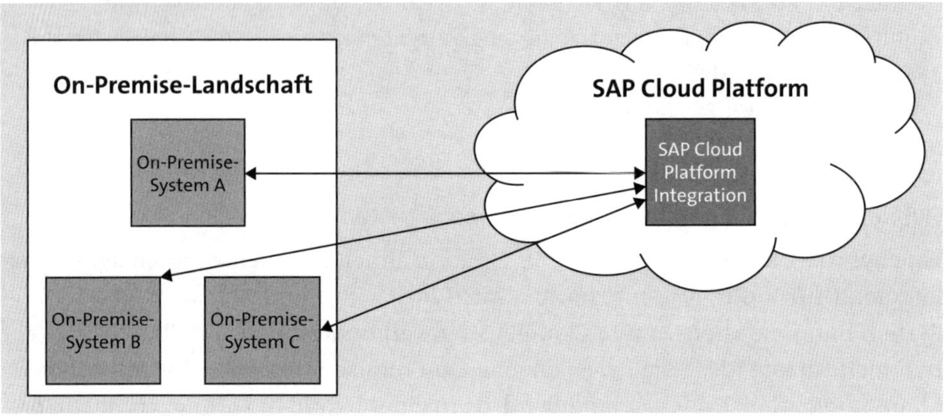

Abbildung 9.6 On-Premise-zu-On-Premise-Integration mit einem Cloud-basierten Service-Bus

Die Gründe dafür sind vielfältig. So ist es aus Performancesicht wenig sinnvoll, zuerst alle Daten aus der Firmenlandschaft über das Internet in die Cloud und dann wieder in die Firmenlandschaft zu senden. Ebenso müsste für eine On-Premise-zu-On-Premise-Integration eine externe Verbindung geschaffen werden, die eigentlich nicht nötig ist, da sowohl Quell- als auch Zielsystem innerhalb der Firmenarchitektur liegen.

9.1.3 Architektur der SAP Cloud Platform Integration

Nachdem Sie nun die Einsatzzwecke sowie mögliche Einsatzszenarien der SAP Cloud Platform Integration kennengelernt haben, wollen wir einen Überblick über die technische Architektur geben. Ohne ein grundlegendes Verständnis des Aufbaus der SAP Cloud Platform Integration sind einige der Schritte während der Schnittstellenentwicklung auf der SAP Cloud Platform Integration nur schwer nachzuvollziehen. Zum Ende dieses Abschnitts sollten Sie die Begriffe *Tenant*, *VM-Instanz*, *Runtime* und *Management Node* sowie *Cluster* kennen und in den Kontext einordnen können.

Aufbau der SAP Cloud Platform Integration

Im Rahmen von Cloud-Anwendungen, zu denen die SAP Cloud Platform Integration zählt, spielt Virtualisierung eine wesentliche Rolle, denn prinzipiell teilen sich viele verschiedene Kunden ein und dieselbe Hardware im Rechenzentrum. Damit die Daten und Prozesse der einzelnen Kunden zu jedem Zeitpunkt vor gegenseitigem Eingriff sowie Einsicht geschützt sind, hat SAP ein ausgeklügeltes System zur Kapselung der einzelnen Kundeninstanzen implementiert. Der wesentliche Begriff hierbei sind die sogenannten *Tenants* (dt. Mieter).

Ein Tenant ist die größte logische Verwaltungseinheit im nachfolgend beschriebenen Architekturmodell. Im Normalfall enthält jeder SAP-Cloud-Platform-Integration-Kunde pro SAP-Cloud-Platform-Account einen (SAP-Cloud-Platform-Integration-) Tenant. Dieser Tenant sichert dem Kunden explizit (Hardware-)Ressourcen im Sinne von CPU, Arbeitsspeicher und Speicherplatz zu. Zudem erhält jeder Tenant ein eigenes Datenbankschema, sodass auch hier keine Interferenzen möglich sind. Abbildung 9.7 zeigt die Rolle der Tenants und deren Isolation in der Hardwareumgebung.

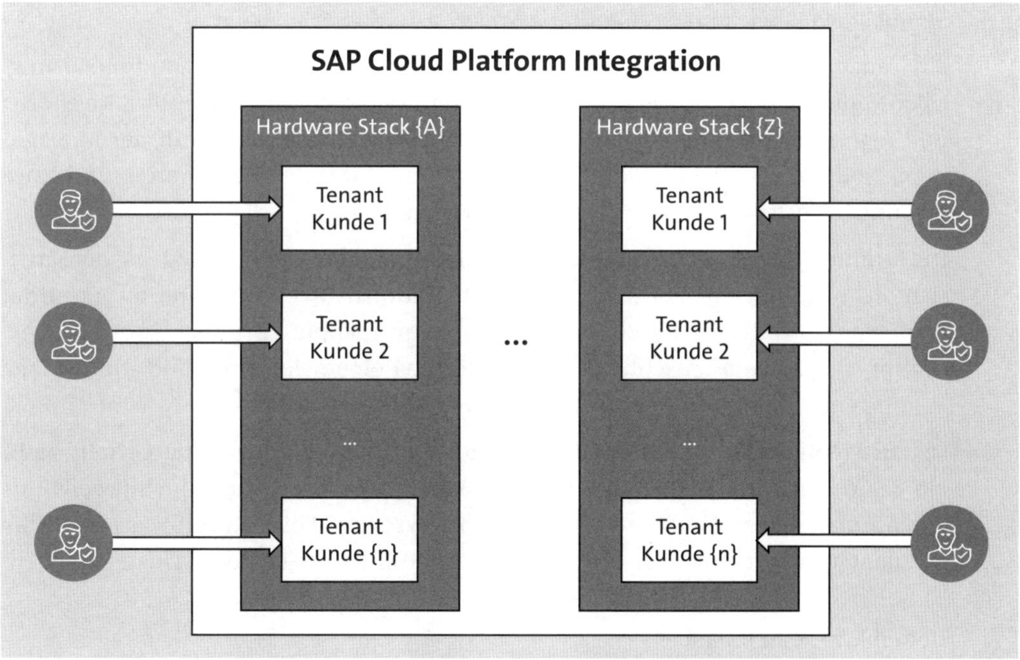

Abbildung 9.7 Isolation der Kunden mittels Tenants

Die nächstkleinere Verwaltungseinheit sind die sogenannten Nodes. Als Node werden einzelne VM-Instanzen bezeichnet.

[»]

Virtuelle Maschine

Eine virtuelle Maschine (VM, engl. Virtual Machine) ist eine softwarebasierte Implementierung eines physischen Computers. Eine VM stellt, wie ihr reales Pendant, (Hardware-)Ressourcen bereit und täuscht der Software, die auf der VM läuft, vor, dass Sie sich auf einem Hardwaresystem befindet. VMs eignen sich zur Kapselung von Prozessen und Anwendungen.

Bei der SAP Cloud Platform Integration handelt es sich bei den VMs um Java Virtual Machines (JVMs), spezielle virtuelle Maschinen nach dem Schema der Java Platform, Standard Edition (JavaSE). Instanzen dieser JVMs wiederum führen einzelne Komponenten (= Java-Applikationen) der SAP Cloud Platform Integration aus, die für die Steuerung und Verarbeitung der Nachrichten zuständig sind. Eine JVM mit geladenen SAP-Cloud-Platform-Integration-Komponenten wird im Folgenden auch als *Node* bezeichnet.

Bei den Nodes unterscheiden wir weiter zwischen zwei Node-Typen: dem *Tenant Management Node* und dem *Runtime Node*.

Ein Tenanent Management Node dient der zentralen Verwaltung und Steuerung. Über Nodes dieses Typs werden unter anderem Deployments ausgeführt, Keystores und Artefakte verwaltet sowie Updates eingespielt. Zudem überprüft der Management Node den Betrieb der Runtime Nodes, kann Runtime Nodes starten und stoppen und in gewissem Maße Failover-Szenarien umsetzen.

Die Runtime Nodes, auch Worker Nodes genannt, sind für die Verarbeitung der Nachrichten zuständig. Sie enthalten die Integrationslaufzeit (Integration Runtime Engine), die die Nachrichtenflusssteuerung vom Mapping bis zum Routing übernimmt. Der Zusammenschluss von mindestens einem Runtime und mindestens einem Tenant Management Node wird als *Cluster* bezeichnet.

Fassen wir an dieser Stelle einmal zusammen. Wie in Abbildung 9.8 dargestellt, kann ein Kunde mehrere SAP-Cloud-Platform-Accounts besitzen, die jedoch jeweils nur einen Tenant haben. Der Tenant wiederum kann sowohl 1 bis n Runtime als auch 1 bis n Tenant Management Nodes besitzen, die zusammen den (Tenant-)Cluster ergeben.

Detailblick: Load Balancer

Nachdem wir in Abschnitt 9.1.2, »Einsatzszenarien und Funktionsumfang der SAP Cloud Platform Integration«, gezeigt haben, welche Verbindungsaufbauten möglich sind, sowie im Abschnitt »Aufbau der SAP Cloud Platform Integration« in Abschnitt 9.1.3 beschrieben haben, aus welchen logischen Komponenten sich die SAP Cloud Platform Integration sowie die Tenants zusammensetzen, wollen wir uns nun noch einmal den technischen Aufbau sowie die Cluster-Struktur im Detail anschauen.

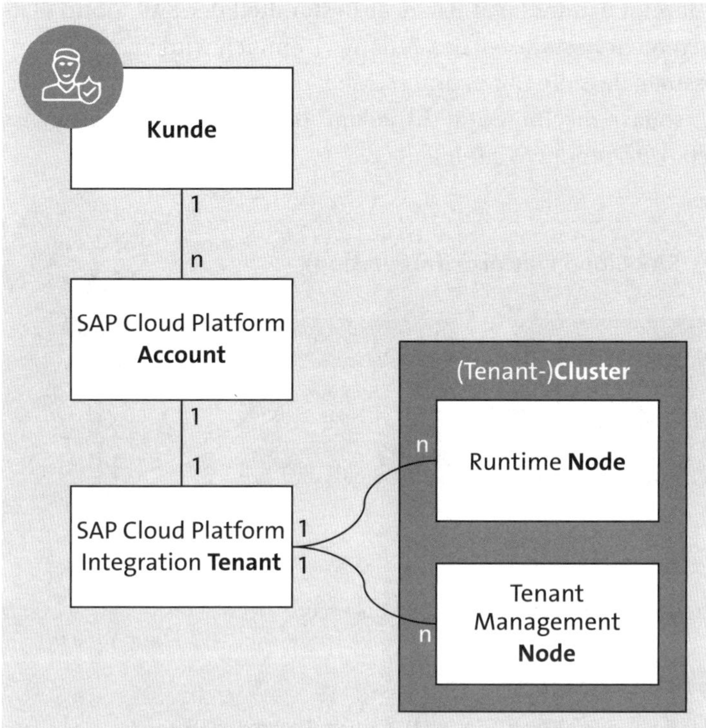

Abbildung 9.8 Kunde-Tenant-Account-Node-Relation

Wird ein Sendersystem über die SAP Cloud Platform Integration mit einem Empfängersystem verbunden, so besteht nämlich keine direkte Verbindung zwischen dem sendenden System und dem Runtime Node des Tenants. Zwischen jeder Verbindung von Sendersystem zu Runtime Node steht ein *Load Balancer*.

Load Balancer

Als Load Balancer bezeichnet man IT-Systeme, die primär der Lastverteilung von Anfragen dienen und diese an verschiedene Backend-Systeme wie die SAP-Cloud-Platform-Integration-Instanzen weiterleiten.

Ein weiterer Einsatzzweck ist die Absicherung der Landschaft hinter dem Load Balancer. Im Fall der SAP Cloud Platform Integration erfüllt der Load Balancer auch diese Aufgabe. So müssen sich Sendersysteme zuerst gegenüber dem Load Balancer authentifizieren, bevor Sie den Runtime Node der SAP Cloud Platform Integration erreichen.

Der für die SAP Cloud Platform Integration verwendete Load Balancer basiert auf dem Produkt BIG-IP der Firma F5 Systems.

Wie in Abbildung 9.9 gezeigt, ist der Load Balancer Bestandteil der SAP Cloud Platform Integration, jedoch nicht Bestandteil des Tenants. Dennoch wird auch auf dem Load Balancer sichergestellt, dass die Daten unterschiedlicher Tenants logisch voneinander getrennt sind, sodass die Integrität zu jedem Zeitpunkt gewährleistet ist (siehe auch *https://f5.com/de/products/big-ip*).

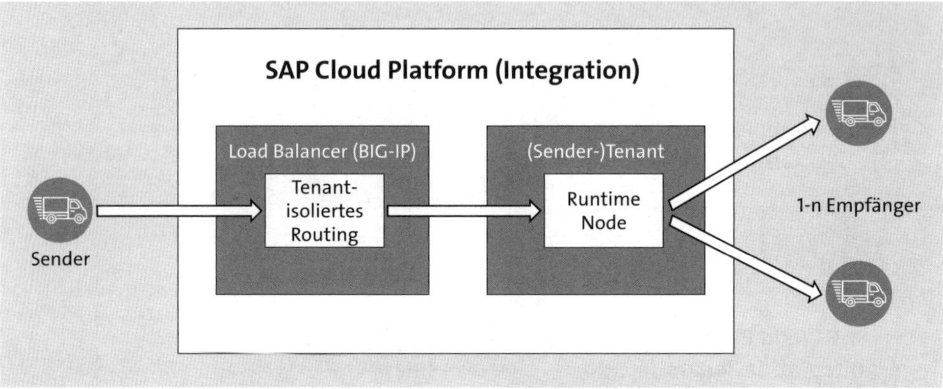

Abbildung 9.9 Zusammenspiel von Tenant und Load Balancer

Detailblick: Aufbau des Message Stacks

Bisher haben wir uns von den Begriffen SAP Cloud Platform Integration, über Account, Tenant und Load Balancer bis an die Nodes herangearbeitet. Nun wollen wir einen Blick auf die nächste Ebene werfen – den *Message Stack*. Bisher haben wir lediglich festgestellt, dass die Runtime Nodes die Nachrichtenverarbeitung übernehmen, jedoch noch nicht besprochen, wie dies im Detail geschieht.

Da dieses Buch sowohl SAP Process Orchestration als auch die SAP Cloud Platform Integration behandelt, wollen wir an dieser Stelle auch wieder den direkten Vergleich zur SAP Process Orchestration ziehen. Zwar wird die Nachrichtensteuerung in der SAP Cloud Platform Integration ebenfalls mittels Integration Flows konfiguriert, die in vielen Punkten jenen in der SAP Process Orchestration ähneln (siehe Abschnitt 6.6, »Integration Flow«), jedoch unterscheidet sich die unterliegende Technologie elementar, sodass dies auch in der Ausgestaltung der Integration Flows sichtbar wird.

Anstelle der SAP Runtime Engine, die in der SAP Process Orchestration genutzt wird, verwendet die SAP Cloud Platform Integration die Open-Source-Lösung Apache Camel, die für das Routing und Mapping der Nachrichten zuständig ist. Die wesentlichen Unterschiede zwischen der SAP Process Integration Runtime Engine und Apache Camel liegen zum einen in der Abfolge der Routing- und Mapping-Elemente und zum anderen im Aufbau der Nachrichten selbst.

[«]

Apache Camel

Apache Camel ist ein in Java geschriebenes Integrations-Framework mit Konvertierungs-Engine, dass unter der Apache-Lizenz 2.0 angeboten wird. Es implementiert die gängigen Enterprise-Integration-Patterns, ermöglicht regelbasiertes Routing sowie Nachrichtenkonvertierung und wird in Java, Scala oder per XML-Dateien konfiguriert.

Zur Kommunikation mit anderen Systemen können verschiedene Kommunikationskomponenten zusammen mit Apache Camel eingesetzt werden, so auch das populäre Webservice-Framework Apache CXF. Apache Camel und Apache CXF bilden die Basis der Integration Engine der SAP Cloud Platform Integration, wurden von SAP jedoch umfassend mit neuen Oberflächen und Anpassungen versehen, um die Konfiguration und Entwicklung möglichst komfortabel zu gestalten.

Sollten Sie einmal eine technische Fehlermeldung erhalten und dazu auf den Webseiten und Hilfeangeboten der SAP keine Lösung finden, kann oftmals auch ein Blick in die Dokumentation des Apache-Camel-Frameworks helfen, die unter folgender URL erreichbar ist: *http://camel.apache.org/documentation.html*.

Während der Nachrichtenfluss in der SAP Process Orchestration starr vorgegeben ist – Receiver Determination, Interface Determination, Mapping, Receiver Agreement – so ist die Abfolge der einzelnen Prozessschritte in der SAP Cloud Platform Integration flexibel gestaltbar. Im Rahmen der Nachrichtenverarbeitung mit der SAP Cloud Platform Integration kann also z. B. zuerst gemappt, dann der Empfänger ermittelt und dann erneut gemappt werden.

Auch im Nachrichtenformat gibt es erhebliche Unterschiede zwischen SAP Process Orchestration und SAP Cloud Platform Integration. So basiert SAP Process Orchestration auf dem *XI-Message-Format*, einem XML-Format, das auf dem SOAP-Standard aufsetzt. Sämtliche Adapter der SAP Process Orchestration stellen hierbei sicher, dass die eingehenden Nachrichten in das XML-Format gewandelt werden, sodass unabhängig von Senderformat und -Kanal zur Routing- und Mapping-Laufzeit immer im XML-Format gearbeitet werden kann.

Die SAP Cloud Platform Integration hingegen verwendet anstelle des SAP-XI-Message-Formats den *Apache Camel Exchange*. Dieser enthält zwar auch Header-Informationen sowie die zu übertragende Nachricht, unterscheidet sich jedoch dadurch, dass er in Bezug auf die Nachricht, die *Payload*, untypisiert ist. Das heißt konkret, dass der Apache Camel Exchange die Payload beim Eingang über den Adapter nicht erst in das XML-Format konvertiert, sondern die Payload in ihrem ursprünglichen Format transportiert. Die Konvertierung in das XML-Format ist ein zusätzlicher, optionaler Schritt, der explizit durch den Entwickler der Schnittstelle bedacht werden muss.

Ein weiterer Unterschied zwischen Apache Camel Exchange und SAP-XI-Nachricht ist, dass der Apache Camel Exchange in seiner Struktur sowohl Anfrage- als auch Antwort-Nachricht enthält, wohingegen die XI-Nachricht zwar im Header kennzeichnet, ob es sich um eine Anfrage (Request) oder eine Antwort (Response) handelt, jedoch für jede Nachricht eine neue XI-Nachricht samt eigener Message-ID erzeugt.

Abbildung 9.10 zeigt den Aufbau des Apache Camel Exchanges in Anlehnung an *http://s-prs.de/v448111*.

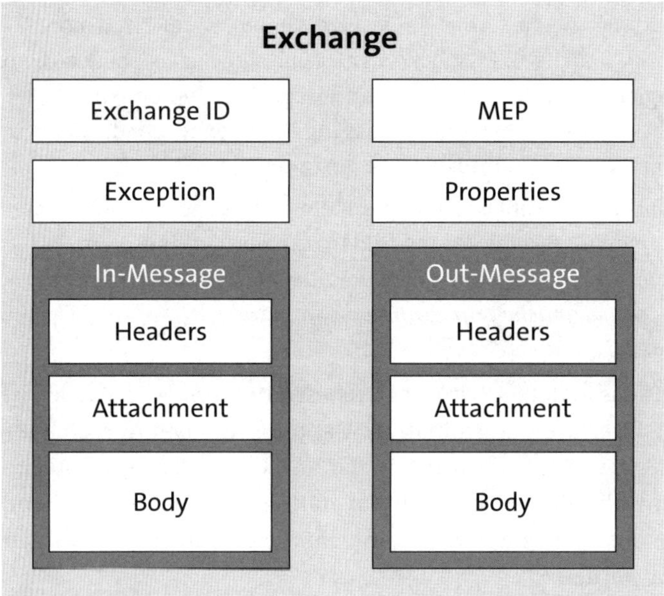

Abbildung 9.10 Aufbau des Apache-Camel-Exchange-Containers

Hier wird ersichtlich, dass es nur eine eindeutige Nachrichten-ID, die *Exchange-ID*, sowohl für Request als auch für Response gibt. Neben der Exchange-ID gibt es weitere gemeinsame Felder im Apache Camel Exchange:

- **MEP**: Das *Message Exchange Pattern* gibt an, ob es sich um eine asynchrone Nachricht, also eine, auf die keine Antwort erfolgt, oder eine synchrone Nachricht, also eine, die eine Antwort erwartet, handelt. Dementsprechend nimmt das MEP-Feld zwei Werte an: entweder **InOnly** für asynchrone Nachrichten oder **InOut** für synchrone Nachrichten.
- **Exception**: Bei einem Fehler während der Verarbeitung in der Prozesskette enthält das **Exception**-Feld eine Fehlerbeschreibung.
- **Properties**: In den Properties können Wertepaare in Form von Schlüssel-Wert-Angaben abgelegt werden. Die Properties-Eigenschaft kann entlang der gesamten Prozesskette gelesen und beschrieben werden. Dies ermöglicht es dem Entwickler, beliebige Informationen zusammen mit der Payload zu transportieren.

- **In-Message/Out-Message**: Die In- und Out-Message-Container sind zwei gleichartig aufgebaute Container, die die eigentliche Nachricht sowie Metadaten hierzu enthalten. Der In-Message-Container enthält Anfrage-Nachrichten (Requests) und der Out-Message-Container Antwort-Nachrichten (Responses). Der Out-Message-Container wird nur gefüllt, wenn im MEP-Feld der Wert **InOut** gesetzt ist.

Die Message-Container selbst enthalten wiederum drei weitere Felder:

- **Header**: Das Header-Feld nimmt, wie das Properties-Feld des Apache Camel Exchanges, Eigenschaften in Form von Name-Wert-Paaren an. Der Name ist dabei in Form einer Zeichenkette anzugeben, der Wert hingegen kann nahezu jeder beliebige Typ sein, da er als *java.lang.Object* abgelegt wird. Das Header-Feld eines Message-Containers enthält üblicherweise transportrelevante Informationen wie Sender- und Empfängersystem, Name der Payload und dessen Dateiformat.
- **Attachment**: Im Attachment-Feld können beliebig viele zusätzliche Payloads abgelegt werden. Hierbei ist jedoch zu beachten, dass nicht jeder Adapter Attachments verarbeiten kann. Attachments finden sich in der Praxis häufig bei der Verarbeitung von E-Mail-Nachrichten, wo sie die Dateianhänge zur E-Mail enthalten.
- **Body**: Das Body-Feld enthält die eigentliche Payload im RAW-Format. Analog zu den Headern wird dieses ebenfalls im Java-Typ *java.lang.Object* abgelegt, das die bereits angesprochene Typfreiheit ermöglicht.

Tabelle 9.2 fasst die wesentlichen Eigenschaften des Apache Camel Exchanges, dessen Verarbeitung sowie dessen Unterschiede im Vergleich mit dem SAP-XI-Message-Format noch einmal zusammen.

	Apache Camel Exchange	SAP XI-Message
Payload-Format	beliebig (**java.lang.Object**)	XML
Datentransformation	In der Verantwortung des Entwicklers. Konvertierung der Payload nach XML ist optional.	genormt, da Payload immer im XML-Format vorliegt
Request-Reply-Schema	Anfrage und Antwort werden in ein und demselben Exchange-Container transportiert.	eine XI-Message pro Nachricht (Antworten referenzieren im Header auf die Anfrage.)
Message-Verarbeitung	Verarbeitungsreihenfolge des Routings und der Transformation ist beliebig.	festgelegte Verarbeitungsreihenfolge

Tabelle 9.2 Unterschiede zwischen Apache Camel Exchange und SAP XI-Nachricht

[»]

Properties und Header

Sowohl das übergeordnete Properties-Feld des Apache Camel Exchanges als auch die Header-Felder der In- und Out-Message erfüllen prinzipiell den gleichen Zweck. Sie enthalten Zusatzinformationen zur Nachricht. Der Unterschied liegt jedoch im Detail: Eigenschaften, die im Properties-Feld gesetzt werden, bleiben über den gesamten Lebenszyklus der Nachricht erhalten und ändern sich nur, wenn der Entwickler direkt in das Properties-Feld schreibt.

Eigenschaften, die in den Header-Feldern der In- und Out-Message liegen, können sich während der Verarbeitung der einzelnen Prozessschritte ändern. Sollen Werte also konsistent persistiert werden, so empfiehlt sich die Verwendung des übergeordneten Properties-Feldes im Exchange-Container.

Architektur-Gesamtübersicht

Nachdem wir uns nun Schritt für Schritt von den Einsatzszenarien, über den Aufbau der SAP Cloud Platform Integration bis hin zum Apache Camel Exchange immer tiefer in das Thema vorgearbeitet haben, fassen wir den Aufbau zum Ende des Architekturabschnitts noch einmal zusammen. Abbildung 9.11 vereint die technischen Begriffe wie Load Balancer und SAP Cloud Platform, die Stakeholder wie die SAP-Cloud-Platform-Nutzer und die Sender- und Empfängersysteme sowie den Nachrichtenfluss entlang der Prozesskette.

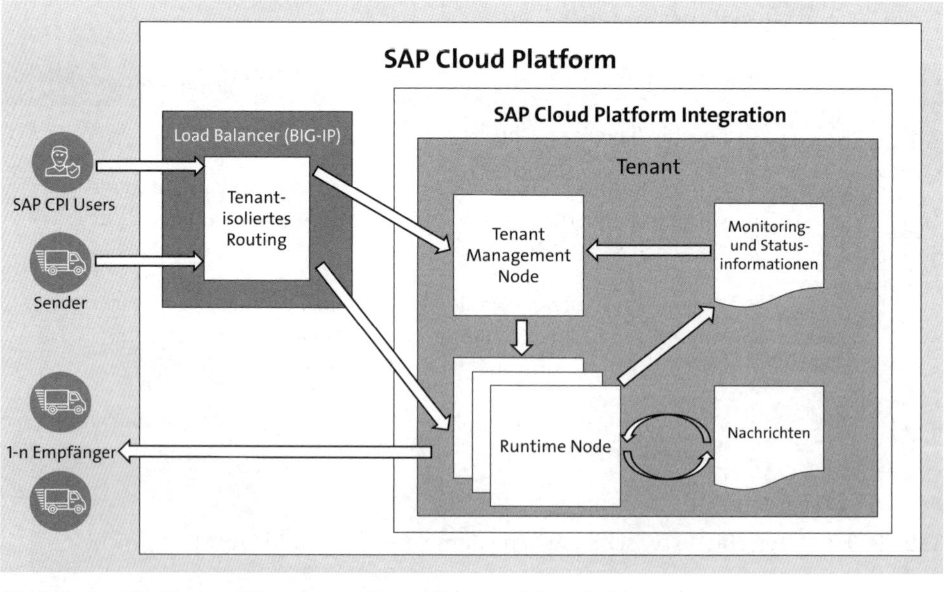

Abbildung 9.11 Gesamtübersicht – Datenfluss und Architektur

Sie haben gelernt, dass jede eingehende Verbindung über den (BIG-IP-) Load Balancer läuft. Weiter haben Sie gelernt, dass Nutzer mit der Entwicklerrolle Schnittstellen über die Tenant Management Nodes entwickeln, konfigurieren und anschließend auf die Runtime Nodes deployen. Auch haben Sie gelernt, dass Nachrichten von Sendersystemen über den Load Balancer direkt auf die Runtime Nodes geleitet und in Form eines Apache Camel Exchanges verbreitet werden. Das Monitoring, also die Überwachung der Nachrichten und des ordnungsgemäßen Betriebs der Systeme, findet über den Tenant Management Node statt, der die Informationen unter anderem aus den Runtime Nodes bezieht.

9.1.4 Lizenzmodelle und Preispolitik

Die SAP Cloud Platform Integration steht in verschiedenen Versionen und Paketen zur Verfügung. Allen Versionen gemein ist die Einbettung in ein größeres SAP-Cloud-Platform-Paket, wobei zu beachten ist, dass der Umkehrschluss hier nicht gilt. Nicht jedes SAP-Cloud-Platform-Paket enthält auch die Cloud Platform Integration.

Derzeit gibt es drei verschiedene SAP-Cloud-Platform-Pakete – Get Started Package, Medium Business Package und Enterprise Package –, die wiederum in zwei bis drei verschiedenen Editionen erhältlich sind (siehe Abbildung 9.12).

Table 1	Get Started Packages			Medium Business Packages (User-Based)			Enterprise Package (Resource-Based)		
	Developer Trial	SAP Cloud Platform, starter edition 32GB	SAP Cloud Platform, starter edition, 64GB	SAP Cloud Platform Free Edition	SAP Cloud Platform, single application edition	SAP Cloud Platform, multiple application edition	SAP Cloud Platform, custom app standard edition	SAP Cloud Platform, custom app professional edition	SAP Cloud Platform, custom app premium edition
	FREE	€399/month	€499/month	FREE	€39/user/ month	€118/user/ month	€1,500/month	€4,000/month	€15,000/month
USAGE									
# of Users	1	Not Applicable	Not Applicable	1	Min. 10	Min. 10	Not Applicable	Not Applicable	Not Applicable
INTEGRATION									
SAP Cloud Platform Integration	⊘	⊘	⊘	⊘	⊘	✓	⊘	✓	✓
SAP Cloud Platform OData Provisioning	⊘	⊘	⊘	⊘	⊘	✓	⊘	✓	✓
Bandwidth	10GB/month	10GB/month	10GB/month	10GB/month	10GB/user/ month	10GB/user/ month	256GB/month	512GB/month	1TB/month
Custom Domain	⊘	1	1	⊘	1	1	⊘	1	1
SAP Cloud Platform API Management	⊘	⊘	⊘	⊘	⊘	⊘	⊘	⊘	✓

Abbildung 9.12 SAP Cloud Platform: Preistabelle (Stand 09/2017)

Get-Started- sowie Enterprise-Pakete werden ressourcenbasiert abgerechnet, die Medium-Business-Pakete hingegen auf Benutzerbasis.

In den folgenden drei der insgesamt acht Editionen ist die SAP Cloud Platform Integration enthalten:

- Medium Business Package: SAP Cloud Platform, multiple application edition
- Enterprise Package: SAP Cloud Platform, custom app professional edition
- Enterprise Package: SAP Cloud Platform, custom app premium edition

Die Preise der drei verschiedenen Editionen variieren von ca. 120 € pro Nutzer und Monat bis hin zu 15.000 € Fixkosten pro Monat (Stand 09/2017). Zudem sind alle drei Editionen z. B. in Ihrer Bandbreite beschränkt. Zusätzlicher Traffic über die Bandbreitenbeschränkung hinaus kann separat erworben werden.

[»]

Preisänderungen

Oben genannte Preise und Editionen stellen den Zustand zum Zeitpunkt der Veröffentlichung dieses Buches dar. Sowohl Modelle, Umfang als auch Preise der SAP Cloud Platform Integration haben bereits mehrere Wechsel hinter sich. So ist es nicht unwahrscheinlich, dass sich auch oben stehende Angaben in wenigen Monaten wieder überholt haben. Bitte informieren Sie sich vor einer Anschaffung noch einmal auf der SAP-Cloud-Platform-Webseite *https://cloudplatform.sap.com/pricing.html*, oder nehmen Sie Kontakt zu Ihrem Partner-Manager auf.

9.2 Arbeitsumgebung der SAP Cloud Platform Integration

Nachdem Sie nun die technische Seite der SAP Cloud Platform Integration kennengelernt haben, wollen wir Ihnen in diesem Abschnitt die Handhabung der SAP Cloud Platform Integration näherbringen. Im ersten Schritt werden wir hierzu die verschiedenen Werkzeuge und deren Vor- sowie Nachteile betrachten, um dann einen Ausblick in Richtung Standard-Content, API und Adapterentwicklung zu werfen.

9.2.1 Überblick über die verschiedenen Werkzeuge

Bei der täglichen Arbeit mit der SAP Cloud Platform Integration kommen im Wesentlichen die folgenden vier Werkzeuge zum Einsatz:

- **SAP Cloud Platform Cockpit**
  Dieses Werkzeug ist Bestandteil der regulären SAP Cloud Platform und befindet sich nicht im SAP-Cloud-Platform-Integration-spezifischen Teil der Oberfläche. Innerhalb des SAP Cloud Platform Cockpits lassen sich unter anderem Benutzer und Rollen anlegen sowie verwalten. Darauf gehen wir in Kapitel 15, »Betrieb der SAP Cloud Platform Integration«, näher ein.

- **SAP Cloud Platform Integration Web IDE**
  Dieses Werkzeug, im Folgenden auch kurz Web IDE genannt, ist ein webbasiertes Tool zur Entwicklung, Wartung und zum Monitoring von Integrationsprozessen. Es überschneidet sich im Funktionsumfang zu Teilen mit der auf Eclipse basierenden Offline-Entwicklungsumgebung, ist jedoch das von der SAP präferierte Tool, das im Fokus zukünftiger Entwicklungen steht.
- **Eclipse inklusive SAP Cloud Platform Integration Tools**
  Mit den SAP Cloud Platform Integration Tools, die als Plug-in für die Eclipse-IDE veröffentlicht werden, bietet SAP einen zweiten Weg an, um Integrationsprozesse zu entwickeln und zu warten. Dieses Werkzeug erschien bereits vor der Web IDE, wird auf Wunsch von SAP jedoch nach und nach durch diese ersetzt. Da es zum jetzigen Zeitpunkt jedoch noch Funktionen gibt, die nur in den SAP Cloud Platform Integration Tools abgebildet sind, betrachten wir auch dieses Werkzeug.
- **Integration Content Hub**
  Mit dem (öffentlichen) Integration Content Hub bietet SAP eine zentrale Anlaufstelle für die Einsicht von vordefiniertem Standard-Content. Im Content-Hub finden sich diverse verfügbare Szenarien und Integrationsprozesse, die von dort heruntergeladen und auf der eigenen SAP-Cloud-Platform-Integration-Instanz konfiguriert und deployt werden können. Neben diesem öffentlichen Content-Hub gibt es noch eine im Umfang zum Teil reduzierte Version des Content-Hubs, die direkt in der Web IDE aufrufbar ist. Der öffentliche Content-Hub ist über folgende URL zu erreichen: *http://s-prs.de/v448112*.

9.2.2 Entwickeln mit der Web UI

Die Web UI ist, wie in Abschnitt 9.2.1 bereits erläutert, das Hauptentwicklungswerkzeug in der SAP Cloud Platform Integration. Sie können die Web UI über einen Link mit folgender Struktur aufrufen:

https://<tenant>.hci.<rechenzentrum>.hana.ondemand.com/itspaces

Die URL zur Web UI finden Sie zudem in Ihrer Begrüßungs-E-Mail, die Sie nach Abschluss der SAP-Cloud-Platform-Bestellung erhalten haben.

Alternativ können Sie die Web UI auch jederzeit aus dem SAP Cloud Cockpit aus dem linksseitigen Menü über folgenden Pfad aufrufen: **Applications • Subscriptions • *tmn**-Anwendung in der Applikationsspalte • Link, der auf **/itspaces* endet.

In Abbildung 9.13 sehen Sie die Einstiegsseite der Web-UI-Entwicklungsumgebung. Als Startseite wird der **Discover**-Bereich geladen. Auf der linken Seite befindet sich das Hauptmenü mit den vier Hauptmenüpunkten **Discover**, **Design**, **Monitor** und **Settings**. Über das Hamburger-Icon in der linken oberen Ecke lässt sich das Menü auf- und zuklappen. Rechts oben in der Administrationsleiste befindet sich der Name der

Instanz (im Bild **Data Services**). Diese Beschreibung lässt sich per Klick den eigenen Wünschen anpassen. Rechts daneben befindet sich das Benutzermenü sowie die Ausloggen-Schaltfläche.

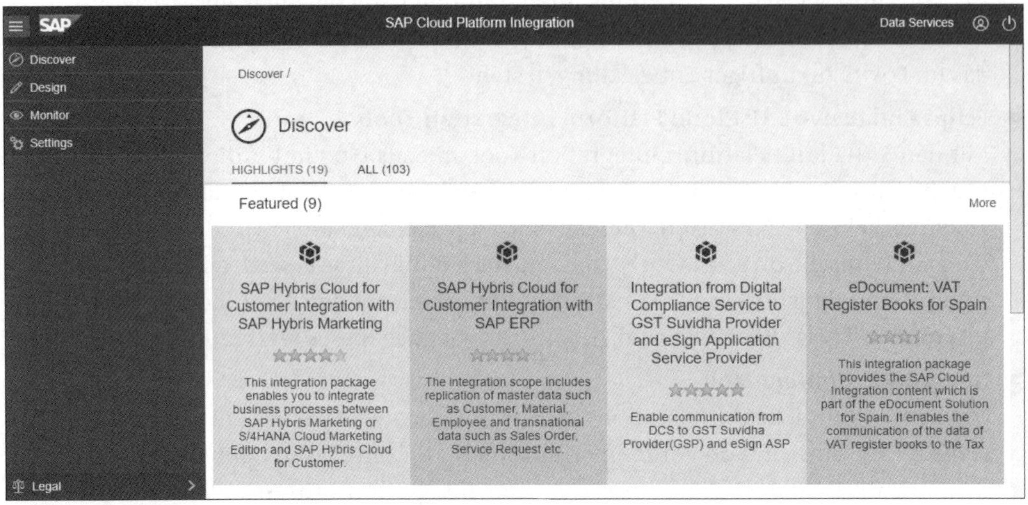

Abbildung 9.13 Einstiegsseite der Web UI

Schauen wir uns nun die vier Menüpunkte in der Übersicht an, bevor wir mit dem Integration-Flow-Editor das Herzstück der Web UI betrachten:

- **Discover**: Der Discover-Bereich wird beim Aufruf der Web UI standardmäßig angezeigt. Hinter Discover verbirgt sich eine Variante des SAP Cloud Platform Integration Content Hubs, den wir bereits in Abschnitt 9.2.1, »Überblick über die verschiedenen Werkzeuge«, vorgestellt haben. Über diesen Menüpunkt lassen sich vorpaketierte Standardinhalte direkt in die Web UI bzw. auf die eigene SAP-Cloud-Platform-Instanz laden. Dieser Direktimport ist einer der Unterschiede zu dem zuvor vorgestellten öffentlichen Content-Hub.
- **Design**: Unter dem **Design**-Menüpunkt finden Sie die Paketverwaltung sowie den Integration-Flow-Editor. In diesem Bereich lassen sich Integration Flows verwalten, entwickeln, deployen, hoch- und herunterladen. Nach der Menüübersicht werden wir uns tiefer gehend mit dem **Design**-Bereich beschäftigen.
- **Monitor**: Im Bereich **Monitor** lassen sich Monitoring und Administrationsaufgaben ausführen. So ist sowohl der Status als auch die Ausführung von Integration Flows einsehbar und steuerbar. Weiter lassen sich Datastores verwalten und Sicherheitsartefakte bestimmter Art deployen. Mehr Informationen zu Monitoring, Betrieb und Sicherheitsartefakten folgen in Kapitel 15, »Betrieb der SAP Cloud Platform Integration«.

- **Settings**: In diesem Abschnitt befindet sich derzeit nur eine einzige Einstellungsmöglichkeit: das Produktprofil, das standardmäßig in der Ausprägung **SAP Cloud Platform Integration** vorausgewählt ist.

Schnelleinstieg Produktprofile

Das gewählte Produktprofil legt die Zielplattform Ihrer Entwicklungen fest. Je nach gewählter Zielplattform bzw. gewähltem Profil verändern sich Funktionsumfang und Oberfläche der Web UI in geringem Maße.

Neben der Cloud-basierten SAP Cloud Platform Integration lässt sich der in der Web UI entwickelte Content unter bestimmten Voraussetzungen auch auf On-Premise-Systemen wie SAP Process Integration ausführen. Da sich die SAP Cloud Platform Integration jedoch geringfügig von der On-Premise-Lösung unterscheidet, gibt es die Produktprofile. Sollten Sie gezielt für ein anderes System als die Cloud-basierte Plattform entwickeln, passen Sie das Produktprofil an. In den allermeisten Fällen können Sie das Produktprofil jedoch in der Voreinstellung stehen lassen.

Weitere Informationen zum Betrieb von Cloud Integration Content auf On-Premise-Systemen finden Sie in Abschnitt 9.3, »Zusammenspiel von SAP Cloud Platform Integration und SAP Process Orchestration«.

Verwalten von Paketen

Als *Paket* bzw. Package wird in der Web UI eine Verwaltungseinheit für Integration Flows bezeichnet. Dabei kann ein Package ein oder mehrere Integration Flows enthalten und dient der Gruppierung und logischen Verwaltung von Integration Flows. Ob Sie dabei Pakete für jede Schnittstelle, für alle Integration Flows eines Sendersystems oder z. B. Pakete für jeden Use-Case anlegen, bleibt Ihnen überlassen und sollte idealerweise vor Beginn der Entwicklungen mit Ihrem Systemarchitekten abgestimmt und in gegebenenfalls bestehende Entwicklungsrichtlinien mit aufgenommen werden.

Um ein neues Paket anzulegen, öffnen Sie die Web UI und wechseln in den Menüpunkt **Design**. Abbildung 9.14 zeigt die Paketübersicht im **Design**-Bereich.

Mit der Schaltfläche **Create** können Sie ein neues Paket anlegen. Über die **Import**-Schaltfläche können Sie exportierte bzw. externe Pakete importieren. Durch Klicken des Paketnamens gelangen Sie in das Paket. Über die -Schaltfläche können Sie bestehende Pakete wieder löschen.

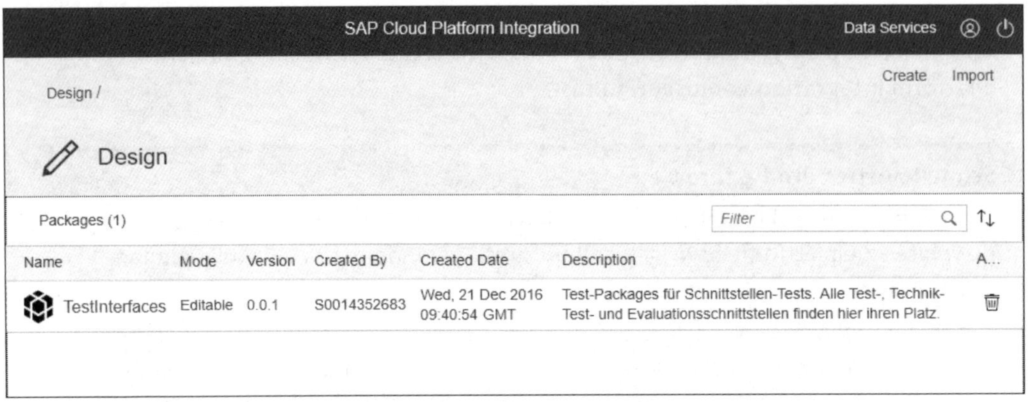

Abbildung 9.14 Packages – Einstiegsseite des Design-Bereichs

Zur Erstellung eines neuen Pakets sind folgende Schritte nötig:

1. Klicken Sie auf die **Create**-Schaltfläche.
2. Füllen Sie die Pflichtfelder **Name**, **Technical Name** und **Short Description** aus (siehe Abbildung 9.15). Dabei entspricht **Name** dem Anzeigenamen, der später an verschiedenen Stellen der Oberfläche auftaucht. Der **Technical Name** hingegen stellt ein eindeutiges Kennzeichen zur internen Verarbeitung dar und darf innerhalb der SAP-Cloud-Platform-Instanz nur einmal vorkommen. Die Felder **Version** und **Vendor** sind optional und Freitextfelder. Zur besseren Identifikation des Pakets sollten sie dennoch ausgefüllt werden.

Abbildung 9.15 Neues Paket anlegen

3. Wechseln Sie in den Reiter **Overview**. Die Pflichtfelder **Supported Platform** und **Category** sind bereits vorausgefüllt. Sollte das Paket jedoch Integration Flows enthalten, die mehrere Zielplattformen haben, fügen Sie diese im Feld **Supported Platform** hinzu. Im Feld **Description** können Sie optional eine weitere, ausführlichere Beschreibung des Pakets eintragen.
4. Im Reiter **Artifacts** können Sie Integration Flows hinterlegen bzw. importieren. Dieser Schritt kann jedoch auch nach dem Anlegen des Pakets noch beliebig oft nachgeholt werden.
5. Im Reiter **Documents** können Sie Dokumente hinterlegen. Dies kann per Upload oder per Angabe einer Dokumenten-URL geschehen. Dieser Reiter eignet sich dazu, Dokumentationen, Handbücher und schnittstellenrelevante Informationen am Paket zu hinterlegen. Wie für den **Artifacts**- Reiter gilt: Sie können Dokumente auch zu einem beliebigen späteren Zeitpunkt hinzufügen.
6. Der Reiter **Tags** erlaubt die Verschlagwortung des Pakets. Das Anbringen von Schlagwörtern ist optional und dient später nur der besseren Auffindbarkeit des Pakets.

Anlegen von Integration Flows

Als *Paket* bzw. Package wird in der Web UI eine Verwaltungseinheit für Integration Flows bezeichnet. Dabei kann ein Package ein oder mehrere Integration Flows enthalten und dient der Gruppierung und logischen Verwaltung von Integration Flows.

Nachdem Sie mindestens ein Paket angelegt haben, wechseln Sie durch Klicken des Paketnamens in das Paket. In der Paketübersicht, wie in Abbildung 9.16 gezeigt, finden Sie dieselbe Struktur, bestehend aus den vier Reitern **Overview**, **Artifacts**, **Documents** und **Tags** wieder, die Sie schon beim Anlegen des Pakets kennengelernt haben. Die Abbildung zeigt ein Paket, das bereits vier Integration Flows im **Artifacts**- Reiter enthält.

Über die **Action**-Schaltfläche können Sie sich die Metadaten zu einem Integration Flow anzeigen lassen, eine Schnellkonfiguration durchführen, den Integration Flow herunterladen oder deployen. Über die Kontrollboxen am linken Rand und die **Action**-Schaltfläche rechts über der Liste können Sie Massenänderungen und Massen-Downloads starten.

Ein Klick auf die Versionsnummer zeigt die Versionshistorie des jeweiligen Integration Flows an, wie in Abbildung 9.17 gezeigt. Beachten Sie, dass es sich hierbei um die Versionshistorie des Integration Flows handelt. Diese hat nichts mit der Version des Pakets zu tun, die Sie beim Anlegen des Pakets vergeben haben (optional).

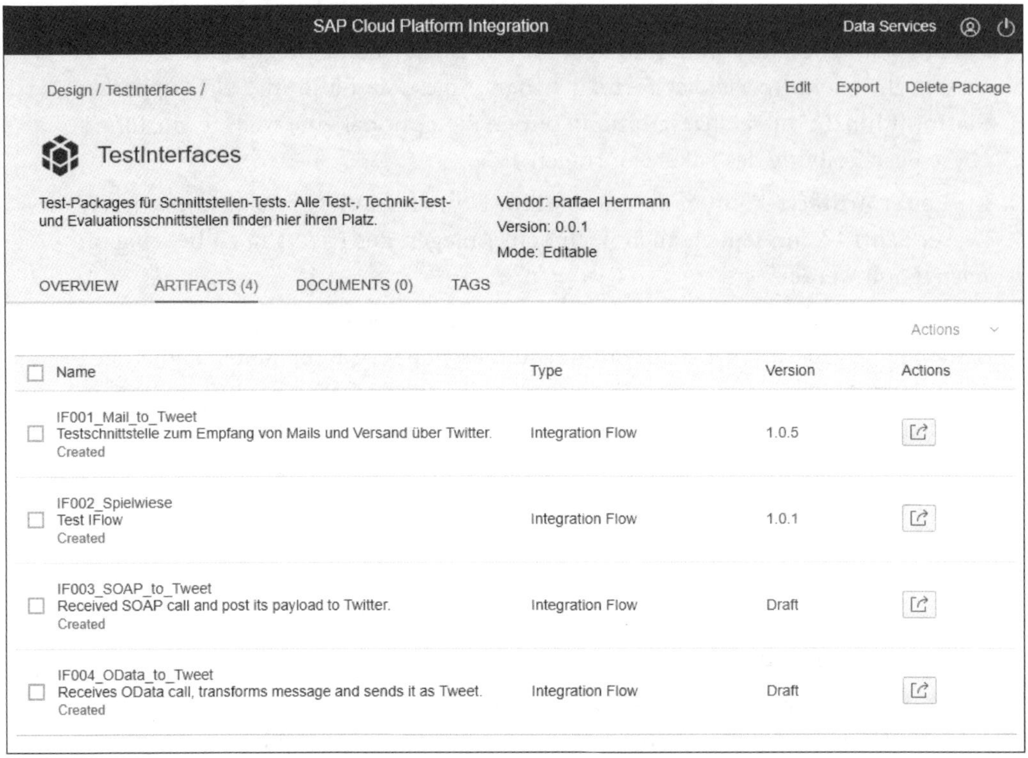

Abbildung 9.16 Paketansicht

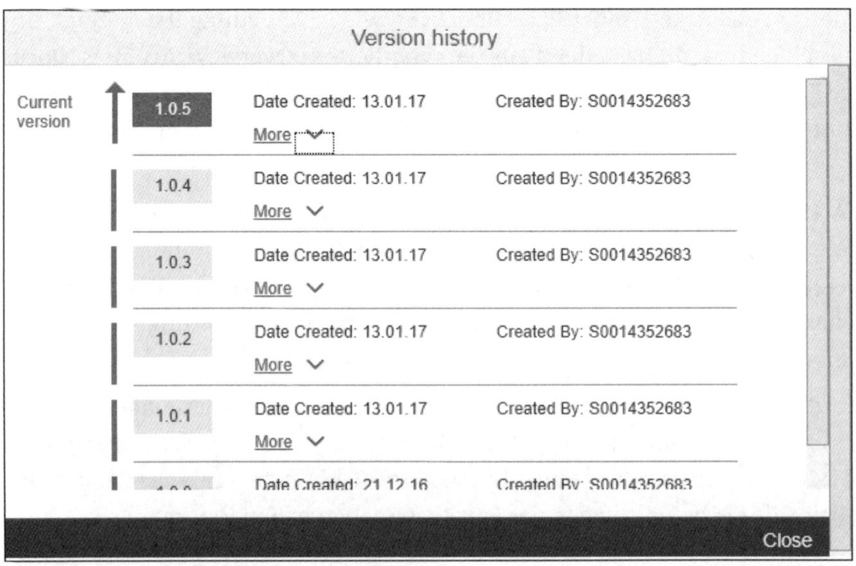

Abbildung 9.17 Versionshistorie eines Integration Flows

Um in den Editiermodus eines Integration Flows zu gelangen, klicken Sie auf den Namen des Integration Flows in der Tabelle.

[«]

Löschen von Integration Flows

Das Löschen von Integration Flows ist aus der Paketansicht nicht möglich. Sollten Sie einen Integration Flow löschen wollen, müssen Sie diesen erst in der Editieransicht öffnen und von dort löschen.

Um einen neuen Integration Flow anzulegen, sind folgende Schritte nötig:

1. Öffnen Sie das Paket, in dem Sie den Integration Flow anlegen wollen.
2. Wechseln Sie im Paket mit der **Edit**-Schaltfläche oben rechts in den Editiermodus des Pakets.
3. Wechseln Sie in den **Artifacts**-Reiter, klicken Sie anschließend auf die **Add**-Schaltfläche, und wählen Sie den Menüpunkt **Integration Flow** (siehe Abbildung 9.18).

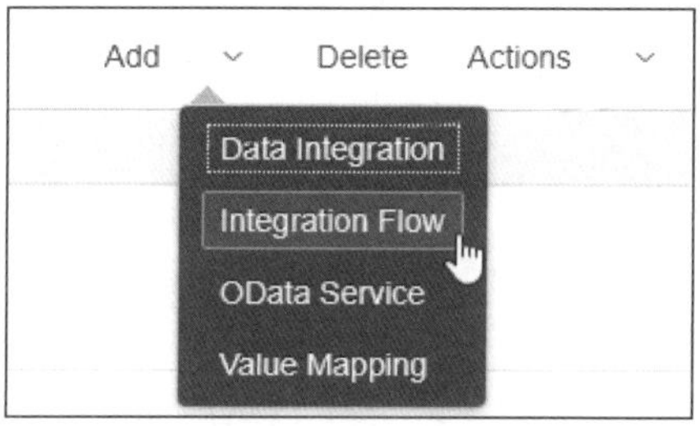

Abbildung 9.18 Integration Flow anlegen

4. Wählen Sie nun, ob Sie einen bestehenden (z. B. exportierten) Integration Flow hochladen wollen (**Upload**) oder ob Sie einen komplett neuen Integration Flow anlegen wollen (**Create**). Vergeben Sie anschließend einen sprechenden und eindeutigen Namen im **Name**-Feld (siehe Abbildung 9.19). Das **ID**-Feld wird während der Eingabe automatisch befüllt.

   Da der Name eindeutig sein muss, empfiehlt es sich, einen numerischen Bestandteil in den Namen aufzunehmen, den man bei jedem neuen Integration Flow um eins inkrementiert. Über das Feld **Product Profile** können Sie ein Produktprofil angeben, falls dies von dem im **Settings**-Menü angelegten Produktprofil abweicht. Die Felder **Description**, **Sender** und **Receiver** sind optional, haben keine technische Relevanz und dienen lediglich Beschreibungszwecken.

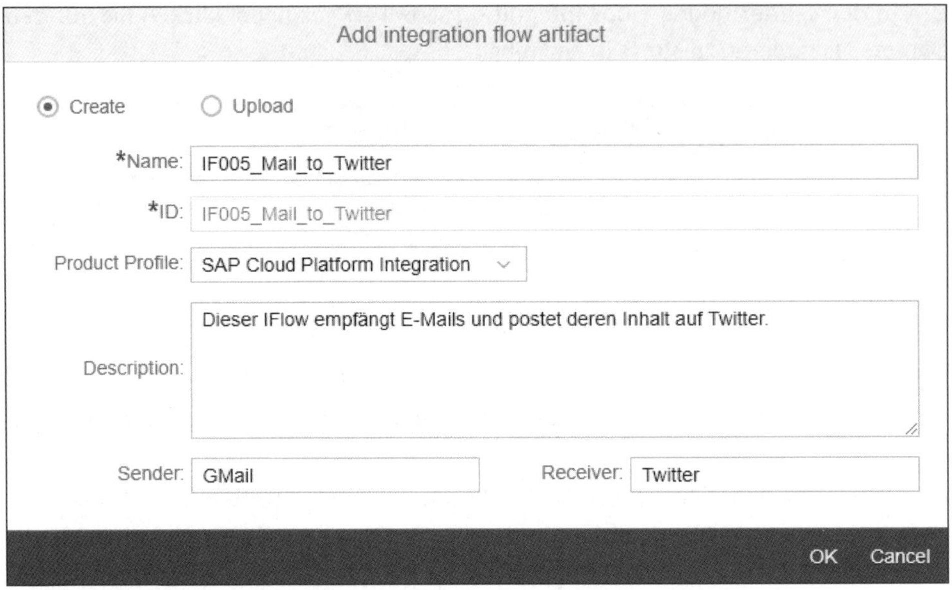

Abbildung 9.19 Anlegen eines Integration Flows

Aufbau und Bestandteile von Integration Flows

Schauen wir uns nun den Aufbau eines Integration Flows in der SAP Cloud Platform genauer an. Hierzu öffnen Sie den im vorherigen Schritt erstellten Integration Flow, indem Sie auf dessen Namen in der Paketübersicht klicken. Um die Editor-Funktionalitäten zu aktivieren, drücken Sie die Schaltfläche **Edit** am rechten oberen Rand des Web-UI-Fensters.

Die Oberfläche des Integration-Flow-Editors besteht im Wesentlichen aus fünf Bereichen, die in Abbildung 9.20 gekennzeichnet sind: dem Namens- und Navigationsbereich ❶, dem Aktionsmenü ❷, dem Editor-Bereich ❸, der Werkzeugleiste ❹ und dem Eigenschaften-Panel ❺.

Der Namens- und Navigationsbereich ❶ zeigt den Namen (nicht die technische ID) des geöffneten Integration Flows an. Über den Navigationsbereich können Sie z. B. in das besitzende Paket oder auf die **Design**-Startseite zurücknavigieren.

Über das Aktionsmenü ❷ (siehe auch Abbildung 9.21) lässt sich der Status des Integration Flows steuern. Mit der **Save**-Schaltfläche speichern Sie den aktuellen Stand der Entwicklung ab. Mit der Schaltfläche **Save as Version** können Sie den Integration Flow in einer neuen Version abspeichern. Die Versionsnummer können Sie dabei frei vergeben. Die Version des Integration Flows finden Sie in der Integration-Flow-Liste des Pakets sowie in der Versionshistorie, wie in Abbildung 9.17 gezeigt, wieder.

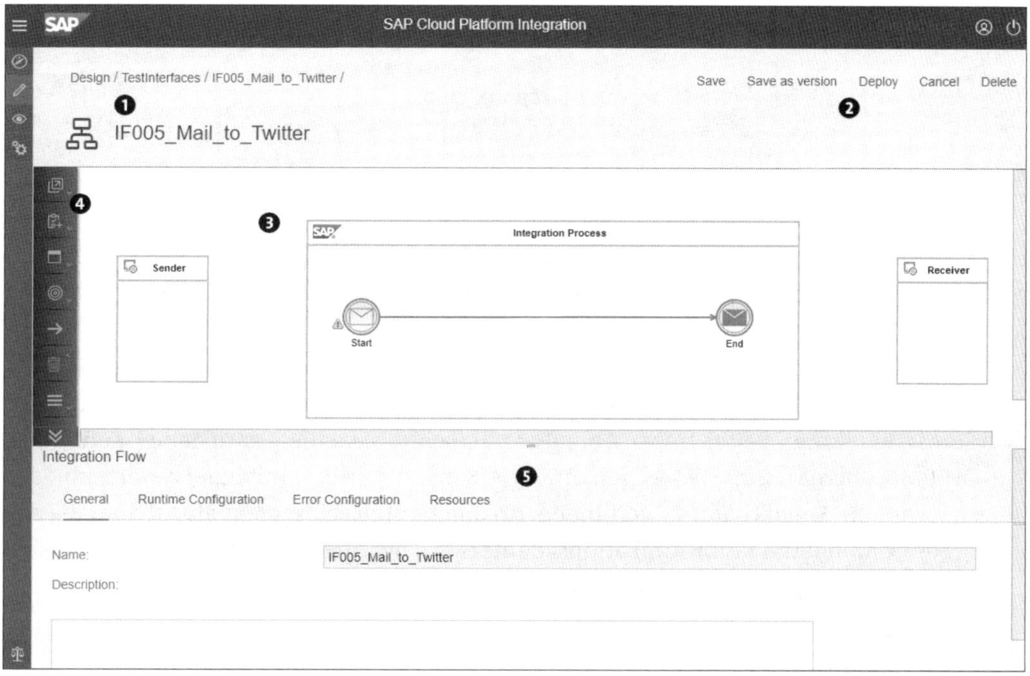

Abbildung 9.20 Aufbau des Integration-Flow-Editors

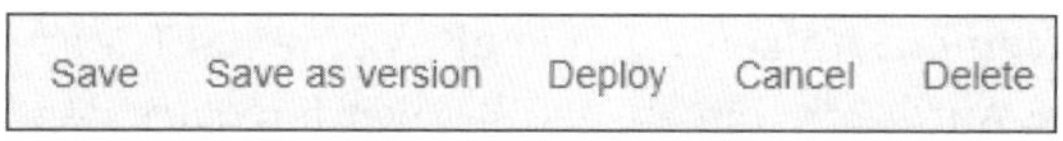

Abbildung 9.21 Aktionsmenü des Integration-Flow-Editors

Mit der **Deploy**-Schaltfläche können Sie den Integration Flow auf einen Runtime Node deployen und somit in den operativen Betrieb übernehmen. Über die **Cancel**-Schaltfläche schließen Sie den Editier-Modus und verwerfen gegebenenfalls angefallene Änderungen, ohne diese zu speichern. Mit der **Delete**-Schaltfläche können Sie den gesamten Integration Flow löschen. Wie bereits im vorherigen Abschnitt beschrieben, ist dies die einzige Stelle, an der Sie einen Integration Flow in der Web UI löschen können.

Der Editor-Bereich, in Abbildung 9.22 dargestellt, zeigt eine grafische Repräsentation des Integration Flows. Die Elemente des Editor-Bereichs sind weitestgehend an den Standard *Business Process Model and Notation* (*BPMN*) angelehnt, der zwar ursprünglich zur Visualisierung von Geschäftsprozessen entwickelt wurde, sich aber auch für die Darstellung von Integrationsprozessen eignet. Die Darstellungsform der BPMN wird von SAP zudem in vielen weiteren Produkten wie SAP Process Orchestration oder dem SAP Solution Manager verwendet.

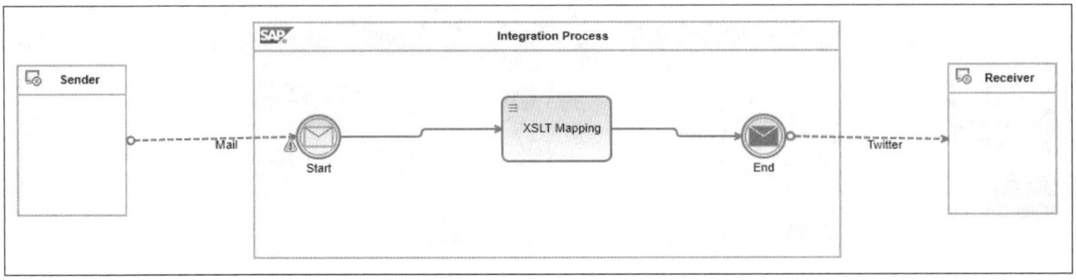

Abbildung 9.22 Darstellung des Editor-Bereichs

Abbildung 9.22 unterteilt sich in drei Bereiche, die *Pools*. Es gibt je einen Pool für Sender- und Empfängersystem sowie den großen, mittigen Pool für die Integrationsprozesssteuerung. Weiter in der Abbildung zu sehen sind die gestrichelten Kanten, in BPMN auch *Message-Flows* genannt, die Sender- sowie Empfängersystem mit der Start- bzw. Endaktivität verbinden. An den Kanten selbst steht als Attribut die Art des verwendeten Kommunikationsadapters – in der oben stehenden Grafik sind dies der Mail- sowie der Twitter-Adapter.

Der zentrale Pool enthält die Start- und Endaktivität, die den Beginn und das Ende der Nachrichtenverarbeitung kennzeichnen. Im Beispiel aus Abbildung 9.22 sind sie durch einen Briefumschlag gekennzeichnet, da die Events durch den Empfang der Nachricht ausgelöst werden. Weitere Event-Typen werden wir zu einem späteren Zeitpunkt noch erläutern. Das letzte Element im zentralen Pool ist eine XSLT-Mapping-*Aktivität*. Aktivitäten beschreiben Aufgaben, die ausgeführt werden. Dies können Steuerungs-, aber auch Datenmanipulationsaufgaben sein. Das Start- und das End-Event sind jeweils mit einer durchgezogenen Linie verbunden. Diese Kanten werden auch als *Sequence-Flows* bezeichnet.

Bis auf wenige Ausnahmen können Sie alle Objekte des Integration Flows im Editor mit gedrückter linker Maustaste verschieben. Wenn Sie ein Objekt mit dem Mauszeiger überfahren, öffnet sich ein Kontextmenü, das objektbezogene Aktionen anbietet. In Abbildung 9.23 wird das Kontextmenü des Senderpools dargestellt, das von links nach rechts folgende drei Aktionen anbietet. Mit der -Schaltfläche lässt sich das jeweilige Objekt aus dem Integration Flow entfernen. Mit der Verbinder-Schaltfläche lässt sich eine neue Verbindung zu einem anderen Objekt des Integration Flows ziehen.

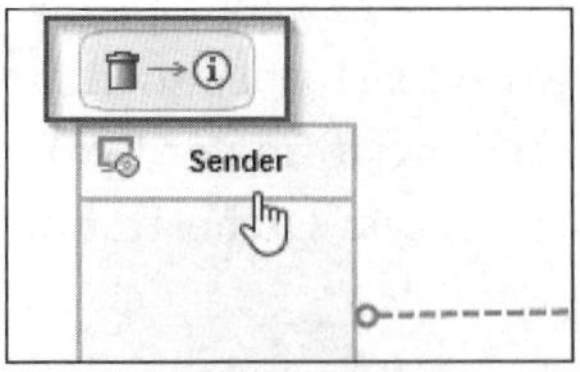

Abbildung 9.23 Kontextmenü des Sender-Pools

In diesem Beispiel kann der Message-Flow zu einem neuen Start-Event gezogen werden. Nach dem Ziehen eines Message-Flows, und wirklich nur direkt danach, kann der Adaptertyp festgelegt werden. Hierbei stehen die in Tabelle 9.3 aufgeführten Adaptertypen zur Auswahl.

Adapter-Name	Nutzbar als Sender	Nutzbar als Receiver
Ariba	x	x
AS2	x	x
Facebook		x
HTTP		x
HTTPS	x	
Idoc	x	x
JMS	x	x
LDAP		x
Mail	x	x
OData	x	x
ODC		x
RFC		x
SFTP	x	x
SOAP 1.x	x	x
SOAP SAP RM	x	x
SuccessFactors REST	x	x
SuccessFactors SOAP	x	x
SuccessFactors OData V2		x
SuccessFactors OData V4		x
Twitter		x

Tabelle 9.3 Verfügbare Standardadaptertypen

Neben den in Tabelle 9.3 gezeigten Standardadaptern gibt es bereits weitere Adapter für Systeme/Protokolle wie MQTT, Sharepoint 365 oder Salesforce. Diese Adapter werden durch Drittanbieter vertrieben und müssen erst gekauft und in der Cloud

Integration deployt werden. Soll zu einem späteren Zeitpunkt der Adaptertyp gewechselt werden, muss der Message-Flow neu gezogen werden. Mit der ⓘ-Schaltfläche lassen sich zusätzliche Attribute und Metadaten des gewählten Objekts anzeigen.

[!]

Vorsicht beim Löschen

Bei der Verwendung der soeben vorgestellten 🗑-Schaltfläche zum Löschen von Objekten im Integration Flow sollte besonders bedacht vorgegangen werden. Es erfolgt keine Ja-/Nein-Abfrage vor dem endgültigen Entfernen. Wird ein Objekt aus dem Integration Flow entfernt, gehen auch die für das Objekt gesetzten Einstellungen verloren. Da es keine »Rückgängig machen«-Funktion im Editor gibt, müssen bei fälschlichem Entfernen von Objekten alle Einstellungen erneut vorgenommen werden. Die einzige Möglichkeit, dies zu umgehen, ist das regelmäßige Speichern des Integration Flows als neue Version, sodass im Fehlerfall auf die zuletzt gespeicherte Version gesprungen werden kann.

Mit einem Linksklick auf ein Objekt wählen Sie es zum einen als aktives Objekt aus, und zum anderen bewirken Sie die Anzeige der objektspezifischen Eigenschaften im **Eigenschaften**-Panel, wie in Abbildung 9.20 gezeigt. Ist kein Objekt markiert oder klicken Sie in die Weißfläche des Editor-Bereichs, werden im Eigenschaften-Panel die Eigenschaften des Integration Flows angezeigt. Abbildung 9.24 zeigt das **Eigenschaften**-Panel mit den allgemeinen Einstellungen unseres Test-Integration-Flows.

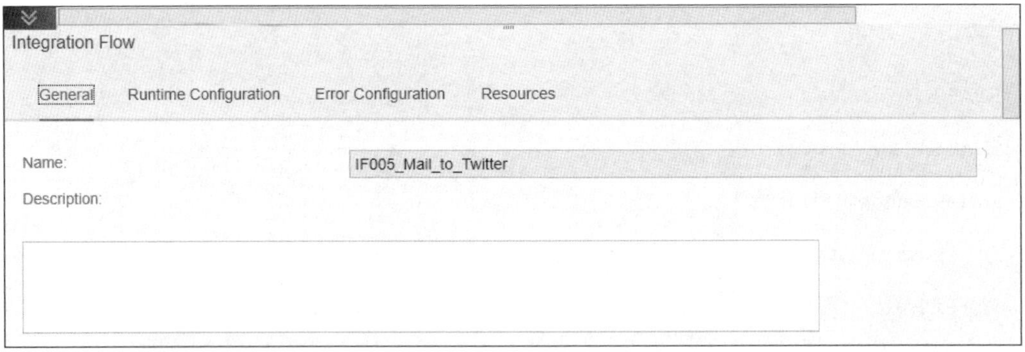

Abbildung 9.24 Eigenschaften-Panel für den Integration Flow

Im **Eigenschaften**-Panel lassen sich jeweils objektspezifische Einstellungen vornehmen und anzeigen. Bei Message-Flows werden z. B. adapterspezifische Eigenschaften wie Zugangsdaten oder Endpunktadressen angezeigt.

Der letzte Bereich des Integration-Flows-Editors, dem wir uns nun widmen, ist die Werkzeugleiste, die wir bereits zu Beginn dieses Abschnitts in Abbildung 9.20 gezeigt haben. Die Werkzeugleiste umfasst eine Vielzahl an Bausteinen, die per Klick dem Editor-Bereich hinzugefügt und anschließend im Integration Flow konfiguriert werden können. So bietet die Werkzeugleiste nicht nur Aktivitäten, sondern auch Events und Pools und ist somit Ausgangspunkt für alle Entwicklungen für den Integration Flow. Beachten Sie bitte, dass die Werkzeugleiste nur angezeigt wird, wenn sich der Integration Flow im Bearbeitungsmodus befindet. Fehlt die Leiste im Editor-Bereich, liegt dies in den meisten Fällen daran, dass der Integration Flow zwar geöffnet, jedoch noch nicht über die **Edit**-Schaltfläche in den Bearbeitungsmodus versetzt wurde.

Im Folgenden geben wir einen kurzen Überblick über die einzelnen Werkzeuge. Ausführliche Beschreibungen und Hintergrundinformationen zu allen Tools der Werkzeugleiste finden Sie auch jederzeit in der SAP-Hilfe unter folgender URL: *http://s-prs.de/v448135*.

Select-Werkzeug

Das Select-Werkzeug setzt gegebenenfalls gewählte Einstellungen am Mauszeiger bzw. andere ausgewählte Werkzeuge zurück. Nach Auswahl des Select-Werkzeugs können Sie die Objekte des Integration Flows wieder per Linksklick markieren, verschieben und hovern.

Participant-Menü

Das Participant-Menü (dt. Teilnehmer) enthält Werkzeuge, um dem Integration Flow Sender- und Empfänger-Pools hinzuzufügen. Nutzen Sie Werkzeuge dieses Menüs, wenn Sie eine Schnittstelle mit mehr als einem Sender- oder Empfängersystem konfigurieren wollen oder wenn Sie die initialen Connection-Pools versehentlich gelöscht haben. Tabelle 9.4 liefert eine kurze Beschreibung der verfügbaren Werkzeuge.

Tool	Beschreibung
Receiver	Fügt einen neuen bzw. weiteren Empfängerbaustein ein, der mit einem eigenen Adapter versehen werden kann.
Sender	Fügt einen neuen bzw. weiteren Senderbaustein ein, der mit einem eigenen Adapter versehen werden kann.

Tabelle 9.4 Participant-Werkzeuge

Process-Menü

Das Process-Menü enthält Bausteine, um einem Integration Flow spezielle (Unter-) Prozesse hinzuzufügen. In Tabelle 9.5 stellen wir Ihnen die Werkzeuge kurz vor.

Tool	Beschreibung
Exception Subprocess	Bietet die Möglichkeit, alle Exceptions innerhalb des Hauptprozesses abzufangen und in dem Exception Subprocess zu behandeln, um z. B. ein Fehlerhandling oder eine Fehler-E-Mail zu versenden.
Integration Process	Fügt einen neuen/weiteren Integrationsprozess hinzu, der parallel oder unabhängig zu anderen Prozessen definiert werden kann.
Local Integration Process	Fügt einen sogenannten Subprozess ein. Dieser kann aus anderen Integrationsprozessen (den sogenannten Parent-Prozessen) aufgerufen werden. Eignet sich zur Fragmentierung von Integrationsprozessen, zur besseren Übersichtlichkeit.

Tabelle 9.5 Process-Werkzeuge

Event-Menü

Das Event-Menü enthält alle Bausteine der BPMN-Kategorie *Event*, die die Steuerung des Nachrichtenflusses starten oder beenden. Tabelle 9.6 beschreibt die Optionen.

Tool	Beschreibung
End Event	Kennzeichnet das Ende eines (Sub-)Prozesses.
End Message	Kennzeichnet das Ende der Nachrichtenverarbeitung im Integrationsprozess. Die Nachricht wird anschließend an einen Empfänger geleitet.
Error End Event	Beendet die Nachrichtenverarbeitung und setzt den Status der Nachricht im Logging auf *Failed.*
Error Start Event	Kennzeichnet den Start eines *Exception-Subprocess*-Pools.
Escalation	Beendet die Nachrichtenverarbeitung und setzt den Status der Nachricht auf *Escalated.* In synchronen Szenarien wird eine Fehlernachricht an den Sender zurückgegeben. Es stehen verschiedene Eskalationskategorien wie »Empfänger nicht erreichbar« oder »Authorisierung fehlgeschlagen« zur Auswahl.
Start Message	Kennzeichnet den Start der Nachrichtenverarbeitung innerhalb eines Integrationsprozesses.

Tabelle 9.6 Event-Werkzeuge

Tool	Beschreibung
Start Event	Kennzeichnet den Beginn eines Subprozesses. Da die Nachrichtenverarbeitung im Hauptprozess bereits durch ein *Start Message* gekennzeichnet wurde, wird in Subprozessen das Start-Event verwendet.
Terminate Message	Beendet den Nachrichtenfluss, ohne die Nachricht anschließend zu versenden. Eignet sich z. B. zum Verwerfen von Antworten synchroner Webservices oder zum Aussortieren, falls gegebene Regeln nicht erfüllt werden.
Timer	Stellt einen automatisierten Prozessstart dar. Laufzeiten können einmalig, regelmäßig oder bei jedem Start des Integration Flows sein. Eignet sich, um Polling-Szenarien umzusetzen.

Tabelle 9.6 Event-Werkzeuge (Forts.)

Connector-Werkzeug

Mit dem Connector-Werkzeug lassen sich einzelne Elemente des Integration Flows miteinander verbinden. So eignet sich das Connector-Werkzeug sowohl zum Verbinden von Sender- und Empfängersystemen mit Start- und End-Events (Message-Flows) als auch zum Verbinden von Aktionen und Events innerhalb der Prozesse (Sequence-Flows).

Delete-Werkzeug

Mit dem Delete-Werkzeug lassen sich markierte Objekte im Editor-Bereich entfernen. Die Funktionalität entspricht der Löschen-Schaltfläche im Kontextmenü der einzelnen Objekte. Bitte beachten Sie auch hier, dass das Löschen ohne Rückfrage erfolgt und Löschungen nicht rückgängig gemacht werden können. Sollten Sie ungewollt ein Objekt gelöscht haben, müssen Sie es bzw. dessen Eigenschaften nach dem erneuten Hinzufügen neu konfigurieren.

Mapping-Menü

Das Mapping-Menü enthält Mapping-Aktivitäten. Mit den Bausteinen dieses Menüs können Sie die Nachrichten während des Prozessdurchlaufs mit Mapping-Programmen transformieren. Bitte beachten Sie, dass beide Mapping-Bausteine voraussetzen, dass die Nachricht beim Eingang in das Mapping im XML-Format vorliegt. Sollten Sie die Nachricht zuvor in einem anderen Format im Integrationsprozess in Empfang nehmen, müssen Sie diese vor dem Mapping erst in das XML-Format konvertieren. Tabelle 9.7 stellt die Aktivitäten im Mapping vor.

Tool	Beschreibung
Message-Mapping	Bietet ein grafisches Mapping einer XML-Nachricht. Um ein Mapping zu definieren, müssen Quell- und Zielformat als XSD-Datei vorliegen. Das Mapping kann über einen grafischen Editor in der Web UI erstellt sowie getestet werden. Die verfügbaren Bausteine gleichen dabei denen der grafischen Mappings der SAP Process Integration.
XSLT-Mapping	Bietet die Möglichkeit, ein XSLT-Mapping auszuführen. Das XSLT kann entweder direkt in der Web UI angelegt und editiert werden oder per Datei-Upload importiert werden.

Tabelle 9.7 Mapping-Werkzeuge

Transformation-Menü

Das Transformation-Menü bietet Bausteine zur Manipulation bzw. Transformation der Nachricht. Die Manipulationsmöglichkeiten reichen dabei vom Ändern des Nachrichten-Headers bis zur Payload des Exchanges. In Tabelle 9.8 finden Sie eine Beschreibung der einzelnen Bausteine.

Tool	Beschreibung
Content Modifier	Ermöglicht das Anpassen des Message-Headers, der Exchange-Properties sowie des Exchange-Bodys (= Payload). Kann je nach Anwendungsfall als leichtgewichtiger Ersatz für Mapping-Bausteine dienen.
Converter	Bietet vier verschiedene Aktivitäten zum Umwandeln von Payload-Formaten: CSV nach XML, JSON nach XML, XML nach CSV und XML nach JSON. Eignet sich z. B., um eine eingehende JSON-Nachricht in XML zu wandeln, um dieses anschließend in einem Mapping-Programm zu verarbeiten.
Decoder	Bietet vier verschiedene Aktivitäten zum Decodieren von Nachrichten. ZIP- und GZIP-Encoder entpacken ge(g)zippte Nachrichten. Der MIME-Multipart-Decoder liest MIME-Typen aus, und der Base64-Decoder wandelt Base64-encodierten Text in Plaintext.
Encoder	Bietet vier verschiedene Aktivitäten zum Encodieren analog zu den Decoder-Aktivitäten: ZIP-, GZIP, MIME- und Base64-Encoder.
Filter	Die Content-Filter-Aktivität erlaubt das Extrahieren eines definierten Feldes aus der Payload der Nachricht. Feld-Selektoren müssen als XPath angegeben werden. Somit setzt der Filter voraus, dass die Nachricht im XML-Format vorliegt.

Tabelle 9.8 Transformation-Werkzeuge

Tool	Beschreibung
Message Digest	Ermöglicht das Erstellen eines Hashs der Nachricht oder aus Teilen der Nachricht. Eignet sich z. B. zur Implementierung einer Integritätskontrolle.
Script	Bietet zwei Aktivitäten zum Hinzufügen von Java- bzw. Groovy-Skripts. Skripte können direkt in der Web UI editiert werden. Neben den Standard-Java-7-Klassen/-Paketen steht eine SAP-Cloud-Platform-Integration-spezifische API zur Verfügung, über die Nachrichten sowohl manipuliert als auch die Cloud Integration in gewissem Maße gesteuert werden kann. Skriptaktivitäten sind vielfältig einsetzbar und eignen sich sowohl als Mapping-Ersatz als auch zur Auskonfiguration der Message-Loggings. Einen Überblick über die Methoden der API gibt folgender Artikel: *http://s-prs.de/v448136*

Tabelle 9.8 Transformation-Werkzeuge (Forts.)

Call-Menü

Das Call-Menü enthält Aktivitäten zum Aufruf von externen Quellen (= Untermenü **External Call**) sowie zum Aufruf von Unterprozessen des Integrationsprozesses (= Untermenü **Local Process Call**). Tabelle 9.9 stellt die Tools kurz vor.

Tool	Beschreibung
External Call	Bietet drei Aktivitäten: **Content-Enricher**, **Send** und **Request Reply**. Mit dem Content-Enricher lässt sich die Hauptnachricht des Integrationsprozesses um die Daten einer weiteren Nachricht anreichern. Dabei können entweder die gesamte zweite Nachricht oder nur Teile daraus mit der Hauptnachricht verschmolzen werden. Mit der Send-Aktivität lassen sich asynchrone Nachrichten an ein System senden. Der Send-Baustein eignet sich z. B., um eine E-Mail aus dem laufenden Prozess heraus zu versenden. Mit dem Request-Reply-Baustein lassen sich synchrone Schnittstellen sowie Lookups konfigurieren, um Daten aus einem Drittsystem in den aktuellen Prozess zu integrieren oder eine synchrone Schnittstelle zwischen Sender- und Receiver-System aufzubauen.
Local Call	Offeriert die beiden Aktivitäten **Process Call** und **Looping Process Call**. Der **Process Call** ruft einen bestehenden lokalen Prozess auf (siehe **Process**-Menü • **Local Integration Process**). Der **Looping Process Call** ruft einen lokalen Process in einer Schleife auf, dessen Endbedingung in den Eigenschaften des Looping Process Calls definiert werden kann.

Tabelle 9.9 Call-Werkzeuge

Routing-Menü

Das Routing-Menü enthält Entscheidungspunkte oder *Gateways*, über die die Prozesssequenz gesteuert, geteilt und zusammengefügt werden kann. Tabelle 9.10 beschreibt die Werkzeuge.

Tool	Beschreibung
Aggregator	Bietet die Möglichkeit, mehrere Nachrichten zu einer einzelnen zu aggregieren. Dabei kann festgelegt werden, über welches Feld zusammengehörige Nachrichten ermittelt werden und wann ein Nachrichtenkonvolut vollständig ist. Während der Aggregation werden die Nachrichten in einem Datastore vorgehalten.
Gather	Fügt mehrere Nachrichteninstanzen, die zuvor durch einen Multicast erzeugt wurden, wieder zu einer Nachricht zusammen. Wenn die Nachrichten durch einen Parallel-Multicast erzeugt wurden, muss vor dem Gather noch die Join-Aktivität platziert werden.
Join	Führt mehrere Prozesspfade wieder zusammen, die durch eine Multicast-Aktivität getrennt wurden. Join wartet auf die Beendigung der einzelnen Prozesspfade und gibt den Prozesslauf erst dann wieder frei, wenn alle Vorgängerpfade abgeschlossen sind.
Multicast	Ermöglicht das vervielfältigen der Nachricht durch Erzeugung neuer Prozesspfade. Eignet sich, um z. B. eine Nachricht an zwei Empfänger zu übermitteln oder in Kombination mit einem Gather, um eine Nachricht zu duplizieren, jeweils unterschiedlich zu mappen und dann wieder in einer Nachricht zusammenzuführen. Es gibt zwei Multicast-Varianten: **Sequential** und **Parallel Multicast**, die sich in der Ausführungsfolge unterscheiden. Parallele Multicast-Pfade können sich überholen. Sequenzielle Multicast-Pfade werden in festgelegter Reihenfolge nacheinander abgearbeitet.
Router	Ermöglicht das bedingte Umleiten von Nachrichten an verschiedene Pfade des Integrationsprozesses. Durch Konditionen an jedem Pfad, die sich auf Inhalt (= Payload) oder Header-Daten beziehen können, kann die Nachricht inhaltsbezogen auf verschiedene Prozesspfade geleitet werden.
Splitter	Splitter-Aktivitäten ermöglichen die Zerlegung einer Nachricht in mehrere Nachrichten anhand zuvor gewählter Kriterien. Es stehen vier Splitter-Aktivitäten zur Auswahl: **General Splitter**, **IDoc Splitter**, **Iterating Splitter** und **PKCS#7/CMS Splitter**, die sich für verschiedene Nachrichtenformate/-typen eignen bzw. verschiedene Splitting-Kriterien erlauben.

Tabelle 9.10 Routing-Werkzeuge

Security-Menü

Das Security-Menü enthält Aktivitäten zum Signieren, Verifizieren, Ver- und Entschlüsseln von Nachrichten, um Integrität, Authentizität und Anonymität durch Verschlüsselung zu ermöglichen. Tabelle 9.11 beschreibt die Tools.

Tool	Beschreibung
Decryptor	Bietet die Möglichkeit zur Entschlüsselung des Nachrichteninhalts (= Payload). Es stehen Decrypter für die Verschlüsselungsmethoden PKCS7 und PGP zur Verfügung.
Encryptor	Ermöglicht das Verschlüsseln von Nachrichteninhalten (= Payloads) zur sicheren Übertragung. Es stehen zwei Encryptor-Aktivitäten zur Verfügung: **PKCS7 Encryptor** und **PGP Encryptor**.
Signer	Bietet drei verschiedene Aktivitäten zum Signieren von Nachrichten: **PKCS7 Signer**, **XML Digital Signer** und **Simple Signer**. Durch die Signierung kann die Authentizität des Absenders sowie die Integrität der zu übertragenden Nachricht sichergestellt werden.
Verifier	Enthält zwei Aktivitäten, den **PKCS7 Signature Verifier** sowie den **XML Signature Verifier**, zum Verifizieren von signierten Nachrichten und ermöglicht somit die Authentizitäts- und Integritätsprüfung von eingehenden Nachrichten.

Tabelle 9.11 Security-Werkzeuge

Persistance-Menü

Das Persistance-Menü enthält verschiedene Aktivitäten zum Lesen und Speichern von Nachrichten, Variablen und Objekten im SAP Cloud Platform Integration Datastore. In Tabelle 9.12 stellen wir die Aktivitäten kurz vor.

Tool	Beschreibung
Data Store Operations	Enthält vier Aktivitäten zu Interaktionen mit dem Datastore: Select, Get, Write und Delete. Mit diesen Aktivitäten können Nachrichten im Datastore zwischengespeichert und später wieder abgerufen werden.
Persist Message	Ermöglicht das Persistieren der Message zu Audit-Zwecken. (Für das Persistieren zu Monitoring-Zwecken sollte eher ein Skriptbaustein oder das Tracing gewählt werden, siehe auch Kapitel 15, »Betrieb der SAP Cloud Platform Integration«.)

Tabelle 9.12 Persistance-Werkzeuge

Tool	Beschreibung
Write Variables	Ermöglicht es Variablen temporär zu persistieren. So können Werte Prozess-übergreifend auch von später eintreffenden Nachrichten wiederverwendet werden.

Tabelle 9.12 Persistance-Werkzeuge (Forts.)

Validator-Menü

Das Validator-Menü enthält bisher ein Werkzeug zur Validierung von Nachrichten. Der XML Validator ermöglicht die Validierung einer Nachricht gegen ein hinterlegtes XML-Schema (XSD).

Sie haben nun einen Überblick darüber erhalten, was Pakete sind und wie man diese anlegt, wie man Integration Flows erzeugt und Pakete zuweist, sowie einen Überblick über die Entwicklungsumgebung Web UI der SAP Cloud Platform Integration samt derer Entwicklungswerkzeuge erhalten. Eine Schritt-für-Schritt-Anleitung zum Anlegen, Konfigurieren und Deployen eines Integration Flows auf der SAP Cloud Platform Integration finden Sie in Kapitel 13, »Umsetzung in der SAP Cloud Platform Integration«, in dem wir im Rahmen unseres Praxisbeispiels einen Prozess zwischen SAP Process Orchestration und Twitter über die SAP Cloud Platform Integration abbilden.

9.2.3 Dev, Test, Prod – Transportieren von Entwicklungen

Ist eine Entwicklung abgeschlossen, soll Sie getestet werden und später in den Produktivbetrieb übergehen. Entgegen einer klassischen On-Premise-Lösung wie SAP Process Orchestration, bei der eine mehrstufige Systemlandschaft üblich ist und über mehrere Server/virtuelle Maschinen abgebildet wird, gestaltet sich die Mehrstufigkeit der Systeme in der SAP Cloud Platform Integration etwas anders.

Üblich ist hier die Erstellung/Registrierung eines Tenants (siehe Abschnitt 9.1.3, »Architektur der SAP Cloud Platform Integration«) pro logischer Systemebene. Der Transport zwischen den einzelnen Tenants muss derzeit noch von Hand erledigt werden. Hierzu müssen die einzelnen Integration Flows, Sicherheitsartefakte und weitere Konfigurationsobjekte über die Download-Schaltflächen in der Web UI zuerst herunter- und dann im nächsten Tenant wieder hochgeladen werden. Anschließend sind gegebenenfalls noch systemebenenspezifische Anpassungen innerhalb der Konfigurationsobjekte vorzunehmen. Dies können z. B. Routing-Regeln innerhalb von Integration Flows sein, die zum Routing den Namen eines Sendersystems auswerten. (In der Testumgebung wird das Sendersystem aller Voraussicht nach einen anderen Namen haben als in der Entwicklungsumgebung.)

Ein automatisierter oder programmgestützter Transport ist bislang noch nicht möglich. Es ist möglich, per SAP Solution Manager und CTS+ eine Transportstrecke für

Objekte in der SAP Cloud Platform zu erstellen, jedoch ist die SAP Cloud Platform Integration hiervon bisher ausgenommen. Nach Aussagen des Entwicklerteams ist solch eine Funktionalität jedoch angedacht und soll zum Ende des Jahres 2017 implementiert werden (siehe auch *http://s-prs.de/v448113*).

9.2.4 Entwickeln mit Eclipse und den SAP Cloud Platform Integration Tools

Nachdem Sie die Entwicklung mit der Web UI kennengelernt haben, wollen wir in den folgenden Abschnitten einen Überblick über die Entwicklung mit von Eclipse und den SAP Cloud Platform Integration Tools geben. Da SAP zur Nutzung der Web UI als primäres Entwicklungswerkezeug rät, werden wir den Überblick kurz halten. Sollten Sie entgegen der Empfehlung von SAP intensiv mit Eclipse arbeiten wollen, finden Sie online unter folgendem Link eine auf Eclipse bezogene Entwicklerdokumentation: *https://goo.gl/Qiasgq*

Installation der Entwicklungsumgebung

Bevor Sie mit der Entwicklung von Integration Flows in Eclipse beginnen können, müssen Sie die passende Eclipse-Version sowie die SAP-Cloud-Platform-spezifischen Tools installieren und konfigurieren. Folgen Sie hierzu bitte der Anleitung aus Abschnitt 5.3, »SAP Cloud Platform Integration Tools«. Die folgenden Schritte setzen die erfolgreiche Installation voraus.

Anlegen und Editieren von Integration Flows

Starten Sie Eclipse, und öffnen Sie den Workspace, in dem Sie die Konfiguration der Cloud Platform Integration Tools vorgenommen haben (siehe Abschnitt 5.3). Wechseln Sie nun zuerst in die Perspektive **Integration Designer**:

1. Klicken Sie in der oberen Menüleiste auf **Window**.
2. Öffnen Sie den Menüpunkt **Perspective**.
3. Klicken Sie auf **Open Perspective**.
4. Klicken Sie auf **Other**.
5. Wählen Sie die Perspektive **Integration Designer**, und bestätigen Sie mit **OK**.

Um einen neuen Integration Flow anzulegen, führen Sie die folgenden Schritte aus:

1. Machen Sie einen Rechtsklick in den Projektexplorer. Klicken Sie auf **New** und anschließend auf die **Project...**-Schaltfläche. Alternativ erreichen Sie dieselbe Aktion auch über das **File**-Menü in der Hauptmenüleiste.
2. Wählen Sie als Projekttyp **Integration Project** aus der Kategorie **SAP Cloud Platform Integration** aus, und bestätigen Sie mit der **Next**-Schaltfläche.

3. Geben Sie nun einen Projektnamen an (siehe Abbildung 9.25). Die eindeutige ID im Feld **Project ID** wird automatisch aus dem Namen erzeugt. Beachten Sie, dass es sich hierbei nicht um den Namen des Integration Flows, sondern um den Projektnamen handelt. Wählen Sie als **Project Type** den Typ **Integration Flow** aus. Wenn Sie den Integration Flow nach der Entwicklung auf Ihre SAP-Cloud-Platform-Integration-Instanz deployen wollen, wählen Sie als **Product Profile** das Profil **SAP Cloud Platform Integration**, das den Verweis auf den Runtime Node enthält (Sie erkennen es an dem nachgestellten URI mit der **.iflmap**-Endung.) Bestätigen Sie die Eingaben mit der **Next**-Schaltfläche.

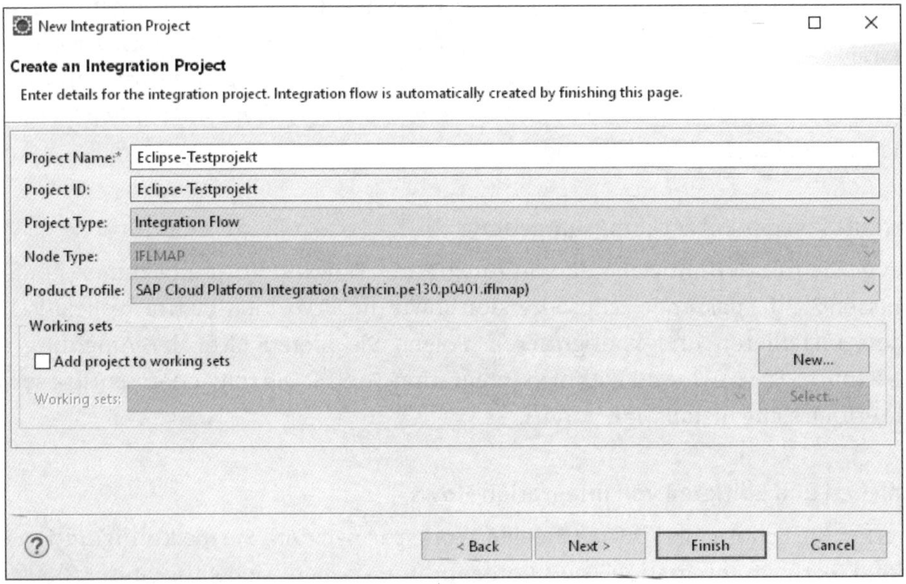

Abbildung 9.25 Integration-Project-Wizard

4. Geben Sie den Namen des Integration Flows im Feld **Name** ein (siehe Abbildung 9.26). Optional können Sie nun noch ein Pattern auswählen. Die verschiedenen Patterns beeinflussen, ob der Integration Flow bereits mit bestimmten Objekten vorkonfiguriert werden soll. Wenn Sie sich unschlüssig sind, wählen Sie das Pattern **Point-to-Point Channel**. Zudem können Sie nach dem Anlegen des Integration Flows auch alle durch das Pattern hinzugefügten Objekte auf Wunsch wieder löschen.
5. Schließen Sie den Wizard ab, und erzeugen Sie den Integration Flow, indem Sie auf **Finish** klicken.

Nach dem erfolgreichen Anlegen des Integration Flows befinden Sie sich in der Entwicklungsansicht, wie in Abbildung 9.27 gezeigt. Dabei ähnelt die Gestaltung der Oberfläche jener der Web UI, die Sie in Abschnitt 9.2.2, »Entwickeln mit der Web UI«, bereits kennengelernt haben.

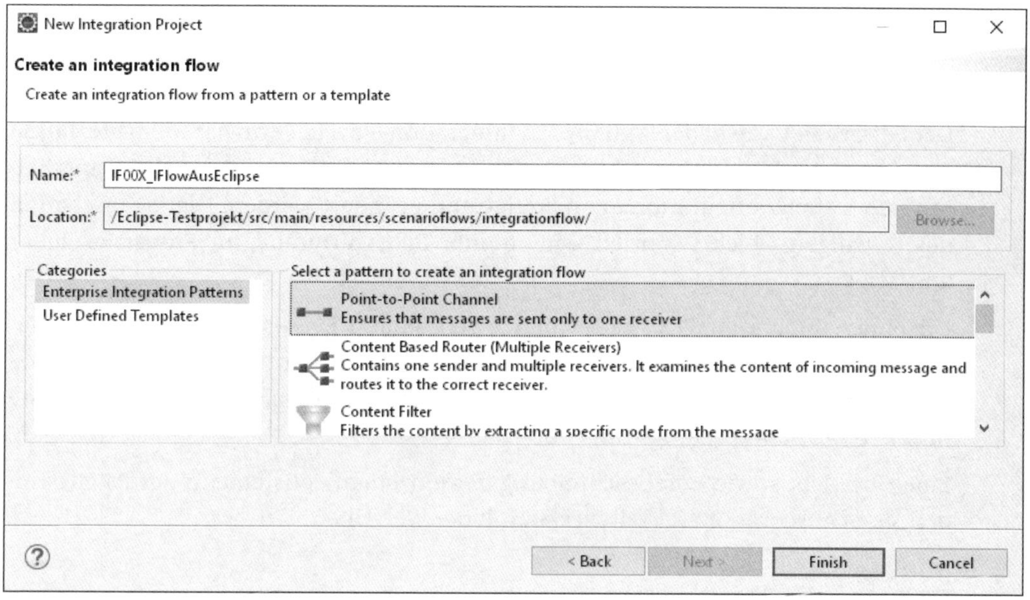

Abbildung 9.26 Integration-Flow-Wizard mit Pattern-Auswahldialog

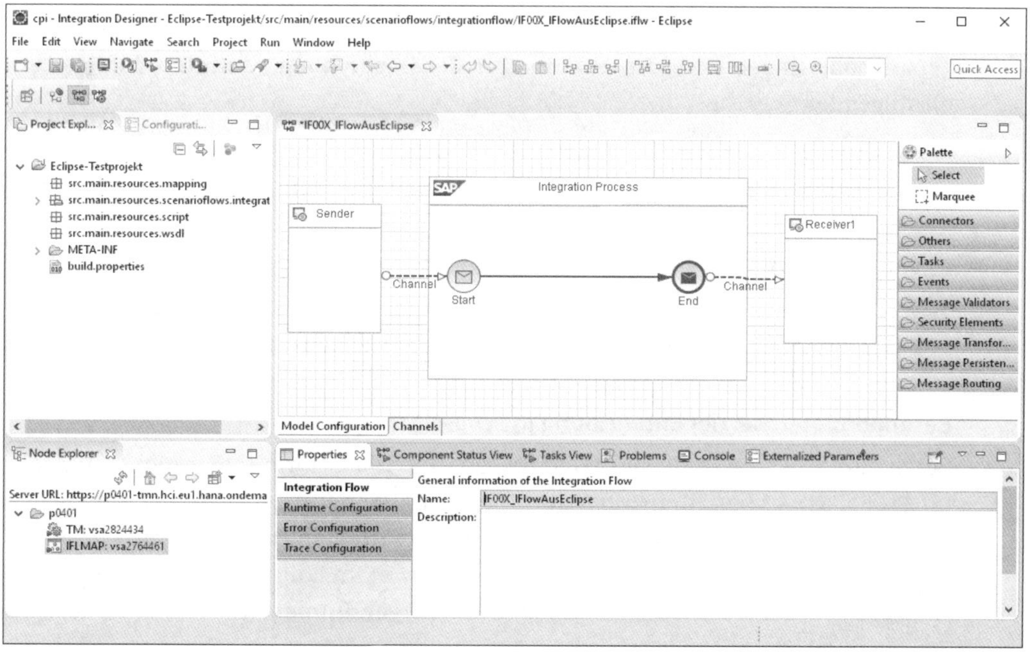

Abbildung 9.27 Eclipse – Integration-Flow-Editor-Übersicht

Am linken oberen Rand befindet sich der **Project Explorer**, der die Integrationsprojekte anzeigt. Innerhalb der Integrationsprojekte befindet sich jeweils ein Paket, das den Integration Flow (erkenntlich an den Endungen **.integrationflow** am Paket und **.iflw** an der Datei) enthält. Per Doppelklick kann der Integration Flow im Editor geöffnet werden, der sich mittig in Abbildung 9.27 befindet.

Der Editor zeigt, wie in der Web UI, den Integration Flow in Form der BPMN-Notation an. Durch Linksklick auf ein Objekt des Integration Flows können dessen Eigenschaften und Detailkonfigurationen angezeigt und geändert werden. Die Eigenschaften des jeweiligen Objekts werden am unteren Bildschirmrand im **Properties**-Reiter angezeigt.

Um einem Integration Flow neue Objekte (Aktivitäten, Events, Subprozesse etc.) hinzuzufügen, müssen diese aus der Palette am rechten Bildschirmrand auf den Integration Flow gezogen werden. Die Palette stellt dabei das Äquivalent zur Werkzeugleiste in der Web-UI-Entwicklungsumgebung dar.

Eine Übersicht sowie Kurzbeschreibung der einzelnen Bausteine in der Palette finden Sie in Abschnitt 9.2.2, »Entwickeln mit der Web UI«.

Deployen von Integration Flows

Um einen in Eclipse entwickelten Integration Flow auf der SAP Cloud Platform laufen zu lassen, müssen Sie diesen zuerst deployen. Hierbei wird das Integration-Flow-Projekt als **.jar**-Datei kompiliert und anschließend auf einen Runtime Node Ihres Tenants übertragen und dort gestartet. Um das Deployment zu starten, befolgen Sie die folgenden Schritte:

1. Klicken Sie mit der rechten Maustaste auf den Integration-Project-Ordner im **Project Explorer** (in Abbildung 9.27 ist dies der blaue Ordner mit dem Namen **Eclipse-Testprojekt**).
2. Wählen Sie im Kontextmenü den Menüpunkt **Deploy Integration Content**.
3. Wechseln Sie im unteren Tool-Panel in den Reiter **Console**, und überprüfen Sie, ob das Deployment stattgefunden hat oder ob es zu Fehlern kam.

Besonderheiten bei der Entwicklung in Eclipse

Bei der Entwicklung mit Eclipse und den SAP Cloud Platform Integration Tools sollten Sie Folgendes beachten: Integration Flows und Änderungen an Integration Flows, die in Eclipse vorgenommen werden, laufen auf nach dem Deployment zwar auf der SAP Cloud Platform Integration, sind in der Web UI im Editor jedoch nicht sichtbar. Änderungen, die wiederum in der Web UI vorgenommen wurden, sind auch in Eclipse sichtbar.

Dies liegt daran, dass die Web UI den Entwicklungsstand der Integration Flows auf dem Tenant Management Node ablegt. Beim Deployment wird der Entwicklungsstand kompiliert und auf einem Runtime Node in Betrieb genommen. Wird ein Integration Flow in Eclipse neu angelegt und deployt, wird nur der kompilierte Prozess zum Runtime Node übertragen. Der Quellcode bzw. die Projektdateien werden von Eclipse nicht an den Tenant Management Node übertragen. In Eclipse ist es nur möglich, bestehende Projekte vom Tenant Management Node zu laden, um sie dann in Eclipse zu editieren.

Web UI nutzen

Sollten Sie mit mehreren Kollegen auf der SAP Cloud Platform Integration arbeiten, so versuchen Sie ausschließlich in der Web UI zu arbeiten. Sollten Sie dennoch mit Eclipse entwickeln, importieren Sie den aktuellen Entwicklungsstand nach dem Deployment in der Paketansicht der Web UI. Öffnen Sie hierzu die Web UI, wechseln Sie in das **Design**-Menü, wählen Sie das Paket, und klicken Sie auf **Edit**. Anschließend klicken Sie auf die **Add**-Schaltfläche und wählen die Option **Import**. Wählen Sie abschließend Ihre Projektdatei aus, und importieren Sie diese.

Sollten Sie auf diesen Schritt verzichten, kann es sein, dass ein anderer Mitarbeiter, der nur mit der Web UI arbeitet, nachfolgende Änderungen auf einem alten Stand des Integration Flows vornimmt und diesen im schlimmsten Fall anschließend deployt.

9.2.5 Ausblick: API – Automatisieren von SAP-Cloud-Platform-Integration-Tasks

Neben den bisher genannten Entwicklungs- und Steuerungswerkzeugen und Entwicklungsumgebungen bietet die SAP Cloud Platform Integration noch eine weitere Möglichkeit zur Interaktion: eine OData-API. Mit der OData-API lassen sich verschiedene Operationen auf der bzw. gegen die SAP Cloud Platform Integration ausführen, wie z. B. der Abruf von Monitoring-Informationen im XML-Format, Log-Files und User-to-Certificate-Mappings. Die OData-API ist über folgendes URL-Schema erreichbar und ermöglicht den Datenabruf im XML-Format:

https://<tenant-management-node>/api/v1

Das Token *<tenant-management-node>* muss durch die URL des Tenant Management Nodes ersetzt werden. Diese können Sie z. B. aus der Adresszeile Ihres Browsers kopieren, wenn Sie sich in der Web UI befinden.

Der Datenaustausch mit der REST-API findet über das *Open Data Protocol* (OData) statt, wobei die Authentifizierung mittels Basic-Authentication z. B. unter Verwendung eines S-Benutzers geschieht. Derzeit stehen über die API die in Tabelle 9.13 gezeigten Entitäten zur Verfügung.

Entität	Funktion
Certificate User Mapping	Erlaubt das Erstellen eines (Anmelde-)Zertifikat-zu-Nutzer-Mappings, um Rollen eines Nutzers auf zertifikatbasierte Anmeldungen zu mappen.
Integration Content Monitoring	Gibt Statusinformationen wie Deployment-Zeit, -Status und -Benutzer sowie Fehlermeldungen zu deployten Integrationsartefakten zurück.
JMS Queue Monitoring	Erlaubt das Ansprechen von (JMS-)Message-Queues.
Log Files	Gibt HTTP-Logfiles zurück. Nützlich zum Auswerten von Zugriffen auf die Cloud Integration und zur Analyse von HTTP- sowie Authentifizierungsfehlern.
Message Monitoring	Bietet verschiedene Methoden rund um das Message Monitoring. Erlaubt Abruf von Header-Daten, Payloads und Ausführungsprotokollen.
Message Store	Erlaubt den Zugriff auf im Message Store persistierte Objekte.
Partner Directory	Liefert Informationen und bietet Verwaltungsmöglichkeiten für das Partner Directory.
User Creation	Erlaubt das Anlegen von Benutzer-Credentials für den Zugriff auf die Cloud Integration.

Tabelle 9.13 Entitäten der SAP-Cloud-Platform-Integration-OData-API

Zur Evaluation der API eignet sich die Nutzung eines REST-Clients, wie z. B. Postman, der unter folgender URL kostenlos zur Verfügung steht: *www.getpostman.com*

Weiterführende Informationen zur SAP-Cloud-Platform-Integration-OData-API finden Sie in der offiziellen Dokumentation unter dem Pfad: **SAP Cloud Platform Integration • API Documentation • OData API** oder über die folgende URL: *http://s-prs.de/v448137*

[»]

Java-API – eine weitere API

Neben der soeben vorgestellten OData-(Web-)API gibt es noch eine Java-API. Diese kann nicht über ein Webprotokoll angesprochen werden, sondern besteht aus mehreren Java-Klassen, die direkt aus der SAP Cloud Platform Integration anprogrammiert werden können. Dabei kann die Java-API entweder über eine Skriptaktivität aus einem Integration Flow heraus oder während der Entwicklung eines Cloud-Integration-Adapters verwendet werden.

Eine grundlegende Dokumentation sowie JavaDocs zum Evaluieren der Klassenmodelle und verfügbaren Methoden finden Sie in der SAP-Cloud-Platform-Integration-Hilfe unter folgendem Menüpfad: **SAP Cloud Platform Integration • API Documentation • Java API**. Alternativ kann die Hilfe auch über folgende URL aufgerufen werden: *http://s-prs.de/v448138*

9.2.6 Ausblick: Eigene (Kommunikations-)Adapter entwickeln

Wie wir bereits in mehreren Kapiteln erwähnt haben, findet die Kommunikation der SAP Cloud Platform mit anderen Systemen über (Kommunikations-)Adapter statt. In Tabelle 9.3 in Abschnitt 9.2.2 haben wir die mit der SAP Cloud Platform Integration mitgelieferten Adapter aufgelistet. Was ist jedoch, wenn Sie ein System anbinden wollen, das mit keinem der Standardadapter kompatibel ist? In diesem Fall können Sie entweder den Adapter eines Drittherstellers einkaufen und auf Ihrer SAP-Cloud-Platform-Integration-Instanz deployen oder einen eigenen Adapter entwickeln.

Für diesen Ausblick ist die vollständige Beschreibung einer Adapterentwicklung leider zu lang. Jedoch wollen wir die wesentlichen Schritte skizzieren und Ihnen somit einen Leitfaden an die Hand geben, an dem Sie sich orientieren können.

Grundlagen

Wie in der Architekturbeschreibung in Abschnitt 9.1.3 bereits angemerkt, basiert die SAP Cloud Platform Integration unter anderem auf dem Apache Camel Framework. So basieren auch die Adapter der Cloud Integration auf einem Teil des Apache-Camel-Frameworks, den *Components*. (Components im Kontext von Camel meint speziell die Kommunikationskomponenten.) Der erste Schritt zur Entwicklung eines Adapters für die SAP Cloud Platform Integration ist also das Entwickeln einer Apache Camel Component, um diese dann in einem weiteren Schritt Cloud-Integration-tauglich zu machen.

Dadurch, dass es sich bei Apache Camel um Open-Source-Software mit einer recht großen Community handelt, gibt es bereits eine Vielzahl an Components. Der erste Schritt vor der Entwicklung einer neuen Component sollte also ein Blick in die Components-Liste sein, die über folgende URL erreichbar ist: *http://camel.apache.org/components.html*

Sollte bereits eine Component für das Protokoll existieren, das Sie als Cloud-Integration-Adapter implementieren wollen, können Sie auf diese zurückgreifen. Andernfalls müssen Sie Ihre eigene Component entwickeln. Auf der Apache-Camel-Seite finden Sie hierzu einen Einsteigerartikel unter folgender URL: *http://camel.apache.org/writing-components.html*

Haben Sie eine lauffähige Component vorliegen, müssen Sie diese noch für die Verwendung in der SAP Cloud Platform Integration anpassen.

Entwicklungswerkzeuge

Die Entwicklung eines SAP-Cloud-Platform-Adapters bzw. die Anpassung einer Apache Camel Component kann ausschließlich in Eclipse mit dem *Adapter-Development-Toolkit* (ADK) stattfinden. Eine Entwicklung von Adaptern über die Web UI ist nicht möglich.

Die Installation der passenden Eclipse-Version sowie des ADKs haben wir in Abschnitt 5.3 beschrieben. Wenn Sie der Installationsanleitung folgen, achten Sie darauf, bei der Plug-in-Installation das ADK mit auszuwählen.

Erzeugung des SAP-Cloud-Platform-Integration-Adapters aus einer Apache Camel Component

Mit der Installation und Einrichtung von Eclipse sowie dem Vorhandensein einer Apache Camel Component sind alle Voraussetzungen zur Adapterentwicklung gegeben.

Bei der Entwicklung des Adapters unterstützt Sie ein *Cheat Sheet*. Dieses stellt eine interaktive Checkliste samt Hilfetexten dar, die Sie Schritt für Schritt durch die Entwicklung des Adapters führt. Das Cheat Sheet zur Adapterentwicklung können Sie, wie in Abbildung 9.28 gezeigt, im das Eclipse-Hauptmenü über folgenden Pfad öffnen: **Help • Cheat Sheets... • Working with HCI ADK**.

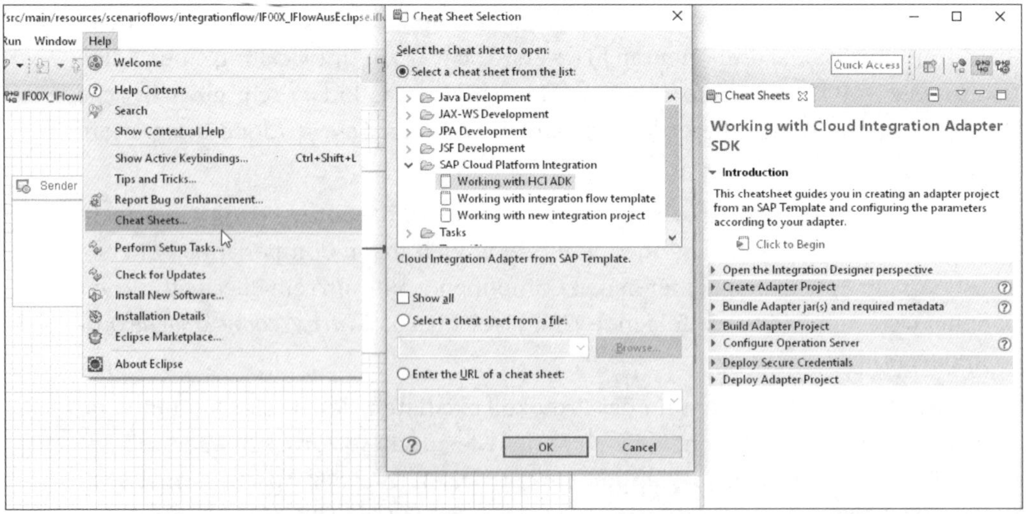

Abbildung 9.28 ADK-Cheat-Sheet

Eine weitere gute Hilfe bei der Entwicklung des ersten eigenen SAP-Cloud-Platform-Adapters stellt folgendes SAP-Blog dar: *http://s-prs.de/v448114*.

Adapter deployen

Nach Abschluss der Entwicklung des Adapters oder wenn ein fertiger Adapter durch einen Dritthersteller zugekauft wurde, muss dieser noch deployt werden. Hier genügt ein Rechtsklick auf das Adapterprojekt im Eclipse-Projekt-Explorer. Im Kontextmenü klicken Sie anschließend **Deploy Adapter Project**, um den Adapter zu deployen.

Ob das Deployment erfolgreich war, können Sie in der Perspektive **Integration Operations** prüfen. Wechseln Sie hierzu in die **Eclipse**-Perspektive, doppelklicken Sie auf Ihren Tenant im **Node**-Explorer, und wechseln Sie in den Reiter **Deployed Artifacts**. In der Liste der Artefakte sollte nun Ihr Adapter auftauchen.

9.3 Zusammenspiel von SAP Cloud Platform Integration und SAP Process Orchestration

Nachdem wir nun die Grundlagen, die Architektur sowie den Aufbau der SAP Cloud Platform Integration betrachtet und einen Einstieg in die Entwicklungswerkzeuge und -möglichkeiten gegeben haben, wollen wir in den folgenden Abschnitten einen Blick darauf werfen, wie sich die SAP Cloud Platform Integration mit der On-Premise-Lösung SAP Process Orchestration zusammenbringen lässt.

Hierbei wollen wir die Fragestellung aus zwei Perspektiven beleuchten: aus Sicht der Verbindungs- und Kommunikationsmöglichkeit und aus Sicht der Wiederverwendbarkeit bestehender und zukünftiger Entwicklungen.

9.3.1 Kommunikation zwischen SAP Cloud Platform Integration und SAP Process Orchestration

Zwischen einem On-Premise-SAP-Process-Orchestration-System und der SAP Cloud Platform Integration gibt es zwei verschiedene Ansätze zur Kommunikation, die je nach verwendetem Adaptertyp und Kommunikationsrichtung mehr oder weniger geeignet sind: die Direktkommunikation und die Kommunikation über den SAP Cloud Connector (siehe Abbildung 9.29).

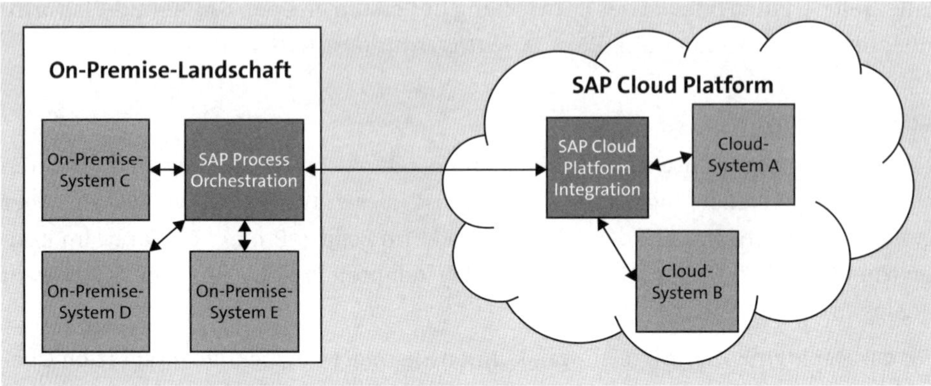

Abbildung 9.29 Kommunikation zwischen SAP Process Orchestration und SAP Cloud Platform Integration

Direktkommunikation

Bei der *Direktkommunikation* kommuniziert das SAP-Process-Orchestration-System ohne weitere Hilfsmittel direkt mit der SAP Cloud Platform Integration. Dies funktioniert z. B., wenn die SAP Cloud Platform Integration einen SOAP-Webservice zur Verfügung stellt. Kann SAP Process Orchestration (z. B. aufgrund bestehender Schnittstellen) bereits mit Diensten im Internet kommunizieren, auch wenn dies über einen On-Premise-Proxyserver geschieht, so kann es den SOAP-Endpunkt der SAP Cloud Platform Integration ohne weiteren Aufwand ansprechen. Das Gleiche kann auch für die entgegengesetzte Richtung sprechen. Ist in der On-Premise-Umgebung z. B. bereits eine dezentrale Adapter-Engine im Einsatz, die in der demilitarisierten Zone (DMZ) des Netzwerkes steht, kann ein darüber zur Verfügung gestellter Endpunkt auch direkt von der SAP Cloud Platform Integration angesprochen werden. Die Direktkommunikation ist immer dann sinnvoll, wenn die netztechnischen sowie architektonischen Gegebenheiten bereits eine Kommunikation über das Internet vorsehen. Existiert solch ein Setting nicht oder soll eine Kommunikation über einen Adaptertyp stattfinden, der nicht die üblichen Webports (80, 8080, 443) nutzt, ist in der Regel der SAP Cloud Platform Connector die zu präferierende Lösung.

Kommunikation über den SAP Cloud Platform Connector

Gibt es keine bestehenden Portfreigaben oder wird z. B. der Remote-Function-Call-(RFC-)Adapter verwendet, ist der Einsatz des SAP Cloud Platform Connectors der bevorzugte Lösungsansatz. Der SAP Cloud Platform Connector, kurz Cloud Connector, ist eine Applikation, die auf einem Host im lokalen Netz der On-Premise-Umgebung installiert wird. Der Cloud Connector stellt nach der Installation und Konfiguration einen permanenten SSL-Tunnel zur SAP Cloud Platform zur Verfügung und agiert als Reverse-Invoke-Proxy. Dadurch kann er Verbindungen aus der

SAP Cloud Platform annehmen, ohne dass im lokalen Netz zusätzliche Firewall-Freigaben notwendig sind. Entgegen seiner Selbstbeschreibung als Reverse-Proxy kann der Cloud Connector auch in die andere Kommunikationsrichtung, also von On-Premise-Systemen hin zur SAP Cloud Platform, genutzt werden.

Über die Konfiguration des Cloud Connectors kann präzise eingestellt werden, welche On-Premise-Systeme mit welchen Cloud-Diensten kommunizieren können. Somit stellt der Cloud Connector eine einfach zu konfigurierende Möglichkeit dar, sichere Verbindungen zwischen On-Premise-Systemen wie der SAP Process Orchestration und SAP-Cloud-Platform-Diensten wie der SAP Cloud Platform Integration herzustellen. Eine kurze Einrichtungsanleitung für Cloud Connectors geben wir im Rahmen der Einleitung zu Kapitel 10, »Hybride Szenarien«.

9.3.2 Entwicklungen zwischen SAP Process Orchestration und SAP Cloud Platform Integration austauschen

Die zweite Perspektive neben der Kommunikationssicht, aus der das Zusammenspiel zwischen SAP Process Orchestration und SAP Cloud Platform Integration betrachtet werden kann, ist die Wiederverwendung von Entwicklungsobjekten einer Plattform auf der jeweils anderen Plattform.

Verwendung von SAP-Process-Orchestration-Objekten in der SAP Cloud Platform Integration

Die Verwendung von SAP-Process-Orchestration-Objekten in der Cloud ist in geringem Maße möglich und von der verwendeten Entwicklungsumgebung – Eclipse oder Web UI – abhängig. Wird Eclipse mit den SAP Cloud Platform Integration Tools als Entwicklungsumgebung genutzt, so können die SAP Process Integration-Objekttypen *Service Interface*, *Operation Mapping* und *Message Mapping* importiert werden.

Hierzu müssen die Verbindungsdaten zum Integration-Repository, aus dem die Objekte geladen werden sollen, in den SAP Cloud Platform Integration Tools hinterlegt sein (wie das geht, wird in Abschnitt 5.3, »SAP Cloud Platform Integration Tools«, beschrieben). Haben Sie dies noch nicht getan, erscheint der Konfigurationsdialog automatisch beim ersten Importversuch, wie in Abbildung 9.30 gezeigt.

Um nun Objekte aus dem Repository zu übernehmen, öffnen Sie, wie in Abbildung 9.31 zu sehen, das Importmenü über einen Rechtsklick auf das Integrationsprojekt und wählen den Menüpunkt **Import PI Content** aus. Wählen Sie anschließend das zu importierende Objekt aus, um es nachfolgend im Integrationsprojekt an der geeigneten Stelle (z. B. Service Interface als XSD im Adapter oder Message Mapping in einer Mapping-Aktivität) zu verwenden.

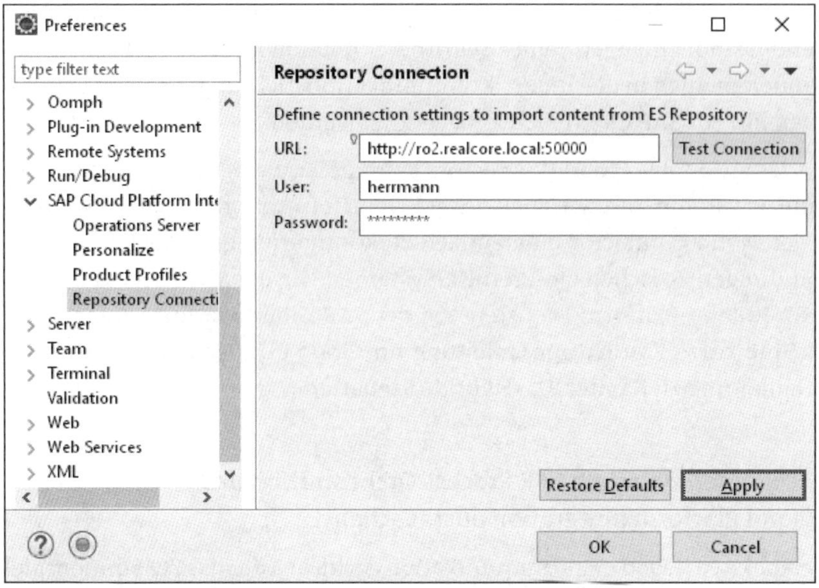

Abbildung 9.30 Repository-Anbindung in den SAP Cloud Platform Integration Tools

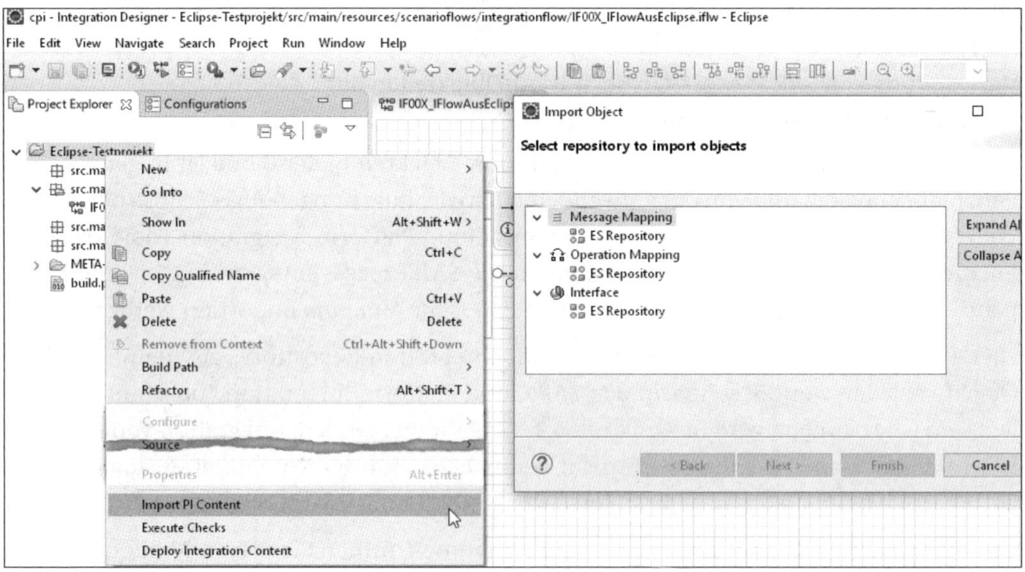

Abbildung 9.31 SAP-Process-Integration-Objekte in SAP Cloud Platform Integration importieren

Beim Import von Mappings gilt es zu beachten, dass Mappings mit Function Libraries, importierten Archiven und Multi-Mappings ausgeschlossen sind und somit nicht importiert werden können.

In der Web UI gibt es keine gleichwertige Importfunktion. Jedoch können Sie einige Objekte, wie z. B. Service Interfaces, manuell übernehmen, indem Sie die XSD/WSDL-Darstellung des Service Interface im Enterprise-Repository aufrufen, als Datei speichern und anschließend manuell in der Web UI wieder hochladen.

Verwendung von SAP-Cloud-Platform-Integration-Objekten in SAP Process Orchestration

Die Verwendung von Entwicklungsobjekten in die entgegengesetzte Richtung bietet im Vergleich vielfältigere Möglichkeiten, sofern die SAP Process Orchestration, auf der die SAP-Cloud-Platform-Integration-Objekte genutzt werden sollen, einen aktuellen Releasestand hat. Denn seit SAP Process Orchestration 7.5 SP02 ist es möglich, eine leicht modifizierte, schlankere Variante der SAP Cloud Platform Integration Engine in SAP Process Orchestration mitlaufen zu lassen. Dies ermöglicht, unter Einhaltung nachfolgend erläuterter Prämissen, den Betrieb von SAP-Cloud-Platform-Integration-Content auf einer SAP-Process-Orchestration-On-Premise-Umgebung. Die folgenden Beschreibungen fassen die wesentlichen Schritte kurz zusammen. Zum Ende dieses Kapitels haben wir Ihnen jedoch eine Liste mit weiterem Informationsmaterial zusammengestellt.

Besonderheiten bei der Erstellung des Integrationsinhalts

Damit der Integrationsinhalt aus SAP Cloud Platform Integration auf der On-Premise-Variante lauffähig ist, muss er mit dem passenden Produktprofil erstellt werden. In der Web UI kann dies jederzeit direkt am Integration Flow zugewiesen werden. Abbildung 9.32 zeigt den Parameter **Product Profile**, der auf den Wert **SAP Process Orchestration 7.5** umgestellt werden muss.

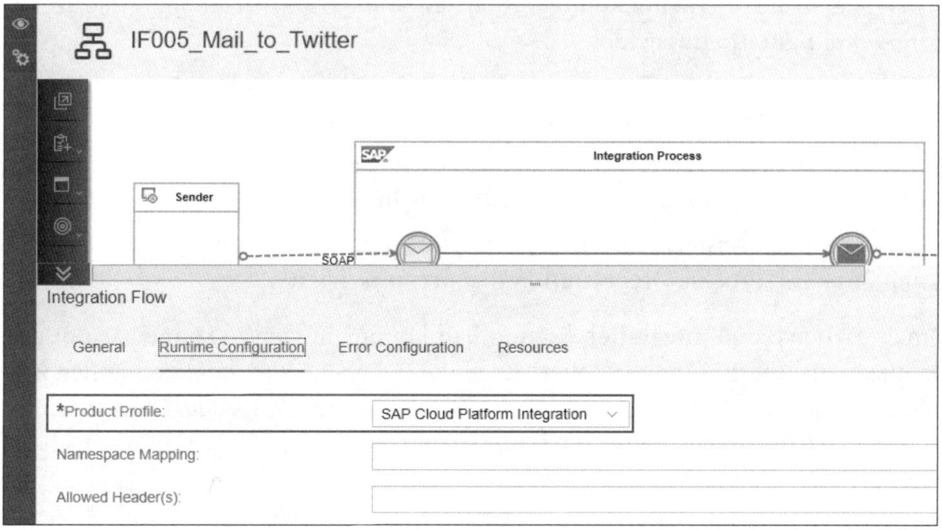

Abbildung 9.32 Produktprofil-Einstellungen in der Web UI

Auch wenn der Wechsel des Produktprofils jederzeit erfolgen kann, sollten Sie sich vor Beginn der Entwicklung für ein Produktprofil entscheiden, da im SAP-Process-Orchestration-Profil nicht alle Objekte zur Verfügung stehen. Ein nachträglicher Wechsel kann somit zu Seiteneffekten führen. Eine Liste der in der SAP Cloud Platform Integration nutzbaren Objekte kann unter folgender URL abgerufen werden: *http://s-prs.de/v448139*.

Sollte Ihnen das SAP-Process-Orchestration-Produktprofil in der Web UI fehlen, wenden Sie sich an Ihren SAP Cloud Platform Manager und bitten diesen um die Aktivierung des Produktprofils.

Bei der Entwicklung von Integration Flows in Eclipse muss das Produktprofil direkt beim Anlegen im Erstellungs-Wizard festgelegt werden. Es kann danach, anders als bei der Web UI, nicht mehr ohne Weiteres geändert werden.

Einrichtung von Cloud-Integration-Content für SAP Process Orchestration

Steht SAP-Process-Orchestration-tauglicher Cloud-Integration-Content zur Verfügung, muss sichergestellt werden, dass die Cloud-Integration-Komponenten auf der SAP Process Orchestration installiert und aktiviert sind.

Die Aktivierung kann entweder nach der Installation der SAP Process Orchestration im Rahmen des Wizards *Central Technical Configuration* (CTC) vorgenommen werden oder nachträglich aus dem SAP NetWeaver Administrator erledigt werden. Zur nachträglichen Aktivierung sind folgende Schritte notwendig:

1. Loggen Sie sich im SAP NetWeaver Administrator Ihrer SAP-Process-Orchestration-Instanz ein. Sie können diesen über folgende URL erreichen: *http(s)://<hostname>:<port>/nwa*.
2. Navigieren Sie zum Reiter **Konfiguration**, und wählen Sie den Menüeintrag **Szenarios • Konfigurationsassistent**.
3. Geben Sie den Begriff »Cloud Integration Content« in das Suchfeld ein, und bestätigen Sie mit der **Starten**-Schaltfläche neben der Suchmaske.
4. Wählen Sie den gefundenen Konfigurationsassistenten aus, und starten Sie ihn durch einen Klick auf die **Starten**-Schaltfläche in der Menüleiste.
5. Folgen Sie den Anweisungen des Assistenten, um den Cloud-Integration-Content auf Ihrer SAP-Process-Orchestration-Instanz zu aktivieren.

Um die neuen Cloud-Integration-Content-Funktionen nutzen zu können, benötigen Benutzer, die Zugriff erhalten sollen, noch die in Tabelle 9.14 gezeigten Rollen. Die Rollen können Sie über den Useradmin zuweisen, der unter folgender URL erreichbar ist: *http(s)://<hostname>:<port>/useradmin*

Rolle	Funktion
SAP_XI_ADMINISTRATOR	Gibt Lese-, Bearbeitungs- und Deploy-Rechte für Sicherheitsartefakte im Cloud Integration Content Management Cockpit.
SAP_XI_CONFIGURATOR	Gibt Lese-, Bearbeitungs- und Deploy-Rechte für Cloud-Integration-Content im Cloud Integration Content Management Cockpit.
NWA_SUPERADMIN	Gibt Rechte, um Zertifikate im SAP NetWeaver Adminstrator einzuspielen und zu verwalten.
NWA_READONLY	Gibt Rechte zur Nutzung des Monitorings.

Tabelle 9.14 Cloud Integration – SAP-Process-Orchestration-Rollen

Nach Abschluss der Konfiguration sollten Sie das Cloud Integration Content Management Cockpit über folgende URL aufrufen können: *http(s)://<hostname>:<port>/IGWGBDeploy/Admin*.

Alternativ ist das Cloud Content Integration Management Cockpit über die SAP-Process-Orchestration-Directory-Startseite aufrufbar, wie in Abbildung 9.33 gezeigt.

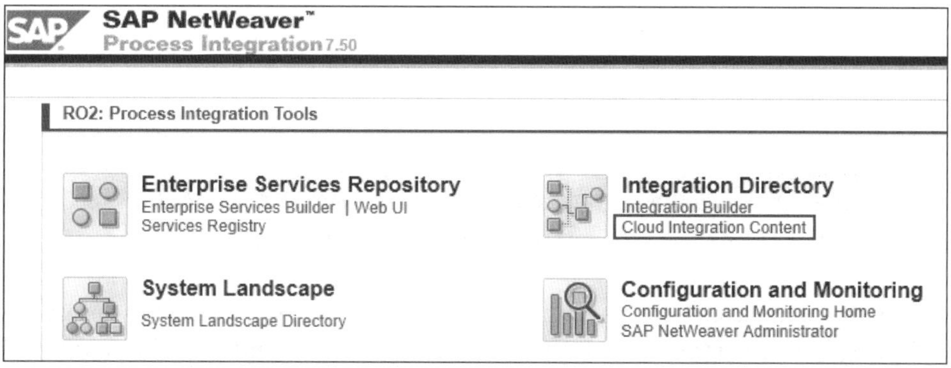

Abbildung 9.33 Cloud Integration Content Management Cockpit

Sollte statt des Cloud Integration Content Management Cockpits nur eine graue Seite erscheinen, kann es sein, dass Sie auf einen ärgerlichen Bug gestoßen sind, der im Zusammenhang mit der Übersetzung steht. In diesem Fall stehen Ihnen drei Varianten zur Verfügung:

1. Aktualisieren Sie Ihr SAP-Process-Orchestration-System auf mindestens Service Pack (SP) 08.
2. Aktualisieren Sie auf das letzte Patchlevel Ihres aktuellen Service Packs.

3. Versuchen Sie die Anmeldesprache Ihres Benutzers im Useradmin auf Englisch umzustellen, sich ab- und wieder anzumelden und das Cloud Integration Content Management Cockpit erneut zu öffnen.

Betrieb und Monitoring von Cloud-Integration-Content auf SAP Process Orchestration

Das Deployment von Cloud-Integration-Content auf SAP Process Orchestration wird vollständig im Cloud Integration Content Management Cockpit vorgenommen. In den Reitern **Integration Content** und **Security Artifacts** können Sie Content deployen. Im Reiter **End Points** können Sie Endpunktinformationen des deployten Contents verwalten.

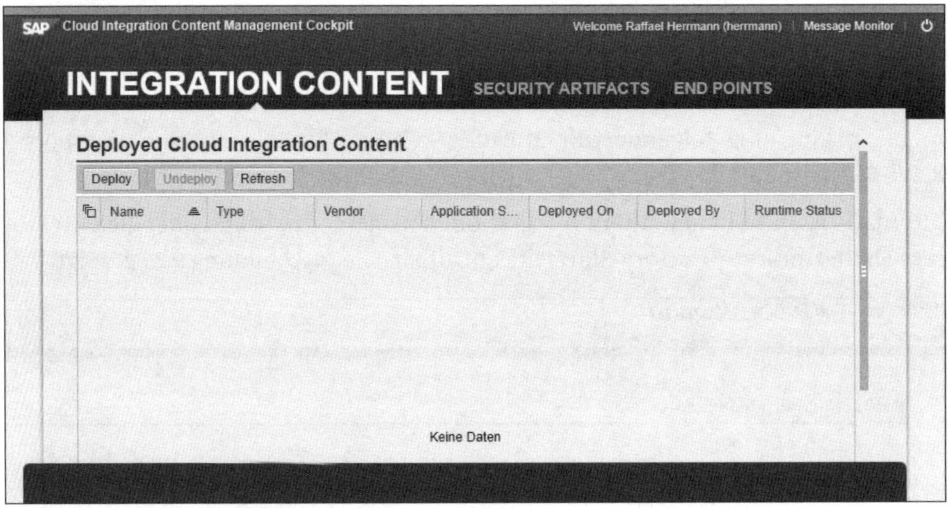

Abbildung 9.34 Übersicht des Cloud Integration Content Management Cockpits

Sollten Ihnen nicht alle eben genannten Menüpunkte dargestellt werden, wie auch in Abbildung 9.34 gezeigt, überprüfen Sie bitte erneut, ob Ihr Benutzer-Account mit den im vorherigen Abschnitt erläuterten Rollen versehen ist. Bei fehlenden Berechtigungen werden die Menüpunkte ausgeblendet.

Die Ausführung deployten Contents, also die ausgetauschten Nachrichten, können Sie im **Message-Monitor** einsehen. Diesen erreichen Sie entweder über den Link **Message Monitor** aus der oberen Menüleiste des Cloud Integration Content Management Cockpits oder über den SAP-Process-Integration-Nachrichten-Monitor, den Sie über folgenden Pfad erreichen können: SAP-Process-Orchestration-Directory-Startseite • **Configuration and Monitoring Home • Adapter Engine • Message-Monitor • Cloud Integration Content**. Alternativ können Sie folgende URL verwenden: *http(s)://<hostname>:<port>/pimon.*

[+]

Mehr Informationen

Weiterführende Informationen zur Einrichtung, Verwendung und Administration von Cloud-Integration-Content auf der SAP Process Orchestration finden Sie an folgenden Stellen:

- allgemeine SAP-Hilfe zum Thema »Cloud Integration Content auf SAP PO 7.5«: *http://s-prs.de/v448140*
- SAP-Hinweis 2197483 gibt weitere Informationen zur Installation und Aktivierung von SAP-Cloud-Platform-Integration-Content: *http://s-prs.de/v448115*
- Hilfeeintrag zur Überprüfung des Status von SAP-Cloud-Platform-Integration-Content mit SAP-Process-Orchestration-Bordmitteln: *http://s-prs.de/v448141*

TEIL III

Implementierung einer hybriden Systemlandschaft

Kapitel 10
Hybride Szenarien

In diesem Kapitel werden wir an einem ausführlichen Praxisbeispiel das Zusammenspiel der SAP-Komponenten SAP Process Integration, SAP Process Orchestration, Business Process Management, SAP Business Rules Management und der SAP Cloud Platform Integration demonstrieren.

Die SAP-Produkte SAP Process Integration, SAP Process Orchestration, Business Process Management (BPM), SAP Business Rules Management (BRM) und die SAP Cloud Platform Integration können in einem hybriden Szenario miteinander verbunden werden. Wie Sie dies umsetzen, zeigen wir Ihnen in diesem Kapitel. Dazu werden sowohl Cloud- als auch On-Premise-Lösungen eingesetzt – in unserem Beispiel also SAP Cloud Platform Integration als Cloud-Lösung und das SAP-Produkt SAP Process Orchestration on premise. Für unser fiktives Unternehmen »Hardselling« aus Kapitel 2 haben wir den Geschäftsprozess aus Abbildung 10.1 entworfen.

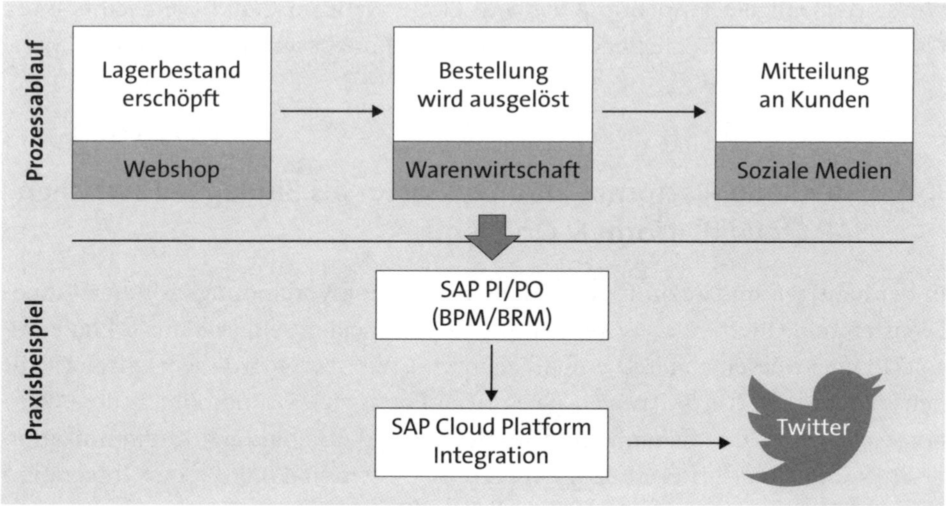

Abbildung 10.1 Prozess des Praxisbeispiels

Wie in der Abbildung zu erkennen, startet unser Ablauf mit der Erkenntnis, dass wir in unserem Onlineshop für ein Produkt, das bei unseren Kunden aktuell sehr beliebt ist, einen Lieferengpass haben werden. Unser Webshop ist direkt an unsere Warenwirtschaft angebunden, die die Bestände verwaltet. Ab diesem Prozessschritt startet unser Prozess, den wir mit SAP Process Orchestration und der SAP Cloud Platform Integration abbilden möchten.

Die Warenwirtschaft löst eine Bestellung aus. Technisch wird diese Bestellung nun in SAP Process Integration bzw. SAP Process Orchestration über ein IDoc (INVOIC.INVOIC05) übertragen. Hier implementieren wir einen BPM-Prozess, der z. B. anhand von BRM-Regeln diverse Prüfungen durchführt. Ebenso wird mithilfe eines Freigabeprozesses von einem Menschen entschieden, ob die Bestellung auch wirklich durchgeführt werden soll bzw. darf, denn in Zeiten von Cyberkriminalität ist eine menschliche Prüfung in einem solchen Ablauf empfehlenswert.

Da wir ein kundenorientiertes Unternehmen sind und unsere Kunden jeden Tag in unserem Webshop nachsehen, ob das heiß begehrte Produkt wieder verfügbar ist, haben wir uns entschieden, unsere Kunden automatisch per Twitter zu informieren, sobald die Bestellung ausgelöst wurde. Hierfür möchten wir die SAP Cloud Platform Integration nutzen, da diese bereits im Internet steht und Twitter somit optimal daran angebunden werden kann. Damit stehen alle Komponenten zur Verfügung, die wir benötigen. Mit anderen Worten – wir nutzen alle notwendigen Komponenten, um die beiden Welten On Premise & Cloud in diesem sehr kleinen Beispiel zu verbinden. Dabei zeigen wir Ihnen auch leicht nachvollziehbar, wie Sie BPM und BRM sinnvoll einsetzen.

Wir starten mit der Einrichtung des SAP Cloud Platform Cloud Connectors (kurz Cloud Connector), anschließend werden wir den Prozess aus Abbildung 10.1 umsetzen.

10.1 SAP Cloud Platform Cloud Connector als Bindeglied zwischen SAP Cloud Platform & On Premise

In der heutigen und zukünftigen SAP-Welt wird eine Verbindung zwischen Cloud-Diensten und On-Premise-Systemen nicht zu vermeiden sein, wie unser Praxisbeispiel Ihnen in diesem Kapitel verdeutlichen wird. Wir werden in diesem Beispiel nicht den Standardweg von SAP zeigen, da es in der Praxis viele Gründe gibt, andere Wege einzuschlagen. Daher haben wir uns entschieden, die Anbindung/Kommunikation der SAP Cloud Platform mit dem On-Premise-System von SAP Process Integration bzw. SAP Process Orchestration klassisch über SOAP (durch die Firewall hindurch) zu erledigen. Der SAP-Standardweg wäre jedoch, Cloud Connector einzusetzen. Dieser verbindet die On-Premise-Systeme mit der SAP Cloud Platform Integration und kommuniziert dann über OData. Damit Sie auch diesen Weg nachvollziehen können, zeigen wir Ihnen zuerst die Einrichtung von Cloud Connector. Danach gehen wir direkt über zur Umsetzung auf SAP Process Integration bzw. SAP Process Orchestration mit BPM, BRM und der Integration zur SAP Cloud Platform Integration (CPI).

Viel Spaß mit diesem Hands-On-Kapitel!

10.1.1 Einrichtung des Cloud Connectors

Cloud Connector ist eine selbstständige Softwarekomponente, die Sie innerhalb Ihres lokalen Systemnetzwerks installieren und einrichten müssen. Vergleichbar mit einem Router stellt Cloud Connector dann die Verbindung von Ihrem Netzwerk zur SAP Cloud Platform her.

1. Bevor Sie mit der Installation des Cloud Connectors starten können, müssen Sie die Software über folgende Downloadseite herunterladen: *https://tools.hana.ondemand.com/#cloud*. Sie können unter unterschiedlichen Installationsformen wählen, wie in Abbildung 10.2 zu sehen ist.

SAP Cloud Platform Cloud Connector

The SAP Cloud Platform cloud connector is an optional on-premise component that is needed to integrate on-demand applications with customer backend services. For more information, see the cloud connector documentation.
Note: The Portable archives for cloud connector are meant for non-productive scenarios only. They can be used even if you don't have administrator permissions on the machine, on which you like to use the cloud connector. However, those variants do not support upgrades from previous versions.

Available Cloud Connectors

Operating System*	Architecture	Version	File Size	Download
Linux	x86_64	2.9.1	63.7 MB	sapcc-2.9.1-linux-x64.zip
Linux (Portable)	x86_64	2.9.1	64.5 MB	sapcc-2.9.1-linux-x64.tar.gz
Mac OS X (Portable)	x86_64	2.9.1	64.4 MB	sapcc-2.9.1-macosx-x64.tar.gz
Windows	x86_64	2.9.1	65.9 MB	sapcc-2.9.1-windows-x64.msi
Windows (Portable)	x86_64	2.9.1	63.9 MB	sapcc-2.9.1-windows-x64.zip

*Read the prerequisites page of the documentation in order to inform yourself about the supported operating system versions and JVMs.

Abbildung 10.2 Installationsdateien des Cloud Connectors

2. In unserem Beispiel wählen wir die Variante **Mac OS X**. Auf der oben genannten Webseite finden Sie zudem alle notwendigen Informationen für Ihr Trägersystem, um Cloud Connector auf Ihrem individuellen Gerät installieren zu können.
3. Nachdem Sie die Installationsdateien heruntergeladen haben, entpacken Sie die komprimierte Datei in einen Ordner Ihrer Wahl, in dem Sie Cloud Connector betreiben bzw. installieren wollen.
4. In unserem Beispiel legen wir den Ordner sap_connect an und entpacken die Dateien in diesem Ordner. Sie sollten nun die in Abbildung 10.3 dargestellte Ordnerstruktur und die zugehörigen Dateien in Ihrem Ordner sehen.

```
Marcuss-MacBook-Air:sap_connect marcus_banner$ ls
Eclipse.app                     log
auditor                         p2
changeport.sh                   pickup
conf                            plugins
config                          props.ini
config_master                   sap_connect_daemon.log
configuration                   sapcc-2.9.1-macosx-x64.tar
configurator.jar                scc_config
daemon.sh                       tools
dropins                         useFileUserStore.sh
features                        version.properties
go.sh                           webapps
license                         work
Marcuss-MacBook-Air:sap_connect marcus_banner$ 
```

Abbildung 10.3 Lokale Installation – Ordnerstruktur

5. Sie starten Cloud Connector mit der Ausführung der Datei **go.sh**. Je nach Leistungsstärke Ihres Geräts dauert der Start nun einige Sekunden, am Ende sollte jedoch die Erfolgsmeldung aus Abbildung 10.4 angezeigt werden.

```
osgi> Cloud Connector 2.9.1 started on https://localhost:8443
```

Abbildung 10.4 Erfolgreicher Start des Cloud Connectors

6. Wie die Erfolgsmeldung vermuten lässt, können wir nun per Browser auf unseren Cloud Connector über die URL (aus diesem Beispiel) mit *https://localhost:8443* zugreifen. Es erscheint die Login-Maske aus Abbildung 10.5.

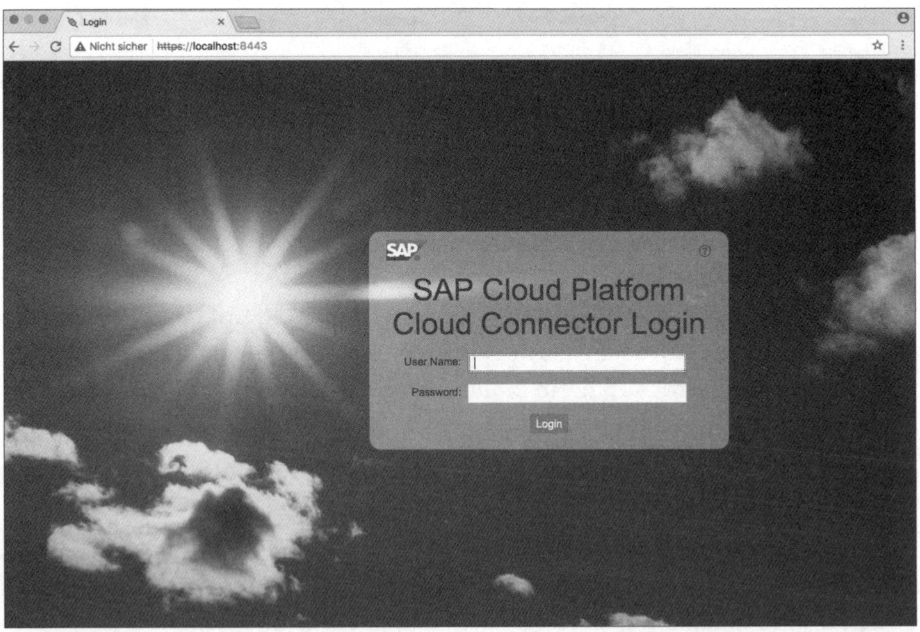

Abbildung 10.5 Login für Cloud Connector

7. Der Default-User ist der User »Administrator« mit dem Default-Passwort »manage«. Damit melden Sie sich initial bei Cloud Connector an. Nach der Anmeldung werden Sie aus Sicherheitsgründen dazu aufgefordert, das Kennwort für den User Administrator zu wechseln, was Sie auch tun (siehe Abbildung 10.6).

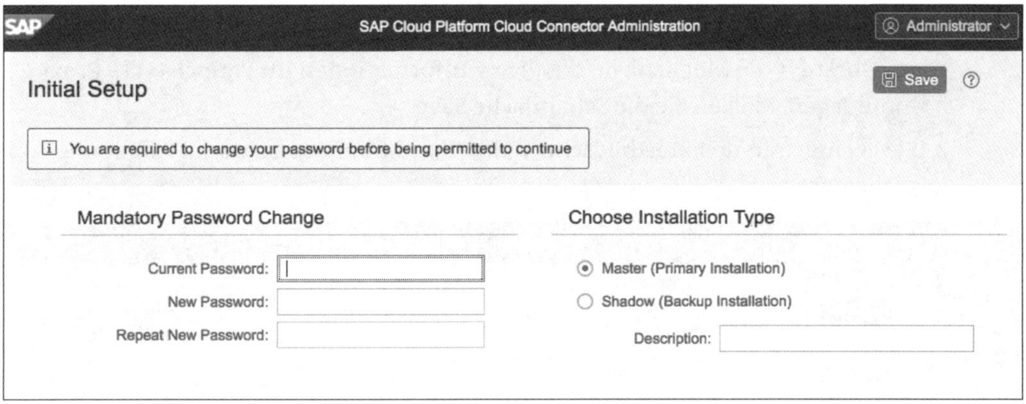

Abbildung 10.6 Initiales Setup des Cloud Connectors – Passwort ändern

10.1.2 Cloud Connector mit SAP Cloud Platform verbinden

Nachdem Sie das Passwort geändert haben, gelangen Sie in einen Setup-Dialog, in dem Sie den lokalen Cloud Connector mit der SAP Cloud Platform verbinden. Diesen Setup-Dialog sehen Sie in Abbildung 10.7.

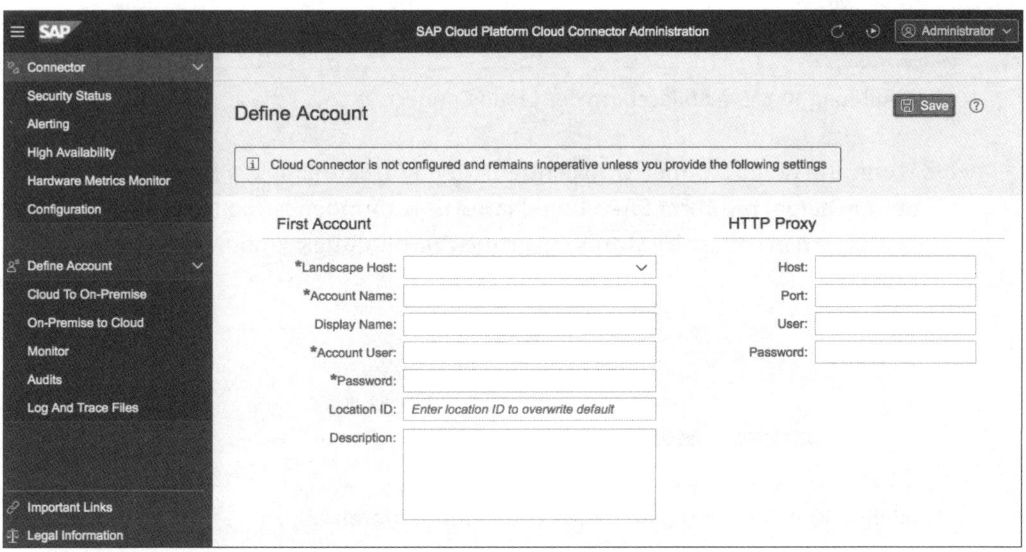

Abbildung 10.7 Setup-Dialog für die Anbindung an die SAP Cloud Platform

1. Im Feld **Landscape Host** wählen wir in unserem Beispiel die Trial-Edition der SAP Cloud Platform, also »hanatrial.ondemand.com«. In das Feld **Account Name** geben Sie bitte Ihren SAP-Cloud-Platform-Account ein. Falls Sie diesen nicht im Kopf haben sollten, finden Sie ihn auf der Startseite der SAP Cloud Platform. Darüber hinaus füllen Sie bitte das Feld **Account User** mit Ihrem SAP-Cloud-Platform-User aus und hinterlegen das entsprechende Passwort. Sollten Sie hinter einer Firewall sein, besteht die Möglichkeit, die Proxy-Informationen im Bereich **HTTP Proxy** zu hinterlegen. Klicken Sie die Schaltfläche **Save**.
2. Sie gelangen in den Startbildschirm des Cloud Connectors, der in Abbildung 10.8 gezeigt wird.

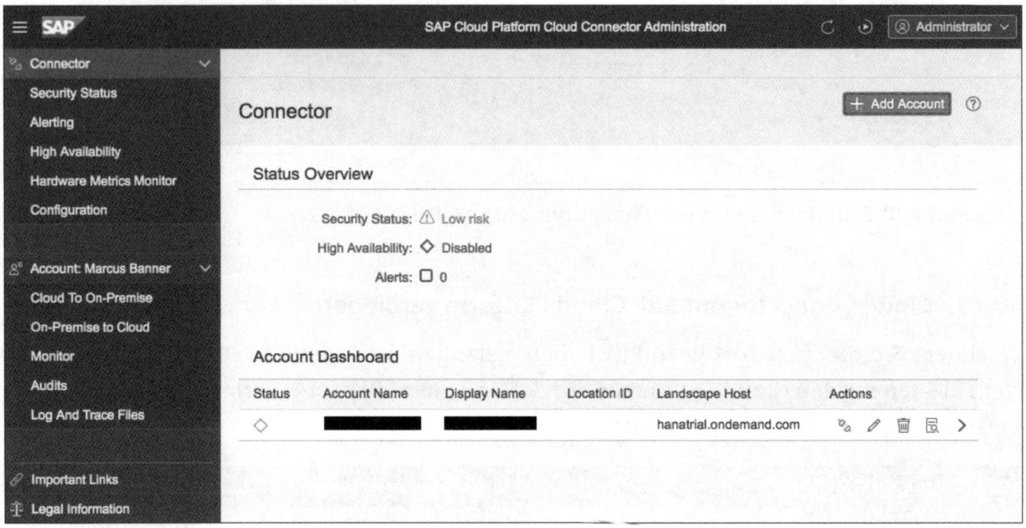

Abbildung 10.8 Startbildschirm des Cloud Connectors

3. Wenn Ihr Cloud Connector (wichtig ist die korrekte Eingabe in dem vorherigen Setup-Dialog) mit Ihrer SAP Cloud Platform verbunden ist, sollten Sie im **Account Dashboard** in der Spalte **Status** ein grünes Verbindungssymbol sehen (siehe Abbildung 10.9).

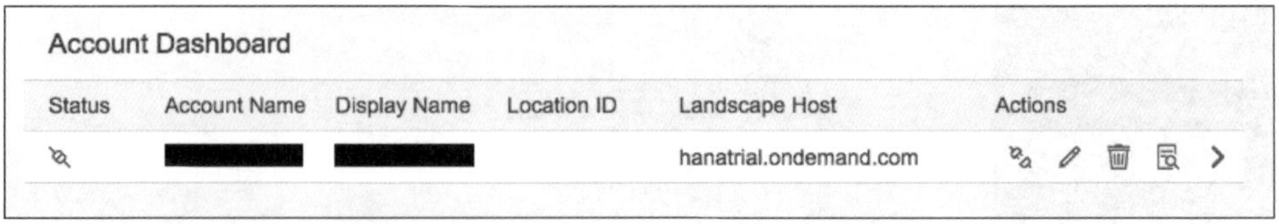

Abbildung 10.9 Account Dashboard – Verbindungsinformationen

10.1.3 SAP Gateway einrichten

Nachdem wir die Verbindung zur SAP Cloud Platform hergestellt haben, wollen wir unser lokales SAP Gateway der SAP Cloud Platform verfügbar machen.

1. Dafür müssen Sie in Cloud Connector links die Menüfunktion **Cloud To On-Premise** öffnen. Es öffnet sich eine Übersichtsseite der bereits angelegten Systeme. Wir wollen nun das lokale SAP-Gateway-System RH5 auf Basis eines ABAP-7.5-Systems über den Cloud Connector für die SAP Cloud Platform freigeben. Abbildung 10.10 zeigt den Konfigurationsdialog.

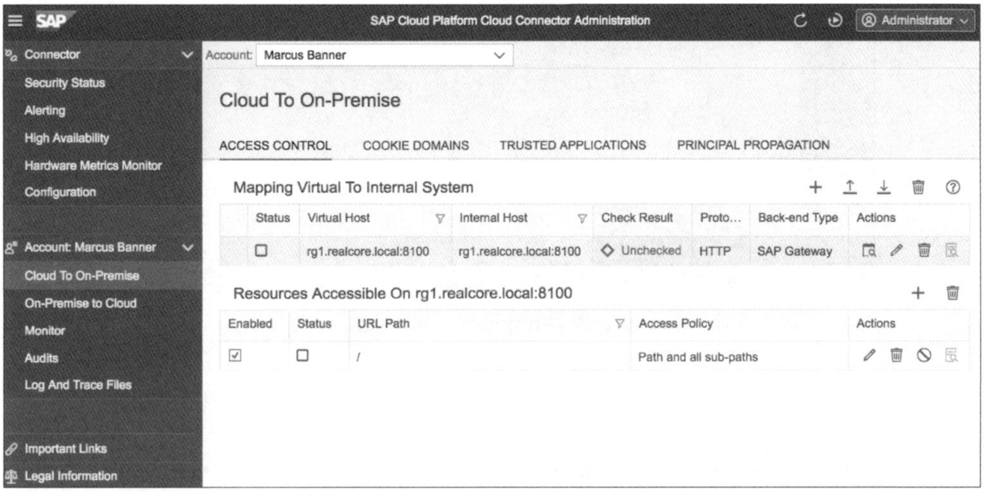

Abbildung 10.10 »Cloud To On-Premise« in Cloud Connector konfigurieren

Drücken Sie das +-Icon in diesem Dialog, um das RH5-System anzulegen. Daraufhin gelangen Sie auf die Setup-Seite aus Abbildung 10.11.

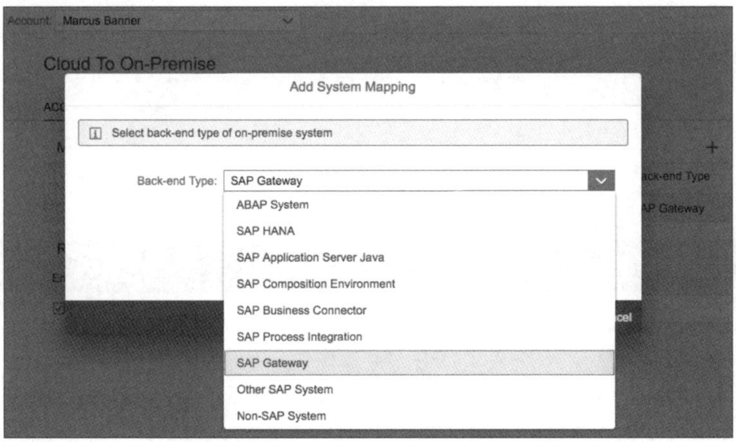

Abbildung 10.11 »Cloud To On-Premise« – Systemart auswählen

2. Hier wählen Sie die Systemart aus, die Sie für die SAP Cloud Platform freigeben wollen. In unserem Beispiel möchten wir ein SAP Gateway freigeben. Nach der Auswahl drücken Sie die Schaltfläche **Next** und gelangen in den Dialog aus Abbildung 10.12.

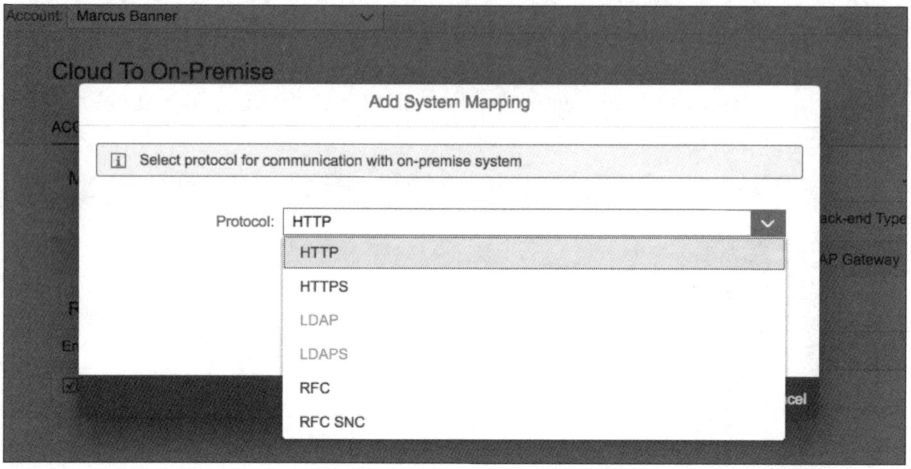

Abbildung 10.12 »Cloud To On-Premise« – Protokoll auswählen

3. Hier können Sie nun das gewünschte Protokoll auswählen, das für die Kommunikation zwischen der SAP Cloud Platform und dem SAP Gateway verwendet werden soll. In unserem Beispiel wählen wir HTTP und klicken auf **Next**. Sie gelangen nun in den weiterführenden Setup-Dialog aus Abbildung 10.13.

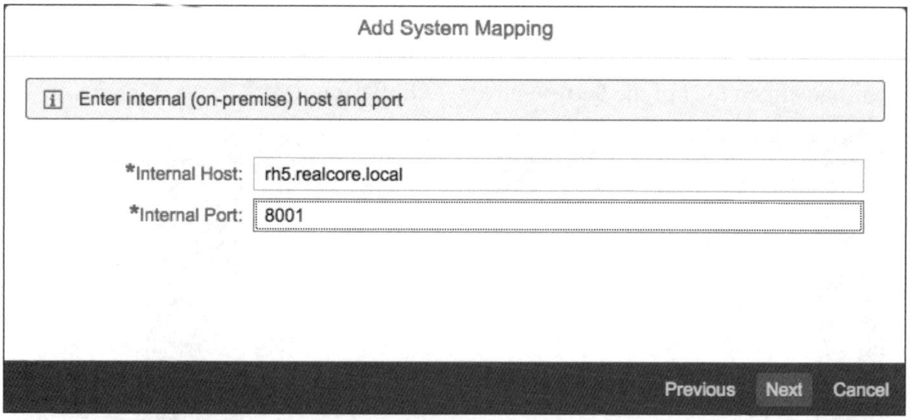

Abbildung 10.13 »Cloud To On-Premise« – Serverdaten (On Premise)

4. In diesem Setup-Dialog geben Sie nun den Servernamen Ihres Gateway-Servers (**Internal Host**) sowie den Web-Port (**Internal Port**) des Servers ein.

Port

Sollten Sie den Port nicht kennen, können Sie sich mit der SAP GUI mit dem ABAP-Stack verbinden, mit Transaktion SE38 oder SE80 das ABAP-Programm *rsparam* ausführen und sich die icm-Parameter ansehen. An dieser Stelle sehen Sie dann den Port Ihres Servers.

5. Nachdem Sie die Serverdaten eingetragen haben, klicken Sie auf **Next** und gelangen in einen weiteren Dialog (siehe Abbildung 10.14).

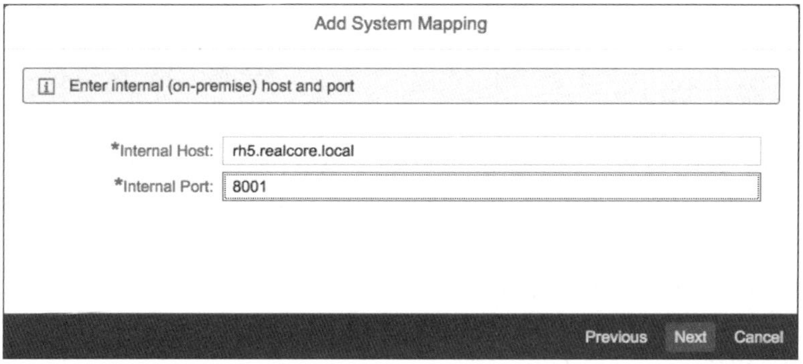

Abbildung 10.14 »Cloud To On-Premise« – Serverdaten (SAP-Cloud-Platform-Seite)

6. Hier können Sie mit dem virtuellen Host-Namen und Port definieren, wie der Server auf der SCP-Seite »erscheinen« soll. Wir behalten in unserem Beispiel die Werte bei und klicken wieder auf **Next**. Den Folgedialog überspringen Sie mit der Auswahl **None**. Im letzten Dialog können Sie noch eine **Description** hinterlegen und dann das Setup mit **Finish** beenden.
7. Sie gelangen wieder auf die Übersichtseite und sehen nun den neuen Eintrag (siehe Abbildung 10.15).

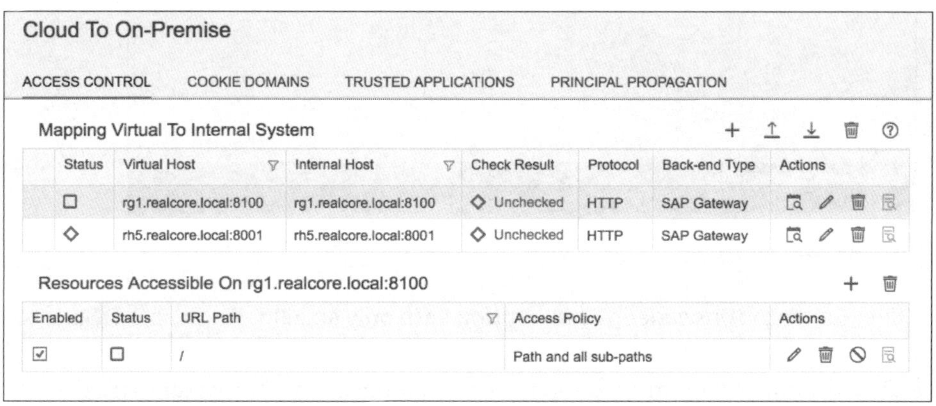

Abbildung 10.15 Statusübersicht des Cloud Connectors – »Cloud To On-Premise«

10.1.4 Systemverbindung prüfen

Sie sehen in der Spalte **Check Result** jetzt noch den Hinweis **Unchecked**. Bevor Sie die Systemverbindung weiter einrichten, sollten Sie erst prüfen, ob Sie bisher keine Konfigurationsfehler gemacht haben.

Klicken Sie unter **Actions** auf das erste Symbol mit der Lupe. Wenn Sie bisher keine Konfigurationsfehler gemacht haben, erhalten Sie bei **Check Result** nun ein grünes **Reachable**, wie in Abbildung 10.16 zu sehen.

Abbildung 10.16 Prüfungsergebnis

10.1.5 Ressourcen freigeben

Nachdem Sie sichergestellt haben, dass Ihr System bisher korrekt hinterlegt wurde, müssen Sie nun definieren, welche SAP-Gateway-Ressourcen Sie für die SAP Cloud Platform freigeben wollen.

1. Dafür markieren Sie das RH5-System und klicken auf das +-Icon unter der Überschrift **Ressources Accessible On rh5.realcore.local:8001**. Sie gelangen nun in den Konfigurationsdialog aus Abbildung 10.17.

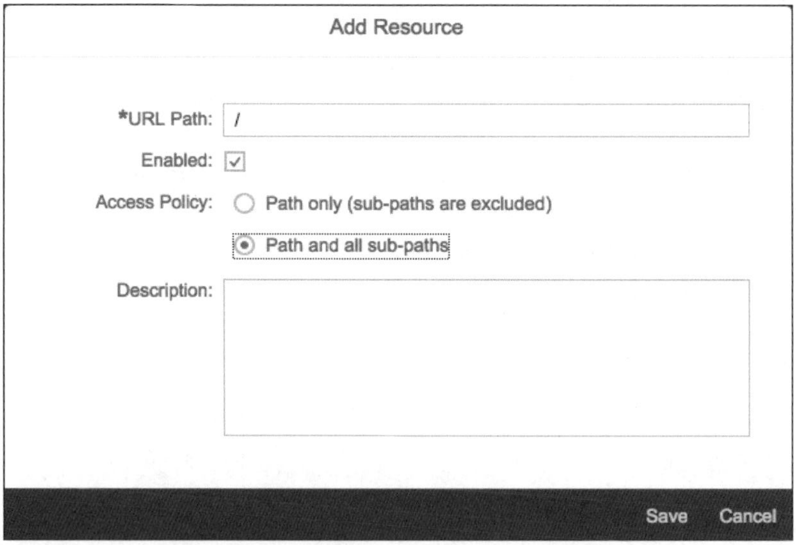

Abbildung 10.17 Ressourcen in Cloud Connector freigeben

2. Hier können Sie entweder mit der Option **Path only** einzelne Pfade, z. B. OData Services, explizit für Ihre SAP Cloud Platform oder mit der Option **Path and all subpaths** gesamte Pfade mit allen darunter befindlichen Unterpfaden freigeben. In

unserem Beispiel wollen wir den ganzen Server freigeben und wählen daher den Path »/« und die Auswahlfunktion **Path and all sub-paths**. Damit können Sie von der SAP Cloud Platform auf alle Services von SAP Gateway zugreifen.

3. Anschließend wechseln Sie in die SAP Cloud Platform und wählen die Menüfunktion **Cloud Connectors**, wie in Abbildung 10.18 zu sehen.

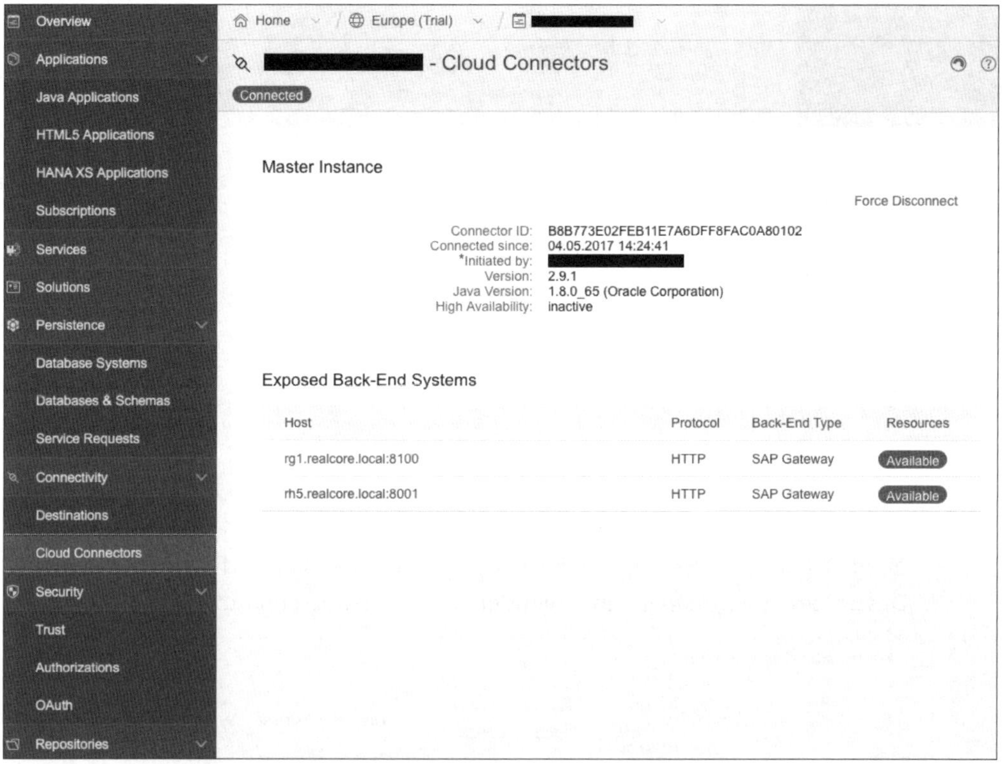

Abbildung 10.18 Übersicht des Cloud Connectors

Sie sehen nun, dass Ihr Cloud Connector erfolgreich mit Ihrer SAP Cloud Platform verbunden und dass Ihr System RH5 bereits in der SAP Cloud Platform verfügbar ist.

10.1.6 OData Service aufrufen

Als Nächstes wollen wir in unserem Beispiel einen OData Service von der SAP Cloud Platform über eine SAP-Fiori-Anwendung auf der RH5 aufrufen und Daten erhalten, die wir dann auf der SAP Cloud Platform in der SAP-Fiori-App anzeigen möchten.

1. Dafür legen Sie eine Destination im Dialog **Cloud Connectors** an (siehe auch Abbildung 10.18). Wechseln Sie mit dem Menüeintrag **Destinations** in die entsprechende Konfigurationsmaske. Daraufhin gelangen Sie auf die Setup-Seite aus Abbildung 10.19.

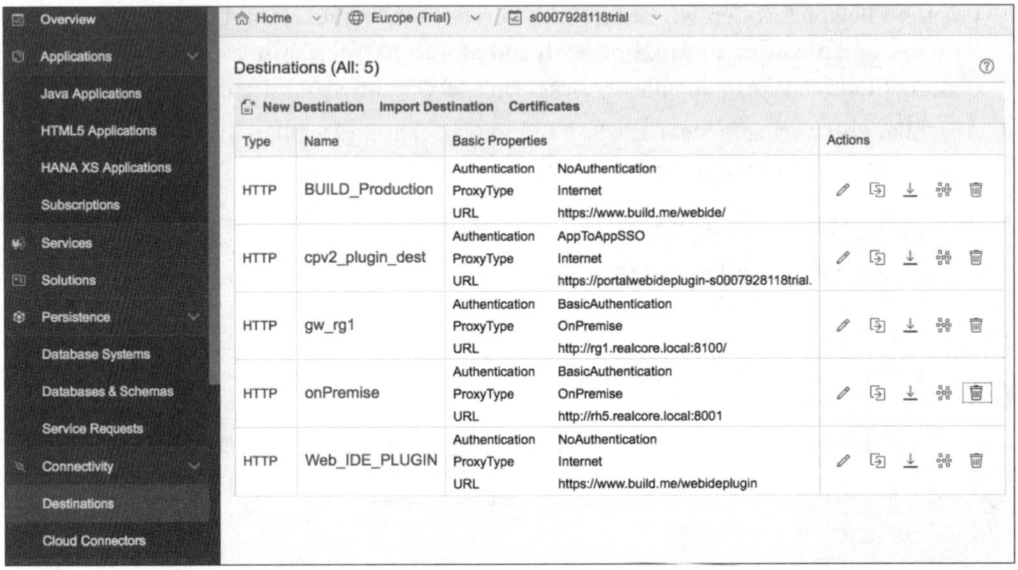

Abbildung 10.19 Destination – Setup

2. Sie sehen in dieser Übersicht alle bisher in der SAP Cloud Platform angelegten Destinations. Für unsere RH5 möchten wir nun eine entsprechende Destination anlegen, die wir in der Web IDE nutzen können, um eine SAP-Fiori-Applikation mit einer OData-Schnittstelle zu versehen. Dafür klicken Sie auf die Schaltfläche **New Destination** und gelangen in folgenden Dialog (siehe Abbildung 10.20).

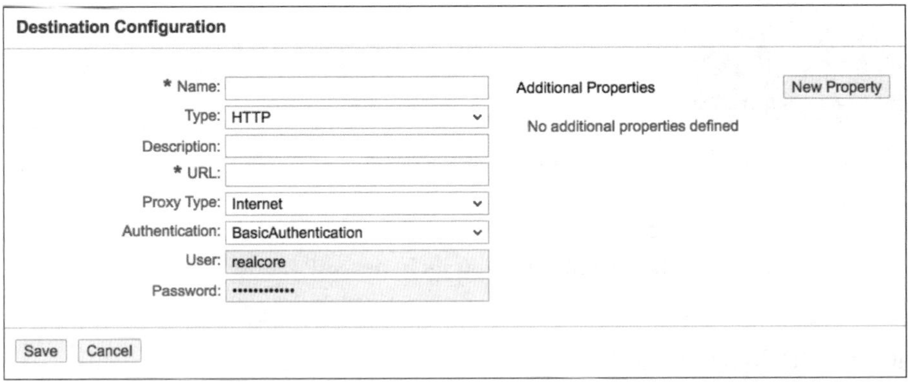

Abbildung 10.20 Destination konfigurieren

3. Im Feld **Name** vergeben Sie einen Namen für die Destination, mit der Sie diese dann z. B. in der Web IDE auswählen können. Wir wählen in unserem Beispiel den Namen *rh1_gw*. Das Feld **Typ** definiert das Protokoll, das wir bei *http* belassen. Die URL referenziert auf den Server und den Port, der in unserem Beispiel *http://rh1.realcore.local:8001* ist und entsprechend hinterlegt wird. Bei **Proxy Type** haben

Sie die Wahl, ob die SAP Cloud Platform den Server im Internet oder über den Cloud Connector On Premise suchen soll. Da Sie den Server On Premise installiert haben, wählen Sie daher die Option **On Premise**. Im Feld **Authentication** wählen Sie den Wert **BasicAuthentication** und hinterlegen bei **User** und **Password** einen entsprechenden ABAP-User Ihres Backends, der über die notwendigen SAP-Berechtigungen verfügt.

4. Wir sind jedoch noch nicht fertig mit unserer Konfiguration. Damit die Destination auch in der Web IDE gefunden wird, müssen noch spezielle Propertys mitgegeben werden. Klicken Sie dazu auf **New Property**, und tragen Sie die Werte aus Abbildung 10.21 ein. Anschließend klicken Sie auf **Save**.

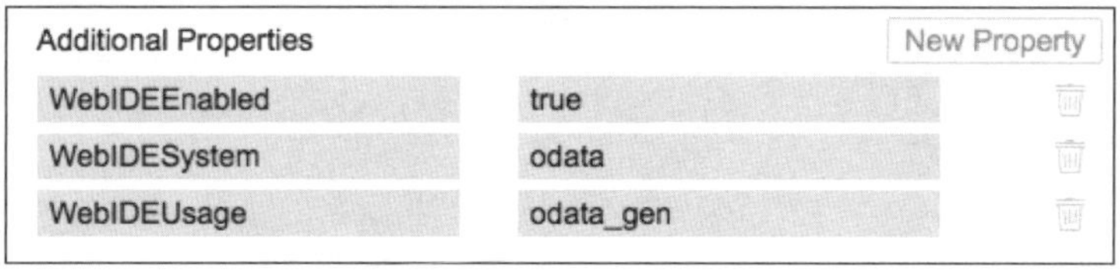

Abbildung 10.21 Propertys für die Web IDE

5. Um sicherzugehen, dass alle Eingaben korrekt vorgenommen wurden, testen Sie Ihre Verbindung mit der Funktion **Test Connection**. Wenn dann eine Erfolgsmeldung wie in Abbildung 10.22 erscheint, haben Sie alle Eingaben korrekt durchgeführt.

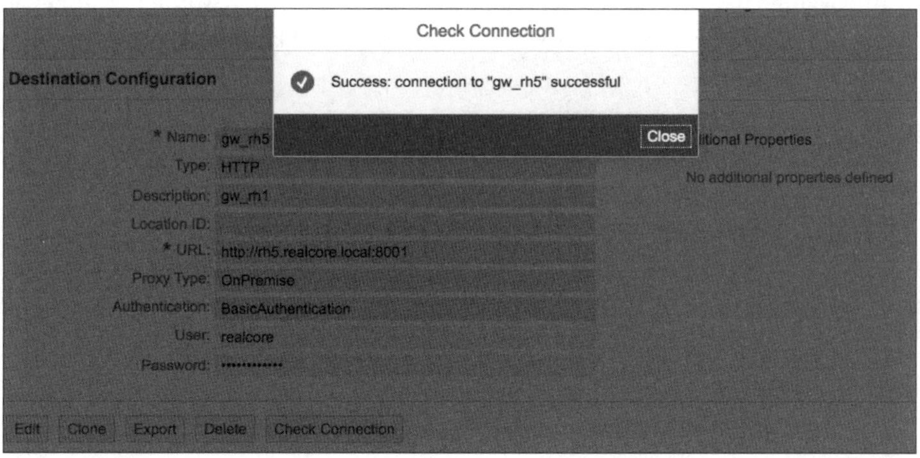

Abbildung 10.22 Funktion »Test Connection«

6. Nun wechseln Sie in der SAP Cloud Platform in die Web IDE, die Sie unter dem Menüpunkt **Services** finden. Legen Sie in der Web IDE ein neues Projekt basierend auf einem Template an. Wählen Sie dafür das Template *SAP Fiori Master-Detail Application* aus, wie in Abbildung 10.23 zu sehen.

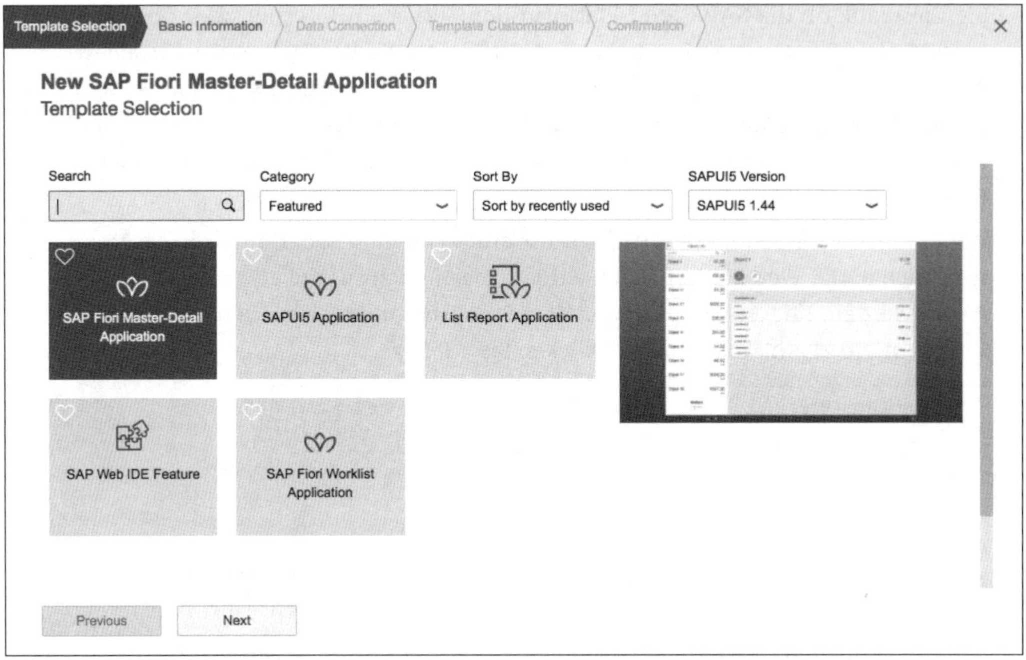

Abbildung 10.23 Neues Projekt basierend auf einem Template anlegen

7. Nach der Auswahl der entsprechenden Kachel klicken Sie auf die Schaltfläche **Next** und wählen in dem Folgedialog (siehe Abbildung 10.24) den Namen für Ihr Projekt aus. Vergeben Sie den Namen »OnPremiseTest«, und klicken Sie auf die Schaltfläche **Next**.

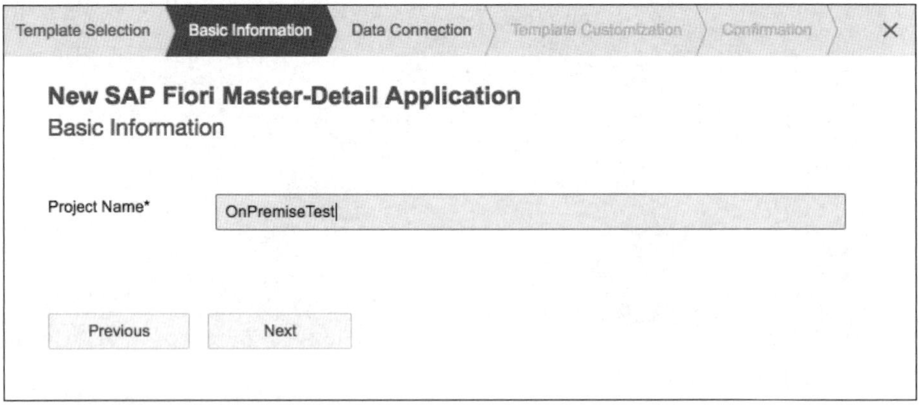

Abbildung 10.24 Projektname im Template-Wizard vergeben

8. Auf der nachfolgenden Setup-Seite definieren Sie Ihre Datenschnittstelle. Dafür wählen Sie, wie in Abbildung 10.25 dargestellt, die Funktion **Service URL** aus. Ebenso wählen Sie Ihre angelegte Destination »gw_rh5« und einen OData Service auf Ihrem SAP-Gateway-System aus. In unserem Beispiel haben wir einen sehr einfachen OData Service angelegt, der Benutzerdaten (Vorname, Nachname, Mailadresse und Alter) ausgibt. Nach der Eingabe dieser Daten klicken Sie auf **Weiter**.

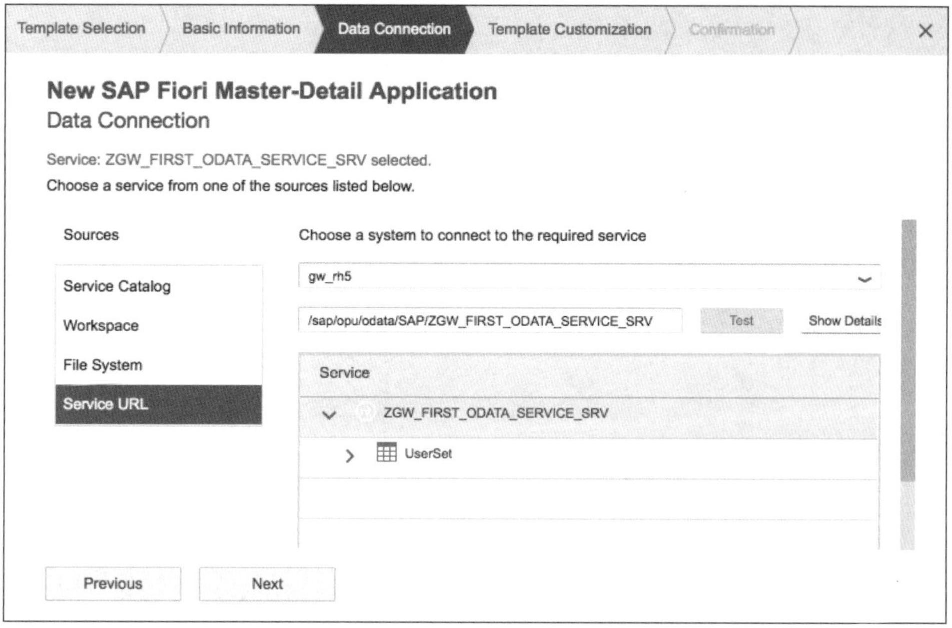

Abbildung 10.25 OData-Verbindung in der Web IDE konfigurieren

In den Folgedialogen können Sie die OData-Felder auf die Template-Dialogkomponenten mappen und zum Schluss die fertige SAP-Fiori-Applikation testen.

10.1.7 Ergebnis

Die Verbindung zwischen der SAP Cloud Platform und den On-Premise-Systemen ist nun hergestellt. Auf dem lokalen SAP Gateway können beliebig viele OData-Schnittstellen definiert werden, die per RFC auf andere SAP-Backendsysteme zugreifen können. In der SAP Cloud Platform können dann SAPUI5-, SAP-Fiori- oder andere webbasierte Applikationen realisiert werden, die später bequem per OData auf die On-Premise-Systeme zugreifen können. Natürlich kann dieses Kapitel nur einen kleinen und bescheidenen beispielhaften Einblick in die Konfigurationsmöglichkeiten des Cloud Connectors geben.

Kapitel 11
Umsetzung in SAP Process Integration

In diesem Kapitel wird detailliert gezeigt, wie alle Objekte für das praktische Szenario umgesetzt werden. Dabei werden sowohl Enterprise-Services-Repository-Objekte als auch Integration-Builder-Objekte angelegt und vollständig konfiguriert. Mit diesen konkreten Beispielen können Sie erfolgreich in das Thema SAP Process Orchestration einsteigen und sich sicher in diesem Themenkomplex bewegen.

Wir möchten Ihnen in diesem Kapitel zeigen, wie Sie eine Schnittstelle in SAP Process Integration definieren. Dazu geben wir Ihnen ein praktisches Beispiel, an dem Sie sich orientieren können, wenn Sie die Umsetzung in Ihrem System vornehmen. Dabei folgen wir dem normalen Prozedere zur Entwicklung einer Schnittstelle. Zu Beginn werden die Objekte im Enterprise Services Repository (ESR) erstellt und miteinander verbunden. Hier gehen wir auch noch einmal explizit auf das Mapping ein. Anschließend werden wir die Konfiguration im Integration Builder (IB) durchführen. Zum Schluss werden wir Sie bei einem kurzen technischen Test Schritt für Schritt begleiten. Dabei möchten wir anhand detaillierter Screenshots alle Fragen beantworten.

11.1 Implementierung von Mappings im ESR

Wir starten mit dem Anlegen von Objekten im ESR. Alles beginnt damit, dass eine Softwarekomponente aus dem System Landscape Directory (SLD) geladen wird. Dann geht es weiter mit der Bereitstellung der Struktur für die Schnittstelle. Anschließend zeigen wir, wie ein Mapping angelegt und bearbeitet wird.

In dem gesamtheitlichen Beispiel, das wir Autoren uns für die Implementierung überlegt haben, kommen eigentlich keine Daten- und Messagetypen vor. Damit Sie allerdings auch hierfür ein Beispiel in dem Buch finden, haben wir diese Objekte beispielhaft erzeugt und noch einmal eine Beispielimplementierung vorgenommen.

Da viele Schritte gleich sind und sich lediglich im schnittstellenspezifischen Inhalt unterscheiden, gehen wir im ESR-Teil nur auf eine mögliche Implementierung ein.

Mapping-Logiken werden meist ausschließlich für eine einzelne Schnittstelle verwendet. Daher können Sie die Schritte für andere Schnittstellen adaptieren und die entsprechenden Elemente austauschen.

11.1.1 Anlage und Import einer Softwarekomponentenversion

Um eine neue Softwarekomponente (SWC) anzulegen, führen Sie folgende Schritte aus:

1. Rechtsklicken Sie auf den linken Arbeitsbereich, und wählen Sie **New** aus.
2. Im linken Bereich wählen Sie **Software Component Version**.
3. Wählen Sie **Import From SLD** aus, und klicken Sie anschließend auf **Display**.
4. Markieren Sie die Softwarekomponente, die Sie importieren möchten, und wählen Sie **Import**.
5. Abschließend landen Sie wieder auf dem Ursprungsfenster. Hier wählen Sie **Create**, um den Vorgang abzuschließen.

11.1.2 Namensraum anlegen

Damit Objekte in einer Softwarekomponente angelegt werden können, müssen diese einem eindeutigen Namensraum zugewiesen werden. Deshalb ist der nächste Schritt, einen geeigneten Namensraum für die Objekte anzulegen.

1. Dafür wählen Sie die Softwarekomponente aus, in der der Namensraum erstellt werden soll (siehe Abbildung 11.1).

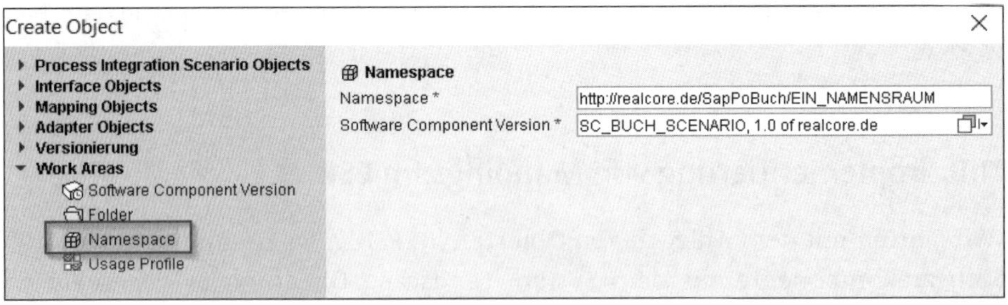

Abbildung 11.1 Beispiel für einen Namensraum

2. Anschließend führen Sie einen Rechtsklick aus und wählen **New**.
3. Wählen Sie **Namespace** im linken Arbeitsbereich.
4. Tragen Sie einen geeigneten Namensraum in das Feld ein, und bestätigen Sie anschließend die Eingabe.

[!]

Namensräume

Als SAP-Standardempfehlung wird angegeben, den Namensraum wie eine URL darzustellen. Dies erzwingt eine gewisse Eindeutigkeit, wodurch Probleme mit SAP-eigenen Namensräumen vermieden werden.

Bei Namensräumen ist es wichtig, dass diese vor dem ersten Benutzen gespeichert und aktiviert werden. Sonst kann es zu Problemen kommen, wenn Objekte einem Namensraum zugeordnet werden sollen.

11.1.3 Datentyp anlegen

Datentypen sind die »kleinste« Einheit in einer Nachricht. Sie stellen dar, wie eine Nachricht aussieht und welche Elemente sie enthält. SAP Process Integration verwendet dafür die bekannte XML-Struktur (eXtensible Markup Language). Typischerweise werden alle Nachrichten innerhalb der SAP-Process-Integration-Verarbeitung als XML-Nachrichten verarbeitet.

In einer XML-Struktur gibt es verschiedene Hierarchiestufen. Über die Schaltfläche **Insert New Line** können Sie weitere Hierarchiestufen bzw. Elemente hinzufügen (siehe Abbildung 11.2).

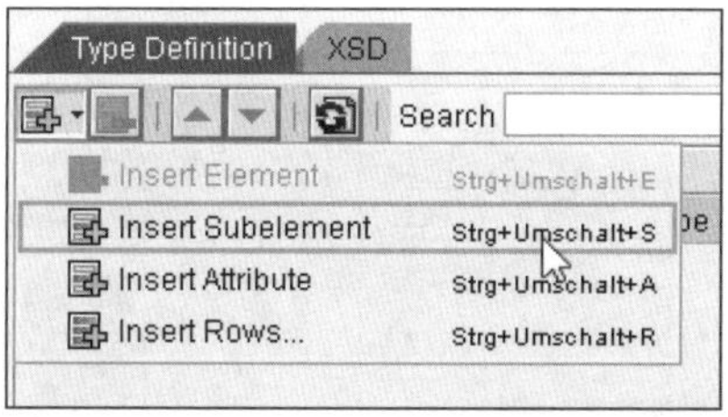

Abbildung 11.2 Verschiedene Arten von Elementen

Sie können die XML-Nachricht beliebig komplex und groß aufbauen. Es gibt allerding ein paar Einschränkungen:

- Der XML-Typ *xml:choose* kann nicht verwendet werden. Dieser Typ wird von SAP Process Integration nicht unterstützt.
- Datentypen können in anderen Datentypen wiederverwendet werden. Dafür kann es verschiedene Gründe geben. Der einfachste Fall ist, dass eine komplexe Struktur aus den immer gleichen Elementen besteht. Um nicht immer wieder die gleichen Elemente von Hand erstellen zu müssen, können Sie einmal das sich wiederholende Element erzeugen und dieses immer wieder als Datentyp in der komplexen Struktur verwenden.

Dafür müssen Sie das sich wiederholende Element zuerst anlegen. Anschließend können Sie diesen Datentyp als Typ eines XML-Elements verwenden, indem Sie folgende Schritte durchführen:

1. Wählen Sie in der Drop-down-Box **Type** das Element **Data Types** aus (siehe Abbildung 11.3).

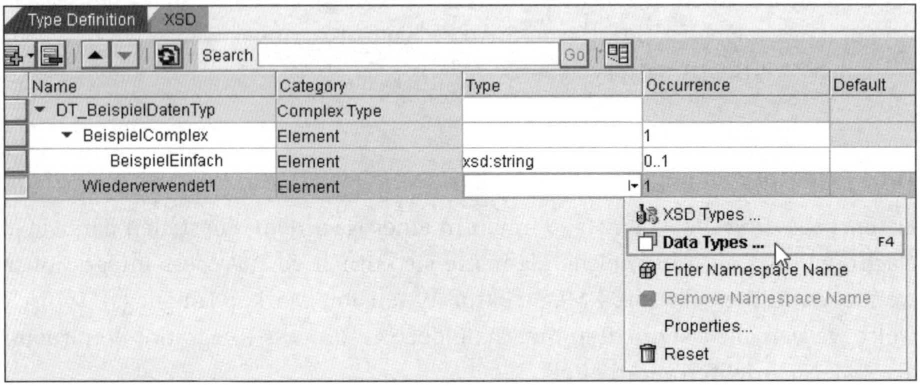

Abbildung 11.3 Auswahl, um Datentypen wiederzuverwenden

2. Wählen Sie den Datentyp aus, den Sie als wiederzuverwendendes Element nutzen möchten. Bestätigen Sie Ihre Auswahl (siehe Abbildung 11.4).

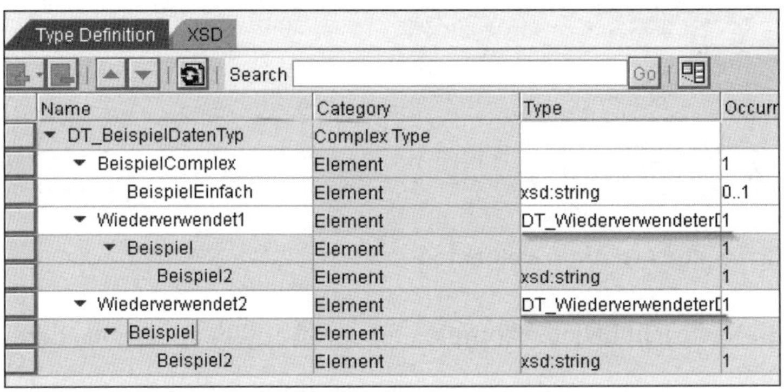

Abbildung 11.4 Beispiel mit wiederverwendeten Datentypen

11.1.4 Messagetyp anlegen

Wie in Abschnitt 6.2.3, »Messagetyp«, beschrieben, kapselt ein Messagetyp einen Datentyp. Um einen Datentyp einem Messagetyp zuzuweisen, wählen Sie unter **Data Type Used** den Datentyp aus, den Sie verwenden wollen (siehe Abbildung 11.5). Auf der rechten Seite finden Sie dafür ein Pull-down-Menü, mit dem Sie Ihren Datentyp auswählen können.

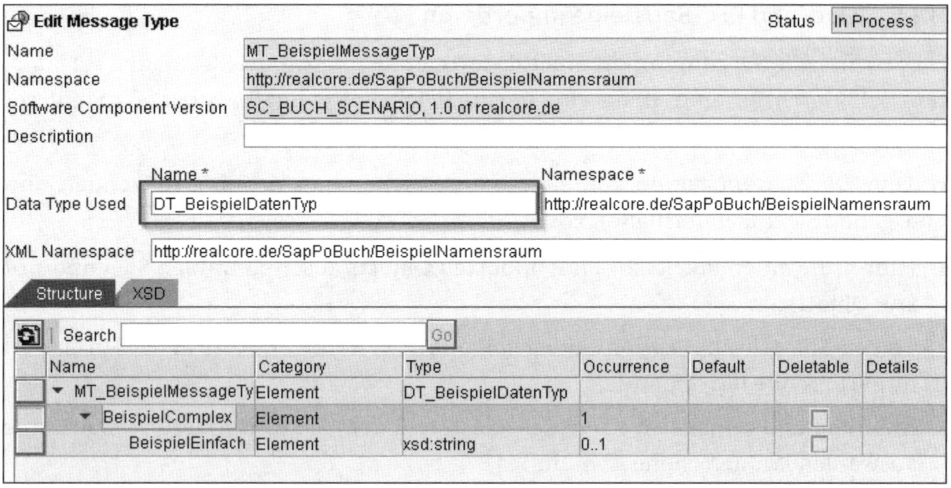

Abbildung 11.5 Messagetyp anlegen

11.1.5 Externe Definition anlegen

Eine *externe Definition* ist eine Datenstruktur, die von einer anderen Ressource bereitgestellt wird (siehe Abbildung 11.6). Unter **Category** wählen Sie aus, um was für eine Datei es sich handelt.

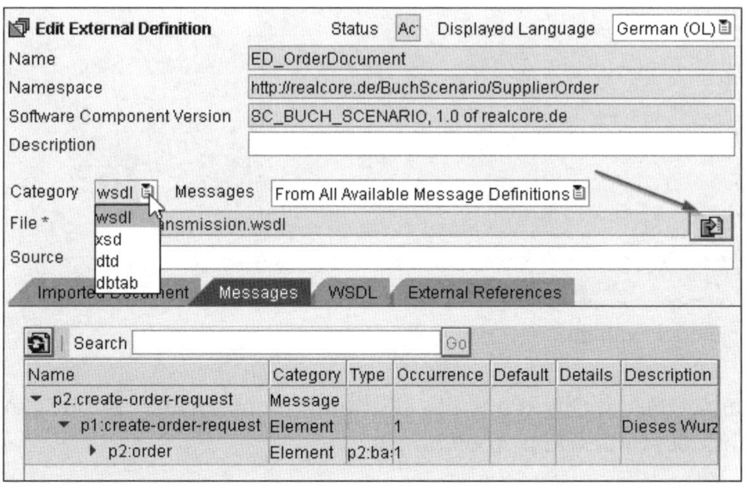

Abbildung 11.6 Externe Definition

Öffnen Sie über die markierte Schaltfläche einen Auswahlbildschirm. Über diesen können Sie eine Datei von Ihrem Computer in das SAP-Process-Integration-System laden.

11.1.6 IDoc- und RFC-Bausteine importieren

Die Schritte, die Sie zum Import eines IDoc- oder RFC-Bausteins (RFC = Remote Function Call) durchführen müssen, sind genau gleich. Beispielhaft werden wir an dieser Stelle ein IDoc importieren.

Um ein IDoc zu importieren, damit Sie es anschließend im Mapping verwenden können, gehen Sie folgendermaßen vor:

1. Führen Sie einen Rechtsklick auf **Imported Objects** aus, und wählen Sie **Import of SAP Objects**.
2. Tragen Sie den **Application Server** des ABAP-Systems ein, auf dem sich das zu importierende IDoc befindet.
3. Anschließend öffnet sich ein neues Fenster, in dem Sie IDoc- oder RFC-Bausteine auswählen können (siehe Abbildung 11.7).

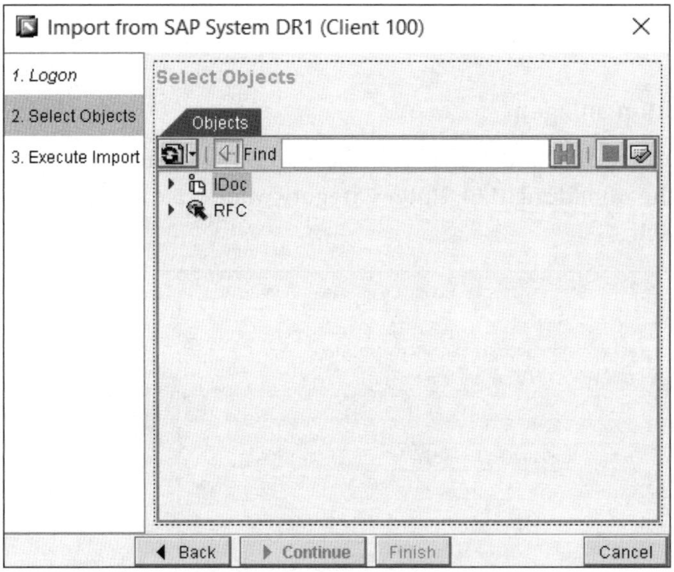

Abbildung 11.7 Objekt auswählen

4. Abschließend wählen Sie das Objekt aus, das Sie importieren möchten. Bestätigen Sie die Auswahl mit **Continue** (siehe Abbildung 11.8).

[»] **Verwendung**

Ein IDoc- und ein RFC-Baustein können im Operation Mapping und im Message Mapping verwendet werden, ohne dass für diese Objekte ein Messagetyp oder ein Service Interface angelegt wurde. Wenn Sie die Kapselung mit einem Service Interface durchführen möchten, ist das grundsätzlich möglich, aber nicht notwendig.

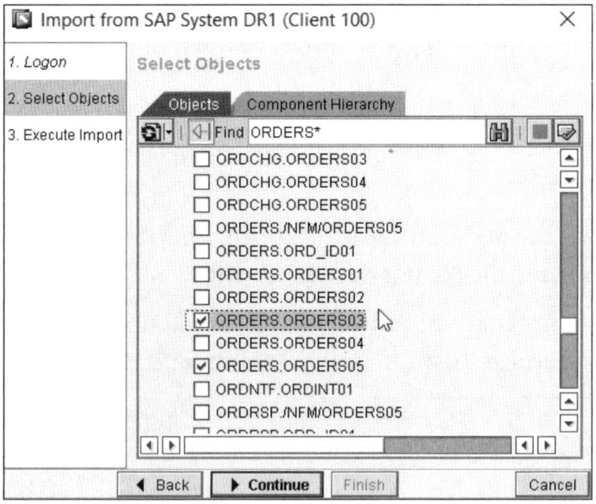

Abbildung 11.8 IDoc auswählen

11

11.1.7 Service Interface anlegen

Ein Service Interface wird mit den gleichen Schritten angelegt wie die Daten- und Messagetypen. Allerdings wählen Sie hier den Messagetyp als tragendes Element (siehe Abbildung 11.9).

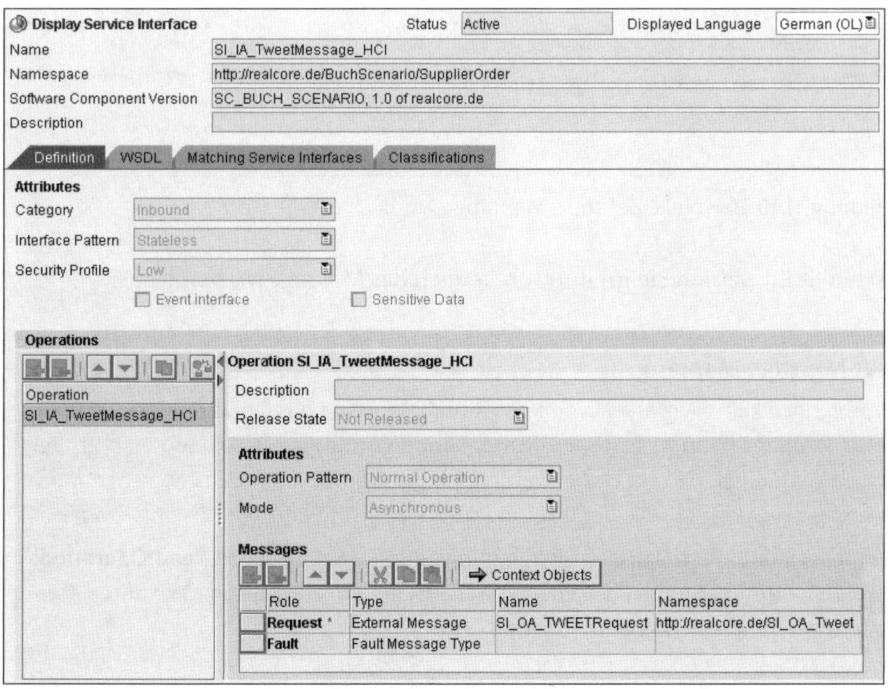

Abbildung 11.9 Beispiel Service Interface

Die einzelnen Auswahlpunkte eines Service Interface haben wir bereits in Abschnitt 6.3, »Service Interface«, betrachtet. Für unser Beispiel verwenden wir ein asynchrones Inbound Service Interface, das eine Twitter-Nachricht enthält.

11.1.8 Operation Mapping anlegen

Ein Operation Mapping legen Sie wie die anderen ESR-Objekte an. Im Arbeitsbereich sehen Sie anschließend die leeren Felder, die Sie noch ausfüllen müssen.

1. Wählen Sie das Sender- und das Empfänger-Interface aus, und klicken Sie nun auf **Read Operations** unterhalb der Interface-Auswahl (siehe Abbildung 11.10).

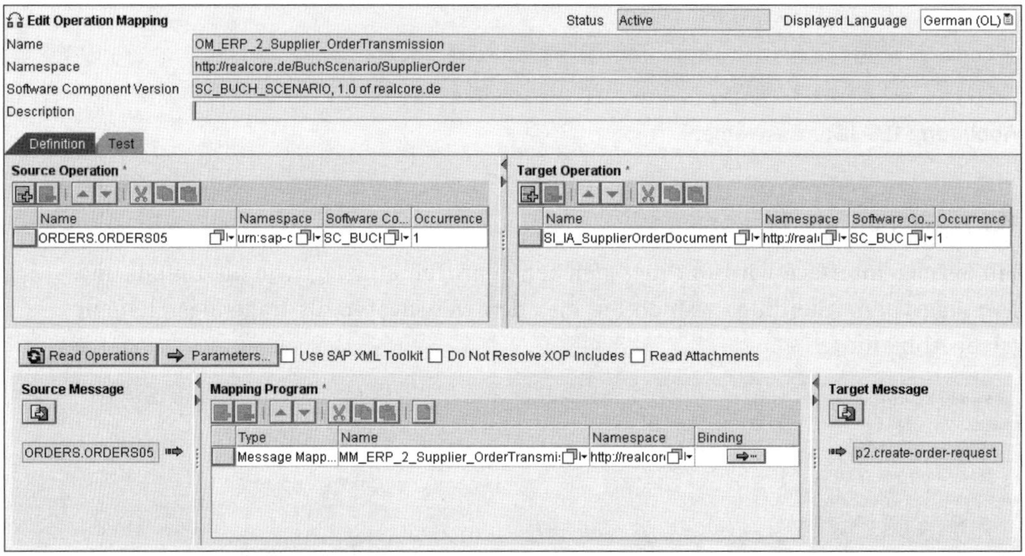

Abbildung 11.10 Beispiel Operation Mapping

2. Anschließend wählen Sie im unteren Bereich das Message Mapping aus.

Neues Message Mapping

Wenn Sie noch kein Message Mapping erstellt haben und das Operation Mapping bis auf das Message Mapping ausgefüllt ist, können Sie doppelt auf den Namen des Message Mappings klicken. Dann werden Sie gefragt, ob ein neues Message Mapping erstellt werden soll. Die benötigten Datentypen sind dort bereits eingetragen.

Damit das funktioniert, müssen Sie allerdings auf die Schaltfläche **Read Operations** drücken (siehe Abbildung 11.10). Ebenso müssen die Datentypen in der **Source Message** und der **Target Message** vorhanden sein.

11.1.9 Message Mapping anlegen

In einem Message Mapping wird die Sender- in die Empfängernachrichtenstruktur überführt. Dies geschieht anhand von Mapping-Regeln, die Sie selbst festlegen müssen (siehe Abschnitt 6.4.2, »Message Mapping (grafisches Mapping)«).

Wählen Sie zu Beginn die Messagetypen des Senders und des Empfängers aus, um die Nachrichtenstrukturen für das Message Mapping zu erhalten. Anschließend können Sie die Senders- in die Empfängerstruktur überführen.

Eine Mapping-Regel wird immer im Zielfeld definiert. Die Bausteine und die Senderfelder müssen in das Zielfeld eingetragen und in die richtige Reihenfolge gebracht werden. Dabei können Sie bei allen Objekten Drag & Drop nutzen, um die Bausteine in das Arbeitsfeld zu ziehen, in dem sich bereits der Zielfeldbaustein befindet (siehe Abbildung 11.11).

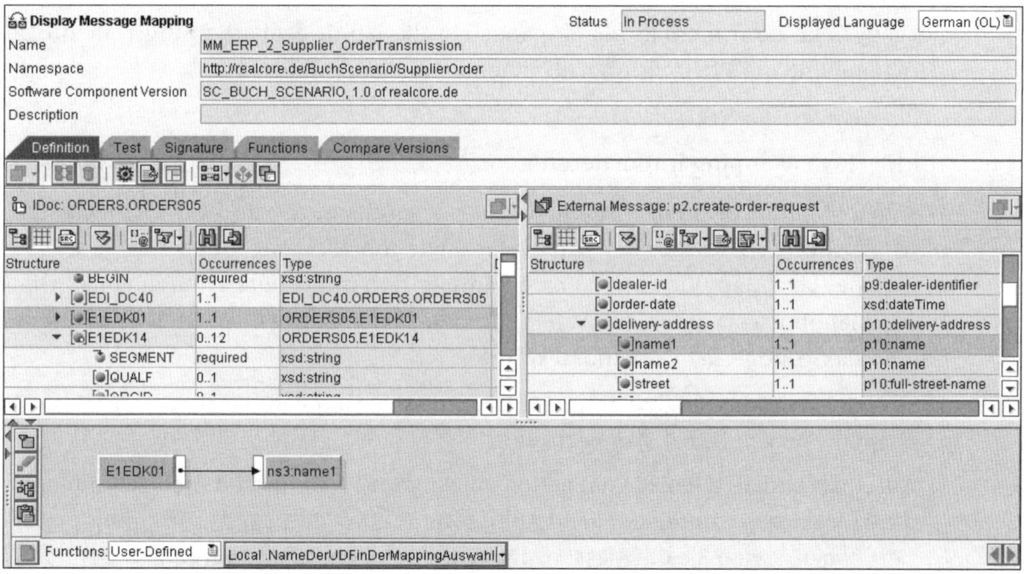

Abbildung 11.11 Beispiel eines Message Mappings

Wie Sie in Abbildung 11.11 sehen können, befindet sich im unteren Bereich das Arbeitsfeld, in dem das Senderelement **E1EDK01** in das Feld **name1** gemappt wird. Hier wird keine Mapping-Regel verwendet; die Werte werden 1:1 durchgereicht.

Mapping-Bausteine von SAP werden mittels Drag & Drop von der Auswahlleiste in den Arbeitsbereich geschoben und anschließend mit Pfeilen verbunden (siehe Abbildung 11.12).

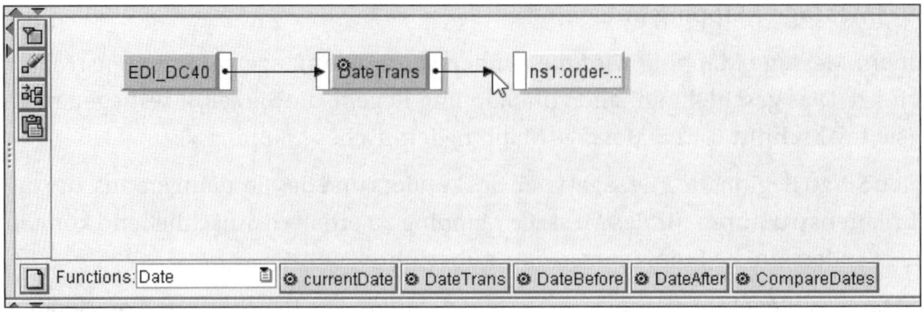

Abbildung 11.12 Mapping mit Bausteinen

Die Pfeile werden von dem weißen Feld am Rand des Bausteins zu dem nächstfolgenden Baustein gezogen. Dabei ist zu beachten, dass weiße Felder auf der rechten Seite stets Ausgänge, weiße Felder auf der linken Seite stets Eingänge von Daten sind. Ein Ausgangsfeld kann niemals als Eingangsfeld dienen. Die Abarbeitungsreihenfolge erfolgt anhand der Pfeilrichtung ausgehend vom Senderfeld.

11.1.10 Java Mapping importieren

Wie Java Mappings erstellt werden, haben wir bereits in Abschnitt 6.4.3, »Java Mapping«, ausführlich beschrieben. An dieser Stelle möchten wir Ihnen zeigen, wie Sie ein solches Java Mapping in SAP Process Integration importieren und in einem Operation Mapping auswählen. Im Anhang finden Sie ein Beispiel für ein Java Mapping, das Sie als Grundgerüst verwenden können.

1. Um ein Java Mapping zu importieren, müssen Sie es aus Ihrem Projekt (siehe ebenfalls Abschnitt 6.4.3) exportieren.
2. Anschließend erstellen Sie ein neues Objekt vom Typ **Imported Archive** und fügen die .zip- oder .jar-Datei an (siehe Abbildung 11.13). Wenn Sie das Mapping importiert haben, sehen Sie die Klassen, die in der Datei enthalten waren.

[+]

Klassen mit exportieren

Es empfiehlt sich immer, die *.java-Klassen mit in das Java-Projekt zu exportieren. Wenn der Mitarbeiter, der das Java Mapping geschrieben hat, das Unternehmen verlässt oder der Lagerungsort des Mappings in Vergessenheit gerät, können Sie hierüber direkt die Originaldateien herstellen und Anpassungen bzw. Korrekturen durchführen.

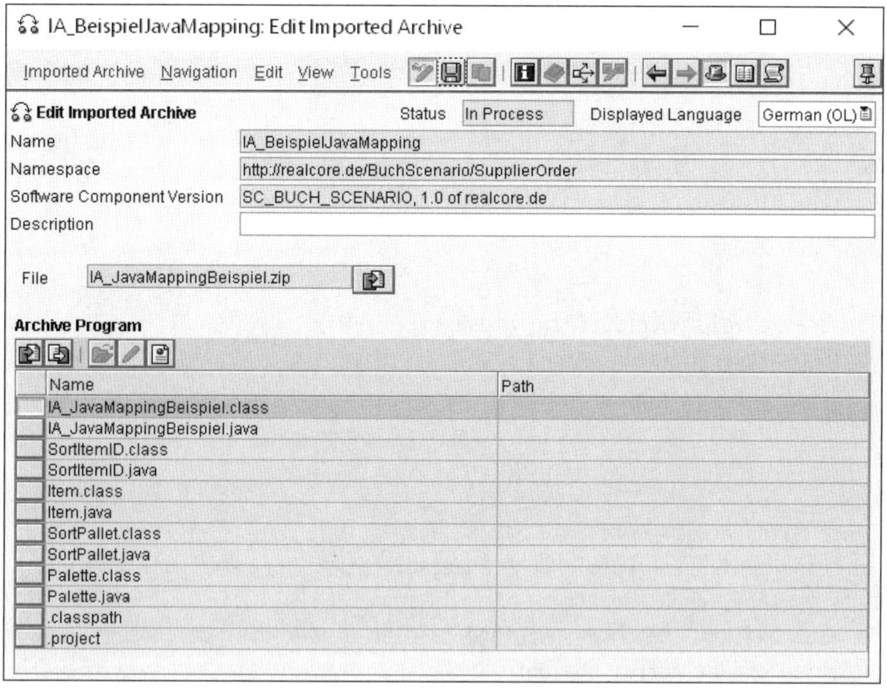

Abbildung 11.13 Java Mapping importieren

Java-Mapping-Vorlage

Um Ihnen einen leichteren Einstieg in Java Mappings zu ermöglichen, möchten wir Ihnen in Listing 11.1 das Grundgerüst für ein Java Mapping zu Verfügung stellen. Dieses können Sie für Ihre Implementierung verwenden.

```
package de.realcore.beispieljavamapping;

import java.io.FileInputStream;
import java.io.FileNotFoundException;
import java.io.FileOutputStream;
import java.io.InputStream;
import java.io.OutputStream;

import com.sap.aii.mapping.api.AbstractTrace;
import com.sap.aii.mapping.api.AbstractTransformation;
import com.sap.aii.mapping.api.StreamTransformationException;
import com.sap.aii.mapping.api.TransformationInput;
import com.sap.aii.mapping.api.TransformationOutput;

public class BeispielJavaMapping extends AbstractTransformation {
```

```
AbstractTrace trace;

public BeispielJavaMapping() {
   this.trace = getTrace();
}

/**
 * @param args
 */
public static void main(String[] args) {
   // TODO Auto-generated method stub

}

/**
 * Diese Methode wird durch die SAP PI aufgerufen.
 * Für eine einfachere Entwicklung in einer Entwicklungsumgebung wird der
Aufruf des tatsächlichen Mapppings
 * in die "execute"-Methode ausgelagert. Dies bietet die Möglichkeit,
hier zu prüfen ob der Aufruf aus der
 * Entwicklungsumgebung oder aus dem System kommt.
 * Je nach Aufrufart wird entweder der InputStream der SAP PI verwendet,
oder ein Testfall, der lokal gespeichert ist.
 *
 * @param transIn  InputStream aus der SAP PI.
 * @param transOut OutputStream aus der SAP PI.
 * @throws StreamTransformationException
 */
@Override
public void transform(TransformationInput transIn, TransformationOutput
transOut)
      throws StreamTransformationException {

   InputStream in = null;
   OutputStream out = null;

   if (transIn != null) {
      // Aufruf aus PO
      in = transIn.getInputPayload().getInputStream();
      out = transOut.getOutputPayload().getOutputStream();

   } else {
```

```
        // Aufruf aus NWDS
        try {
            in = new FileInputStream("TestCases/TestCase1.xml");
            out = new FileOutputStream("TestCases/
                                   erfolgreicherMappingDurchlauf.xml");
        } catch (FileNotFoundException e) {
            e.printStackTrace();
        }
    }
    try {
        printAudit("Starte Java Mapping...");
        execute(in, out);
        printAudit("Java Mapping beendet.");
    } catch (Exception e) {
        e.printStackTrace();
    }
}

/**
 * Diese Methode führt das Mapping tatsächlich aus.
 *
 * @param in generalisierter InputStream für Funktionen, z.B. Parser
 * @param out generalisierter Output für Funktionen, z.B. Parser
 * @throws StreamTransformationException Exception bei Fehler.
 */
private void execute(InputStream in, OutputStream out)
        throws StreamTransformationException{
    /*
     * Hier wird das Java-Mapping ausgeführt.
     */
}

/**
 * Diese Methode erstellt eine Ausgabe. Wenn es ein Trace-Objekt gibt, wird
 * die Ausgabe in das Message-Protokoll geschrieben, ansonsten als
 * System.out.
 *
 * @param message Nachricht, die in der Ausgabe erscheinen soll.
 */
public void printAudit(String message) {
    if (this.trace != null) {
        this.trace.addInfo(message);
```

```
        } else {
            System.out.println(message);
        }
    }
}
```

Listing 11.1 Vorlage für das Java Mapping

11.2 Allgemeine Konfiguration

Wie Sie ein Business-System oder eine Business-Komponente (BC) anlegen, wurde bereits in Abschnitt 6.5.4, »Kommunikationskomponenten«, sehr detailliert beschrieben. An dieser Stelle möchten wir noch einmal auf die Besonderheit von Business-Komponenten eingehen.

Elemente, die in einer Business-Komponente verwendet werden sollen, müssen manuell in dieser angelegt bzw. zu ihr hinzugefügt werden. Insbesondere geht es hier um *Service Interfaces*. Sofern Sie eine Business-Komponente als Sender oder Empfänger nutzen, müssen Sie die Service Interfaces dem Business-System manuell hinzufügen. Erst dann können Sie diese in der Auswahl in einer integrierten Konfiguration verwenden (siehe Abbildung 11.14).

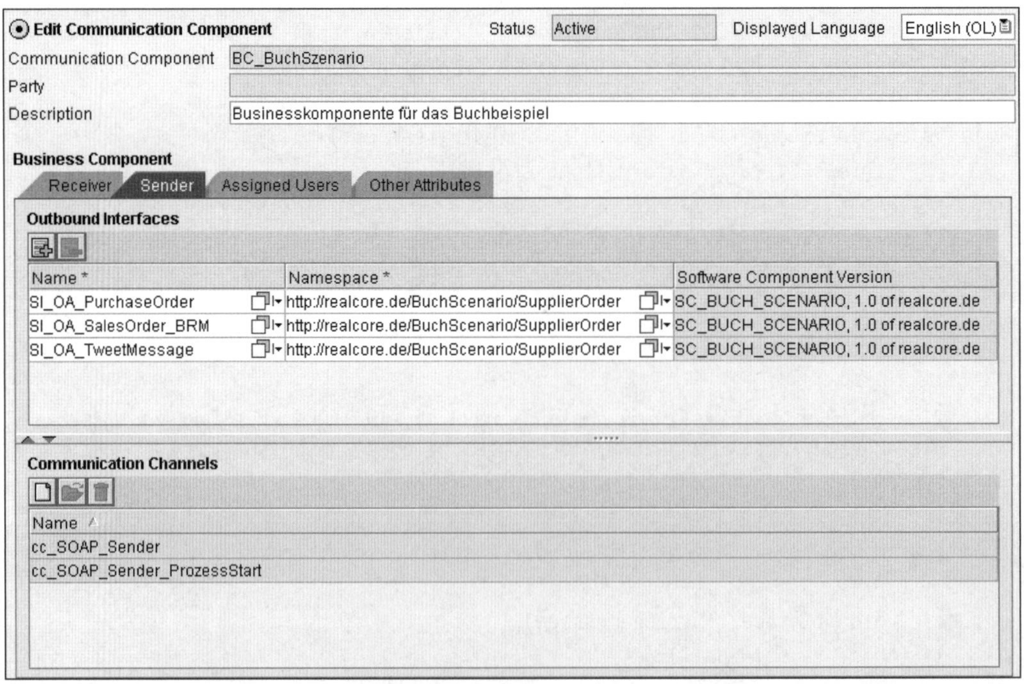

Abbildung 11.14 Liste mit hinzugefügten Service Interfaces

Um ein Service Interface hinzuzufügen, wählen Sie im oberen Arbeitsbereich **Insert Line Below Selection**. Anschließend öffnet sich ein neues Fenster mit allen Service Interfaces, die im ESR vorhanden sind (siehe Abbildung 11.15). Je nachdem, ob Sie ein Sender- oder ein Empfänger-Interface hinzufügen möchten, wird automatisch zwischen Inbound Interfaces und Outbound Interfaces unterschieden.

[«]

Noch einmal zur Erinnerung

Der Sender ist das Outbound Interface, der Empfänger ist das Inbound Interface.

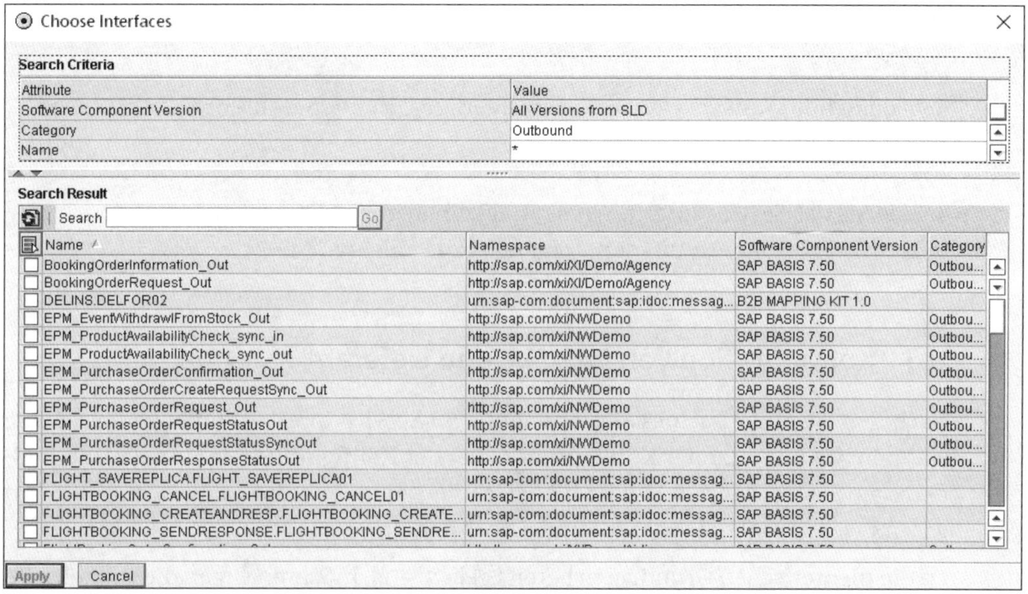

Abbildung 11.15 Auswahl möglicher Service Interfaces

Da alle Softwarekomponenten nach passenden Service Interfaces durchsucht werden, kann es vorkommen, dass gleiche Service Interfaces in der Liste auftreten (siehe Abbildung 11.16). An dieser Stelle ist es wichtig, darauf zu achten, das richtige Service Interface bzw. Objekt auszuwählen.

[!]

Falsche Softwarekomponente

Wenn Sie ein gleichnamiges Service Interface auswählen, das aber in einer anderen Softwarekomponente liegt, können Sie anschließend Ihr Operation Mapping in der integrierten Konfiguration nicht mehr auswählen.

Dies führt häufig zu Verwirrungen während der Konfiguration und ist nicht auf den ersten Blick zu erkennen.

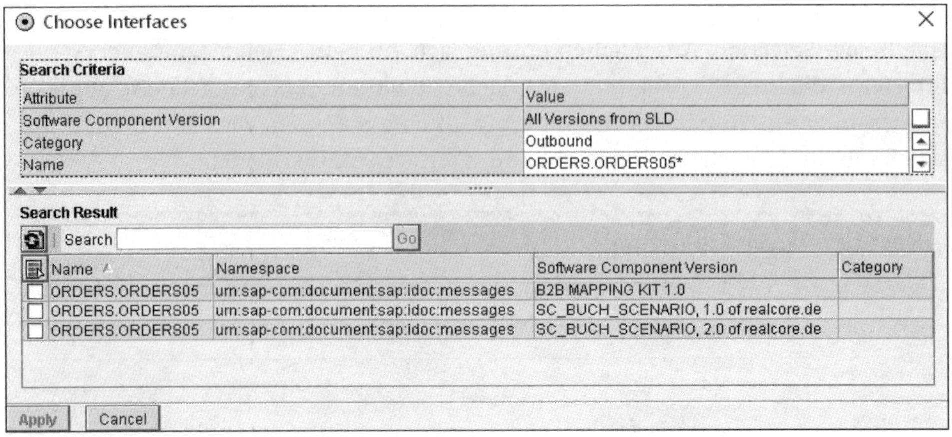

Abbildung 11.16 Auswahl gleicher Service Interfaces in unterschiedlichen Softwarekomponenten

Sobald Sie das Service Interface eingetragen haben, speichern und aktivieren Sie die Business-Komponente, um den Vorgang abzuschließen.

11.3 Konfiguration von SAP ERP und Lieferant

Nachdem Sie einer Business-Komponente ein Service Interface hinzugefügt haben, widmen wir uns jetzt der Konfiguration. Bei der Konfiguration im Integration Builder legen Sie fest welcher Sender mit welchem Sender Interface, an welchen Empfänger mit welchem Empfänger-Interface Nachrichten versendet.

Da die theoretischen Grundlagen bereits gelegt sind, möchten wir an dieser Stelle die praktische Umsetzung Schritt für Schritt erklären. Dabei werden die folgende Schritte durchlaufen:

- Senderkommunikationskanal anlegen
- Empfängerkommunikationskanal anlegen
- integrierte Konfiguration erstellen
- in einem Konfigurationsszenario alle Objekte verwalten

11.3.1 Senderkommunikationskanal anlegen

Mit einem Senderkommunikationskanal legen Sie fest, wie eine Nachricht von dem Sendersystem an SAP Process Integration gesendet wird.

Um einen Kanal anzulegen, gehen Sie auf das Business-System oder die Business-Komponente und wählen den passenden Reiter in der oberen Bildschirmhälfte: **Receiver** für einen Empfängerkanal, **Sender** für einen Senderkanal.

1. Wie in Abbildung 11.17 zu sehen, wählen Sie dann im unteren Bildschirmbereich das Icon für **Neuen Kommunikationskanal anlegen**.

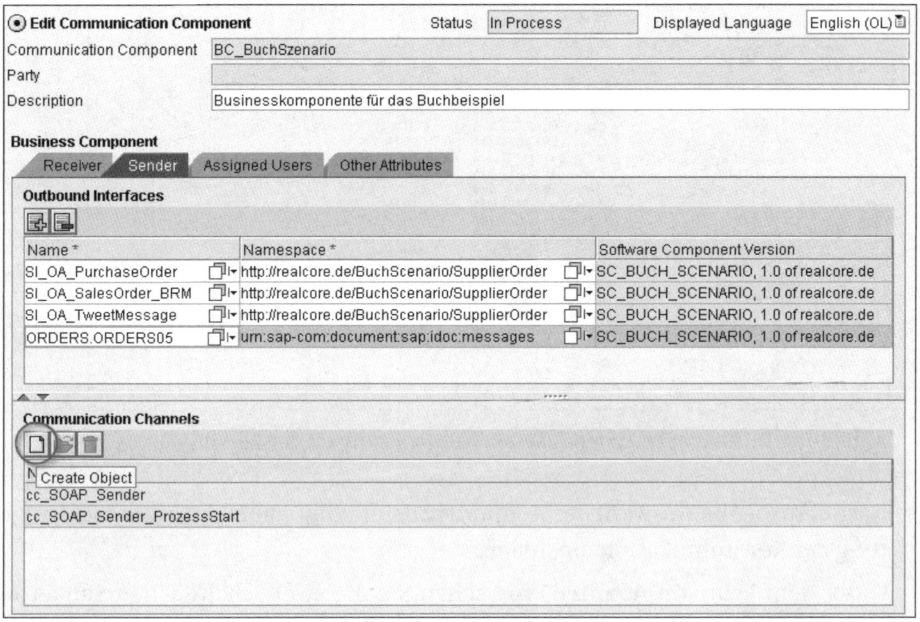

Abbildung 11.17 Senderkommunikationskanal anlegen

2. Im Anschluss daran öffnet sich ein neues Fenster, in dem Sie den Namen für den Kommunikationskanal eingeben. Es hat sich bewährt, die Richtung und die Art der Kommunikation mit in den Kanalnamen aufzunehmen, also z. B. »CC_IDoc_SND_[NameDerSchnittstelle]«.

Nachdem Sie einen Namen eingegeben und diesen bestätigt haben, öffnet sich ein leerer Kommunikationskanal. Als Erstes müssen Sie nun den Adaptertyp des Kommunikationskanals festlegen.

1. Hierfür wählen Sie im oberen Arbeitsbereich das Menü **Adapter Type** aus. Daraufhin öffnet sich wieder eine Auswahlliste aller zur Verfügung stehenden Adaptertypen.
2. Für unser Beispiel wählen Sie den **IDoc-AAE**-Adaptertyp aus und bestätigen die Auswahl mit **Apply** (siehe Abbildung 11.18).

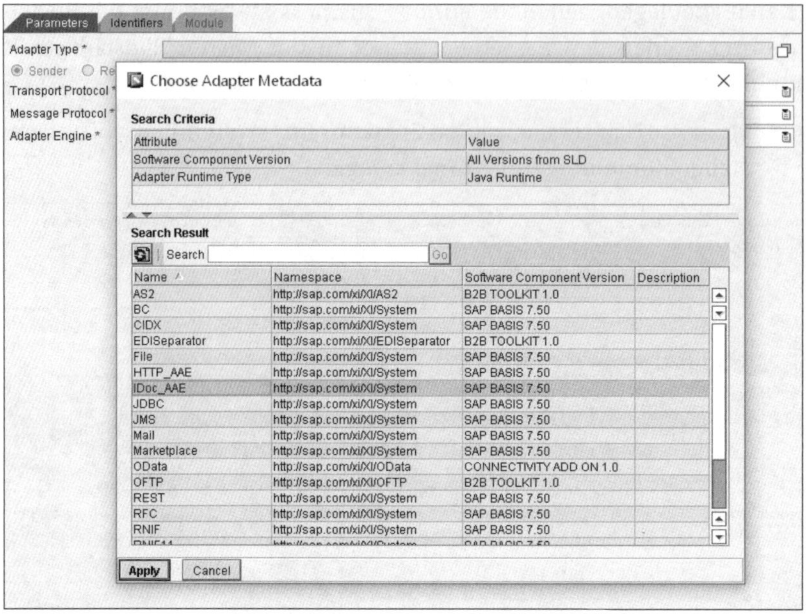

Abbildung 11.18 Adaptertypenauswahl für Kommunikationskanäle

3. Nachdem Sie die Auswahl des Adaptertypen erledigt haben, müssen Sie die Richtung der Kommunikation einstellen.

   Unter dem Feld von **Adapter Type** sehen Sie die zwei Schaltflächen **Sender** und **Receiver** (siehe Abbildung 11.19). Für Ihren Senderkommunikationskanal wählen Sie hier **Sender** aus. Alle anderen Felder lassen wir in diesem Beispiel unberührt. Diese werden in dem Szenario nicht verwendet.

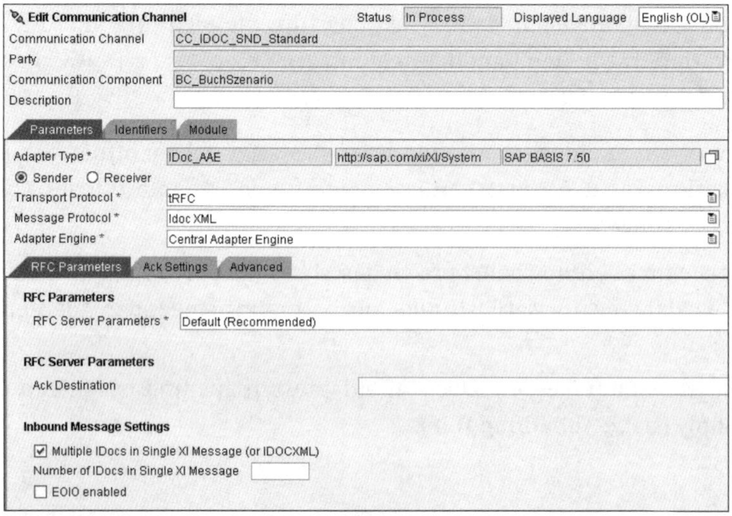

Abbildung 11.19 Kommunikationsrichtung festlegen

4. Zum Abschluss der Anlage speichern und aktivieren Sie den Senderkommunikationskanal.

11.3.2 Empfängerkommunikationskanal anlegen

Um den Empfängerkommunikationskanal anzulegen, gehen Sie auf das Business-System oder die Business-Komponente, auf der Sie den Kommunikationskanal anlegen möchten. Anschließend führen Sie die Schritte 1-7 aus Abschnitt 11.3.1, »Senderkommunikationskanal anlegen«, durch.

Als Adaptertyp wählen Sie in diesem Fall **SOAP**, und für die Richtung geben Sie **Receiver** an (siehe Abbildung 11.20). Anders als bei dem IDoc-Kanal müssen Sie an dieser Stelle eine Ziel-URL eingeben. In einem produktiven Szenario wäre dies ein Webservice, der vom Empfänger angeboten wird.

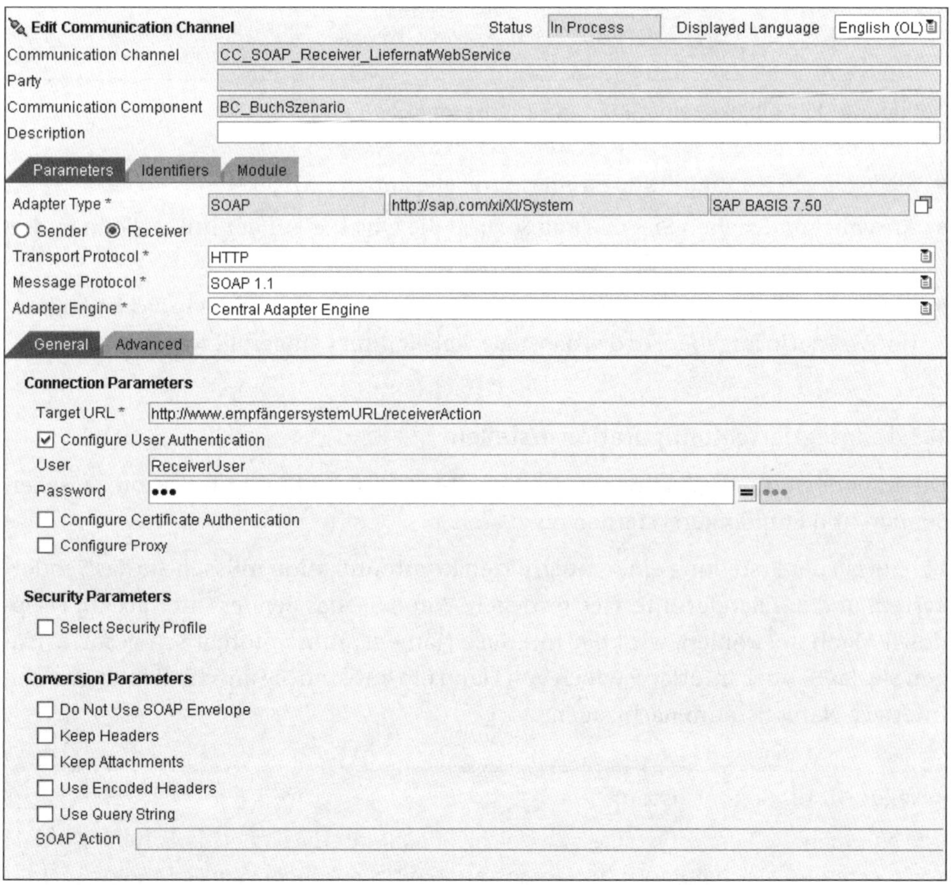

Abbildung 11.20 Eigenschaften des Empfängerkanals

11.3.3 In einem Konfigurationsszenario alle Objekte verwalten

Ein Konfigurationsszenario ist eine Klammer um alle Objekte, die fachlich oder technisch zusammengehören. Dabei kann ein Objekt in vielen verschiedenen Konfigurationsszenarios eingetragen sein. Typischerweise ist dies bei Kommunikationskanälen der Fall, die in unterschiedlichen Konfigurationen verwendet werden. Abbildung 11.21 zeigt ein Konfigurationsszenario mit verschiedenen Objekten.

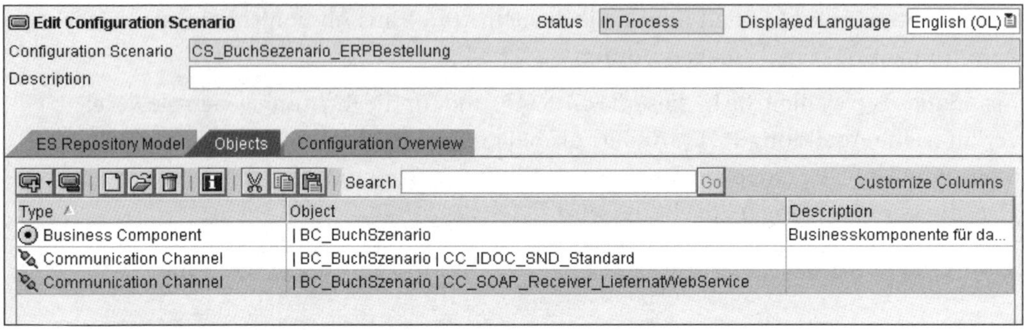

Abbildung 11.21 Objekte eines Konfigurationsszenarios

- Sie legen ein Konfigurationsszenario wie alle anderen Objekte an.
- Anschließend ziehen Sie via Drag & Drop die Objekte auf der linken Seite in den Arbeitsbereich des Konfigurationsszenarios.
- Alternativ können Sie auch bei der Erstellung eines neuen Objekts das Konfigurationsszenario angeben, in das das neue Objekt direkt eingefügt werden soll.

11.3.4 Integrierte Konfiguration erstellen

Die integrierte Konfiguration ist das Herzstück, um die Kommunikation zwischen Sender- und Empfängersystemen herzustellen.

Bereits bei der Erstellung einer integrierten Kommunikation müssen Sie das Sendersystem und das Sender-Interface festlegen. Wenn Sie das Sender-Interface im Dropdown-Menü auswählen, wird der Interface-Namensraum automatisch gesetzt. Tragen Sie das Sender-Interface jedoch von Hand ein, müssen Sie anschießend noch den Interface-Namensraum nachtragen.

[»]

Wildcard für Sendersystem

Wenn mehrere Sendersysteme das gleiche Sender-Interface (gleiche Softwarekomponente und gleicher Interface-Namensraum) nutzen, können Sie als Sendersystem auch die Wildcard »*« verwenden. Durch die Wildcard wird der erste Schritt **Inbound Processing** der integrierten Konfiguration unterdrückt. Um die Sendersysteme zu definieren, müssen Sie anschließend Sender-Agreements erstellen.

> In dem Sender-Agreement wählen Sie dann das Sendersystem aus. Achten Sie drauf, dass Sie im Agreement das richtige Sender-Interface auswählen, wenn Sie mehrere zur Auswahl haben.
>
> Wenn Ihr Sendersystem eine Business-Komponente ist und Sie Ihr Sender-Interface nicht in der Drop-down-Auswahl finden können, kann es sein, dass Sie das Interface nicht als Sender in der Business-Komponente hinterlegt haben.

An dieser Stelle können Sie auch das Konfigurationsszenario angeben, in das die integrierte Konfiguration eingetragen werden soll.

Nachdem Sie die Anlage bestätigt haben, öffnet sich im Arbeitsbereich die Ansicht für die integrierte Konfiguration (siehe Abbildung 11.22).

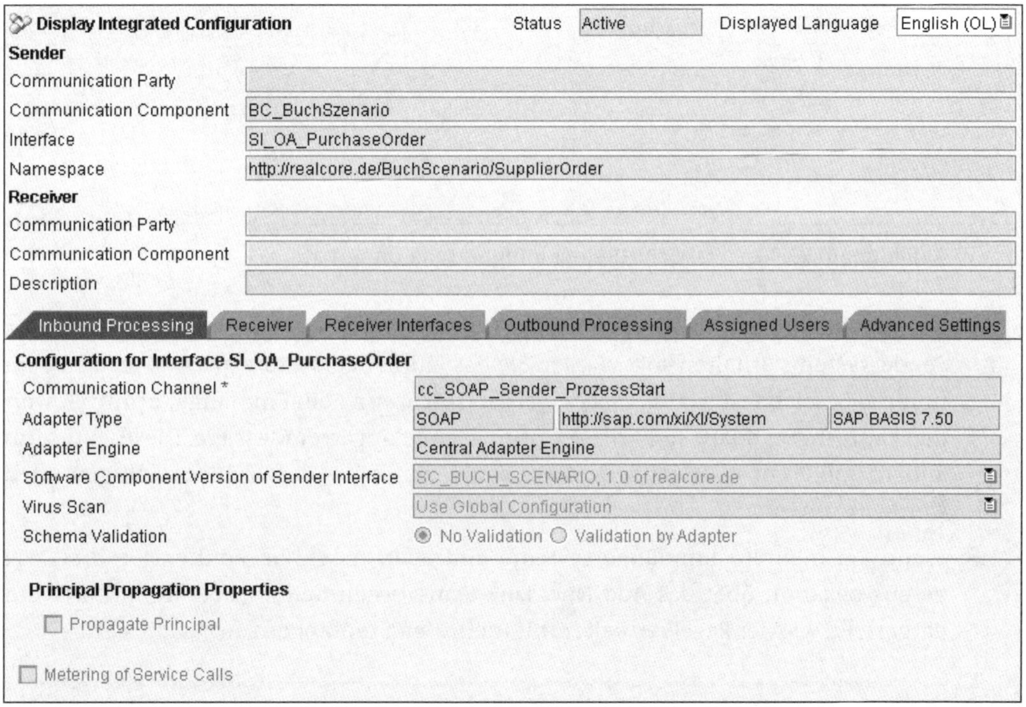

Abbildung 11.22 Inbound-Processing-Schritt einer integrierten Konfiguration

Als erster Schritt öffnet sich direkt das **Inbound Processing**. Hier tragen Sie den Senderkommunikationskanal ein. Wenn gewünscht, kann hier die XSD Schema Validation eingeschaltet werden. In dieser Konfiguration möchten wir allerdings davon absehen. Wählen Sie anschließend den nächsten Reiter **Receiver** aus (siehe Abbildung 11.23).

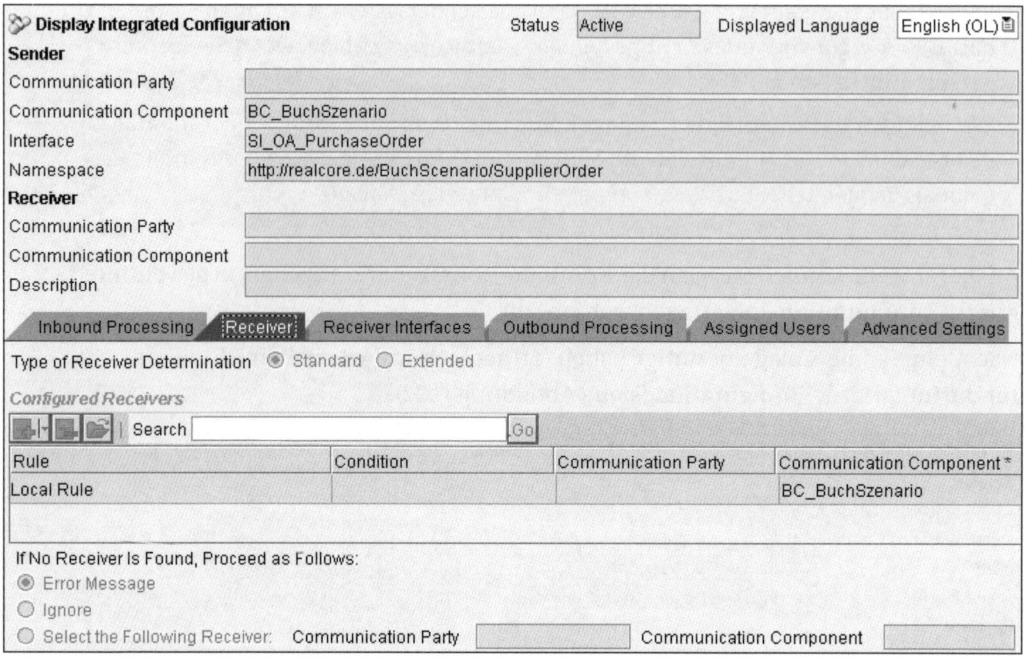

Abbildung 11.23 Receiver-Schritt einer integrierten Konfiguration

Auf dem Reiter **Receiver** bestimmen Sie, welches Empfängersystem die Nachricht des Sendersystems erhalten soll. Wählen Sie das Empfängersystem aus und legen Sie im unteren Bereich fest, was gemacht werden soll, wenn kein Empfänger ermittelt werden kann. Im Standard steht diese Option immer auf **Error Message**. Diese Option zu ändern sollte gut überlegt sein, da es sonst sein kann, dass Fehler nicht gefunden werden können.

Wenn Sie mehrere Empfängersysteme eintragen möchten, können Sie dies, wie bereits bekannt, über das **Add New Line**-Icon vornehmen. In Abbildung 11.24 wird dargestellt, wie der **Receiver**-Reiter mit mehreren Empfängern aussehen kann.

[»]

Bedingungen

Wenn es keine Bedingungen gibt, werden die Nachrichten an alle Empfänger gesendet. Ansonsten erhalten nur diejenigen Empfänger eine Nachricht, auf die die Bedingung zutrifft.

Auf dem nächsten Reiter **Receiver Interfaces** wird das Mapping ausgewählt, das durchlaufen werden soll, um die Sender- in die Empfängernachrichtenstruktur zu überführen (siehe Abbildung 11.25).

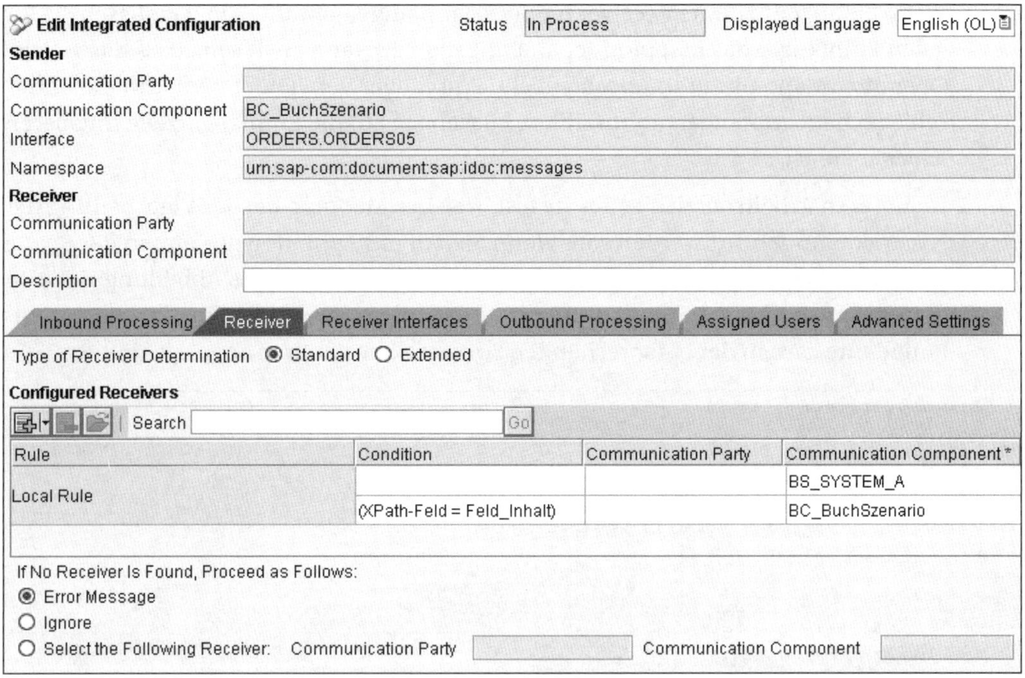

Abbildung 11.24 Receiver-Schritt mit mehreren Empfängern

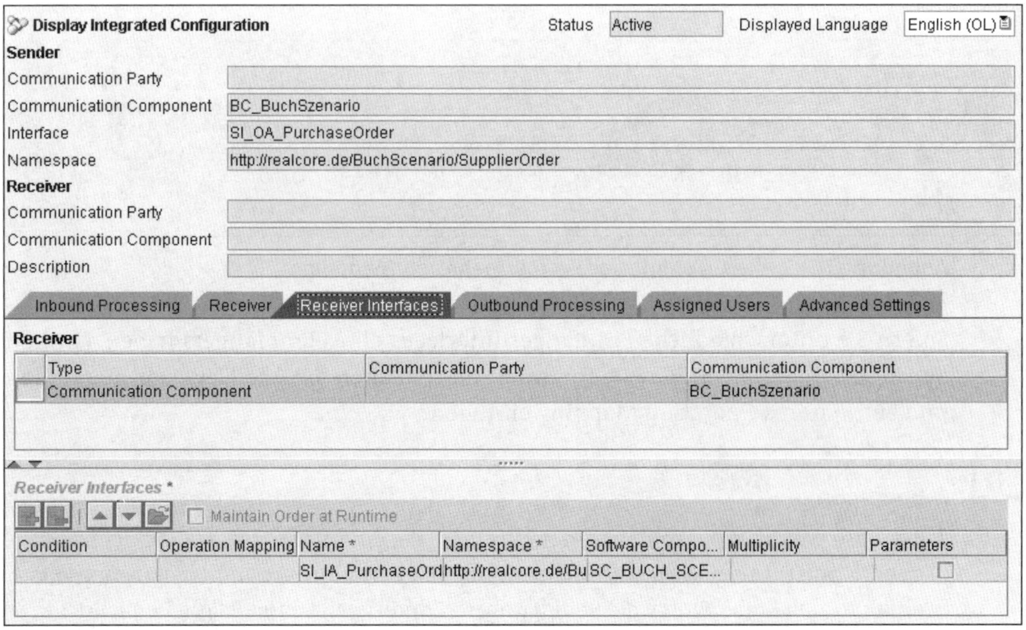

Abbildung 11.25 Receiver-Interfaces-Schritt einer integrierten Konfiguration

Wenn Sie auf dem Reiter **Receiver** mehrere Empfänger gewählt haben, müssen Sie für jeden Empfänger das Mapping separat angeben. Es kann auch sein, dass das gleiche Operation Mapping für unterschiedliche Empfänger verwendet wird. Um die unterschiedlichen Empfänger auszuwählen, klicken Sie auf die Empfängerzeile im oberen Arbeitsbereich.

Im unteren Arbeitsbereich legen Sie fest, welches Mapping bei der Verarbeitung der Nachricht ausgeführt werden soll. Wenn Sie auf das Drop-down-Menu in der Spalte **Operation Mapping** klicken, öffnet sich ein neues Fenster (siehe Abbildung 11.26). In diesem Fenster können Sie alle Operation Mappings auswählen, die für dieses Outbound Interface in der entsprechenden Softwarekomponente angelegt sind.

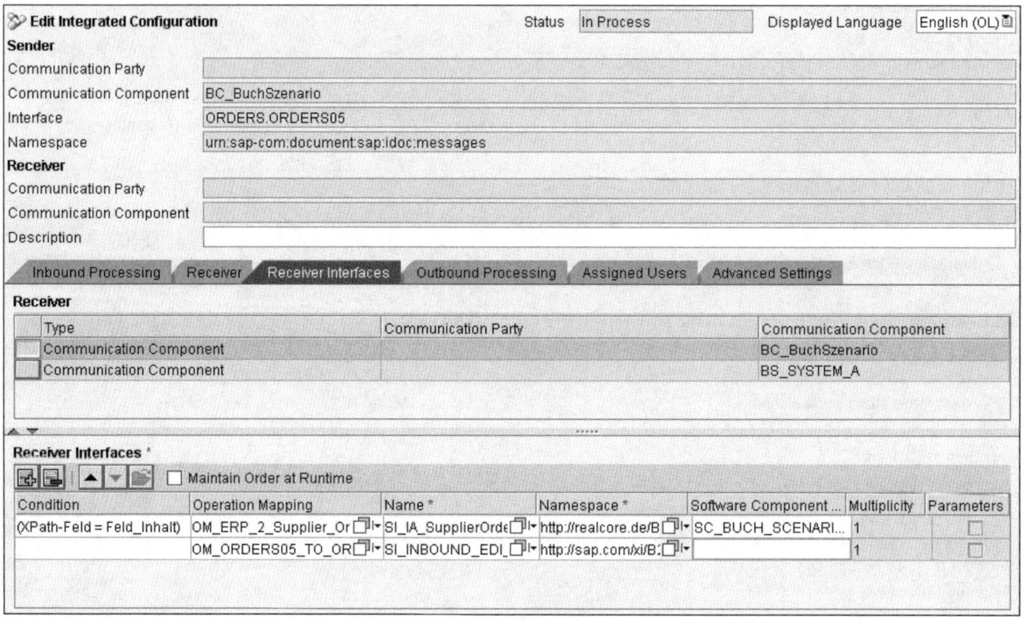

Abbildung 11.26 »Receiver Interfaces« mit mehreren Mappings

Sofern Sie unterschiedliche Empfänger-Interfaces eines Empfängers haben, können Sie diese behandeln, indem Sie im unteren Arbeitsbereich **Add New Line** auswählen und ein weiteres Operation Mapping einfügen.

[»]

Bedingungen

Genauso wie bei den Empfängern bekommen alle eine Nachricht, auf die die Bedingung zutrifft. Dabei wird die Nachricht auf die benötigte Anzahl kopiert, und alle erhalten eine Kopie. Durch die Bedingungen (**Conditions**) können diese Benachrichtigungen wieder ausgesteuert werden.

Sollten Sie Parameter in Ihrem Mapping verwenden, können Sie sie hier mit den Werten füllen, die während des Mappings verwendet werden sollen (siehe Abbildung 11.27).

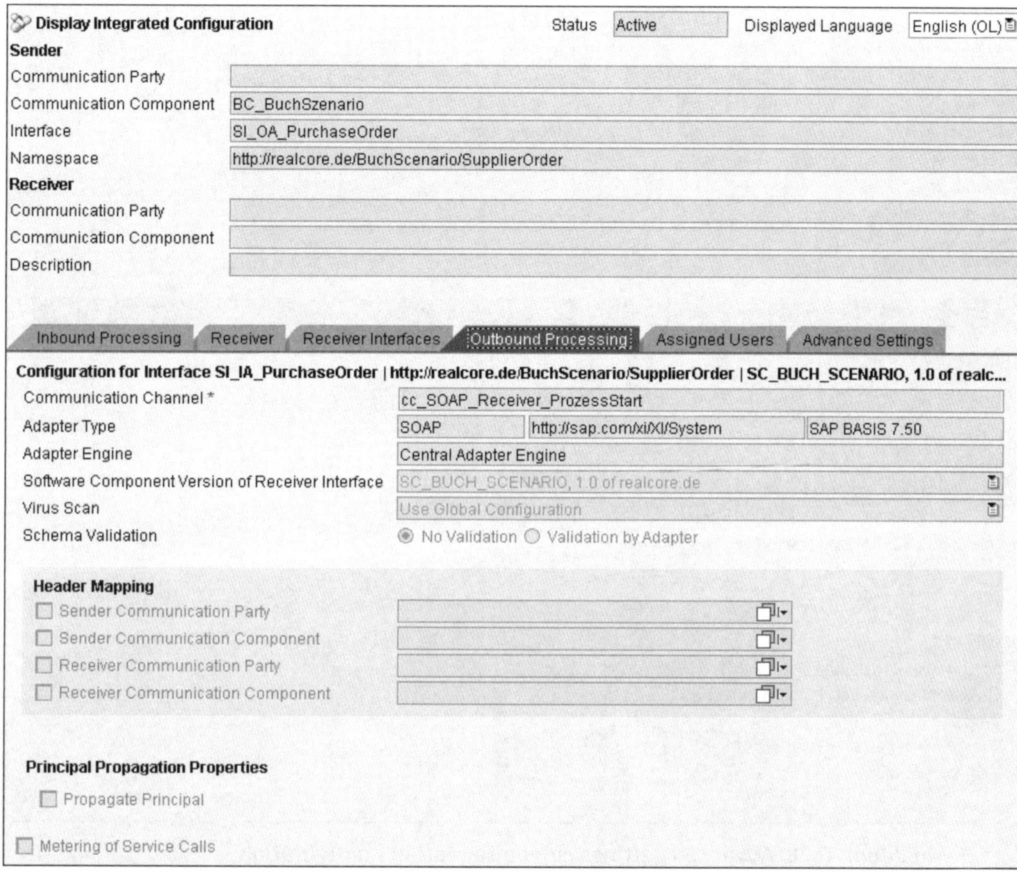

Abbildung 11.27 Outbound-Processing-Schritt einer integrierten Konfiguration

Der Outbound-Processing-Schritt ist das Gegenstück zum Inbound Processing. Hier wählen Sie für jeden Empfänger den Kommunikationskanal aus, mit dem die Nachricht versendet werden soll. Beachten Sie, dass die Kommunikationskanäle von den Business-Systemen und Business-Komponenten abhängig sind.

Sollten Sie Ihren Kommunikationskanal nicht über das Drop-down-Menü finden können, prüfen Sie, ob Sie den Kommunikationskanal aktiviert und den richtigen Empfänger eingetragen haben.

Als letzten Schritt der integrierten Konfiguration betrachten wir die **Advanced Settings** (siehe Abbildung 11.28). Hier können Sie einstellen, wie Logging und Staging für diese Konfiguration eingestellt werden sollen. Dabei können Sie entweder die globale Einstellung beibehalten oder eine individuelle Einstellung wählen. In Abschnitt 6.5.6, »Integrierte Konfiguration«, finden Sie unter der Überschrift »Advanced Settings« eine detaillierte Aufstellung, was welche Einstellung bedeutet.

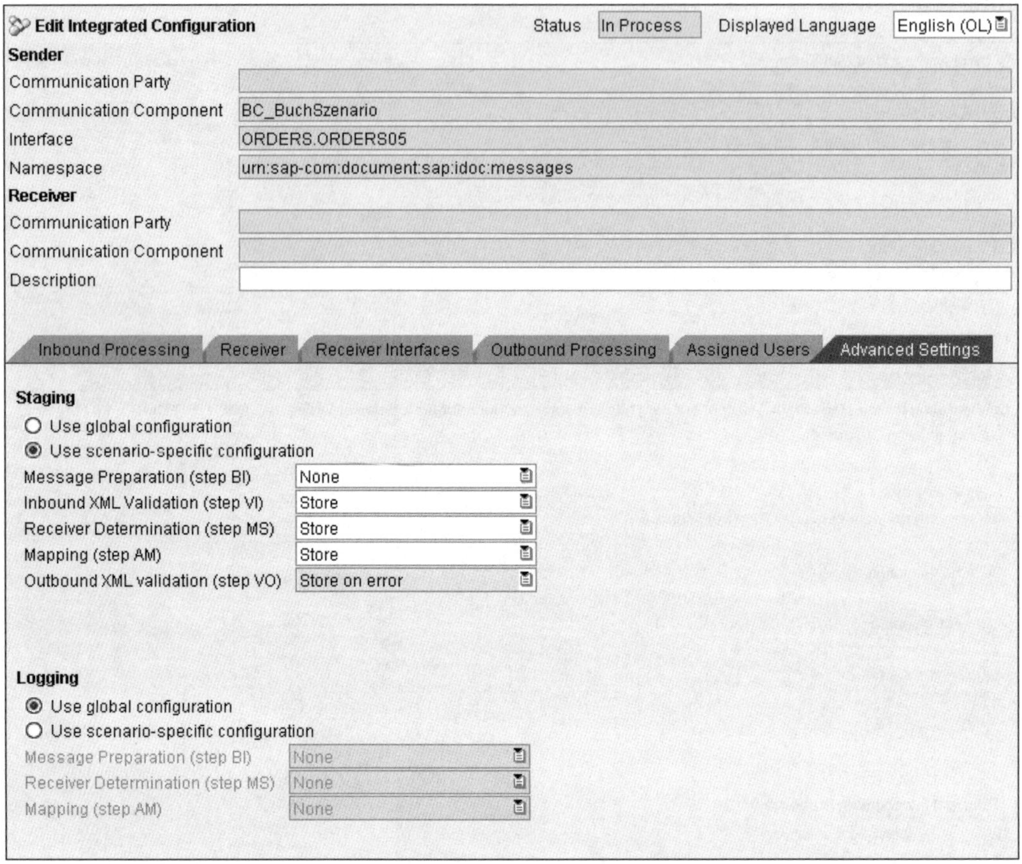

Abbildung 11.28 Advanced Settings einer integrierten Konfiguration

11.4 Konfiguration mit Business Process Management und SAP Cloud Platform Integration Services

In diesem Abschnitt möchten wir Ihnen detailliert zeigen, wie die Konfiguration der Schnittstellen zu Business Process Management (BPM) und SAP Cloud Platform Integration Services in SAP Process Integration umgesetzt wird. Da sich viele Schritte wiederholen, gehen wir an dieser Stelle lediglich auf die Besonderheiten ein.

In Abbildung 11.29 sehen Sie das fertige Konfigurationsszenario mit allen Objekten, die für das praktische Beispiel verwendet werden.

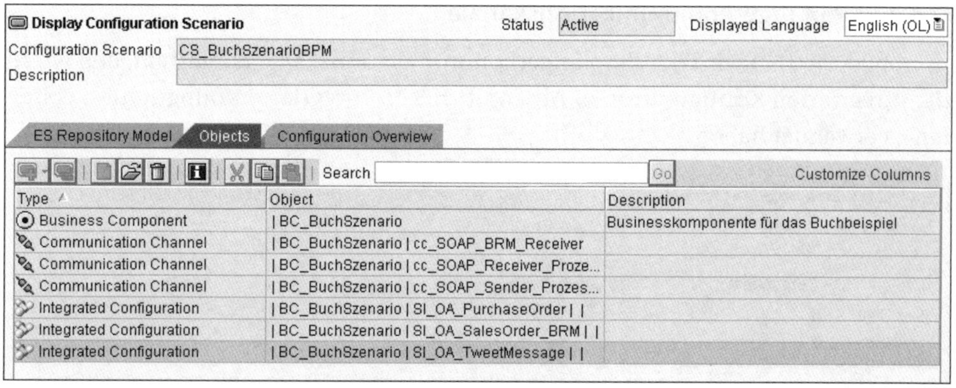

Abbildung 11.29 Darstellung des Konfigurationsszenarios für das praktische Beispiel

11.4.1 Senderkommunikationskanäle

Mit dem Senderkommunikationskanal in Abbildung 11.30 wird der BPM-Prozess gestartet. Damit dies möglich ist, muss dieser Senderkommunikationskanal im BPM-Prozess bekanntgegeben werden.

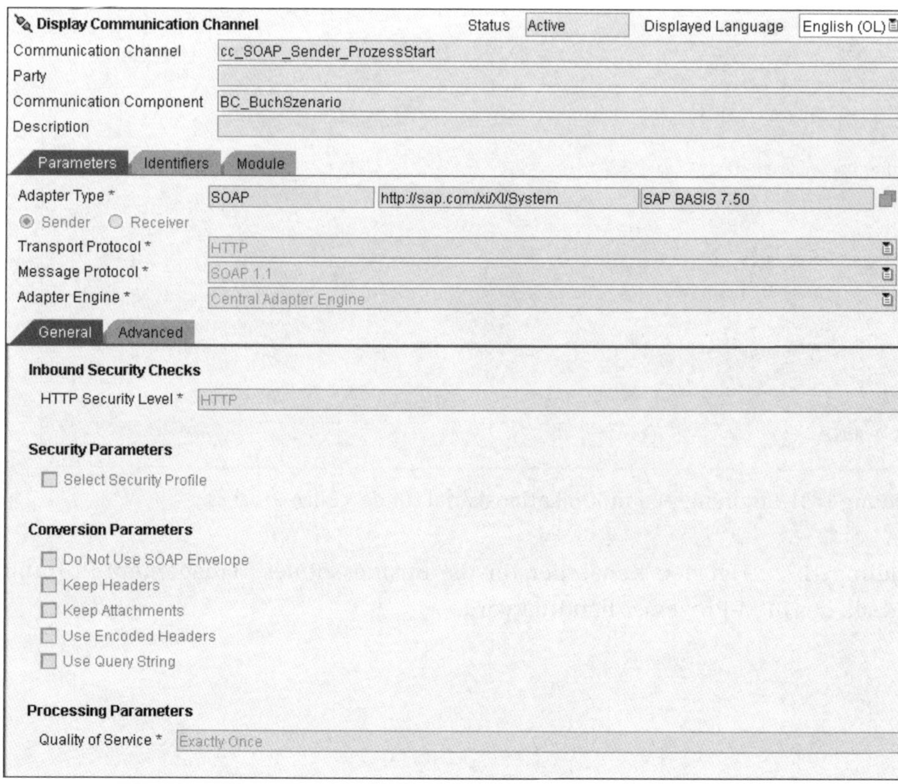

Abbildung 11.30 Senderkommunikationskanal, um den BPM-Prozess zu starten

11.4.2 Empfängerkommunikationskanäle

In Abbildung 11.31 wird der Empfängerkommunikationskanal dargestellt, den wir in der integrierten Konfiguration in Abschnitt 11.3.4, »Integrierte Konfiguration erstellen«, verwendet haben.

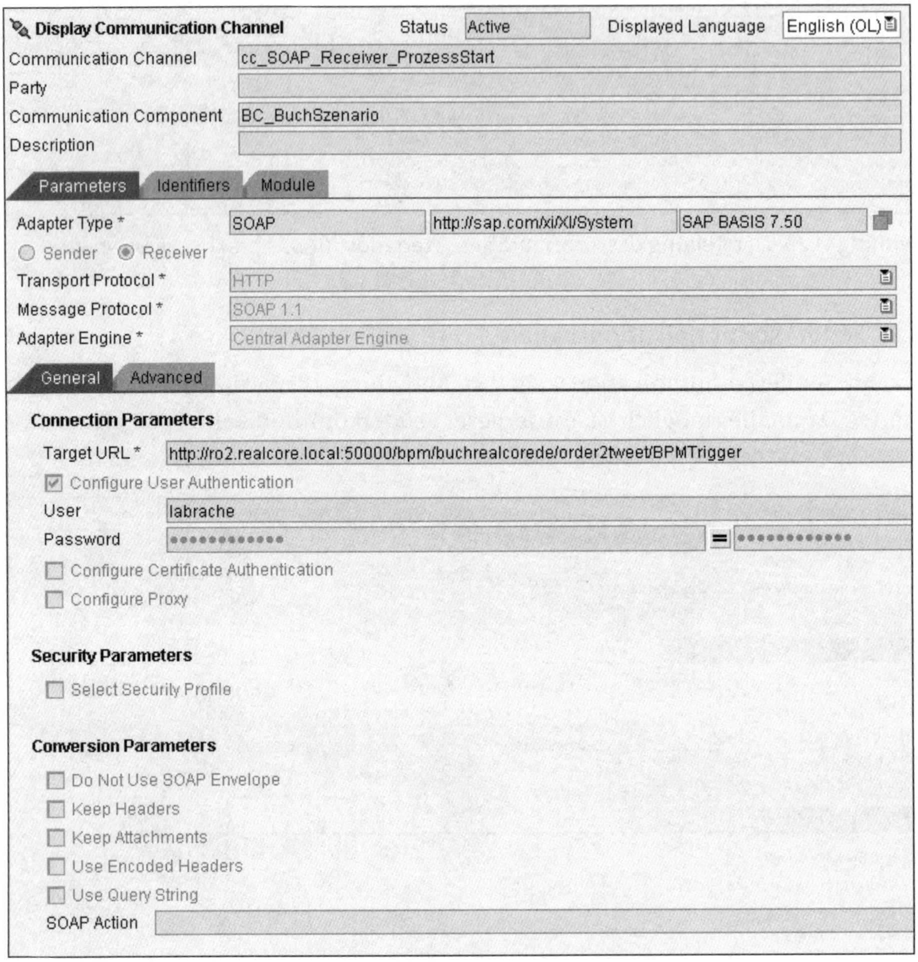

Abbildung 11.31 Empfängerkommunikationskanal für den BPM-Prozess

Abbildung 11.32 zeigt den Kanal, der für die Business-Rules-Management-Prüfung innerhalb des BPM-Prozesses benötigt wird.

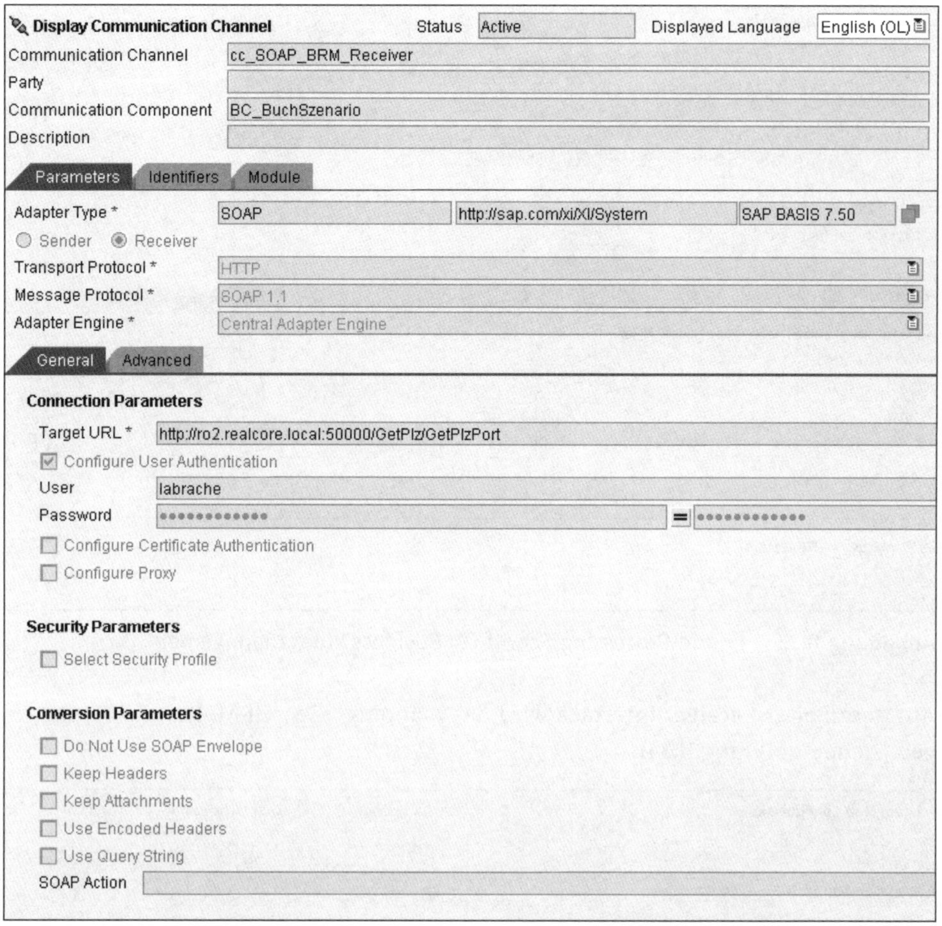

Abbildung 11.32 Empfängerkommunikationskanal für das Business Rules Management im Business Process Management

11.4.3 Weitere integrierte Konfigurationen

Nachfolgend möchten wir Ihnen noch die Schritte in der integrierten Konfiguration zeigen, die verwendet wurde. Auf dem Reiter **Receiver** wurde immer die Business-Komponente »BC_BuchSzenario« verwendet. Da wir Ihnen eine unnötige Wiederholung ersparen möchten, werden wir diesen Schritt auslassen.

Business-Rules-Management-Prozess (BRM)

Für den Inbound-Processing-Schritt der BRM-Konfiguration wird ein einfacher SOAP-Senderkanal genutzt (siehe Abbildung 11.33).

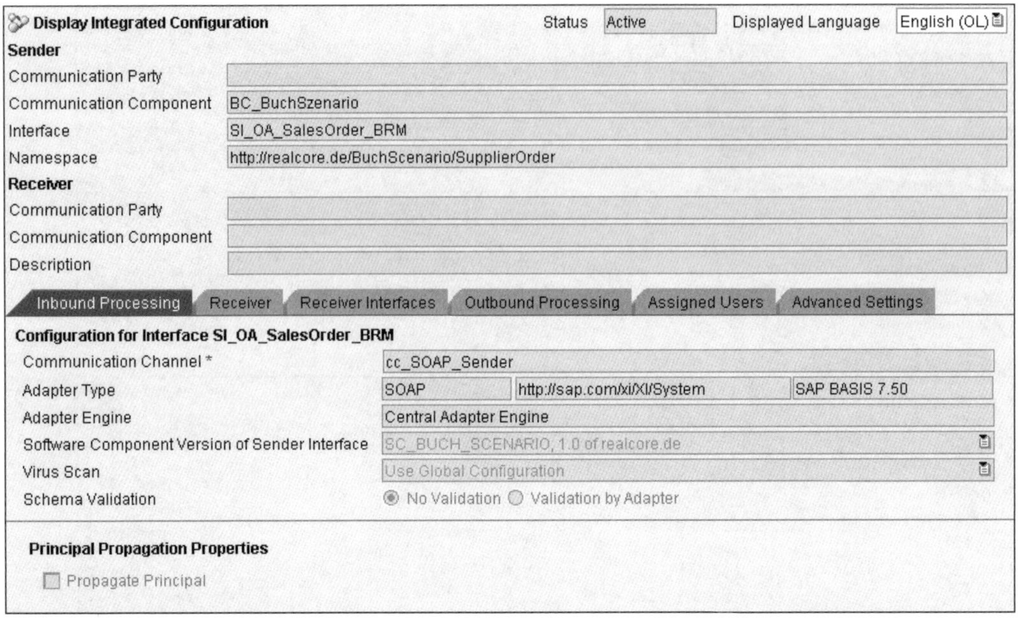

Abbildung 11.33 Inbound-Processing-Schritt für Business Rules Management

Auf dem Reiter **Receiver Interface** wird das Mapping »OM_BRM_Results« eingetragen (siehe Abbildung 11.34).

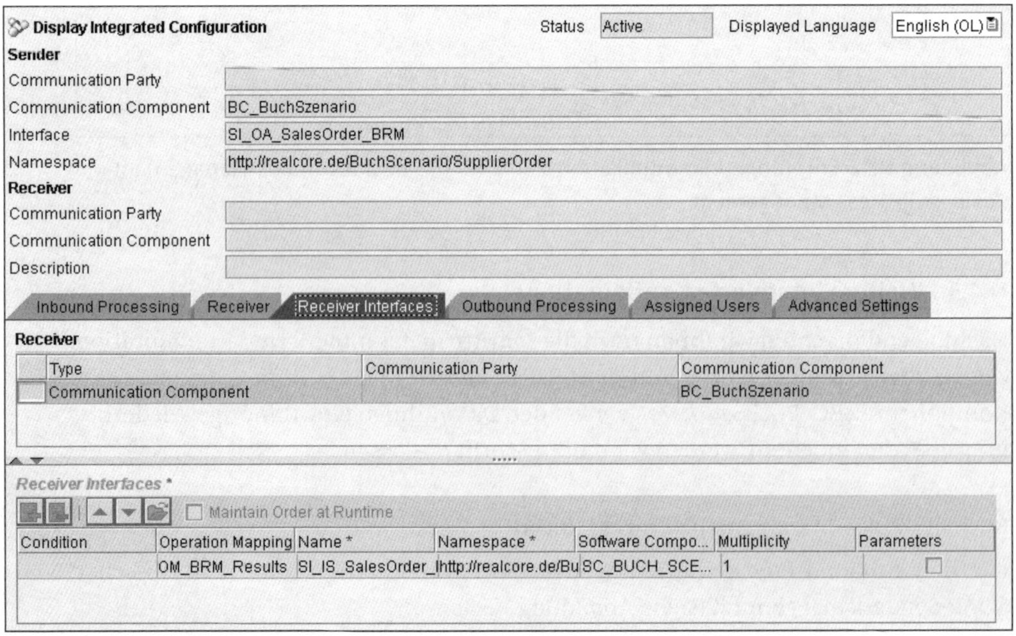

Abbildung 11.34 »Receiver Interfaces« für Business Rules Management

Das Operation Mapping, das hier verwendet wird, ist nur eine einfache Kapselung für das Message Mapping aus Abbildung 11.35.

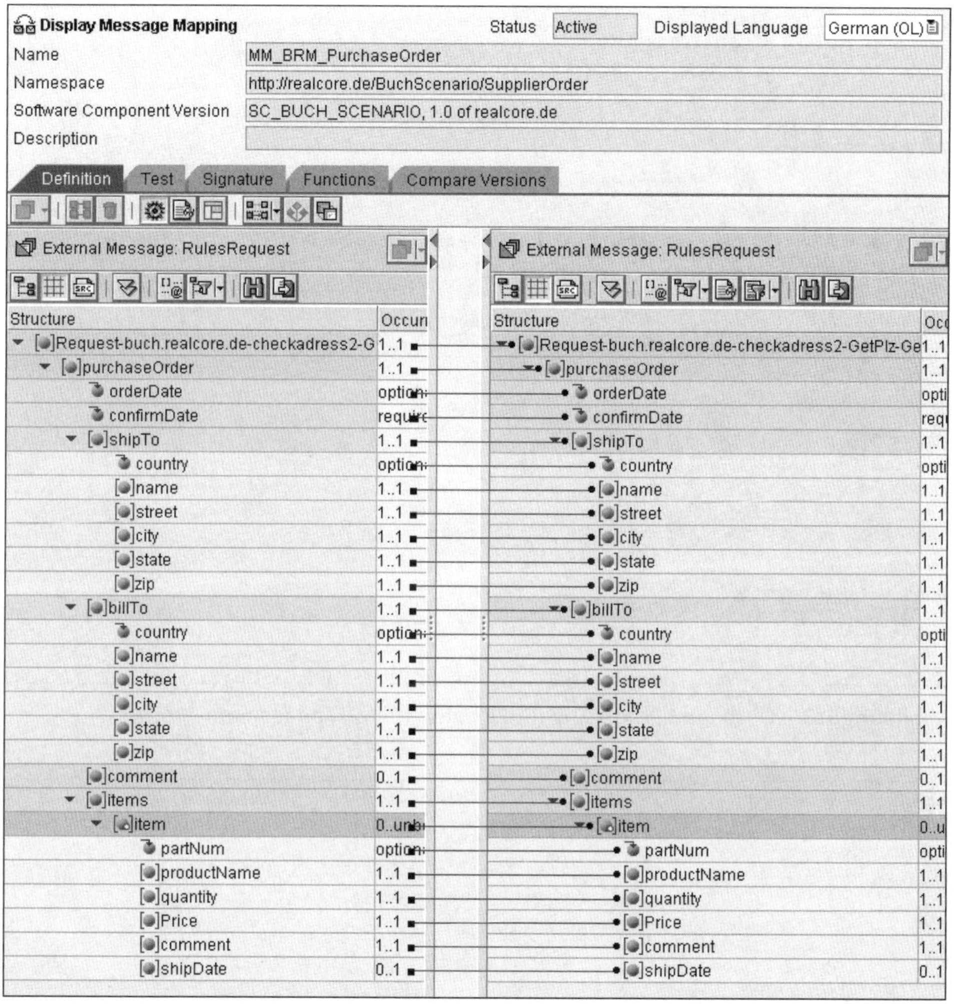

Abbildung 11.35 Verwendetes Message Mapping im Business-Rules-Management-Prozess

Abschließend wird der Empfängerkommunikationskanal für den BRM-Prozess eingetragen (siehe Abbildung 11.36).

Tweet Message

In dieser integrierten Konfiguration wird der Tweet Message Service der SAP Cloud Platform Integration aufgerufen, um den Tweet aus dem Prozess heraus abzusetzen. Wie bereits beim BRM-Prozess wird auch hier als Sender ein einfacher SOAP-Senderkommunikationskanal genutzt (siehe Abbildung 11.37).

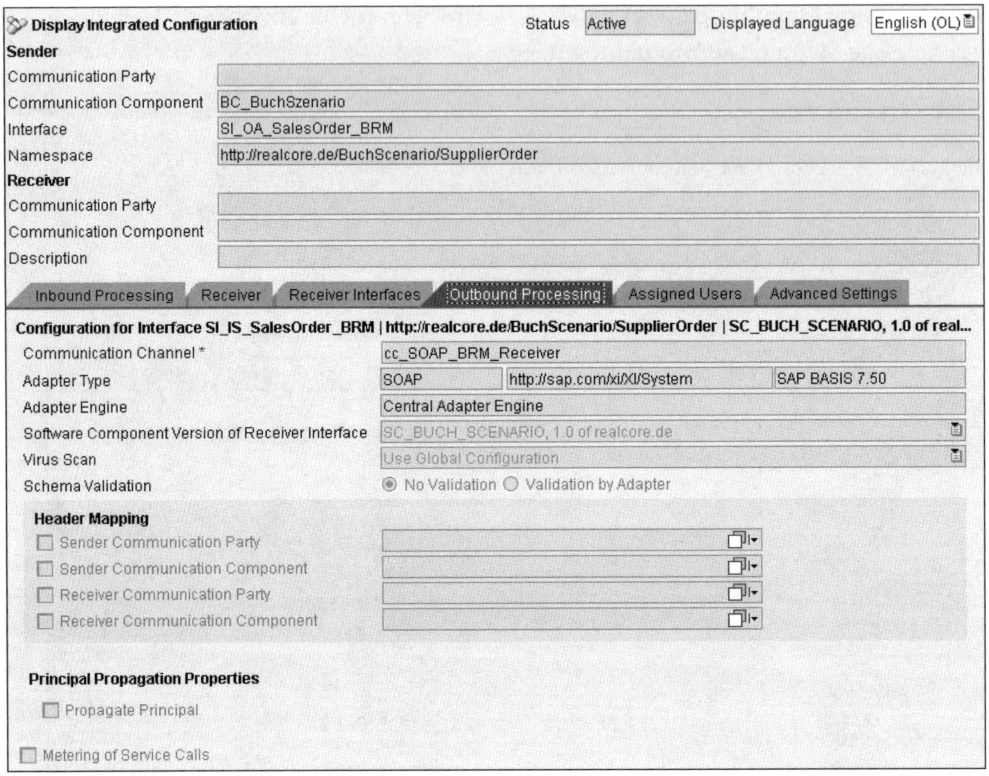

Abbildung 11.36 Outbound Processing für Business-Rules-Management-Prozess

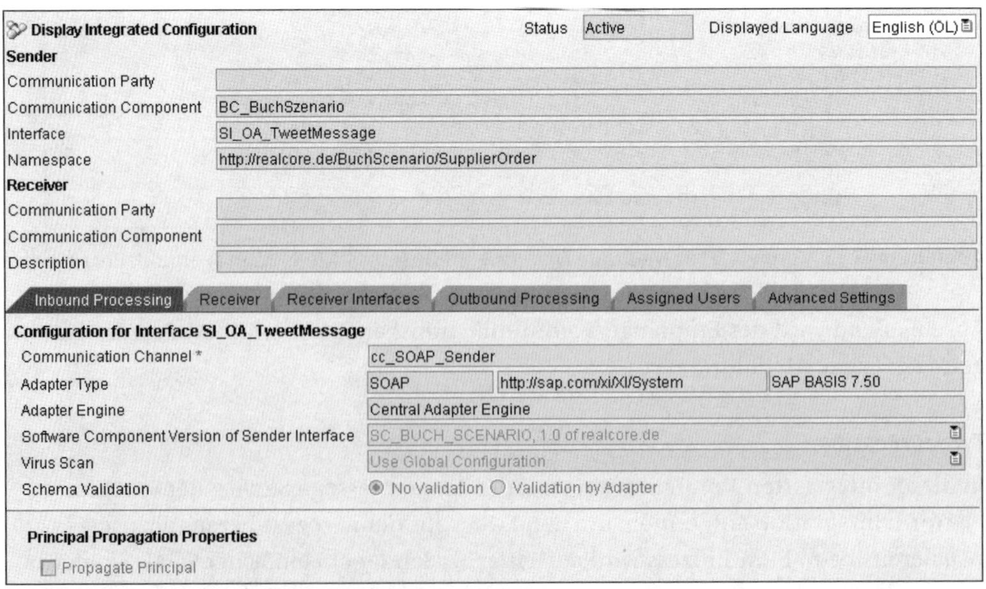

Abbildung 11.37 Inbound-Processing-Schritt

Im Receiver Interface wird das Mapping »OM_BPM_TO_HCI« eingetragen (siehe Abbildung 11.38).

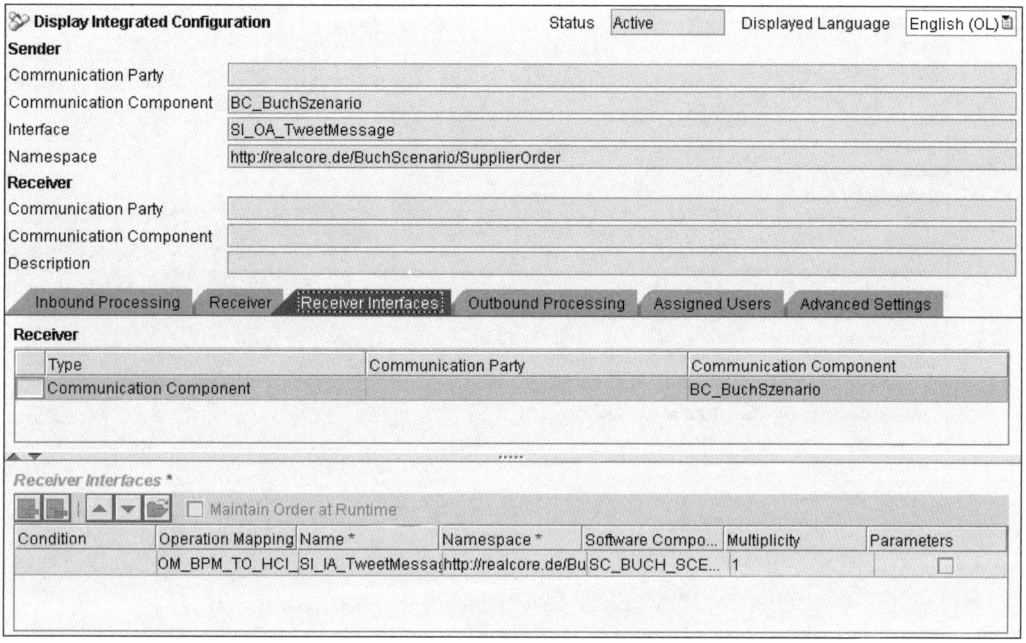

Abbildung 11.38 Receiver-Interface-Schritt der Twitter-Nachricht

Wie auch bei der BRM-Konfiguration dient das Operation Mapping nur als Hülle für das Message Mapping, das Sie in Abbildung 11.39 sehen.

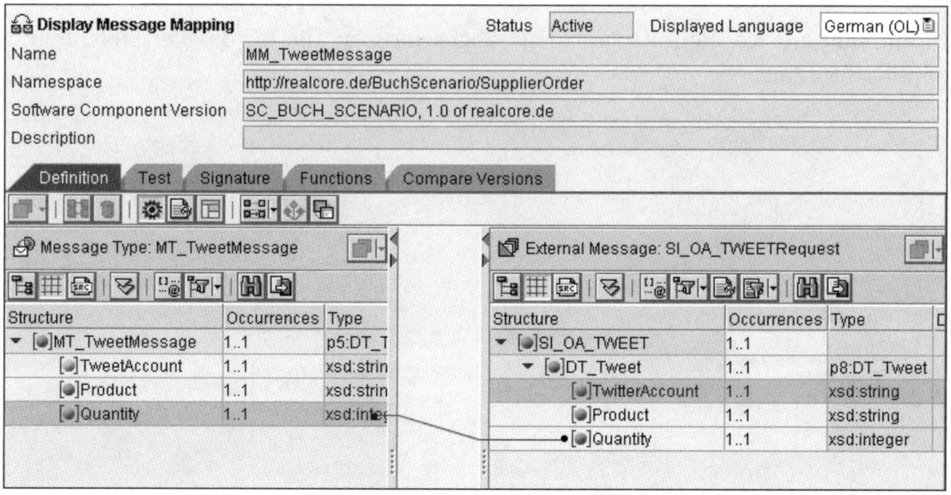

Abbildung 11.39 Message Mapping des Tweets

Zum Abschluss tragen Sie noch den oben dargestellten Empfängerkommunikationskanal in das Outbound Processing ein (siehe Abbildung 11.40).

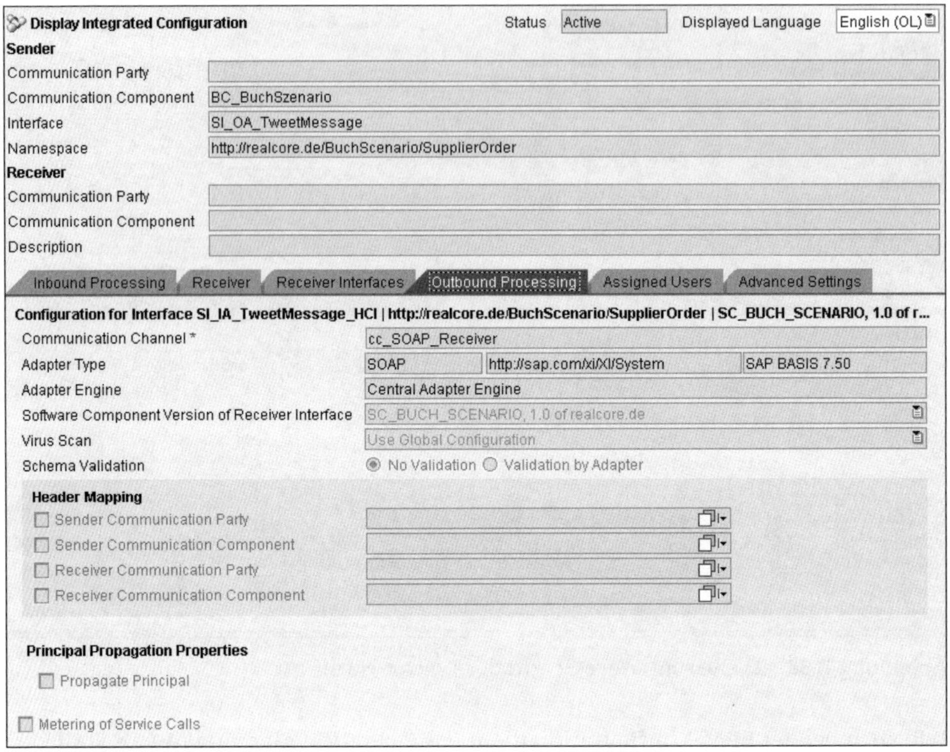

Abbildung 11.40 Outbound Processing für die Tweet-Konfiguration

Damit sind alle Konfigurationsschritte abgeschlossen, die für das Beispielszenario benötigt werden.

Kapitel 12

Umsetzung der BPM- und BRM-Szenarien

In früheren Kapiteln haben Sie SAP Business Process Management (BPM) und SAP Business Rules Management (BRM) bereits kennengelernt und können BPM-Objekte anlegen, Prozesse und Regeln modellieren. In diesem Kapitel zeigen wir Ihnen, wie Sie den bereits modellierten Prozess und dessen Regeln implementieren und im Rahmen eines Beispiels ausführen.

Wenn Sie Kapitel 7, Kapitel 8 und Kapitel 11 durchgearbeitet haben, haben Sie schon ein gutes Verständnis für BPM-Objekte und gegebenenfalls schon einige Prozesse und Regeln für Ihre Systeme modelliert. Jetzt gehen wir weiter und stellen Ihnen vor, wie Sie Prozesse und Regeln mit SAP BRM und SAP BPM umsetzen und ausführen.

12.1 SAP-BRM-Implementierung und Ausführung

SAP Business Rules Management (BRM) ermöglicht es Unternehmen, Entscheidungen mithilfe von Geschäftsregeln zu automatisieren. Business-Benutzer beteiligen sich an dem Prozess und steuern Regeldefinitionen bei, während Geschäftsprozess-Experten modellieren, validieren, implementieren, aktualisieren und Geschäftsregeln durch ihren Lebenszyklus archivieren.

In diesem Abschnitt werden wir Ihnen zeigen, wie Sie Geschäftsregeln im BPM-Workflow modellieren, deployen und ausführen.

12.1.1 Vorbereitungen

BRM hilft Ihrem Unternehmen, kritische Geschäftsregeln zu modellieren und regelbasierte Entscheidungen zu automatisieren (mehr Details finden Sie in Kapitel 8, »SAP Business Rules Management«). Diese Regeln werden häufig in SAP Process Orchestration innerhalb des Routings, der Mapping-Schritte, und des BPM verwendet. Voraussetzung und Vorbereitung für die Umsetzung von Geschäftsregeln sind

Grundkenntnisse im SAP NetWeaver Developer Studio (Geschäftsregelperspektive) und der Regelmodellierung, die Sie im Rahmen von Kapitel 8 erworben haben.

12.1.2 Geschäftsregelumsetzung im SAP NetWeaver Developer Studio

Als Anwendungsfall und im Rahmen des Lieferprozesses werden wir in einem einfachen Beispiel die Postleitzahl (PLZ) der Lieferadresse des Kunden automatisch ermitteln. Im Prozess (siehe Abschnitt 12.2) sollen nur die Lieferadresse, die Stadt und der Bundesstaat ohne PLZ erfasst werden.

Wir haben zwei Möglichkeiten (Java-Klasse und XML-Schema), um Regeln zu erstellen. In unserem Anwendungsfall werden wir die Variante XML-Schema verwenden.

Um die PLZ der Lieferadresse als Geschäftsregel in SAP BRM ermitteln zu können, müssen Sie folgende Schritte durchführen:

- Rules Composer Development Configuration erstellen
- XML-Schema erstellen
- Regelsatz erstellen
- Entscheidungstabelle erstellen
- Regel erstellen
- Deployment der Regel
- Regel ausführen

Im Folgenden werden wir jeden dieser Schritte beschreiben.

Erstellen einer Rules Composer Development Configuration

Um mit der Modellierung starten zu können, müssen Sie als Erstes eine Rules Composer Development Configuration erstellen.

1. Im Menü des SAP NetWeaver Developer Studios wählen Sie **New**, dann **Project**.
2. Markieren Sie im Assistenten den Knoten **Rules Composer**, und wählen Sie **Rules-Composer-Entwicklungskomponente**. Dann klicken Sie auf **Next**.
3. Wählen Sie im angezeigten Dialog die Softwarekomponente aus, in der Sie die Development Configuration erstellen möchten. Klicken Sie auf **Next**.
4. Geben Sie im daraufhin angezeigten Dialog »getplz« im Feld **Name** ein, und wählen Sie **Finish** (siehe Abbildung 12.1).

In der Projektansicht können Sie nun das GETPLZ-Projekt sehen.

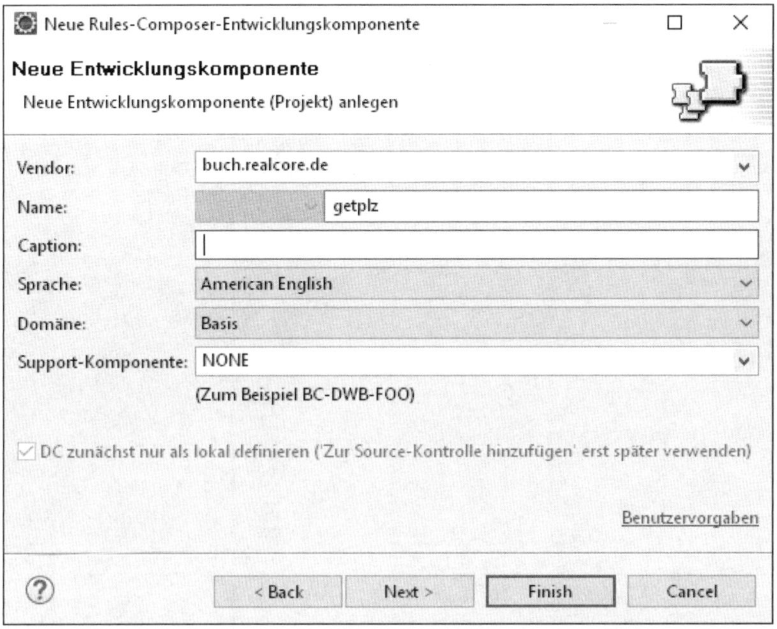

Abbildung 12.1 Neue Rules-Composer-Entwicklungskomponente

Erstellen eines XML-Schemas

In SAP Process Orchestration können Sie unter anderem im Enterprise Services Builder (ESB) einen Datentyp für die PLZ-Regel anlegen. Diesen Datentyp können Sie als XSD-Datei aus dem ESB exportieren und dann in unser Projekt importieren.

In unserem Beispiel werden wir die WSDL-Datei des Service Interface der Bestellung importieren, da wir die Geschäftsregeln im Rahmen des Bestellprozesses aufrufen möchten.

1. Erweitern Sie in der Projekt-Explorer-Ansicht den **src**-Knoten, und wählen Sie im Kontextmenü des **wsdl**-Knotens **Import • Other**.
2. Im Assistenten, der angezeigt wird, erweitern Sie den Knoten **Web services** und wählen **WSDL**. Wählen Sie **Next** (siehe Abbildung 12.2).
3. Wählen Sie im nächsten Schritt als verfügbare Quelle das **Enterprise Services Repository**, und klicken Sie auf **Next**.
4. Melden Sie sich im ESR an, und klicken Sie auf **OK**.
5. Durchsuchen Sie das ESR, und wählen Sie Ihr vordefiniertes Service Interface aus (siehe Abbildung 12.3). Klicken Sie auf **Finish**.

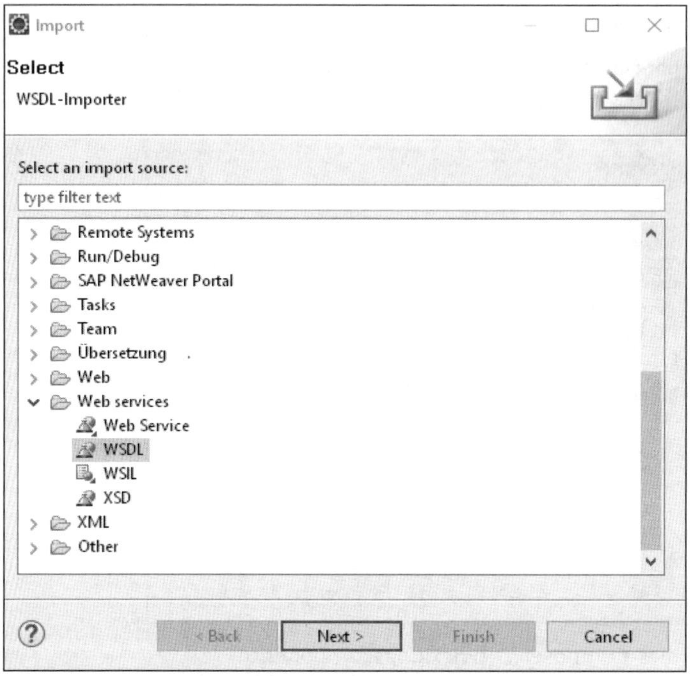

Abbildung 12.2 WSDL-Import

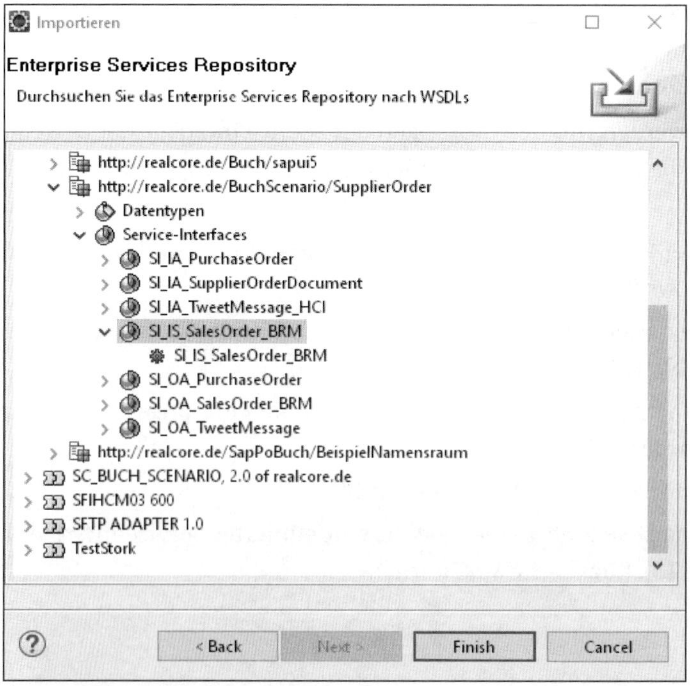

Abbildung 12.3 Import von Service Interface

Die aus dem ESR importierte WSDL-Datei können Sie nun unter dem WSDL-Knoten einsehen.

Erstellen eines Regelsatzes

Bevor Sie den Regelsatz im Rules Composer erstellen, sollten Sie als Erstes die Eingabe- und Ausgabeelemente aus der importierten WSDL-Datei zur Rules Composer Development Component hinzufügen:

1. Erweitern Sie in der Projekt-Explorer-Ansicht den Knoten **Regelmodellierung**, und doppelklicken Sie auf den Knoten **Projektressourcen**.
2. Klicken Sie im Projekt-Alias-Editor auf den Reiter **Aliasnamen** (siehe Abbildung 12.4).
3. Klicken Sie auf dem Reiter **Aliasnamen** auf die Schaltfläche **Hinzufügen**, und wählen Sie im daraufhin angezeigten Menü das **XSD-Element** aus (siehe Abbildung 12.4).

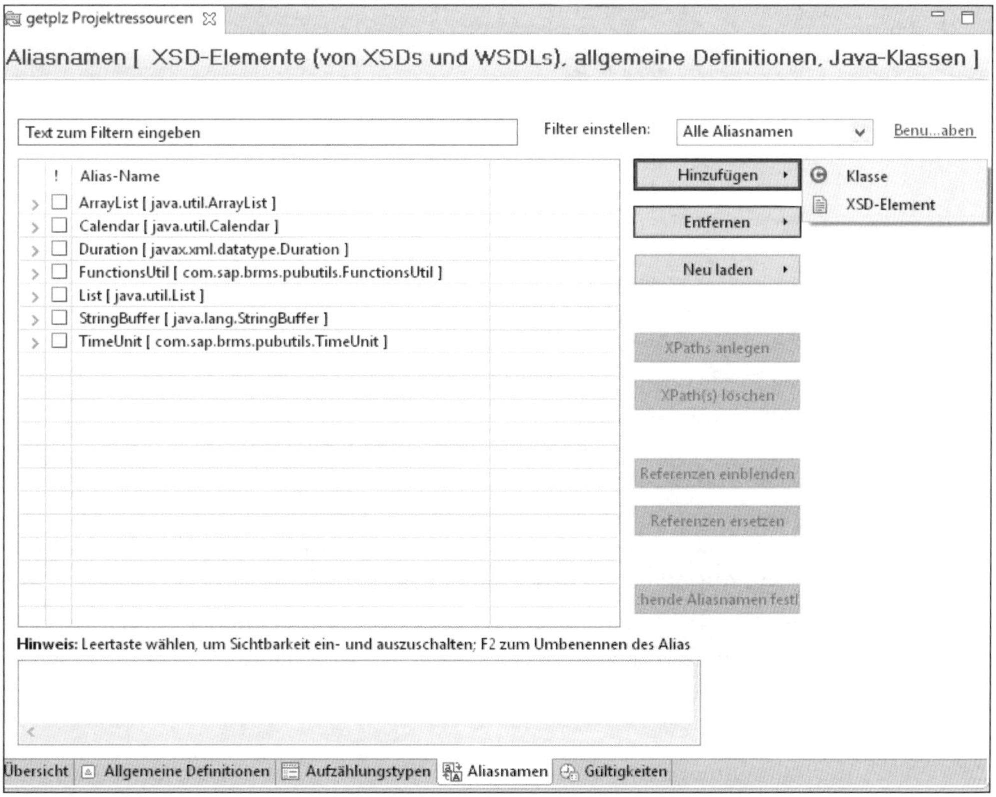

Abbildung 12.4 XSD-Element hinzufügen

4. Wählen Sie dann Ihr bereits importiertes XSL-Element aus Ihrem bekannten XML-Namensraum aus, und klicken Sie auf **Finish**.
5. Erweitern Sie in dem daraufhin angezeigten Dialogfeld den Knoten mit Ihrem Aliasnamen und Namensraum, und markieren Sie die für die Regel bestimmten XSD-Elemente (❶ in Abbildung 12.5 bezeichnet die Eingabeelemente, ❷ die Ausgabeelemente).

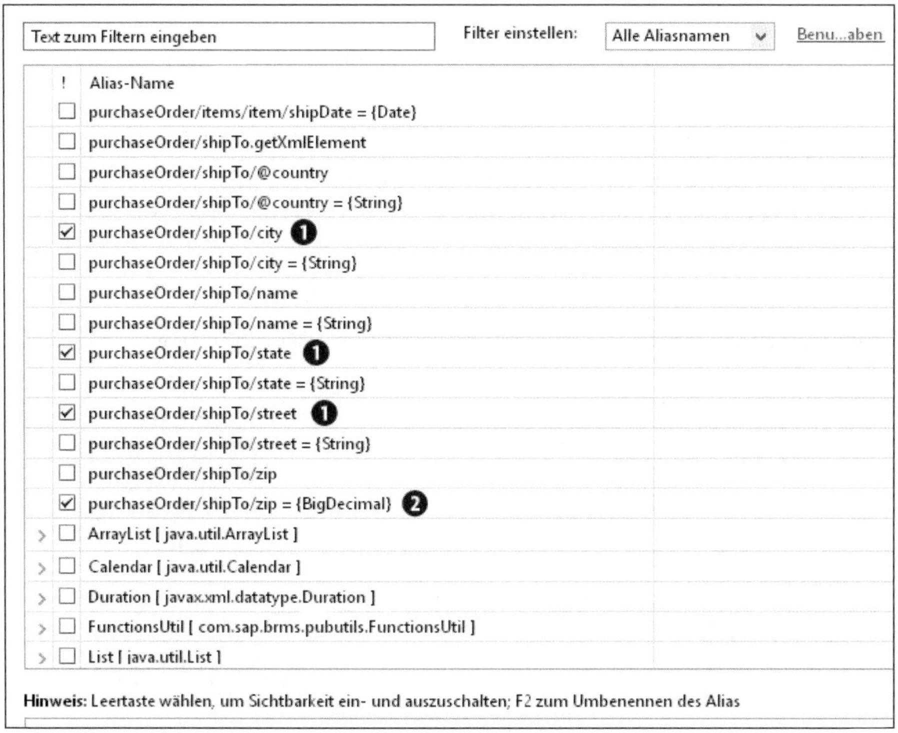

Abbildung 12.5 Auswahl der XSL-Elemente

[»]

Eingabe- und Ausgabeelemente

Diese Elemente, die als »= {etwas}« bezeichnet werden, werden für die Ausgabe verwendet. Die anderen Elemente werden als Eingabeelemente verwendet. Diese Elemente können umbenannt werden.

Nach der Aliasnamendefinition müssen Sie (wie in Kapitel 8, »SAP Business Rules Management«, beschrieben) einen Regelsatz für die Ermittlung der PLZ aus den importierten XSD-Elementen erstellen (siehe Abbildung 12.6). Benennen Sie hier den Regelsatz z. B. »GetPlz«.

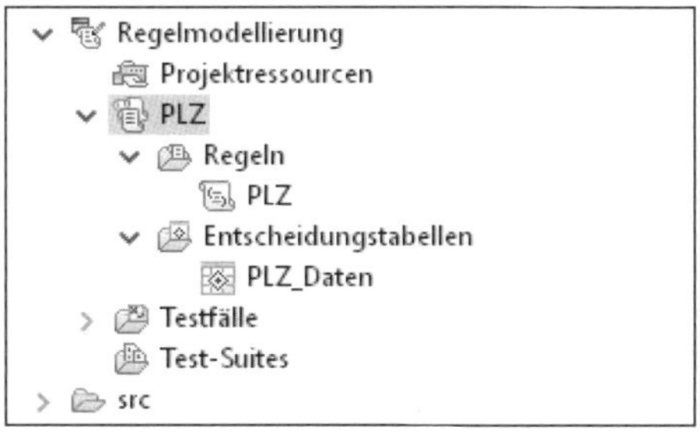

Abbildung 12.6 Regelsatz, Regel und Entscheidungstabelle

Erstellen einer Entscheidungstabelle

Während der Arbeit (Design, Konfiguration und Transport) mit SAP Process Orchestration ist die *Werttransformation* (oder Wertzuordnung, engl. *Value Mapping*) eines der häufigsten Dinge, denen wir im Allgemeinen begegnen.

Die Entscheidungstabellen werden als einer der verschiedenen Ansätze zur Handhabung zur Verfügung gestellt. Im unserem Beispiel werden wir eine einfache Entscheidungstabelle erstellen, mit der wir die PLZ ermitteln können.

Entscheidungstabelle

In diesem Abschnitt werden wir die Entscheidungstabelle nur in Zusammenhang mit SAP BPM beschreiben. Das Value Mapping wird hier nicht erläutert. Ausführliche Informationen zum Mapping finden Sie in Abschnitt 6.4.

Um eine Entscheidungstabelle anzulegen, müssen Sie die folgenden Schritte durchführen:

1. Erweitern Sie in der Projekt-Explorer-Ansicht den **GetPlz**-Knoten und den **Regelmodellierung**-Knoten, und wählen Sie im Kontextmenü des **GetPlz**-Knotens die Option **Neue Entscheidungstabelle** aus.
2. Geben Sie im daraufhin angezeigten Entscheidungstabellen-Erstellungsassistenten in das Feld **Name der Entscheidungstabelle** einen Namen, z. B. »GetPlz« (siehe Abbildung 12.6) ein, und klicken Sie auf **Next**.
3. In der Entscheidungstabellenansicht klicken Sie auf **Condition** und wählen die zuvor selektierten Elemente aus dem Regelsatz. Mit Doppelklick erscheinen die Eingabe-Elemente im Abschnitt **Ausgewählte Conditions** (siehe Abbildung 12.7).

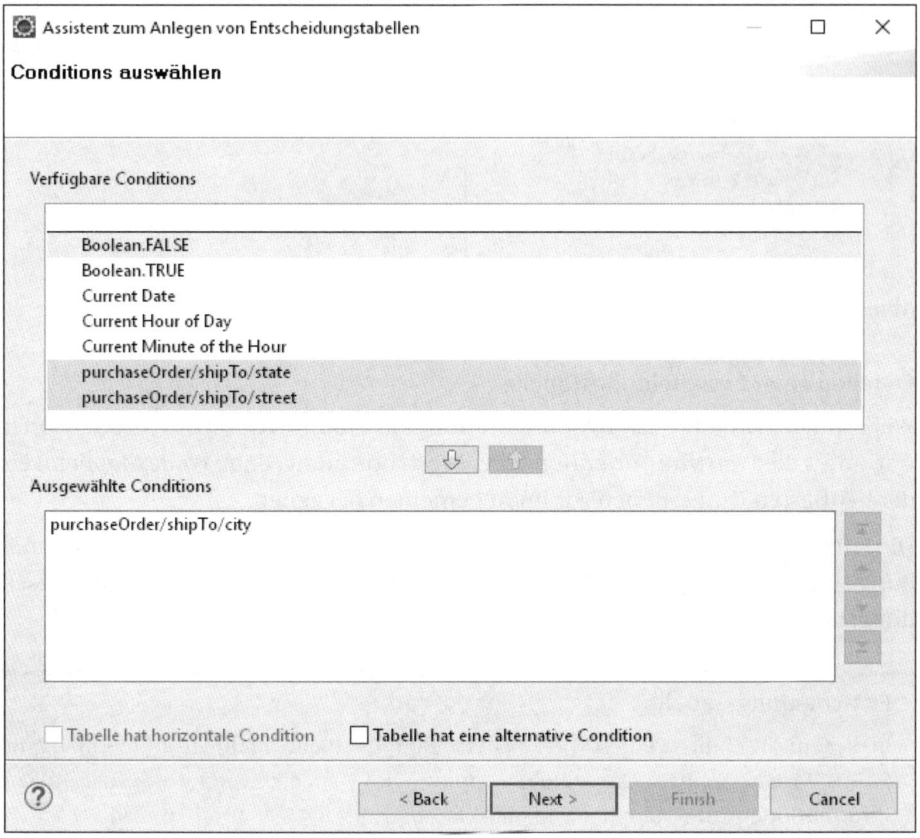

Abbildung 12.7 Entscheidungstabelle – Bedingungenauswahl

4. Wiederholen Sie den Schritt 3 für die Aktionen (Ausgabeelemente), und klicken Sie danach auf **Finish**.
5. Wenn der Entscheidungstabellen-Editor erscheint, doppelklicken Sie auf jede der Zellen unter den Konditionsüberschriften und geben die Werte ein (siehe Abbildung 12.8). Sie können hier beliebig neue Konditionen und Aktionen hinzufügen.

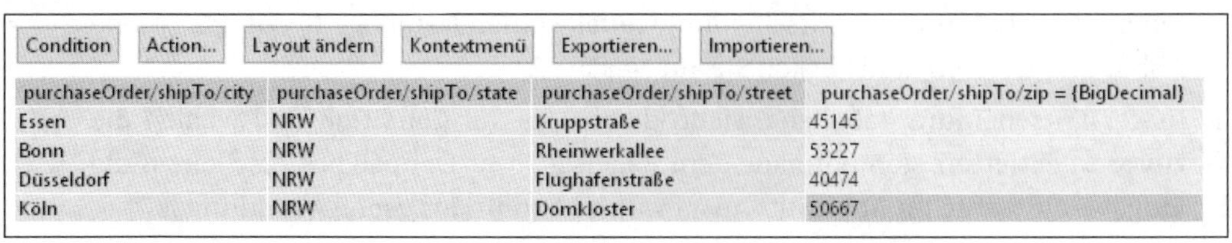

purchaseOrder/shipTo/city	purchaseOrder/shipTo/state	purchaseOrder/shipTo/street	purchaseOrder/shipTo/zip = {BigDecimal}
Essen	NRW	Kruppstraße	45145
Bonn	NRW	Rheinwerkallee	53227
Düsseldorf	NRW	Flughafenstraße	40474
Köln	NRW	Domkloster	50667

Abbildung 12.8 Konditionen- und Aktionenwerte

[«]

Import externer Dateien

Sie können das Erfassen durch einen XLSX-Dateiimport ersetzen, indem Sie auf **Importieren** klicken und die Datei auswählen. Diese Datei sollte die gleichen Elemente wie die Entscheidungstabelle haben, dazu sollte sie keine Dubletten enthalten.

Erstellen einer Regel

Um die PLZ-Ermittlung ausführen zu können, müssen Sie eine Regel erstellen. In Kapitel 8, »SAP Business Rules Management«, haben Sie gelernt, wie Sie eine Regel anlegen. Erstellen Sie eine Regel, wie sie in Listing 12.1 zu sehen ist.

```
Rule : GetPlz
Priority : 50000
Overrides :
Effectivity : Always

Regel zur Ermittlung der PLZ in Lieferadresse bei einer Bestellung

Preconditions :
+

If
Boolean.TRUE Equals Boolean.TRUE
+

Then
Evaluate-DecisionTable :: GetPLZ
```

Listing 12.1 Regel für Postleitzahlenermittlung

Deployment der Regel

In diesem Abschnitt werden Sie die angelegte Geschäftsregel im System deployen. Dafür sollten Sie eine laufende Instanz von SAP Process Orchestration haben und das SAP NetWeaver Developer Studio mit dieser Instanz konfigurieren (mehr dazu finden Sie in Kapitel 5, »Entwicklungsumgebungen«).

Im Folgenden beschreiben wir Ihnen, wie Sie diese Regel deployen können:

1. In der Projekt-Explorer-Ansicht im Kontextmenü der **GetPlz**-Entwicklungskomponente wählen Sie **Entwicklungskomponente • Build** (siehe Abbildung 12.9).

2. In dem daraufhin angezeigten Dialogfenster sollten Sie sicherstellen, dass das Kontrollkästchen **getplz** ausgewählt ist, dann wählen Sie **OK**.
3. Nach einem erfolgreichen Build wählen Sie in der Projekt-Explorer-Ansicht im Kontextmenü der **GetPlz**-Entwicklungskomponente **Entwicklungskomponente • Deploy** aus (siehe Abbildung 12.9).

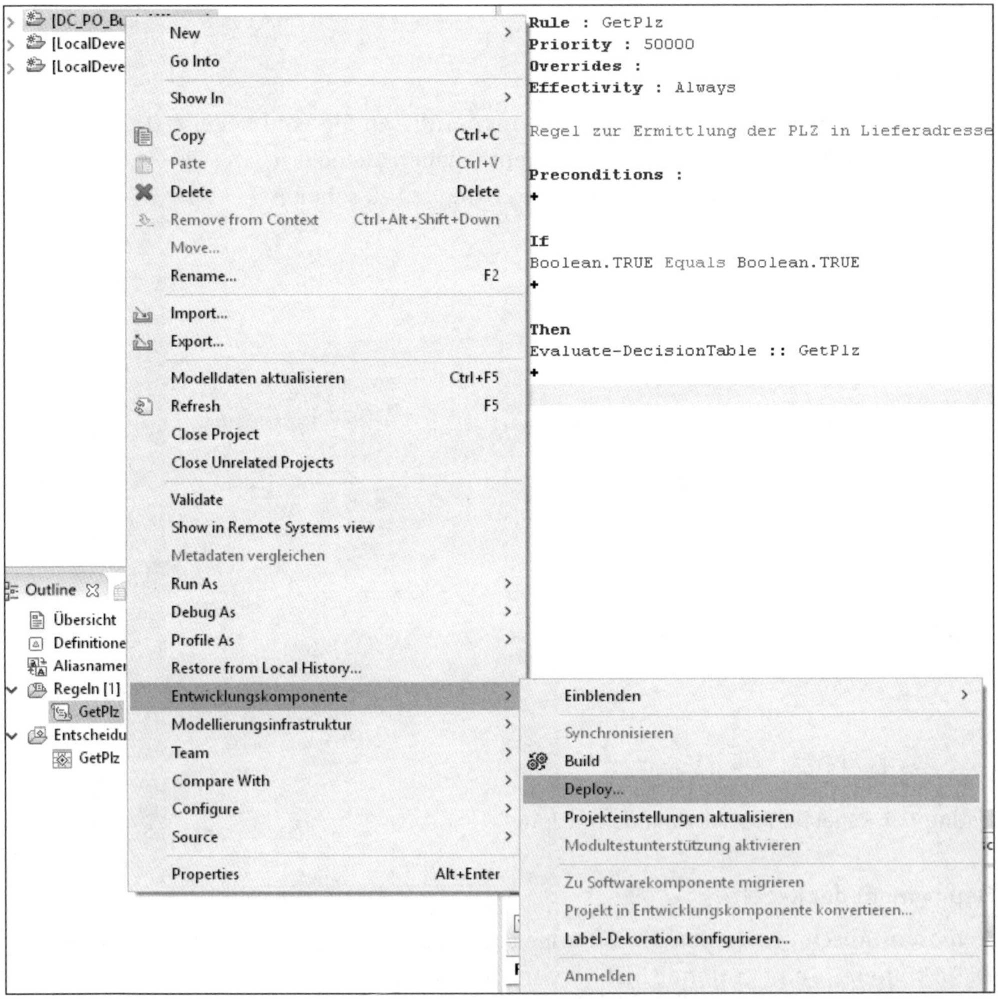

Abbildung 12.9 Build- und Deployment-Pfade

4. Wählen Sie im daraufhin angezeigten Dialog mit den zu installierenden (deployenden) Entwicklungskomponenten das Kontrollkästchen **checkadress** aus, und klicken Sie auf **OK** (siehe Abbildung 12.10).

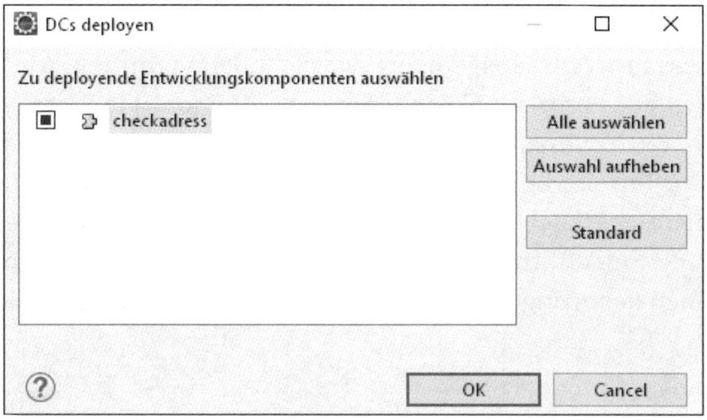

Abbildung 12.10 Deployment der Entwicklungskomponente

5. Es erscheint ein Dialogfenster, in dem Sie den Deployment-Status sehen können.

Nun haben Sie erfolgreich eine Regel erstellt und deployt.

Ausführung der Regel

Nach der Modellierung und dem Deployment der Regel erfolgt jetzt die Ausführung unserer Regel. Wie Sie in Kapitel 8, »SAP Business Rules Management«, gelesen haben, kann diese Regel mit einem Webservicemodul ausgeführt werden.

Da wir diese Regel im Rahmen eines SAP BPM eingesetzt haben, werden wir die Ausführung dann bei der Prozessausführung in Abschnitt 12.2.2, »Geschäftsprozessmodellierung und -ausführung«, beschreiben.

12.2 SAP-BPM-Implementierung und -Ausführung

In diesem Abschnitt werden wir uns mit der SAP-BPM-Implementierung beschäftigen. Aufbauend auf der Beispielbeschreibung in Kapitel 10, »Hybride Szenarien«, werden wir die einzelnen Schritte des BPM-Prozesses erläutern.

12.2.1 Voraussetzungen

Für die Prozessmodellierung sollten Sie eine laufende SAP-Process-Orchestration-Instanz haben, und das SAP NetWeaver Developer Studio mit dieser Instanz konfigurieren. Dazu sollten Sie auch sicherstellen, dass das SAP NetWeaver Developer Studio mit dem ESR verbunden ist (mehr dazu finden Sie in Kapitel 5, »Entwicklungsumgebungen«).

12.2.2 Geschäftsprozessmodellierung und -ausführung

In Kapitel 7, »SAP Business Process Management«, wurde Ihnen vermittelt, wie Sie ein Projekt, einen Prozess oder Prozessobjekte (Ereignisse, Flussobjekte, Gateways etc.) anlegen können. Wir werden Ihnen hier zeigen, wie Sie den Lieferprozess modellieren und ausführen. Der Prozess beinhaltet neben den »klassischen« Start- und Endereignissen auch eine menschliche Aktivität mit Aufgabe, zwei automatisierte Aktivitäten (eine für die BRM-Ausführung, die andere für die Übergabe an SAP Cloud Platform Integration), einen Reporting-Schritt und einen Benachrichtigungsschritt.

Prozessmodellierung

Abbildung 12.11 zeigt Ihnen den im SAP NetWeaver Developer Studio modellierten Prozess. Im Folgenden werden wir jeden Schritt kurz erläutern.

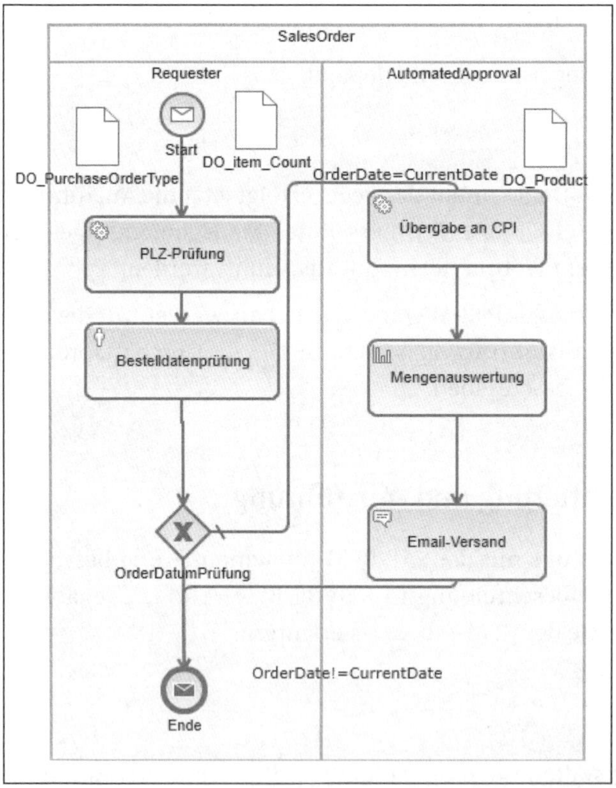

Abbildung 12.11 Überblick über den gesamten Prozess

Prozessschritte

Der Prozess wird im SAP NetWeaver Developer Studio mit den Schritten aus Tabelle 12.1 modelliert.

Schritt	Beschreibung
	Prozess-Startereignis mit Message als Auslöser
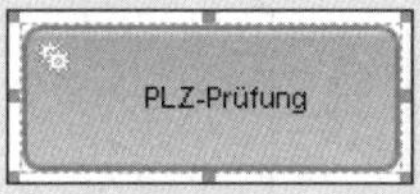	automatisierte Aktivität für den BRM-Service-Aufruf
	menschliche Aktivität zur Überprüfung der Bestelleingangsdaten
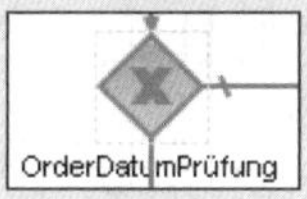	eine ausschließende Alternative für die Prüfung des Bestelldatums
	automatisierte Aktivität mit der Übergabe der Daten an SAP Cloud Platform Integration
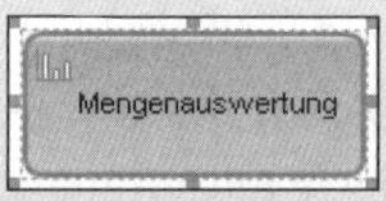	Reporting-Schritt für die Auswertung der Bestellmengen pro Produkt
	E-Mail-Versand an Kunden mit der Bestellbestätigung
	Prozess-Endereignis

Tabelle 12.1 Prozessschritte

Im Folgenden werden wir jeden Schritt beschreiben.

Startereignis

In der Prozessbeschreibung aus Kapitel 10 wird ein INVOIC-IDoc aus dem SAP-ERP-System versandt. Nach dem SAP-Process-Integration-Eingang wird das IDoc in einer integrierten Konfiguration gemappt und verarbeitet. Ein SOAP-Receiver-Kanal wird für die Übergabe an das BPM konfiguriert. Als URL wird der Endpunkt für den BPM-Auslöser eingetragen (siehe Abbildung 12.12). Dann wird der Prozess gestartet.

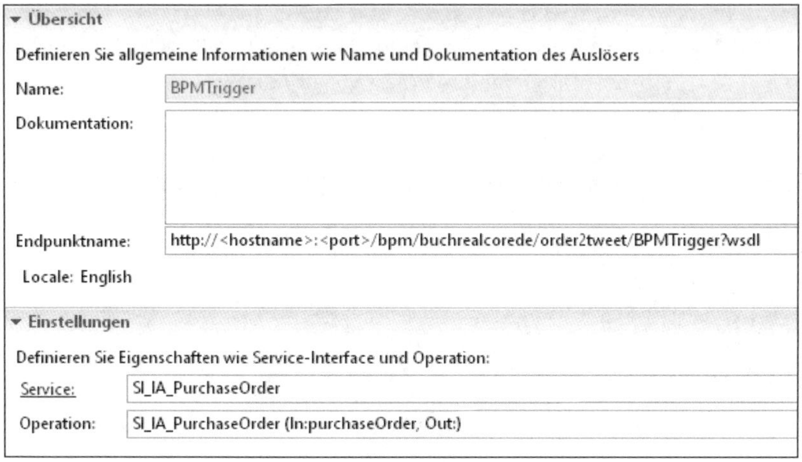

Abbildung 12.12 BPM-Auslöser

Das Service Interface im Auslöser ist in unserem Szenario das Inbound-Interface der integrierten Konfiguration. Im Reiter **Output-Mapping** der Startereignis-Eigenschaften müssen Sie die Datenobjekte initialisieren und das Mapping der Strukturen vornehmen (siehe Abbildung 12.13). Da hier in der gesamten Kommunikation die gleichen Strukturen verwendet werden, soll ein *1:1-Mapping* erfolgen. Mit diesem **Output-Mapping** werden wir die Daten des IDoc an die automatisierte Aktivität **PLZ-Prüfung** (BRM-Aufruf) übergeben.

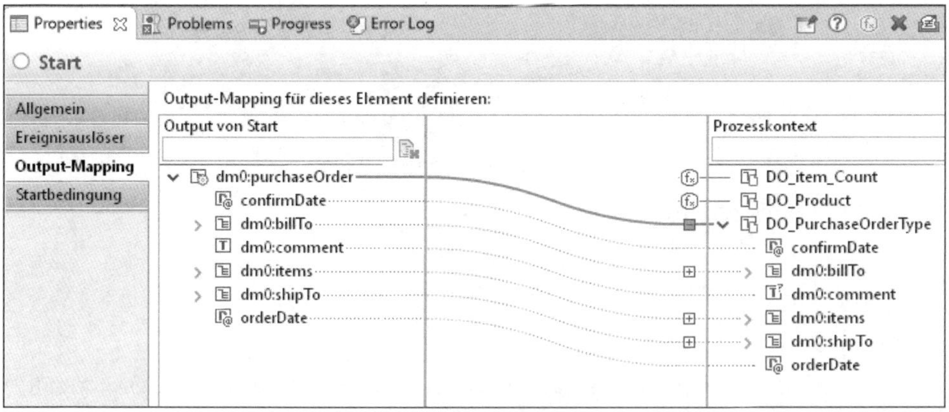

Abbildung 12.13 Output-Mapping in Startereignis

Abschließend geben Sie den Wert *true* in der Startbedingung der Eigenschaft-Sicht des Startereignisses in der Korrelationsbedingung ein, falls dies nicht automatisch bereits erfolgt ist.

PLZ-Prüfung

In diesem Schritt werden die Adressdaten überprüft und die PLZ ermittelt. Als Interface wird hier die Eingangsschnittstelle der integrierten Konfiguration zur Ermittlung der PLZ definiert. Da wir im Output-Mapping des Startereignisses die Daten übergeben haben, wird mittels eines SOAP-XI-Senderkanals und der Servicereferenz vom Typ XI die ICo gestartet (siehe Abbildung 12.14).

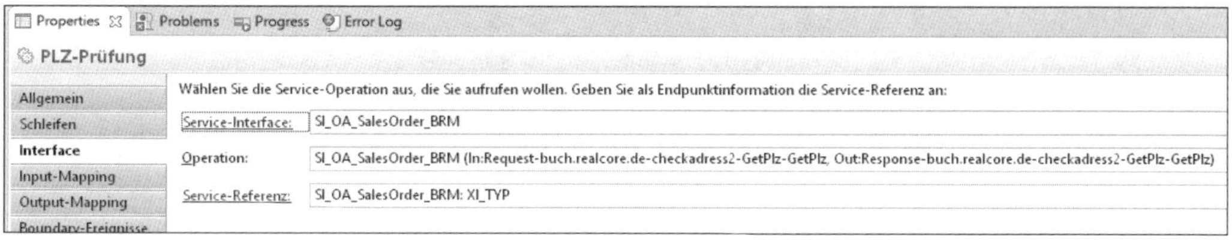

Abbildung 12.14 Service Interface und Servicereferenz der PLZ-Prüfung

12

Unter den Servicereferenz-Eigenschaften sollten Sie auch den Servicereferenztyp im Feld **Typ** und die **Sender-Komponente** pflegen, um die richtige integrierte Konfiguration auszuführen (siehe Abbildung 12.15).

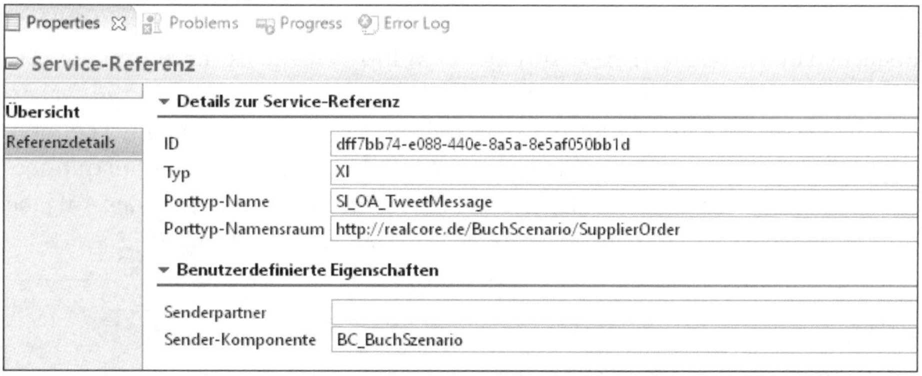

Abbildung 12.15 Übersicht der Servicereferenz

Als Nächstes müssen Sie wie beim Startereignis das Output-Mapping durchführen, um die Antwort (Response) der synchronen Kommunikation für die PLZ-Ermittlung an die menschliche Aktivität zu übergeben.

Das interne Mapping ist sehr wichtig, denn damit werden Daten von einem Schritt zum nächsten einfacher übertragen. Sie können auch Datenobjekte definieren, um Prozesskontexte oder Informationen im gesamten Prozesslauf festzuhalten.

Bestelldatenprüfung

Wie in Kapitel 7, »SAP Business Process Management«, beschrieben, müssen Sie in diesem Schritt eine Aufgabe definieren und der menschlichen Aktivität **Bestelldatenprüfung** zuweisen (siehe Abbildung 12.16).

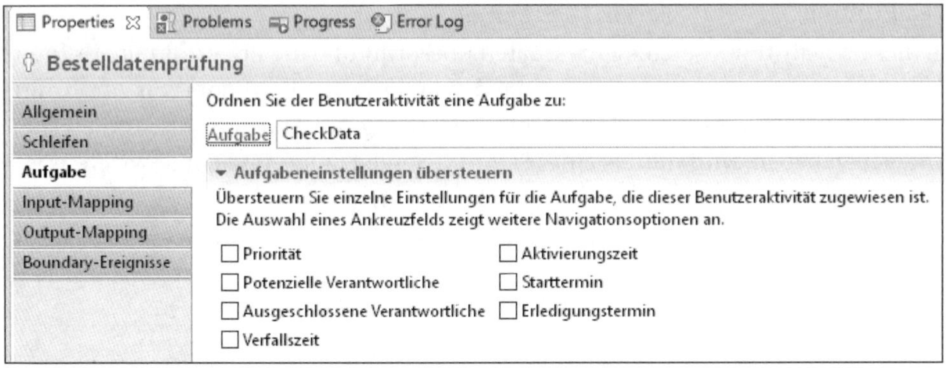

Abbildung 12.16 Aufgabe zur Bestelldatenprüfung

In diesem Schritt werden die eingegebenen Daten auf Vollständigkeit hin geprüft. Bei vollständigen Daten werden diese Daten genehmigt und weitergeleitet, um die Bestellung zu starten. Bei einer Ablehnung sollten diese Daten zur Wiederverarbeitung zurückgegeben werden. Die Aufgabe wurde bei der Erstellung generiert; die Benutzeroberfläche ist vom Typ SAPUI5 (mehr dazu in Kapitel 7).

Um den Benutzern den Zugriff auf Aufgaben im universellen Arbeitsvorrat (UWL) zu ermöglichen und Aufgaben innerhalb eines BPM-Prozesses auszuführen, müssen Sie ihnen BPM-Portalrollen zuordnen. Damit Administratoren Prozesse und Aufgaben anzeigen, überwachen und verwalten sowie Prozesse starten und debuggen können, müssen Sie Benutzern und Benutzergruppen BPM- und andere Administrations-UME-Rollen zuordnen. Nach der Rollenzuordnung in UME müssen Sie der Aufgabe z. B. die potenziellen Verantwortlichen zuweisen (siehe Abbildung 12.17).

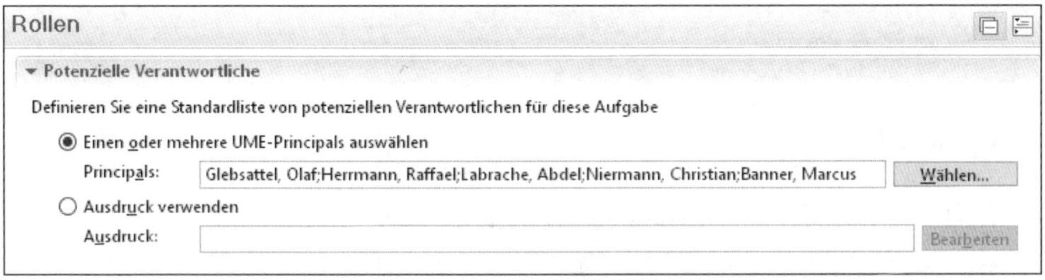

Abbildung 12.17 Definition der potenziellen Aufgabenverantwortlichen

Bestelldatumprüfung

In diesem Schritt werden wir eine einfache Kondition zur Bestelldatumsprüfung mit einer ausschließenden Alternative (**OrderDatumPrüfung**) erstellen. Diese Bedingung liefert einen booleschen Wert nach dem Vergleich von *OrderDate* (Bestelldatum) und *ConfirmDate* (Lieferdatum) zurück. Bei dem Rückgabewert `false` wird der Prozess fortgesetzt, aber bei einem `true` als Rückgabewert wird der Prozess terminiert (siehe

Abbildung 12.18). Wie Sie die ausschließende Alternative anlegen zu können, finden Sie in Kapitel 7, »SAP Business Process Management«.

In Abbildung 12.18 können Sie die Eigenschaften dieses Gateways sehen.

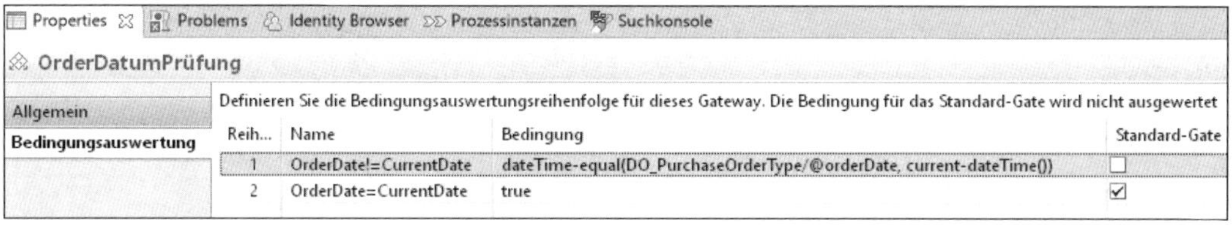

Abbildung 12.18 Eigenschaften der ausschließenden Alternative

Im Bedingungsausdrucks-Editor können Sie vorhandene Funktionen oder neue Funktionen einsetzen (siehe Abbildung 12.19).

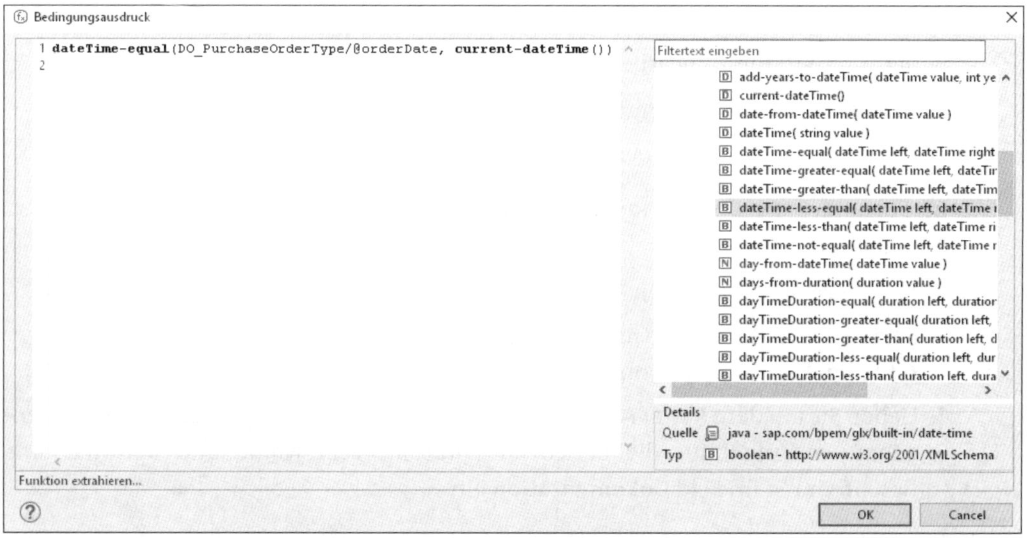

Abbildung 12.19 Bedingungsausdrucks-Editor und Funktionen

Übergabe an SAP Cloud Platform Integration

In diesem Schritt werden die Produktinformationen (Produktname, Menge etc.) mit einem Outbound-Service Interface an SAP Cloud Platform Integration übergeben. Die SAP Cloud Platform Integration verarbeitet diese Informationen dann weiter und informiert den Kunden über den Tweet-Adapter (siehe Kapitel 11, »Umsetzung in SAP Process Integration«). In SAP BPM wird dies mit einer automatisierten Aktivität (eine in SAP Process Orchestration integrierte Konfiguration) festgehalten.

In Abbildung 12.20 finden Sie die Eigenschaften dieses Schrittes.

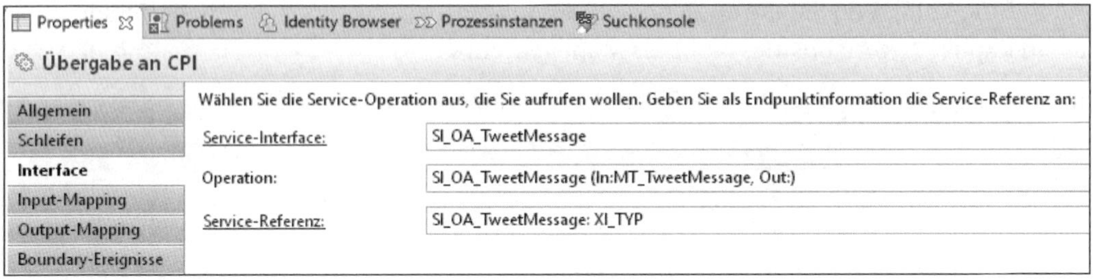

Abbildung 12.20 Eigenschaften des CPI-Übergabeschrittes

Mengenauswertung

Ein Reporting-Schritt (Berichtsaktivität) dient in einem Prozess dazu, Daten aus dem Prozesskontext zu sammeln und dann über diese Daten zu berichten. Diese Aktivität muss auf eine Berichtsdatenquelle verweisen. Die Berichtsaktivität sammelt die Daten aus dem Prozesskontext und füllt die Berichtsdatenquellenfelder aus. Um Berichtsaktivitäten zu bearbeiten, gehen Sie wie folgt vor:

- Verweisen Sie auf eine Berichtsdatenquelle aus der Berichtsaktivität.
- Definieren Sie die Eingabezuordnung aus dem Prozesskontext.

Im Folgenden werden wir Ihnen zeigen, wie Sie einen Reporting-Schritt im Prozess modellieren.

1. Erweitern Sie den Knoten **Prozessmodellierung** und dann den Knoten **Prozesse**.
2. Suchen Sie in der Palette nach **Reporting** (Flussobjekte), und fügen Sie diese Aktivität hinzu (per Drag & Drop).
3. Geben Sie auf dem Reiter **Allgemein** in der Eigenschaftsansicht den Namen (»Mengenauswertung«) für die Berichtsaktivität im Feld **Name** und optional eine Beschreibung im Feld **Dokumentation** ein.

Nun haben Sie erfolgreich eine Berichtsaktivität angelegt. Anschließend müssen Sie in den Berichtdatenquellen eine Quelle anlegen:

1. Wählen Sie in der Modellierungsoberfläche die Mengenauswertungsberichtsaktivität aus (siehe Tabelle 12.1).
2. Öffnen Sie in der Ansicht **Properties** den Reiter **Reporting**.
3. Wählen Sie aus der Dropdown-Liste **Name der Datenquelle** die Option **Neu**.
4. Geben Sie im daraufhin angezeigten Dialogfeld den Namen »ProdMenge« für die Berichtsdatenquelle im Feld **Name** und optional eine Beschreibung im Feld **Dokumentation** ein. Wählen Sie die Schaltfläche **Next**.
5. Anschließend wählen Sie die Prozesskontextattribute (**productName** und **Quantity**) und klicken auf **Finish** (siehe Abbildung 12.21).

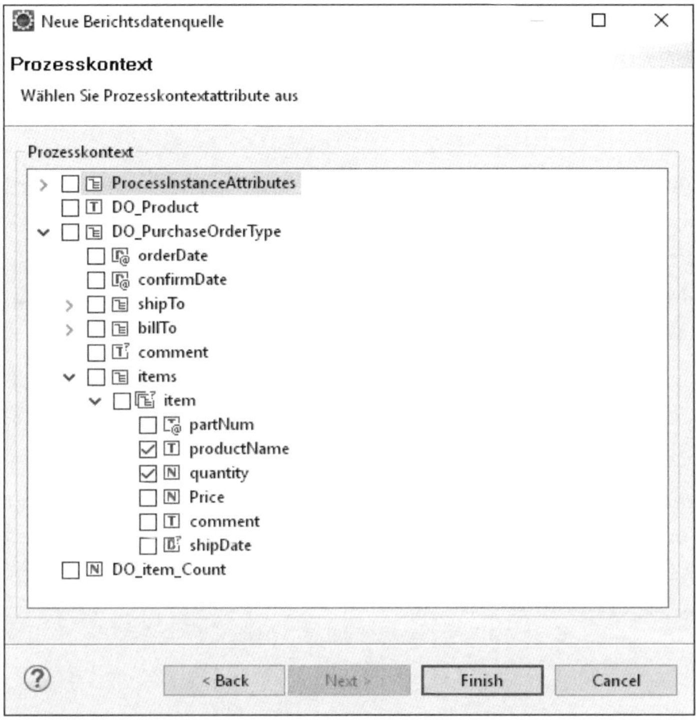

Abbildung 12.21 Prozesskontextattribute für die Reporting-Datenquelle

Jetzt müssen Sie das Input-Mapping auf der Berichtsaktivitätsebene definieren, um die Daten aus dem Prozesskontext durch die Mengenauswertungsberichtsaktivität zu sammeln (siehe Abbildung 12.22).

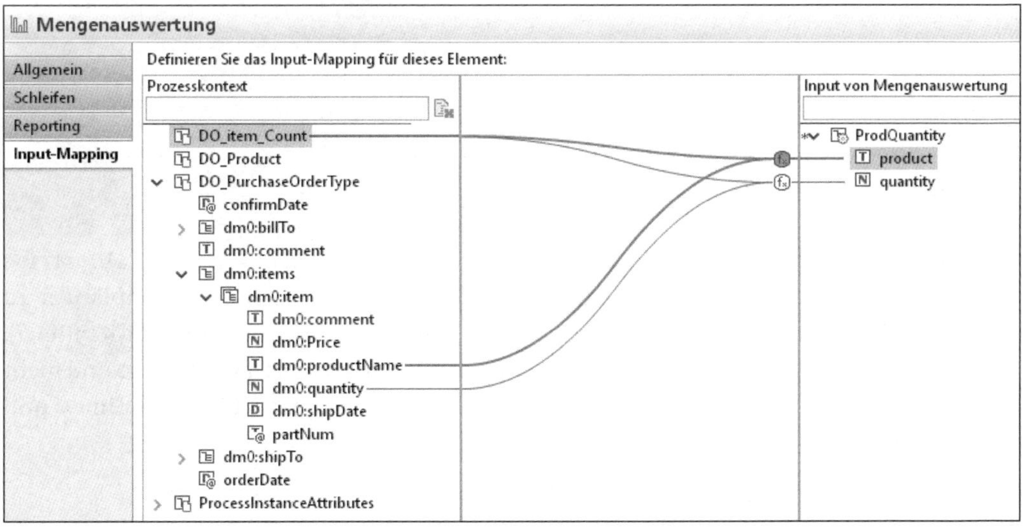

Abbildung 12.22 Input-Mapping im Reporting-Schritt

Die vom Prozess ausgewerteten Daten werden im Rahmen von Monitoring, Fehleranalyse etc. aufbereitet dargestellt. (Mehr Informationen finden Sie in Kapitel 18, »Ausblick: SAP Operational Process Intelligence«).

E-Mail-Versand

Im letzten Schritt des Prozesses und nach der erfolgreichen Warenbestellung wird automatisch eine E-Mail mit den Produktnamen und der Produktmenge als Bestätigung aus dem Prozesskontext erstellt und an den Kunden versendet. In Kapitel 7, »SAP Business Process Management«, haben Sie erfahren, wie Sie den Java Mail Client und Benachrichtigungsparameter konfigurieren können.

Um eine Benachrichtigungsaktivität anzulegen, befolgen Sie genau dieselben Schritte wie beim Anlegen einer Berichtsaktivität. In den E-Mail-Versand-Aktivitätseigenschaften müssen Sie dann die E-Mail-Empfänger definieren.

E-Mail-Empfänger können UME-, externe Benutzer (statisch eingetragen) oder Benutzer sein, die aus dem Prozesskontext über einen Ausdruck ermittelt werden können (siehe Abbildung 12.23).

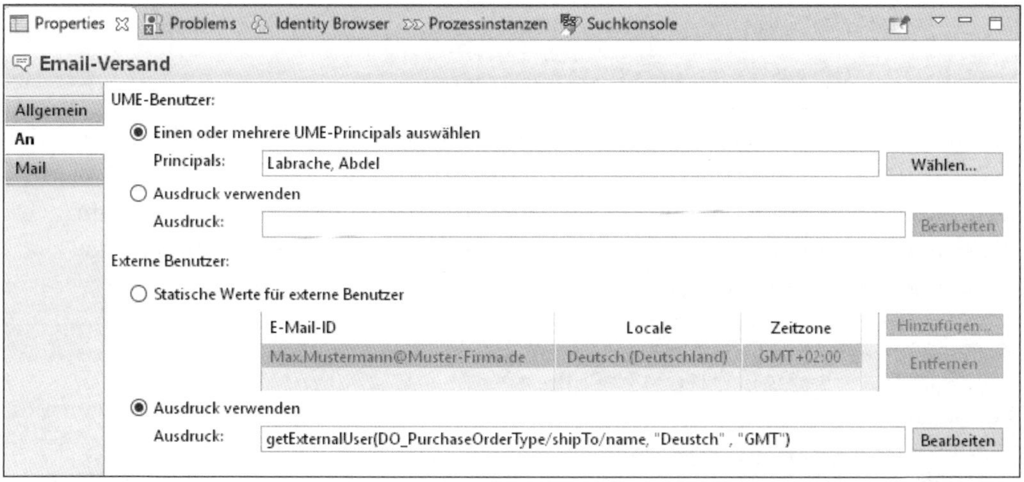

Abbildung 12.23 Mögliche E-Mail-Empfänger

Im Ausdruckseditor können Sie die Funktion `getExternalUser (string emailID, string locale, string timezone)` verwenden, um externe Benachrichtigungsempfänger zu definieren. (Weitere Informationen zum Ausdruckseditor finden Sie in Kapitel 7). Beachten Sie, dass Sie das Gebietsschema und die Zeitzone als lange Strings und nicht als IDs angeben müssen. Zum Beispiel müssen Sie »Eastern Standard Time« und »English« statt »EST« und »en« schreiben, z. B.:

```
getExternalUser(DO_PurchaseOrderType/shipTo/name, "Deutsch" , "GMT")
```

Im Reiter **Mail** müssen Sie den **Betreff** und den E-Mail-Text (**Message**) eingeben. Sie können Variablen verwenden, um sie mit dynamischen Inhalten zu versehen. Geben Sie den notwendigen Text in den Betreff- und Meldungsfeldern unter **Parametrisierte Texte** ein. Sie können eine Variable mit dem Ausdruckseditor erstellen (siehe Abbildung 12.24).

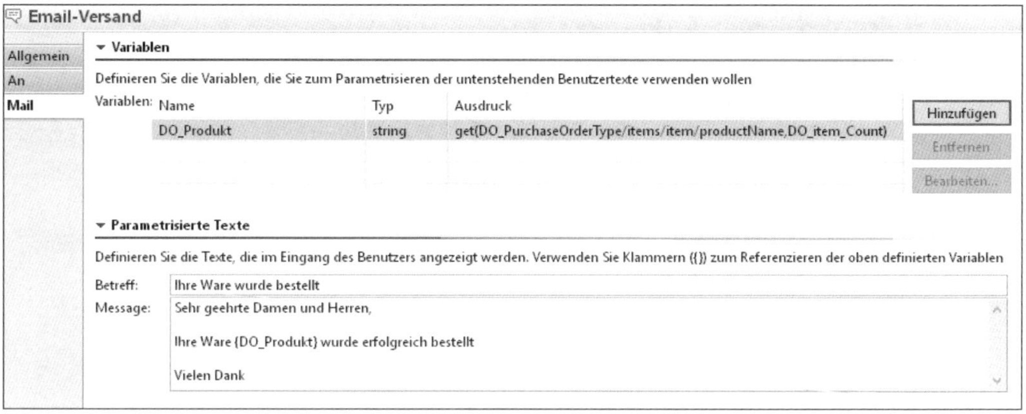

Abbildung 12.24 E-Mail-Text in der Benachrichtigungsaktivität

Variable Definition

Sie können nur die Buchstaben A–Z, die Ziffern 0–9 und einen Unterstrich (_) im Variablennamen verwenden.

Der Rückgabewert des Ausdrucks, den Sie erstellen, muss mit dem Typ übereinstimmen, den Sie im Feld **Typ** der Variablentabelle auswählen. Verwenden Sie Klammern ({}), um auf die Variablen zu verweisen, die Sie unter Variablen im Betreff und im Text der E-Mail definiert haben (siehe Abbildung 12.24).

Prozessausführung

Nach dem Deployment des bereits modellierten Prozesses (wie im Abschnitt »Deployment der Regel« in Abschnitt 12.1.2 beschrieben) können Sie den Prozess starten.

Der automatische Prozessstart in unserem Beispiel aus Kapitel 10, »Hybride Szenarien«, wird durch das Auslösen vom IDoc INVOIC.INVOIC05 ausgeführt. Zudem gibt es noch andere Möglichkeiten, den Prozess manuell zu starten (aus dem SAP NetWeaver Administrator, durch Aufruf von OData Services).

Im Folgenden werden wir Ihnen zeigen, wie Sie den Prozess aus dem SAP NetWeaver Administrator manuell starten können:

1. Rufen Sie die Startseite des SAP NetWeaver Administrators auf, und melden Sie sich an.

2. Navigieren Sie zu **Konfiguration • Prozess und Aufgaben**, und klicken Sie auf **Prozess-Repository**.
3. Selektieren Sie aus der **Liste der Komponenten** Ihren Prozess. Dann wählen Sie **PurchaseOrder** als **Prozessdefinition** aus den **Details der Prozesskomponente** (siehe Abbildung 12.25).

Abbildung 12.25 Prozesskomponentenübersicht im Prozess-Repository

4. Nach der Prozessdefinitionsselektion können Sie auf die Schaltfläche **Prozess starten** klicken.
5. Geben Sie im daraufhin angezeigten Dialog **BPM-Prozessstart** die fachlichen Daten ein. Sie können auch eine XML-Datei mit den Daten hochladen (siehe Abbildung 12.26).
6. Klicken Sie auf **Prozess starten**, nachdem Sie alle Daten eingegeben haben.

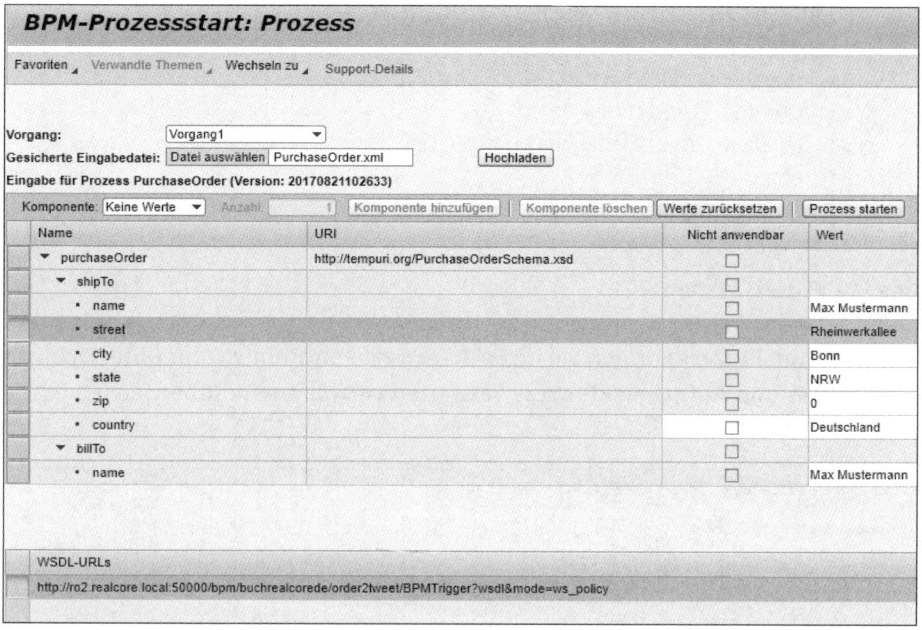

Abbildung 12.26 Manueller Prozessstart

Um die Ergebnisse aus den einzelnen Schritten zu kontrollieren, wurde die XML-Datei aus Listing 12.2 für den Prozessstart verwendet:

```
<?xml version="1.0" encoding="UTF-8"?>
<ns1:purchaseOrder xmlns:ns1="http://tempuri.org/PurchaseOrderSchema.xsd"
xsi:type="ns1:PurchaseOrderType" confirmDate="2017-08-20" xmlns:xsd=
"http://www.w3.org/2001/XMLSchema" xmlns:xsi="http://www.w3.org/2001/
XMLSchema-instance">
  <ns1:shipTo country="Deutschland">
    <ns1:name>Max Mustermann</ns1:name>
    <ns1:street>Rheinwerkallee</ns1:street>
    <ns1:city>Bonn</ns1:city>
    <ns1:state>NRW</ns1:state>
    <ns1:zip>0</ns1:zip>
  </ns1:shipTo>
  <ns1:billTo country="Deutschland">
    <ns1:name>Max Mustermann</ns1:name>
    <ns1:street>Kruppstraße</ns1:street>
    <ns1:city>Essen</ns1:city>
    <ns1:state>NRW</ns1:state>
    <ns1:zip>45145</ns1:zip>
  </ns1:billTo>
  <ns1:items>
    <ns1:item partNum="245KAR">
```

```
        <ns1:productName>SAP PO Buch</ns1:productName>
        <ns1:quantity>40</ns1:quantity>
        <ns1:Price>70</ns1:Price>
        <ns1:comment> </ns1:comment>
        <ns1:shipDate>2017-08-18</ns1:shipDate>
      </ns1:item>
    </ns1:items>
</ns1:purchaseOrder>
```

Listing 12.2 Prozess starten

Den gestarteten Prozess können Sie im SAP NetWeaver Administrator unter **Operationen • Prozess und Aufgaben • Prozess verwalten** verwalten und überwachen (siehe Abbildung 12.27).

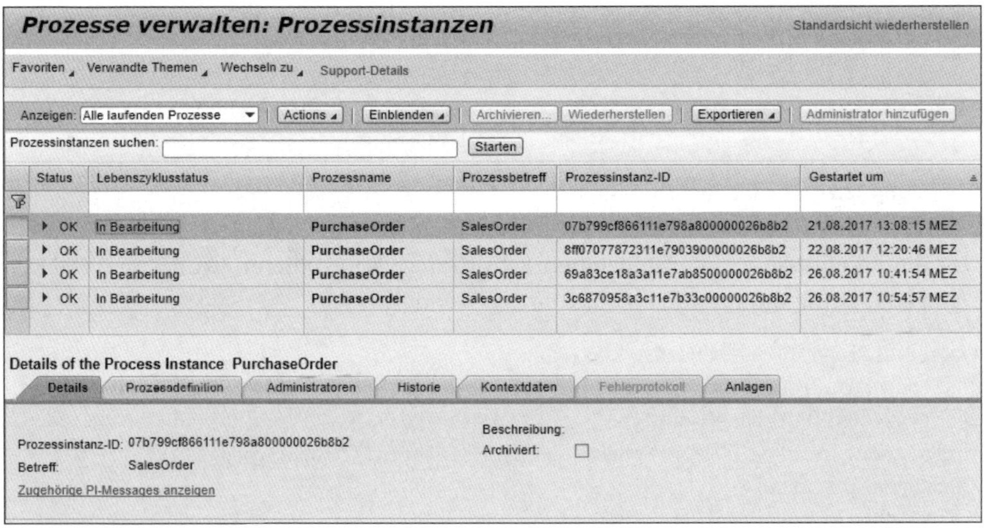

Abbildung 12.27 Prozessverwaltung

Im Folgenden werden wir die wichtigsten Schritte des Prozesses nach der Ausführung kurz beschreiben.

PLZ-Ermittlung

Bei der Lieferadresse haben wir keine PLZ eingegeben. Aus diesem Grund erwarten wir in diesem Fall, dass unsere BRM-Regel im Rahmen einer automatisierten Aktivität greift. Da es sich bei der PLZ-Ermittlung um eine synchrone Kommunikation handelt, können Sie das Resultat im SAP-Process-Orchestration-Message-Monitoring nachvollziehen (siehe Abbildung 12.28).

Die PLZ wurde erfolgreich aus der Entscheidungstabelle der Regel **GetPlz** im Prozess als automatisierte Aktivität ermittelt. Wegen des internen Input-Mappings im Prozess werden diese Daten an die Aufgabe (menschliche Aktivität) übergeben.

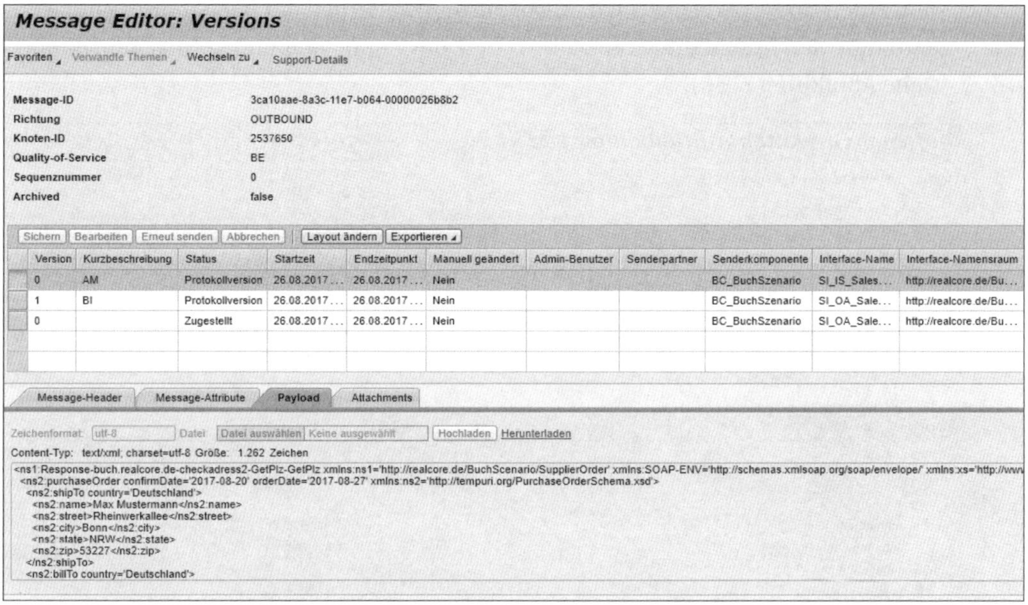

Abbildung 12.28 PLZ-Ermittlung der Response-Nachricht in SAP Process Orchestration

Bestelldatenprüfung

Der Prozess bleibt im Lebenszyklusstatus **in Bearbeitung**, weil die Aufgabe **Bestelldatenprüfung** noch im Status **bereit** ist, und wartet somit auf eine menschliche Reaktion. Um die Aufgabe zu verwalten, wählen Sie die gewünschte Prozessinstanz aus, klicken auf **Einblenden** und anschließend auf **zugehörige Aufgabe** (siehe Abbildung 12.29).

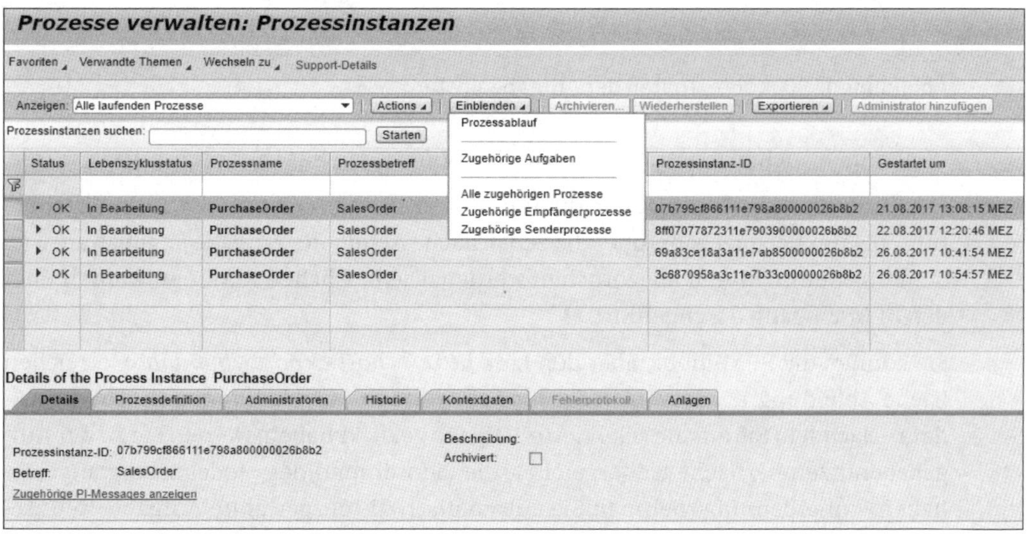

Abbildung 12.29 Zugehörige Aufgabe einer Prozessdefinition

Sie werden direkt zu der Aufgabenverwaltung weitergeleitet, wo Sie im Reiter **Kontextdaten** der Aufgabeninstanz die Daten des Input-Mappings einsehen können (siehe Abbildung 12.30).

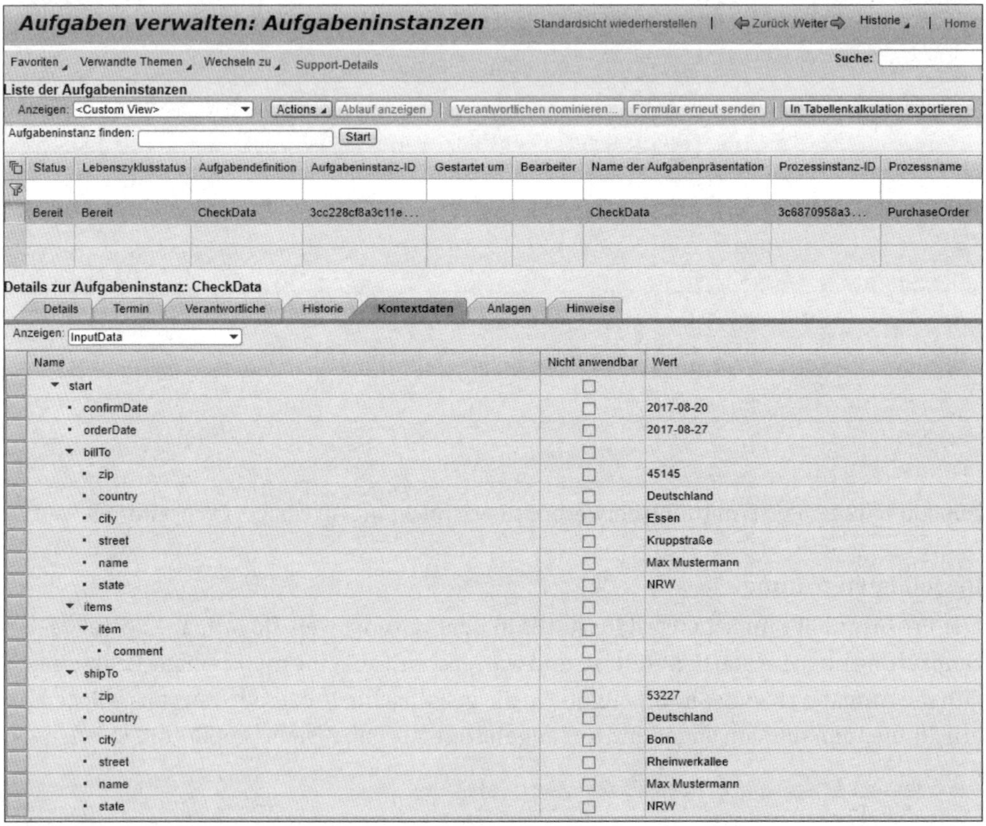

Abbildung 12.30 Kontextdaten der Aufgabeninstanz

Wir können auch hier bestätigen, dass die PLZ über den BRM-Schritt ermittelt wurde.

Die Aufgabenverwaltungsebene dient nur dazu, die administrativen Tasks durchzuführen. Zum Beispiel kann über die Schaltfläche **Action** die Aufgabe angehalten, wieder aufgenommen und abgebrochen werden. Die fachlichen Aktionen werden über den BPM-Eingang durchgeführt.

Sie können die BPM-Inbox über den Link *http://<host>:<port>/bpminbox* erreichen (siehe Abbildung 12.31). Wählen Sie hier eine offene Aufgabe (in diesem Fall **Checkdata**). Nachdem Sie auf die selektierte Aufgabe geklickt haben, werden Sie zu der Aufgabebenutzeroberfläche weitergeleitet, die Sie während der Modellierung angelegt haben. Außerdem übernehmen Sie automatisch die ausgewählte Aufgabe. In unserem Beispiel handelt es sich um eine SAPUI5-Benutzeroberfläche, die Sie in Abbildung 12.32 sehen.

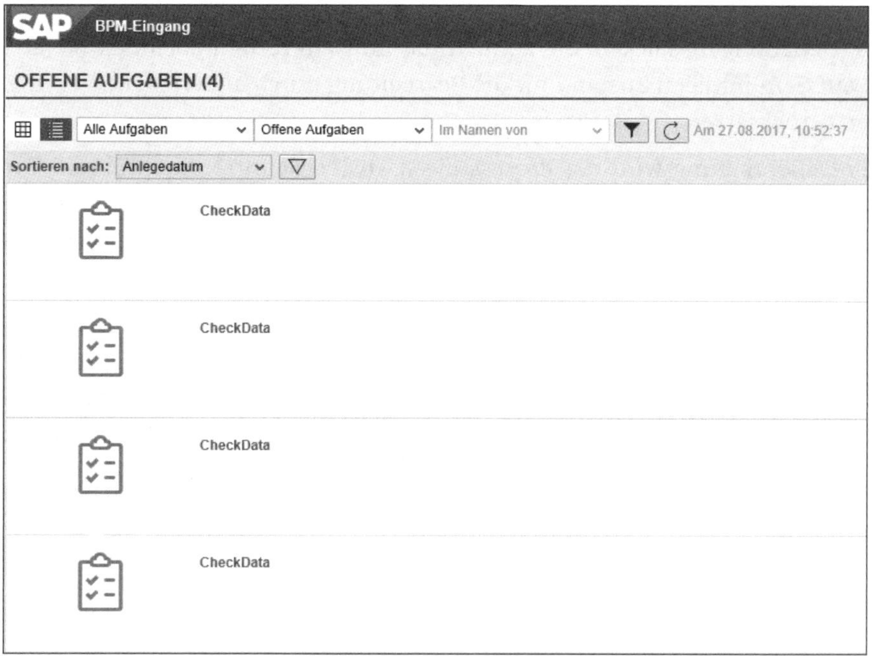

Abbildung 12.31 SAP-BPM-Eingang

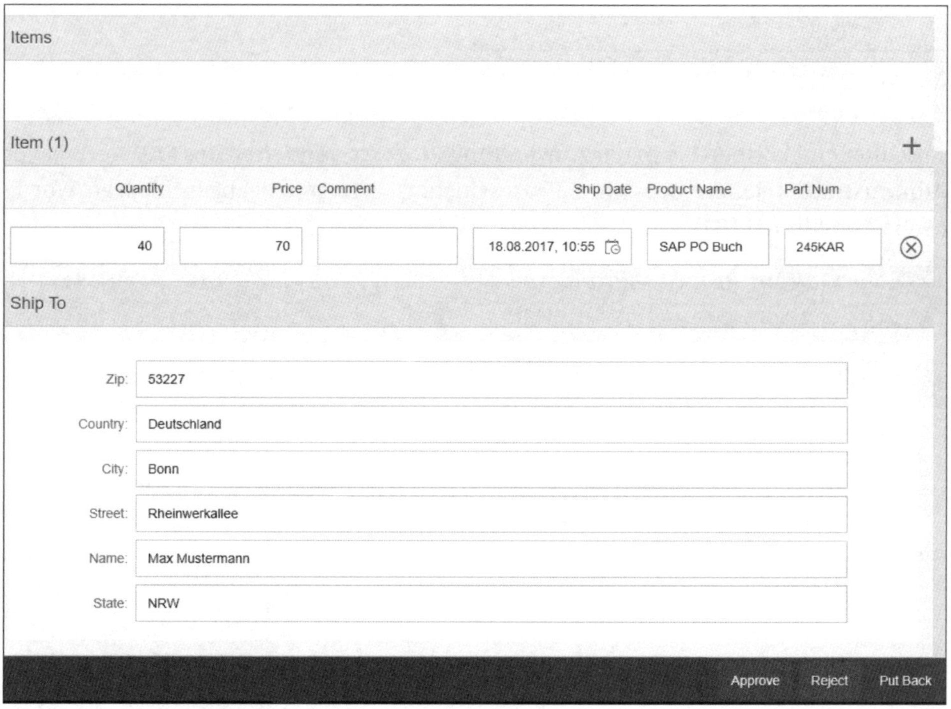

Abbildung 12.32 Aufgabebenutzeroberfläche

Hier können Sie die Daten auf Richtigkeit und Vollständigkeit überprüfen und auf **Approve** (Genehmigen) klicken. Sie können die Aufgabe zudem ablehnen (**Reject**) bzw. sie auf dem initialen Zustand für die Bearbeitung durch andere Benutzer, z. B. Vertreter, zurücksetzen (**Put Back**).

Nach der Genehmigung wird der Prozess die nächsten Schritte durchführen. Wir haben die Bedingung in ausschließende Alternativen so angepasst, dass der Prozess daher weiterlaufen soll (Übergabe an SAP Cloud Platform Integration, Reporting-Schritt und E-Mail-Versand).

Die Details zu der integrierten Konfiguration und Übergabe an SAP Cloud Platform Integration finden Sie in Kapitel 13, »Umsetzung in der SAP Cloud Platform Integration«. Das Nutzen des Berichtsschrittes zur Mengenauswertung im Rahmen von Monitoring finden Sie in Kapitel 18, »Ausblick: SAP Operational Process Intelligence«.

E-Mail-Versand

Im letzten Schritt des Prozesses wird eine E-Mail aus dem Benachrichtigungsschritt ausgelöst. Die E-Mail dient in diesem Beispiel dazu, eine Bestätigung der bestellten Ware aus fachlicher Sicht zu senden und aus technischer Sicht zu zeigen, dass der Prozess komplett bis zum letzten Schritt durchlaufen wurde (siehe Abbildung 12.33).

Abbildung 12.33 E-Mail-Eingang aus dem Prozess

Abschließend können Sie in der Anwendung **Prozesse verwalten** des SAP NetWeaver Administrators sehen, dass Ihre Prozessinstanz erfolgreich abgeschlossen wurde (siehe Abbildung 12.34).

Abbildung 12.34 Prozessstatus »Abgeschlossen«

Kapitel 13
Umsetzung in der SAP Cloud Platform Integration

Nachdem wir in den vorherigen Kapiteln die Umsetzung des Praxisbeispiels in SAP Process Orchestration und SAP Business Process Management (BPM) und SAP Business Rules Management (BRM) besprochen haben, werden wir nun den auf der SAP Cloud Platform Integration basierenden Part umsetzen und eine Schnittstelle zwischen SAP Process Orchestration und Twitter implementieren.

In diesem Kapitel betrachten wir die Umsetzung des SAP-Cloud-Platform Integration-Parts unseres systemübergreifenden Praxisbeispiels. In Abschnitt 13.1 erläutern wir kurz das Zielszenario, um dieses dann anschließend in Abschnitt 13.2 in der Praxis Schritt für Schritt umzusetzen.

13.1 Anforderung an die SAP Cloud Platform Integration

Im Rahmen unseres Praxisbeispiels soll nach Auslösung der Warennachbestellung im BPM eine Kurznachricht (Tweet) auf der Kurznachrichten-Plattform Twitter abgesetzt werden. Hierzu sollen aus dem BPM die Anzahl und der Name des nachbestellten Produkts an einen Integrationsprozess in der SAP Cloud Platform übergeben werden, der die Informationen dann für Twitter aufbereitet und über die Twitter-API auf einem Twitter-Profil veröffentlicht. Die Anbindung des SAP-Cloud-Platform-Integrationsprozesses aus diesem Kapitel an SAP Process Orchestration haben wir bereits in Abschnitt 11.4.3, »Weitere integrierte Konfigurationen«, beschrieben. Abbildung 13.1 zeigt eine Übersicht der beteiligten Systeme und Netzwerke sowie die Richtung des Informationsflusses.

Die Datenübertragung zwischen SAP Process Orchestration und der SAP Cloud Platform Integration soll mit dem SOAP-Protokoll implementiert werden. Die Datenübertragung zwischen SAP Cloud Platform Integration und Twitter findet über den SAP-Cloud-Platform-Integration-Twitter-Adapter statt, der per HTTPS-Protokoll über die Twitter-API mit Twitter kommuniziert.

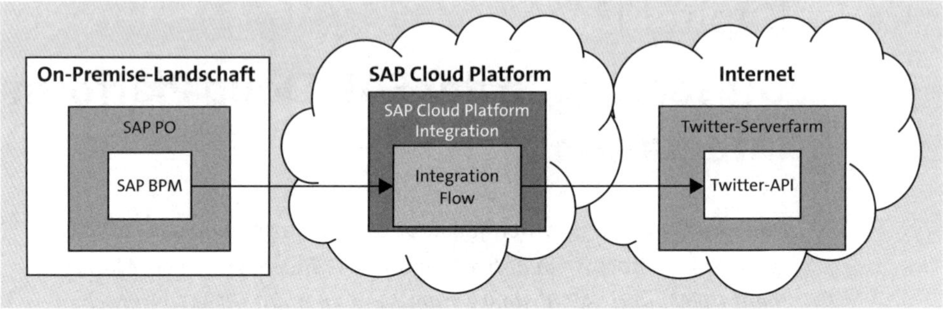

Abbildung 13.1 Systemübersicht des zu implementierenden Prozesses

13.2 Implementierung

In diesem Abschnitt widmen wir uns der Umsetzung der SAP-Cloud-Platform-Integration-Komponente unseres Praxisbeispiels. Grundsätzlich zeigen wir jeden Schritt vom Anlegen des Pakets bis zum Testaufruf. Schritte, die jedoch an anderer Stelle im Buch schon ausführlich beschrieben wurden, kürzen wir in der folgenden Beschreibung ab und verweisen auf die entsprechenden Kapitel. Die Entwicklung werden wir, so weit es geht, in der Web UI vornehmen.

13.2.1 Anlegen des Pakets

Im ersten Schritt legen wir ein neues Paket an, in dem wir diesen und zukünftige Integration Flows und Artefakte für die Firma unseres Praxisbeispiels ablegen wollen.

1. Öffnen Sie die Web UI (wie in Abschnitt 9.2.2, »Entwickeln mit der Web UI«, beschrieben), und wechseln Sie in die **Design**-Perspektive.
2. Klicken Sie auf die **Create**-Schaltfläche am oberen rechten Bildschirmrand, um ein neues Paket anzulegen.
3. Geben Sie als **Name** »SAP PO Bestellprozesse« an, und schreiben Sie eine kurze Beschreibung in das Feld **Short Description**. Geben Sie als **Version** »1.0.0« sowie als **Vendor** den Namen Ihrer Firma an (siehe Abbildung 13.2).
4. Wechseln Sie in den Reiter **Overview**, und stellen Sie sicher, dass als **Supported Platform** der Wert **SAP Cloud Platform Integration** gesetzt ist.
5. Wechseln Sie auf den Reiter **Tags**, und vergeben Sie Stichwörter, die das Paket beschreiben (siehe Abbildung 13.3).
6. Erstellen Sie das Paket mit einem Klick auf **Save**.

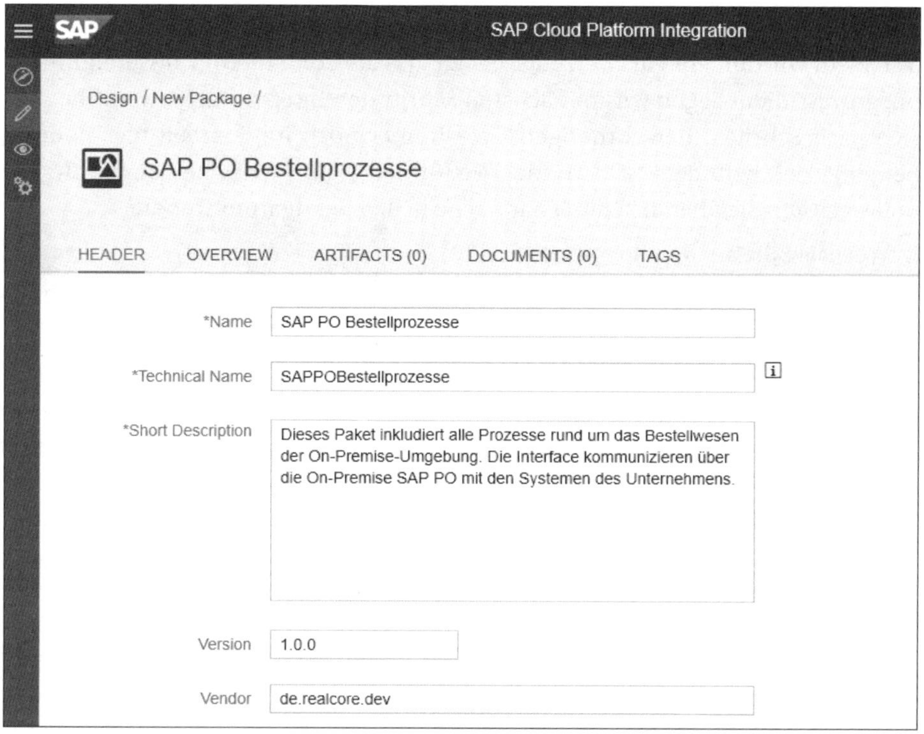

Abbildung 13.2 Anlegen des neuen Pakets für den Beispielprozess

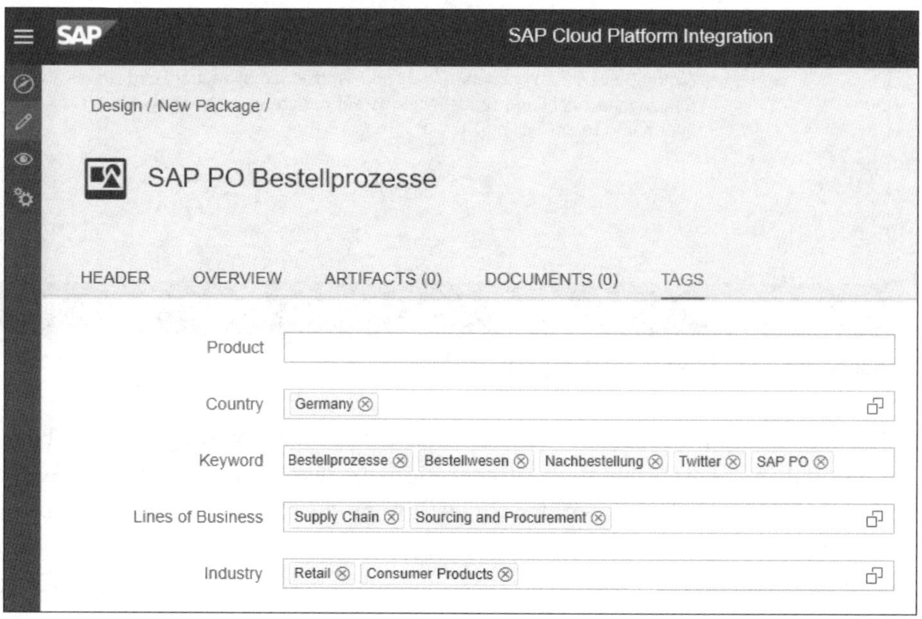

Abbildung 13.3 Vergabe von Tags zur Katalogisierung

13.2.2 Anlegen des Integration Flows

Nachdem wir nun ein Paket erzeugt haben, das als Container für unseren Integrationsprozess dient, legen wir im nächsten Schritt den Integration Flow an. Sie sollten sich nach Schritt 6 der vorherigen Liste immer noch im Bearbeitungsmodus des neuen Pakets befinden. Ist dem nicht so, öffnen Sie bitte das neu angelegte Paket, und wechseln Sie über die **Edit**-Schaltfläche in den Bearbeitungsmodus.

1. Wechseln Sie auf den Reiter **Artifacts (0)**.
2. Klicken Sie auf die **Add**-Schaltfläche, und wählen Sie den Menüpunkt **Integration Flow**.
3. Markieren Sie die Auswahlbox **Create**, und vergeben Sie einen Namen für den Integration Flow im Feld **Name** (siehe Abbildung 13.4). Für unser Beispiel haben wir den zusammengesetzten Namen »IF001_Bestellinfo_zu_Tweet« gewählt. Das »IF« steht dabei für Interface (= Schnittstelle), die »001« dafür, dass es die erste Schnittstelle in unserem Paket ist. »Bestellinfo_zu_Tweet« gibt an, welche Informationen von der Quelle kommen und welches Format das Ziel hat.

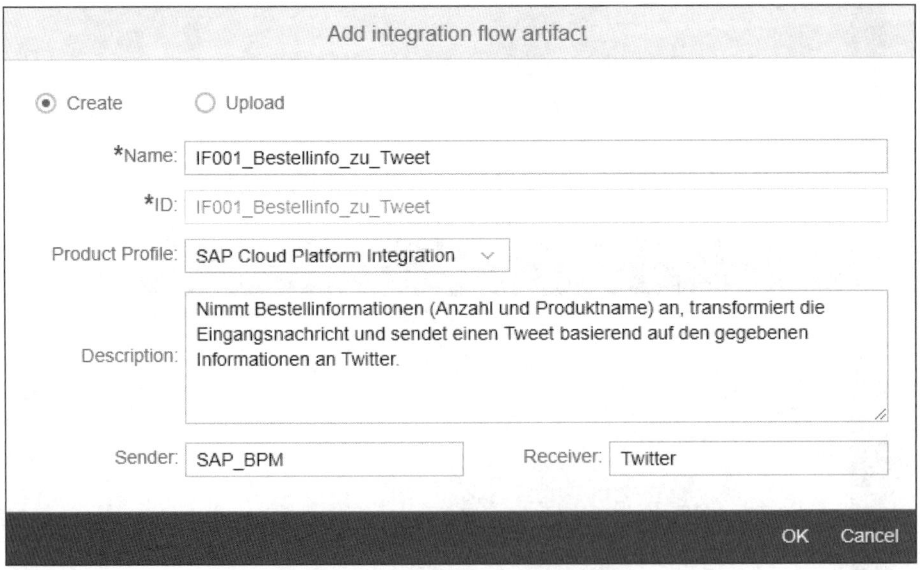

Abbildung 13.4 Anlegen des Integration Flows

4. Wählen Sie als **Product Profile** den Wert **SAP Cloud Platform Integration**. Geben Sie (optional) eine Beschreibung des Integrationsprozesses an, und vergeben Sie **Sender**- und **Receiver**-Name. Sender- sowie Empfängernamen können als Freitexte angegeben werden und haben rein informellen Charakter. Aus Gründen der Konsistenz empfiehlt es sich dennoch, dasselbe Sendersystem beim Anlegen weiterer Integration Flows auch exakt gleich zu benennen.
5. Legen Sie den Integration Flow über die **OK**-Schaltfläche an.

13.2.3 Konfiguration der Adapter und Systeme

Im ersten Schritt nach dem Anlegen unseres neuen Integration Flows öffnen wir diesen, wechseln per **Edit**-Schaltfläche in den Editiermodus und vergeben Namen für Sender- und Empfängersystem. Anschließend widmen wir uns der Konfiguration von Sender- sowie den Empfängeradapter.

1. Klicken Sie mit der linken Maustaste auf die Kopfzeile des Sendersystem-Pools. Im Einstellungspanel am unteren Bildschirmrand sollten Sie nun ein Feld zur Angabe des Systemnamens sehen.
2. Vergeben Sie im Feld **Name** den Systemnamen »SAP-BPM« für das Sendersystem.
3. Klicken Sie mit der linken Maustaste auf die Kopfzeile des Empfängersystems.
4. Geben Sie Eigenschaftenfeld **Name** den Wert »Twitter« an.

SOAP-Sender-Adapter

Lassen Sie uns nun den SOAP-Adapter als Senderkanal festlegen:

1. Fahren Sie mit der linken Maustaste über die Kopfzeile des Sendersystems, und klicken Sie im Hover-Menü auf die **Connect**-Schaltfläche.
2. Klicken Sie nun das Start-Event an, wie in Abbildung 13.5 gezeigt, um den Communication Flow zwischen Sendersystem und Start-Message-Event herzustellen (siehe Abbildung 13.5).

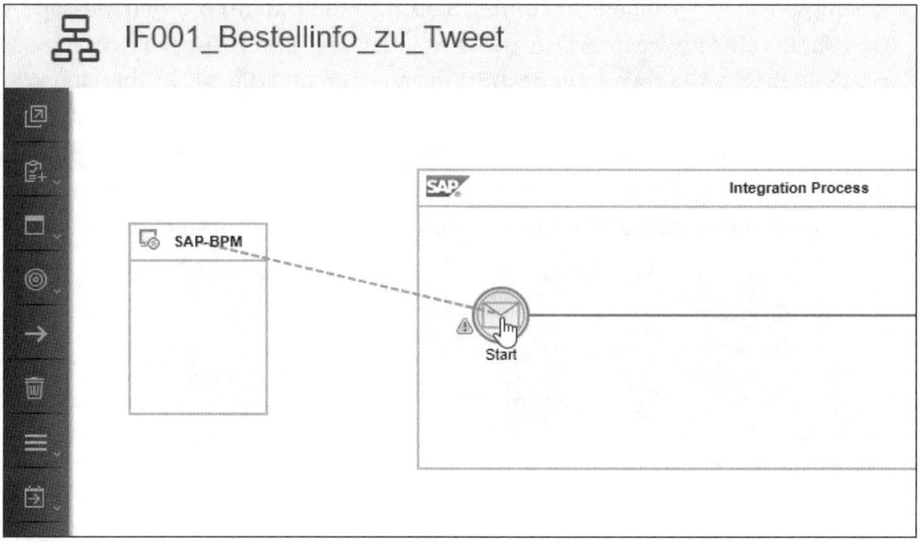

Abbildung 13.5 Erstellen des Communication Flows

3. Im folgenden Dialog wählen Sie als Adaptertyp den Typ **SOAP** mit dem Message-Protokoll **SOAP 1.x** aus.

Im nächsten Schritt konfigurieren wir den SOAP-Sender-Adapter. Klicken Sie hierzu auf den Communication Flow (die gestrichelte Linie) zwischen Sender-Pool und Start-Message-Event, um die Konfigurationsseite des Adapters anzuzeigen. Bei korrekter Markierung wechselt der Connection Flow seine Farbe zu Orange.

1. Vergeben Sie optional im Feld **Name** einen Namen für den Kanal. Diese Bezeichnung dient primär der Darstellung in der Integration-Flow-Grafik im Editorbereich.
2. Wechseln Sie auf den **Connection**-Reiter der Kanaleinstellungen.
3. Stellen Sie die Eigenschaft **Service Definition** von **Manual** auf **WSDL** um.
4. Vergeben Sie im Feld **Address** eine eindeutige Adresse, über die der Integrationsprozess nach dem Deployment angesprochen werden soll. Die Adresse muss dabei unter allen Ihren Integration Flows eindeutig sein. Der eingegebene Wert wird nach dem Deployment an die Basis-URL Ihres Runtime Nodes angehängt. Wir vergeben für das Beispiel den Wert »/SoapToTweetGateway«.
5. Im nächsten Schritt benötigen wir eine *anonyme WSDL*. Diese enthält die Beschreibung der eigehenden Nachricht in der XSD-Syntax sowie die WSDL-spezifischen Informationen wie *Message*, *Binding* und *Port* (siehe Abbildung 13.6). Anonym wird die WSDL dadurch, dass die Portfelder nicht mit Werten belegt sind. Leider bieten weder die SAP Cloud Platform Integration Tools für Eclipse noch die Web UI ein Werkzeug zur Erstellung von WSDLs. An diesem Punkt können Sie mehrere Lösungsansätze verfolgen: So können Sie z. B. einen Datentyp, einen Message-Typ und daraus ein Service Interface im Swing-Client des Enterprise Services Repositorys (ESR) Ihrer SAP Process Orchestration erzeugen und die WSDL über den **WSDL**-Reiter des Service Interface exportieren. Eine weitere Möglichkeit stellt die Erzeugung der WSDL mit den Eclipse-Tools dar. Einen guten Einstieg hierzu bietet folgendes SAP-Blog: *http://s-prs.de/v448116*. Alternativ können Sie auch auf ein Drittherstellerwerkzeug wie Oxygen oder Altova XMLSpy zurückgreifen.

Name	Category	Type	Occurrence	Default	Details
▾ SI_OA_TWEETRequest	Message				
▾ SI_OA_TWEET	Element		1		
▾ DT_Tweet	Element	DT_Tweet	1		
TwitterAccount	Element	xsd:string	1		minLength="1"
Product	Element	xsd:string	1		minLength="1"; maxLength="120"
Quantity	Element	xsd:integer	1		

Abbildung 13.6 Message-Typ der WSDL für das Beispielprojekt

6. Erzeugen Sie mit einer der genannten Alternativen eine WSDL-Datei, die mindestens den in Abbildung 13.6 gezeigten Message-Typ enthält, und speichern Sie diese ab. Der Message-Typ enthält, wie in Abschnitt 13.1, »Anforderung an die SAP Cloud Platform Integration«, beschrieben, je ein Feld für die Anzahl und ein Feld für den Produktnamen, der aus dem BPM an die SAP Cloud Platform Integration geschickt

werden soll. Der Produktname ist dabei vorsorglich auf 120 Zeichen begrenzt, da ein Tweet auf Twitter nicht mehr als 140 Zeichen enthalten darf und wir später noch etwas zusätzlichen Text für Produktname und Anzahl ausgeben wollen. Zusätzlich haben wir noch ein Feld **TwitterAccount** hinzugefügt, über das später z. B. das Ziel-Twitter-Profil ausgewählt werden kann.

7. Klicken Sie in der Zeile **URL to WSDL** auf **Select**, und wählen Sie im angezeigten Dialog die Schaltfläche **Upload from File System**. Wählen Sie nun die **.wsdl**-Datei aus, die Sie in Schritt 5 erzeugt haben.
8. Wählen Sie im Feld **Process Settings** den Wert **Robust**.
9. Setzen Sie im Feld **Authorization** den Wert **User Role**, da sich das SAP-Process-Orchestration-System für unser Beispiel mittels Basic Authentication über einen Benutzer-Account authentifizieren soll.
10. Lassen Sie den Wert im Feld **User Role** unverändert stehen. Die Rolle ESBMessaging.send ist eine Standardrolle, die dazu berechtigt, Daten auf einen Integrationsprozess zu senden. Weitere Informationen zu dieser Rolle finden Sie in Kapitel 15, »Betrieb der SAP Cloud Platform Integration«.
11. Sichern Sie die vorgenommenen Einstellungen durch einen Klick auf die **Save**-Schaltfläche am oberen rechten Rand des Web-UI-Editors.

Nach Abschluss der oben genannten Konfigurationsschritte sollte das Eigenschaftenpanel des SOAP-Adapters wie in Abbildung 13.7 aussehen.

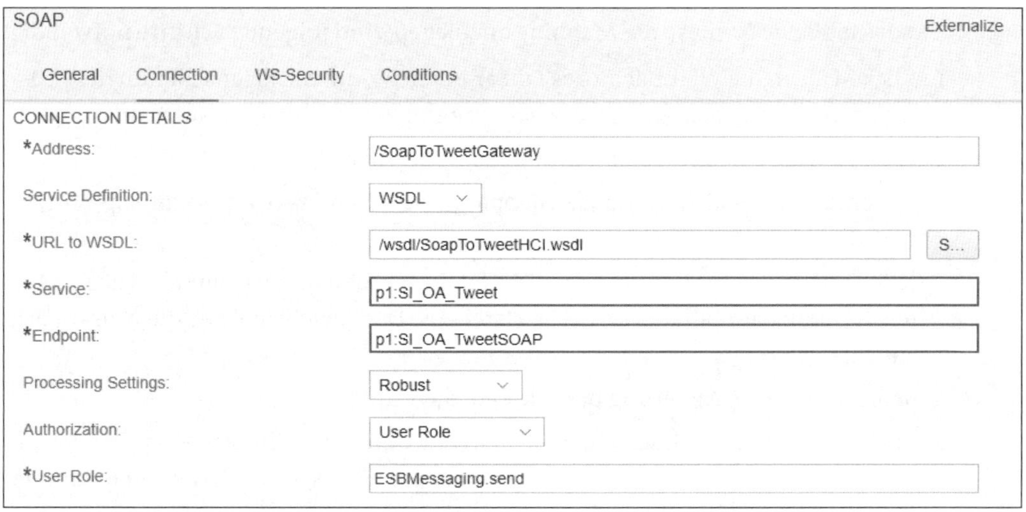

Abbildung 13.7 Fertige Konfiguration des SOAP-Adapters

Sollten bei Ihnen, wie in unserer Darstellung, ebenfalls ein roter Rahmen um die Felder **Service** und **Endpoint** gezeichnet sein, fahren Sie mit der Maus über den roten Rahmen, um eine Fehlermeldung zu erhalten. Abbildung 13.8 zeigt für unseren Fall, dass unsere WSDL-Datei Namespaces enthält (»p1:«), die dem Integrationsprozess unbekannt sind.

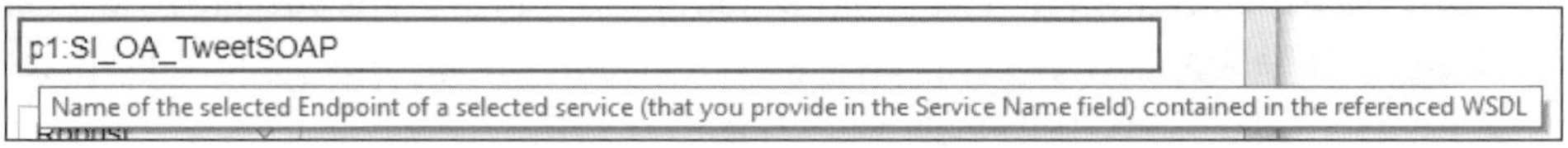

Abbildung 13.8 Fehlendes Namespace-Mapping zur WSDL

[»]

XML-Namespaces

XML-Elemente und somit auch WSDL-Dateien können mit Namensräumen (Namespaces) versehen sein. Ein Namespace wird durch das Attribut *xmlns=«<uri-des-namespace>«* definiert. Soll ein Namensraum nicht für alle Elemente im XML-Dokument gelten, werden Namensraumpräfixe (*Namespaces prefixes*) verwendet. Diese werden wie folgt angegeben: *xmlns:<präfix>=«<uri-des-namespace>«*. Ein mit einem Namensraum versehendes XML-Element »bank« würde bei einer Definition von *xmlns:kasse=http://meinebank.de/konto* wie folgt deklariert werden: *<kasse:bank> </kasse:bank>*.

Abhängig vom verwendeten Werkzeug, das Sie zur Erstellung der WSDL genutzt haben, kann es sein, dass der Editor Namensraumpräfixe verwendet hat. Dann müssen Sie die verwendeten Namensräume inklusive der Präfixe in der SAP Cloud Platform Integration bekannt machen. Dies zeigt die folgende Schritt-für-Schritt-Liste.

Um das fehlende Namespace-Mapping anzulegen, sind folgende Schritte notwendig:

1. Klicken Sie in die Weißfläche des Editor-Bereichs, um die Eigenschaften des Integration Flows im Einstellungspanel am unteren Bildschirmrand aufzurufen.
2. Wechseln Sie auf den Reiter **Runtime Configuration**.
3. Geben Sie im Feld **Namespace Mapping** folgenden Wert an: »xmlns:p1=http://realcore.de/SI_OA_Tweet«.

   Je nachdem, wie Ihr Editor die WSDL-Datei erzeugt hat, tauschen Sie das p1 gegen das Namespace-Präfix Ihrer WSDL-Datei aus. Das Gleiche gilt für die Namespace-URL.
4. Speichern Sie die Änderung per Klick auf **Save** ab.
5. Prüfen Sie, ob Ihre Änderungen erfolgreich waren. Im Erfolgsfall sollten sowohl das Fehler-Icon auf der Linie des Connection Flows als auch die roten Rahmen in den SOAP-Adapter-Einstellungen verschwunden sein.

Die Konfiguration des Senderadapters ist an dieser Stelle abgeschlossen, sodass wir uns nun dem Empfängeradapter zur Kommunikation mit Twitter zuwenden können.

Twitter-Receiver-Adapter

Um dem Integrationsprozess den Twitter-Adapter hinzuzufügen, sind folgende Schritte notwendig:

1. Fahren Sie mit der Maus über das End-Message-Event, und klicken Sie im Hover-Menü auf die **Connector**-Schaltfläche ⇥, um die Verbinderaktion einzuleiten.
2. Ziehen Sie die Verbindungslinie auf die Kopfzeile des Empfänger-Pools, und klicken Sie sie an.
3. Wählen Sie im folgenden Auswahldialog den Adapter-Typ **Twitter** aus.

> **Twitter-Profil**
>
> Bevor wir nun mit der Konfiguration des Twitter-Adapters fortfahren, machen wir einen kurzen Exkurs in Richtung Twitter. Denn zur Konfiguration des Adapters, benötigen wir valide Zugangsdaten, die wir erst im Twitter-Developer-Center erzeugen müssen. Zudem benötigen wir ein Twitter-Profil, auf dem die Tweets erscheinen sollen und für das wir die Zugangsdaten erzeugen wollen.
>
> Sollten Sie noch kein Twitter-Profil besitzen, können Sie dieses kostenfrei registrieren. Öffnen Sie hierzu die folgende URL in Ihrem Webbrowser: *https://twitter.com/signup*. Füllen Sie das Anmeldeformular aus, und aktivieren Sie den Account gegebenenfalls über die Bestätigungs-E-Mail, die während Ihrer Registrierung an Sie versandt wurde.

Nachdem Sie nun im Besitz eines Twitter-Accounts sind, können Sie mit dem Abruf der API-Zugangsdaten, auch API-Keys genannt, für die Twitter-Programmierschnittstelle fortfahren. Diese sind notwendig, da der Twitter-Adapter der Cloud Integration über die offizielle Twitter-API mit Twitter kommuniziert. Um die API-Keys abzurufen, sind folgende Schritte notwendig:

1. Öffnen Sie die Webseite *https://apps.twitter.com/*, und loggen Sie sich per Klick auf den Link **Sign In** mit den Zugangsdaten Ihres Twitter-Accounts ein.
2. Erstellen Sie eine neue Twitter-Anwendung durch das Klicken auf **Create New App**. Auch wenn es auf den ersten Blick paradox erscheinen kann, müssen wir diesen Schritt gehen, da API-Zugangsdaten nur für angelegte Applikationen erzeugt werden können. Im Endeffekt ist die SAP Cloud Platform Integration ja auch eine Applikation, die die API benutzen möchte.
3. Geben Sie der Twitter-Applikation einen beliebigen Namen mit maximal 32 Zeichen im Feld **Name**. Vergeben Sie eine kurze Beschreibung im Feld **Description** (siehe Abbildung 13.9).

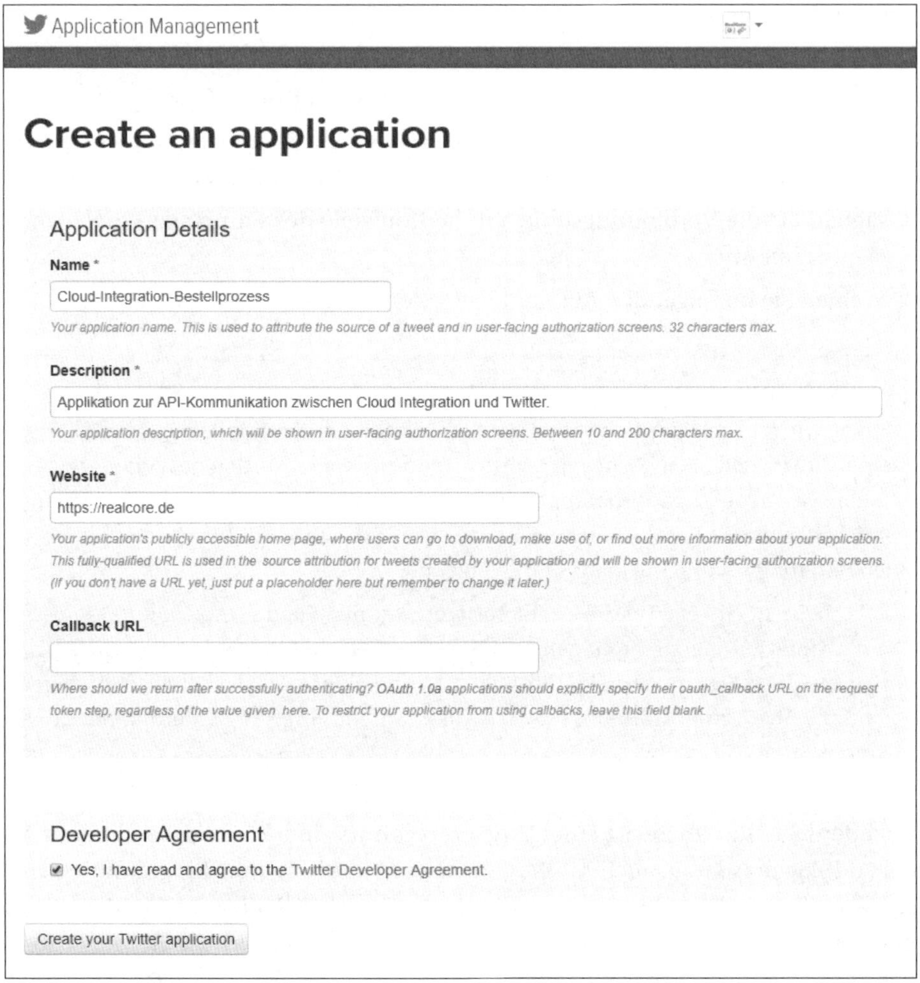

Abbildung 13.9 Anlegen einer Twitter-App im Twitter-Dev-Center

4. Tragen Sie im Feld **Website** die URL Ihrer Unternehmens-Website oder einer mit Ihrem Unternehmen verbundenen Website ein. Theoretisch kann in dieses Feld zwar ein beliebiger Wert eingetragen werden, jedoch ist dieser hinterher in den Metadaten der öffentlichen Tweets auslesbar. Wählen Sie den Wert des Feldes also mit Bedacht.
5. Bestätigen Sie, dass Sie mit dem Twitter Developer Agreement einverstanden sind, und erstellen Sie die Applikation mit einem Klick auf die Schaltfläche **Create your Twitter application**.
6. Sie befinden sich nun auf der Verwaltungsseite Ihrer Applikation (siehe Abbildung 13.10). Wechseln Sie auf den Reiter **Keys and Access Tokens**, und notieren Sie sich die Werte der Felder **Consumer Key (API Key)** und **Consumer Secret (API Secret)**.

7. Scrollen Sie zum Ende der Seite, und klicken Sie auf die Schaltfläche **Create my access token**.
8. Notieren Sie sich die Werte der Felder **Access Token** und **Access Token Secret**.

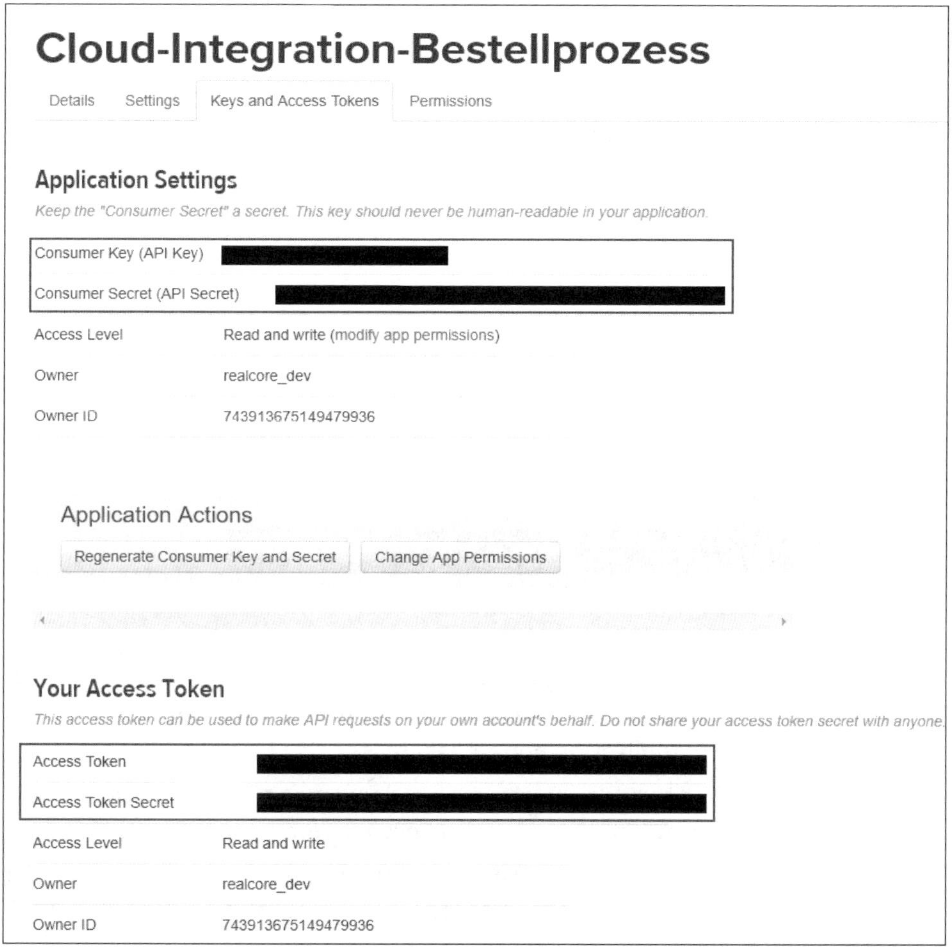

Abbildung 13.10 Zugangsdaten für die Twitter-App

Nun, da Sie alle Zugangsdaten/Token haben, die für den Zugriff auf die Twitter-API und somit zum Versenden von Tweets benötigt werden, müssen Sie diese Tokens noch für die Verwendung in der SAP Cloud Platform Integration aufbereiten. Hierzu müssen Sie für jedes Token ein Sicherheitsartefakt anlegen (siehe auch Kapitel 15, »Betrieb der SAP Cloud Platform Integration«), das Sie dann schlussendlich in der Konfiguration des Twitter-Adapters nutzen können.

Sicherheitsartefakte anlegen

Um die Sicherheitsartefakte anzulegen, sind folgende Schritte notwendig:

1. Wechseln Sie in der linken Menüleiste in den Bereich **Monitor**.
2. Klicken Sie auf die Schaltfläche **Security Material** im Abschnitt **Manage Security**.
3. Klicken Sie auf die Schaltfläche **Add** am rechten oberen Rand, um ein neues Sicherheitsartefakt anzulegen. Wählen Sie im **Add**-Menü den Eintrag **Secure Parameter**.
4. Geben Sie im Dialog im Feld **Name** den Namen des Parameters an (siehe Abbildung 13.11). Diesen können Sie frei wählen. Wir haben uns für eine Benennung nach dem folgenden Schema entschieden, das die Wiederkennung erleichtern soll: *<plattform>_<account>_<parametertyp>*.

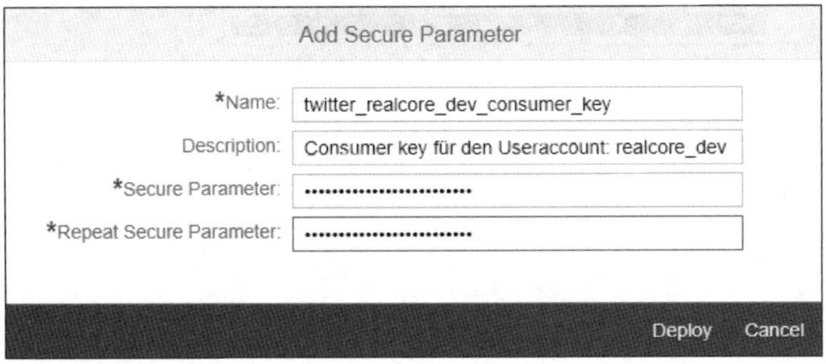

Abbildung 13.11 Anlegen eines Sicherheitsparameters

5. Geben Sie im Feld **Description** optional eine kurze Beschreibung des Parameters ein. Im Feld **Secure Parameter** tragen Sie den Consumer Key ein, den Sie beim Anlegen der Twitter-Applikation notiert haben.
6. Wiederholen Sie die Schritte 3 und 4 für die verbleibenden Twitter-Zugangsdaten: **Consumer Secret**, **Access Token** und **Access Token Secret**.
7. Sie sollten nun vier verschiedene Sicherheitsartefakte vom Typ **Credentials** in der Sicherheitsartefakt-Liste vorfinden. Notieren Sie sich die Namen der Sicherheitsartefakte, wie in Abbildung 13.12 gezeigt.

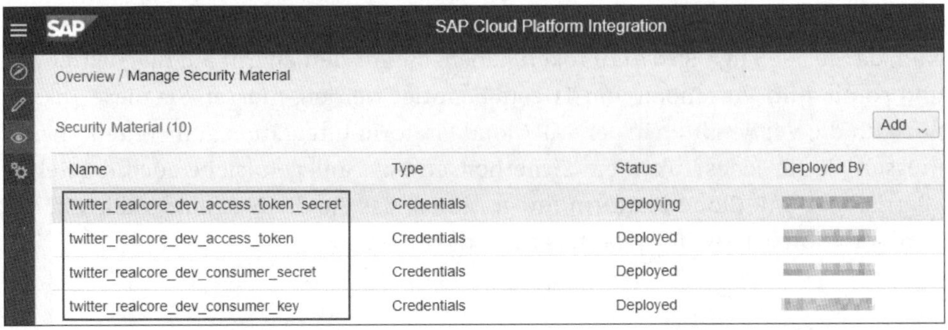

Abbildung 13.12 Übersicht der Twitter-Sicherheitsartefakte

Sicherheitsartefakte im SOAP-Kanal verwenden

Nun, da wir die Zugangsdaten für den Twitter-API-Zugriff generiert und in die SAP Cloud Platform Integration importiert haben, können wir die Konfiguration des Twitter-Adapters abschließen:

1. Öffnen Sie den Integration Flow unseres Beispiels, und wechseln Sie per **Edit**-Schaltfläche in den Editiermodus.
2. Klicken Sie mit der linken Maustaste auf den Connection Flow zwischen dem End-Message-Event und dem Twitter-Receiver-Pool, um die Adaptereinstellungen im Einstellungspanel anzuzeigen.
3. Vergeben Sie optional einen Namen im Feld **Name**. Der Name dient lediglich der Darstellung und hat keine technische Bewandtnis.
4. Wechseln Sie auf den Reiter **Connection** im Einstellungspanel.
5. Stellen Sie die **Endpoint**-Eigenschaft auf den Wert **Send Tweet**, um eine Kurznachricht in der öffentlichen Timeline eines Twitter-Accounts abzusetzen.
6. Die Felder **Page Size** und **Number of Pages** brauchen Sie nicht zu beachten, da diese für den **Endpoint**-Modus **Send Tweet** nicht relevant sind.
7. Geben Sie im Feld **Consumer Key Alias** den Namen des Twitter-Consumer-Key-Sicherheitsartefakts ein.
8. Geben Sie im Feld **Consumer Secret Alias** den Namen des Twitter-Consumer-Secret-Sicherheitsartefakts ein.
9. Geben Sie im Feld **Access Token Alias** den Namen des Twitter-Access-Token-Sicherheitsartefakts ein.
10. Geben Sie im Feld **Access Token Secret Alias** den Namen des Twitter-Access-Token-Secret-Sicherheitsartefakts ein.
11. Setzen Sie im Feld **Proxy Type** den Wert **Internet**.
12. Speichern Sie die Einstellungen mit einem Klick auf **Save**.

Die Konfiguration des Twitter-Adapters sollte nun aussehen, wie in Abbildung 13.13 gezeigt, und ist an dieser Stelle abgeschlossen.

Nachdem wir nun die Connection Flows gezogen und sowohl Sender- als auch Empfängeradapter konfiguriert haben, beschäftigen wir uns im nächsten Schritt mit der Transformation der Nachricht, die der Integration Flow aus dem On-Premise-BPM erhält.

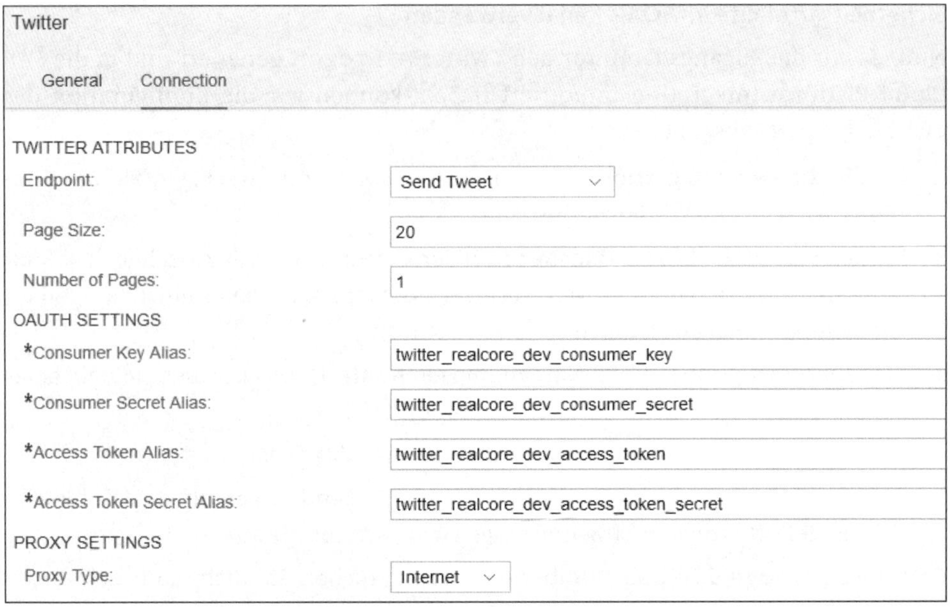

Abbildung 13.13 Connection-Einstellungen des Twitter-Adapters

13.2.4 Transformation der Nachricht mit dem Content-Modifier

Um zu entscheiden, mit welchem der verschiedenen Nachrichtentransformations-Aktivitäten, die wir in Abschnitt 9.2.2, »Entwickeln mit der Web UI«, vorgestellt haben, die Nachricht umgewandelt werden soll, werfen wir zuerst einen Blick auf das Quell- sowie das Zielformat.

Das Quellformat haben wir zu Beginn dieses Kapitels im Rahmen der WSDL-Erstellung festgelegt. Abbildung 13.6 zeigte den definierten Message-Typ. Der BPM in SAP Process Orchestration, der die Nachrichten an unseren Integrationsprozess verschickt, sendet diese in Form einer XML-Datei, die diesem Message-Typ entspricht. Listing 13.1 zeigt eine Beispiel-XML-Nachricht, die so in unserem Integrationsprozess eintreffen könnte:

```
<ns1:SI_OA_TWEET xmlns:ns1="http://realcore.de/SI_OA_Tweet"
                 xmlns:SOAP="http://schemas.xmlsoap.org/soap/envelope/">
      <DT_Tweet>
            <TwitterAccount>realcore_dev</TwitterAccount>
            <Product>iPhone 7</Product>
            <Quantity>40</Quantity>
      </DT_Tweet>
</ns1:SI_OA_TWEET>
```

Listing 13.1 Exemplarische Eingangsnachricht

Der SOAP-Umschlag, der während des Transports zwischen SAP Process Orchestration und SAP Cloud Platform Integration für die Nachrichten verwendet wurde, wird beim Eintreffen vom SOAP-Adapter wieder entfernt, sodass die oben stehende Nachricht der Formatierung entspricht, die wir für die Transformation als Eingangsformat erwarten können.

Das Zielformat, in dem wir die Nachricht an den Twitter-Adapter übergeben wollen, ist ein simpler String. In Bezug auf die Eingangsnachricht aus Listing 13.1 sähe das Zielformat folgendermaßen aus:

```
Unser Shop-Lager wird aufgefüllt. Wir haben 40 iPhone 7 für Sie bestellt.
```

Dies mag auf den ersten Blick etwas komisch anmuten, vor allem, wenn man die konsequente Verarbeitung im XML-Format einer SAP Process Integration gewohnt ist. Wie wir in Abschnitt 9.1.3, »Architektur der SAP Cloud Platform Integration«, jedoch erklärt haben, arbeitet die SAP Cloud Platform Integration intern nicht mit einem XML-basierten Protokoll, sondern tauscht die Daten als Java-Objects aus. Da ein Tweet lediglich aus einer Zeichenfolge besteht, geht der Twitter-Adapter an diese Stelle den leichtesten Weg und erwartet die Payload ebenfalls als simplen String (mit einer maximalen Länge von 140 Zeichen).

Da es sich bei dem Zielformat nun also nicht um XML handelt, fällt die Message-Mapping-Aktivität zur Umwandlung der Nachricht weg, da diese zwingend eine XML-Struktur für Quell- und Zielseite voraussetzt. Somit verbleiben die folgenden drei Aktivitäten: XSLT-Mapping, Content-Modifier und Skriptaktivität. Sowohl das XSLT-Mapping als auch die Skriptaktivität würden in unserem Beispiel zwar zum Ziel führen, sind jedoch für dieses Beispiel nicht so gut nachvollziehbar wie der Content-Modifier und zudem für die auszuführende Aufgabe beinahe schon zu komplex.

Wir entscheiden uns zur Transformation der Nachricht also für die Content-Modifier-Aktivität. Führen Sie die folgenden Schritte aus, um die Nachrichtenumwandlung mit dem Content-Modifier zu implementieren:

1. Öffnen Sie den Integration Flow im Bearbeitungsmodus.
2. Klicken Sie in der Werkzeugleiste auf das Transformation-Menü, und wählen Sie den **Content-Modifier**-Baustein aus. Klicken Sie mit der linken Maustaste in den Integration Flow, um die Content-Modifier-Aktivität zu platzieren.
3. Verschieben Sie den Content-Modifier mit gedrückter linker Maustaste über den Sequence Flow (die Linie zwischen Start- und End-Message-Event), bis dieser orangefarben wird. Lassen Sie die Maustaste dann los, um den Content-Modifier in die Verarbeitungskette einzubauen. Dass der Content-Modifier korrekt in die Verarbeitungskette aufgenommen wurde, erkennen Sie an der kleinen Pfeilspitze am Verbinder zum Content-Modifier, wie in Abbildung 13.14 dargestellt. Alternativ können Sie mit dem Verbinder-Tool aus der Werkzeugleiste auch einen neuen

Sequence Flow vom Start-Message-Event zum Content-Modifier und einen zweiten Sequence Flow vom Content-Modifier zum End-Message-Event ziehen.

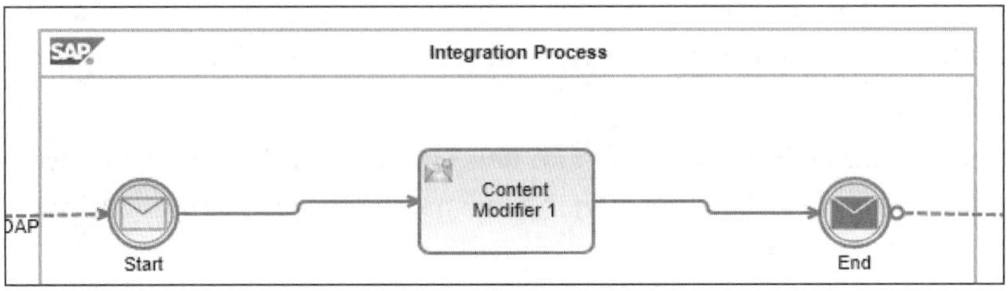

Abbildung 13.14 Platzierung des Content-Modifiers

4. Klicken Sie den Content-Modifier mit der linken Maustaste an, um die Eigenschaften des Content-Modifiers im Einstellungspanel am unteren Rand des Integration-Flow-Editors anzuzeigen.
5. Vergeben Sie optional einen Namen im Feld **Name**.
6. Wechseln Sie auf den Reiter **Exchange Property** der Content-Modifier-Einstellungen. Dieser Reiter erlaubt das Anlegen und Löschen von Property-Attributen am Exchange. (Siehe auch den Abschnitt »Transformation-Menü« in Abschnitt 9.2.2.) Der Exchange ist der Container, in dem die Nachricht durch die SAP Cloud Platform Integration läuft. Jede Nachricht hat einen Exchange, der 0–n Properties enthalten kann, die sich im Laufe der Verarbeitung ändern können. Mehr dazu finden Sie in Abschnitt 9.1.3, »Architektur der SAP Cloud Platform Integration«.
7. Wir legen nun zwei Eigenschaften (= Propertys) im Exchange-Container der Nachricht an, in die wir die Werteanzahl und den Produktnamen ablegen wollen. Klicken Sie dazu auf die **Add**-Schaltfläche. Geben Sie im Feld **Name** den Namen an, unter der Sie die Eigenschaft ablegen wollen. Wir wählen »quantity« als **Name**. Wählen Sie als **Data Type** das Format **java.lang.String**. Die Felder **Type** und **Value** beziehen sich darauf, woher der Wert kommt, der in der Property abgelegt werden soll. Deshalb wählen wir als **Type XPath** und geben in das **Value**-Feld folgenden **XPath**-Ausdruck ein: »*//DT_Tweet/Quantity*«

   Wir haben soeben konfiguriert, dass der Wert, der in der Eingangsnachricht unter dem Pfad *//DT_Tweet/Quantity* zu finden ist, in einer Variablen namens `quantity` im Exchange-Container der Nachricht abgelegt wird.

[»]

XPath ermitteln

Wir haben soeben einen XPath verwendet. Ein XPath ist eine Art von Pfadangabe innerhalb von XML-Dokumenten. XPath-Ausdrücke können ein oder mehrere Felder und/oder deren Werte selektieren. Zum schnellen Ermitteln von XPath-Ausdrücken eignet sich z. B. Notepad++ mit der XML-Tools-Erweiterung oder die Webapplikation XmlToolBox (Download unter *http://s-prs.de/v448117*).

Fügen Sie eine beliebige XML-Datei in die Textbox der Webapplikation ein, und klicken Sie auf das XML-Element, dessen XPath Sie ermitteln wollen. Das Tool gibt anschließend den XPath des selektierten Elements unterhalb der Textbox aus.

8. Klicken Sie nun erneut auf die **Add**-Schaltfläche. Wählen Sie diesmal als **Name** den Wert **product**, als **Type** den Wert **XPath** als **Data Type** den Wert **java.lang.String** und als **Value** den Wert **//DT_Tweet/Product** (siehe Abbildung 13.15).

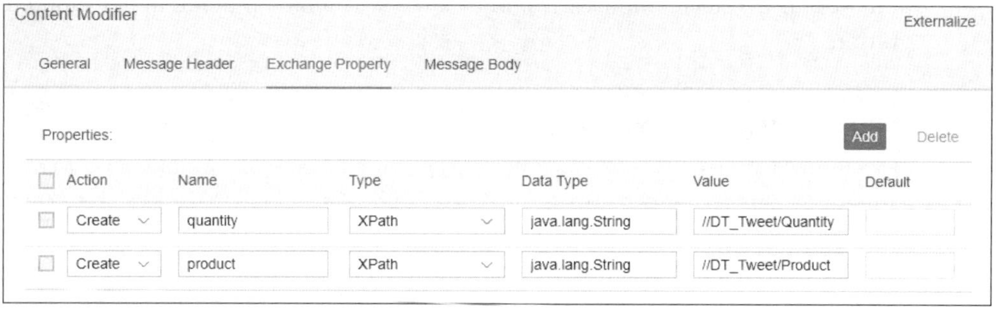

Abbildung 13.15 Property-Konfiguration des Content-Modifiers

9. Wechseln Sie nun auf den Reiter **Message Body**. Im Feld **Body** können angeben, welchen Inhalt die Payload nach Verlassen des Content-Modifiers haben soll. Geben Sie folgenden Wert im Feld **Body** an:

```
Unser Shop-Lager wird aufgefüllt. Wir haben ${property.quantity}
${property.product} für Sie bestellt.
```

10. Wie Sie sehen, haben wir im Feld **Body** die Nachricht im Zielformat eingegeben. Anstelle der Beispielwerte haben wir im Listing aus Schritt 9 die Variablen `${property.quantity}` und `${property.product}` verwendet. An dieser Stelle werden die Werte der Variablen `product` und `quantity` aus den Properties des Exchange-Containers gelesen. Diese wiederum enthalten dank unserer Konfiguration im **Exchange-Property**-Reiter die Werte aus der Eingangsnachricht.
11. Schließen Sie die Content-Modifier-Konfiguration ab, und speichern Sie die vorgenommenen Einstellungen durch einen Klick auf **Save**.

Message-Header vs. Message-Property

Wir haben soeben die Properties des Exchange-Containers verwendet, um die Informationen im Message-Body weiterverwenden zu können. Wir hätten dasselbe Ergebnis erreichen können, wenn wir statt der Properties den Message-Header verwendet hätten. Im Gegensatz zu den Properties eines (Apache Camel) Exchanges, die nur innerhalb des Integrationsprozesses gültig sind, werden die Header-Felder auch an die Empfängeradapter übergeben und je nach Adapter an das Zielsystem weitergereicht. Bei der Frage: »Nutze ich den Header oder die Properties?«, sollte also immer überlegt werden, ob die abgelegten Informationen an das Zielsystem gelangen dürfen/müssen oder nicht. Mehr zu diesem Thema finden Sie in Abschnitt 9.1.3, »Architektur der SAP Cloud Platform Integration«.

Die Konfiguration der Nachrichtentransformation ist an dieser Stelle abgeschlossen. Bevor wir uns dem nächsten Schritt, der dem Logging der Nachrichten dient, zuwenden, werfen wir noch einen kurzen Blick auf das Thema Variablen in der Cloud Integration.

Verwendung von Variablen

Im **Body**-Feld des Content-Modifiers haben wir soeben zwei Variablen verwendet, die nach dem Schema ${property.<Name der Eigenschaft>} aufgebaut waren. Neben diesen Property-Variablen gibt es in der SAP Cloud Platform Integration noch viele weitere Variablen, die sowohl im Content-Modifier als auch an anderen Stellen verwendet werden können. So lässt sich z. B. per ${body} der Inhalt der Payload oder per ${header.<Name des Headers>} der Inhalt von Header-Feldern auslesen. Eine Übersicht der zur Verfügung stehenden Variablen findet sich auf der folgenden Seite des Apache-Camel-Frameworks, da die Variablenfunktionalität dem der SAP Cloud Platform Integration zugrunde liegendem Apache-Camel-Framework entspringt: *http://camel.apache.org/simple.html#Simple-Variables*

13.2.5 Logging der Payload

In diesem Schritt fügen wir unserem Integration Flow zwei weitere Aktivitäten hinzu, die der Erweiterung des Nachrichten-Loggings dienen. Wie in Kapitel 15, »Betrieb der SAP Cloud Platform Integration«, beschrieben, loggt die SAP Cloud Platform Integration die Nachrichten in der Standardkonfiguration nicht so, dass die Nachrichteninhalte (= Payloads) über das normale Monitoring eingesehen werden können. Aus diesem Grund fügen wir zwei Skriptaktivitäten in unseren Integration Flow ein, die jeweils den aktuellen Zustand einer Payload transparent im Message-Log ablegen, sodass diese aus dem Monitoring einsehbar sind. Hierzu sind folgende Schritte notwendig:

1. Öffnen Sie den Integration Flow, und wechseln Sie durch Klicken der **Edit**-Schaltfläche in den Bearbeitungsmodus.
2. Öffnen Sie das Transformation-Menü, und klicken Sie den Untermenüpunkt **Script** an. Wählen Sie die Aktivität **Groovy Script** per Linksklick aus, und klicken Sie erneut mit der linken Maustaste in den Integrationsprozess, um die Skriptaktivität zu platzieren.

3. Nach dem Platzieren der Skriptaktivität öffnet sich direkt der Skript-Editor. Überschreiben Sie den Standardcode der `processData`-Methode mit dem Code aus Listing 13.2.

   Dieser Code erweitert die Standardnachrichtenverarbeitung um einen Schritt, der die Payload als Dateianhang (= attachment) im Nachrichtenprotokoll ablegt. Hierzu wird die Java-API genutzt, die wir in Abschnitt 9.2.4, »Entwickeln mit Eclipse und den SAP Cloud Platform Integration Tools«, vorgestellt haben.

```
def Message processData(Message message) {
    //Ablegen des Nachrichteninhalts in body-Variable
    def body = message.getBody(java.lang.String) as String;
    //Reference auf das Message-Protokoll
    def messageLog = messageLogFactory.getMessageLog(message);
    //Wenn die Reference gültig ist...
    if(messageLog != null){
        //Schreibe ins Log, dass Script aufgerufen wird
        messageLog.setStringProperty("Logging#1",
               "Printing Payload As Attachment")
        //Füge den Inhalt der Nachricht (=body) als Dateianhang im
          Nachrichtenprotokoll ein
        messageLog.addAttachmentAsString("Source message", body,
               "text/plain");
    }
    return message;
}
```

Listing 13.2 processData-Methode mit Message-Logging

4. Speichern Sie die Änderungen am Skript mit einem Klick auf **OK**.
5. Verschieben Sie die Skriptaktivität nun mit gedrückter Maustaste auf den Sequence Flow zwischen dem Start-Message-Event und dem Content-Modifier, bis dieser orangefarben wird. Lassen Sie die Maustaste dann los, um die Skriptaktivität in der Verarbeitungskette einzufügen. Alternativ können Sie auch mithilfe des Connector-Werkzeugs einen Sequence Flow vom Start-Message-Event zur Skriptaktivität und einen weiteren Sequence Flow von der Skriptaktivität zum Content-Modifier ziehen.
6. Wiederholen Sie nun die Schritte 2 bis 4 mit den folgenden Anpassungen: Platzieren Sie die neue Skriptaktivität zwischen dem Content-Modifier und dem End-Message-Event. Im Skript selbst tauschen Sie die Zeilen ab `messageLog` durch die Zeilen aus Listing 13.3 aus.

```
//Schreibe ins Log, dass Script aufgerufen wird
messageLog.setStringProperty("Logging#2", "Printing Payload As Attachment")
//Füge den Inhalt der Nachricht (=body) als Dateianhang im
Nachrichtenprotokoll ein
messageLog.addAttachmentAsString("Target message", body, "text/plain");
```

Listing 13.3 Skript-Part für die zweite Skriptaktivität

7. Speichern Sie den Integration Flow, um die Änderungen zu sichern.

[+]

Logging-Skript

Das soeben eingefügte Logging-Skript sollte in der Praxis nur in Ihrer Testumgebung verwendet werden, da das Mitschreiben von Payloads im Message Processing Log zu erhöhtem Ressourcenverbrauch führt. Nutzen Sie das Skript also während der Entwicklung und zum Auffinden von Fehlern. Vor dem Einsatz eines Integrationsprozesses in der Produktivumgebung sollten Sie das Skript jedoch wieder entfernen.

Der durchkonfigurierte Integration Flow sollte nun wie in Abbildung 13.16 aussehen. Das als SAP BPM benannte Sendersystem sollte mit einem Connection Flow mit dem Start-Message-Event verbunden sein. Die Verbindung sollte durch den SOAP-Adapter gekennzeichnet sein. Weiter sollte der Content-Modifier für jede Skriptaktivität sowohl mit dem Start- als auch mit dem End-Message-Event verbunden sein. Das End-Message-Event sollte schließlich mit dem Receiver-Pool verbunden sein, den wir »Twitter« genannt haben. Die Verbindung sollte durch den Twitter-Adapter gekennzeichnet sein.

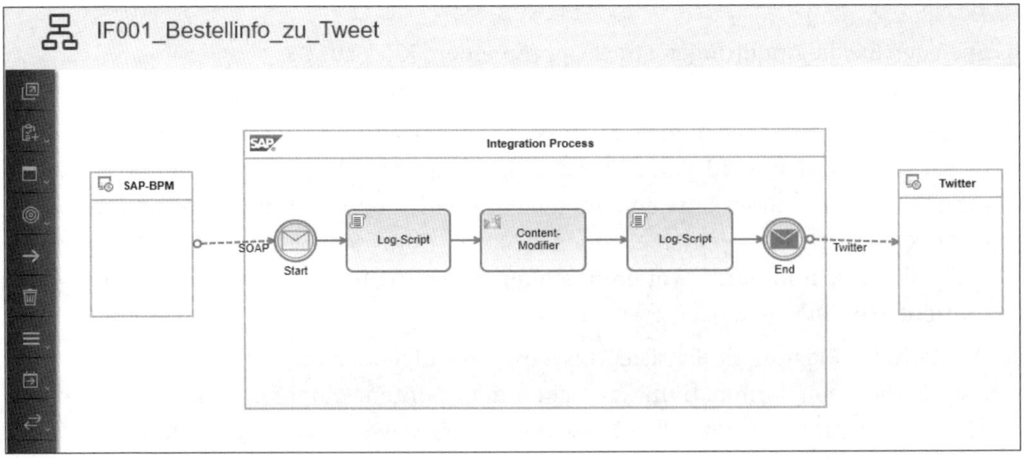

Abbildung 13.16 Fertig konfigurierter Integrationsprozess

13.2.6 Deployment und Test

Im letzten Schritt des SAP-Cloud-Platform-Integration-Teils unseres Praxisbeispiels, wollen wir den bis hierhin konfigurierten Integration Flow in Betrieb nehmen und einen ersten Test durchführen. Der Test bezieht sich dabei auf unseren Integrationsprozess als alleinstehende Komponente.

Deployment

Um den Integration Flow zu deployen, also auf den Runtime Node zu übertragen und in Betrieb zu nehmen, sind folgende Schritte nötig:

1. Öffnen Sie den Integration Flow in der Web UI.
2. Klicken Sie auf die Schaltfläche **Deploy** in der Menüleiste am rechten oberen Rand der Web UI.
3. Bestätigen Sie das Pop-up-Fenster mit der **OK**-Schaltfläche.

Das Deployment des Integration Flows ist damit angestoßen. Um den Status des Deployments zu verfolgen, sind folgende Schritte notwendig:

1. Wechseln Sie mit der **Monitoring**-Schaltfläche in der linken Menüleiste in die Monitoring-Ansicht der Web UI.
2. Klicken Sie auf die **All**-Kachel im Bereich **Manage Integration Content**.
3. Suchen Sie in der Liste des Integration Contents nach Ihrem Integration Flow. Während des Deployments sollte dieser den Status **Starting** haben und nach Abschluss des Deployments, wie in Abbildung 13.17 gezeigt, auf den Status **Started** wechseln.

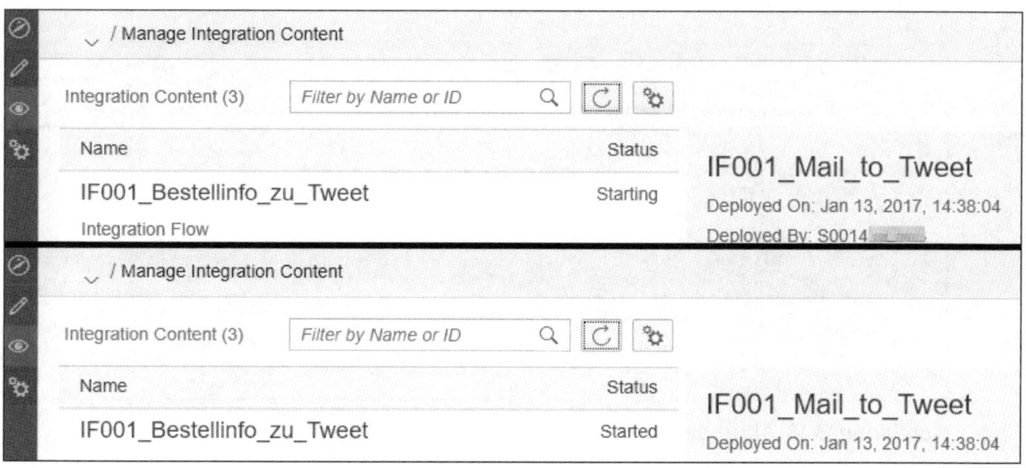

Abbildung 13.17 Status vor und nach Abschluss des Deployments

Testen: WDSL-Adresse

Der Integration Flow ist nun erfolgreich deployt und läuft auf dem Runtime Node. Zum Abschluss dieses Kapitels wollen wir die fehlerfreie Funktion des Integration Flows noch durch einen Test dokumentieren. Hierzu benötigen wird zuerst die Adresse, über die die WSDL unseres SOAP-Services erreichbar ist.

1. Öffnen Sie, wie soeben gezeigt, die **All**-Perspektive des Bereichs **Manage Integration Content** des Monitorings.
2. Wählen Sie unseren Beispiel-Integration-Flow durch Klicken des Namens aus.
3. Kopieren Sie die Endpunkt-URL aus dem Reiter **Endpoints**.
4. Hängen Sie den Parameter »?wsdl« an die Endpunkt-URL an. Beispiel: *http(s)://<endpunkt-url>?wsdl*
5. Rufen Sie diese zusammengesetzte URL zum Test in einem Webbrowser auf. Nutzen Sie als Anmeldedaten Ihren S-Benutzer und das dazugehörige Passwort.
6. Sie sollten nun im Webbrowser die WSDL-Datei Ihres SOAP-Sender-Endpunktes sehen. Die WSDL sollte sowohl den Message-Typ enthalten, den Sie während der Adapterkonfiguration in der WSDL-Datei erzeugt haben, als auch Endpunktinformationen, die durch die Cloud Integration hinzugefügt wurden. In diesem Punkt sollte sich die WSDL-Datei von jener unterscheiden, die Sie im Rahmen der Entwicklung erstellt haben.

Abbildung 13.18 zeigt die direkt von der SAP Cloud Platform Integration abgerufene WSDL. Sie sollten in der Abbildung Teile der von Ihnen zuvor erstellen WSDL wiederfinden. Weiter findet sich in der Adresszeile mit */SoapToTweetGateway* der Wert wieder, den wir während der SOAP-Adapter-Konfiguration in das Feld **Endpoint** geschrieben haben.

Abbildung 13.18 Abruf der WSDL des SOAP-Adapters

Hier wird nun auch deutlich, warum dieser Wert einmalig in jedem SAP-Cloud-Platform-Integration-Tenant sein muss. Es ist das einzige Erkennungsmerkmal, dass per Konfiguration veränderbar ist. Würden Sie zwei SOAP-Adaptern denselben Endpunkt geben, könnte die Cloud Integration nicht mehr unterscheiden, an welchen Integration Flow sie eingehende Nachrichten übermitteln soll. Sollten Sie dennoch zwei SOAP-Adapter mit denselben Endpunkten versehen, können Sie diese nur abwechselnd deployen. Das heißt: bevor Sie den zweiten Integration Flow deployen müssen Sie den anderen zuerst undeployen. Andernfalls wird das Deployment fehlschlagen.

Testen: Nachricht schicken

Nachdem wir nun die Funktionsfähigkeit der WSDL eruiert haben, können wir noch eine Nachricht über die Schnittstelle senden und schauen, ob der gewünschte Tweet erzeugt wird. Hierzu eignet sich die Verwendung eines Webservice-Test-Tools.

SoapUI einrichten

Wir nutzen für dieses Beispiel die Software *SoapUI*, die Sie unter folgender URL in einer kostenfreien Basisversion beziehen können: *http://s-prs.de/v448118*. Laden Sie SoapUI über die oben genannte URL herunter, und installieren Sie die Applikation mit dem Installer.

1. Starten Sie SoapUI. (Sollte sich SoapUI nicht öffnen, navigieren Sie in das Installationsverzeichnis, wechseln Sie in das Unterverzeichnis **/bin**, und führen Sie einen Doppelklick auf die **soapui.bat**-Datei aus.)
2. Erstellen Sie ein neues SOAP-Testprojekt, in dem Sie auf die **SOAP**-Schaltfläche in der Menüleiste oben links klicken.
3. Geben Sie die WSDL-URL, die Sie bereits im Webbrowser getestet haben, in das Feld **Initial WSDL** ein (siehe Abbildung 13.19). Vergeben Sie danach einen sprechenden Namen für das Projekt im Feld **Project Name**.

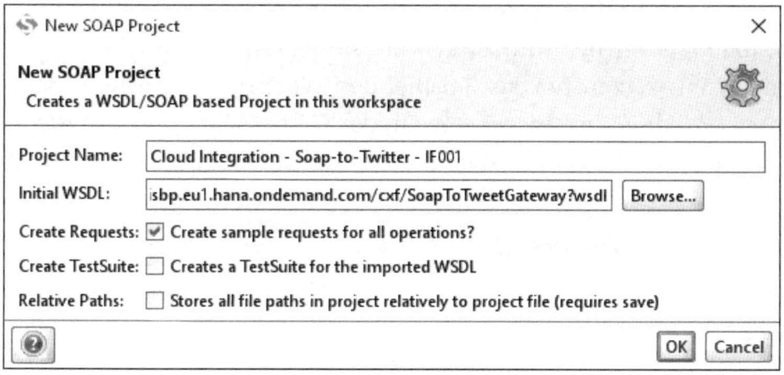

Abbildung 13.19 Anlegen des SoapUI-SOAP-Projekts

4. Erzeugen Sie das SOAP-Projekt durch Klicken auf **OK**.
5. Während der Erstellung des Projekts wird SoapUI nach Zugangsdaten fragen. Geben Sie den S-Benutzer ein, mit dem Sie auf die Schnittstelle zugreifen wollen.

[+]

Wenn die Erzeugung fehlschlägt ...

Sollte SoapUI nicht nach Zugangsdaten fragen und das Projekt nicht korrekt erzeugen, rufen Sie die WSDL-URL in einem Webbrowser auf, und speichern Sie mit Strg + S ab. Legen Sie anschließend erneut ein SOAP-Projekt in SoapUI an. Geben Sie dieses Mal nicht die WSDL-URL an, sondern wählen Sie mit der **Browse...**-Schaltfläche die zuvor gespeicherte WSDL aus. Bestätigen Sie anschließend mit **OK**.

Testnachricht schicken

Nachdem wir das SoapUI-Projekt erstellt haben, können wir nun eine Testnachricht an unseren Integrationsprozess schicken. Klappen Sie dazu die Projekt-Ansicht, wie in Abbildung 13.20 gezeigt, bis zur Request-Ebene auf.

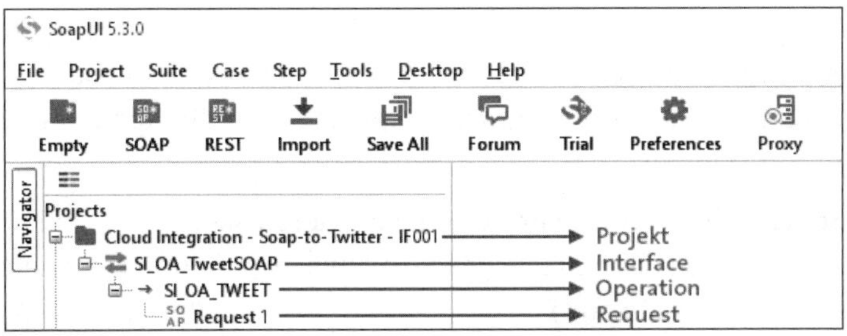

Abbildung 13.20 SoapUI-Projektstruktur

1. Führen Sie einen Doppelklick auf das generierte **Request1** aus, um den Request-Editor zu öffnen, über den sich Anfragen an die Cloud-Integration-Schnittstelle absetzen lassen.
2. Ersetzen Sie die ? in der XML-Nachricht im Request-Editor mit plausiblen Werten. (SoapUI nutzt die Fragezeichen, um zu symbolisieren, an welchen Stellen Werte erwartet werden.) Wir setzen für das Beispiel den Wert `realcore_dev` in das Element `TwitterAccount`, den Wert `Festplatten` in das Feld `Product` und den Wert `150` in das Feld `Quantity`. Abbildung 13.21 zeigt die vollständig ausgefüllte Nachricht.

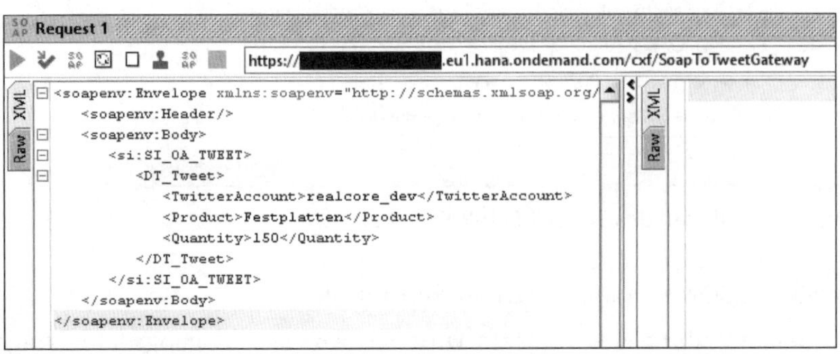

Abbildung 13.21 Beispielanfrage in SoapUI

3. Wenn Sie sich mit der Maus im Request-Editor befinden, können Sie am linken, unteren Rand des SoapUI-Fensters das Panel **Request Properties** mit den Einstellungen der Abfrage sehen. Geben Sie in den Feldern **Username** und **Password** den S-Benutzer und dessen Passwort ein, mit welchem Sie die Daten an den Integrationsprozess schicken wollen.
4. Klicken Sie die Schaltfläche **Submit request** im Request-Editor an, um die Nachricht an die SAP Cloud Platform Integration abzusenden.
5. Wechseln Sie in der rechten Hälfte des Request-Editors vom **XML**- auf den **Raw**-Reiter. Hier sehen Sie nun ein erstes, technisches Indiz, ob die Nachricht erfolgreich an die Cloud Integration übertragen wurde.

Ist der HTTP-Statuscode in der ersten Zeile »202 Accepted«, dann war die Übertragung erfolgreich. Ist der Statuscode »401 Unauthorized«, sollten Sie die Zugangsdaten überprüfen, die Sie in den SoapUI-Eigenschaftsfeldern **Username** und **Password** angegeben haben. Ist der Statuscode »403 Forbidden«, liegt der Fehler in den meisten Fällen an der fehlenden Rolle ESBMessaging.send, die der sendende Nutzer benötigt, um Daten an den Integrationsprozess schicken zu dürfen.

Einen detaillierteren Blick über die Nachrichtenverarbeitung erlangen Sie in der Monitoring-Sicht der Web UI. Öffnen Sie hierzu die Web UI, und führen Sie die folgenden Schritte aus:

1. Wechseln Sie über die linke Menüleiste in die Monitoring-Ansicht.
2. Klicken Sie die erste Kachel (**All Integration Flows: Past Hour / X Messages**) im Bereich **Monitor Message Processing** an.
3. In dieser Ansicht sollten Sie, wie in Abbildung 13.22 gezeigt, auf der linken Hälfte Ihre Nachricht inklusive Übertragungsstatus (**Completed**) in der Liste sehen.

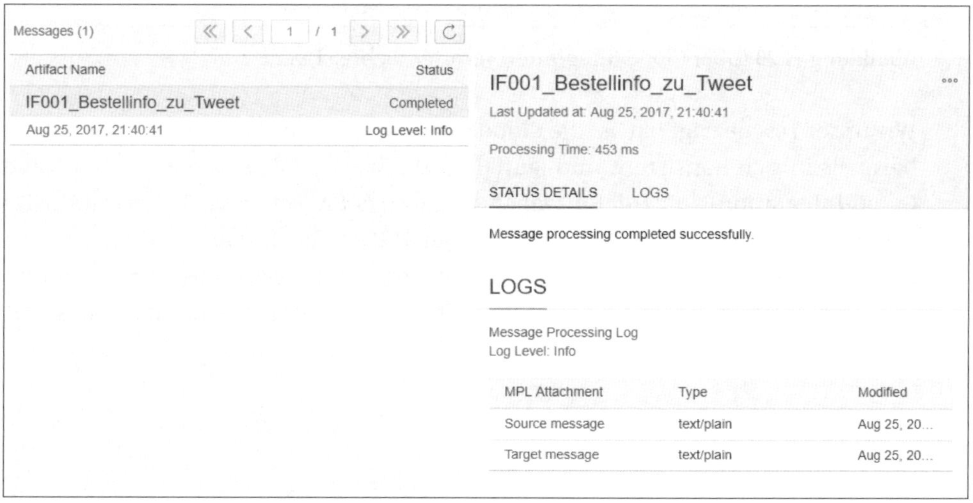

Abbildung 13.22 Ansicht der Testnachricht im Monitoring

4. Wenn Sie die Nachricht anklicken, sollten Sie auf der rechten Hälfte die Details zur Nachricht sehen. Neben dem ausführlichen Übertragungsprotokoll, das Sie mit dem Link **Message Processing Log** aufrufen, finden Sie eine Tabelle mit Anlagen, den MPL Attachments (MPL steht für Message Processing Log). Diese Attachment-Tabelle enthält zwei geloggte Nachrichtenversionen – eben die, die wir durch die Skriptaktivitäten in unserem Integration Flow persistiert haben. An dieser Stelle können Sie durch Betrachten der beiden Attachments prüfen, ob die Datentransformation wie gewünscht stattgefunden hat.

Twitter checken

Als Letztes rufen wir das Twitterprofil @realcore_dev auf, um zu prüfen, ob die Verarbeitung des Twitter-API-Aufrufs gelungen ist und unsere Nachricht tatsächlich auf unserem Profil veröffentlicht wurde. Die öffentliche Timeline ist dabei immer über folgendes URL-Schema zu erreichen: *https://twitter.com/<username>*

Wie Abbildung 13.23 zeigt, hat die Übertragung erfolgreich funktioniert, sodass wir den Test erfolgreich abschließen können.

Abbildung 13.23 Über Cloud Integration veröffentlichter Tweet

Wie unser Test gezeigt hat, ist die Cloud Integration-Komponente des großen Praxisbeispiels in sich konsistent und lauffähig. Die WSDL-URL, sowie ein Set an validen Cloud-Integration-Nutzerdaten geben wir an das SAP-Process-Orchestration-Team weiter, das daraus ein Service Interface in der SAP Process Integration generieren und den Endpunkt im SOAP-Receiver-Adapter der SAP-Process-Integration-Konfiguration hinterlegen kann (siehe auch Abschnitt 11.4.3, »Weitere integrierte Konfigurationen«).

TEIL IV

Betrieb einer integrierten Systemlandschaft

Kapitel 14
Administration und Überwachung von SAP Process Integration

Nachdem Sie sich in Kapitel10 mit einer beispielhaften Implementierung einer hybriden Systemlandschaft beschäftig haben, erfahren Sie in diesem Kapitel, welche Werkzeuge Ihnen für die Überwachung und Verwaltung Ihrer System zur Verfügung stehen.

In einem Unternehmen übernimmt SAP Process Integration in ihrer Aufgabe als Enterprise Service Bus (ESB) für die Integration von Geschäftsprozessen eine wichtige Rolle. Auf Nachrichtenbasis werden unter anderem kritische Prozesse abgebildet und hochsensible Daten über verschiedene Softwarekomponenten, Abteilungen und Organisationen ausgetauscht. In dieser Rolle ist sie ein Herzstück der Integration in einem Unternehmen und muss deshalb hochverfügbar sein, damit ein ununterbrochener Datenaustausch über die gesamte Integrationslandschaft sichergestellt werden kann. Um dieser Anforderung nachzukommen, bietet die Advanced Adapter Engine Extended (AEX) für die Administration und Überwachung der Integrationsplattform zahlreiche Werkzeuge.

Die zur Verfügung stehenden Werkzeuge bei der Administration und Überwachung der AEX und dem Business Process Management (BPM) haben viele Überlappungen. In diesem Kapitel soll jedoch erstrangig der reine Nachrichtenaustausch auf der AEX betrachtet werden.

14.1 Administration der Advanced Adapter Engine Extended (AEX)

In diesem Abschnitt stellen wir Ihnen die administrativen Aufgaben und die dafür notwendigen Werkzeuge vor. Die Werkzeuge und die damit verbundenen Aufgaben haben wir auf Basis von Erfahrungen im Regelbetrieb gruppiert. Die Anwendung und Nutzung hängt zum einem von der zu administrierenden Systemlandschaft und zum anderen von persönlichen Vorgehensweisen in der Systemüberwachung ab.

Für die Überwachung werden dem Anwender verschiedene Werkzeuge angeboten. Mit ihnen lassen sich die Laufzeitkomponenten und die Prozesse auf dem SAP-NetWeaver-System in beliebiger Tiefe administrieren und im Fehlerfall analysieren. Die Startseite des *Integration Builders* (IB) ist der ideale Ausgangpunkt. Gehen Sie zu *http://<hostname>:<port>/dir*, wobei *<hostname>* der Hostname des SAP-Process-Orchestration-Systems und *<port>* die Portnummer ist, beispielsweise: *http://po01.realcore.de:50010/dir*. Von hier aus können Sie alle benötigten Werkzeuge aufrufen (siehe Abbildung 14.1).

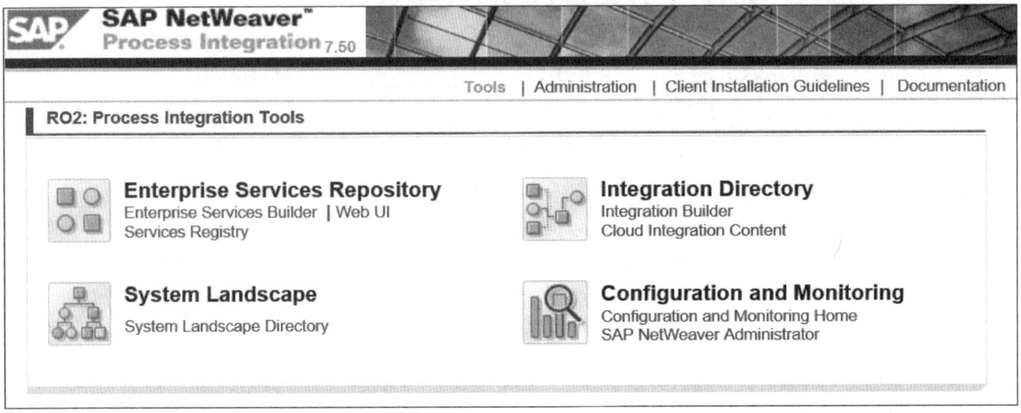

Abbildung 14.1 Administrationswerkzeuge

Zu unterscheiden sind Werkzeuge, die z. B. dem Applikationssupport für die regelmäßigen täglichen Arbeiten zur Verfügung stehen, und sehr basisnahe Werkzeuge, die in erster Linie von Anwendern der Basisadministration genutzt werden.

Für den Aufruf der Werkzeuge gibt es verschiedene Möglichkeiten; mittlerweile existieren auch Verlinkungen untereinander. So ist beispielsweise ein direkter Absprung aus der Oberfläche für die Nachrichtenüberwachung in den *LogViewer* für detailliertere Analysen möglich (siehe Abschnitt 14.2.7, »Lokales Monitoring mit SAP Process Integration«).

Rufen Sie die zentrale Administration über die Startseite des IB auf. Wenn Sie sich auf der Seite befinden, klicken Sie oben rechts im Menü auf **Administration**.

14.1.1 Zentrale Administration

Die zentrale Administration versorgt den Anwender über Browser-gestützte Sichten über verschiedene Systeminformationen. Diese sind unterteilt in **Repository**, **Directory** und **Runtime**.

In der Regel werden die Sichten jedoch selten zur Analyse von Fehlern herangezogen. Häufig wird dieser Einstieg zum Entfernen von Sperren auf Objekten im Repository oder Directory genutzt, beispielsweise wenn der Client während einer Entwicklung die Verbindung zum Server verliert und das Objekt aufgrund der Sperre nicht mehr bearbeitet werden kann (siehe Abbildung 14.2). Klicken Sie hierfür im Reiter **Repository** auf den Unterpunkt **Sperrübersicht**, markieren Sie das entsprechende Objekt in der Tabelle **Sperrübersicht** und bestätigen Sie anschließend mit **Ausgewählte Sperre entfernen**.

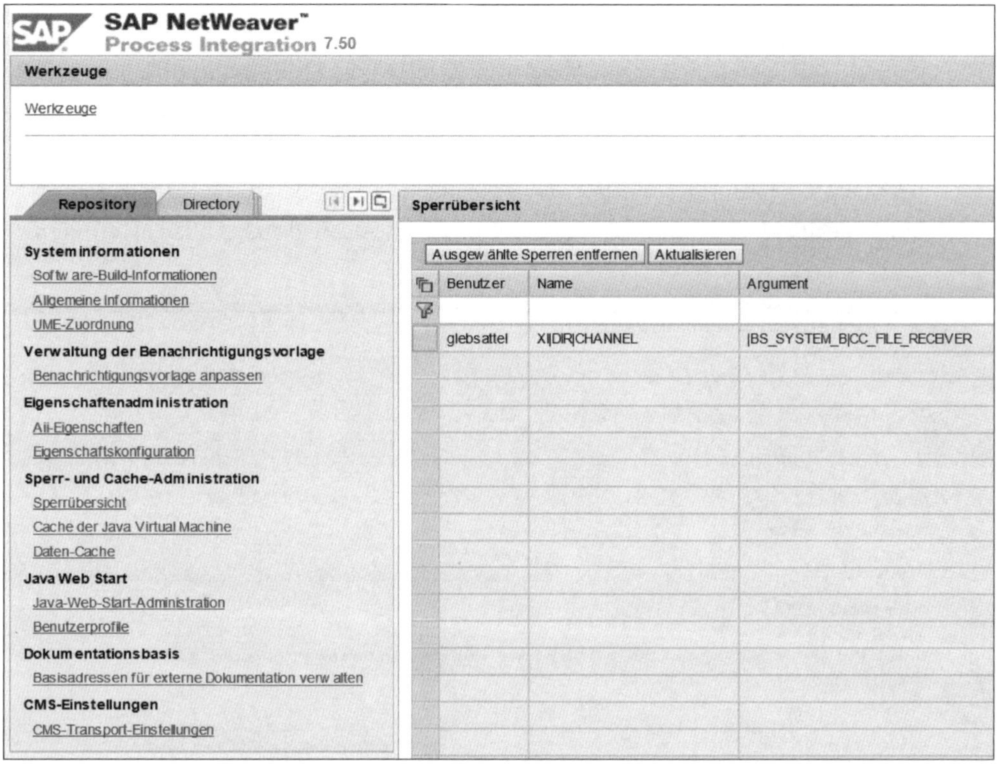

Abbildung 14.2 Zentrale Administration – Objekte entsperren

Darüber hinaus können hier gezielt die verschiedenen Daten- und Laufzeit-Caches aktualisiert werden. Dies kann hilfreich sein, wenn Sie feststellen, dass beispielsweise eine Anpassung an einem Kommunikationskanal zur Laufzeit keine Wirkung zeigt. Gelegentlich kann es vorkommen, dass ein Objekt im Cache nicht korrekt aktualisiert wurde. Klicken Sie im Reiter **Repository** auf **Daten-Cache**. Wählen Sie in der darauffolgenden Tabelle den gewünschten Cache aus, und bestätigen Sie mit **Aktualisieren**.

14.1.2 Der SAP NetWeaver Administrator

Der SAP NetWeaver Administrator ist das zentrale Werkzeug für die Durchführung von Verwaltungsaufgaben wie das Starten und Stoppen von Instanzen, das Ändern von Konfigurationseinstellungen, das Analysieren von Protokollen und Traces sowie Heap-, Thread- und Dump-Analysen. Er dient der kontinuierlichen Systemüberwachung, um einen störungsfreien Betrieb sicherzustellen.

Es stehen verschiedene Verwaltungsbereiche (*Work Center*) zur Verfügung, die wiederum unterschiedliche Werkzeuge und Funktionalitäten gruppieren (*Work Sets*). In den folgenden Abschnitten erläutern wir die wichtigsten zur Verfügung stehenden Werkzeuge näher.

Schneller Zugriff

Sehr hilfreich für die persönliche Arbeitsweise ist die Möglichkeit, die favorisierten Werkzeuge auf der Einstiegsseite (**Mein Arbeitsbereich**) des SAP NetWeaver Administrators zu verlinken (siehe Abbildung 14.3).

Des Weiteren besteht die Option, die verschiedenen Werkzeuge schnell und effizient durch die direkte Eingabe eines Schlüsselwortes im Suchfeld rechts oben aufzurufen.

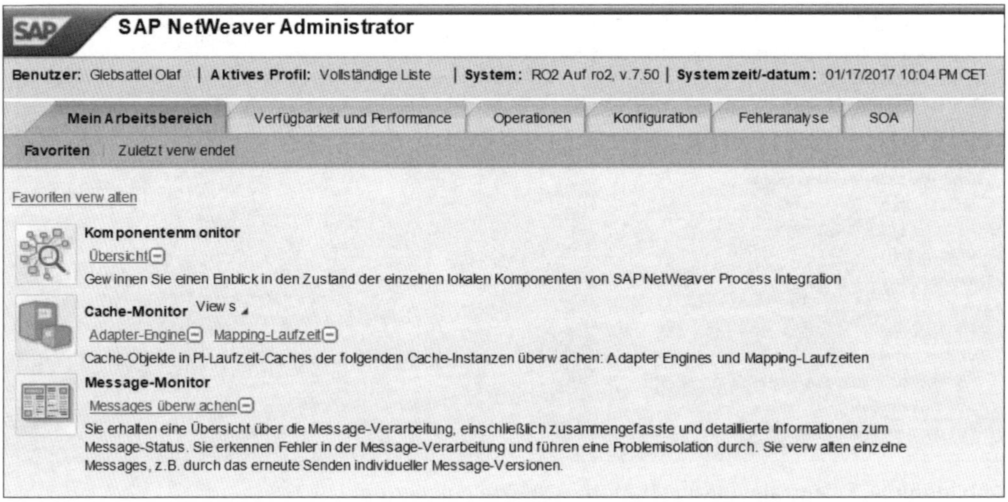

Abbildung 14.3 SAP NetWeaver Administrator

Um auf den SAP NetWeaver Administrator zuzugreifen, gehen Sie zu *http://<hostname>:<port>/nwa*, wobei *<hostname>* der Hostname des SAP-NetWeaver-Systems und *<port>* die Portnummer des SAP-NetWeaver-Systems ist.

14.1.3 SAP Process Integration Monitoring (pimon)

Der SAP Process Integration Monitor (häufig kurz als *pimon*, *PIMON* oder *PIMon* bezeichnet) dient in erster Linie der Überwachung des Nachrichtenaustauschs und der Analyse im Fehlerfall. Darüber hinaus bietet er noch weitere Konfigurations- und Administrationsmöglichkeiten wie die Einrichtung einer benutzerdefinierten Suche (siehe Abschnitt 14.2.4, »Benutzerspezifische Nachrichtensuche«). Über die Konfiguration eigener Selektionskriterien in Form definierter Attribute aus dem Nachrichtenkopf oder der Payload lassen sich Ergebnismengen schnell und effizient reduzieren bzw. können gesuchte Nachrichten gezielt aus einer großen Menge identifiziert werden.

Um auf die Einstiegsseite des SAP Process Integration Monitors zu gelangen, gehen Sie zu *http://<hostname>:<port>/pimon*, wobei *<hostname>* der Hostname des SAP-NetWeaver-Systems und *<port>* die Portnummer des SAP-NetWeaver-Systems ist.

14.1.4 Basisnahe Werkzeuge

Es gibt weitere administrative Werkzeuge, die aus Applikationssicht eher selten zum Einsatz kommen. Diese finden in erster Linie bei der Konfiguration und der Systemadministration Verwendung.

SAP Management Console

Die *SAP Management Console* bietet einen Rahmen für das zentralisierte Systemmanagement. Mit der SAP Management Console können diverse administrative und überwachende Tätigkeiten wie das Starten und Stoppen von Instanzen, die Überwachung von Java-Prozessen, die Speicherverwaltung (*GarbageCollection*) oder die Analyse von LogFiles durchgeführt werden (siehe Abbildung 14.4). Es gibt drei Arten, die Konsole zu starten:

- webbasiert (der Browser muss Java unterstützen)
- Eclipse-basiert (im SAP NetWeaver Developer Studio integriert)
- standalone (nur für Windows-Systeme verfügbar)

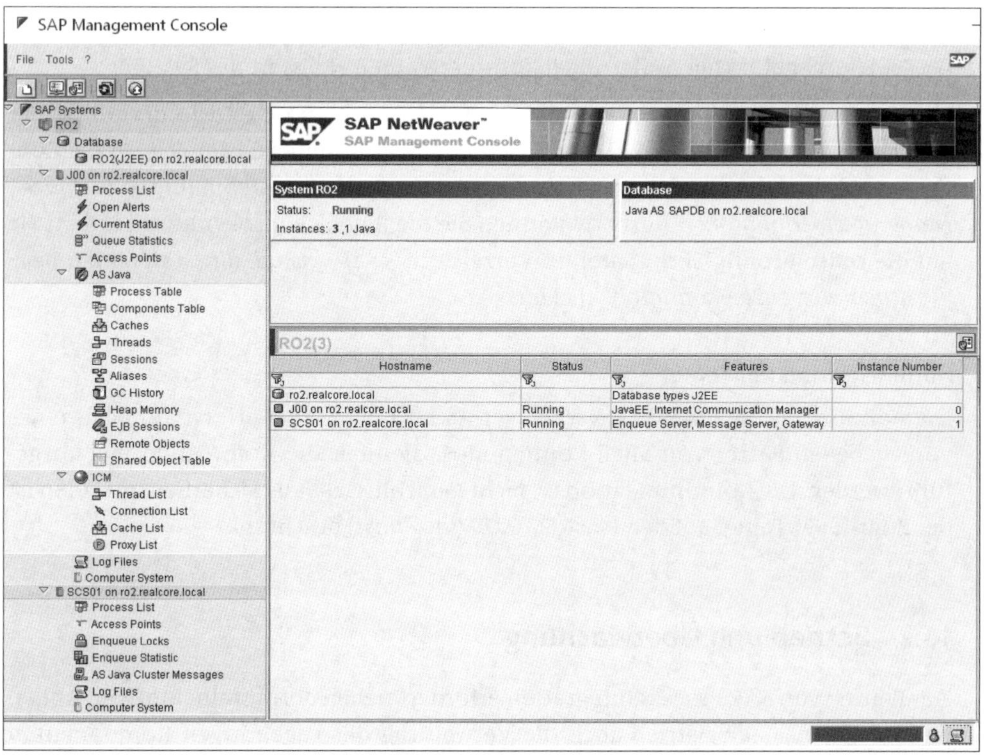

Abbildung 14.4 SAP Management Console

Um die SAP Management Console über den Browser zu starten, gehen Sie zu *http://<hostname>:<port>*, wobei *<hostname>* der Hostname des SAP-NetWeaver-Systems und *<port>* die Portnummer des Instanzagenten (sapstartsrv) des SAP-NetWeaver-Systems ist. Die Portnummer setzt sich wie folgt zusammen: *5<instance_number>13*. Wenn die Instanznummer beispielsweise 00 ist, ist die Portnummer 50013.

Alternativ kann die SAP Management Console im SAP NetWeaver Developer Studio integriert sein. In diesem Fall kann sie über die Perspektive **SAP Management Console** aufgerufen werden. Voraussetzung ist, dass der SAP Application Server entsprechend im SAP NetWeaver Developer Studio konfiguriert ist und Sie über die notwendigen Administratorrechte verfügen.

Die SAP Management Console ist *standalone* verfügbar und bietet eine allgemein verwendbare Infrastruktur für die Systemverwaltung. Sie ermöglicht über Snap-ins den zentralisierten Zugriff auf separat implementierte Werkzeuge zur Systemverwaltung über eine gemeinsame Benutzeroberfläche.

Config Tool

Das *Config Tool* dient der Offline-Konfiguration des SAP NetWeaver AS Java und ermöglicht Änderungen an Diensten und Anwendungen, die Bearbeitung von JVM-Parametern und andere weitreichende Konfigurationen. Die meisten mit dem Config Tool durchgeführten Änderungen erfordern einen Neustart des Systems.

Sie können die Konfiguration mit dem Config Tool über eine GUI oder direkt per Konsolenbefehl durchführen. Um die GUI zu starten, doppelklicken Sie auf die Config-Tool-Skriptdatei im Verzeichnis *<SAP_install_dir>/<systemname>/<instance_Name>/j2ee/configtool*. Alternativ können Sie die Befehlskonsole nutzen, indem Sie auf die **consoleconfig**-Skriptdatei im Verzeichnis *<SAP_install_dir>/<systemname>/<Instanzname>/j2ee/configtool* klicken.

Administration per Telnet

Die Administration eines SAP NetWeaver AS Java per Telnet erfolgt auf Basis eines vorgegebenen Satzes von Shell-Kommandos, die über die Kommandozeile ausgeführt werden. Die Kommunikation ist nicht verschlüsselt; aus Sicherheitsgründen ist der Zugriff per Telnet auf den Host *127.0.0.1* (*localhost*) beschränkt.

14.2 Betrieb und Überwachung

Der Betrieb von SAP Process Integration erfordert neben den administrativen Aufgaben im technischen Betrieb auch die Verwaltung der zugehörigen Komponenten und die Überwachung der implementierten Integrationsszenarien. Im Folgenden werden die wichtigsten Aufgaben und Werkzeuge aufgeführt, die Sie im Regelbetrieb benötigen.

14.2.1 Komponenten von SAP Process Integration überwachen

In diesem Abschnitt erfahren Sie, wie Sie die Komponenten der SAP Process Integration überwachen und einen Status über deren Zustand erhalten.

Nach der initialen Inbetriebnahme überprüfen Sie die Verfügbarkeit aller SAP-Process-Integration-Komponenten mit einem Ping-Test über HTTP. Anhand des Statuskennzeichens und des Zeitstempels können Sie die letzte Testausführung und den Zustand überprüfen (grün oder rot).

Für die Prüfung über den SAP NetWeaver Administrator rufen Sie den selbigen über *http://<hostname>:<port>/nwa* auf, und navigieren über **SOA • Monitoring • PI-Komponentenmonitor** zur Komponentenüberwachung (siehe Abbildung 14.5).

Abbildung 14.5 Komponenten-Monitor

Alternativ gehen Sie über den SAP Process Integration Monitor. Rufen Sie diesen über *http://<hostname>:<port>/pimon* auf, und wählen Sie den Komponenten-Monitor über **Monitoring • Adapter-Engine • Komponentenmonitor**.

Wählen Sie zunächst die Komponente aus. Schränken Sie dazu die angezeigten Komponenten mithilfe der Felder **Komponententyp** und **Komponentenname** ein, und wählen Sie dann die gewünschte Komponente aus dem mittleren Bereich aus. Im Beispiel aus Abbildung 14.5 haben wir die **Zentrale Adapter Engine** ausgewählt.

Klicken Sie anschließend auf die Schaltfläche **Starten**, um die Verfügbarkeit zu überprüfen. Ändern Sie gegebenenfalls die Komponente, und wiederholen Sie den Test. In der Tabelle **Verfügbare Komponenten** werden Ihnen die Ergebnisse des Ping-Tests angezeigt.

Der *Health Check* ermöglicht Ihnen mithilfe eines Selbsttests, alle Kenngrößen der SAP-Process-Integration-Komponenten zu überprüfen. Gegenüber der Komponentenüberwachung verfügt der Health Check über weitere Status, wobei sich der Gesamtzustand einer Komponente an dem niedrigsten Status orientiert. So kann der Gesamtstatus nur Grün sein, wenn auch alle Kenngrößen Grün sind (siehe Abbildung 14.5).

Um den Health Check auszuführen, rufen Sie wie bereits beschrieben die Komponentenüberwachung auf und klicken auf die Schaltfläche **Selbsttest**. Die Ergebnisse werden in der Tabelle **Verfügbare Komponenten** in der Spalte **Selbsttest** ausgewiesen.

14.2.2 Nachrichtenversionen speichern

Nachrichten können in der Advanced Adapter Engine (AAE) und der Integration Engine (IE) zur Laufzeit nach jedem Verarbeitungsschritt versioniert und gesichert werden. Dies ist eine äußerst wichtige Funktion, die vor allem bei der Fehleranalyse zum Einsatz kommt. Sie können beispielweise den Inhalt einer Nachricht nach dem Mapping in der IE sichern, um das Ergebnis der Konvertierung zu überprüfen. Es stehen ihnen zwei Möglichkeiten für die Speicherung zur Verfügung:

- Staging
- Nachrichtenprotokollierung

Beim *Staging* können Sie asynchrone Nachrichten zur Laufzeit speichern und bei Bedarf, z. B. bei fehlerhaften Daten, korrigieren und die Verarbeitung erneut starten. Die Protokollierung ist hier ebenfalls möglich. Im Staging stehen Ihnen die Verarbeitungsschritte aus Tabelle 14.1 zur Verfügung.

Verarbeitungsschritt	Beschreibung
Message-Vorbereitung (Schritt BI)	Nachrichtenversion wird gespeichert, nachdem sie vom Senderadapter an das Messaging-System weitergereicht wurde.
Eingangs-XML-Validierung (Schritt VI)	Nachrichtenversion wird nach der Eingangs-XML-Validierung gespeichert.
Empfängerermittlung (Schritt MS)	Nachrichtenversion wird gespeichert, nachdem die Empfänger für die Nachricht ermittelt worden sind.

Tabelle 14.1 Verarbeitungsschritte im Staging

Verarbeitungsschritt	Beschreibung
Mapping (Schritt AM)	Nachrichtenversion wird gespeichert, nachdem das Mapping durchgeführt wurde.
Ausgangs-XML-Validierung (Schritt VO)	Nachrichtenversion wird nach der Ausgangs-XML-Validierung gespeichert.

Tabelle 14.1 Verarbeitungsschritte im Staging (Forts.)

In jedem Schritt können Sie konfigurieren, wie mit der Nachricht verfahren werden soll:

- **Kein** (Mode 0)
  Die Nachrichtenversion wird nicht gespeichert.
- **Bei Fehler speichern** (Mode 1)
  Die Nachrichtenversion wird gespeichert, wenn der folgende Schritt fehlerhaft ist.
- **Speichern** (Mode 3)
  Die Nachrichtenversion wird gespeichert, und die Verarbeitung wird mit dem nächsten Schritt fortgesetzt.

Die Protokollierung protokolliert, wie der Name schon sagt, lediglich die Nachrichtenversionen. Auf die Versionen kann nur lesend zugegriffen werden. Es besteht keine Möglichkeit, diese zu korrigieren bzw. neu zu starten.

Bei der Protokollierung stehen Ihnen die Verarbeitungsschritte aus Tabelle 14.2 zur Verfügung:

Verarbeitungsschritt	Beschreibung
Message-Vorbereitung (Schritt BI)	Nachrichtenversion wird gespeichert, nachdem sie vom Senderadapter an das Nachrichtensystem weitergereicht wurde.
Empfängerermittlung (Schritt MS)	Nachrichtenversion wird gespeichert, nachdem die Empfänger der Nachricht ermittelt wurden.
Mapping (Schritt AM)	Nachrichtenversion wird gespeichert, nachdem das Mapping durchgeführt wurde.

Tabelle 14.2 Verarbeitungsschritte bei der Protokollierung

Auch hier stehen Ihnen verschiedene Optionen für eine detailliertere Konfiguration zur Verfügung:

- **Keine**
  Die Nachrichtenversion wird nicht gespeichert.
- **Protokollieren**
  Die Nachrichtenversion wird für Protokollierung gespeichert.

- **Bei Fehler protokollieren**
  Im Fehlerfall wird die Nachrichtenversion für die Protokollierung gespeichert.
- **Protokollieren ohne Payload**
  Die Nachrichtenversion wird für die Protokollierung gespeichert. Dabei kann Payload nicht angezeigt werden.
- **Bei Fehler protokollieren ohne Payload**
  Im Fehlerfall wird die Nachrichtenversion für die Protokollierung gespeichert. Payload kann nicht angezeigt werden.

Im Vergleich zu asynchronen Nachrichten steht Ihnen bei synchronen Nachrichten nur die Protokollierung zur Verfügung.

Die Konfiguration für das Versionieren von Nachrichten kann für beide Arten der Sicherung global erfolgen. In diesem Fall gilt sie also für alle Szenarien in einer SAP-Process-Integration-Landschaft.

Für die Einrichtung bzw. Anpassung der globalen Konfiguration rufen Sie den SAP NetWeaver Administrator über *http://<hostname>:<port>/nwa* auf. Navigieren Sie über **Konfiguration • Infrastruktur • Java-Systemeigenschaften • Services** zu den Eigenschaften. Filtern Sie nach dem Namen »XPI Adapter: XI«. Suchen Sie die Java-Eigenschaften, und passen Sie für eine globale Einstellung die Parameter an:

- *xiadapter.stage.conf*
- *xiadapter.logger.conf*

Wenn Sie später bei der Überwachung Ihrer Nachrichten beispielsweise das Ergebnis einer durchgeführten Konvertierung (Mapping) betrachten möchten, müssen Sie die Standardeinstellungen um einen weiteren Wert ergänzen. Fügen Sie zu dem bestehenden Eintrag des Parameters *xiadapter.stage.conf* in der Spalte **Berechneter benutzerdefinierter Wert** den Wert »AM=3« hinzu (siehe Abbildung 14.6). Der Wert 3 bedeutet an diese Stelle, dass die Nachrichtenversion grundsätzlich gesichert wird. Möchten Sie diese nur im Fehlerfall ablegen, müssten Sie hier den Wert 1 setzten. Sichern Sie Ihre Einstellungen.

Bei integrierten Konfigurationen besteht darüber hinaus die Möglichkeit, die globale Konfiguration zu übersteuern und die Sicherung der Nachrichtenversionen szenariospezifisch zu bestimmen. Dies hat jedoch die Einschränkung, dass die Verarbeitung ausschließlich auf der AAE erfolgen darf. Rufen Sie im SAP Integration Directory (ID) eine integrierte Konfiguration Ihre Wahl auf, und wechseln Sie auf den Reiter **Erweiterte Einstellungen**. Aktivieren Sie im Bereich **Bereitstellung** die Einstellungen für **Szenario-spezifische Konfigurationen verwenden**, und wählen Sie **Bei Fehler speichern**. Ein Beispiel sehen Sie in Abbildung 14.7.

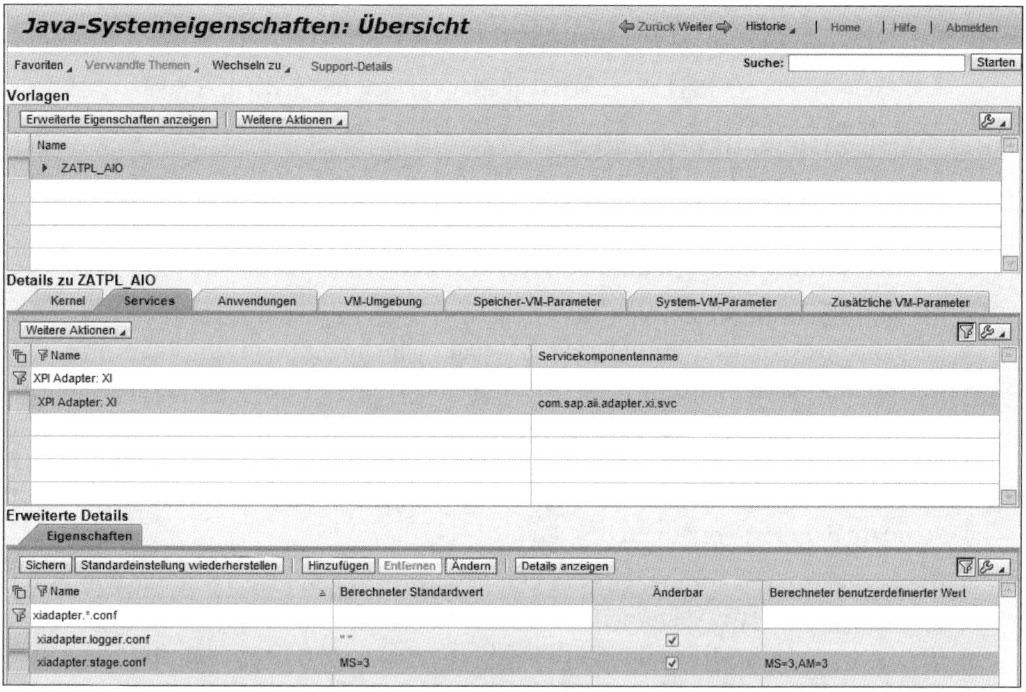

Abbildung 14.6 Globale Konfiguration für Nachrichtenversionen sichern

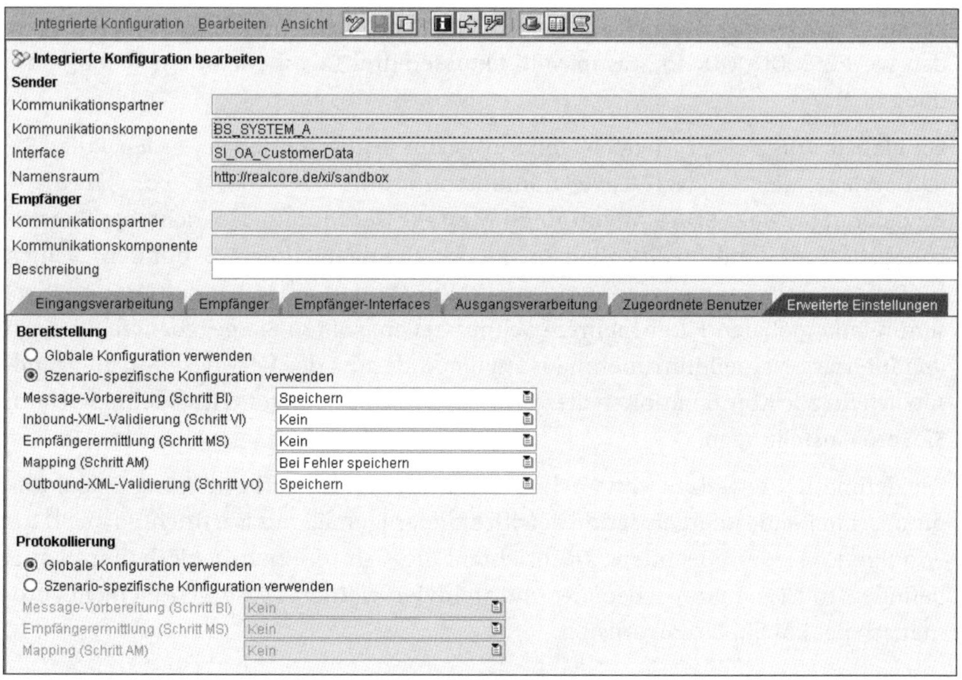

Abbildung 14.7 Staging und Nachrichtenprotokollierung

Speichern von Nachrichtenversionen

Sie sollten mit der Nachrichtenversionierung jedoch mit Bedacht umgehen, da die Speicherung des Nachrichteninhalts jedes einzelnen Verarbeitungsschrittes Speicherplatz kostet und gegebenenfalls auch zu Lasten der Performance geht.

14.2.3 Aufbewahrungsdauer von Nachrichten

Die Aufbewahrungsdauer von Nachrichten und deren Versionen spielt im Regelbetrieb oft eine sehr wichtige Rolle, da diese häufig im Nachhinein zur Überprüfung des Nachrichtenflusses herangezogen werden. Nicht selten muss man im Regelbetrieb einen erfolgreichen Nachrichtentransfer nachweisen oder, gerade nach einer Konvertierung der Nachricht, auch inhaltliche Prüfungen durchführen. In dieser Situation kann es für spezifische Schnittstellen durchaus sinnvoll sein, diese länger als im Standard definiert vorzuhalten.

Die Vorhaltezeiten können global über die Einstellungen im SAP NetWeaver Administrator in den Java-Systemeigenschaften konfiguriert werden. Rufen Sie den SAP NetWeaver Administrator über *http://<hostname>:<port>/nwa* auf, und navigieren Sie über **Konfiguration • Infrastruktur • Java-Systemeigenschaften • Services** zu den Eigenschaften. Filtern Sie nach dem Namen »XPI« und anschießend nach »persist«. Der Vorgabewert beträgt hier einen Tag. Markieren Sie die entsprechende Zeile, und klicken Sie auf **Ändern**. Geben Sie in der Spalte **Berechneter benutzerdefinierter Wert** den Wert 259200000 ein, was in Millisekunden drei Tagen entspricht (siehe Abbildung 14.8).

Die globale Vorgabe kann jedoch szenariospezifisch überschrieben werden. Rufen Sie dafür wieder den SAP NetWeaver Administrator mit *http://<host>:<port>/nwa* auf. Navigieren Sie über **SOA • Monitoring • Message Retention** (Nachrichtenaufbewahrung) zur Konfiguration. Erstellen Sie dort einen neuen Filter, z. B. mit dem Namen für Sender- und Empfängerkomponente (siehe Abbildung 14.9). Resultieren aus diesem relativ globalen Filter mehrere Schnittstellen, sollten Sie gegebenenfalls noch den Interface-Namen hinzunehmen, um die Änderung der Verweilzeit nicht grundsätzlich für alle Kombinationen dieses Senders und Empfängers zu setzen. Speichern Sie Ihre Einstellungen.

Die definierte Verweilzeit von Nachrichten in der Spalte **Aufbewahrung (Tage)** und die anschließende Reorganisation betrifft standardgemäß nur Nachrichten im Status »Erfolgreich« oder »Beendet«. Nachrichten, die sich in einem fehlerhaften Status befinden, müssen manuell beendet und archiviert werden. Diese werden nicht automatisch per Löschjob reorganisiert.

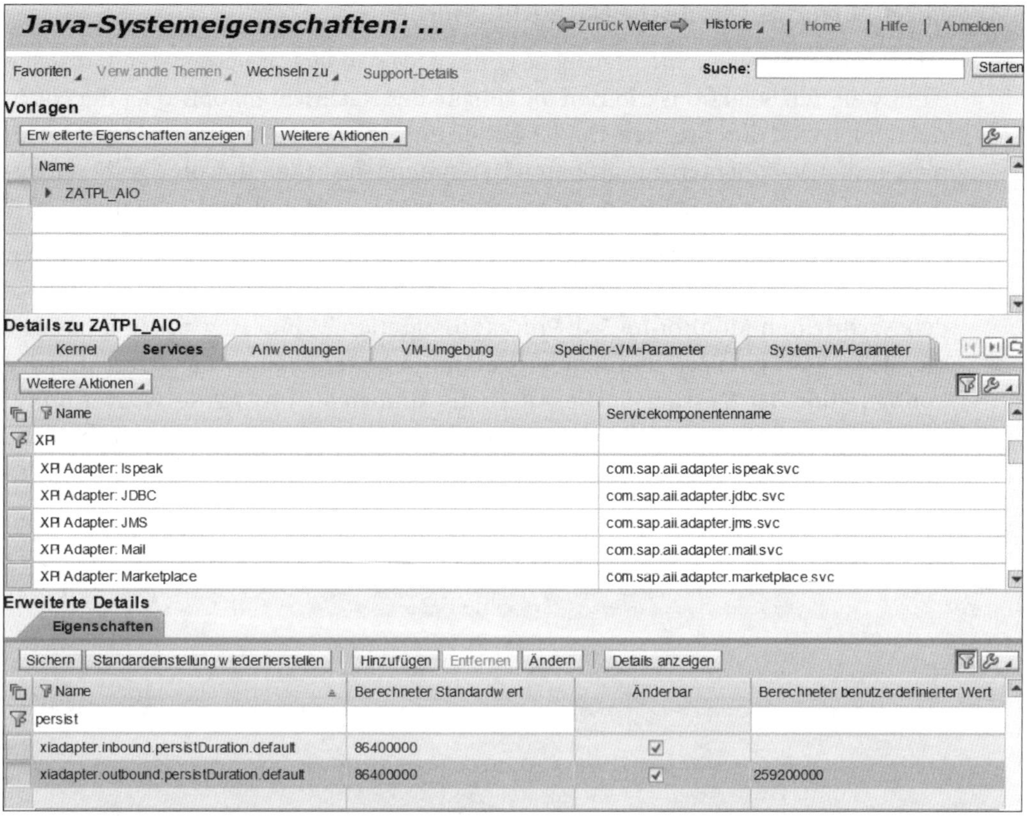

Abbildung 14.8 Globale Vorhaltezeiten setzen

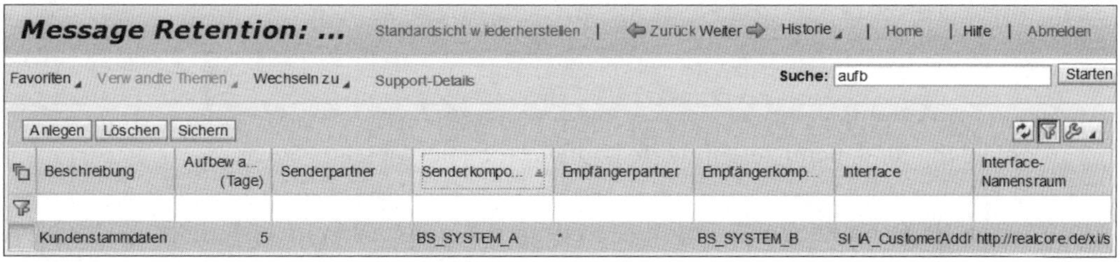

Abbildung 14.9 Szenariospezifische Aufbewahrungszeit

Dauer der Verweilzeiten

Sie sollten mit der Dauer der Aufbewahrung vorsichtig umgehen, da gegebenenfalls das Datenbankvolumen je nach Nachrichtenaufkommen im Zusammenhang mit der Versionierung schnell und stark ansteigen kann. Dies kann sich negativ auf das System auswirken.

14.2.4 Benutzerspezifische Nachrichtensuche

Mit der erweiterten Nachrichtensuche können Sie – anders als bei der Standardsuche – mit weiteren Selektionskriterien die Inhalte des Nachrichtenkopfs oder der Nachrichten-Payload durchsuchen. Das ist gerade immer dann ein enormer Vorteil, wenn man gezielt Nachrichten aus größeren Datenmengen suchen möchte. Die benutzerdefinierte Suche steht jedoch nur für asynchrone Nachrichten zur Verfügung.

Bevor Sie mit eigenen Selektionskriterien innerhalb der Nachrichten-Payload suchen können, müssen Sie die gewünschten Felder konfigurieren und indexieren. Rufen Sie den Nachrichten-Monitor im SAP Process Integration Monitoring auf, und navigieren Sie zu **Konfiguration und Administration • Adapter Engine • Benutzerdefinierte Konfiguration der Message-Suche**. Alternativ können Sie im SAP NetWeaver Administrator **SOA • Monitoring • Benutzerdefinierte Konfiguration der Message-Suche** aufrufen (siehe Abbildung 14.10).

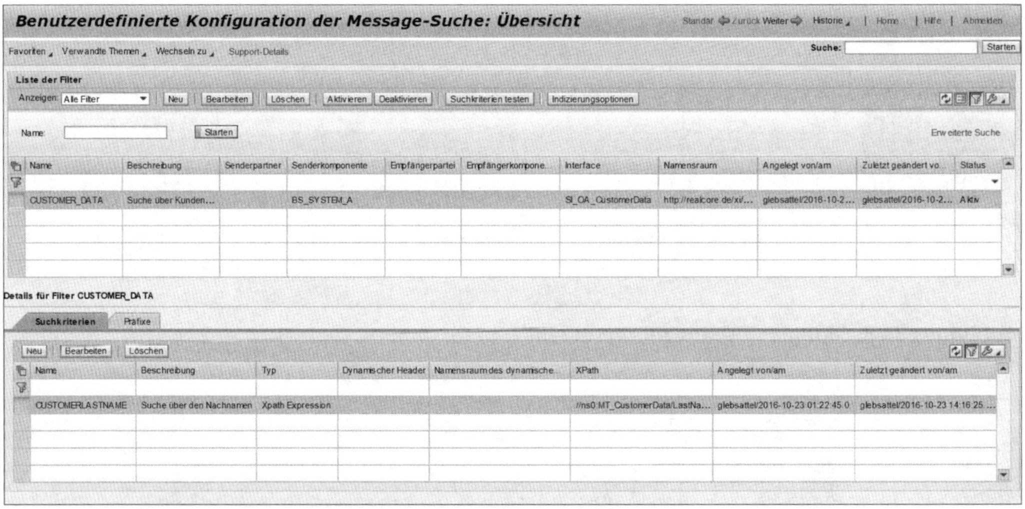

Abbildung 14.10 Benutzerdefinierte Konfiguration der Message-Suche

Legen Sie einen neuen Filter mit den entsprechenden szenariospezifischen Kriterien wie Sender- und Empfängerkomponente und dem Interface-Namen an. Anschließend definieren Sie die Suchkriterien für bestimmte Felder in der Nachrichtenstruktur per Pfadangabe (Spalte **XPath**) und Angabe des Namensraumpräfixes. Aktivieren Sie den Filter und testen Sie die Suche, indem Sie im Bereich **Liste der Filter** auf die Schaltfläche **Suchkriterien testen** klicken. Wenn die Definition Ihres Filters erfolgreich war und Sie ein Resultat haben, können Sie bei Bedarf auch einen zurückliegenden Zeitraum indexieren. Ansonsten werden nur Nachrichten indexiert, die nach der Erstellung des Filters erstellt wurden.

Danach können Sie dieses Suchkriterium in der SAP-Process-Integration-Message-Suche auf dem Reiter **Benutzerdefinierte Suchkriterien** nutzen (siehe Abbildung 14.11).

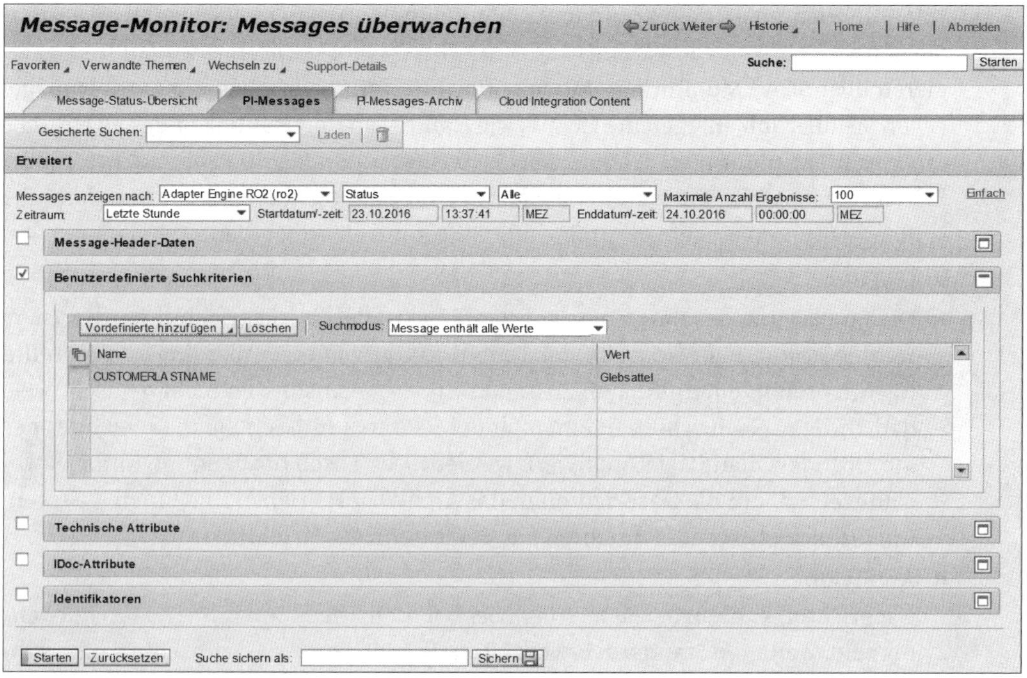

Abbildung 14.11 Benutzerspezifische Suche

14.2.5 Integrationsprozess überwachen

Ihnen stehen verschiedene Werkzeuge zur Überwachung der Integrationsprozesse und weiterer SAP-Process-Integration-Komponenten zur Verfügung. Der SAP Solution Manager ist ein zentrales Monitoring-Werkzeug zur Überwachung mehrerer SAP Application Server und deren Komponenten. Zudem verfügt jede SAP-Process-Integration-Domäne über ein eigenes lokales Monitoring-Werkzeug. So können Sie aus dem zentralen Monitoring des SAP Solution Managers heraus je nach Bedarf zur weiteren detaillierteren Analyse in die entsprechenden lokalen Monitore navigieren.

Um alle lokalen Monitore aufzurufen, gehen Sie auf *http://<host>:<port>/pimon*, wobei *<hostname>* der Hostname des SAP-Process-Orchestration-Systems und *<port>* die Portnummer des SAP-Process-Orchestration-Systems ist.

In einem AEX-System befinden sich die lokalen Monitore im SAP NetWeaver Administrator und können über *http://<host>:<port>/nwa* aufgerufen werden.

14.2.6 Regelmäßig auszuführende Arbeiten

Zu den regelmäßig auszuführenden Arbeiten gehören z. B. Hintergrundjobs zum Archivieren, Löschen, Neustarten und Wiederherstellen von SAP-Process-Integration-Nachrichten. Für die Konfiguration und Einplanung der verschieden Jobs rufen Sie den SAP NetWeaver Administrator mit *http://<host>:<port>/nwa* auf und navigieren über **SOA • Monitoring • Monitor für Hintergrundverarbeitung** zur Jobanlage. Legen Sie über **Job anlegen** die Details wie Name, Typ und Häufigkeit des gewünschten Jobs im Minimum an. Planen Sie beispielsweise den Löschjob einmal pro Tag zu Zeiten ein, an denen Ihr System eine geringe Auslastung ausweist. Die Standardjobs sollten periodisch eingeplant und regelmäßig kontrolliert werden:

- **Löschjob**
  Die Einplanung des Löschjobs ist unabdingbar, damit Nachrichten reorganisiert werden können, die sonst in der Datenbank verbleiben. Allerdings müssen die Nachrichten in einem finalen Zustand sein, da sie ansonsten nicht gelöscht werden können. Nachrichten in einem anderen Status müssen Sie manuell oder per Job beenden, damit sie archiviert werden. Der Löschjob benötigt immer zwei Läufe: einen, um die Nachrichten in das Archiv zu schreiben und einen weiteren, um die persistierten Nachrichten aus der Datenbank zu löschen.
- **Archivjob**
  Nachrichten können bei Bedarf *archiviert* werden. Dies kann immer dann notwendig sein, wenn die Standardverweilzeiten für eine längere erwünschte Aufbewahrungsdauer nicht ausreichend sind. Auf diese Weise ist eine Aufbewahrung, z. B. aus Revisionsgründen, über einen bedeutend längeren Zeitraum möglich. Die Archivierung wird nicht global konfiguriert, sondern muss über Regeln definiert werden. So bekommen Nachrichten eines bestimmten Typs das entsprechende Flag und werden nicht per Löschjob reorganisiert.
- **Neustartjob**
  Die Einplanung des Neustartjobs kann ebenfalls sinnvoll sein, wenn Sie Nachrichten bei einem nicht erfolgreichen Versand nicht manuell starten möchten. Der Hintergrund ist, dass Nachrichten nach einer definierten Zahl vergeblicher Zustellungsversuche, z. B. bei Nichterreichbarkeit des Zielsystems, in einen Fehlerstatus gehen und gegebenenfalls eine Queue blockieren. Die wiederholte Einplanung des Jobs nach einem gewissen Zeitraum erhöht somit die Chance auf eine erfolgreiche Zustellung in das Zielsystem.
- **Abbruchjob**
  Dieser Job kann sehr hilfreich sein, um massenhaft fehlerhafte Nachrichten zu beenden. Gerade bei Massendatenschnittstellen kann es schnell passieren, dass sich eine sehr hohe Anzahl von Nachrichten sammelt, die dann manuell beendet werden müssten. Der Job setzt lediglich den Status der Nachrichten um, sodass die Nachrichten im nächsten Lauf des Löschjobs berücksichtigt und reorganisiert werden.

[!]

> **Abbruchjob**
>
> Gehen Sie vorsichtig mit der Konfiguration dieses Jobs um, da die Gefahr besteht, versehentlich Nachrichten zu löschen. Der Job bietet neben Kriterien zur Einschränkung der Selektion auch einen Testlauf an, sodass Sie die Ausführung zuerst simulieren können. Kontrollieren Sie das Ergebnis, bevor Sie das Kennzeichen **Testlauf** deaktivieren.

14.2.7 Lokales Monitoring mit SAP Process Integration

Das lokale Monitoring über SAP Process Integration stellt verschiedene Werkzeuge zur Überwachung des Nachrichtenflusses und den damit in Zusammenhang stehenden Komponenten zur Verfügung. Sie finden im SAP Process Integration Monitoring verschiedene Werkzeuge (siehe Abbildung 14.12).

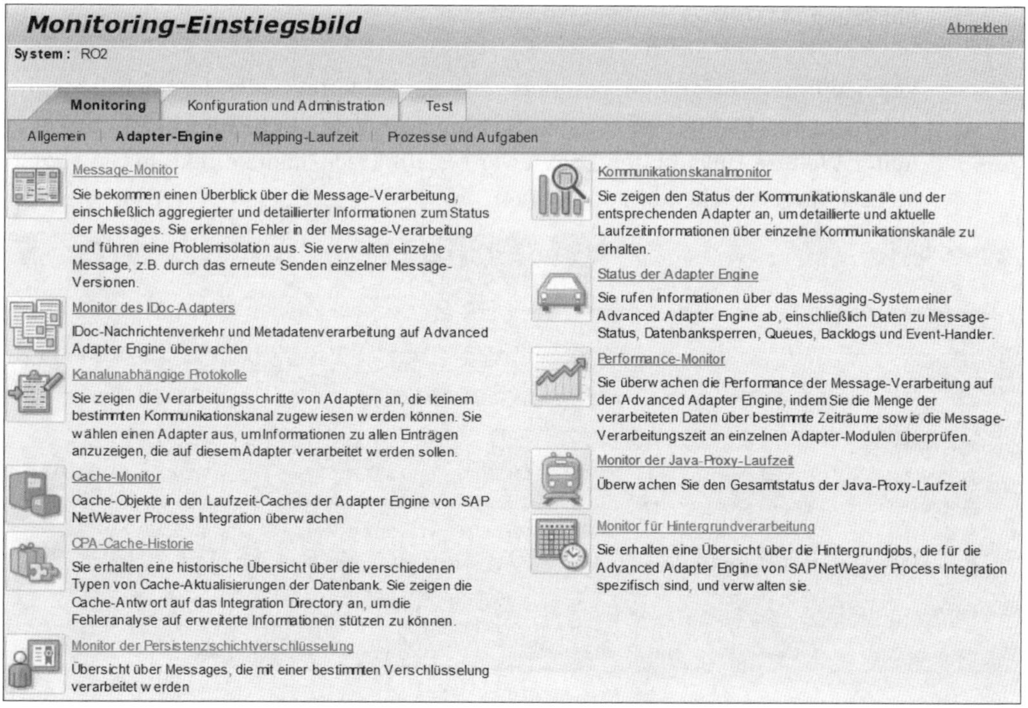

Abbildung 14.12 Lokales Monitoring

- **Message Monitor**
  Das Message Monitoring ist Ihr idealer Einstieg für das tägliche Monitoring. Hier finden Sie eine aggregierte Sicht über definierte Zeiträume, zudem können Sie Ihre Überwachung mit Selektionskriterien verfeinern. Die Übersicht gibt Ihnen einen schnellen Überblick über den Status Ihrer Nachrichtenverarbeitung und

ermöglicht das direkte Öffnen der Nachricht. Sie haben mehrere Optionen wie die Analyse von fehlerhaften Nachrichten, das erneute Versenden oder auch das Editieren von Nachrichteninhalten (siehe Abbildung 14.13).

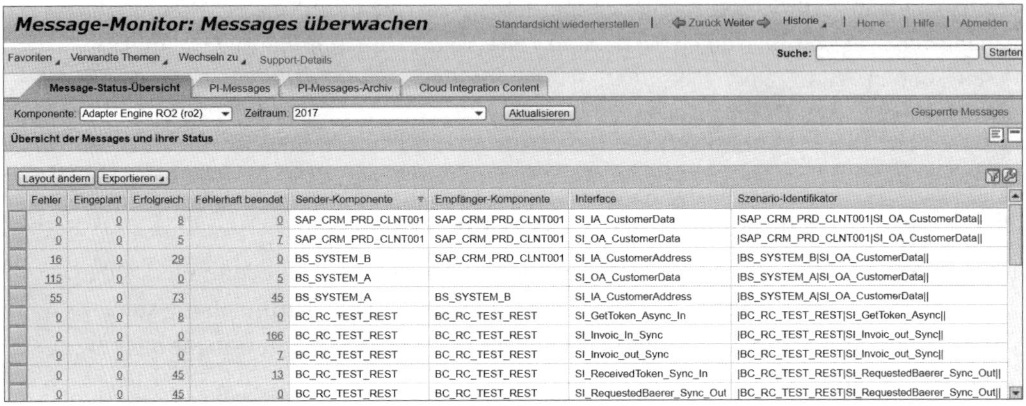

Abbildung 14.13 Message Monitoring

Reichen Ihnen zur Analyse beispielsweise der Fehlertext oder der Nachrichteninhalt nicht aus, können Sie von hier für eine noch detailliertere Recherche auf dem Reiter **Weitere Links** in den LogViewer bis auf Trace-Ebene direkt an die Fehlerstelle springen (siehe Abbildung 14.14).

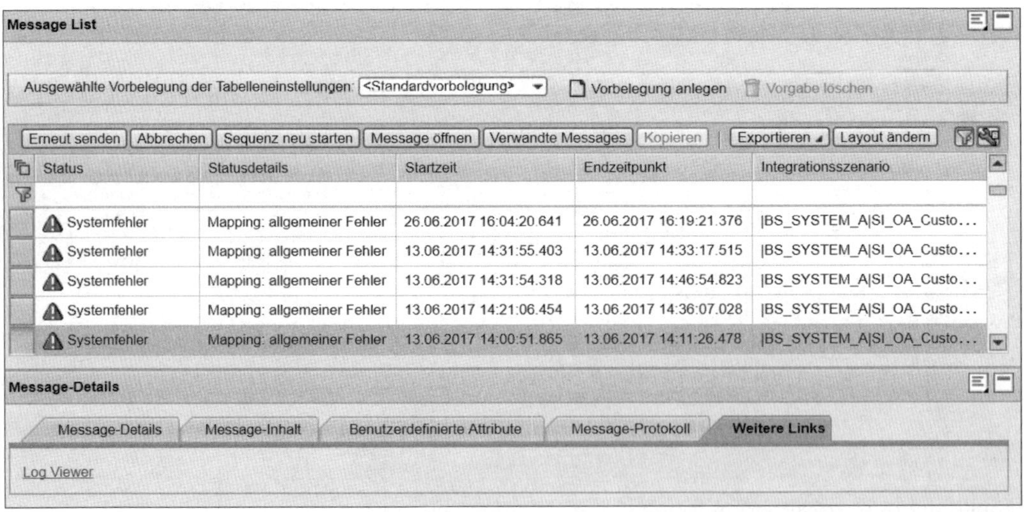

Abbildung 14.14 In den LogViewer abspringen

- **Kommunikationskanal-Monitor**
  Der Kommunikationskanal-Monitor erlaubt Ihnen, kanalspezifisch den Status und weitere Laufzeitinformation anzuzeigen. Zudem können Sie bestimmte Ver-

waltungsaufgaben wie Starten und Stoppen oder die Einplanung von Bereitschaftszeiten vornehmen.

- **Monitor des IDoc-Adapters**
  Das IDoc Adapter Monitoring ermöglicht Ihnen, die Verarbeitung der im *Intermediate Document Format* versendeten Nachricht zu prüfen und anhand verschiedener Parameter gezielt nach diesen zu suchen. Sie können sich weitere Details wie verschiedene Parameter oder Informationen zu *Acknowledgements* anzeigen lassen.
- **Kanalunabhängige Protokolle**
  Die kanalunabhängigen Protokolle zeigen Ihnen unabhängig von einem bestimmten Kommunikationskanal alle Verarbeitungsschritte eines Adaptertyps an.
- **Adapter-Engine-Status**
  Die Statusanzeige der Adapter Engine bietet Ihnen verschiedene Sichten auf die AAE und gibt Ihnen Informationen zur Nachrichtenverarbeitung sowie zu Backlogs, Datenbanksperren, Queues, Threads etc.
- **Cache Monitor**
  Der Cache Monitor gibt Ihnen Aufschluss über den Laufzeitcache der Adapter Engine und der *Mapping Runtime*.
- **CPA-Cache-Historie**
  Die CPA-Cache-Historie gibt Auskunft über die in der Vergangenheit durchgeführten Cache-Aktualisierungen.
- **Performance Monitor**
  Im Performance Monitor können Sie die Performance Ihrer Nachrichtenverarbeitung verfolgen. Sie gibt Ihnen beispielsweise Auskunft über Anzahl, Größe und Verarbeitungszeit über einen gewissen Zeitraum für spezifische Schnittstellen.
- **Hintergrundjob-Monitor**
  Im Monitor für Hintergrundverarbeitung können Sie sehen, welche Jobs auf der AAE eingeplant sind. Sie können diese verwalten und auch den jeweiligen Status prüfen.

14.2.8 Monitoring-Rollen

Grundsätzlich haben Sie die Möglichkeit, die Benutzerrechte im Bereich der Nachrichtenüberwachung mit vordefinierten Rollen und Aktionen einzuschränken. Das kann immer dann sinnvoll sein, wenn Sie beispielsweise verhindern möchten, dass ein Anwender versehentlich eine Nachricht manuell beendet oder dass er einen Nachrichteninhalt sieht, der nicht für ihn bestimmt ist. Die Rollen können folgende Aktionen kombinieren:

- Anzeige von Daten
- Ausführen administrativer Aktionen
- Anzeige des Nachrichteninhalts
- Bearbeiten der Daten aus dem Nachrichtenkopf
- Bearbeiten der Daten aus dem Nachrichteninhalt

Eine Liste der verfügbaren Standardrollen und deren Aktionen finden Sie in der SAP-Dokumentation unter dem Stichwort »Monitoring-Rollen«.

Eine weitere, charmante und feingranulare Art der Zugriffssteuerung ist die Option, eigene Aktionen in Rollen inkludiert für verschiedene Schnittstellen oder Sender individuell anzulegen. Die Konfiguration erfolgt zum Teil in der Browser-Oberfläche, erfordert aber auch die Konfiguration einer XML-Datei für die Definition der Rollen und den diesen Rollen zugeordneten Aktionen.

Zuerst muss eine XML-Datei mit den gewünschten Aktionen und Rollen editiert werden. Ein Beispiel und die entsprechende Vorlage finden Sie in SAP-Hinweis 1370334 (»Sichern von Payloads beim Message-Monitoring«). Die XML-Datei muss für ein Deployment in ein *Enterprise Application Archive* (EAR) gepackt und in der Adapter Engine deployt werden. Anschließend müssen Sie noch im **Exchange-Profil** einen neuen Parameter aktivieren, indem Sie diesen mit dem Namen »com.sap.aii.rbw.server.auth.UME« anlegen und ihm den Wert »true« zuweisen. Danach muss der Server neu gestartet werden.

Letztendlich fassen Sie Ihre Aktionen in Rollen zusammen und ordnen die Rollen Ihren Benutzern und Gruppen zu. Damit die Benutzer auf die Überwachungswerkzeuge zugreifen können, müssen auch die beiden folgenden Standardrollen zugewiesen sein:

- SAP_XI_DISPLAY_USER_J2EE
- SAP_XI_MONITOR_J2EE

Das hier beschriebene Vorgehen für das szenariobasierte Monitoring unterstützt nur das Hinzufügen zusätzlicher Berechtigungen, lässt aber das Verhindern des Zugriffs auf bestimmte Szenarien nicht zu. Auf diese zusätzlich aufbauende Konfiguration soll an dieser Stelle nicht mehr eingegangen werden. Stattdessen möchten wir Sie auf den bereits zuvor genannten SAP-Hinweis verweisen, der die entsprechenden *deny-Werte* enthält. Es sei lediglich noch darauf hingewiesen, dass diese deny-Werte vom Rang her die positiven schlagen.

14.3 Komponentenbasiertes Message Alerting

Wenn Sie für den Betrieb von SAP Process Integration verantwortlich sind, kommen Sie nicht um ein gut durchdachtes und an Ihre Bedürfnisse angepasstes Überwachungs- und Benachrichtigungskonzept herum. In manchen Landschaften reicht gegebenenfalls eine mehrmals am Tag aktive Überwachung auf Basis der bevorzugten Monitore aus. Dieses Vorgehen kann bei nicht zeitkritischen Geschäftsprozessen praktikabel sein, jedoch spielt bei vielen Schnittstellen ein schnelles Eingreifen eine wichtige Rolle. In diesem Fall stellt SAP Process Integration bei technischen Problemen eine Infrastruktur zum Senden von Benachrichtigungen an Administratoren und andere Benutzer bereit. Seit SAP NetWeaver 7.3 EHP 1 haben Sie die Möglichkeit, den neuen komponentenbasierten *Message-Alerting-Mechanismus* zu nutzen.

14.3.1 Grundbegriffe und Konzept im Überblick

Im Folgenden werden die Grundbegriffe, das Konzept und die notwendigen Konfigurationen näher beschrieben.

- **Alert**
  Der Alert an sich wird mit Daten aus dem Alert-Ereignis angereichert. Das können zum einen Metadaten wie ID und Zeitstempel sein, Sie können den Nachrichten jedoch auch direkt Inhalt anfügen.
- **Alert-Ereignis**
  Kommt es zur Laufzeit in der Nachrichtenverarbeitung zu einem Fehler, wird für die Nachricht ein entsprechender Fehlerstatus gesetzt und ein Fehlerereignis erstellt.
- **Alert-Regel**
  Alert-Regeln können im SAP NetWeaver Administrator oder im Integration Directory angelegt und verwaltet werden. Diese Regeln definieren die Bedingungen, bei denen ein Alert generiert wird. Sie können hier beispielsweise Regeln für bestimmte Sender, Empfänger oder Adaptertypen definieren.
- **Alert Consumer**
  Die Alerts werden lokal von der Alert Engine abgelegt und von Alert Consumern verwendet. Hierfür registrieren sich die Consumer über die jeweiligen Alert-Regeln an den lokalen Alert Engines und werden bei auslösenden Ereignissen benachrichtigt.
- **Alert Engine**
  Die Alert Engine stellt die Kernfunktionalitäten für das komponentenbasierte Message Alerting zur Verfügung. Sie empfängt Alert-Ereignisse, vergleicht sie mit den konfigurierten Alert-Regeln und generiert bei Übereinstimmungen die entsprechenden Alerts.

Die Alert Engine empfängt und verarbeitet Nachrichten aus der lokalen Nachrichtenverarbeitung und aus externen Nachrichtenverarbeitungslaufzeiten, die noch den Alert-Framework-Mechanismus der älteren SAP-NetWeaver-Releases verwenden.

Bei Fehlern in der Nachrichtenübermittlung vergleicht die Alert Engine die in den Alert-Regeln definierten Header-Regeln mit den Informationen aus den Header-Feldern der Nachricht oder der integrierten Konfiguration.

Alerts werden nur dann generiert, wenn die beiden folgenden Bedingungen erfüllt sind:

- Es ist mindestens ein Alert Consumer definiert.
- Mindestens eine Alert-Regel passt zu dem Fehlerereignis, d. h. es gibt mindestens eine zutreffende Header-Regel.

[»]

Definition mehrerer Alert Consumer

Wenn Sie mehrere Alert Consumer für eine Fehlersituation anlegen möchten, müssen Sie das innerhalb einer Regel festlegen. Definieren Sie die Header-Regeln so, dass sie keine Überschneidungen in ihren Kriterien mit anderen Regeln haben. Die Alert Engine löscht das Alert-Ereignis, nachdem die Auswertung der Header-Regeln erfolgt ist. Ansonsten kann es passieren, dass eine der Regel vor der anderen greift und in diesem Fall der Consumer der zweiten Regel nicht versorgt wird.

In der Praxis bietet sich die Regelanlage beispielweise für eine Differenzierung von Fehlern bei zeitkritischen Schnittstellen an. So haben Sie hier die Möglichkeit, sich in besonders wichtigen Fällen direkt per E-Mail oder SMS informieren zu lassen, um möglichst schnell reagieren zu können. Wenn Sie auf eine feingranulare Regelvergabe verzichten möchten, aktivieren Sie lediglich die Standard-Alert-Regel, die alle Fehler registriert.

Die Alert Engine nutzt für die Verwaltung von Fehlerereignissen und Consumer Alerts lokale Ablagen. Sie legt die »rohen« Fehlerereignisse ab und generiert nach positivem Regelabgleich die Alerts je Consumer. Die Ablagen können je nach Fehleraufkommen anwachsen. Wenn die entsprechenden Consumer die Alerts beispielsweise in zu großen Intervallen auslesen, wachsen die Ablagen an. Damit kein unkontrolliertes Wachstum entsteht und die Verwaltung der Ablagen nicht zu Systemlasten führt, gibt es in den Java-Systemeigenschaften verschiedene Parameter, mit denen man dieses Wachstum kontrollieren kann.

Für die Verwaltung der Fehlerereignisse sind dies folgende Parameter:

- *alertsChunkLength*
- *alertsHighVolumeThresholdInterval* (in Millisekunden)

Chunk bezeichnet hier die diskrete Reihenfolge einer festen Länge von Alert-Ereignissen oder Alerts. Mit der *alertsChunkLength* definieren Sie die maximale Länge eines Chunks, mit *alertsHighVolumeThresholdInterval* kontrollieren Sie das Intervall, mit dem die Chunks angelegt werden. Kommen zu viele Fehlerereignisse in zu kurzen Intervallen in die Ablage, geht die Nachrichtenverarbeitungskomponente in den Notfallmodus. In diesem Fall werden keine neuen Ereignisse mehr abgelegt. Stattdessen wird eine Notfallnachricht in das Protokoll mit relevanten Informationen darüber, wie viele Alert-Ereignisse in welchen Zeitraum gekommen sind, geschrieben. Verlängert sich das Intervall wieder, geht die Komponente in den Normalmodus zurück.

Bei der Verwaltung der Consumer-Ablagen existiert ein weiterer Parameter: *alertsAcceptableAgeLimit* (in Millisekunden). Hier werden die Chunks ähnlich wie in der Ereignisablage behandelt, jedoch wird zudem noch das Alter des ersten Alerts geprüft. Liegt es über der akzeptierten Grenze, wird der ganze Chunk gelöscht und ein spezieller Lösch-Alert mit den Informationen über die Anzahl der gelöschten Alerts in der Ablage abgelegt.

Um diese Parameter zu prüfen bzw. an Ihre Bedürfnisse anzupassen, rufen Sie den SAP NetWeaver Administrator über *http://<hostname>:<port>/nwa* auf. Navigieren Sie über **Konfiguration • Infrastruktur • Java-Systemeigenschaften** zum Reiter **Services**.

Filtern Sie für die Konfiguration der Alert-Ereignisse auf den Service »XPI Service: AF Core«, und passen Sie die folgenden Eigenschaften an:

- *alerting.events.chunkLength*
- *alerting.events.highVolumeThresholdInterval*

Für die Verwaltung der Alerts (Consumer-Ablage) filtern Sie auf »XPI Service: Alert« und passen die folgenden Parameter an:

- *housekeeping.alertsChunkLength*
- *housekeeping.alertsAcceptableAgeLimit[millisec]*
- *housekeeping.chunksHighVolumeThresholdInterval[millisec]*

Dann aktivieren Sie das Alerting.

14.3.2 Aktivierung des Alertings

Um das komponentenbasierte Message Alerting vollständig einrichten zu können, müssen Sie die folgenden Konfigurationsschritte ausführen:

1. Rufen Sie den SAP NetWeaver Administrator über *http://<hostname>:<port>/nwa* auf, und navigieren Sie über **Konfiguration • Infrastruktur • Java-Systemeigen-**

schaften zum Reiter **Services**. Filtern Sie die »XPI Service: AF Core«, und suchen Sie unter den erweiterten Details die relevanten Eigenschaften:

- alerting.isActive
- alerting.target

2. Setzen Sie die Eigenschaft *isActive* auf den Wert »true« und *target* auf den Wert »1«. Wenn Sie nicht das komponentenbasierte Message Alerting verwenden möchten, tragen Sie dort den Wert »0« ein (siehe Abbildung 14.15). In diesem Fall wird das klassische, nachrichtenbasierte Alerting verwendet. Hier sind jedoch weitere Konfigurationsschritte notwendig, die nicht Bestandteil dieses Buches sind. Diese können aber im SAP-Dokumentenarchiv nachgelesen werden (siehe *http://s-prs.de/v448128*).

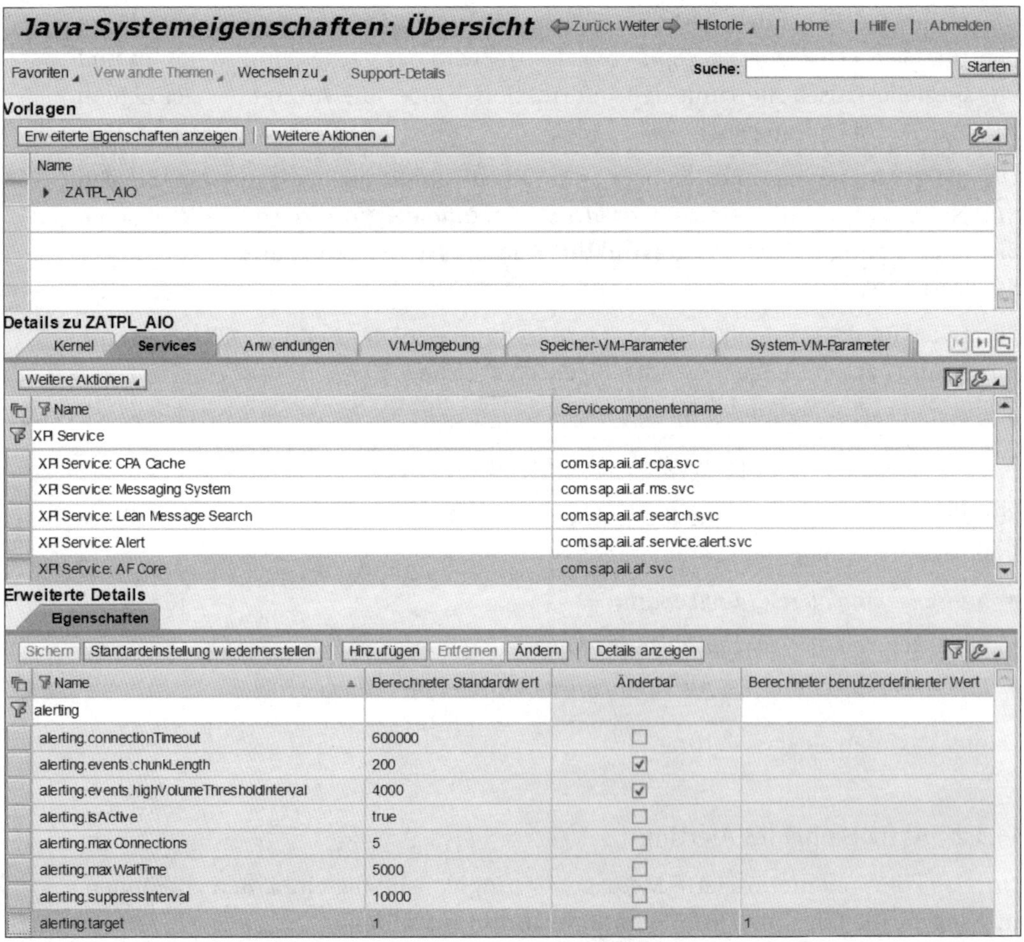

Abbildung 14.15 Aktivierung des komponentenbasierten Alertings

14.3.3 Alert-Regeln und Konfiguration

Vorausgesetzt, Sie haben die grundlegenden Konfigurationsschritte aus dem vorherigen Abschnitt durchgeführt, können Sie jetzt mit der Anlage der Alert-Regeln beginnen.

Rufen Sie den SAP Process Integration Monitor *http://<hostname>:<port>/pimon* auf. Navigieren Sie über **Konfiguration und Administration • Allgemein • Alert-Regeln** zu den Werkzeugen für die Anlage und Konfigurationen (siehe Abbildung 14.16).

Abbildung 14.16 Message-Alert-Konfiguration im SAP NetWeaver Administrator

Alternativ kann die Konfiguration und Verwaltung auch über das Integration Directory vorgenommen werden (siehe Abbildung 14.17).

Nachrichteninhalt dem Alert anfügen

Um den Nachrichteninhalt bzw. einzelne Informationen in den Alert zu übernehmen, müssen Sie zuvor die benutzerdefinierte Suche für die Laufzeitkomponente konfigurieren, die die Nachricht verarbeitet (siehe Abschnitt 14.2.4, »Benutzerspezifische Nachrichtensuche«).

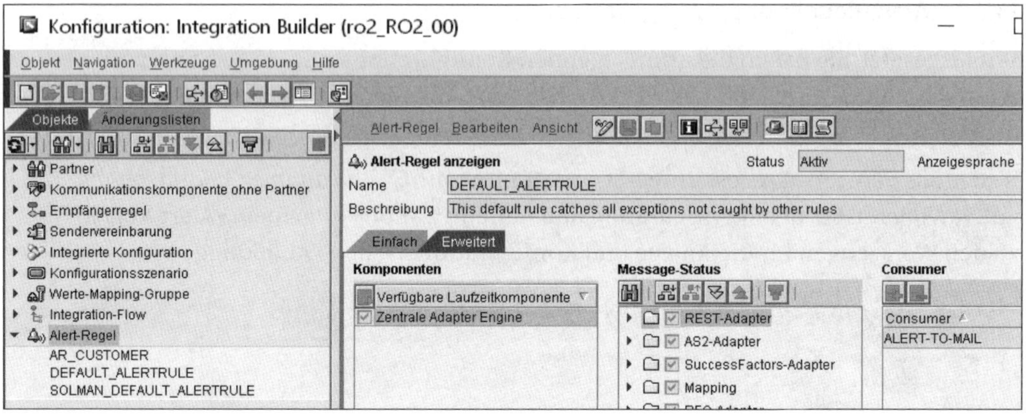

Abbildung 14.17 Message-Alert-Konfiguration im Integration Directory

In unserem Beispiel gehen wir davon aus, dass Sie sich für ein bestimmtes Szenario im Fehlerfall direkt per E-Mail informieren lassen möchten, um gegebenenfalls sofort in die Fehlerbehebung eingreifen zu können. Legen Sie nun eine neue individuelle Alert-Regel an, und definieren Sie diese auf dem Reiter **Allgemein** (siehe Abbildung 14.18). Die Konfiguration direkt im Integration Directory ist ähnlich; hier tragen Sie den gewünschten Alert Consumer auf dem Reiter **Erweitert** der jeweiligen Alert-Regel ein (siehe Abbildung 14.17). In unserem Fall wollen wir uns direkt per E-Mail informieren lassen und tragen als **Consumer** »ALERT-TO-MAIL« ein. Unter diesem Namen werden die für diese Regel zutreffenden Alerts in der Datenbank abgelegt, damit die registrierten Consumer über die Schlüssel informiert werden können.

Sollten Sie den Nachrichteninhalt in der Alarmierung benötigen, können Sie diesen an die E-Mail anhängen, indem Sie das Feld **Payload im Alert** auf aktiv setzen. Klicken Sie auf die Schaltfläche **Bearbeiten**, und setzen Sie den Wert des Feldes **Payload im Alert** auf **Aktiviert** (siehe Abbildung 14.18).

Sie können nun die Alert-Regeln auf den folgenden Reitern präzise definieren. Fügen Sie hierfür ein oder mehrere referenzierte Objekte aus dem Integration Directory auf dem Reiter **Message-Header-Regeln** hinzu. So können Sie Alerts auf Szenarioebene definieren oder andere Kriterien wie ein Sendersystem oder eine Schnittstellendefinition für den Alert festlegen. Sie sollten sich im Voraus ein Konzept überlegen und dabei bedenken, in welchen Fällen individuelle Regeln in Ergänzung zur allgemeinen Regel tatsächlich notwendig sind. Je nach Anzahl der individuellen Regeln können diese auch eine gewisse Systemlast erzeugen.

Abbildung 14.18 Alert-Benachrichtigung per E-Mail definieren

Anhaltspunkte für die Erstellung individueller Regeln könnten beispielsweise folgende Aspekte sein:

- **Kritikalität von Schnittstellen**
  Sie möchten nur bei bestimmten Schnittstellen direkt informiert werden. Darüber hinaus unterscheiden Sie hier noch nach Priorität und machen dies in der Benachrichtigung durch einen entsprechenden Betreff kenntlich. So können Sie auf einen Blick entscheiden, ob es sich um ein Priorität-1- oder Priorität-2-Ticket handelt und ob ein sofortiges Handeln erforderlich ist.
- **Benachrichtigung verschiedener Zielgruppen**
  Es kann durchaus notwendig sein, verschiedene Personen zu informieren, die mit der Schnittstelle zu tun haben.
- **Adapterspezifische Benachrichtigung**
  Es kann vorkommen, dass Fehler in einem bestimmten Adaptertyp ein Eingreifen erfordern. Definieren Sie hier szenariounabhängig den entsprechenden Adaptertyp auf dem Reiter **Message-Status**.

Dies sind nur wenige Vorschläge, die Ihnen aber Denkanstöße für Ihr eigenes Benachrichtigungskonzept geben sollen. Sollten Sie keine individuellen Regeln benötigen, ist es ratsam, sich über die **Default_Alertrule** über sämtliche Schnittstellenereignisse informieren zu lassen. Sofern Sie Ihr System mehrmals am Tag aktiv überprüfen, können Sie gegebenenfalls auf diesen Automatismus verzichten. Das Layout und die inhaltliche Information der Benachrichtigung lassen sich durch Vorlagen sprachabhängig definieren (vgl. Abschnitt 14.3.5, »Alert-Vorlagen«).

In der Regel werden Alert-Regeln wie andere Objekte im Integration Directory transportiert bzw. behandelt. Beim Transport von Alert-Regeln von einem Integration Directory in ein anderes werden die Alert-Regeln automatisch angepasst. Es kann jedoch auch vorkommen, dass manuelle Anpassungen notwendig sind. Nach einem erfolgreichen Transport finden Sie die Objekte in der Änderungsliste. Dort können Sie die Objekte übernehmen und gegebenenfalls anpassen und aktivieren. Auf den Transport von Konfigurationsobjekten wird an dieser Stelle nicht weiter eingegangen; wir möchten lediglich auf die SAP-Hilfe verweisen (*http://s-prs.de/v448129*).

14.3.4 Alert-Consumer

Die Alerting-Konfiguration bietet die Möglichkeit, unterschiedliche und auch mehrere Consumer für jede Regel zu registrieren. Es stehen folgende verschiedene Consumer bzw. Schnittstellen zur Verfügung:

- **Lokaler Konsument**
  Sie können lokale Alert Consumer direkt in SAP Process Integration für die direkte Benachrichtigung per E-Mail oder SMS registrieren. Üblicherweise wird hier mindestens eine Standardregel für sämtliche in der Laufzeit auftretenden Fehler angelegt. Registrierte Empfänger werden per E-Mail über die Fehlerdetails informiert.
- **SAP Solution Manager als Konsument**
  Ein bessere Variante als das direkte Versenden von SMS oder E-Mail ist die Einrichtung des SAP Solution Managers als Consumer, da er über weitere Konfigurationsoptionen für die Verwaltung von Benachrichtigungen verfügt.
- **Alerting-API**
  Sie können mit der Alerting-API eigene Alert Consumer entwickeln oder Drittanbieterlösungen verwenden. Die Alerting-API verwenden Sie z. B., wenn Ihnen die oben genannten Funktionen nicht zur Verfügung stehen oder wenn Sie spezielle Funktionen umsetzen möchten.

- **Individuelle Konsumenten über die Alerting API**
  Grundsätzlich gibt es zwei Möglichkeiten, individuelle Konsumenten über die bereitgestellten APIs zu implementieren:
  - Alerting API im Integration Directory
  - Alerting API auf der Alert Engine

Der Service für die Alerting API auf der Alert Engine ist auf den Applikationsservern ABAP und Java verfügbar, die bereits das komponentenbasierte Message Alerting unterstützen. Die Alerting API auf der Alert Engine bietet Ihnen im Vergleich zur Alerting API im Integration Directory, die Möglichkeit, Alerts direkt von den Alert Engines der entsprechenden Laufzeitkomponenten abzurufen. Über die Directory API können Sie nur Alert-Regeln abrufen und Ihren Alert Consumer registrieren.

Das API zum Zugriff auf die Alert Engine steht als Webservice zur Verfügung. Dieser Service ist auf Systemen mit AS ABAP und AS Java verfügbar, die das komponentenbasierte Message Alerting unterstützen. Sie können folgende Versionen des API verwenden:

- AlertRetrieveAPI (ist verfügbar auf AS ABAP und AS Java)
- AlertRetrieveAPI_V2 (ist eine erweiterte Version, die über zusätzliche Eingabe- und Ausgabeparameter verfügt; dieser Webservice ist nur mit der AEX verfügbar)

Wenn Sie einen Alert Consumer entwickeln möchten, sollten Sie in ihm einen Webservice-Client implementieren, der sich mit der Alerting API auf der Alert Engine verbindet. Auf diese Weise kann Ihr Alert Consumer an ihn gerichtete Alerts aus der jeweiligen lokalen Ablage der Alert Engine abrufen.

Consumer benötigen für das Sammeln der Alerts in den jeweiligen Systemen die folgenden Autorisierungen:

- ABAP-Rolle SAP_XI_ALERT_CONSUMER
- UME-Rolle SAP_XI_ALERT_CONSUMER

14.3.5 Alert-Vorlagen

Eine zu empfehlende Funktion im Rahmen der Benachrichtigung ist die Möglichkeit der Erstellung individueller und sprachabhängiger Vorlagen für den E-Mail-Versand. Erstellen Sie pro gewünschter Sprache eine Textdatei mit einer sprachspezifischen Endung. Im Folgenden finden Sie ein Beispiel in deutscher Sprache. Der Name der Textdatei aus Listing 14.1 ist beispielsweise »EmailTemplateDefaultDe.txt«

```
Ein Fehler wurde mit folgender Gewichtung ausgelöst: [$severity$]
Der Fehler wurde um $timestamp$ für die Regel $alert_rule_
name$ auf dem System $pi_component$ ausgelöst.

[Szenario ID: $scenario_id$]
[Szenario Name: $scenario_name$]

Der Fehler enthält folgende Informationen:
Kategorie: $error_category$
Code: $error_code$
Titel: $error_label$
Text: $error_text$
[Parameter: $error_parameters$]

[Nachrichten ID: $msg_id$]
[Von Party: $msg_from_party$]
[Von Komponente: $msg_from_component$]
[Zu Party: $msg_to_party$]
[Zu Komponente: $msg_to_component$]
[Interface: $msg_interface$]

[Interface Namensraum: $msg_interface_namespace$]
[Benutzerspezifische Attribute: $uds_attributes$]

Adapter Typ: $adapter_type$
Adapter Namensraum: $adapter_namespace$
Kanal: $channel_name$
Kanal Party: $channel_party$
Kanal Component: $channel_component$

Nutzen Sie bitte den folgenden Link für den Aufruf des Nachrichten-Monitors:
$monitoring_url$
$secure_monitoring_url$
```

Listing 14.1 »EmailTemplateDefaultDe.txt«

Bei Verwendung dieser Vorlage ergibt sich die in Abbildung 14.19 dargestellte E-Mail.

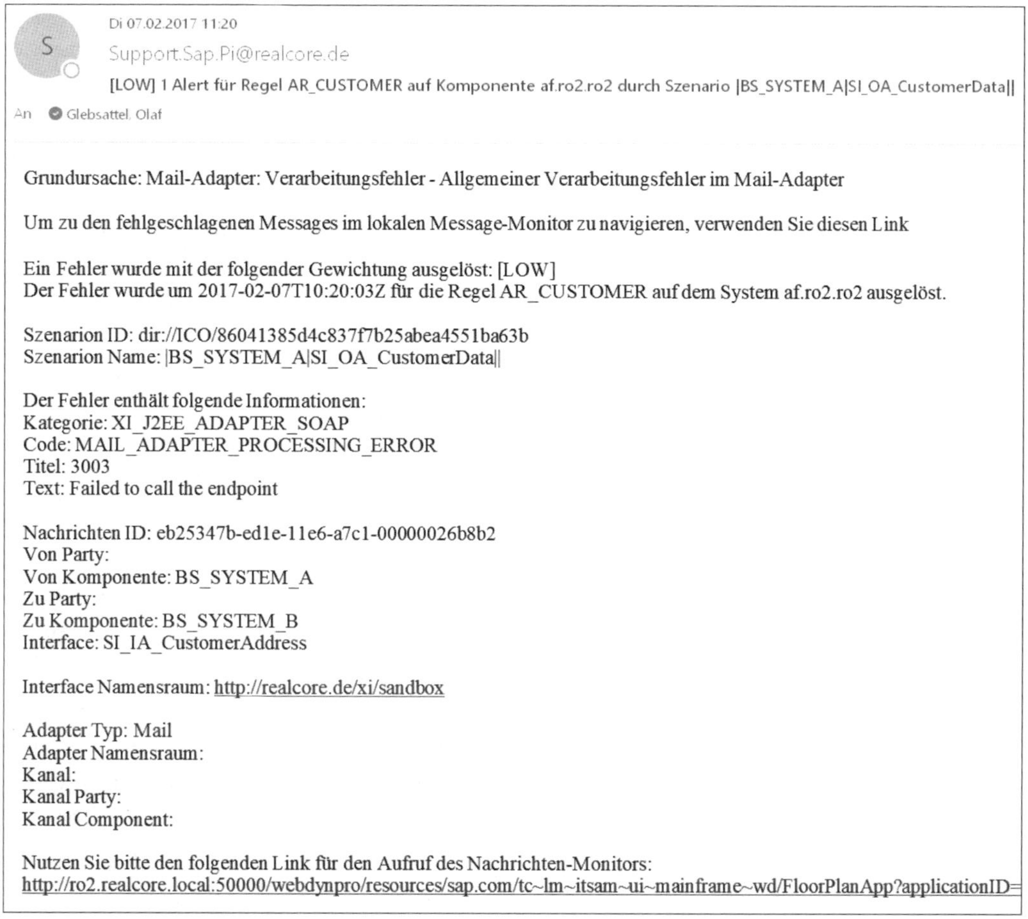
Di 07.02.2017 11:20
Support.Sap.Pi@realcore.de
[LOW] 1 Alert für Regel AR_CUSTOMER auf Komponente af.ro2.ro2 durch Szenario |BS_SYSTEM_A|SI_OA_CustomerData||
An Glebsattel, Olaf

Grundursache: Mail-Adapter: Verarbeitungsfehler - Allgemeiner Verarbeitungsfehler im Mail-Adapter

Um zu den fehlgeschlagenen Messages im lokalen Message-Monitor zu navigieren, verwenden Sie diesen Link

Ein Fehler wurde mit der folgender Gewichtung ausgelöst: [LOW]
Der Fehler wurde um 2017-02-07T10:20:03Z für die Regel AR_CUSTOMER auf dem System af.ro2.ro2 ausgelöst.

Szenarion ID: dir://ICO/86041385d4c837f7b25abea4551ba63b
Szenarion Name: |BS_SYSTEM_A|SI_OA_CustomerData||

Der Fehler enthält folgende Informationen:
Kategorie: XI_J2EE_ADAPTER_SOAP
Code: MAIL_ADAPTER_PROCESSING_ERROR
Titel: 3003
Text: Failed to call the endpoint

Nachrichten ID: eb25347b-ed1e-11e6-a7c1-00000026b8b2
Von Party:
Von Komponente: BS_SYSTEM_A
Zu Party:
Zu Komponente: BS_SYSTEM_B
Interface: SI_IA_CustomerAddress

Interface Namensraum: http://realcore.de/xi/sandbox

Adapter Typ: Mail
Adapter Namensraum:
Kanal:
Kanal Party:
Kanal Component:

Nutzen Sie bitte den folgenden Link für den Aufruf des Nachrichten-Monitors:
http://ro2.realcore.local:50000/webdynpro/resources/sap.com/tc~lm~itsam~ui~mainframe~wd/FloorPlanApp?applicationID=

Abbildung 14.19 Mail Alert

14.4 Berechtigung und Sicherheit

Der Datenschutz bekommt im Zuge der Digitalisierung einen immer höheren Stellenwert in einem Unternehmen. Gerade deshalb spielt er bei der Kommunikation und Speicherung sensibler Geschäftsdaten eine wichtige Rolle. In erster Linie dient SAP Process Integration zum Austausch geschäftsrelevanter Daten zwischen Geschäftspartnern und verschiedenen Anwendungen innerhalb eines Unternehmens. Die Kommunikation erfolgt hier häufig auf XML-basiertem Nachrichtenaustausch. Auch neuere Protokolle in der Kommunikation wie REST sind in Rohform leicht lesbar. Sind die Daten zudem nicht verschlüsselt und Rollen der Einfachheit halber zu großzügig angelegt, ist der Zugang zu sensiblen Daten leicht möglich.

SAP Process Integration bietet hier verschiedene Optionen in punkto Sicherheit bezüglich der Kommunikation zwischen verschiedenen Systemen und der Absicherung der zu transportierenden Inhalte für einen unbefugten Zugang an. Eine Umsetzung der verfügbaren Optionen muss auf die Bedürfnisse der jeweiligen Unternehmung abgestimmt werden und kann sich je nach Bedarf aus verschiedenen Aspekten zusammensetzen. Zu diesen Aspekten zählen:

- technische Kommunikation
- Sicherung von Dateninhalten
- Benutzermanagement und Rollen

Im Folgenden erhalten Sie einen Einblick in verschiedene Sicherheitsaspekte, die Sie in die Überlegungen für ein auf Ihre Bedürfnisse zugeschnittenes Konzept in Ihrer Systemlandschaft einfließen lassen können.

14.4.1 Kommunikation

Wenn über Sicherheit in Bezug auf Kommunikation gesprochen wird, muss neben der Unternehmenskommunikation zu Geschäftspartnern auch die technische Kommunikation zwischen den verschiedenen AEX-Komponenten betrachtet werden. Für die technische Kommunikation bei AEX-Werkzeugen für die Integration, Konfiguration oder auch für die Überwachung werden die Protokolle HTTP und Remote Function Call (RFC) verwendet. Diese finden sich ebenfalls in der Unternehmenskommunikation wieder und werden deshalb im Folgenden gemeinsam betrachtet. Sowohl die technische als auch die geschäftliche Kommunikation können auf Transport- und auf Nachrichtenebene gesichert werden.

Sicherheit auf Transportebene

Auf Transportebene werden je nach verwendetem Protokoll, z. B. HTTP, in der Regel alle Daten (einschließlich der Passwörter) im Klartext übertragen. Um die Vertraulichkeit dieser Daten zu wahren, sollten Sie Transportverschlüsselung, hier z. B. HTTPS, für die externe und auch für die interne Kommunikation bei einem Nachrichtenaustausch verwenden.

Einen Überblick über die unterstützten Sicherheitsmechanismen auf Transportebene finden Sie in Tabelle 14.3.

Die Konfiguration der Transportsicherheit erfolgt direkt im verwendeten Adaptertyp im Integration Directory. Weitere Information erhalten Sie in der SAP-Dokumentation unter dem Begriff »Adapterkonfiguration«.

Adapter	Protokoll	Sicherheit	Authentifizierung
XI Protocol	HTTP	HTTPS (SSL)	Benutzer/Passwort, Client-Zertifikat, SAP Assertion Ticket
WS Protocol	HTTP	HTTPS (SSL)	Benutzer/Passwort, Client-Zertifikat, SAP Assertion Ticket, X.509, SAML
RFC Adapter	RFC	SNC	Benutzer/Passwort, Client-Zertifikat, SAP Assertion Ticket
SOAP Adapter	HTTP	HTTPS (SSL)	Benutzer/Passwort, Client-Zertifikat, SAP Assertion Ticket, bei AXIS auch NTLM
Mail Adapter	IMAP4, POP3, SMTP	HTTPS (SSL)	Benutzer/Passwort, CRAM-MD5
Marketplace Adapter	HTTP	HTTPS (SSL)	Benutzer/Passwort, Client-Zertifikat
Java IDoc Adapter	HTTP	HTTPS (SSL)	Benutzer/Passwort
Java HTTP Adapter	HTTP	HTTPS (SSL)	Benutzer/Passwort, Client-Zertifikat
RNIF 2.0 Adapter	HTTP	HTTPS (SSL)	Benutzer/Passwort, Client-Zertifikat
CIDX Adapter	HTTP	HTTPS (SSL)	Benutzer/Passwort, Client-Zertifikat

Tabelle 14.3 Sicherheitsmechanismen

Sicherheit auf Nachrichtenebene

In der Kommunikation auf Nachrichtenebene können Dokumente zwischen Systemen oder Geschäftspartnern über digitales Signieren oder Verschlüsselungen ausgetauscht bzw. gesichert werden.

Die Sicherheit auf Kommunikationsebene für die unternehmensübergreifende Kommunikation kann durch das Hinzufügen weiterer Sicherheitsmerkmalen verbessert werden. Ein Geschäftspartner kann sich durch eine digitale Signatur authentifizieren, die Nachricht signieren und die Datenintegrität des übermittelten Nachrichtinhalts sicherstellen.

Signaturen werden in zwei Szenarien verwendet:

- **Nichtabstreitbarkeit der Urheberschaft**
  Der Absender unterschreibt eine Nachricht, damit der Empfänger beweisen kann, dass der Absender die Nachricht tatsächlich gesendet hat.
- **Nichtabstreitbarkeit des Empfangs**
  Der Empfänger unterschreibt eine empfangene Nachricht für den Absender und schickt sie zurück, damit der ursprüngliche Absender beweisen kann, dass der Empfänger die ursprüngliche Nachricht tatsächlich erhalten hat.

Eine Verschlüsselung sensibler Daten auf Nachrichtenebene ist immer dann ratsam, wenn Inhalte nicht auf einem direkten Kommunikationsweg übertragen werden. Bei einem asynchronen Versand werden Daten bzw. Versionen der Nachrichten gesichert, um sie beispielsweise bei der Nichterreichbarkeit des Empfängers erneut zustellen zu können.

Für *Nicht-Ablehnungszwecke* werden signierte Nachrichten in einem eigenen Archiv gespeichert, das alle Daten zum Nachweis der Gültigkeit der Signierung enthält. Die AAE verwendet für die Sicherung signierter Nachrichten das *Java Message Archiv*, das mit dem SAP NetWeaver Administrator verwaltet und überwacht werden kann. Bei der Archivierung signierter Nachrichten werden folgende Daten gespeichert:

- die rohe Nachricht
- die Sicherheitsrichtlinie, wie sie im Integration Directory konfiguriert ist
- das Absenderzertifikat

Weiterführende Information zu dem Thema Sicherheit auf Nachrichtenebene finden Sie in der SAP-Dokumentation unter dem Begriff »Message Level Security«.

Virenprüfung

Der SAP NetWeaver bietet eine Viren-Scan-Schnittstelle (VSI) zur Einbindung externer Antivirenlösungen für die Virenprüfung an. Die Bereitstellung der Schnittstelle ermöglicht es Kunden, eigenständig über das einzusetzende Produkt aufgrund eigener Kriterien zu entscheiden. Über die VSI ist es darüber hinaus möglich, auch die Überprüfung von Dokumenten über den klassischen Antivirenbereich hinaus durchzuführen. Wenn Produkte externer Antivirenlösungen den Hinweis »SAP-zertifiziert« erhalten (siehe auch *http://service.sap.com/securitypartners*), gibt dies lediglich Auskunft über die Betriebsfähigkeit bzw. darüber, dass das Produkt mit der entsprechenden Version getestet ist. Zu den Neuerungen in der aktuellen Version 7.5 gehören unter anderem das Durchsuchen von SAP-Archivformaten sowie die Ermittlung von MIME-Typen, um eine effektive Filterung auf diese zu ermöglichen. Diese Erweiterungen wurden in der neuesten VSI-Version NW-VSI 2.00 zusammengefasst.

Die Prüfung erfolgt für ein- oder ausgehende Nachrichten und steht für alle Adaptertypen zur Verfügung. In der Regel beschränkt sich die Analyse auf die Anhänge der Nachrichten. Im Bedarfsfall kann aber auch der eigentliche Nachrichteninhalt überprüft werden.

Die Virenprüfung kann global in der AAE konfiguriert werden und steht dann für alle Integrationsszenarien zur Verfügung. Im Standard werden nur die eingehenden Nachrichten auf schädliche Software geprüft.

Ist eine generelle Prüfung aller Schnittstellen nicht erforderlich, kann die Überprüfung auch szenariospezifisch erfolgen und nur für ausgewählte Konfigurationsobjekte aktiviert werden (siehe Abbildung 14.20).

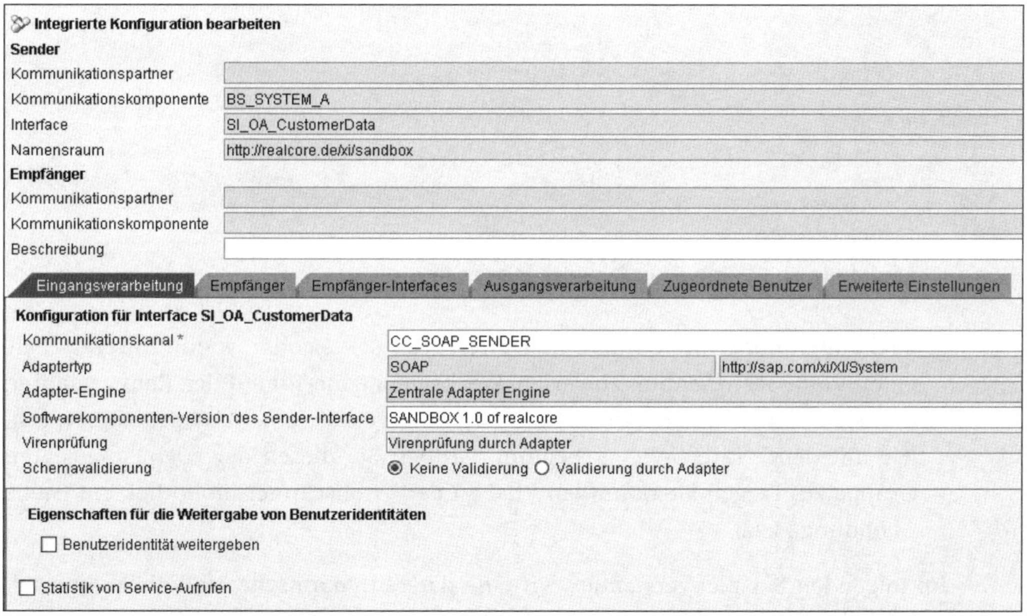

Abbildung 14.20 Konfigurationsobjektspezifische Virenprüfung

Um die Virenprüfung für Nachrichten auf der AAE zu konfigurieren, gehen Sie wie folgt vor:

1. Rufen Sie den SAP NetWeaver Administrator über *http://<hostname>:<port>/nwa* auf. Navigieren Sie über **Konfiguration • Sicherheit • Virus Scan Provider** zur Anlage und Verwaltung der Viren-Scan-Profile.
2. Definieren Sie nun eine Scanner-Gruppe, einen Virus Scan Provider und ein Viren-Scan-Profil. Legen Sie als Erstes eine Virenscanner-Gruppe an, die zur Gruppierung gleichartiger Virenscanner dienen soll (siehe Abbildung 14.21).

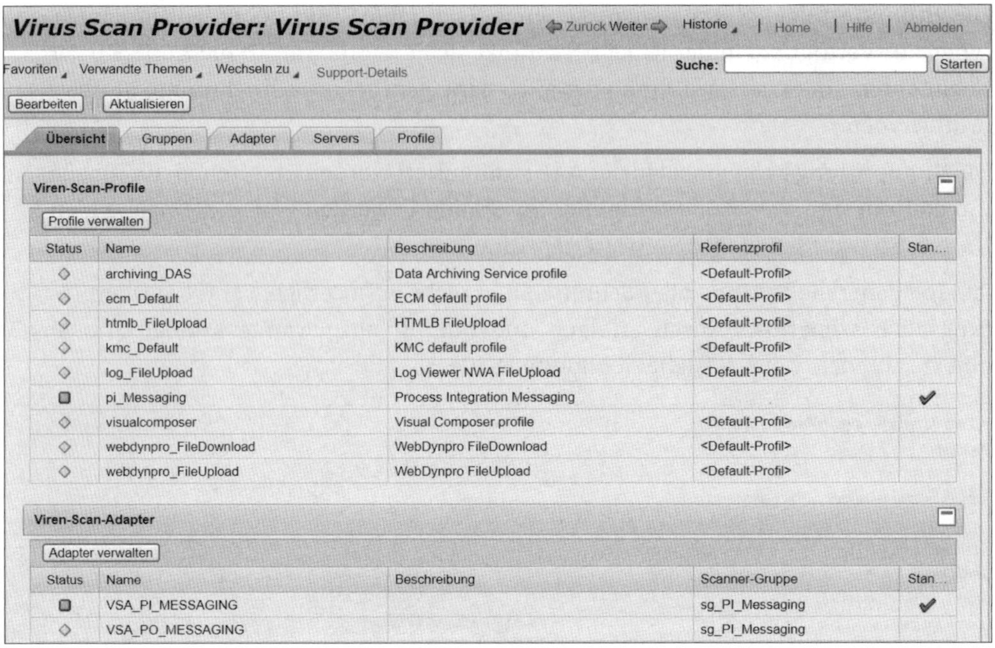

Abbildung 14.21 Virus Scan Provider verwalten

3. Sie können der Gruppe nun einen Viren-Scan-Server oder, wie in unserem Fall, einen Viren-Scan-Adapter zuweisen. Wechseln Sie hierfür auf den Reiter **Adapter**, und erstellen Sie einen Viren-Scan-Adapter. Legen Sie einen Adapternamen fest, der mit dem Präfix »VSA_« beginnt. Ordnen Sie diesen der zuvor angelegten Gruppe zu. Tragen Sie dann den Pfad zu der Virenscanner-Bibliothek ein (siehe Abbildung 14.22).

Im folgenden Beispiel verwenden wir eine native dynamische Bibliothek, die Speicherinhalte direkt auf Viren prüft. Mit der direkten Prüfung wird im Vergleich zu einer Serverlösung eine höhere Performance erreicht, da zu analysierende Dateien nicht erst zum Viren-Scan-Server gesendet werden müssen.

SAP stellt ein Implementierungspaket für Partner für native Virenadapter zur Verfügung. Dieses Paket beinhaltet unter anderem eine Bibliothek eines Viren-Scan-Adapters für einen grundlegenden Funktionstest sowie entsprechende Testdateien für einen positiven und negativen Virenfund. Um weiter in das Thema einzusteigen und sich das Implementierungspaket herunterzuladen, bietet sich unter anderem die Testseite der VSI an.

1. Rufen Sie die Seite *http://<hostname>:<port>/vscantest* auf Ihrer SAP-Process-Integration-Installation auf. Auf der Einstiegsseite finden Sie den Link zum öffentlichen SAP-FTP-Server, von dem Sie die gezippte Datei (VSA-SDK-2.0) herunterladen können.

2. Nachdem Sie das Paket heruntergeladen und entpackt haben, extrahieren Sie die Bibliothek *vssap.so*. Legen Sie sie in einem Order auf dem SAP-NetWeaver-Server ab. Anschließend wechseln Sie wieder in die Virus-Scan-Provider-Verwaltung und gehen auf den Reiter **Adapter**. Klicken Sie auf die Schaltfläche **Bearbeiten**, und fügen Sie in dem Feld **VSA-Bibliothekspfad** den Pfad zu Ihrer Bibliothek ein. Sichern Sie Ihre Einstellungen (siehe Abbildung 14.22).

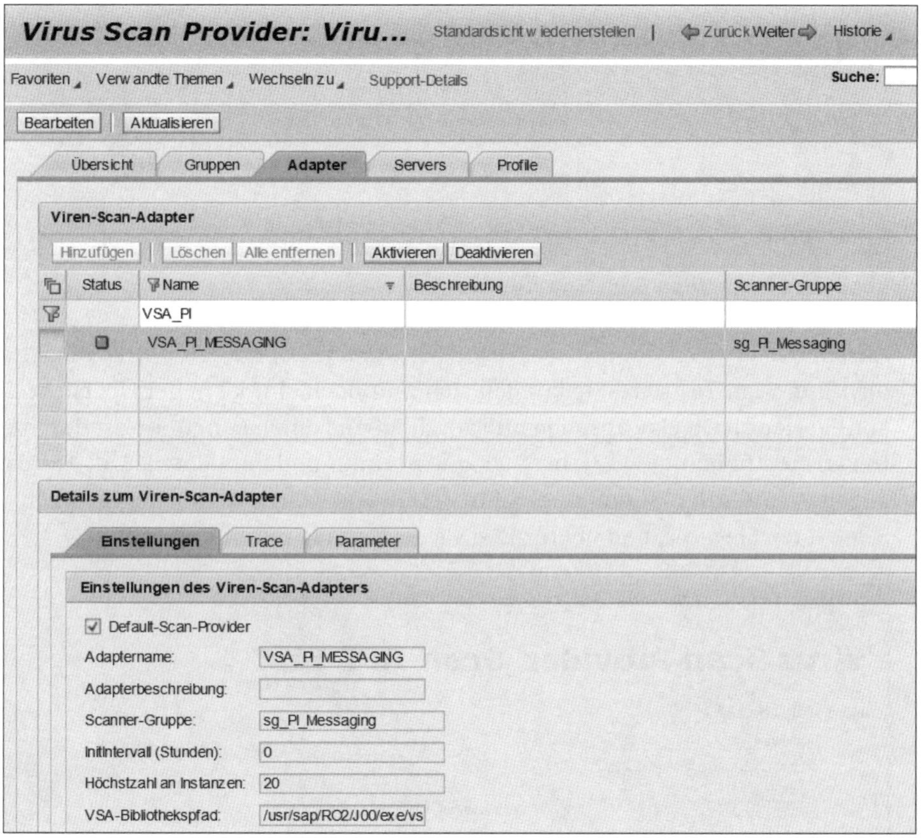

Abbildung 14.22 Viren-Scan-Adapter anlegen

3. Sofern das Default-Scan-Profil mit dem Namen »pi_Messaging« noch nicht vorhanden ist, legen Sie dieses im letzten Schritt an und weisen ihm die Scan-Gruppe unter den Profilschritten zu (siehe Abbildung 14.23).

4. Den Namen des Profils müssen Sie nun bei der Aktivierung der Virenscanner-Schnittstelle angeben. Wechseln Sie mit **Konfiguration • Infrastruktur • Java-Systemeigenschaften • Services** zu den Java-Systemeigenschaften. Filtern Sie auf »XPI Adapter: XI«. Das Profil »pi_Messaging« sollte hier bereits voreingestellt sein. Aktivieren Sie über die Eigenschaft **xiadapter.virusscan.active** den Virenscanner, indem Sie diese mit dem Wert 1 belegen.

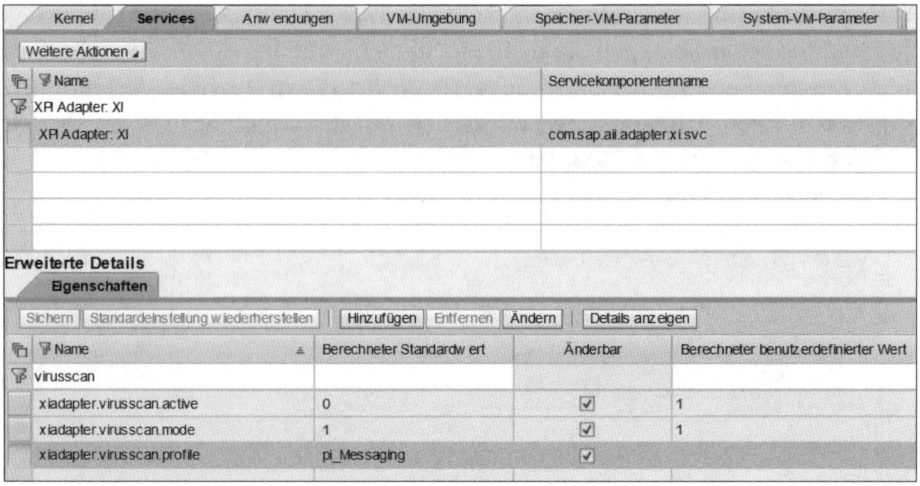

Abbildung 14.23 Viren-Scan-Schnittstelle aktivieren

5. Anschließend wechseln Sie über *http://<hostname>:<port>/vscantest* wieder auf die Viren-Scan-Testseite. Sie können sich nun noch einmal in der Übersicht Ihre konfigurierten Objekte ansehen und anschließend einen Funktionstest durchführen (siehe Abbildung 14.24). Im Dialog wird unter anderem eine EICAR-Testdatei angeboten, die ein Virenmuster für Testzwecke enthält und ungefährlich ist. Selektieren Sie diese, und überprüfen Sie die Dateien mit Ihrem Profil.

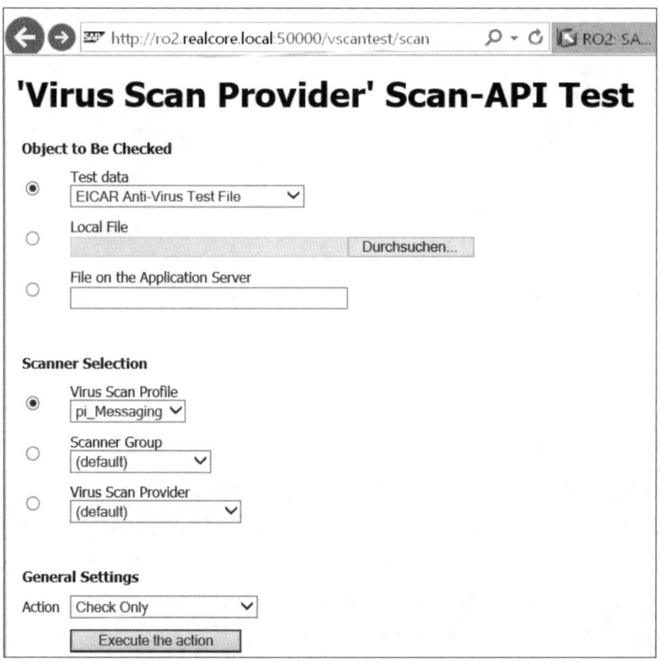

Abbildung 14.24 Viren-Scan-Schnittstelle testen

6. Alternativ können Sie sich ein simples Szenario konfigurieren, das die in dem Implementierungspaket enthaltenen Testdateien per File Adapter einliest. Im Falle eines Virenfundes erhalten Sie dann den folgenden Eintrag im Protokoll (siehe Abbildung 14.25).

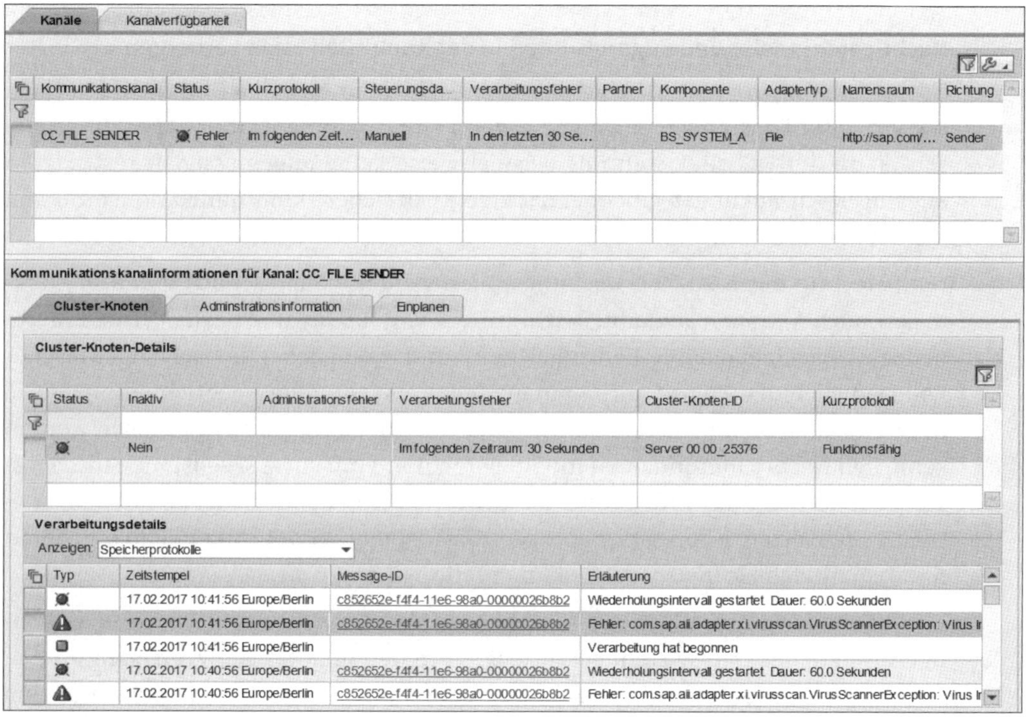

Abbildung 14.25 Virenfund

[«]

Virenscanner

Den Einsatz eines Virenscanners im Bereich der internen Nachrichtenverarbeitung sollte gegebenenfalls in Abhängigkeit zu der jeweiligen firmenspezifischen Systemarchitektur zur Diskussion gestellt werden. In der Regel sind gerade die internen Netzwerke durch den Einsatz von Firewalls und Virenscanner auf Frontends, E-Mail und Dateiservern ausreichend abgesichert.

Für die zusätzliche Prüfung müssen die entstehenden Kosten für Lizenzen, der zusätzliche Administrationsaufwand und sicherlich auch gewisse Performanceeinbußen durch den Virenscan beachtet und bewertet werden.

14.4.2 Schutz sensibler Daten

Neben der Sicherheit auf Transport- und Nachrichtenebene muss ebenfalls an den Schutz bzw. konkret an den unerwünschten Zugriff auf Daten mit den bereitgestellten Integrations- und Administrationswerkzeugen gedacht werden.

Nachrichteninhalte und Zugangsdaten in der Kommunikation verbergen

Nachrichteninhalte oder Zugangsdaten sind für einen Anwender mit dem richtigen Wissen unter Umständen zugänglich, wenn einige Rahmenbedingungen zutreffen. Dies kann der Fall sein, wenn es beispielsweise keine angemessenen restriktiven Zugangsbeschränkungen gibt oder das eigentlich sichere Kommunikationsprotokoll nicht eingehalten wird.

Die Berechtigungen zu Überwachungsrollen werden hauptsächlich von drei Merkmalen, auch Aktionen genannt, bestimmt: *display*, *modify* und *payload*. Diese Aktionen sind verschiedenen Rollen zugewiesen und ermöglichen je nach zugewiesener Rolle lediglich den Zugriff auf Kopfdaten oder auch auf den Nachrichteninhalt. Die Rechte reichen so weit, dass den Anwendern auch die Möglichkeit gegeben werden kann, den Nachrichteninhalt zu modifizieren. Der einfachste Weg ist die Einschränkung der Rechte. Diese erfolgt über die Zuweisung von Rollen in der Benutzerverwaltung. Detailliertere Informationen zu den verfügbaren Monitoring-Rollen und deren Aktionen finden Sie in der SAP-Dokumentation (*http://s-prs.de/v448130*).

Darüber hinaus werden Nachrichteninhalte je nach Gewichtung in der Protokollkonfiguration in das Dateisystem geschrieben. Um den unautorisierten Zugang zu den Daten über die Protokolldateien zu vermeiden, sollten Sie sicherstellen, dass nur eine eingeschränkte Anzahl von Administratoren über die Berechtigung des SAP NetWeaver Administrators verfügen bzw. auf die entsprechenden Protokolle im Java-Dateisystem zugreifen können.

Nachrichteninhalte auf Datenbankebene verschlüsseln

Damit sensible Daten auch auf Datenbankebene nicht einfach lesend per SQL ausgelesen werden können, sollten Sie die Nachrichteninhalte verschlüsselt ablegen. Voraussetzung für die Einrichtung einer verschlüsselten Ablage der Nachrichteninhalte in der Datenbank ist die Anlage eines Schlüssels im *Keystore*.

1. Navigieren Sie hierfür im SAP NetWeaver Administrator über **Konfiguration • Sicherheit • Zertifikate und Schlüssel** in die Verwaltung des **Keystore**.
2. Filtern Sie auf die Sicht »PI_KEY_STORE«. Falls diese noch nicht vorhanden ist, legen Sie eine gleichnamige Sicht an. Gehen Sie dafür auf den Reiter **Einträge anzeigen**, und starten Sie über **Anlegen** den Assistenten für die Neuanlage. Geben Sie im ersten Schritt **Eintragseinstellungen** einen Eingabenamen für den Schlüssel an, und bestätigen Sie mit **Weiter**. Im zweiten Schritt geben Sie das Land an und

vervollständigen das Feld *commonName* mit einer aussagekräftigen Beschreibung. Beenden Sie anschließend den Assistenten mit **Fertigstellen**. Sie haben nun erfolgreich einen Schlüssel angelegt und können diesen im nächsten Schritt der Verschlüsselungsaktivierung aktivieren (siehe Abbildung 14.26).

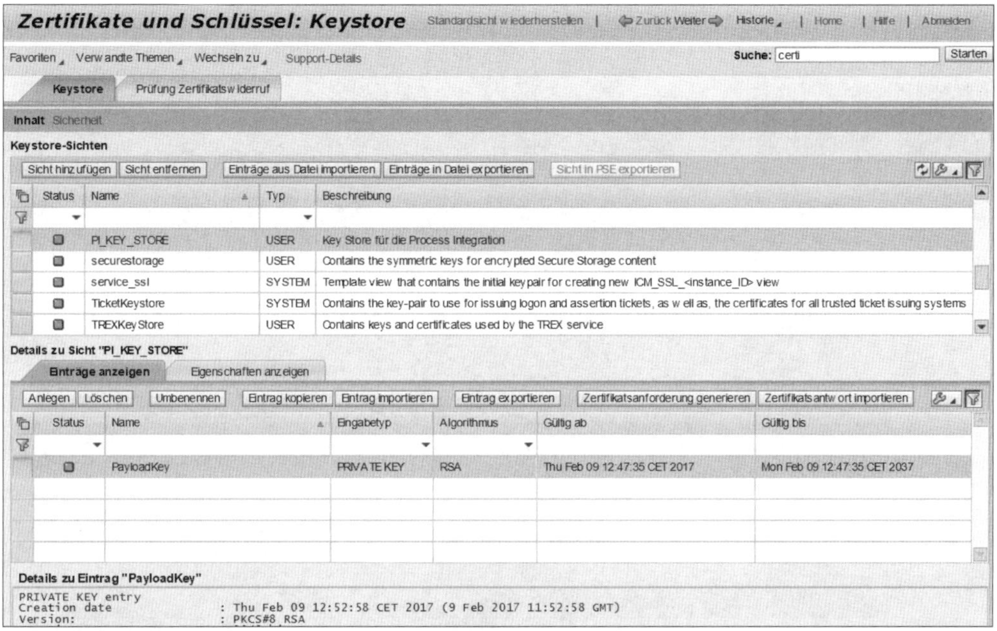

Abbildung 14.26 Schlüssel im Keystore anlegen

3. Aktivieren Sie nun die Verschlüsselung in den Java-Systemeigenschaften. Rufen Sie den SAP NetWeaver Administrator über *http://<hostname>:<port>/nwa* auf, und navigieren Sie über **Konfiguration • Infrastruktur • Java-Systemeigenschaften** auf den Reiter **Services**. Filtern Sie nach »XPI Service: Messaging System«, und suchen Sie unter den erweiterten Details folgende relevanten Eigenschaften:
   - messaging.security.persistenceLayerEncryption.enable
   - messaging.security.persistenceLayerEncryption.currentKeyAlias
4. Setzen Sie den Wert für »enable« auf »true«, und geben Sie im **currentKeyAlias** den Namen des im Keystore eingetragenen Schlüssels an (siehe Abbildung 14.27).
5. Bevor Sie sich vom Erfolg Ihrer Verschlüsselung überzeugen können, müssen Sie noch im Enterprise Service Builder die gewünschten Service Interfaces mit dem Kennzeichen für sensible Daten markieren. Rufen Sie die **Process Integration Tools** im Browser unter *http://<hostname>:<port>/dir/start/index.jsp* auf, und starten Sie die Web UI für den Enterprise Service Builder. Navigieren Sie in die entsprechenden Service Interfaces, und setzen Sie das Kennzeichen für sensible Daten (siehe Abbildung 14.28).

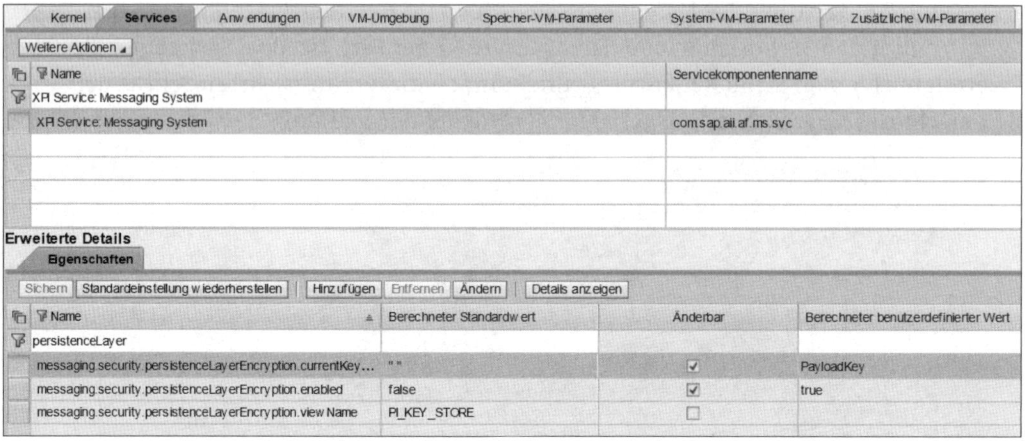

Abbildung 14.27 Nachrichtenverschlüsselung auf Datenbankebene aktivieren

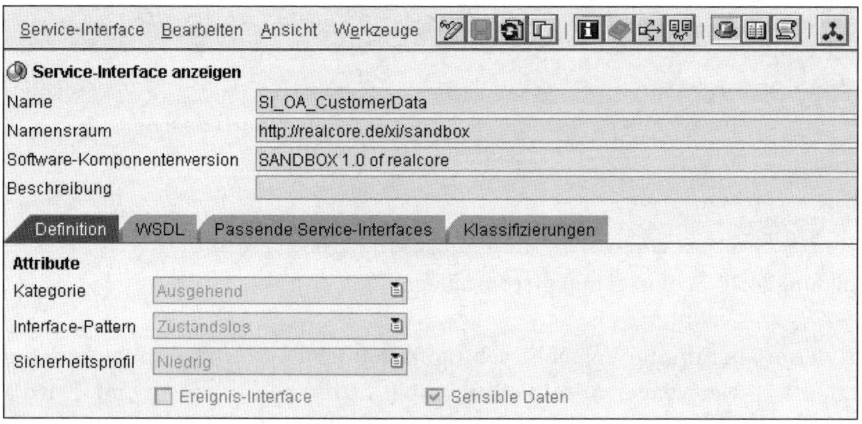

Abbildung 14.28 Service Interface für Verschlüsselung kennzeichnen

6. Überprüfen Sie, ob die Verschlüsselung des Nachrichteninhalts auf Datenbankebene erfolgreich war. Öffnen Sie dazu den SAP NetWeaver Administrator über *http://<hostname>:<port>/nwa*. Navigieren Sie über **SOA • Monitoring • Monitor der Persistenzschichtverschlüsselung** in die Übersicht. Wenn nach Ihrer Konfiguration Nachrichten über die jeweilige Schnittstelle versendet wurden, sollten diese nun in der Liste der Nachrichten (**Messages**) aufgeführt sein (siehe Abbildung 14.29).

[»]

Einschränkungen

Es sind verschiedene Einschränkungen zu beachten. So werden beispielweise nicht alle Adapter oder Kommunikationen für protokollierte synchrone Nachrichten unterstützt. Mehr Informationen finden Sie im SAP Help Portal, wenn Sie nach »Message-Inhalt auf Datenbankebene verschlüsseln (Einschränkungen)« suchen.

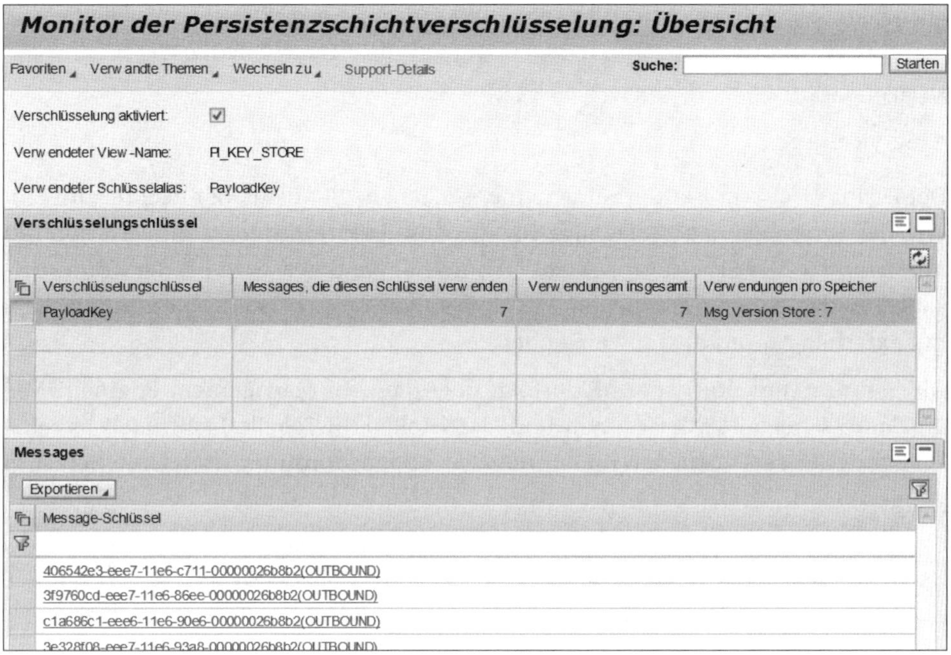

Abbildung 14.29 Monitor für Persistenzschichtverschlüsselung

Sollten Sie jedoch den Verdacht haben, dass ein Zugriff auf verschlüsselte Nachrichteninhalte erfolgt ist, können Sie dies im *Security Audit Log* überprüfen, da hier sämtliche Zugriffe protokolliert werden. Weitere Information finden Sie in der SAP-Dokumentation unter dem Begriff »Security Audit Log des AS Java«.

Neben dem eher einfachen Zugang auf den Nachrichteninhalt über die bereitgestellten Überwachungswerkzeuge gibt es noch eine weitere Möglichkeit: Über den im SAP NetWeaver Administrator bereitgestellten *Open SQL Data Browser* ist der Zugang auf Nachrichteninhalte per SQL ebenfalls möglich. Dieser wird in der Regel nur in speziellen Anwendungsfällen genutzt, erlaubt aber trotzdem einen Zugang zu Nachrichteninhalten. Daher sollte auch hier sorgfältig mit Berechtigungen umgegangen werden.

Diese Option soll nur der Vollständigkeit halber erwähnt werden. Weitere Information zu den verschiedenen Support-Rollen und deren Berechtigungen finden Sie in SAP-Hinweis 1611852 (»Support-Rollen für den Zugriff auf Java-NW-PI-DB-Tabellen«).

14.4.3 Benutzerverwaltung und Berechtigungskonzepte

Da die AEX auf einem AS Java basiert, gilt hier grundsätzlich dessen allgemeines Benutzerverwaltungskonzept (weitere Informationen hierzu finden Sie in der SAP-Dokumentation unter dem Begriff »Benutzerverwaltung des SAP NetWeaver AS für

Java«). Im Folgenden werden die Rollen und Konzept angeführt, die speziell die AEX betreffen. Grundsätzlich können zwei Benutzertypen unterschieden werden:

- Dialog-User
- Service-User

Der Dialog-User repräsentiert einen »menschlichen« Benutzer, der Rechte zum Einsatz der verschiedenen Werkzeuge für die Konfiguration und Administration der AEX benötigt. Der Service-User (oder technischer Benutzer) wird bei der Kommunikation zwischen den verschieden AEX-Komponenten oder bei der Kommunikation mit externen Anwendungen verwendet.

Die Benutzerverwaltung der AEX erfolgt über die User Management Engine (UME) und unterscheidet UME-Gruppen und UME-Rollen. In Tabelle 14.4 finden Sie eine Übersicht der verschiedenen Rollen, deren Gruppenzuordnung und deren Berechtigungen.

Gruppe	Rolle	Berechtigung
SAP_XI_DEVELOPER	SAP_SLD_DEVELOPER SAP_XI_DEVELOPER_J2EE	Design von Integrationsinhalt
SAP_XI_CONFIGURATOR	SAP_SLD_CONFIGURATOR SAP_XI_CONFIGURATOR_J2EE	Konfiguration von Integrationsinhalt
SAP_XI_CONTENT_ORGANIZER	SAP_SLD_ORGANIZER SAP_XI_CONTENT_ORGANIZER_J2EE	Wartung von SLD- und Directory-Inhalten
SAP_XI_ADMINISTRATOR	SAP_SLD_ADMINISTRATOR SAP_XI_ADMINISTRATOR_J2EE UDDI_Admin SERVICES_REGISTRY_READ_WRITE NWA_READONLY	technische Konfiguration und Administration
SAP_XI_MONITOR	SAP_SLD_GUEST SAP_XI_MONITOR_J2EE	Überwachung von AEX-Komponenten und -Nachrichten

Tabelle 14.4 Rollen und Gruppen

Gruppe	Rolle	Berechtigung
SAP_XI_SUPPORT	SAP_SLD_GUEST SAP_XI_DISPLAY_USER_J2EE SAP_XI_SUPPORT_J2EE UDDI_TierN SERVICES_REGISTRY_READ_ONLYNWA_READONLY SAP_SLD_SUPPORT	Ermöglicht den schreibgeschützten Zugriff auf das Integration Directory und das Repository sowie auf bestimmte administrative Seiten des Java AS. Diese Rollen werden ebenfalls für die Unterstützung mittels Solution Manager Diagnostics (SMD) benötigt.

Tabelle 14.4 Rollen und Gruppen (Forts.)

Darüber hinaus können Sie Ihr individuelles Benutzer- und Berechtigungskonzept mithilfe einer Zugriffskontrollliste (ACL) weiter verfeinern. Mit einer Zugriffskontrollliste können Sie beispielsweise für bestimme Benutzer die Design- und Konfigurationsmöglichkeiten für einzelne Objekte im *Repository* und *Directory* beschränken. Eine weitere, sehr hilfreiche Möglichkeit ist die Beschränkung des Aufrufs definierter (Web-)Services. Diese Variante wird z. B. insbesondere in der B2B-Kommunikation eingesetzt (mehr dazu im übernächsten Abschnitt, »Zugriffskontrolle über zugeordnete Benutzer«). Weiterführende Informationen finden Sie in der SAP-Dokumentation unter dem Begriff »Access Control Lists (ACL)« (*http://s-prs.de/v448131*).

Weiterleitung von Benutzeridentitäten (Principal Propagation)

Unter der *Weiterleitung von Benutzeridentitäten* versteht man den Austausch von Identitätsinformationen zwischen Kommunikationspartnern. Um die Informationen austauschen zu können, müssen beide Kommunikationskomponenten die Benutzer unabhängig von dem eigentlichen Bezeichner, z. B. dem Benutzernamen, identifizieren können.

Die Weiterleitung von Benutzeridentitäten wird grundsätzlich auf Basis der beiden folgenden Authentifizierungsmethoden konfiguriert:

- **Authentifizierungszusicherungsticket** (Assertion Ticket)
  Diese Option wird von XI-, SOAP- und RC-Adapter unterstützt.
- **Security Assertion Markup Language** (SAML)
  Diese Option wird von der Webservice-Laufzeit (Web Service Reliable Messaging) unterstützt.

Auf die Weiterleitung von Benutzeridentitäten wird an dieser Stelle nicht weiter eingegangen; wir möchten diesbezüglich auf die SAP-Dokumentation zum Thema »Weiterleitung von Benutzeridentitäten mit der Advanced Adaper Engine konfigurieren« verweisen (*http://s-prs.de/v448132*).

Zugriffskontrolle über zugeordnete Benutzer

Eine Zugriffskontrolle auf bestimmte Services über autorisierte Benutzer kommt in erster Linie in B2B-Szenarien zum Einsatz. Im Normalfall wird einem aufrufenden System ein allgemeiner Benutzer für den Aufruf verschiedener Services zur Verfügung gestellt. Ist es aus Datenschutzgründen notwendig, einen Service für sensible Daten nur einem eingeschränkten Personenkreis zugänglich zu machen, kann der Aufruf über zuordnete Benutzer eingeschränkt werden.

In der Senderkommunikationskomponente vom Typ Business-Komponente bzw. Business-System werden Benutzer definiert, über die der Zugriff in der Laufzeitumgebung auf bestimmte (Service-)Benutzer eingeschränkt wird. Zur Laufzeit findet dann eine Berechtigungsprüfung statt, über die sichergestellt wird, dass Nachrichten nur von den im Nachrichtenkopf angegebenen Benutzer im Integration Server bzw. in der AAE ausgeführt werden dürfen. Die in der Kommunikationskomponente zugeordneten Benutzer können dann in der Sendervereinbarung bzw. in der integrierten Konfiguration referenziert werden.

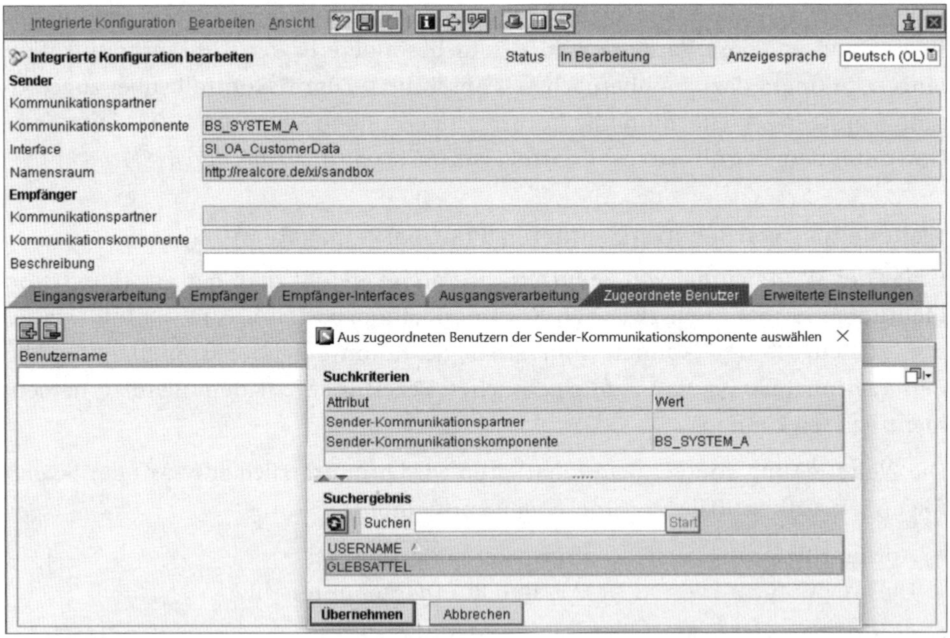

Abbildung 14.30 Zugeordnete Benutzer

1. Gehen Sie zur Einstiegsseite der SAP-Process-Integration-Werkzeuge, und rufen Sie dort den IB in der Rubrik Integration Directory auf. Gehen Sie zu *http://<host-name>:<port>/dir*, wobei *<hostname>* der Hostname des SAP-Process-Orchestration-Systems und *<port>* die Portnummer des SAP-Process-Orchestration-Systems ist.

2. Rufen Sie im Integration Directory beispielweise eine bestehende Business-Komponente auf, oder legen Sie direkt eine neue an. Wechseln Sie auf den Reiter **Zugeordnete Benutzer**, und fügen Sie dort in einer neuen Zeile einen spezifischen Benutzernamen ein. Da der autorisierte Zugriff zur Laufzeit für einen bestimmten Service eingeschränkt werden soll, muss der entsprechende Personenkreis zusätzlich in der Sendervereinbarung bzw. in der integrierten Konfiguration referenziert werden.
3. Öffnen Sie wie im Beispiel die integrierte Konfiguration (siehe Abbildung 14.30), und fügen Sie den gewünschten Benutzer in der Liste des Reiters **Zugeordnete Benutzer** hinzu.

Das Ergebnis ist, dass diese Webservices nur noch für bestimmte Benutzer erreichbar sind.

Weitere Information und Hinweise sowie ein Liste der verfügbaren Adapter finden Sie in der SAP-Dokumentation unter dem gleichnamigen Titel »Zugriffskontrolle über Zugeordnete Benutzer« (*http://s-prs.de/v448133*) bzw. in SAP-Hinweis 852237 (»Erweitertes Berechtigungskonzept der XI Runtime«).

Kapitel 15
Betrieb der SAP Cloud Platform Integration

Entwicklung und Konfiguration von Schnittstellen sind nur der erste Schritt. Nachdem eine Schnittstelle in den produktiven Betrieb übergeht, stehen operative Tätigkeiten wie Überwachung und Laufzeitkonfiguration an. Deshalb befassen wir uns in diesem Kapitel mit den Werkzeugen zum Betrieb und Monitoring der SAP Cloud Platform Integration.

In diesem Kapitel wollen wir auf den Betrieb der SAP Cloud Platform Integration eingehen und dabei die Punkte Monitoring, Alerting sowie Sicherheitskonzept und -Artefakte betrachten. Zum Ende des Kapitels sollten Sie die wichtigsten Monitoring-Tools sowie einige Tricks und Kniffe kennengelernt und ein grundlegendes Verständnis des Themas Sicherheitsartefakte entwickelt haben.

15.1 Monitoring

Sämtliche Aktivitäten rund um das Monitoring der SAP Cloud Platform Integration finden Sie in der Web UI im Monitoring-Menü, einem der vier großen Bereiche der Web UI, die wir bereits in Abschnitt 9.2.1, »Überblick über die verschiedenen Werkzeuge«, kurz beschrieben haben.

Öffnen Sie die Web UI über folgenden Link: *https://<tenant>.hci.<rechenzentrum>.hana.ondemand.com/itspaces*. Wechseln Sie über den Monitoring-Link in der linken Menüleiste in den Monitoring-Bereich der SAP Cloud Platform Integration. Sie sehen nun, wie in Abbildung 15.1 gezeigt, mehrere Gruppierungen von Kacheln, die verschiedenen Themenbereichen zugordnet sind.

Die erste Gruppe **Monitor Message Processing** beinhaltet Kacheln zum Message Monitoring, in der zweiten Gruppe **Manage Integration Content** sind Kacheln rund um die Themen Integration Flow und Cloud Integration Content enthalten. Mit der dritten Gruppe **Manage Security** erhalten Sie den Einstieg in verschiedene Verwaltungssichten mit Sicherheitsbezug, die vierte Gruppe **Manage Stores** bietet Funktionen zur Verwaltung der Data Stores.

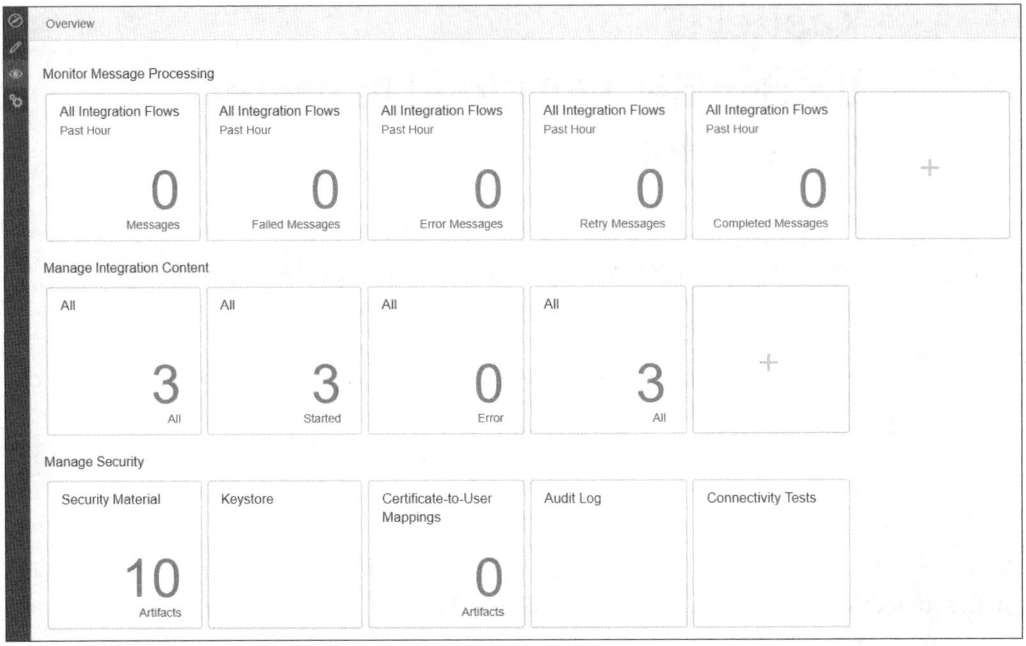

Abbildung 15.1 Übersicht der Monitoring-Tools

In der fünften und letzten Gruppe **Manage Locks** ist eine Kachel zur Verwaltung gesperrter Nachrichten enthalten. Abgesehen vom Manage-Security-Bereich werden wir alle Bereiche in den folgenden Abschnitten erläutern. Die Ausführungen zum Manage-Security-Bereich finden Sie in Abschnitt 15.3.2.

15.1.1 Message Monitoring

Der wesentliche Teil des Nachrichten-Monitorings befindet sich in der ersten Kachelgruppe der Monitoring-Sicht der Web UI. In der Standardeinstellung finden Sie dort fünf Kacheln vor (siehe Abbildung 15.2), die bei Klicken alle zum Message Monitor weiterleiten.

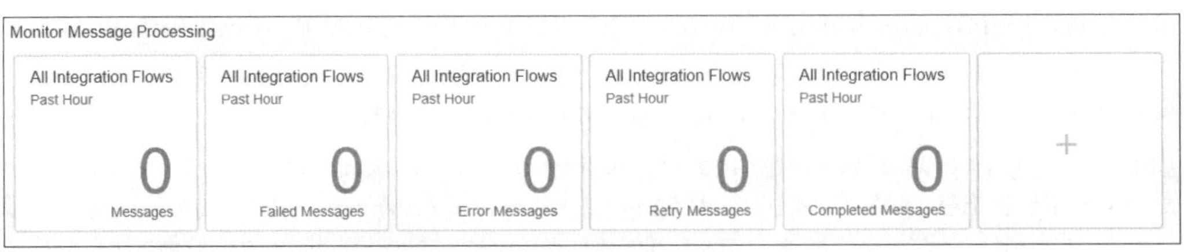

Abbildung 15.2 Kacheln des Message Monitorings

Der Unterschied zwischen den einzelnen Kacheln besteht in den Filtern, die in den Kacheln hinterlegt sind. So zeigt die erste Kachel (siehe auch Abbildung 15.2) die Anzahl der verarbeiteten Nachrichten in der letzten Stunde. Wenn Sie diese Kacheln anklicken, gelangen Sie in den Message Monitor, in dem als Zeitraum die letzte Stunde vorausgewählt ist (siehe Abbildung 15.3).

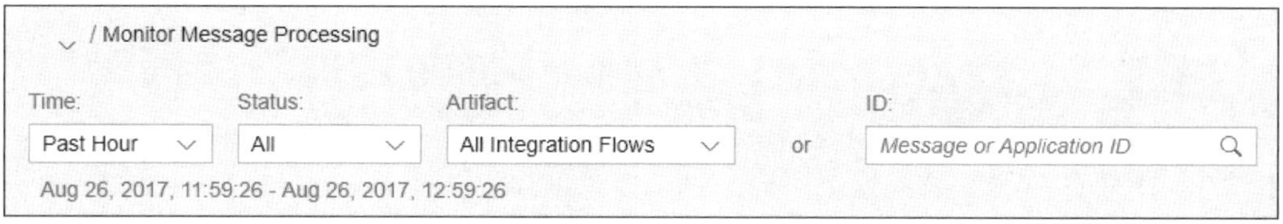

Abbildung 15.3 Vorselektierte Werte nach Klick auf die erste Kachel

Die zweite Kachel zeigt die Anzahl der fehlerhaften Nachrichten innerhalb der letzten Stunde. Klicken Sie diese Kachel an, öffnet sich ebenfalls der Message Monitor. Allerdings sind in diesem Fall der Zeitparameter (letzte Stunde) sowie der Statusparameter (fehlerhaft) vorausgewählt. Analog dazu verhalten sich die restlichen drei Standardkacheln der Monitor-Message-Processing-Gruppierung. Ganz am Ende der Kachelliste befindet sich noch eine weiße Kachel, die durch ein ⊞-Icon gekennzeichnet ist. Durch Klicken dieser Kachel können Sie weitere Kacheln mit individuellen Filterregeln erzeugen. Zur Auswahl stehen dabei die drei Filterfelder **Status**, **Time** und **Artifact**.

Der Message Monitor, den Sie durch das Klicken einer der zuvor genannten Kacheln öffnen können, besteht aus drei Bereichen, die in Abbildung 15.4 markiert sind. Der obere Bereich ❶ umfasst das Selektionsmenü. Hier können Sie entweder nach Zeitspanne (**Time**), Status der Nachricht (**Status**) und Integration Flow (**Artifact**) oder nach einer speziellen Message- oder Application-ID (über das Feld **ID**) filtern. Eine Kombination der drei erstgenannten Parameter mit dem ID-Feld ist nicht möglich.

Die linke Seite ❷ zeigt die Liste der Nachrichten, die den Filterkriterien aus dem Filtermenü entsprechen. Zu jeder Nachricht bekommen Sie den Namen des Integrationsprozesses, den Zeitpunkt der Verarbeitung, das Logging-Level sowie den letzten Status der Nachricht angezeigt.

Message-ID vs. Application-ID

Die Message-ID entspricht der eindeutigen ID einer Nachricht. Diese ID wird automatisch für jede Nachricht vergeben. Demgegenüber ist die Application-ID nicht Standardbestandteil einer Nachricht, sondern muss im Rahmen des Integrationsprozesses explizit gesetzt werden. Die Verwendung von Application-IDs ist z. B. dann sinnvoll, wenn Sie einen Prozess über mehrere Integration Flows abbilden. Sofern Sie in allen beteiligten Integration Flows dieselbe Application-ID vergeben, können Sie im Monitoring gezielt nach allen Nachrichten des übergreifenden Prozesses suchen.

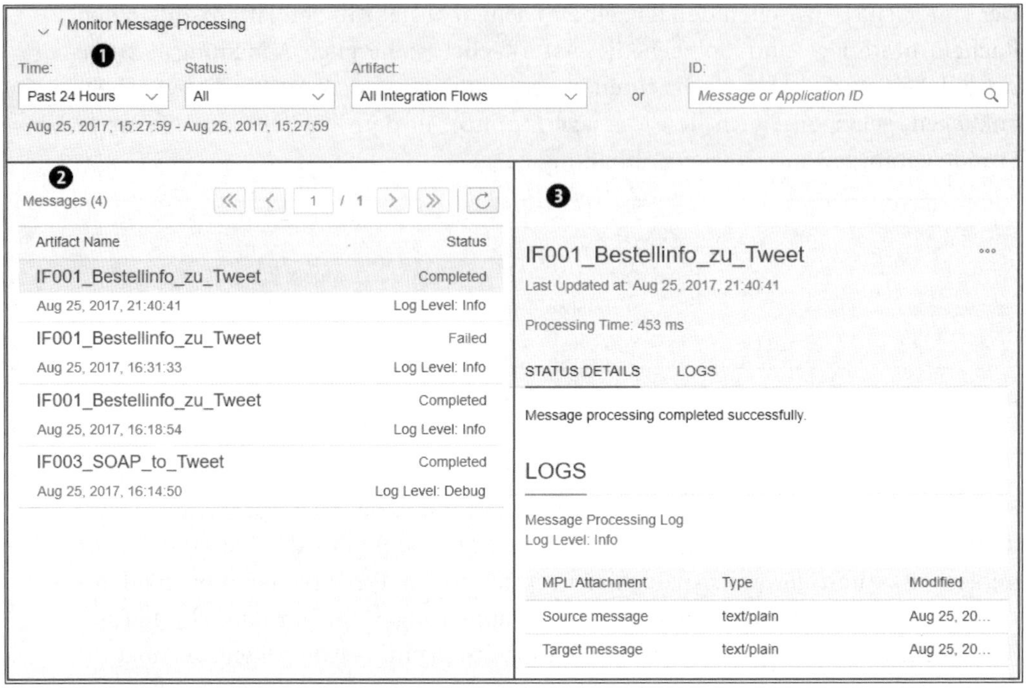

Abbildung 15.4 Drei Bereiche des Message Monitors

Beachten Sie, dass der Message Monitor nie mehr als 200 Nachrichten in der Nachrichtenliste anzeigt. Es kann vorkommen, dass Ihr Filter 200 Nachrichten anzeigt, Sie die gewünschte Nachricht aber nicht finden können. In diesem Fall war die gesuchte Nachricht zwar in der Selektionsmenge, wird jedoch aufgrund der Anzeigebeschränkung nicht mehr dargestellt. Achten Sie deshalb beim Filtern immer darauf, Ihren Filter soweit einzuschränken, dass die Filterliste maximal 199 Nachrichten darstellt. So können Sie sicherstellen, dass alle Nachrichten, die Ihrem Filter entsprechen, auch wirklich angezeigt werden.

Der rechte Bereich des Message Monitors (❸ in Abbildung 15.4) gibt eine Übersicht zur jeweils im linken Bereich angewählten Nachricht. Diese Übersicht besteht, von oben nach unten, aus dem Namen des Integration Flows, dem Datum der letzten Aktualisierung des Nachrichtenstatus (**Last Updated at**), der Verarbeitungszeit der Nachricht (**Processing Time**), **Status Details**-Informationen sowie einem Abschnitt mit **Logs**. Weiter findet sich neben dem Integration-Flow-Titel das Icon ◦◦◦. Mit einem Klick darauf können Sie in denjenigen Integration Flow abspringen, der die Nachricht verarbeitet hat.

[+]

»Status Details« und »Logs«

Die beiden Reiter **Status Details** und **Logs** agieren auch als Sprungmarken. Wenn sich die **Logs**-Schaltfläche nicht klicken lässt bzw. nicht blau unterstrichen wird, liegt dies daran, dass der **Logs**-Abschnitt bereits im sichtbaren Bereich liegt und nicht dorthin gescrollt werden kann.

Unter dem **Status Details**-Abschnitt, der den Status der Nachricht in ein bis zwei Sätzen zusammenfasst, befindet sich der **Logs**-Bereich. Dieser Bereich zeigt immer das Log-Level sowie einen Link zum Message Processing Log, dem Nachrichtenprotokoll der Nachricht, an. Das Log-Level gibt dabei an, wie ausführlich das Logging der Nachricht ist. Es kann die Stufen »None«, »Info« und »Debug« annehmen. Von diesen Stufen hat »Debug« den höchsten Detailgrad. Sie können das Log-Level im Integration-Flow-Editor der Eclipse-basierten Entwicklungsumgebung definieren. Dort finden Sie die Einstellung im Eigenschaftenpanel des Integration Flows im Reiter **Runtime Configuration**. Die zu setzende Eigenschaft heißt **Message Processing Log**. Sie kann die Werte »None«, »Error Events« und »All Events« annehmen, die den eben genannten drei Status des Message Monitors entsprechen. Alternativ können Sie das Logging-Level auch in der Web UI in der Monitor-Ansicht im Bereich **Manage Integration Content** einstellen.

Ein Klick auf den Link **Message Processing Log** öffnet das ausführliche Nachrichtenprotokoll, das je nach eingestelltem Log-Level ausführlich die einzelnen Verarbeitungsschritte der Verarbeitungskette in der SAP Cloud Platform Integration darlegt. Abbildung 15.5 zeigt exemplarisch ein Message Processing Log mit dem Log-Level »Debug«. Weiter sind in der Abbildung zwei Reiter für die beiden Attachments zu sehen, die Sie aus Abbildung 15.4 kennen.

Die beiden besagten Attachments gehören – anders als das Message Processing Log – nicht zur Standardausgabe im Message Monitor, sondern müssen durch einen Aufruf der Java-API (siehe auch Abschnitt 9.2.5, »Ausblick: API – Automatisieren von SAP-Cloud-Platform-Integration-Tasks«) aus dem Integration Flow heraus erst an das Message Processing Log angehängt werden. Diesen Vorgang beschreiben wir in Abschnitt 15.1.2, »Erweitertes Message Monitoring«. Mit Attachments lassen sich Informationen, Nachrichteninhalte oder andere Dateien während der Integration-Flow-Ausführung in das Log schreiben und somit leicht über den Message Monitor abrufbar machen.

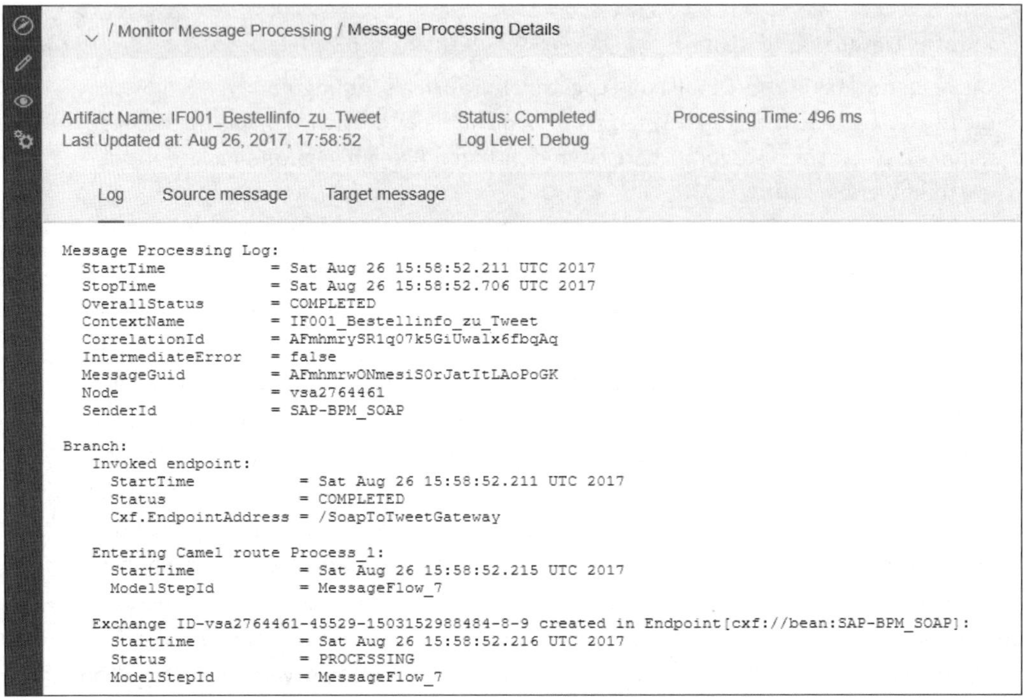

Abbildung 15.5 Message Processing Log mit dem Log-Level »Debug«

Message Locks

Ebenfalls auf der Monitor-Übersichtsseite, die über das Hauptmenü am linken Bildschirmrand zu erreichen ist, befindet sich der Bereich **Manage Locks**. Dieser Bereich enthält nur eine einzige Kachel, die denselben Namen wie der Bereich trägt. Ein Klick auf die Kachel öffnet die **Manage Message Locks**-Perspektive. In dieser Perspektive können diejenigen Nachrichten manuell nachverarbeitet werden, die vom JMS-Sender-Adapter nicht verarbeitet werden konnten. Schlägt die Verarbeitung im JMS-Adapter zweimal fehl und ist die Option **Dead-Letter Queue** am Adapter aktiviert (was der Standardkonfiguration entspricht), landen Nachrichten in einer Warte-Queue, die über diese Management-Perspektive verwaltet werden kann.

15.1.2 Erweitertes Message Monitoring

Nachdem wir die Standardfunktionalitäten des Message Monitorings kennengelernt haben, wollen wir nun noch den Blick auf zwei Methoden richten, die das Monitoring – vor allem während der Entwicklung von Schnittstellen – wesentlich erleichtern können.

Logging-Script

Innerhalb von Script-Aktivitäten in Integration Flows ist es möglich, mittels Java- oder Groovy-Script die Java-API der SAP Cloud Platform Integration anzusprechen. Mit folgenden Methodenaufrufen lassen sich sowohl Meldungen in das Message Processing Log schreiben (setStringProperty) als auch Dateianhänge (addAttachmentAsString) an das Message Processing Log anfügen (siehe Abbildung 15.4 und Abbildung 15.5). Listing 15.1 zeigt die Verwendung der beiden Methoden. Zu beachten ist, dass beide Methoden auf dem Message-Log-Objekt ausgeführt werden. Dieses sollte, wie in der ersten Zeile des Listings gezeigt, zuerst zugewiesen werden.

```
def messageLog = messageLogFactory.getMessageLog(message);
messageLog.setStringProperty("Logging#1", "Ausgabe einer Meldung.")
messageLog.addAttachmentAsString("Name des Anhangs", "Text des Anhangs: z.B.
die Payload", "text/plain");
```

Listing 15.1 Logging-Funktionen der Java-API

Ein Praxisbeispiel zur Verwendung der Methoden finden Sie in Abschnitt 13.2.4, »Transformation der Nachricht mit dem Content-Modifier«. Einen ausführlichen Artikel zum Thema »Logging mit der API« können Sie unter folgender URL einsehen: *http://s-prs.de/v448119*.

15

Beachten Sie bei der Verwendung der Methoden, dass diese je nach Größe der Anhänge und Länge der Strings recht ressourcenintensiv sind und deshalb nicht auf dem Produktiv-Tenant verwendet werden sollten. Mehr zum Thema »Ressourcenverbrauch durch Logging« finden Sie unter folgender URL: *http://s-prs.de/v448120*.

Tracing

Eine weitere Möglichkeit, wie Sie den Payload in den verschiedenen Verarbeitungsschritten im Integration Flow protokollieren können, ist das *Tracing*. Dieses Feature ist derzeit nur in Eclipse mit den SAP Cloud Platform Integration Tools vollständig nutzbar. Zudem muss das Tracing für jeden Integration Flow explizit aktiviert werden; es deaktiviert sich anschließend nach ca. 10 Minuten wieder von selbst. Die Selbstabschaltung erfolgt, da beim Tracing ein erhöhter Ressourcenbedarf vorliegt, der im Normalbetrieb unerwünscht ist.

Ist das Tracing aktiv, zeigt der Integration Flow im Designer an jedem Verarbeitungsschritt einen kleinen Briefumschlag, wie in Abbildung 15.6 zu sehen. Wenn Sie den Briefumschlag anklicken, werden Header und Payload zum Zeitpunkt des Verarbeitungsschritts im Eigenschaftenfenster am unteren Bildschirmrand angezeigt.

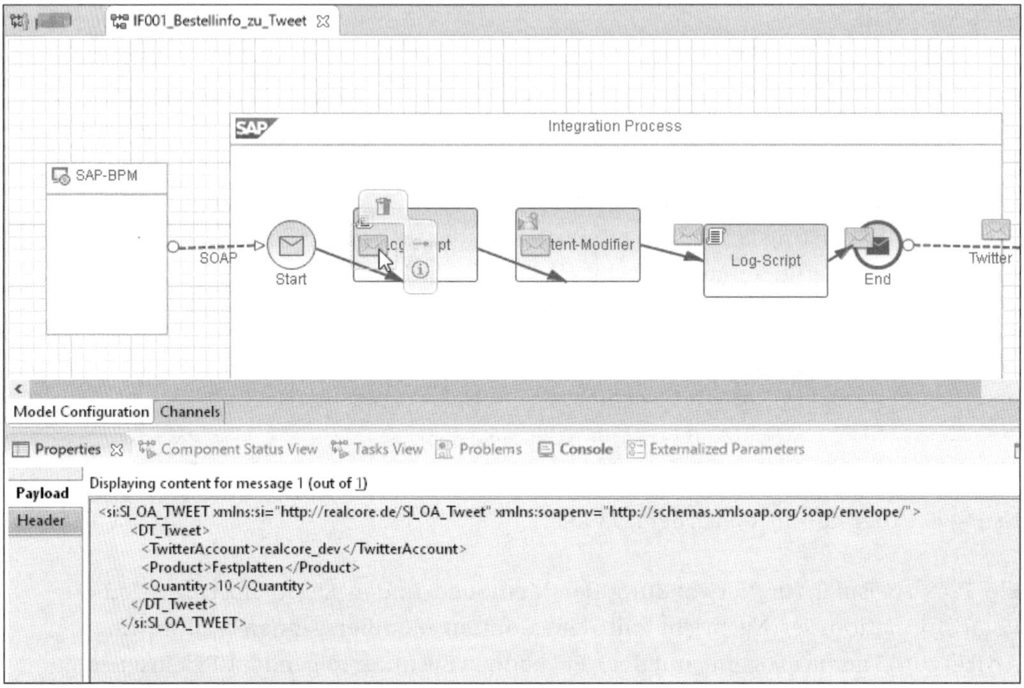

Abbildung 15.6 Darstellung des aktivierten Tracings

Um das Tracing zu aktivieren, sind folgende Schritt notwendig:

1. Öffnen Sie Eclipse und wechseln Sie in Ihren SAP-Cloud-Platform-Integration-Workspace, den Sie gemäß der Anleitung in Abschnitt 5.3, »SAP Cloud Platform Integration Tools«, eingerichtet haben.
2. Wechseln Sie über das Hauptmenü **Window • Perspective • Open Perspective • Other... • Integration Designer** in die Designer-Perspektive.
3. Öffnen Sie den Integration Flow, den Sie tracen wollen.
4. Wechseln Sie im **Properties-Fenster** des Integration Flows auf den Reiter **Trace Configuration**.
5. Wählen Sie als **Trace Level** den Wert »Header and Body«. Speichern und deployen Sie den Integration Flow.
6. Wechseln Sie über das Hauptmenü **Window • Perspective • Open Perspective • Other... • Integration Operations** in die Operations-Perspektive.
7. Machen Sie einen Doppelklick auf Ihren Tenant im **Node-Explorer**-Fenster am linken Bildschirmrand.
8. Wechseln Sie auf den Reiter **Trace Configuration**.
9. Markieren Sie die Zeile mit dem Integration Flow, für den das Tracing aktiviert werden soll, und betätigen Sie die **Enable**-Schaltfläche.

10. Schicken Sie eine Nachricht an die Schnittstelle.
11. Wechseln Sie auf den Reiter **Message Monitoring**.
12. Markieren Sie die Zeile der Nachricht, für die Sie den Trace betrachten wollen, und klicken Sie die **View Trace**-Schaltfläche an.
13. Klicken Sie auf einen der gelben Umschläge. Im **Properties**-Fenster sehen Sie nun den Inhalt der Nachricht.

Ein tiefergreifenderes Tutorial zum Thema »Tracing in der SAP Cloud Platform Integration« finden Sie unter folgender URL: *http://s-prs.de/v448121*.

15.1.3 Integration Content Monitoring

Nachdem wir die Bereiche **Monitor Message Processing** und **Manage Locks** des Monitoring-Menüs der Web UI kennengelernt haben, wollen wir nun die Bereiche **Manage Integration Content** und **Manage Stores** betrachten.

Der Bereich **Manage Integration Content** ist analog zum Bereich **Monitor Message Processing** aufgebaut. Auch hier gibt es in der Standardeinstellung verschiedene Kacheln, die alle zum selben Monitor – in diesem Fall dem Manage Integration Content Monitor – führen und sich nur durch die Vorbelegung des Filters unterscheiden. Im Standard existieren die Kacheln, die die Anzahl aller Integration-Content-Objekte (**All**), der laufenden (**Started**) und derjenigen mit Fehlern (**Error**) anzeigen. Über die letzte Kachel mit dem -Icon lassen sich individuelle Kacheln hinzufügen. Hierbei können Sie für die eigenen Kacheln wählen, ob und wenn ja mit welchem Filterkriterium die Kachel arbeiten soll. Zur Auswahl stehen dabei die Filter-Parameter **Status** und **Type**. Bei den Status stehen »All«, »Starting«, »Started«, »Stopping«, »Error« und »Inactive« zur Auswahl. Für den Typ stehen die Optionen »Integration Flow«, »OData Service« und »Value Mapping« zur Verfügung.

Wenn sie eine der Kacheln anklicken, gelangen Sie in die Detailansicht des Integration Content Monitors, wie in Abbildung 15.7 gezeigt. Der Monitor ist in zwei logische Parts unterteilt: Auf der linken Seite erhalten Sie die Liste der Integration-Content-Objekte sowie die Filterleiste oberhalb der Liste. Die rechte Seite zeigt jeweils Detailinformationen zu dem in der Liste selektierten Integration-Content-Objekt an.

Dabei erlaubt die Filterleiste das Suchen nach Integration-Content-Objekten anhand deren Namen oder ID. Darüber hinaus können Sie in der Filterleiste mit dem -Icon die Sortierung der Liste konfigurieren und eine weitere Filterung vornehmen. Gefiltert werden kann nach den Status »Error«, »Inactive«, »Started«, »Starting« und »Stopping«. Bei der Sortierung stehen die Kriterien »Name«, »Type«, »Status« und »Deployed on« jeweils in auf- als auch absteigender Reihenfolge zur Auswahl.

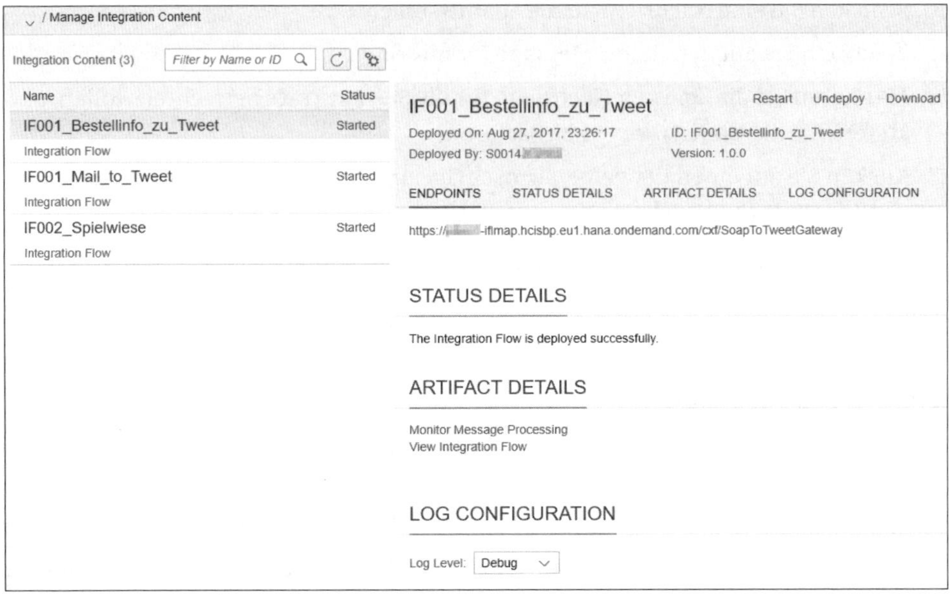

Abbildung 15.7 Integration Content Monitor

Der Statusbereich auf der rechten Hälfte des Monitors (siehe Abbildung 15.8) unterteilt sich in die Kopfzeile und die Informationsbereiche **Endpoints**, **Status Details**, **Artifact Details** sowie **Log Configuration**.

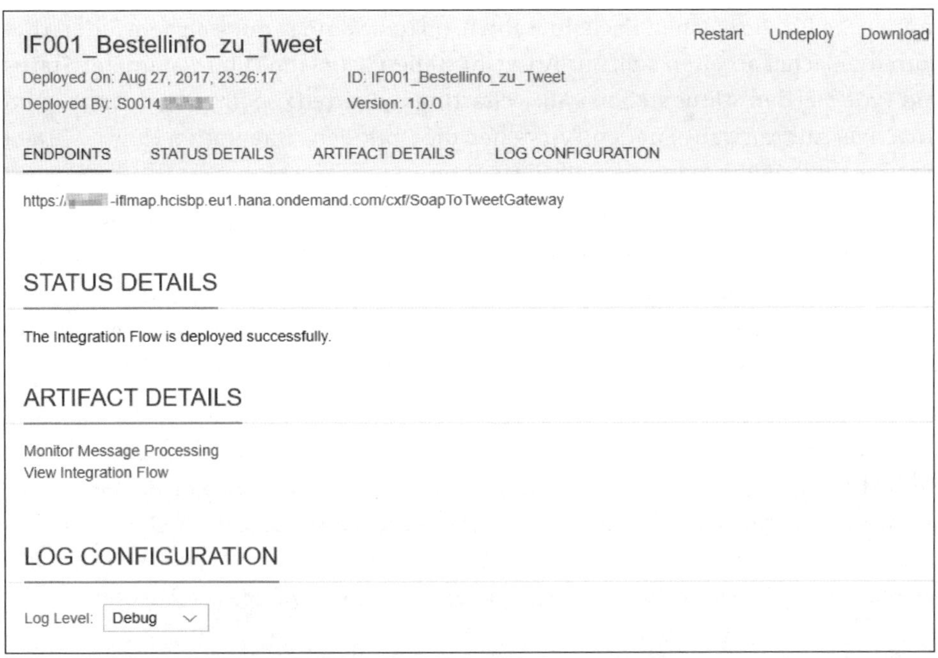

Abbildung 15.8 »Status Details« des Integration Content Monitors

Die Kopfzeile enthält den Namen des Integration-Content-Objekts, dessen ID und Version sowie den Zeitpunkt des Deployments (**Deployed on**) und den User (**Deployed by**), der das Objekt deployt hat. Zudem sind in der rechten oberen Ecke der Kopfzeile Schaltflächen zum Neustarten (**Restart**), zum Entfernen des Deployments (**Undeploy**) und zum Herunterladen (**Download**) des Integrationsinhalts (Integration Content) vorhanden. Bitte beachten Sie, dass die **Download**-Schaltfläche je nach Art des Inhalts den kompilierten Inhalt des Runtime Nodes herunterlädt. Dieser muss also nicht immer den Quellcode enthalten bzw. kann von dem Download abweichen, den Sie erhalten, wenn Sie Integrationsinhalte aus der Designer-Perspektive der Web UI herunterladen.

Der **Endpoints**-Bereich zeigt die URL(s) der Endpunkte des Integration-Content-Objekts an. Hat der Integration Content keine Endpunkte, weil es sich z. B. um einen Integration Flow handelt, der einen Mail-Adapter auf der Senderseite hat, dann wird an dieser Stelle der Text »There are no endpoints configured« angezeigt. Diese Meldung ist dementsprechend nicht immer als Fehler zu verstehen, da das Fehlen von Endpoints, wie eben dargelegt, ebenso gut dem gewünschten Zustand entsprechen kann.

Im Bereich **Status Details** wird in ein bis zwei Sätzen der aktuelle Zustand des Integration-Content-Objekts wiedergegeben.

Der Bereich **Artifact Details** enthält eine Liste an kontextsensitiven Links. Dieser Bereich zeigt also immer zum Typ des Integration-Content-Objekts passende Links an. Für einen Integration Flow (siehe Abbildung 15.8) sind dies Links, die sowohl den Message Monitor als auch den Integration-Flow-Editor mit der passenden Vorauswahl öffnen.

Die Anpassung des Log-Levels für das gewählte Integration-Content-Objekt können Sie im Bereich **Log Configuration** vornehmen. Dabei stehen die Log-Level-Typen »None«, »Info« und »Debug« zur Auswahl. Wie in Abschnitt 15.1.1, »Message Monitoring«, beschrieben, wirkt sich die Anpassung dieses Parameters unter anderem auf den Detailgrad des Message Processing Logs aus.

Manage Data Stores

Der **Manage Data Stores**-Bereich ist der vierte Bereich in der Monitoring-Perspektive der Web UI. Wie der **Message Locks**-Bereich hat auch dieser Bereich bisher nur eine Kachel. Diese unterscheidet sich von allen anderen Kacheln, da Sie keine Kennzahl ausweist. Ein Klick auf Data-Stores-Kacheln öffnet den Data Store Monitor, über den die Verwaltung von Data Stores möglich ist. Bei diesen Data Stores handelt es sich um jene Speicherbereiche/-Container, die z. B. aus einem Integration Flow heraus mit den Data-Store-Aktivitäten (siehe Abschnitt 9.2.2, »Entwickeln mit der Web UI«) beschrieben und gelesen werden können. Nach dem Öffnen präsentiert sich der Monitor wie in Abbildung 15.9 gezeigt.

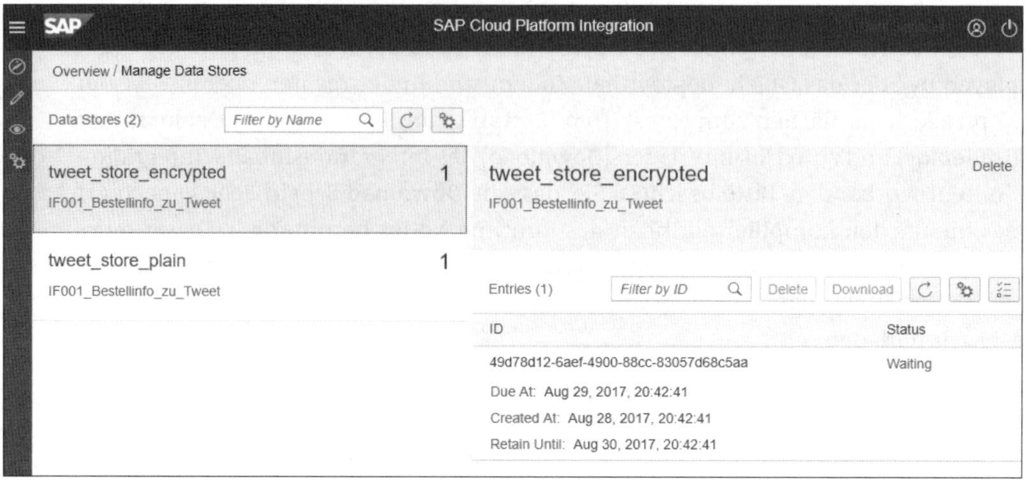

Abbildung 15.9 Übersicht der Data-Store-Verwaltungsoberfläche

Die Data-Store-Perspektive setzt sich wie die meisten anderen Verwaltungsperspektiven aus zwei logischen Bereichen zusammen. Auf der linken Seite befinden sich die Liste der Data Stores sowie die Such- und Filterleiste. Über das Suchfeld kann die Liste der Data Stores gefiltert werden. Durch Klicken des Reload-Icons lässt sich die Liste der Data Stores auffrischen. Über das Einstellungs-Icon können Sie die Liste nach den Kriterien »Name«, »Visibility«, »Total Number of Entries« und »Number of Overdue Entries« auf- sowie absteigend sortieren. Darüber hinaus können Sie die Liste über das Einstellungsmenü zusätzlich über die Eigenschaften »Status« und »Visibility« filtern.

Die rechte Hälfte der Data-Store-Perspektive zeigt Detailinformationen sowie den Inhalt des jeweils auf der linken Hälfte markierten Data Stores. Im oberen Bereich der rechten Hälfte werden der Titel des Data Stores sowie dessen Visibility angezeigt. (In Abbildung 15.9 ist die Visibility auf den Integration Flow mit dem Namen »IF001_ Bestellinfo_zu_Tweet« beschränkt.) Am oberen rechten Rand befindet sich zudem eine **Delete**-Schaltfläche, über die sich der gesamte Data Store löschen lässt. Unterhalb dieser Kopfzeile der Detailansicht befinden sich die Liste der Einträge des Data Stores und eine Menüleiste zur Verwaltung der Liste.

In der Liste selbst werden für jeden Data-Store-Eintrag die »ID«, der »Status«, das Erstellungsdatum (»Created At«), das Ablaufdatum (»Due At«), ab dem Warnungen ausgegeben werden, sowie das Löschdatum (»Retain Until«), an dem der Eintrag gelöscht wird, falls er bis dahin nicht abgeholt/gelesen wurde, angezeigt.

Über die Menüleiste lassen sich die Data-Store-Einträge über die Suchbox anhand ihrer ID filtern. Weiter besteht die Option, markierte Einträge mit **Delete** zu löschen oder mit **Download** herunterzuladen. Der Download stellt zudem die einzige Möglichkeit zur Betrachtung der Einträge dar. Eine Online-Einsicht der Einträge ist derzeit nicht möglich. Rechts neben der **Download**-Schaltfläche befinden sich noch das -Icon zum Aktualisieren der Liste, das -Icon zum Sortieren und Filtern der Liste sowie das -Icon zur Mehrfachselektion von Data-Store-Einträgen.

15.2 Alerting

Bricht ein Prozess ab oder kommt es zum Fehler, lässt sich z. B. in SAP Process Orchestration über die Standardfunktionalität des Alertings eine Mail versenden, um Fachbereiche bzw. das Operations-Team über den Ausfall zu informieren. Solch eine Standardlösung für das Alerting existiert in der SAP Cloud Platform Integration bisher nicht. Dennoch gibt es verschiedene Ansätze, um eine Form des Alertings zu implementieren. Zwei mögliche Lösungsansätze möchten wir im Folgenden kurz erläutern und dabei jeweils auf weiterführendes Material verweisen.

15.2.1 Alerting via Exception Handling

Einen Lösungsansatz stellt die Verwendung des *Exception Subprocess* in der Konfiguration des jeweiligen Integration Flows dar. Der Exception Subprocess, den Sie bereits in Abschnitt 9.2.2 kurz kennengelernt haben, fügt einem Integration Flow dabei einen neuen Unterprozess hinzu. Dieser Unterprozess fängt Fehler im Hauptprozess ab und ermöglicht es, diese anschließend zu beheben. Im Rahmen des Exception Subprocess kann auch ein Mail-Adapter untergebracht werden, der im Fehlerfall eine Mail verschickt. Weiterführende Informationen und eine Beispielimplementierung zeigen die folgenden beiden SAP-Blogs:

- *http://s-prs.de/v448122*
- *http://s-prs.de/v448123*

15.2.2 Alerting via API

Eine weitere Alternative zur Implementierung eines Alerting-Mechanismus stellt die Nutzung der OData-API der SAP Cloud Platform Integration dar. Einen Einstieg in die Technik und Funktionen der API haben wir bereits in Abschnitt 9.2.5 gegeben. So bietet die API neben anderen Endpunkten auch den Abruf von Message-Monitoring-Informationen. Hierdurch ist es möglich, z. B. alle Nachrichten abzurufen, die den Status »Failed« haben. Basierend auf dem Rückgabewert der API können dann Alerting-Mails verschickt werden. Da es sich bei der API um eine Schnittstelle basierend auf REST und OData handelt, ist es egal, ob dieser Prozess des Abholens und Mail-Verschickens in einer externen Anwendung geschieht oder direkt als eigenständiger Integrationsprozess auf der SAP Cloud Platform Integration selbst abgebildet wird.

15.3 Berechtigungs- und Sicherheitskonzepte

In den folgenden Abschnitten werden wir einen Blick auf die Berechtigungs- und Sicherheitskonzepte der SAP Cloud Platform Integration werfen. Dabei wollen wir klären, was Sicherheitsartefakte im Kontext der SAP Cloud Platform Integration sind, wie Sie diese verwalten und wie Sie Benutzer anlegen und Benutzerberechtigungen verwalten.

15.3.1 Übersicht über die Sicherheitsartefakte

Der Begriff *Sicherheitsartefakt* umfasst im Kontext der Cloud Integration eine Handvoll Objekttypen wie Zugangsdaten oder Zertifikate, die alle im Zusammenhang mit Sicherheitsfeatures der SAP Cloud Platform Integration stehen. Dabei finden Sicherheitsartefakte sowohl auf Transportebene, z. B. Root-Zertifikate, als auch auf Nachrichtenebene, z. B. Private Keys zur Verschlüsselung von Nachrichteninhalten, Verwendung. Im Vergleich zu SAP Process Integration und SAP Process Orchestration werden Zugangsdaten in der SAP Cloud Platform Integration nicht mehr direkt am Kanal bzw. Adapter konfiguriert. Stattdessen werden Zugangsdaten zentral in Form von Sicherheitsartefakten verwaltet, die bei der Adapterkonfiguration anschließend nur noch referenziert werden.

Tabelle 15.1 zeigt die derzeit von der SAP Cloud Platform Integration unterstützten Sicherheitsartefakttypen und nennt Beispiele für deren Einsatz. Die Verwaltung der im Folgenden genannten Artefakte beschreiben wir im anschließenden Abschnitt 15.3.2.

Artefakttyp	Beschreibung
Keystore	Enthält Keys sowie (X.509-)Zertifikate, die zur sicheren Kommunikation mittels SSL/TLS benötigt werden. Keystore-Dateien haben das .jks-Format und können z. B. über die kostenlose Software »KeyStore Explorer« (*http://keystore-explorer.org/*) erzeugt werden. In der SAP Cloud Platform Integration gibt es einen Standard-Keystore mit dem Namen system.jks, der alle Keys/Zertifikate des Tenants enthalten soll. *Verwendungsbeispiel*: Der Keystore wird nicht explizit in Konfigurationen angegeben. Er wird indirekt aufgerufen, sobald z. B. eine HTTPS-Verbindung aufgebaut wird.
OAuth2 Credentials	Enthält Zugangsdaten/Token, die zur Authentifizierung mittels OAuth 2.0 genutzt werden können. *Verwendungsbeispiel*: OAuth2 Credentials können z. B. im SuccessFactors-Receiver-Adapter verwendet werden, wenn dieser mit dem REST-Protokoll genutzt wird.

Tabelle 15.1 Übersicht der Sicherheitsartefakte

Artefakttyp	Beschreibung
Known Hosts (SSH)	Dieser Artefakttyp enthält bekannte Server, denen im Rahmen der Kommunikation vertraut wird. Known-Host-Artefakte werden für die Kommunikation per SSH/SFTP benötigt. Mit den OpenSSH-Tools und dem Befehl *ssh-keyscan -t rsa <example-server.com>* lässt sich der Inhalt für die Known-Hosts-Artefakte erzeugen. *Verwendungsbeispiel*: Die Known-Hosts-Artefakte werden nicht explizit in Konfigurationen angegeben. Sie werden aber indirekt aufgerufen, sobald z. B. eine SFTP-Verbindung aufgebaut wird.
PGP Public Keyring	Enthält öffentliche Schlüssel, mit denen die Pretty-Good-Privacy-Methoden (PGP) genutzt werden können. *Verwendungsbeispiel*: Verschlüsselung einer Nachricht mit dem öffentlichen Schlüssel eines Partners unter Verwendung der PGP-Encrypter-Aktivität in Integration Flows.
PGP Secret Keyring	Enthält private Schlüssel, mit denen die PGP-Methoden genutzt werden können. *Verwendungsbeispiel*: Signierung einer Nachricht mit dem eigenen privaten Schlüssel unter Verwendung der PGPEncrypter-Aktivität in Integration Flows.
Secure Parameter	Enthält Passwörter/Tokens für spezielle Anmeldeverfahren. Dabei wird nur ein Passwort/Token pro Artefakt gespeichert und keine Kombination aus Nutzername/Passwort. *Verwendungsbeispiel*: Zur Verwendung des Twitter-Receiver-Adapters werden mehrere OAuth-Parameter/-Token benötigt. Diese müssen als Secure Parameter angelegt und nachfolgend im Twitter-Adapter referenziert werden.
User Credentials	Enthält Benutzername-Passwort-Paare und wird unter anderem zur Basic Authentication genutzt. *Verwendungsbeispiel*: Kann im HTTPS-Adapter im Punkt (Basic-) Authentication zur Authentifizierung hinterlegt werden.

Tabelle 15.1 Übersicht der Sicherheitsartefakte (Forts.)

15.3.2 Verwaltung von Sicherheitsartefakten

Die Verwaltung der Sicherheitsartefakte sowie weiterer sicherheitsrelevanter Einstellungen geschieht über die Monitoring-Perspektive der Web UI, die über das Icon geöffnet werden kann. Der Security-Bereich der Monitoring-Perspektive besteht, wie in Abbildung 15.10 zu sehen, aus fünf verschiedenen Werkzeugen, die per Klick auf die jeweilige Kachel erreichbar sind. Diese möchten wir im Folgenden jeweils kurz vorstellen.

Abbildung 15.10 Werkzeuge des Security-Bereichs im Monitoring

Security Material

Der Bereich **Manage Security Material** erlaubt das Anlegen, Betrachten und Löschen von Sicherheitsartefakten (siehe auch Abschnitt 15.3.1, »Übersicht über die Sicherheitsartefakte«). Abbildung 15.11 zeigt ein Beispiel.

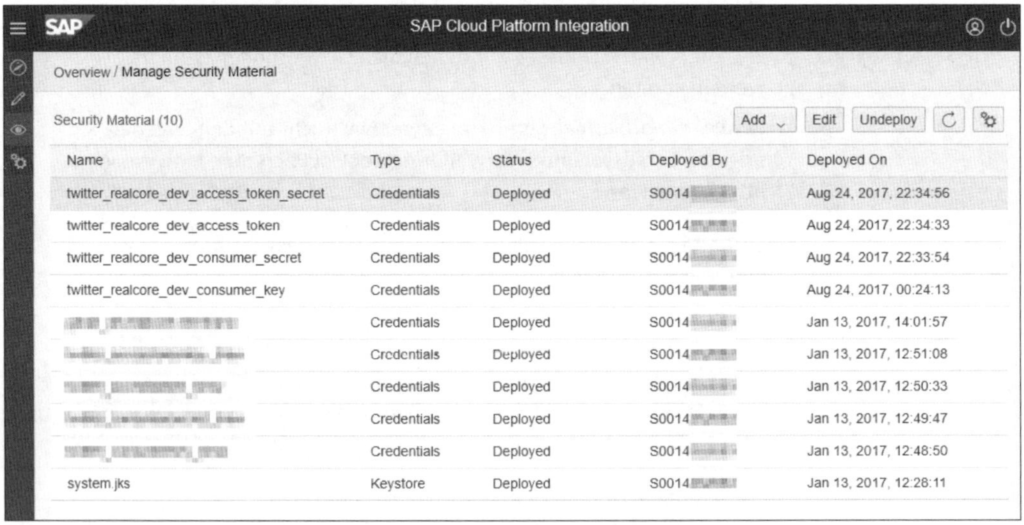

Abbildung 15.11 Ansicht der Security-Material-Verwaltung

Dabei bildet die Tabelle der Sicherheitsartefakte den wesentlichen Bestandteil der Perspektive. Sie stellt alle verfügbaren Sicherheitsartefakte inklusive der Attribute **Name**, **Type**, **Status**, **Deployed by** und **Deployed On** dar. Oberhalb der Tabelle befindet sich die Werkzeugleiste mit den folgenden Schaltflächen:

- Die **Add**-Schaltfläche erlaubt das Anlegen bzw. Hinzufügen von Sicherheitsartefakten der folgenden Typen:
  - Known Hosts (SSH)
  - OAuth2 Credentials
  - PGP Public Keyring

- PGP Secret Keyring
- Secure Parameter
- User Credentials

Keystores

Sicherheitsartefakte vom Typ »Keystore« werden zwar in der Liste der Manage-Security-Marterial-Ansicht dargestellt, müssen jedoch über die Keystore-Sicht, die wir im nächsten Abschnitt erläutern, verwaltet werden.

- Über die **Edit**-Schaltfläche können markierte Sicherheitsartefakte bearbeitet werden, sofern sie editierbar sind.
- Mittels der **Undeploy**-Schaltfläche können deployte Sicherheitsartefakte wieder deaktiviert und entfernt werden.
- Mit der Reload-Schaltfläche [C] können Sie die Tabelle auffrischen. Die Einstellungs-Schaltfläche [⚙] ermöglicht das Sortieren der Sicherheitsartefaktliste nach den Kriterien »Name«, »Type«, »Status«, »Deployed by« und »Deployed On« sowie das Filtern anhand der Felder »Name«, »Type«, »Status« und »Deployed by«.

Keystore

Die **Keystore**-Sicht ermöglicht die Verwaltung von Keystores. Diese können zwei Typen von Artefakten enthalten: (Root-)Zertifikate und/oder Schlüssel-Paare. Abbildung 15.12 zeigt die **Manage Keystore**-Ansicht des Monitoring-Bereichs der Web UI.

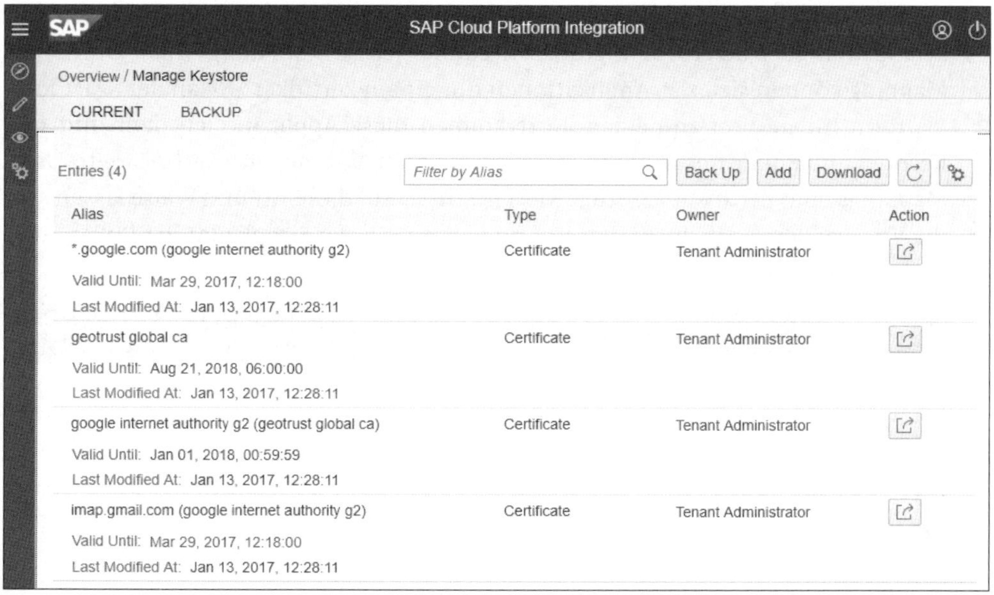

Abbildung 15.12 Übersicht der Keystore-Perspektive

Zentral im Bild ist die Liste aller Keystore-Einträge. Pro Eintrag werden die Attribute »Alias« (Name), »Type« (entweder Certificate oder Keypair), »Owner« (entweder Tenant Administrator oder SAP), »Valid Until« sowie »Last Modified At« angezeigt. Zudem gibt es für jede Zeile der Liste ein Aktionsmenü [icon], über das Keystore-Einträge heruntergeladen (**Download**) oder gelöscht (**Delete**) werden können. Hierbei gilt es zu beachten, dass private Schlüssel aus Schlüsselpaaren nicht heruntergeladen werden können. Diese sollten vor dem Import in die SAP Cloud Platform Integration also auf andere Art und Weise gesichert verwahrt werden.

Oberhalb der Eintragsliste befindet sich die Menüleiste, über die die Liste anhand der Aliase gefiltert werden kann. Darüber hinaus gibt es Schaltflächen zum Sichern von Keystore-Einträgen (**Back Up**), zum Hinzufügen neuer Keystores (**Add**) und zum Download von Keystore-Einträgen (**Download**). Rechts daneben sind die bereits bekannten Icons zum Aktualisieren, Sortieren und Filtern der Liste platziert.

Am oberen Rand der Sicht befindet sich neben dem Reiter **Current**, den wir soeben kennengelernt haben, noch ein Reiter **Backup**. Dieser zeigt die durch die Backup-Schaltfläche gesicherten Keystores bzw. Keystore-Einträge an. Hierbei ist zu beachten, dass nur Keystore-Einträge gesichert werden können, die den Owner »Tenant Administrator« haben, also Einträge, die in Ihrem Besitz bzw. im Besitz des Kunden sind. SAP-Keystores können weder gesichert noch bearbeitet werden. Gesicherte Keystore-Einträge können über den **Backup**-Reiter betrachtet und über das **Restore**-Icon wiederhergestellt werden.

Certificate-to-User-Mappings

Die *Certificate-to-User-Mappings*-Sicht erlaubt die Verwaltung der Zuweisung von Zertifikaten zu Nutzern bzw. Nutzer-Accounts (siehe Abbildung 15.13). Durch das Mapping können sich z. B. Applikationen mit einem Zertifikat »X« an der SAP Cloud Platform Integration anmelden. Dort können diese Applikationen dann mit den Rechten und Rollen des Nutzers »Y« agieren, der im Rahmen des Certificate-to-User-Mappings dem Zertifikat »X« zugewiesen wurde. Auf diese Art und Weise lassen sich die Vorteile der zertifikatsbasierten Anmeldung mit der Simplizität der Rollen- und Rechteverwaltung für User kombinieren.

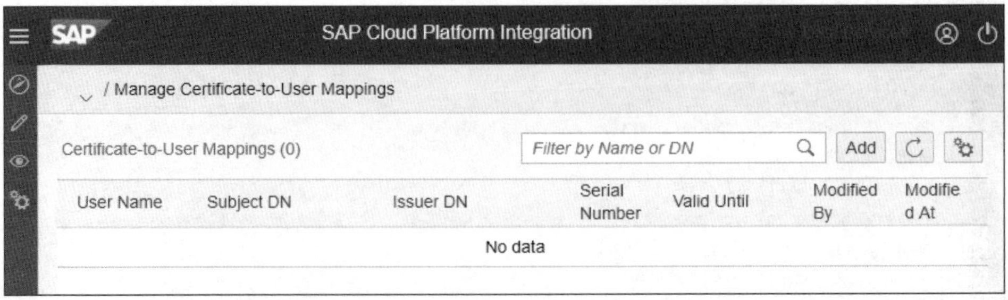

Abbildung 15.13 Übersicht der Sicht »Manage Certificate-to-User Mappings«

Die **Manage Certificate-to-User Mappings**-Sicht listet dabei alle existierenden Mappings auf. Sie bietet die Möglichkeit, diese zu durchsuchen, neue Mappings über die **Add**-Schaltfläche anzulegen oder bestehende Mappings zu löschen.

Audit Log

Über einen Klick auf die **Audit Log**-Kachel im **Manage Security**-Abschnitt des Web-UI-Monitoring-Bereichs gelangt man in die **Monitor Audit Log**-Perspektive. Das Audit Log stellt dabei ein Protokoll dar, das überwiegend Änderungen am System festhält, die durch den Kunden/Nutzer ausgeführt wurden. Hierzu gehören z. B. Deployments, Änderungen an Objekten, das Löschen von Objekten sowie operative Tätigkeiten. Als Datenquelle für das Audit Log dienen verschiedene System-Logs, die im Hintergrund durch eine Splunk-Instanz (ein Tool zur Aufarbeitung von Logs und Reports) aggregiert und zum Audit Log aufgearbeitet wird, so wie es in Abbildung 15.14 zu sehen ist. Zu jedem Eintrag im Log hält die SAP Cloud Platform Integration die Attribute Zeitpunkt (**Time**), Art der Änderung (**Action**), den Typ des geänderten Objekts (**Object Type**), den Objektnamen (**Object Name**) sowie den Nutzer (**User**) und dessen IP-Adresse (**Source**) fest.

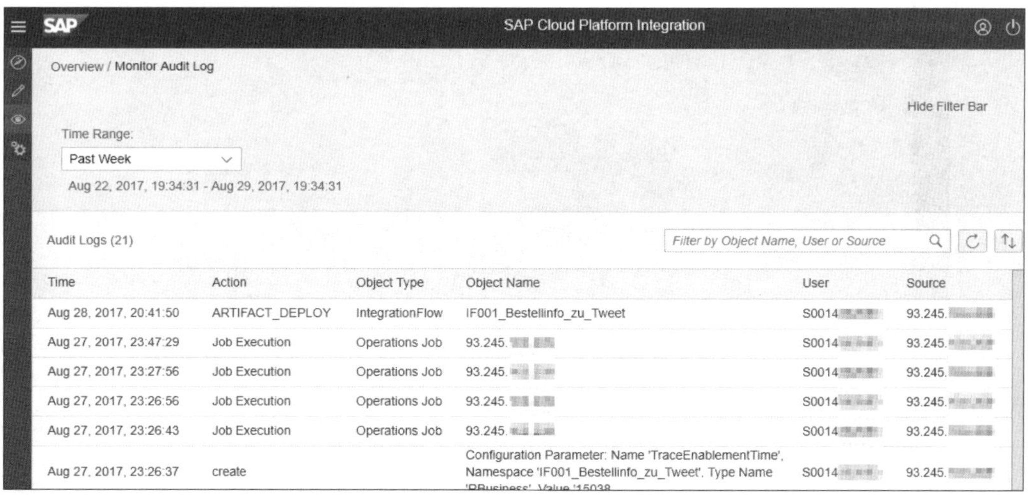

Abbildung 15.14 Übersicht des Audit Log Monitors

Mit der Aktionsleiste über der Log-Tabelle können Sie diese nach Objektnamen, Nutzern und IP-Adressen durchsuchen. Zudem lässt sich auch diese Tabelle sortieren und auffrischen.

Bei der Verwendung des Audit Logs sind folgende drei Dinge zu beachten:

1. Log-Einträge werden maximal 30 Tage vorgehalten.
2. Die Log-Tabelle kann maximal 1.000 Einträge anzeigen. Gibt es mehr Einträge, muss ein Filter angegeben werden.

3. Zum Betrachten des Audit Logs muss der betrachtende Nutzer die Rolle »AuditLog.Read« besitzen.

Connectivity-Tests

Das fünfte und letzte Werkzeug aus der Gruppe der Manage-Security-Werkzeuge im Monitoring-Bereich der Web UI ist das Test-Connectivity-Werkzeug, das per Klick auf die **Test Connectivity**-Kachel aufrufbar ist. Mit dem Test-Connectivity-Werkzeug können Sie Verbindungstest zu beliebigen Systemen über verschiedene Protokolle ausführen. So können Sie vor Beginn der Entwicklung bzw. ohne Konfiguration eines Adapters überprüfen, ob die Sicherheitsartefakte wie Known-Hosts-Dateien oder Zertifikate, die notwendig sind, um eine Verbindung herzustellen, korrekt in SAP Cloud Platform Integration eingespielt wurden. Abbildung 15.15 zeigt die Einstiegsansicht nach dem Klick auf die **Test Connectivity**-Kachel. Die Perspektive unterteilt sich in die fünf Reiter **TLS**, **SSH**, **SMTP**, **IMAP** und **POP3**, die den Verbindungstest zu einem Server über das jeweils gleichnamige Protokoll erlauben.

Abbildung 15.15 Einstieg in das Test-Connectivity-Werkzeug

15.3.3 Benutzerverwaltung mit dem SAP Cloud Platform Cockpit

Wie in Kapitel 9, »Einführung in SAP Cloud Platform Integration« bereits angedeutet, findet die Benutzerverwaltung in einem höheren Kontext als die SAP-Cloud-Platform-Integration-Anwendung statt. Die Benutzerpflege wird im SAP Cloud Platform Cockpit vorgenommen, wobei die eigentlichen Benutzer-Accounts im *SAP Cloud Identity Service* vorgehalten werden.

[«]

Wussten Sie schon...

...dass der SAP Cloud Identity Service, der zuvor SAP ID Service hieß und als Identity Provider, also als zentrale Benutzer-Account-Verwaltung, dient, an diversen Stellen und in vielen Produkten von SAP verwendet wird?

Als *Single-Sign-On*-Lösung (SSO) ermöglicht der SAP Cloud Identity Service, dass mit ein und demselben Account und einer einmaligen Anmeldung Dienste wie die SAP Blogs, das SCN, die SAP Cloud Platform, das SAP Launchpad u. a. genutzt werden können.

Neue Benutzer hinzufügen

Um einen neuen Benutzer anzulegen, öffnen Sie zuerst das SAP Cloud Platform Cockpit. Dieses kann unter folgender URL erreicht werden: *https://account.eu1.hana.ondemand.com/cockpit*.

Achten Sie hierbei darauf, dass statt »eu1« auch ein anderes Rechenzentrum gewählt werden kann. Wenn Sie sich unsicher sind, in welchem Rechenzentrum Ihr SAP-Cloud-Platform-Account liegt, lassen Sie den Part »eu1.« in der URL weg und wählen Sie anschließend Ihren Account über die Schaltflächen der Webseite aus.

Alternativ finden Sie die korrekte SAP-Cloud-Platform-Cockpit-URL auch in der E-Mail mit den Zugangsdaten, die Sie im Anschluss an die Bestellung Ihres SAP-Cloud-Platform-Accounts durch das Operations-Team erhalten haben.

Um einen neuen Benutzer hinzuzufügen, sind folgende Schritte notwendig:

1. Wechseln Sie durch Klicken des **Members**-Menüeintrags in die Benutzerverwaltung.
2. Klicken Sie auf **Add Members**.
3. Geben Sie bis zu 100 SAP-User-IDs (P- oder S-User) ein (siehe Abbildung 15.16).
4. Wählen Sie entweder die Rolle **Administrator** oder **Application User Admin** aus. (Weitere Informationen dazu finden Sie in der nächsten Infobox.)
5. Geben Sie optional einen Kommentar ein. Beachten Sie, dass derselbe Kommentar für alle Nutzer gesetzt wird, die Sie in Schritt 3 angegeben haben. Wollen Sie Nutzer-individuelle Kommentare eingeben, können Sie dies auch nach dem Anlegen nachholen.
6. Legen Sie den bzw. die neuen User mit einem Klick auf die **Add Members**-Schaltfläche an.

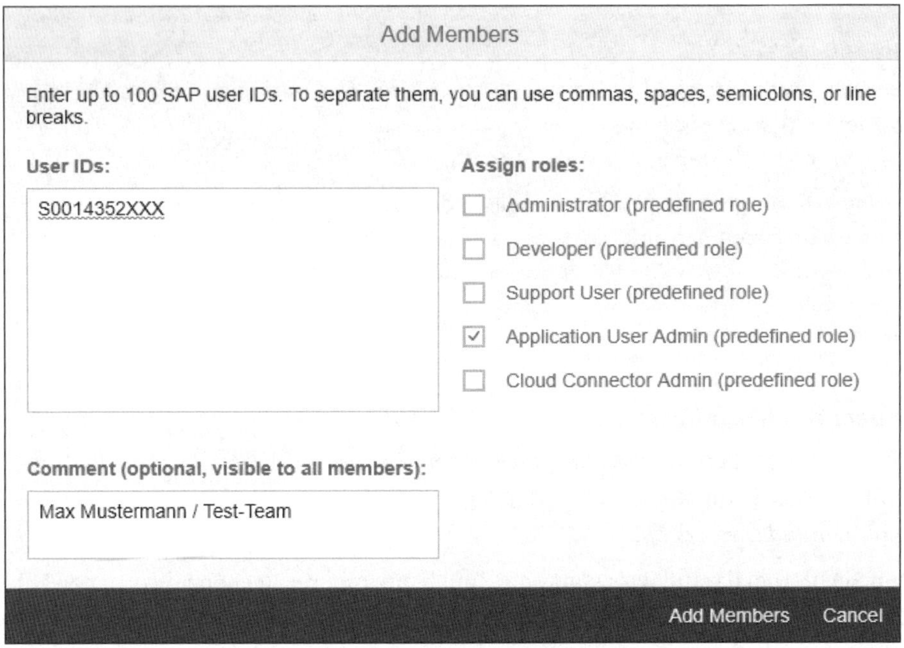

Abbildung 15.16 Benutzer anlegen

Rollen

In Schritt 3 beim Anlegen neuer Benutzer (siehe Abbildung 15.16) haben wir darauf hingewiesen, dass ausschließlich die Rollen **Administrator** und **Application User Admin** genutzt werden sollen. Dies hängt damit zusammen, dass es sich bei diesen Rollen nicht um SAP-Cloud-Platform-Integration-spezifische, sondern um allgemeine SAP-Cloud-Platform-Rollen handelt. Die beiden genannten Rollen sind die einzigen Rollen, die im Kontext der SAP Cloud Platform Integration relevant sind.

Wählen Sie die Rolle **Administrator** für Nutzer, die volle Rechte auf dem SAP-Cloud-Platform-Tenant bekommen sollen. Im Umkehrschluss wählen Sie die Rolle **Application User Admin**, wenn Sie einem Nutzer nur eingeschränkte Rechte zur Tenant-Administration vergeben wollen.

Weitere, SAP-Cloud-Platform-Integration-spezifische Rollen lassen sich über die **Authorization**-Seite hinzufügen. Mehr dazu lesen Sie auf den folgenden Seiten.

Nachdem Sie die Nutzer angelegt haben, erscheinen diese in der Benutzertabelle der **Members**-Seite, die in Abbildung 15.17 dargestellt ist. Mithilfe der Icons können Sie bestehende Benutzer verwalten.

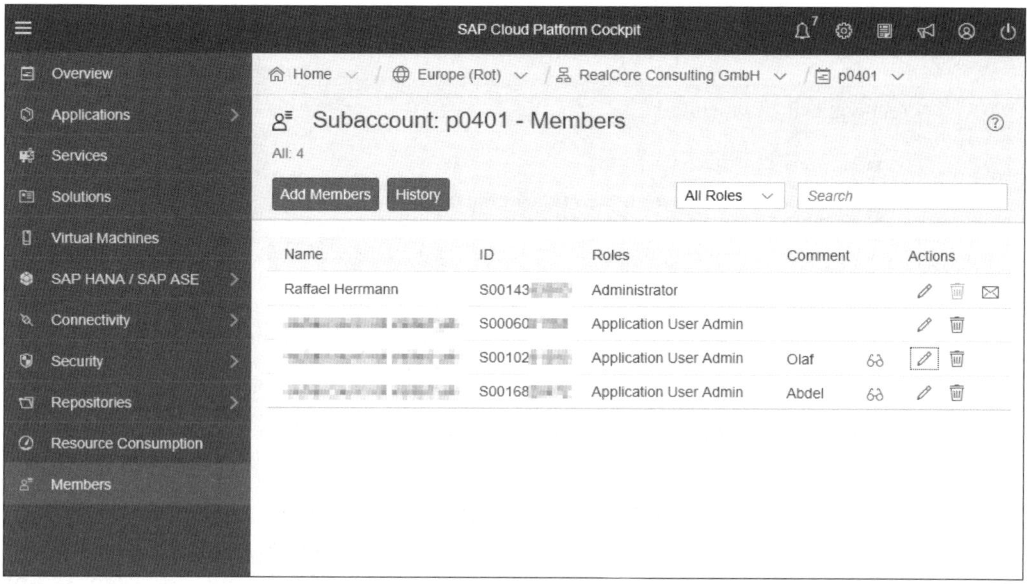

Abbildung 15.17 Übersicht der SAP-Cloud-Platform-Nutzer

Mit der Brillen-Schaltfläche lässt sich die Kommentarspalte anzeigen, mit der Stift-Schaltfläche lassen sich Kommentar sowie allgemeine SAP-Cloud-Platform-Einstellungen ändern. Durch Wählen der Mülltonnen-Schaltfläche können Sie Benutzer entfernen. Mithilfe der Briefumschlag-Schaltfläche lassen sich E-Mails an den Benutzer schicken, sofern dieser eine E-Mail-Adresse in seinem S-User-Account hinterlegt und freigegeben hat.

SAP-Cloud-Platform-spezifische Berechtigungen vergeben

Nachdem die Nutzer im SAP Cloud Platform Cockpit angelegt wurden, müssen noch die SAP-Cloud-Platform-Integration-spezifischen Berechtigungen vergeben werden. Dies geschieht ebenfalls aus dem SAP Cloud Platform Cockpit heraus.

1. Wechseln Sie im SAP Cloud Platform Cockpit in den Menüpunkt **Security**.
2. Wählen Sie den Untermenüpunkt **Authorizations** aus.
3. Geben Sie im Feld **User** den Benutzer an, für den Sie Berechtigungen vergeben möchten (siehe Abbildung 15.18). Der Nutzer muss in Form der S-User-ID angegeben werden. Eine Suche über Namen oder das Verwenden eines Wildcard-Operators wie * sind nicht möglich.

4. Über die **Assign**-Schaltflächen im **Roles**- sowie im **Groups**-Reiter können Sie dem Benutzer Rollen und Gruppen hinzufügen.

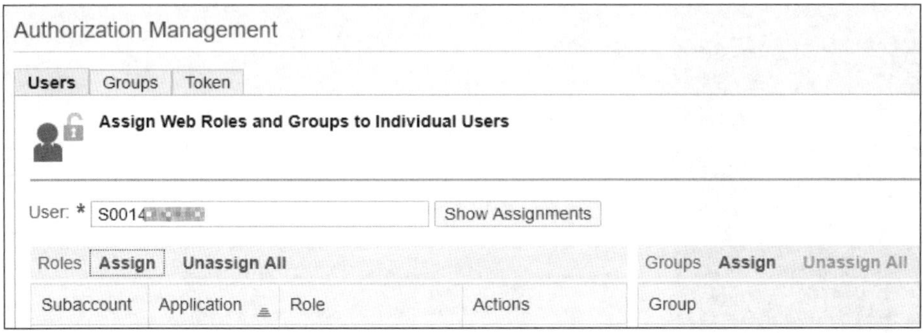

Abbildung 15.18 Übersicht der Berechtigungsverwaltung

5. Wählen Sie beim Hinzufügen von Gruppen im Feld **Subaccount** den Wert *avrhcin* aus (siehe Abbildung 15.19). Im **Application**-Feld können Sie zwischen dem Tenanent Management Node (endet auf *tnm*) und dem Runtime Node (endet auf *iflmap*) unterscheiden. Für normale User sollten Sie den Management Node wählen. Lediglich für technische bzw. Applikations-User, mittels denen auf eine Schnittstelle zugegriffen werden soll, sollten Sie den Runtime Node wählen. Im Feld **Role** wählen Sie die Rolle aus, die Sie dem Benutzer hinzufügen möchten. Eine Auflistung der wichtigsten Rollen finden Sie im nächsten Infokasten.

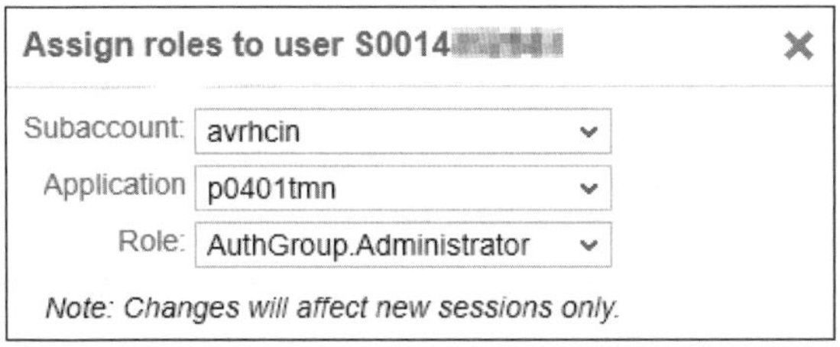

Abbildung 15.19 Die Administrator-Rolle hinzufügen

6. Speichern Sie die Rollenzuweisung mithilfe der **Save**-Schaltfläche.

Das soeben beschriebene Vorgehen zeigt, wie man Benutzern Rollen hinzufügen kann. Wie Sie in Abbildung 15.18 sehen können, existiert jedoch noch ein **Gruppen**-Reiter. Über diesen können Sie dem Nutzer eine Gruppe zuordnen. Gruppen wiederum können Sie über den übergreifenden **Gruppen**-Reiter anlegen. Einer Gruppe können Sie mehrere Rollen hinzufügen und somit später neuen Benutzern leichter ein gewünschtes Subset an Rollen zuordnen.

[+]

Die wichtigsten SAP-Cloud-Platform-Integration-Rollen

Wie in Abbildung 15.18 zu sehen, stehen im Rollen-Pflegedialog diverse vordefinierte Rollen zur Auswahl. In der Praxis sind davon jedoch in den allermeisten Fällen nur sechs Stück relevant. Diese unterscheiden sich vor allem darin, ob Sie für Benutzer im Sinne von Entwicklern und Administratoren auf dem Tenant Management Node oder für technische Benutzer auf dem Runtime Node gedacht sind.

Tabelle 15.2 gibt eine Übersicht über die sechs wichtigsten Rollen. Das Merkmal »Typ« gibt dabei an, ob die Rolle für den Management Node (=M) oder den Runtime Node (=R) gedacht ist.

Eine vollständige Übersicht aller Rollen und der dadurch verteilten Berechtigungen finden Sie in der SAP-Cloud-Platform-Hilfe unter dem Pfad **SAP Cloud Platform Integration • Operating and Monitoring Cloud Integration • User Management for Cloud Integration • Managing Users and Role Assignments • Overview of Autorization Groups • Tasks and Required Roles**.

Alternativ kann der Hilfeeintrag über folgende URL abgerufen werden: *http://s-prs.de/v448142*.

15

Tabelle 15.2 zeigt die geläufigsten Rollen für die Arbeit mit der SAP Cloud Platform Integration.

Rolle	Typ	Beschreibung
AuthGroup. Administrator	M	Vergibt administrative Berechtigungen, die das Deployen von Integration Flows und Sicherheitsartefakten, das Monitoring von Schnittstellen sowie das Betrachten, Ändern und Löschen von Nachrichten erlauben. Diese Rolle sollte *nur an wenige Nutzer vergeben* werden.
AuthGroup. BusinessExpert	M	Vergibt Berechtigungen zum Monitoring von Schnittstellen sowie zum Betrachten von Nachrichten und deren Inhalten. Eignet sich für Key-User des Fachbereichs, dessen Prozess in der CPI abgebildet ist.
AuthGroup. Integration-Developer	M	Vergibt Berechtigungen zum Entwickeln, Deployen und Downloaden von Integration Flows sowie zum Monitoring von Schnittstellen und Payloads. Diese Rolle eignet sich für Entwickler auf der SAP Cloud Platform Integration.
AuthGroup. ReadOnly	M	Vergibt ausschließlich Leserechte zum Betrachten von Nodes, Node-Eigenschaften und dem Monitoring. Diese Rolle kann an Kunden übergeben werden, um einen partiellen Einblick in die Systemlandschaft zu erlauben.

Tabelle 15.2 Die wichtigsten CPI-Rollen

Rolle	Typ	Beschreibung
AuthGroup. SystemDeveloper	M	Vergibt Berechtigungen zum Neustarten von Nodes, zum Debuggen auf Tenant-Level und zur Verwaltung von Softwarepaketen. Üblicherweise wird die Rolle nur an SAP-Mitarbeiter vergeben, wenn diese im Falle eines Tickets technische/administrative Änderungen am Tenant vornehmen müssen.
ESBMessaging. Send	R	Vergibt (technischen/Applikations)-Benutzern die notwendigen Berechtigungen, um Schnittstellen der SAP Cloud Platform anzusprechen und Nachrichten an bzw. in die Cloud Integration zu übersenden.

Tabelle 15.2 Die wichtigsten CPI-Rollen (Forts.)

Auch wenn die Rolle ESBMessaging.send primär für die Verwendung durch technische User gedacht ist, kann es Fälle geben, in denen die Zuweisung der Rolle an normale Benutzer sinnvoll ist. Möchte z. B. ein Entwickler eine SOAP-Schnittstelle mit einem lokalen SOAP-Client wie SoapUI testen und sich dabei mit seinem S-User authentifizieren, benötigt dieser Entwickler ebenfalls die Rolle ESBMessaging.send.

Kapitel 16
Zentrales Monitoring mit dem SAP Solution Manager

Im Kapitel 14 haben Sie die Werkzeuge für die lokale Überwachung und Administration von SAP Process Integration kennen gelernt. In diesem Kapitel stellen wir Ihnen nun die wichtigsten Werkzeuge für eine zentrale Überwachung mit dem SAP Solution Manager vor.

Die zentrale SAP-Process-Integration-Überwachung im SAP Solution Manager ermöglicht einheitliche Alert-Benachrichtigungen, die Regelung von Ausnahmen sowie Status-Überprüfungen von SAP-Process-Integration-Komponenten von einem einzigen Einstiegspunkt aus. Sie bietet auch Optionen, um zu Details solcher Ausnahmen im jeweiligen Host-System zu navigieren. Damit wird es einfacher, Ihre Fragen schneller und effizienter zu lösen.

Der SAP Solution Manager bietet Ihnen eine Vielzahl von Werkzeugen, die Sie bei der Einführung und dem Betrieb Ihrer Unternehmensanwendungen unterstützen. Außerdem bringt er verschiedene Überwachungswerkzeuge mit sich, um den Betrieb der SAP-Systeme sicherzustellen.

Im Folgenden stellen wir Ihnen in erster Linie die Werkzeuge im Bereich der Integrationsüberwachung vor. Weiterführende Möglichkeiten in Bezug auf die Erstellung und Behandlung von Aufgaben und Tickets oder die Anbindung von Drittanbieterlösungen in diesem Bereich sind sicherlich zu empfehlende Themen. Da deren Darstellung aber den Rahmen sprengen würde, sind sie nicht Teil dieses Buches.

Es gibt drei Themenbereiche, die in einem direkten Zusammenhang mit der Überwachung von Schnittstellen mit dem SAP Solution Manager stehen:

- **Process Integration Monitoring**
  Das Process Integration Monitoring ist für die zentrale Überwachung des Status von Komponenten, Kanälen und systemübergreifenden Meldungen in einer PI-Domäne mit gegebenenfalls mehreren SAP-Process-Integration-Instanzen zuständig.
- **Schnittstellen- und Verbindungs-Monitoring**
  Mit dem Schnittstellen- und Verbindungs-Monitoring können Schnittstellen und Verbindungen zwischen Systemen in Echtzeit überwacht werden.

- **Message-Fluss-Monitoring**
  Der Nachrichtenfluss-Monitor (MFMon) ist für die zentrale Integrationsüberwachung und für die Verfolgung nachrichtenbasierter Prozesse in einer SAP-Process-Integration-Landschaft zuständig.

16.1 Monitoring von SAP Process Integration

Die Administration eines oder mehrerer SAP-Process-Integration-Systeme bzw. weiterer Systeme von einem zentralen Server aus ermöglicht eine schnelle und effiziente Arbeitsweise. Zudem erlaubt sie z. B. auch bei der Fehleranalyse ein direktes Navigieren in das jeweilige System, um weiterführende Information zu erhalten.

16.1.1 Konfiguration

Um die zentrale Überwachung der SAP Process Integration im SAP Solution Manager nutzen zu können, müssen Sie vorab verschiedene Konfigurationsschritte ausführen. Hierzu gehören z. B. die Konfiguration der SAP-Process-Integration-Domänen (kurz PI-Domäne), die Einrichtung benötigter Extraktoren zum Laden von Nachrichten- und Kanaldaten oder die Aktivierung des Alertings.

1. Gehen Sie in die SAP Solution-Manager-Konfiguration, und starten Sie die Einrichtung über **Application Operations • Integration Monitoring • Process Integration**. Folgen Sie den einzelnen Schritten. Im Schritt **Umfang definieren** sollten Sie die bereits zu Ihrem System angelegte PI-Domäne finden. Eine PI-Domäne repräsentiert ein technisches Szenario inklusive der zugehörigen SAP-Process-Integration-Komponenten.
2. Folgen Sie den weiteren Schritten nach Auswahl der PI-Domäne, und richten Sie bei Bedarf auch optionale Schritte wie das Nachrichten-Alerting ein (siehe Abschnitt 16.3.3, »Überwachung«).

16.1.2 Überwachung

Um sich schnell eine Übersicht über den Status Ihrer PI-Domäne(n) zu verschaffen, rufen Sie das SAP Solution Manager Launchpad auf und gehen im Bereich **Technisches Monitoring** auf die Kachel **Process Integration Monitoring** (siehe Abbildung 16.1). Als Erstes öffnet sich die Übersicht, die Ihnen schnell Aufschluss über den Zustand Ihrer PI-Domäne gibt. Hier finden Sie einen Überblick in Kachelformel mit »Worst-Case«-Zähler und eine farbliche Hervorhebung von Information zu folgenden Rubriken:

- überwachte PI-Domäne
- Komponenten

- Kanäle
- Nachrichten
- relevante Metriken

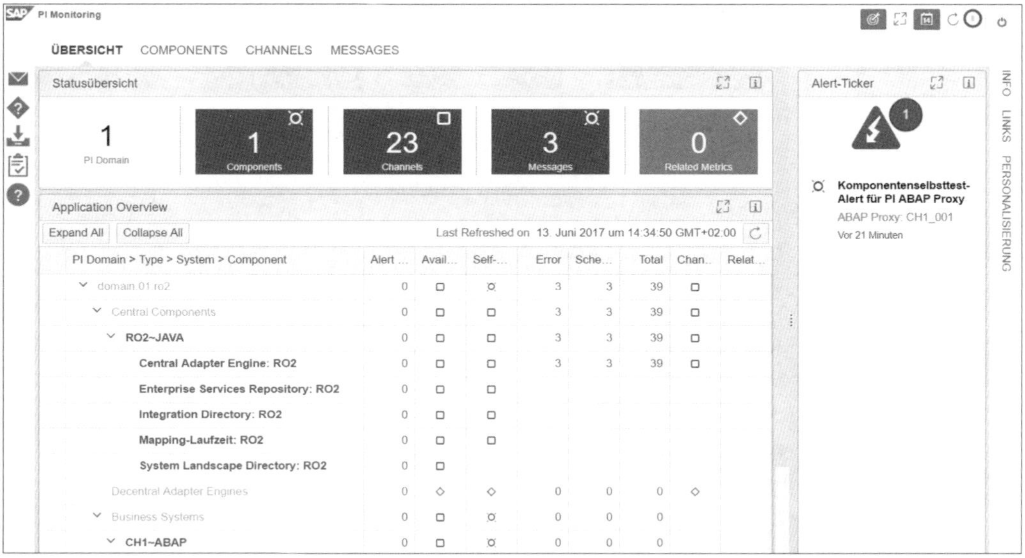

Abbildung 16.1 SAP-Process-Integration-Monitoring

Im rechten Bildbereich finden Sie den **Alert Ticker**, der Ihnen eine farblich bewertete Vorabansicht über aufgetretene Meldungen liefert (siehe Abbildung 16.1). Mit einem Klick auf den Alert öffnet sich automatisch der Alert-Eingang, und Sie erhalten weitere Details zu dieser Meldung.

Sie können mit einem Klick auf die gewünschte Status-Kachel direkt auf den jeweiligen Reiter navigieren, um detailliertere Informationen zu erhalten. Darunter befindet sich die Anwendungssicht, die sich in erster Linie durch den hierarchischen Baumaufbau unterscheidet. Auch hier können Sie durch Öffnen der einzelnen Zweige weitere Information erhalten. Außerdem können Sie mit einem Klick auf die Komponenten ein Pop-up-Menü öffnen, das Ihnen für weitere Absprünge in andere Sichten *Navigation Links* anbietet (siehe Abbildung 16.2).

Auf dem Reiter **Komponente** finden Sie alle Komponenten Ihrer PI-Domäne, den zugehörigen Status und die Fehlermeldungen in der bereits gewohnten Kacheloptik. In der darunter angeordneten tabellarischen Ansicht finden Sie weitere Details zu den einzelnen Komponenten. Das Erscheinungsbild dieser Übersicht kann ebenfalls personalisiert werden. Hier haben Sie die Möglichkeit, die Verfügbarkeit per *Ping* zu testen. Außerdem können Sie einen Selbsttest anstoßen, um die Funktionsprüfung der SAP-Process-Integration-Komponente durchzuführen.

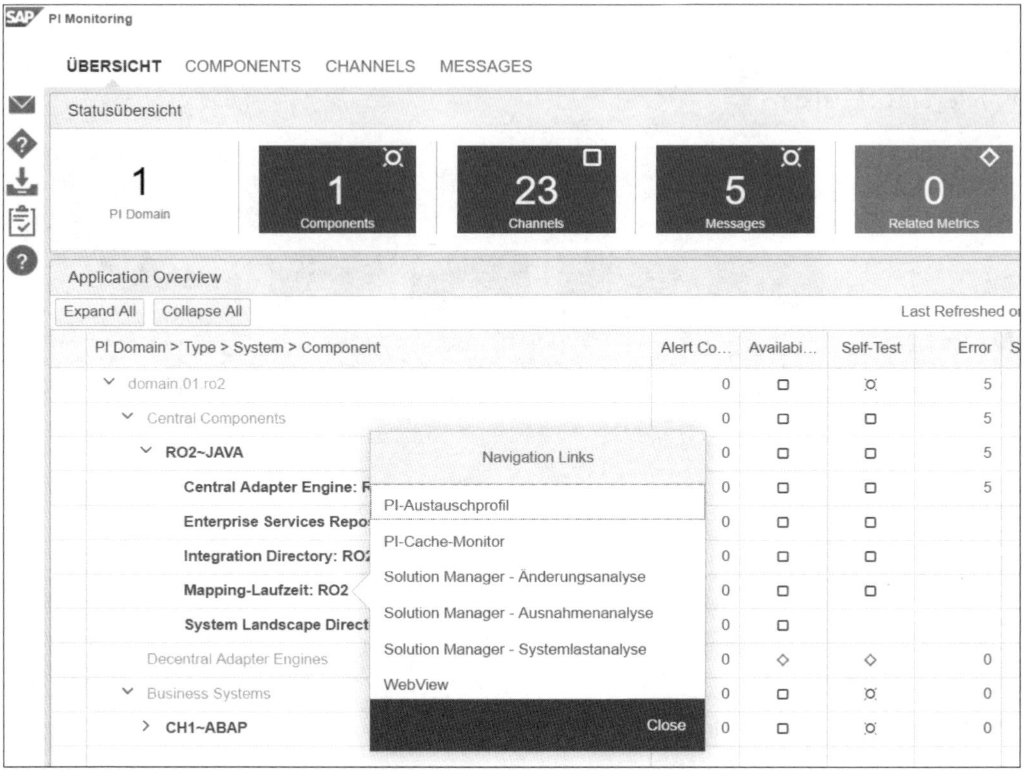

Abbildung 16.2 Navigation Links

Der Selbsttest gibt Auskunft darüber, ob alle Prüfkriterien erfüllt werden und zeigt den Gesamtstatus der jeweiligen SAP-Process-Integration-Komponente an. Natürlich können Sie auch hier, wie bereits in den vorherigen Ansichten, in weitere Systemmonitore navigieren. Klicken Sie dazu in der Detailansicht auf die gewünschte Komponente bzw. das technische System (siehe Abbildung 16.3).

Auf dem Reiter **Kanal Monitoring (Channels)** können Sie Ihre Aufgaben so durchführen, wie Sie es auch von der lokalen SAP Process Integration gewohnt sind (siehe Abbildung 16.4). Von dieser zentralen Stelle können Sie Kanäle starten und stoppen oder die Zielerreichbarkeit für eine Reihe von Kanälen (FILE, JDBC, SOAP, MAIL, RFC) per Ping prüfen. Im oberen Teil der Kanalüberwachung befinden sich die nach Status unterschiedlich bewerteten Kacheln. Klicken Sie auf eine gewünschte Kachel, um sich die Kanäle im jeweiligen Status im unteren Teil der Ansicht tabellarisch gefiltert anzeigen zu lassen.

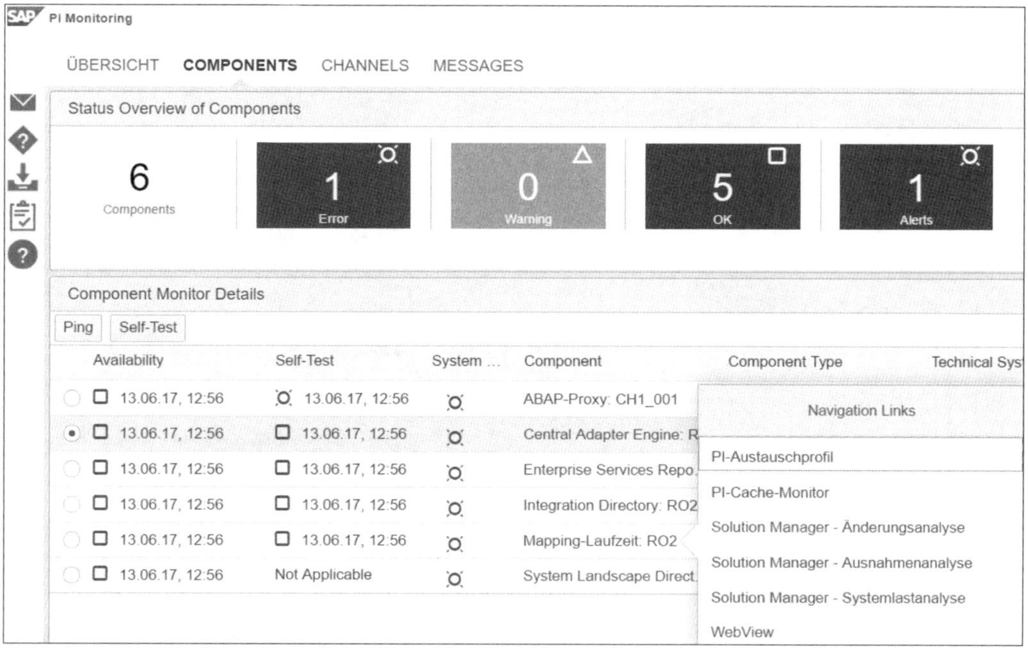

Abbildung 16.3 Komponentendetails

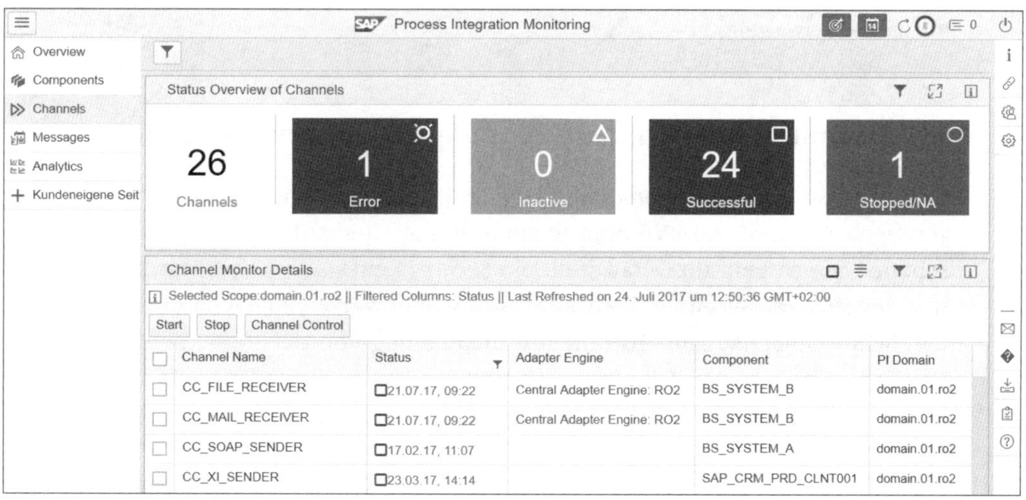

Abbildung 16.4 Kanalübersicht

Mit einem Klick auf einen Kanal in der Tabelle erhalten Sie weitere Details zu Einstellungen und Status des Kanals. Ebenso können Sie Informationen zu verarbeiteten Nachrichten aus dem Prozess-Log oder die Verfügbarkeit des im Kanal adressierten Zieles abrufen (siehe Abbildung 16.5).

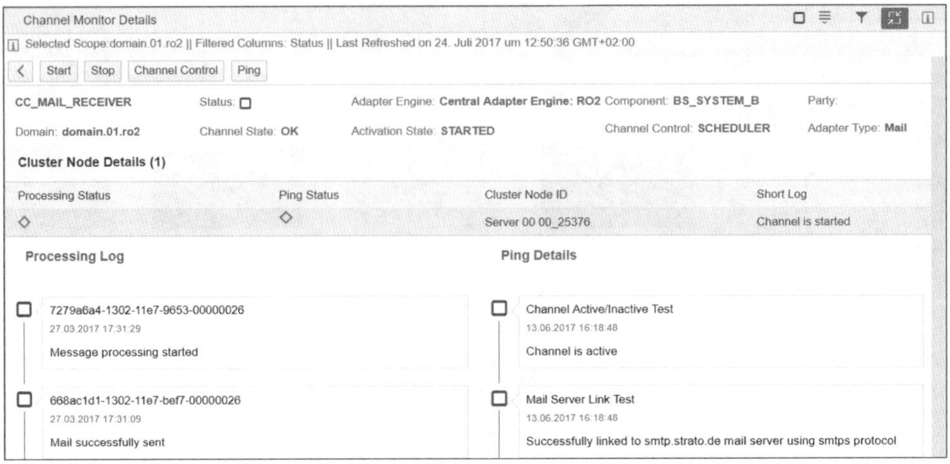

Abbildung 16.5 Kanal-Details

Um nun weiter in die Nachrichtenüberwachung einzusteigen, wechseln Sie auf den Reiter **Nachrichten (Messages)**. Hier finden Sie, wie in der vorherigen Ansicht, die verschiedenen farbigen Kacheln mit der jeweiligen Bewertung des Status:

- Rot – Fehler
- Gelb – Eingeplant
- Blau – Weitergeleitet
- Grau – Storniert
- Grün – Erfolgreich

16.2 Schnittstellen- und Verbindungs-Monitoring (IC Mon)

Der *Schnittstellen- und Verbindungs-Monitor* ermöglicht Ihnen eine Überwachung Ihrer Szenarien und deren Verbindungen innerhalb und außerhalb Ihrer Systemlandschaften in Echtzeit. Im Detail stellt ein *Szenario* eine Gruppe technischer Systeme und deren wechselseitige Kommunikation über verschiedene Verbindungstypen dar. Schnittstellenkanäle abstrahieren unabhängig von der Implementierung eine bestimmte Anzahl von Schnittstellen und können verschiedenen Szenarien zugewiesen werden. Im Grunde bündeln sie Schnittstellen eines bestimmten Typs zwischen zwei Systemen.

Bei der Konfiguration der Schnittstellenkanäle können sie optional Attribute definieren, mit denen Sie später bei der Überwachung in Echtzeit filtern können. Mit diesen Filterkriterien können Sie die Anzeige auf eine Teilmenge der Schnittstellenkanäle eines Szenarios reduzieren. Grundsätzlich können Sie die folgenden Schnittstellentypen überwachen:

- Remote Function Call (RFC)
- Webservice (WS)

- SAP Process Integration
- SAP Gateway Service
- IDoc-Kommunikation
- BDocs & CRM Middleware
- SAP Public Cloud Communications
- Dateisystem
- Workflow
- Kommunikation mit Systemen, die nicht in der Landscape Management Database (LMDB) des SAP Solution Managers registriert sind

In Abhängigkeit von der Konfiguration und dem verwendeten Schnittstellentyp können Sie eine Reihe von Informationen wie die Verfügbarkeit, die Anzahl der Ausnahmen oder die durchschnittliche Bearbeitungszeit für jede Schnittstelle sowie Performancemetriken für die verschiedenen Schnittstellenkanäle überwachen.

16.2.1 Konfiguration

Um das Schnittstellen- und Verbindungs-Monitoring zu konfigurieren, führen Sie die folgenden Schritte über die *Guided Procedure* im SAP Solution Manager aus:

1. Wechseln Sie über die Transaktion SOLMAN_SETUP zur SAP-Solution-Manager-Konfigurationsoberfläche, und navigieren Sie über den Pfad **Application Operations • Integration Monitoring • Schnittstellen und Verbindungen** zum Start der Guided Procedure.
2. Folgen Sie nun den Anweisungen im Bereich **Hilfetext**, und führen Sie die erforderlichen Schritte aus. Für die Konfiguration der Schnittstellenkanäle muss zu Beginn ein Szenario im Schritt **Umfang definieren** angelegt werden. In diesem Szenario werden alle technischen Systeme angelegt, die entweder Quell- oder Zielsystem des gewünschten zu überwachenden Schnittstellenkanals sind. Im nächsten Schritt **Monitoring und Alerting** werden nun in Teilschritten die gewünschten zu überwachenden Verfügbarkeiten oder Performancedaten definiert.

[«]

Webservice-Monitoring

Um Information von synchronen Webservices wie Performance oder die Anzahl von Aufrufen zu erhalten, müssen Sie vorerst das Webservice Monitoring auf dem jeweiligen System aktivieren. Folgen Sie hierfür SAP-Hinweis 1639329 (Web-Service-Monitoring).

3. Im Teilschritt **Vorbereitung** des Schrittes **Monitoring und Alerting** können ein oder mehrere Attribute angelegt werden, die später im Schnittstellen- und Verbin-

dungs-Monitoring ein Filtern von Szenarien bzw. Schnittstellenkanälen ermöglichen. So lässt sich beispielsweise auch eine große Anzahl von Schnittstellenkanälen auf eine überschaubare Zahl für eine spezifische Betrachtung reduzieren. Diese Einstellungen sind optional, aber hilfreich und daher empfehlenswert. Abbildung 16.6 zeigt ein Beispiel für die Filterung.

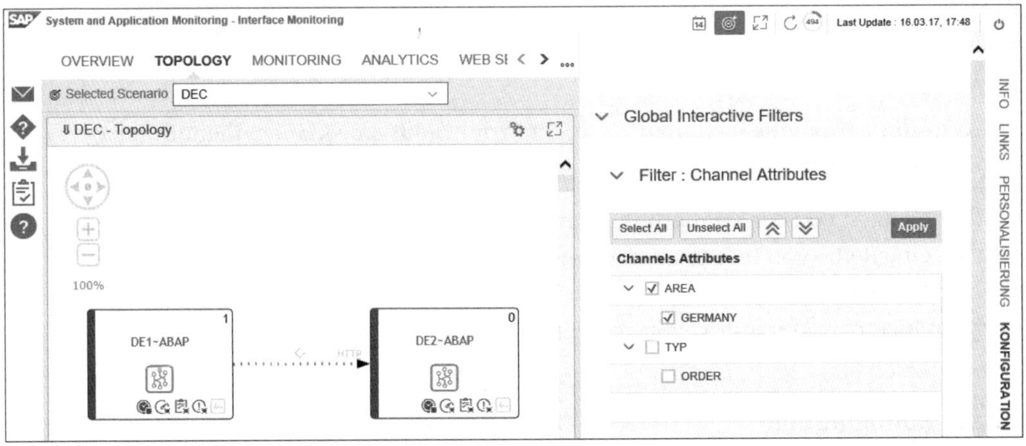

Abbildung 16.6 Schnittstellenkanal filtern

4. Im letzten Teilschritt **Aktivierung** des Schrittes **Monitoring und Alerting** nehmen Sie die Einstellungen zu Benachrichtigung und Meldung für bestimmte Benachrichtigungen vor. Außerdem können Sie Schwellenwerte für die zuvor gewählten Metriken eines Schnittstellenkanals festlegen (siehe Abbildung 16.7).

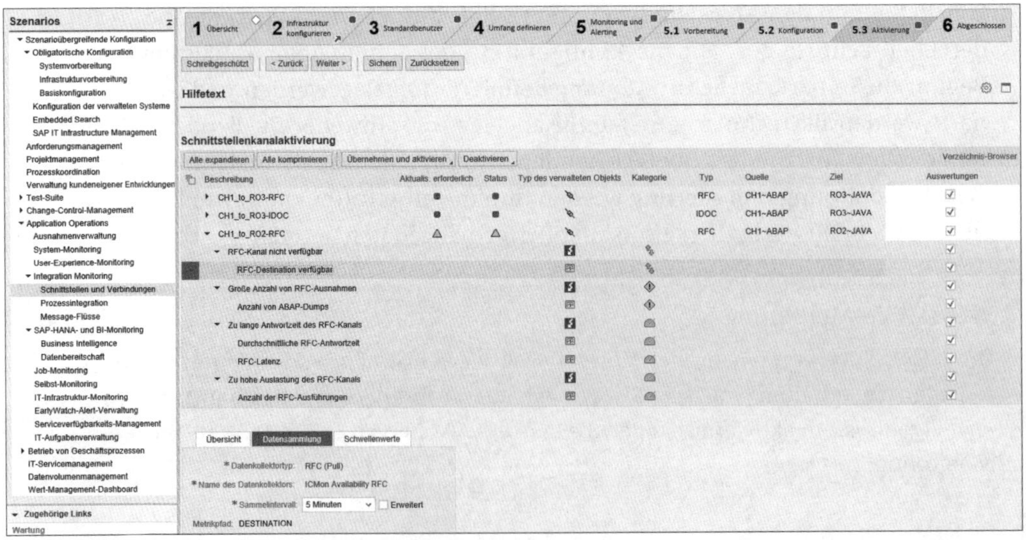

Abbildung 16.7 Aktivierung und Metrikeinstellungen

Metrik- und Performancedaten

Eine Voraussetzung für die Anzeige von Daten in Bezug auf Metrik- und Performancedaten ist die Einrichtung von Datensammlerjobs auf den jeweiligen ABAP- oder JAVA-Stacks.

Nachdem Sie alle Schritte durchlaufen und die notwendigen Einstellungen vorgenommen haben, können Sie nun die von Ihnen definierten Szenarien überwachen und sich weitere Informationen zu Ihren Schnittstellenkanälen anzeigen lassen.

16.2.2 Überwachung

Das Schnittstellen- und Verbindungs-Monitoring ermöglicht Ihnen einen schnellen Überblick über Ihre zuvor angelegten Szenarien. Zudem erhalten Sie damit Auskunft über den Status der verschiedenen Schnittstellenkanäle und weitere Informationen. Typische Fragestellungen bei der Überwachung oder der Überprüfung der Performance einer Schnittstelle sind beispielsweise die folgenden:

- Wie ist die Verfügbarkeit der RFC- oder Webservice-Schnittstelle?
- Wie viele RFC-Aufrufe wurde in einem bestimmten Zeitraum ausgeführt?
- Wie ist die durchschnittliche Antwortzeit?
- Wie viele und welche Fehler sind aufgetreten?

Um diese Information zu erhalten, bietet Ihnen der Schnittstellen- und Verbindungs-Monitor verschieden Sichten an. Öffnen Sie im *SAP Solution Manager Launchpad* die Anwendung **Schnittstellen-Monitoring**. In der Einstiegssicht öffnet sich die Übersicht des Schnittstellen-Monitors (siehe Abbildung 16.8).

Abbildung 16.8 Übersicht der Schnittstellenüberwachung

Hier können Sie direkt in Ihre Überwachung einsteigen oder bei Bedarf in die jeweiligen Systeme navigieren. Auf den verschiedenen Reitern erhalten Sie folgende Informationen:

- **Overview**: Hier erhalten Sie einen Überblick über den Gesamtstatus der zu überwachenden Szenarien und eine Liste der aktuellen Fehlermeldungen.
- **Topology**: Die Topologie gibt Ihnen eine Übersicht über ein zuvor gewähltes Szenario und zeigt die Schnittstellenkanäle und Ihren Zustand zwischen den zugehörigen Systemen an.
- **Monitoring**: Im Monitoring erhalten Sie eine tabellarische Aufbereitung zum Status der Schnittstellenkanäle des zuvor gewählten Szenarios.
- **Analytics**: In der Analyse werden verschiedene Metriken zu Verfügbarkeit, Performance oder Ausnahmen für die Schnittstellenkanäle eines Szenarios dargestellt.
- **Web Services**: In der Webservice-Übersicht erhalten Sie Information zur Nutzung und Performance der eingehenden Aufrufe eines ABAP-Systems, für das Sie das lokale Webservice Monitoring aktiviert haben.

[+]

Personalisierung

Sie haben darüber hinaus die Möglichkeit, Ihre Reiter zu personalisieren und die Monitoring-Sicht individuell an Ihre regelmäßigen Aufgaben anzupassen. Im rechten Teil des Schnittstellen-Monitors finden Sie den Reiter **Personalisierung**. Hier können Sie neue Reiter anlegen und individuell per *Drag & Drop* verschiedene Sichten gestalten.

Im Zusammenhang mit der Überwachung möchten wir auch den Alert-Eingang betrachten, da er ein zentraler Zugriffspunkt zum Analysieren und Beheben von Problemen in der System- und Anwendungsüberwachung in einer SAP-Solution-Manager-Landschaft ist. Darüber hinaus ist der Alert-Eingang mit dem IT-Servicemanagement zum Pflegen von Meldungen und der Benachrichtigungsverwaltung für Statusmitteilungen an definierte Benutzer verknüpft.

Der Alert-Eingang bietet folgende Funktionen:

- Navigation zu Alerts mit benutzerdefinierten Abfragen
- effizientes Analysieren von Alerts durch direktes vorwärts Navigieren zu verschiedenen Monitoring-Werkzeugen
- Verfolgung von Alerts durch Zuweisung zu einem Benutzer und Aufzeichnung des Status und von Kommentaren
- Benachrichtigen von Benutzern über den aktuellen Status eines Alerts

- Generierung und Anhängen benutzerdefinierter Analyseberichte an Meldungen und Benachrichtigungen
- Parken von Alerts für einen bestimmten Zeitraum, sodass sie nicht in der Liste angezeigt werden

Weiterführende Informationen zum Schnittstellen- und Verbindungs-Monitoring finden Sie in der SAP-Dokumentation unter *https://s-prs.de/v448134*.

16.3 Nachrichtenfluss-Monitor

In einer SAP-Process-Integration-Landschaft wird der Status geschäftskritischer, nachrichtenbasierter Vorgänge zentral durch das *Message-Fluss-Monitoring* (MFMon) überwacht. Der Nachrichtenfluss-Monitor dient sowohl dem Anwendungssupport als auch Power Usern als Werkzeug für die Überwachung von Application-to-Application- (A2A) oder Business-to-Business-Schnittstellen (B2B) inner- und außerhalb Ihrer Organisation. Dem Mitarbeiter im Anwendungssupport ermöglicht der Monitor eine zentrale Identifizierung von Fehlern und das vorwärts Navigieren in das betroffene System zur weiteren Analyse und Fehlerbehebung. Power User sind in der Regel in der jeweiligen Fachabteilung angesiedelt und verfügen über weitreichende Anwendungs- und Prozesskenntnisse. Sie sind mit speziellen Berechtigungen für eine Überwachung ausgestattet, um beispielsweise mittels Auftrags- oder IDoc-Nummern den Verbleib von Nachrichten zu recherchieren. Im Fehlerfall richtet sich der Power User beispielsweise an einen Mitarbeiter im Anwendungssupport oder erstellt eine entsprechende Meldung. Der Nachrichtenfluss-Monitor kann somit als Schnittstelle zwischen Fachabteilung und Anwendungssupport fungieren.

16.3.1 Voraussetzungen

Über die Message-ID oder die direkt daneben angeordneten Icons können Sie auch bequem per Klick in das jeweilige System navigieren und sich Fehlerquellen im Detail anschauen.

Voraussetzung für die Nutzung der Nachrichtenflussüberwachung ist die Installation folgender Komponenten:

- SAP PI 7.31 SP07 (oder höher)
- SAP Solution Manager 7.1 SP09 (oder höher)

Für die Überwachung der angebunden ABAP-Systeme muss mindestens ST-PI 2008_1_* Plugin SP08 installiert und im Work Center der SAP-Solution-Manager-Konfiguration bekannt sein.

Sind die technischen Voraussetzungen erfüllt, können Sie mit der Konfiguration beginnen.

16.3.2 Konfiguration

Für die Einrichtung des Nachrichtenfluss-Monitorings müssen Sie verschiedene Konfigurationsschritte in der SAP Process Integration und im SAP Solution Manager durchführen.

In SAP Process Integration:

- Konfiguration der Integration Visibility
- Nachrichtenflüsse suchen

Im SAP Solution Manager:

- Konfiguration des Nachrichtenfluss-Monitorings
- Anlegen der Flussgruppen
- Konsumenten definieren
- Subskribieren

Eine notwendige Voraussetzung ist die Konfiguration der Integration-Visibility-Komponente auf der SAP Process Integration, da das Message-Fluss-Monitoring auf Informationen zurückgreift, die durch diese bereitgestellt werden.

Integration Visibility in SAP Process Integration konfigurieren

Wenn der Weg einer Message durch mehrere Middleware-Technologien führt, muss der Administrator möglicherweise in mehreren Überwachungswerkzeugen recherchieren, um die Ursache des Problems herauszufinden. Die Integration Visibility bietet die technische Grundlage zur Suche nach Nachrichtenflüssen. Zudem ermöglicht sie konsumierenden Anwendungen, eine ausgewählte Menge an gefundenen Nachrichtenflussereignissen zu subskribieren und zu konsumieren. Dies umfasst alle A2A- und B2B-Szenarien in der überwachten Systemlandschaft.

Wenn Sie einen Nachrichtenfluss subskribieren, sammeln die Datenkollektoren periodisch die Nachrichten und generieren *Nachrichtenflussereignisse* für die subskribierten Konsumenten. Diese Ereignisse werden von den Konsumenten automatisch gesammelt. Die Ereignisse werden über Webservice- und RFC-APIs gelesen, die auf jedem überwachten System bereitgestellt werden. Ein Nachrichtenflussereignis stellt eine Menge von Daten dar, die von einem Datenkollektor generiert werden. Zu den wichtigen Details, die ein Datenkollektor in einem Nachrichtenflussereignis ablegt, gehören:

- allgemeine Informationen über das Ereignis selbst wie Kennung oder Zeitstempel
- Details über die Message, für die das Ereignis generiert wird
- Informationen über die Message Flows, für die dieses Ereignis relevant ist

- Details zum Status des Ereignisses
- falls konfiguriert: eine Liste aller Payload-Attribute, die für eine Message extrahiert wurden
- der Status eines Acknowledgments

Um die Integration Visibility zu konfigurieren, rufen Sie die Einstiegseite des *SAP-Process-Integration-Monitors* auf: *http://<hostname>:<port>/pimon*, wobei *<hostname>* der Hostname des SAP-NetWeaver-Systems und *<port>* die Portnummer des SAP-NetWeaver-Systems ist. Starten Sie Konfiguration über **Konfiguration und Administration • Allgemein • Konfiguration der Integration Visibility**.

Sollten Sie nicht über die notwendigen Rechte verfügen, benötigt Ihr Benutzerkonto die Rolle INTEGRATION_VISIBILITY_TECHNICAL_ADMIN.

Auf dem Reiter **Konfiguration** legen Sie als Erstes eine Verbindung zum System Landscape Directory (SLD) an. Klicken Sie auf **Hinzufügen**, und geben Sie die notwendigen Zugangsdaten ein. Das Benutzerkonto für die Verbindung zum SLD benötigt Rechte zum Lesen von Daten aus dem SLD, die Sie mit der Rolle SAP_SLD_GUEST vergeben. Prüfen Sie anschließend die Verbindung (siehe Abbildung 16.9).

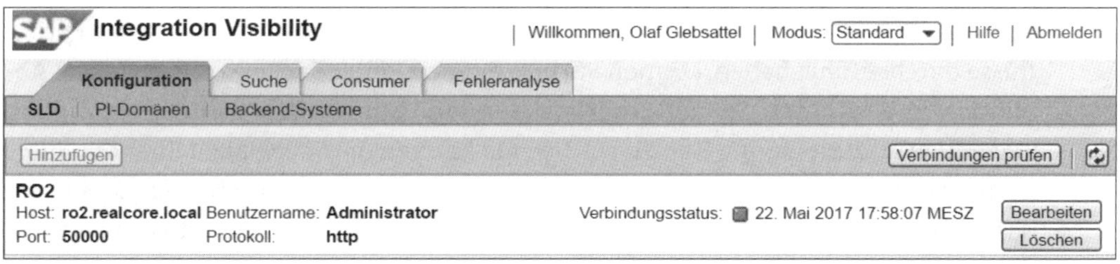

Abbildung 16.9 Verbindung zum SLD anlegen

Nun können Sie mit der Konfiguration der PI-Domänen fortfahren.

PI-Domäne

Sie können sich nur mit einem SLD verbinden. Deshalb müssen auch alle Systeme, die Sie in einer PI-Domäne überwachen wollen, in dem verbundenen SLD registriert sein.

Wechseln Sie auf den Reiter **PI-Domänen**, um eine oder mehrere Domänen hinzuzufügen, in denen Sie Integrationsmodelle suchen möchten, die Sie anschließend in Ihre Überwachung per Subskription einbinden möchten. Wählen Sie **Hinzufügen**, um mindestens eine Domäne auszuwählen. Geben Sie die erforderlichen Informationen in den folgenden Wizard-Schritten ein (siehe Abbildung 16.10).

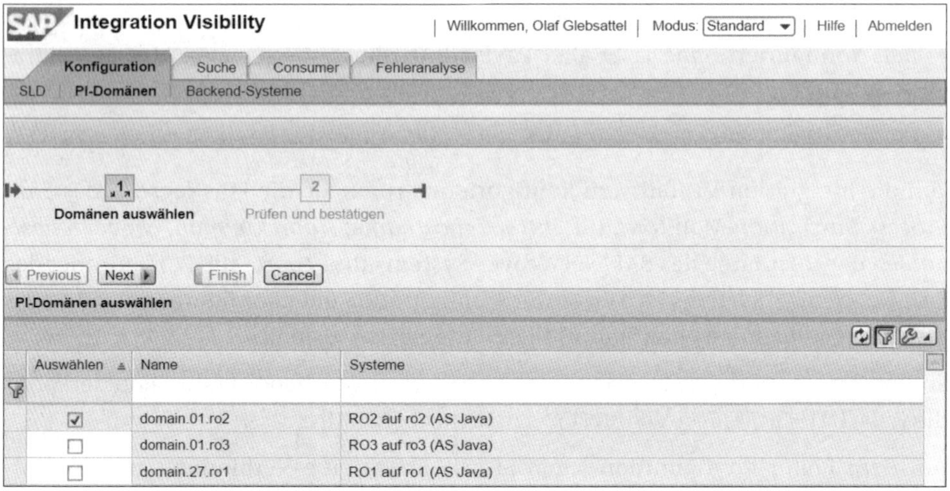

Abbildung 16.10 PI-Domäne hinzufügen

Um Daten zu einem Nachrichtenfluss aus den Backend-Systemen zu sammeln, fügen Sie im letzten Schritt noch das oder die jeweiligen Systeme hinzu.

Nachdem Sie die benötigten Konfigurationen für die Ermittlung der Nachrichtenflüsse durchgeführt haben, können Sie nun auf den Reiter **Suche** wechseln (siehe Abbildung 16.11). Klicken Sie auf **Ermitteln**, um eine Suche nach den zur Verfügung stehenden Nachrichtenflüssen zu starten. Sie können die Suche auch über die Auto-Sucheinstellungen im oberen rechten Bildschirmbereich regelmäßig einplanen, sodass Ihnen die Suchergebnisse später im SAP Solution Manager zur Verfügung stehen.

Abbildung 16.11 Nachrichtenflüsse ermitteln

Neben der Anzeige der Nachrichtenflüsse können Sie weitere Regeln für die Suche definieren. Damit können Sie z. B.

- einzelne unabhängige Nachrichtenflüsse mittels Suchkriterien zu einem Nachrichtenfluss bzw. Szenario kombinieren oder
- Kriterien definieren, mit denen Sie Nachrichtenflüsse auch dann finden, wenn sie z. B. keine Sender- und Empfängerermittlung haben. Ansonsten würden diese nicht in der Suche erscheinen.

Wechseln Sie auf den Reiter **Regeln**, und rufen Sie über **Hinzufügen** den Wizard für die Regelerstellung auf. Führen Sie hier beispielsweise mehrere Flüsse zu einem zusammen (siehe Abbildung 16.12).

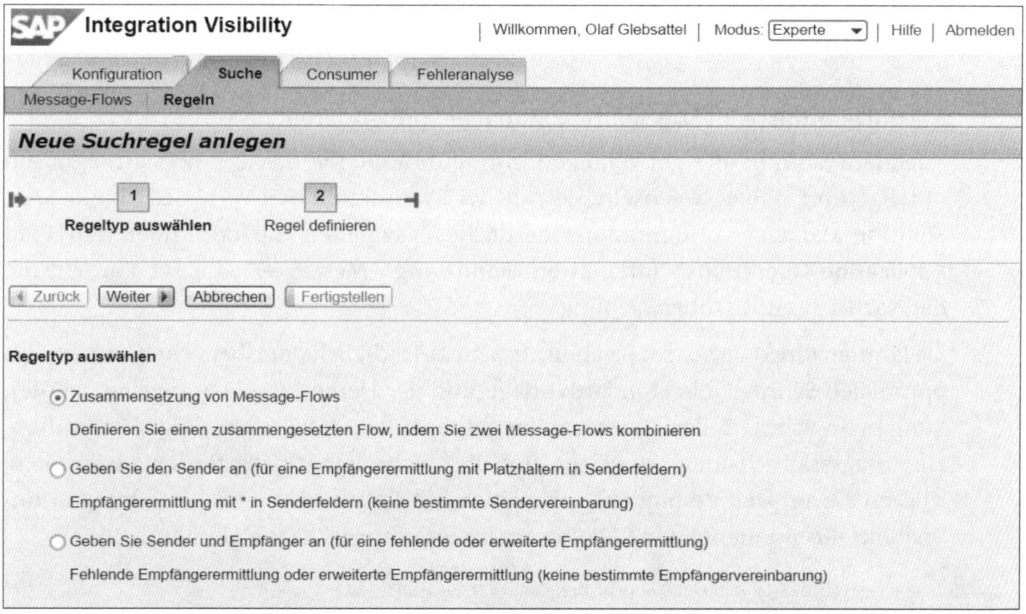

Abbildung 16.12 Nachrichtenflüsse zusammenlegen

Im letzten Konfigurationsschritt für SAP Process Integration legen Sie nun einen Consumer an, damit Sie die Nachrichtenflüsse subskribieren können. Wechseln Sie auf den Reiter **Consumer**, und fügen Sie wie in dem Beispiel über **Hinzufügen** den SAP Solution Manager als Konsument der Liste der Konsumenten hinzu. Wechseln Sie anschließend noch einmal auf den Reiter **Suche • Consumer**, und fügen Sie dem angelegten Konsumenten Ihren Nachrichtenfluss hinzu. In der **Consumer**-Ansicht sollte anschließend ihr subskribierter Nachrichtenfluss sichtbar sein (siehe Abbildung 16.13).

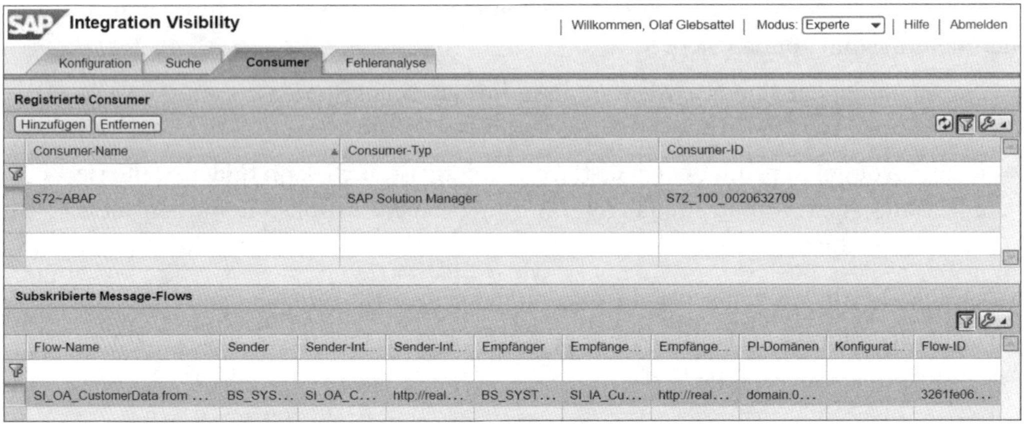

Abbildung 16.13 Nachrichtenfluss des Konsumenten

Nachrichtenflüsse im SAP Solution Manager konfigurieren

Nachdem Sie nun alle notwendigen Konfigurationen von SAP Process Integration durchgeführt haben, wechseln Sie mit der Transaktion SOLMAN_SETUP zur SAP-Solution-Manager-Konfigurationsoberfläche. Navigieren Sie dort über den Pfad **Application Operations • Integration Monitoring • Message-Flüsse** zur Einrichtung der Nachrichtenflussüberwachung.

Sie können direkt zu Schritt 3 gehen, da Schritt 1 lediglich der Übersicht dient und im optionalen Schritt 2 die Standardvorlage und der Demo-Benutzer angelegt werden können. In Schritt 3, den **Globalen Einstellungen**, wird die notwendige Verbindung zur Integration Visibility angelegt, um die Nachrichtenflussdaten einzusammeln. Klicken Sie auf **Neu Verbinden**, und wählen Sie die zuvor eingerichtete Integration-Visibility-Komponente von SAP Process Integration aus (siehe Abbildung 16.14).

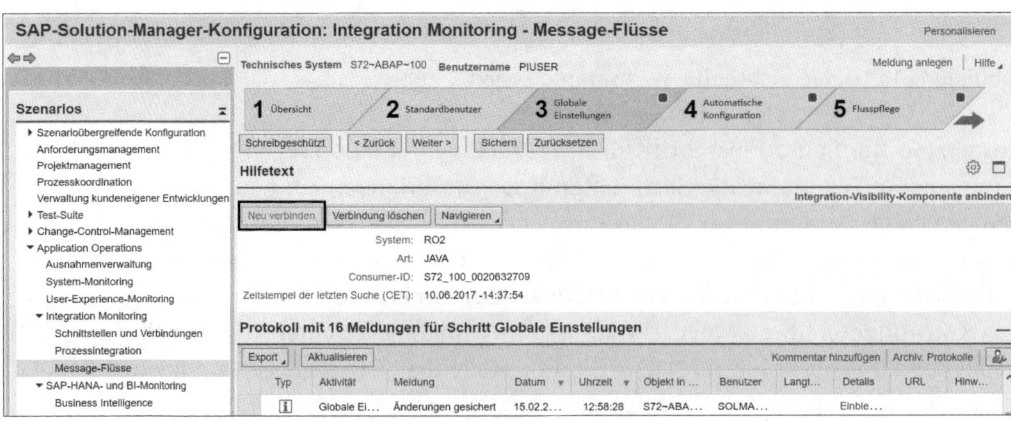

Abbildung 16.14 Integration-Visibility-Komponente anbinden

In Schritt 4 wählen Sie im Bereich **Automatische Aktivitäten** die Funktion **Alle Ausführen**, um die benötigten ABAP-Reports, die Voraussetzung für die Nachrichtenflussüberwachung sind, als Hintergrundverarbeitungen einzuplanen (siehe Abbildung 16.15).

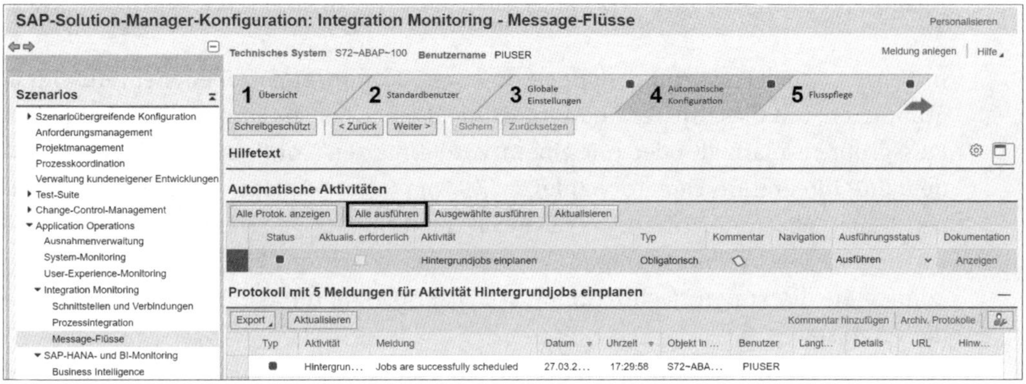

Abbildung 16.15 ABAP-Reports einplanen

Im nächsten, ebenfalls optionalen Schritt 5 haben Sie folgende Möglichkeiten:

- Geben Sie Ihren zu überwachenden Geschäftsprozessen einen eindeutigen Namen. Fügen Sie gegebenenfalls eine Beschreibung hinzu, um die Prozesse später in der Überwachung eindeutig zuordnen zu können.
- Konfigurieren Sie Einstellungen für periodische Aufgaben wie die Verweildauer von Nachrichten. Wenn Sie erfolgreiche Nachrichtenflüsse z. B. länger als die Standardverweildauer von einem Tag ansehen können möchten, geben Sie bei **Erfolgreiche Message-Flüsse** einen höheren Wert an (siehe Abbildung 16.16).

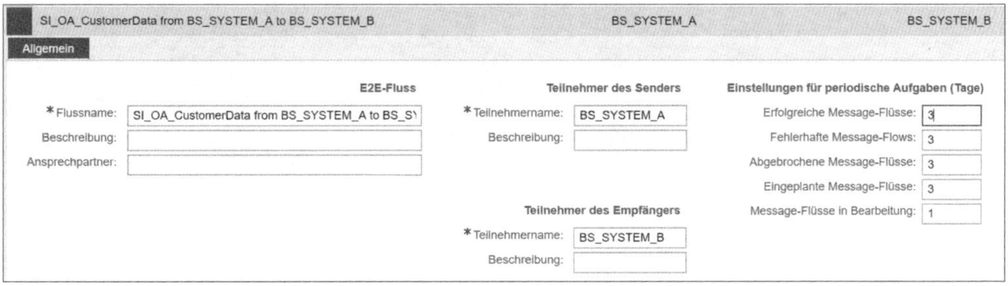

Abbildung 16.16 Verweildauer von Nachrichtenflüssen festlegen

- Löschen Sie veraltete Nachrichtenflüsse, beispielweise wenn Nachrichtenflüsse in SAP Process Integration nicht mehr vorhanden, aber im SAP Solution Manager noch gesichert sind und angezeigt werden.

Verweilzeiten

Bitte gehen Sie mit Bedacht mit der Erhöhung von Verweilzeiten um, da ein längeres Vorhalten der Nachrichten zu einem Anstieg des Datenvolumens führt. Empfohlen wird die Verlängerung lediglich für geschäftskritische Nachrichtenflüsse.

In Schritt 6, der **Flussgruppenpflege**, müssen Sie nun einen oder mehrere Flüsse gruppieren, um diese später im Monitoring überwachen zu können. Sie können die Flussgruppen manuell oder mit einem vordefinierten Konfigurationsszenario aus dem SAP Integration Directory anlegen. Klicken Sie auf **Anlegen • Manuell**, und folgen Sie den Wizard-Schritten. Vergeben Sie einen eindeutigen Namen sowie eine entsprechende Beschreibung, und wählen Sie die gewünschten Flüsse aus. Anschließend können Sie direkt den Nachrichtenfluss subskribieren, um die Datensammlung für diesen zu starten.

Im letzten Schritt 7, **Monitoring und Alerting**, können Sie das Alerting aktivieren und gegebenenfalls Änderungen an den Standardvorlagen vornehmen. Wählen Sie im vorherigen Schritt die gewünschte Flussgruppe aus, für die Sie das Alerting aktivieren möchten. In Schritt 7 können Sie nun das Alerting auf Basis der Standardvorlage aktivieren oder bei Bedarf Änderungen an den Voreinstellungen vornehmen. Markieren Sie hierfür den gewünschten Nachrichtenfluss im Bereich **Vorlagenaktivierung für Message-Fluss-Gruppen/Flüsse**, und bestätigen Sie mit **Alerting aktivieren** (siehe Abbildung 16.17). Daraufhin sollte der Aktivierungsstatus auf Grün geschaltet werden.

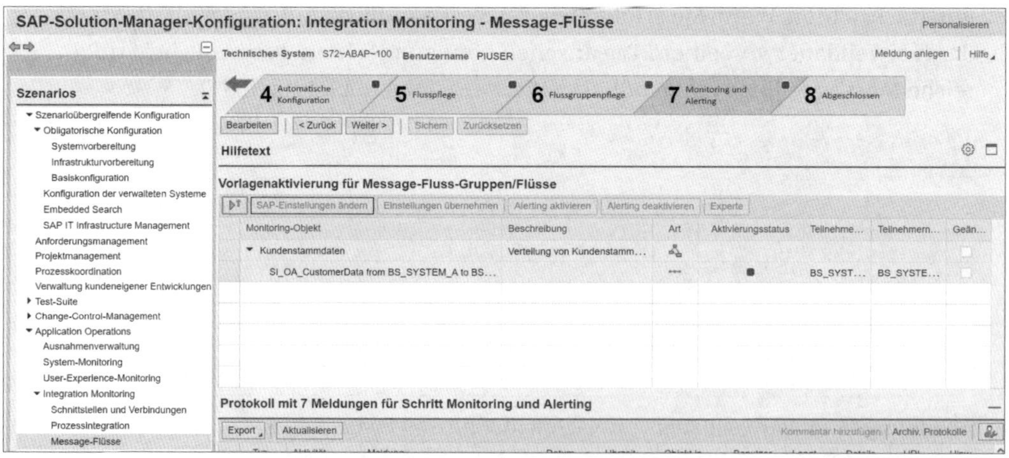

Abbildung 16.17 Nachrichtenfluss-Alerting aktivieren

Wenn Sie sich die Standardeinstellung für das Alerting und die Metriken im Detail anschauen und diese gegebenenfalls anpassen möchten, gehen Sie über **Bearbeiten** in den Änderungsmodus. Klicken Sie im Bereich **Vorlagenaktivierung für Message-Fluss-Gruppen/Flüsse** auf **SAP Einstellungen ändern**. Im Bereich **Metrik-Alarm-**

Details können Sie nun Standardeinstellungen überprüfen und bei Bedarf anpassen (siehe Abbildung 16.18).

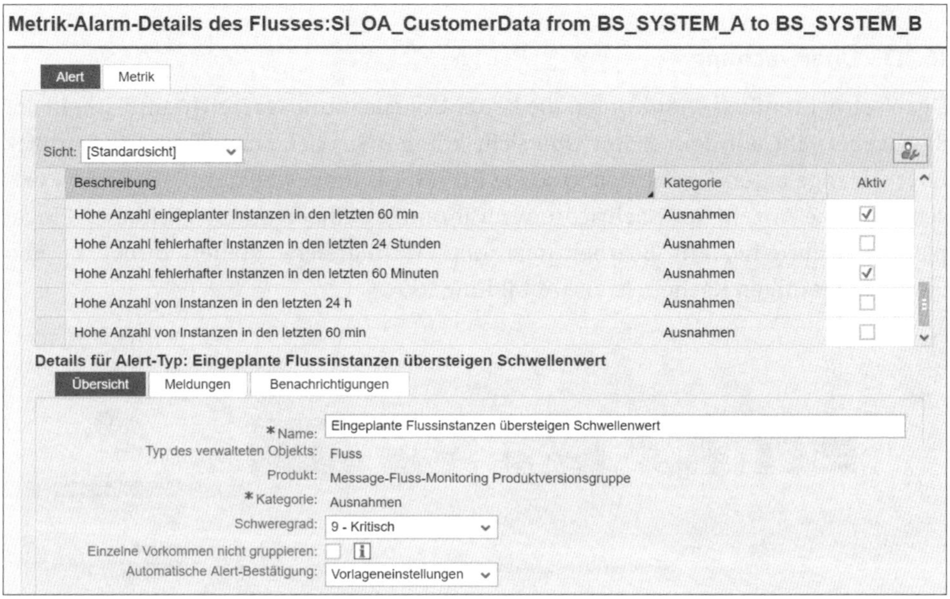

Abbildung 16.18 Metrik-Alarm-Details

Wenn Sie direkt per E-Mail oder SMS über Fehler informieren bzw. Incident-Meldungen für definierte Personen erstellen möchten, können Sie dies im gleichen Konfigurationsschritt im Bereich **Details für Alert-Typ** im Reiter **Benachrichtigungen** festlegen (siehe Abbildung 16.19). Sie können dafür Voreinstellungen nutzen und diese anpassen oder eigene Varianten anlegen.

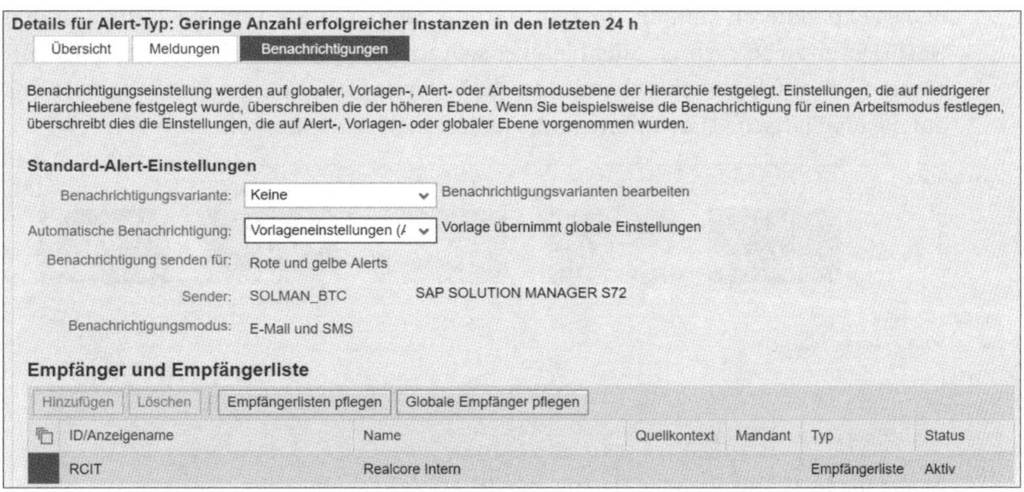

Abbildung 16.19 Benachrichtigungseinstellungen

Die Alert-Meldungen finden Sie später im Nachrichtenfluss-Monitoring oder in der **Alert Inbox** (siehe Abbildung 16.22).

16.3.3 Überwachung

Der Nachrichtenfluss-Monitor hat die Reiter **Übersicht** und **Nachrichtenflüsse.** In der **Statusübersicht** auf dem Reiter **Übersicht** können Sie sich schnell einen Überblick über die angelegten Flussgruppen sowie den Status der jeweiligen Nachrichten verschaffen. Die Anzahl der Nachrichten mit ihrem jeweiligen Status »Fehler«, »Eingeplant«, »Abbruch«, »In Bearbeitung« und »Erfolgreich« stehen direkt in den jeweiligen farbigen Kacheln (siehe Abbildung 16.20)

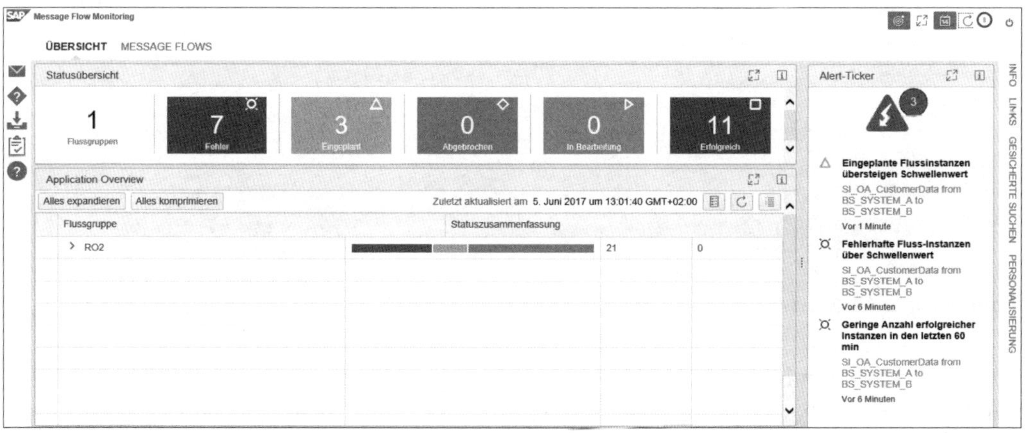

Abbildung 16.20 Nachrichtenflussübersicht

Im Bereich **Application Overview** finden Sie die angelegten Flussgruppen, die Sie nach Bedarf expandieren können, um den Status einzelner Flüsse und die dazugehörigen Nachrichten zu betrachten. Hier bietet es sich an, für einen schnelleren Überblick mit einem Klick auf das entsprechende Icon in der Kopfzeile des Anwendungsbereichs auf die tabellarische Darstellung umzustellen (siehe Abbildung 16.21).

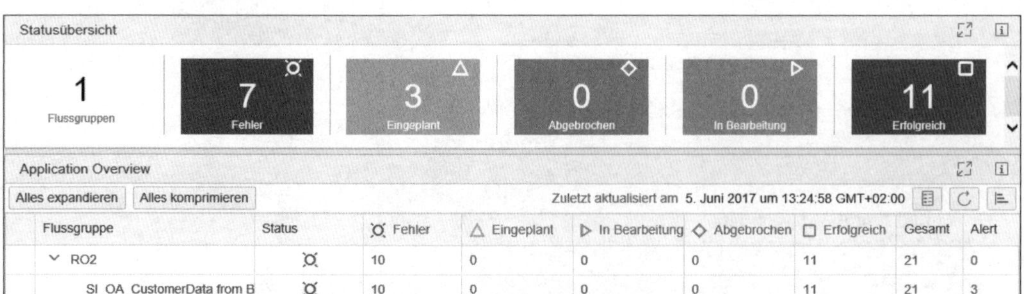

Abbildung 16.21 Tabellarische Darstellung des Nachrichtenflusses

Die Gesamtanzahl der für die überwachten Message-Flüsse ausgegebenen Alerts können Sie sich im Bereich **Alert-Ticker** (siehe z. B. Abbildung 16.20) mit roten und gelben Bewertungen anzeigen lassen. Durch einen Klick auf den Alert wird der Alert-Eingang in einem separaten Fenster geöffnet (siehe Abbildung 16.22).

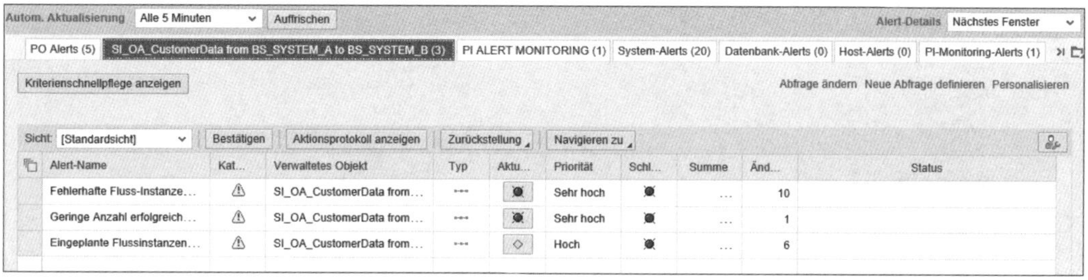

Abbildung 16.22 Alert-Eingang

Auf dem Reiter **Nachrichtenflüsse** erhalten Sie eine Übersicht über Ihre gesamten Flüsse in tabellarischer Form. Hier finden Sie weitere Details zum Start- und Enddatum oder den Status. Sie können die Ansicht personalisieren, um bevorzugte Informationen in Tabellenform anzeigen zu lassen. Besonders hilfreich ist die Möglichkeit, nach bestimmten Suchkriterien zu filtern und diese als Voreinstellung zu sichern. So können Sie direkt nach bestimmten Nachrichtenattributen, Nachrichten-IDs oder IDoc-Nummern in allen Nachrichtenflüssen suchen und Ihre Ergebnismenge einschränken, um Übersicht zu gewährleisten.

Um weitere Details zu betrachten oder in das jeweilige System zu navigieren, klicken Sie auf einen Nachrichtenfluss in der Tabelle. Anschließend öffnet sich die Detailansicht, in der Ihnen weitere Informationen oder Navigationsmöglichkeiten zur Verfügung stehen. So können Sie sich Geschäftsattribute wie definierte Werte aus dem Nachrichteninhalt oder auch EDI-Attribute anzeigen lassen (siehe Abbildung 16.23).

Anzeige von Geschäftsattributen

Wenn Sie sich die Attribute in der Detailansicht anzeigen lassen oder den Nachrichteninhalt direkt als Anhang im E-Mail-Alerting zustellen lassen möchten, ist eine Konfiguration der Integration Visibility notwendig (siehe Abschnitt 16.3.2).

Wählen Sie im Bereich **Fluss-Schritt** den Schritt **Adapter Engine** aus. Sie können auch hier wieder, je nach Vorliebe, die grafische Sicht in eine tabellarische Ansicht ändern. Hier haben Sie nun mehrere Möglichkeiten, wie sie mit der Nachricht verfahren können. Sie können die Nachricht z. B. erneut senden, die Nachricht abbrechen oder für eine tiefere Analyse an die jeweilige Fehlerquelle navigieren.

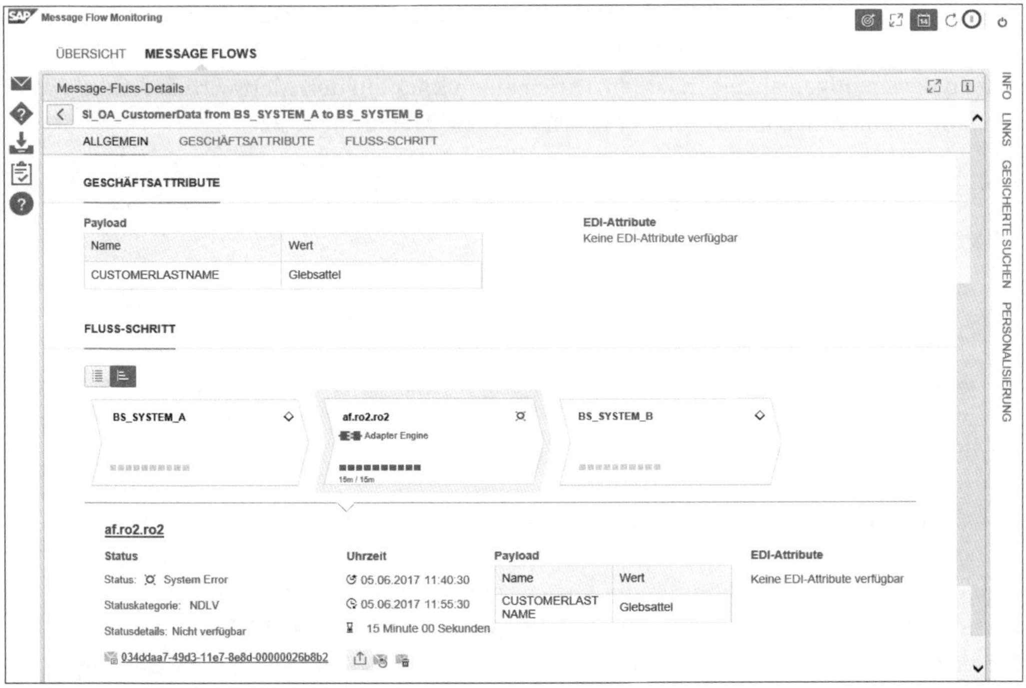

Abbildung 16.23 Nachrichtenflussdetails

Klicken Sie hierfür auf das Icon **Navigieren**, woraufhin sich ein kleines Pop-up-Fenster mit drei weiteren Optionen zur Navigation öffnet:

- PI-Kommunikationskanal-Monitor
- PI-IDOC-Monitor
- PI-Meldungs-Monitoring

So sind Sie beispielsweise in der Lage, direkt in das SAP Process Integration Monitoring abzuspringen und die Fehlerursache bzw. die Meldung genauer zu analysieren (siehe Abbildung 16.24).

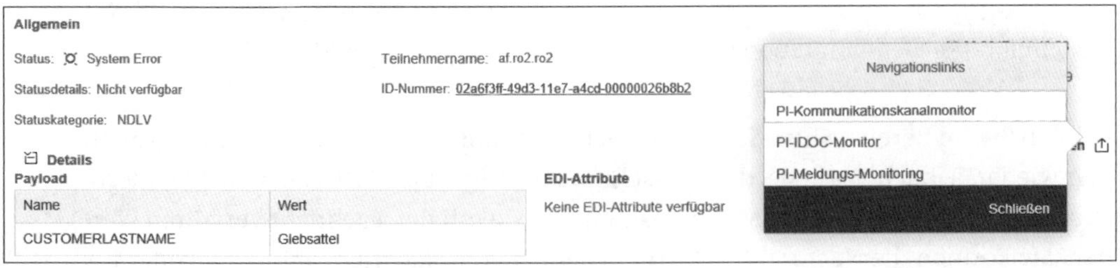

Abbildung 16.24 Navigationslinks

Darüber hinaus haben Sie im Nachrichtenfluss-Monitor weitere Möglichkeiten der Personalisierung: Sie können individuelle Reiter hinzufügen und die gewünschten Sichten per Drag & Drop gestalten. Klicken Sie hierfür im rechten Bildschirmbereich im vertikalen Reiter auf das Element **Personalisierung**. Daraufhin öffnet sich der Reiter **UI-Personalisierung**, auf dem Sie weitere personalisierte Sichten anlegen können (siehe Abbildung 16.25).

Abbildung 16.25 Personalisierung

Des Weiteren können Sie hier bei Bedarf Meldungen für den Support anlegen oder eine E-Mail/SMS an andere Benutzer bzw. Empfänger versenden. Klicken Sie im linken Bildschirmbereich auf das Icon **Neue Meldung anlegen**. Wählen Sie anschließend die gewünschte Meldungsart, und geben Sie die hierfür im Verlauf des Dialogs erforderlichen Informationen ein (siehe Abbildung 16.26).

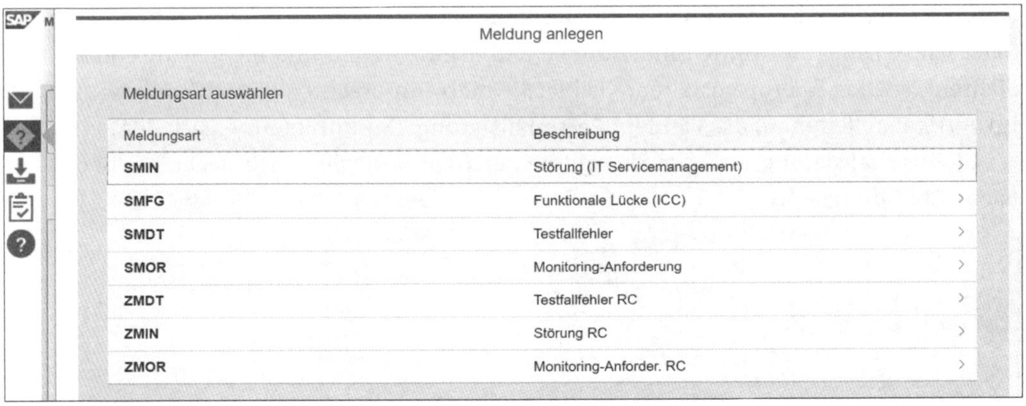

Abbildung 16.26 Meldung anlegen

Welche Nachrichtenflüsse angezeigt werden und aus welchem Zeitraum diese stammen, können Sie, wie auch das Aktualisierungsintervall der Ansicht, über die Icons am oberen rechten Bildschirmrand festlegen. Abbildung 16.27 zeigt den Dialog für die Festlegung des Zeitraums.

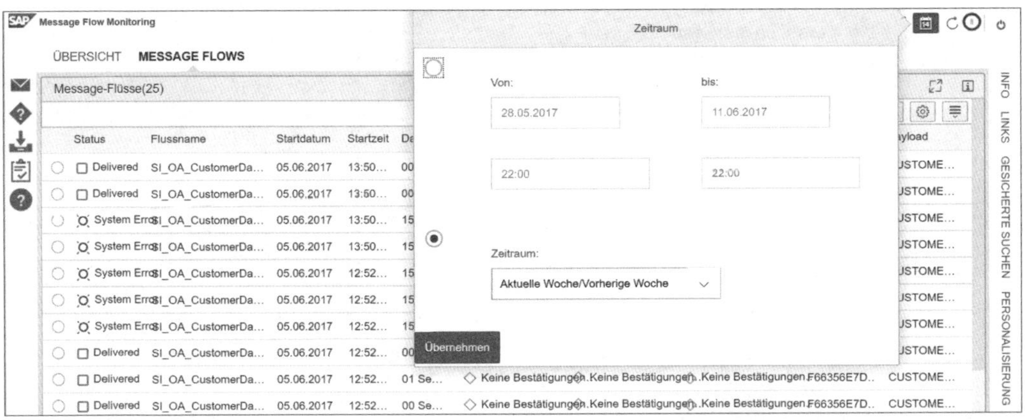

Abbildung 16.27 Zeitraum wählen

Kapitel 17

Administration und Überwachung von SAP Business Process Management

In den vorherigen Kapiteln haben Sie bereits die Werkzeuge für die lokale und zentrale Überwachung und Verwaltung von SAP Process Integration kennengelernt. Nun sollen in diesem Kapitel diejenigen Werkzeuge im Mittelpunkt stehen, die Sie für die Überwachung und Abwicklung Ihrer Geschäftsprozesse benötigen.

Wenn Sie zur erfolgreichen Abwicklung Ihrer Geschäftsprozesse SAP Business Process Management (BPM) einsetzen, stehen Ihnen auch hier eine Reihe von Werkzeugen für die Verwaltung und Überwachung zur Verfügung. Sie sollten Ihre Prozesse und Aufgaben verfolgen und frühzeitig Probleme oder Fehlersituationen erkennen, um kritische Situation in Ihren Prozessen zu verhindern. Im folgenden Kapitel stellen wir Ihnen die notwendigen Werkzeuge zur Durchführung dieser Aufgaben vor. Wie Sie SAP BPM innerhalb der SAP Process Orchestration verwenden, lesen Sie in Kapitel 12, »Umsetzung der BPM- und BRM-Szenarien«.

17.1 Berechtigungen

In Kapitel 14, »Administration und Überwachung von SAP Process Integration«, sind wir bereits auf einige Facetten der Datensicherheit eingegangen. Im Bereich BPM wird der Mitarbeiter zum Teil aktiv in einen Geschäftsprozess involviert. Er kann je nach Berechtigung verschiedene Tätigkeiten ausführen bzw. hat Zugriff auf sensible Dateninhalte und kann diese unter anderem auch manipulieren.

Generell nutzt SAP BPM die Benutzerverwaltungs- und Authentifizierungsmechanismen, die mit SAP NetWeaver bzw. mit dem Application Server Java (AS Java) zur Verfügung gestellt werden. Daher gelten hier grundsätzlich die gleichen Sicherheitsempfehlungen und Richtlinien für die Benutzerverwaltung und die Authentifizierung, die im SAP NetWeaver Application Server für *Java Security Guide* beschrieben sind.

Um einem Anwender den Zugriff auf Aufgaben und deren Bearbeitung innerhalb von BPM-Prozessen zu ermöglichen oder Anwendern die Möglichkeit der Überwachung sowie der Administration bis hin zum Debugging zu ermöglichen, kommen verschiedene Benutzerrollen zum Einsatz:

- **Prozessrollen**
  Prozessrollen existieren in allen BPM-Komponenten und sind sowohl für das Verarbeiten von Aufgaben und Aktivitäten als auch für das Verwalten und Debuggen von Geschäftsprozessen notwendig.
- **UME-Rollen und -Aktionen**
  Die *User Management Engine* (UME) ist als zentrale Benutzerverwaltung für alle Java-Anwendungen zuständig und zu Administrationszwecken notwendig.
- **Portalrollen**
  Die Universal Worklist (UWL) ist ein Teil von SAP BPM und basiert deshalb ebenfalls auf der Portalplattform. Hier stehen für eine ganze Reihe von Funktionen vordefinierte Portalrollen zur Verfügung.

Um beispielsweise einem Mitarbeiter den Zugriff auf Aufgaben in der *Universal Worklist* (UWL) bzw. die Abarbeitung von Aufgaben innerhalb eines BPM-Prozesses zu ermöglichen, müssen dem Benutzerprofil BPM-Portalrollen zugeordnet werden.

Administratoren benötigen hingegen für die Überwachung und Verwaltung von Prozessen und Aufgaben weitere administrative UME-Rollen. Gleiches gilt für das Starten und Debuggen von Prozessen.

Da sich dieses Kapitel auf den Bereich der Administration und Überwachung konzentriert, werden lediglich die relevanten Rollen benannt, die für die Erledigung dieser Aufgaben erforderlich sind. Werden spezielle Rollen in den Berechtigungsprofilen für die einzelnen Werkzeuge und Aufgaben benötigt, werden diese gesondert in den einzelnen Abschnitten erwähnt. Tabelle 17.1 beschreibt die wichtigsten Rollen.

Berechtigungsrolle	Beschreibung
NWA_SUPERADMIN	Rolle mit allen Berechtigungen
SAP_BPM_SuperAdmin	Die Rolle hat die gleichen Berechtigungen wie der NWA_SUPERADMIN, kann darüber hinaus aber noch fehlerhafte Prozess starten.
SAP_BPM_SuperDisplay	Lesezugriff für alle Prozesse und Aufgaben inklusive ihrer Kontextdaten
NWA_READONLY	eine Sammelrolle mit Lesezugriffen und eingeschränkten Berechtigungen
SAP_BPM_Navigation	Lesezugriff für alle Prozesse und Aufgaben inklusive aller Rechte für die Administration der eigenen Aufgaben

Tabelle 17.1 Rollen

Zur Konfiguration der notwendigen Rollen für den BPM-Eingang gehen Sie wie folgt vor: Rufen Sie den SAP NetWeaver Administrator über *http://[host]:[port]/nwa* auf, und navigieren Sie über **Konfiguration • Identity-Management** zur Benutzerverwaltung. Wenn Sie über die notwendigen Berechtigungen verfügen, suchen Sie Ihren Benutzer über die Filterkriterien und markieren Sie diesen in der Ergebnislist im unteren Bildschirmbereich. Wählen Sie den Reiter **Zugeordnete Rollen**, und klicken Sie auf **Ändern**.

Suchen Sie im linken Bereich der verfügbaren Rollen die nachfolgenden Namen, und fügen Sie diese über die Schaltfläche **Hinzufügen** Ihren zugeordneten Rollen hinzu (siehe auch Abbildung 17.1).

- UME-Rolle: UnifiedInboxUserRole
- Portalrolle: com.sap.bpem.Enduser

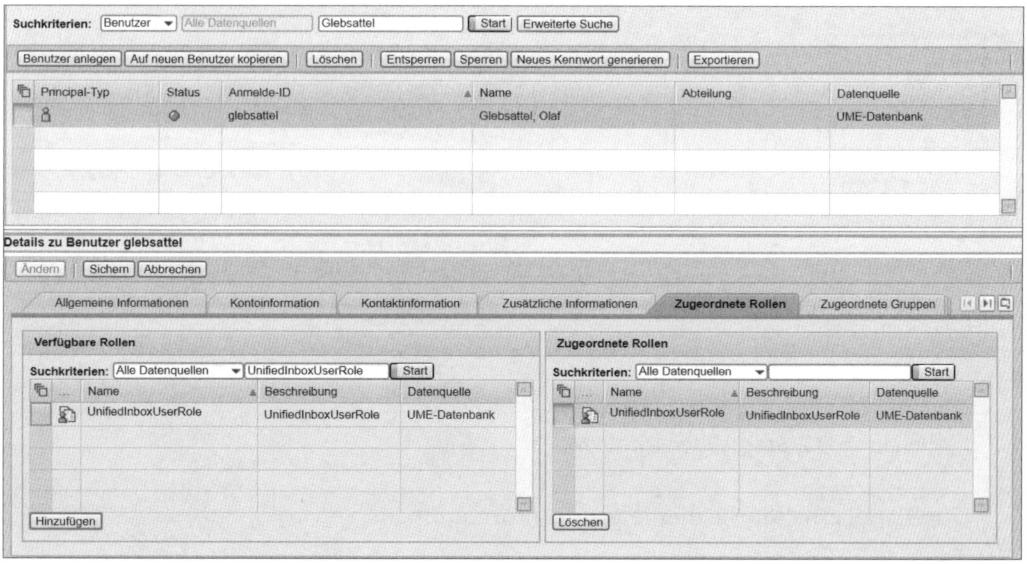

Abbildung 17.1 Benutzerverwaltung

Bestätigen Sie anschließend mit **Sichern**.

17.2 Überwachung von Prozessen und Aufgaben

Für die Überwachung Ihrer Prozesse und Aufgaben werden Ihnen eine Reihe von Werkzeugen zu Verfügung gestellt, die wir im Folgenden vorstellen. Die allgemeinen Benutzerrollen wurden bereits im vorangegangenen Abschnitt 17.1, »Berechtigungen«, vorgestellt. Sollten für die jeweiligen Werkzeuge zusätzliche Berechtigungen erforderlich sein, werden diese innerhalb der Abschnitte benannt.

17.2.1 BPM-Statusübersicht

Für eine erste Übersicht über Ihr SAP BPM rufen Sie den SAP NetWeaver Administrator über *http://[host]:[port]/nwa* auf. Navigieren Sie über **Verfügbarkeit und Performance** zur **BPM-Statusübersicht** (siehe Abbildung 17.2). Hier erhalten Sie schnell eine Übersicht über den Zustand Ihres Systems bzw. den BPM-Status der jeweiligen Prozesse und Aufgaben.

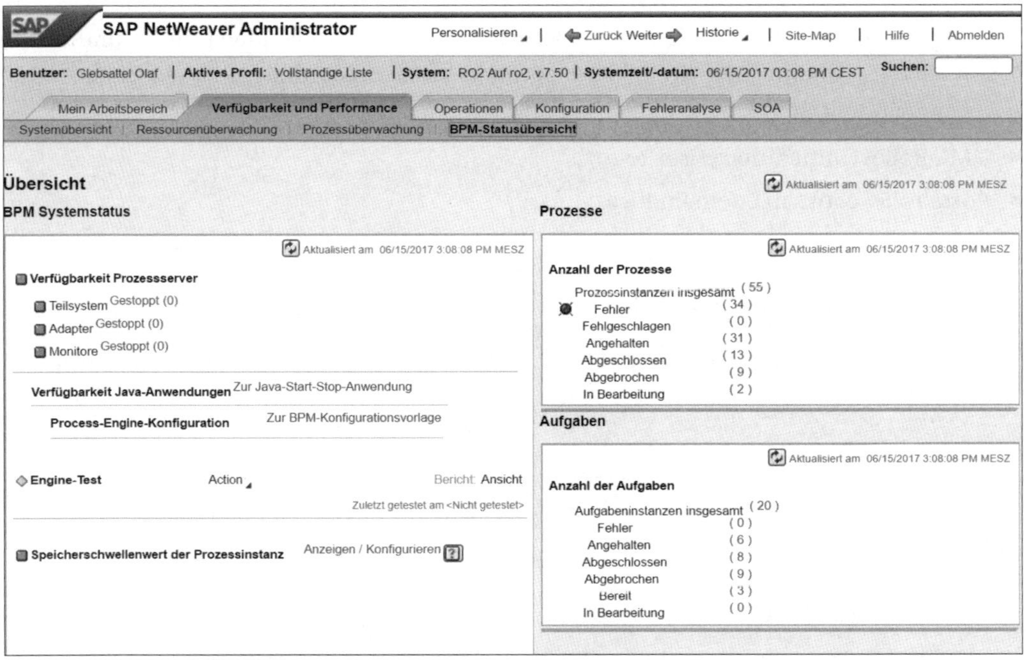

Abbildung 17.2 Statusübersicht BPM

Im Detail erhalten Sie hier folgende Informationen:

- Status Ihrer Prozessserver
- Anzahl der Prozesse und jeweiliger Status
- Anzahl der Aufgaben und entsprechender Status
- Schwellwerte zur Prüfung der Speicherauslastung Ihrer Prozessinstanzen
- Verfügbarkeit der Java-Anwendungen
- Konfiguration und Kontrolle der *Prozess-Engine*

Um sich einen Überblick über die verfügbaren Prozesse in Ihrem System zu verschaffen, wechseln Sie in das Prozess-Repository.

17.2.2 Prozess-Repository

In der *Prozess-Repository*-Ansicht können Sie sich die ausgelieferten BPM-Entwicklungskomponenten, die Versionen der Komponenten sowie die verwandten Prozess- und Aufgabendefinitionen anzeigen lassen. Sie können hier Prozessinstanzen starten und Ressourcen herunterladen.

1. Rufen Sie den SAP NetWeaver Administrator über *http://[host]:[port]/nwa* auf, und navigieren Sie über **Konfiguration • Prozesse und Aufgaben** zur Ansicht des **Prozess-Repository**. Hier können Sie Ihre Prozesse aktivieren und starten.
2. Wählen Sie hierfür Ihre aktuellste Komponente aus der Liste, und markieren Sie die entsprechende Zeile auf dem Reiter **Prozesse und Aufgaben** im Bereich **Details von Komponenten** (siehe Abbildung 17.3).

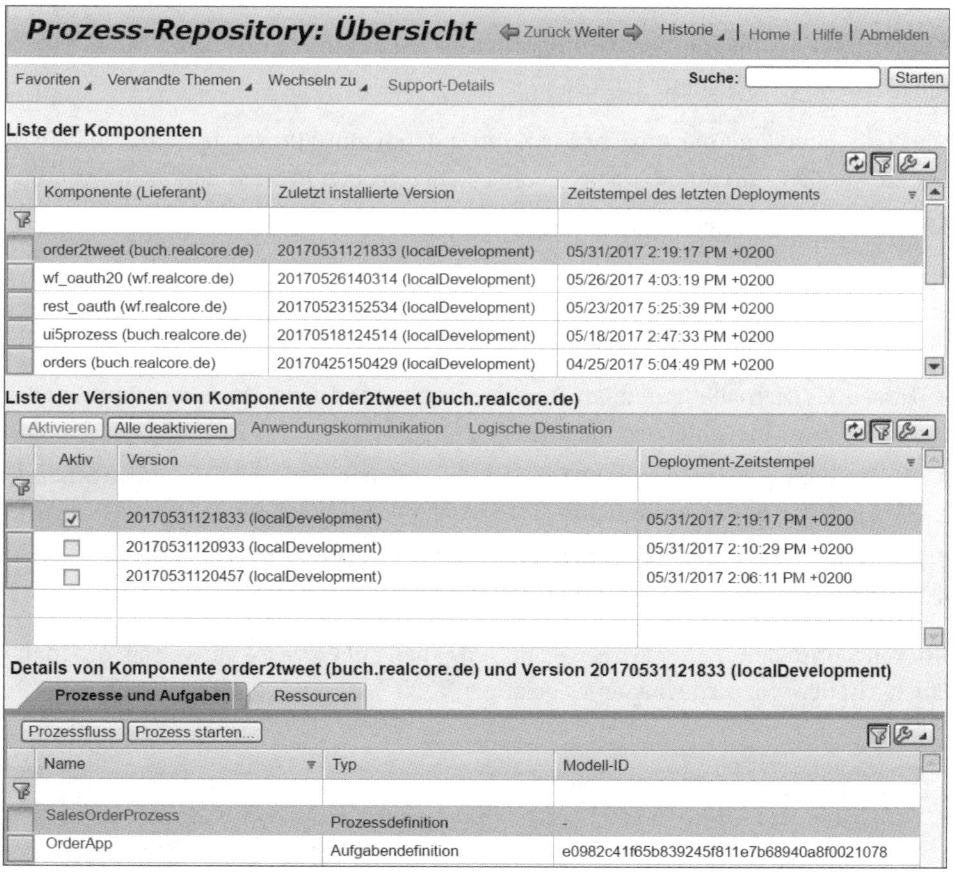

Abbildung 17.3 Prozesse im Prozess-Repository starten

Optional können Sie auf dem Reiter **Ressourcen** auch Ressourcen wie die WSDL-Datei für die Beschreibung der Schnittstelle herunterladen.

17.2.3 Prozessverwaltung

Die *Prozess- und Aufgabenverwaltung* ist ein zentraler Bereich, der es Ihnen ermöglicht, eine Vielzahl von Details zu betrachten und entsprechend zu überwachen. Rufen Sie den SAP NetWeaver Administrator über *http://[host]:[port]/nwa* auf, und navigieren Sie über **Konfiguration • Operation • Prozesse und Aufgaben** zum Einstieg in die Prozess- und Aufgabenverwaltung. Mit der Prozessverwaltung können Sie eine Reihe von Informationen zu Ihren BPM-Prozessen abrufen und gegebenenfalls entsprechende Aktionen ausführen.

Für die Ansicht der Prozessinstanzen und deren Details sind neben den allgemeinen Berechtigungen (siehe Abschnitt 17.1) folgende Rollen in Ihrem Benutzerprofil notwendig:

- SAP_BPM_DISPLAY_CONTEXT
- SAP_Bpm_Display_Attachments_Notes
- SAP_BPM_CTX_SUPER_ADMIN

Die erste Rolle dient der Ansicht der Kontextdaten einer Prozessinstanz, die beiden anderen Rollen sind für die Ansicht von Anhängen einer Prozessinstanz notwendig.

Sie haben nun die folgenden Möglichkeiten:

- Überwachen Sie Prozessinstanzen, und kontrollieren Sie die Details.
- Verfolgen Sie den Prozessablauf, und überprüfen Sie den aktuellen Workflow-Schritt der Prozessinstanz.
- Lassen Sie sich alle laufenden Prozesse, fehlgeschlagene Prozessinstanzen oder alle Prozesse im Fehlerzustand anzeigen.
- Analysieren Sie die Prozessinstanzdetails und nehmen Sie eine entsprechende Aktion vor, z. B. Prozess anhalten, fortsetzen oder abbrechen.
- Archivieren Sie die erfolgreichen oder abgebrochenen Prozessinstanzen.
- Laden Sie die Prozessinstanzen als Excel-Datei herunter.

Klicken Sie auf dem Reiter **Prozesse und Aufgaben** auf **Prozesse verwalten**, um in die Übersicht der Prozessinstanzen zu gelangen.

[+]

Quick Link

Sie können die Prozessverwaltung direkt über einen Quick Link im Browser über die URL *http://<host>:<port>/nwa/bpm-processes* aufrufen. Dieser Ansatz erlaubt es darüber hinaus, weitere vordefinierte Werte anzugeben. So können Sie sich beispielsweise alle im Prozess befindlichen Instanzen über den Aufruf *http://<host>:<port>/nwa/bpm-processes?lifecycle=InProgress&user=Guest* anzeigen lassen.

Weitere Parameter werden unter *http://s-prs.de/v448124* beschrieben.

Nutzen Sie hier beispielweise die Filtermöglichkeiten und lassen Sie sich alle Fehler und fehlgeschlagenen Prozesse anzeigen, indem Sie im Feld **Anzeigen** den entsprechenden Eintrag aus dem Pull-Down-Menü wählen. Darüber hinaus können Sie weitere Filtermöglichkeiten in der erweiterten Ansicht nutzen. Klicken Sie hierfür im rechten Bildschirmbereich auf **Erweitert**. Daraufhin öffnet sich ein Abschnitt mit einer Vielzahl an weiteren Kriterien für eine Eingrenzung der Suche. Wenn Sie Ihre Auswahl getroffen haben, klicken Sie auf **Starten**, um die Suche auszuführen. Reicht die Einschränkung über die erweiterten Suchkriterien nicht aus, können Sie die Anzahl der Suchergebnisse durch die zusätzliche Angabe eines numerischen Wertes im Feld **Maximal Ergebnisse** reduzieren.

Wenn Ihre Suche nun erfolgreich war, klicken Sie auf eine Zeile Ihrer Suchergebnisliste, um weitere Details zu diesem Prozess zu erhalten. Im Bereich der Details stehen Ihnen eine Reihe von Reitern mit verschiedenen Information bzw. Navigationsmöglichkeiten zur Verfügung. Hier finden Sie unter anderem Details zu:

- Prozessinstanzen
- Prozessabläufen
- Historien
- Kontextdaten
- Fehlerprotokollen
- Anlagen

Je nach Prozessinstanz sind unterschiedliche Informationen, Handlungen und Navigation möglich. Ein typischer Anwendungsfall ist die Behandlung von fehlgeschlagenen Nachrichten automatisierter Aktivitäten. Die Ursachen für fehlgeschlagene Nachrichten können vielfältig sein und reichen von falsch konfigurierten Aktivitäten über Netzwerkfehler bis hin zu der Nichterreichbarkeit von Zielsystemen. In solchen Fällen können Sie z. B. den Prozess wieder starten oder terminieren. Um den Prozess zu starten, markieren Sie die Prozessinstanz und wählen im oberen Bereich das Pull-Down-Menü **Actions**. Dort wählen Sie den Eintrag **Wiederaufnehmen**.

Möchten Sie erfolgreiche oder beendete Prozessinstanzen reorganisieren, müssen Sie mittels *Java Scheduler* einen Job einplanen. Wechseln Sie im SAP NetWeaver Administrator in den *Java Scheduler*, und fügen Sie auf dem Reiter **Aufgaben** den Job »bpm_delete_only« hinzu. Klicken Sie auf **Vor**, um den Job mit weiteren Kriterien nach Ihren Anforderungen zu parametrisieren.

Berechtigung

Damit Sie den Reorganisationsjob zum Löschen von erfolgreichen und beendeten Prozessinstanzen einplanen können, benötigen Sie neben der Rolle SAP_BPM_SuperAdmin auch die Rolle SAP_BPM_DELETE_PROCESSES.

Ein anderer typischer Anwendungsfall ist die Analyse des Prozesskontexts für eine detailliertere Analyse. Wenn Sie sich beispielsweise den Dateninhalt der Prozessinstanz anschauen möchten, klicken Sie im unteren Bereich, in den **Details**, auf den Reiter **Kontextdaten**. Wählen Sie dort im Pull-Down-Menü den zugehörigen Datentyp (siehe Abbildung 17.4). Sie haben hier, wenn notwendig, ebenfalls die Möglichkeit, die Werte Ihrer Prozessinstanz anzupassen. Editieren Sie die Werte direkt in der Ansicht, oder laden Sie den Inhalt als XML-Datei herunter und editieren Sie diese Datei in einem XML-Editor. Danach importieren Sie die XML-Datei wieder in Ihr System.

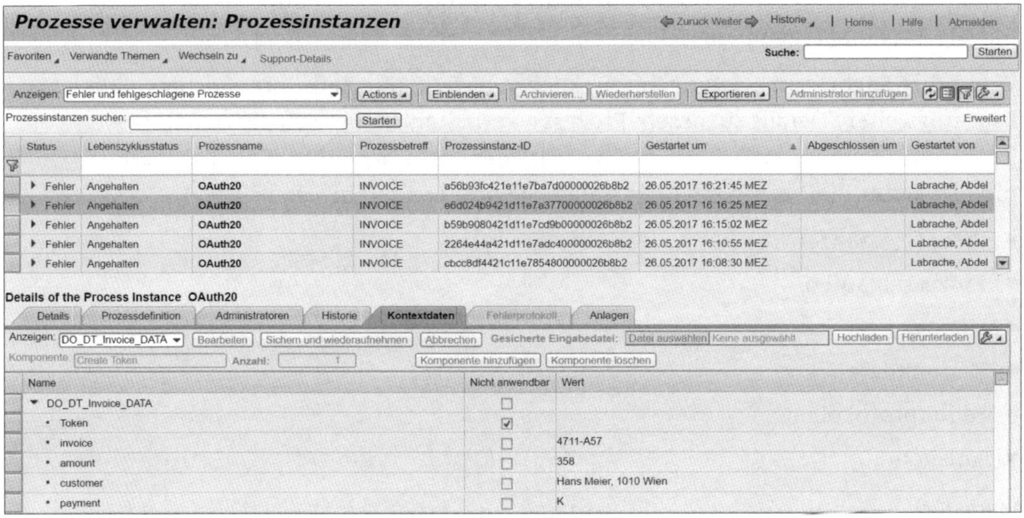

Abbildung 17.4 Kontextdaten einer Prozessinstanz

Des Weiteren haben Sie die Möglichkeit, sich den Prozess auch in der *Business-Process-Modeling-Notation*-Darstellung (BPMN) anzeigen zu lassen. Damit können Sie sich einen Überblick über den gesamten Prozess verschaffen. Gehen Sie im Detailbereich auf den Reiter **Prozessdefinition**, und klicken Sie auf den Link **Prozessdefinitionsablauf anzeigen**. Daraufhin öffnet sich die Prozessvisualisierung in einem neuen Browserfenster (siehe Abbildung 17.5).

Hier können Sie sich weitere Details zu Ihrem BPM aus Prozesssicht anschauen. So können Sie beispielsweise schnell erkennen, welche Aktivitäten sich gerade im Prozess befinden oder in welchem Subprozess ein Fehler aufgetreten ist. Der Status wird jeweils durch ein grünes oder rotes Icon gekennzeichnet. Weitere Details wie Anmerkungen erhalten Sie, wenn Sie mit dem Mauszeiger über die sensitiven Prozessschritte fahren und auf das Lupensymbol klicken. Aufgaben, in denen Sie involviert sind, werden durch ein weiteres Symbol markiert und können per Klick auf **Meine Aufgaben** angezeigt werden.

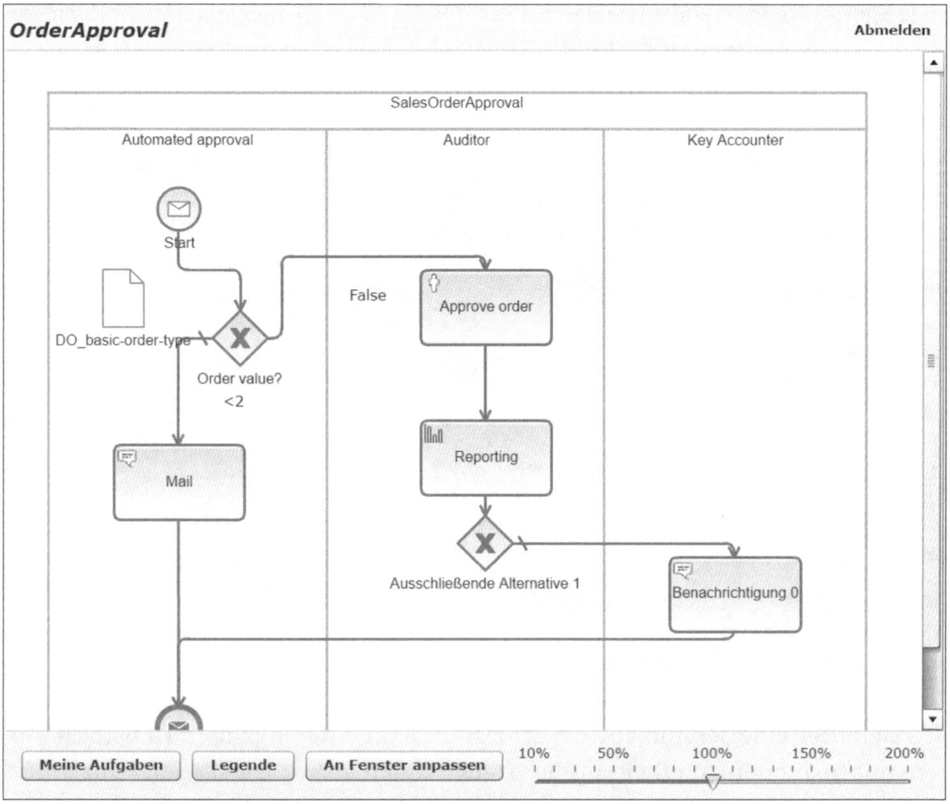

Abbildung 17.5 Prozessdefinitionsablauf

17.2.4 Aufgabenverwaltung

In der Aufgabenverwaltung können Sie analog zu den SAP-BPM-Prozessen Aufgabeninstanzen überwachen und verwalten. Ähnlich wie bei der Verwaltung der Prozessinstanz sind neben den allgemeinen Berechtigungen (siehe Abschnitt 17.1) die folgenden Rollen für die Ansicht von Anhängen an Aufgaben in Ihrem Benutzerprofil notwendig:

- SAP_Bpm_Display_Attachments_Notes
- SAP_BPM_CTX_SUPER_ADMIN

Rufen Sie den SAP NetWeaver Administrator über *http://[host]:[port]/nwa* auf. Navigieren Sie über **Konfiguration • Operation • Prozesse und Aufgaben • Aufgaben verwalten**, um in die Übersicht zu gelangen.

Wie auch bei den Prozessen steht Ihnen für die Auflistung der Aufgabeninstanzen eine Suche mit vordefinierten Abfragen zur Verfügung. Klicken Sie auf das Pull-Down-Menü neben **Anzeigen** und wählen Sie »Alle Aufgaben (Letzte 24 Std.)«, um sich diese entsprechend anzeigen zu lassen. Sie können hier ebenfalls erweiterte Suchkriterien nutzen, um die Ergebnismenge bei Bedarf einzuschränken bzw. gezielter mittels verschiedener Kriterien zu suchen. Klicken Sie hierfür im rechten Bildschirmbereich auf **Erweitert**, und Sie erhalten eine Reihe weiterer Filterkriterien. Wählen Sie beispielsweise im Pull-Down-Menü **Suchen nach** den Eintrag »Aufgabendefinition« und den **Status** »Angehalten«. Zur Anzeige der gesuchten Aufgaben klicken Sie anschließend auf **Start** (siehe Abbildung 17.6).

Abbildung 17.6 Liste der Aufgabeninstanzen

Markieren Sie eine der Aufgaben in der Liste, um im unteren Bildschirmbereich weitere Informationen zu erhalten. Hier stehen Ihnen verschiedene Reiter zur Verfügung, über die Sie weitere Informationen zu den Aufgabendetails erhalten (siehe auch Abbildung 17.7).

- Informieren Sie sich über Details wie das Erstellungsdatum, den Ersteller, den Bearbeiter, den Status oder die Priorität.
- Kontrollieren Sie die Historie, Termine und Verantwortlichkeiten und gegebenenfalls den Kontextinhalt der Aufgabe.

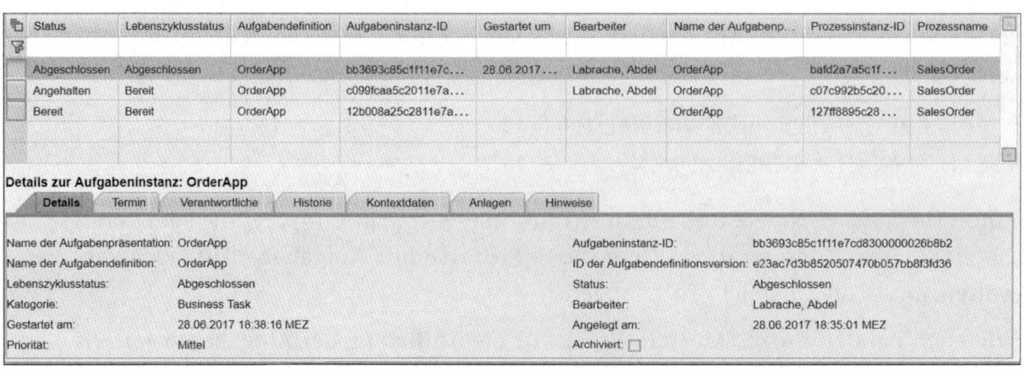

Abbildung 17.7 Details der Aufgabeninstanz

Sie können außerdem verschiedene Aktionen zur Aufgabe ausführen, z. B. angehaltene Aufgaben über das Pull-Down-Menü **Actions** wiederaufnehmen.

Wenn Sie den zu der Aufgabe zugehörigen Prozess sichten möchten, können Sie über **Ablauf anzeigen** in die Prozessverwaltung abspringen und weitere Informationen für Ihre Analyse heranziehen (siehe auch Abschnitt 17.2.3, »Prozessverwaltung«).

Quick Link

Sie können die Aufgabenverwaltung ebenfalls wie die Prozessverwaltung direkt über einen Quick Link im Browser über die URL *http://<host>:<port>/nwa/bpm-tasks* aufrufen. Auch hier können Sie weitere vordefinierte Werte angeben. Damit können Sie sich beispielsweise alle fehlerhaften Aufgabeninstanzen über den Aufruf *http://<host>:<port>/nwa/bpm-tasks?Query=Error* anzeigen lassen. Weitere Parameter für die Ausgabe finden Sie unter *http://s-prs.de/v448125.*

Bei Bedarf können Sie die Verantwortlichkeit für eine Aufgabe einem anderen Bearbeiter zuweisen, indem Sie die Funktion **Verantwortlichen nominieren** auswählen und eine Person über die Suche bestimmen. Das Nominieren einer neuen Verantwortlichkeit bzw. das Delegieren einer Aufgabe kann z. B. im Krankheitsfall des aktuellen Bearbeiters notwendig sein, um die termingerechte Fertigstellung einer Aufgabe sicherzustellen. Sofern es nötig ist, können Sie sich die Aufgabenliste für weitere Bearbeitungen und Auswertungen über die Funktion **In Tabellenkalkulation exportieren** lokal ablegen.

17.2.5 BPM-Eingang

Der BPM-Eingang oder auch Posteingang ist ein zentraler Arbeitsplatz für die Einbeziehung von Mitarbeitern in die Abwicklung von Geschäftsprozessen. Der BPM-Eingang ist seit SAP NetWeaver 7.31 SP 04 die neue Alternative zur Universal Worklist (UWL) für die Bearbeitung von Aufgaben. Er ist schneller als die Universal Worklist und unter anderem für die Verwendung auf mobilen Endgeräten wie Smartphones oder Tablets vorgesehen. Rufen Sie den BPM-Eingang direkt über *http://<host>:<port>/ bpminbox* auf, und Sie erhalten direkt einen Überblick über die offenen Aufgaben (siehe Abbildung 17.8).

Abbildung 17.8 BPM-Eingang

Bevor Sie den BPM-Eingang nutzen können, benötigen Sie die folgenden Rollen:

- UME-Rolle: UnifiedInboxUserRole
- Portalrolle: com.sap.bpem.Enduser

Die UME-Rolle ermöglicht es Ihnen, auf die Aufgaben und auf deren Details innerhalb des BPM-Eingangs zuzugreifen, während die Portalrolle für die Bearbeitung der Aufgaben erforderlich ist.

Mobile Endgeräte

Der Zugriff auf den BPM-Eingang ist auch für mobile Geräte optimiert. Die Anzeige erfolgt in Kachelform, und Sie können sich den Status anzeigen lassen und Aufgaben bearbeiten.

Um differenzierter über relevante Aufgaben zu filtern, können Sie mit den Drop-Down-Menüoptionen im oberen Bildschirmbereich das Suchergebnis weiter einschränken. Lassen Sie sich z. B. Ihre eigenen oder zugewiesenen Aufgaben anzeigen, und kombinieren Sie diese Auswahl mit einem der folgenden Status. Die Aktualisierung der Ergebnisliste erfolgt automatisch.

- offene Aufgaben
- abgeschlossene Aufgaben
- überfällige Aufgaben
- eskalierte Aufgaben

Möchten Sie das Suchergebnis noch weiter verfeinern, können Sie über das Filter-Symbol [Y] im oberen Bildschirmbereich weitere Filterkriterien einblenden (siehe Abbildung 17.9).

Abbildung 17.9 Filteransicht

Die Suchergebnisliste ist in zwei verschiedenen Ansichten verfügbar:

- **List View**
  Der List View ermöglicht eine schnelle tabellarische Übersicht.
- **Stream View**
  Im Stream View können Sie sich informativ weitere benutzerdefinierte Attribute anzeigen lassen, die gegebenenfalls für die Bearbeitung hilfreich sind. Klicken Sie hierfür im Stream View im rechten Bildschirmbereich auf das Icon **Aufgabendetails einblenden**.

In beiden Sichten können Sie weitere Aktionen wie die Anlage von Stellvertreterregeln, Weiterleitungen, Freigaben oder Annahmen einrichten oder z. B. Aufgaben kommentieren.

17.2.6 BPM Analytics Dashboard

Das BPM Analytics Dashboard bietet Ihnen den grafischen Einstieg mittels verschiedener Statistiken für die Prozess- und Aufgabenüberwachung. Recherchieren Sie Ihre Top-Prozesse und -Aufgaben, indem Sie sich die Statistiken für den aktuellen Zeitraum grafisch anzeigen lassen.

Über den *Business Activity Graph* können Sie die gestarteten oder abgeschlossenen Prozesse und Aufgaben bis zum aktuellen Zeitpunkt einsehen. Die Top-Prozesse und -Aufgaben implizieren hierbei die maximale Anzahl von Prozess- und Aufgabeninstanzen. Darüber hinaus erlaubt Ihnen das Dashboard ebenfalls, nach verschiedenen Kriterien zu filtern:

- Zeiträume
- Prozesse und Aufgaben im Fehlerstatus
- Aufgaben ohne Verantwortliche
- eskalierte Aufgaben

Rufen Sie das BPM Analytics Dashboard im Browser direkt über *http://<host>:<port>/bpmanalytics* auf, und Sie gelangen direkt in die Dashboard-Übersicht. Hier erhalten Sie im oberen Bildschirmbereich schnell einen Überblick über die Top-Prozesse und -Aufgaben (siehe Abbildung 17.10).

Unterhalb der Diagramme können Sie über **Details anzeigen** eine detailliertere Anzeige zu Ihren Prozessen oder Aufgaben und den jeweiligen Status in tabellarischer Form erhalten. Von dort können Sie direkt per Klick in die Prozess- oder Aufgabenverwaltung springen (siehe Abbildung 17.11).

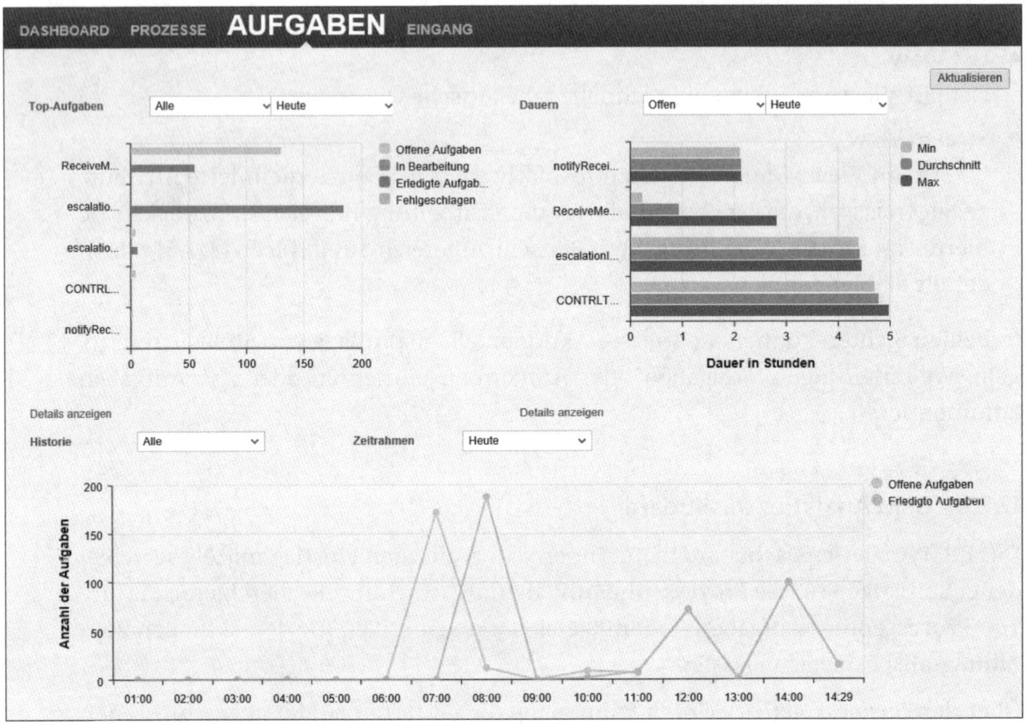

Abbildung 17.10 BPM Analytics Dashboard

Im unteren Bildschirmbereich erhalten Sie Informationen zu Ihren Prozessen und Aufgaben und dem jeweiligen Fehlerstatus. Gleich daneben können Sie die Geschäftstätigkeit bzw. die aufgetretenen Ereignisse im Zeitverlauf betrachten. Das Zeitinterwall kann bei Bedarf über das Pull-Down-Menü und die definierten Vorgabewerte geändert werden.

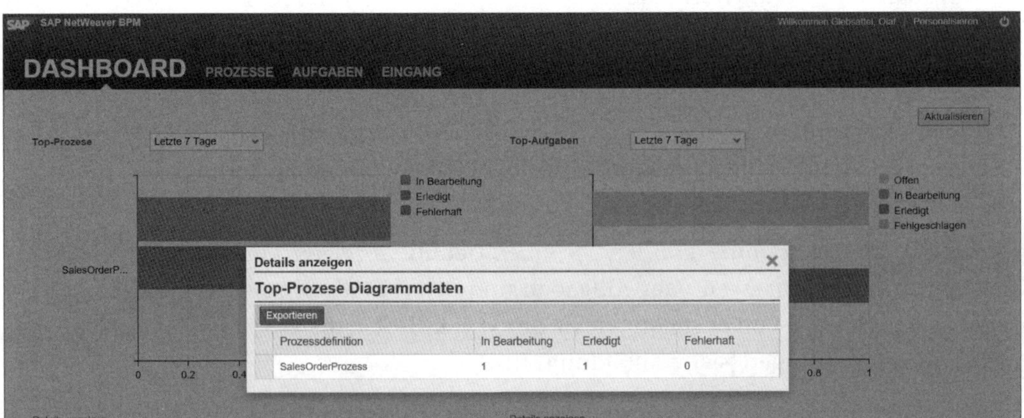

Abbildung 17.11 Prozessdetails

17.3 Administration

Im vorherigen Abschnitt haben Sie die Werkzeuge für die Überwachung und Verwaltung Ihrer Prozesse und Aufgaben kennengelernt. Wir stellen Ihnen im Folgenden weitere Werkzeuge vor, die Sie für detailliertere Fehleranalysen und zum Archivieren von Geschäftsprozessdaten nutzen können.

17.3.1 Konfiguration und Überwachung der Geschäftsprozessprotokolle

Detaillierte Informationen im Lebenszyklus eines Prozesses werden im Geschäftsprozessprotokoll gesammelt. Das BPM löst Ereignisse aus, um Veränderungen von Entitäten wie Geschäftsprozesse oder Geschäftsregeln zu protokollieren. Administratoren können sich die Protokolle nach Kategorien, Ereignissen, Containern oder Datumsbereichen sortiert anzeigen lassen.

Rufen Sie den SAP NetWeaver Administrator über *http://<host>:<port>/nwa* auf, und navigieren Sie über **Fehleranalyse • Prozesse und Aufgaben • Geschäftsprotokolle** in die Überwachung.

Im oberen Bereich des Bildschirms können sie global die Protokollstufe ändern. Damit kann der Detailgrad der Informationen, die zu Ereignissen und Daten geschrieben werden, angepasst werden. So können Sie im Bedarfsfall die Granularität der Protokollierungen erhöhen, um beispielweise Veränderungen an Datenobjekten besser nachvollziehen zu können. Sie können aber auch Protokollstufen herabsetzen, um die zu speichernden Datenmengen zugunsten des Volumens zu reduzieren. Wählen Sie hier über das Pull-Down-Menü eine der Protokollstufen aus, um diese für alle Prozesse auf dem jeweiligen Anwendungsserver zu setzen (siehe Abbildung 17.12).

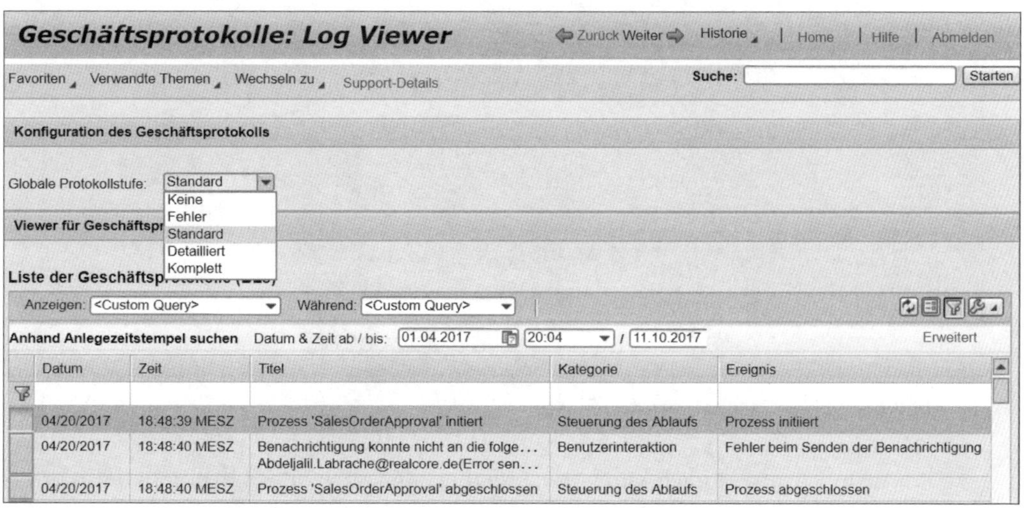

Abbildung 17.12 Globale Protokollstufe konfigurieren

Ihnen stehen folgende Stufen zur Verfügung:

- **Keine**
  Abgesehen von Änderungen der Geschäftsprotokollebene werden keine Geschäftsprotokolleinträge geschrieben.
- **Fehler**
  Es werden nur fehlerhafte Geschäftsprotokollereignisse geschrieben.
- **Standard**
  Diese Stufe liefert ausreichend Informationen, um den Prozessfluss nachvollziehen zu können. Das Datenvolumen ist dabei deutlich reduziert.
- **Detailliert**
  In dieser Stufe wird alles außer hochvolumigen Ereignissen wie die Aktualisierung von Datenobjekten gesichert.
- **Komplett**
  Es werden alle Geschäftsprotokolleinträge gesichert.

Im unteren Bildschirmbereich können Sie sich die Protokolleinträge nach dem Anlagezeitstempel sortiert anzeigen oder über die Schaltfläche **Erweitert** weitere Filterkriterien zur Einschränkung des Suchergebnisses einblenden lassen (siehe Abbildung 17.13).

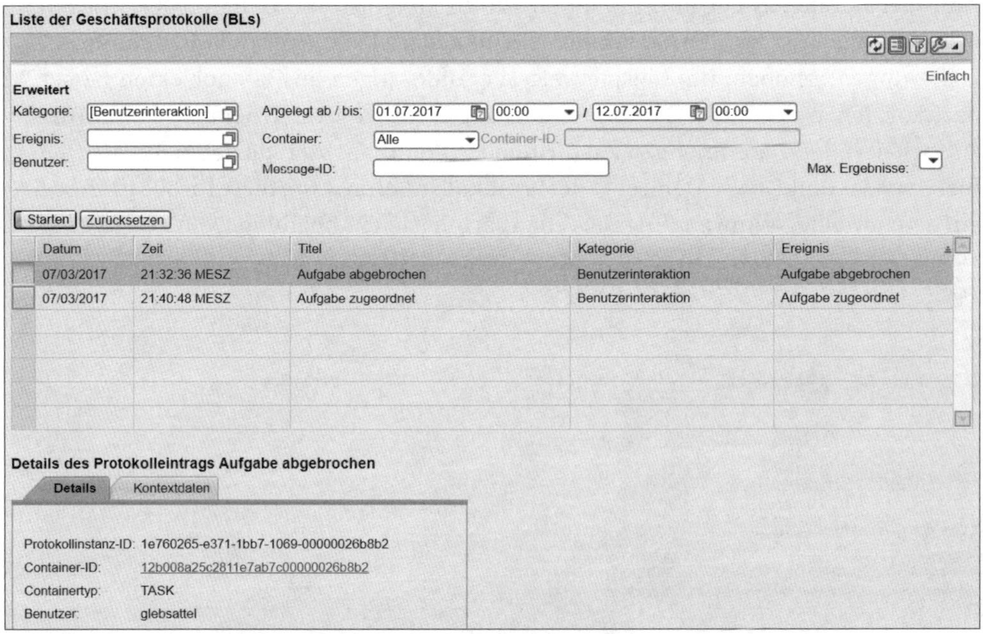

Abbildung 17.13 Geschäftsprotokollliste

Filtern Sie z. B. direkt nach Kategorie, Ereignis oder Anwendern in einem definierten Zeitraum. Mit einem Klick auf **Start** wird die Suche ausgeführt. Markieren Sie anschließend einen relevanten Eintrag aus der Ergebnisliste, um sich weitere Details wie Benutzer, Containertyp oder Container-ID anzeigen lassen. Per Klick auf die Container-ID können Sie direkt in die Prozessverwaltung für weitere Analysen abspringen. Wenn Sie Informationen über Inhalte des Datenobjekts erhalten möchten, gehen Sie auf den Reiter **Kontextdaten**.

17.3.2 Regelgeschäftsprotokolle

Die *Regelgeschäftsprotokolle* sollen hier ebenfalls erwähnt werden, da sie in direktem Zusammenhang mit den Geschäftsprotokollen und der Protokollierung von Ausführungsschritten der Regelzusatzausführung stehen. Hier werden Informationen über die Ausführung von Regeln, Entscheidungstabellen und Regelflüssen protokolliert. Wenn Sie in Ihrem Geschäftsprozess SAP BRM verwenden (siehe auch Kapitel 12, »Umsetzung der BPM- und BRM-Szenarien«) und beispielsweise eine Regel in Kombination mit einer *Human Activity* verwenden, kann die detaillierte Protokollierung bei der Fehlersuche hilfreich sein. Hier werden alle Aktivitäten oder Ereignisse, die durch eine Regel ausgeführt werden, im Protokoll festgehalten.

1. Rufen Sie den SAP NetWeaver Administrator über *http://<host>:<port>/nwa* auf, und navigieren Sie über **Fehleranalyse • Prozesse und Aufgaben • Regelgeschäftsprotokolle** in die Überwachung (siehe Abbildung 17.14).

Abbildung 17.14 Regelgeschäftsprotokolle

2. Hier können Sie basierend auf Ereignissen und Datumsbereichen nach relevanten Einträgen suchen. Möchten Sie ein Ereignis in Kombination mit einem Zeitraum vorgeben, müssen Sie im rechten Bildschirmbereich die Funktion **Erweitert** wäh-

len, um die zusätzlichen Suchkriterien einzublenden. Wählen Sie ein Ereignis aus dem Pull-Down-Menü, und grenzen Sie den Datumsbereich ein.

3. Klicken Sie anschließend auf **Starten**, um die Suche auszuführen. Wenn Ihre Suche erfolgreich war, markieren Sie einen Eintrag aus der Liste. Sie erhalten daraufhin im unteren Bildschirmbereich weitere Details zur Regelausführung.

17.3.3 Prozessfehleranalyse

Die *Prozessfehleranalyse* dient der Übersicht von verfügbaren Komponenten über alle BPM-Cluster-Knoten und unterstützt Sie bei der Analyse im Fehlerfall. Neben dem Hinweis auf fehlende Komponenten erhalten Sie hier im Ampelformat Auskunft über den Status von Subsystemen und Adaptern.

Rufen Sie den SAP NetWeaver Administrator über *http://<host>:<port>/nwa* auf. Navigieren Sie über **Fehleranalyse • Prozesse und Aufgaben**, und starten Sie den Monitor für die Prozessfehleranalyse (siehe Abbildung 17.15).

[»]

Berechtigungen

Für die Prozessfehleranalyse benötigen Sie die Rollen NWA_SuperAdmin oder NWA_Readonly in Ihrem Berechtigungsprofil.

Bei einem Fehler, z. B. einer nicht vorhandenen Komponente in einem Subsystem, können Sie von hier aus direkt per Link zu den **Start & Stop Services** in das jeweilige System navigieren.

Abbildung 17.15 Prozessfehleranalyse

17.3.4 BPM Action Monitor

Der *BPM Action Monitor* ermöglicht die clusterweite Überwachung von *Queues*. Hier können Sie sich schnell einen Überblick darüber verschaffen, wie viele Actions, die beispielweise im Zusammenhang mit einer Aufgabe oder korrelierenden Nachrichten stehen, in Queues verweilen. Überprüfen Sie, ob eine Aufgabe fehlgeschlagen ist, zurückgestellt wurde oder lediglich auf eine menschliche Aktion wartet. Sie können sich die Details der jeweiligen BPM Action bzw. die aufgetretene Fehlermeldung anzeigen lassen.

Rufen Sie den SAP NetWeaver Administrator über *http://<host>:<port>/nwa* auf, und navigieren Sie zu **Fehleranalyse • Prozesse und Aufgaben**. Starten Sie den **BPM-Actions**-Monitor (siehe Abbildung 17.16).

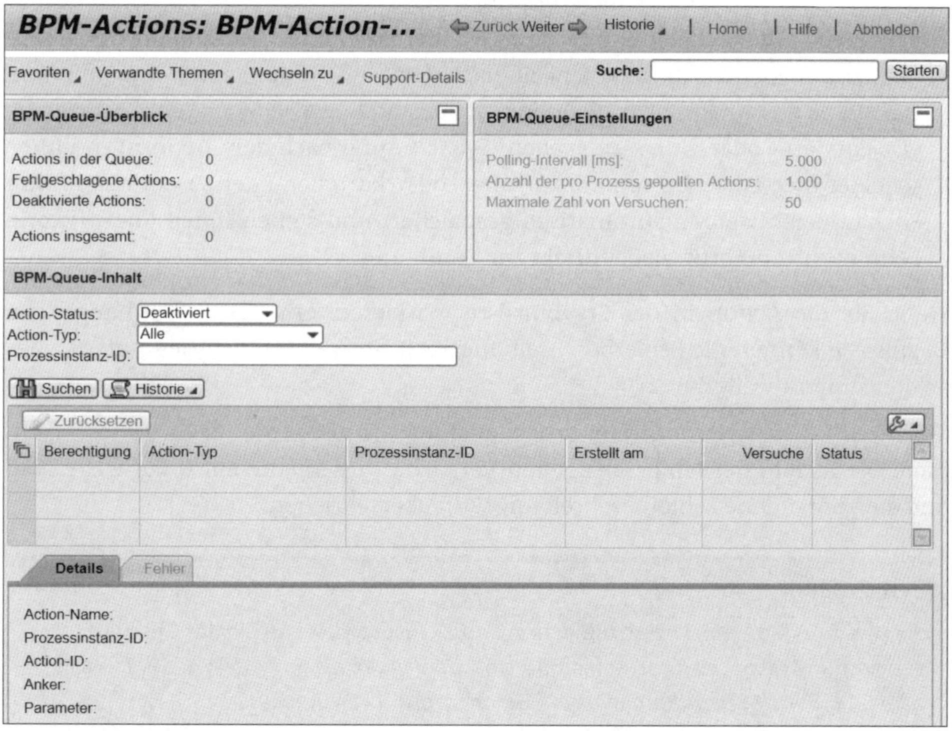

Abbildung 17.16 BPM Action Monitor

Wenn das System korrekt dimensioniert und konfiguriert ist, sollten Einträge nur kurzzeitig in der Warteschlange bleiben. Daher ist der BPM Action Monitor vor allem bei bestehenden oder angenommenen Fehlersituationen hilfreich. So lässt sich schnell analysieren, ob die Ausführung eines Prozesses durch eine übermäßige Belastung des Systems oder durch eine fehlerhafte BPM Action blockiert wird.

Der Monitor ist in drei Bereiche unterteilt:

- **BPM-Queue-Überblick**
  In dieser Zusammenfassung sehen Sie direkt, wie viele BPM Actions aktuell in der Queue stehen und wie viele fehlerhaft oder unterbrochen sind. Klicken Sie für weitere Details auf die Anzahl der jeweiligen BPM Actions, um sich die Auswahl direkt im unteren Bildschirmbereich anzeigen zu lassen.
- **BPM-Queue-Einstellungen**
  Die Einstellungen für die BPM-Queue geben Ihnen Auskunft über die Abfrageintervalle, die Anzahl von Aktionen, die pro Prozess abgefragt werden, sowie die maximale Anzahl von Versuchen.
- **BPM-Queue-Inhalte**
  Weitere Details wie Erstellungszeitpunkt, Status oder Fehlerdetails der Action in der Queue erhalten Sie im unteren Inhaltsbereich. Zur Einschränkung der Ergebnismenge haben Sie die Möglichkeit, nach dem Action-Status und -Typ zu filtern. Der Status erlaubt Ihnen, nach Actions im Zustand »In Queue«, »Fehlgeschlagen«, »Deaktiviert« oder »Alle« zu suchen. Die Filterung nach dem Action-Typ unterscheidet hier zwischen reinen Aufgaben oder korrelierenden Nachrichten. Ihre Suchanfragen werden automatisch gespeichert und stehen Ihnen über **Historie** beim nächsten Abruf wieder direkt zur Verfügung.

Wenn Sie die Action in der Ergebnisliste markieren, erhalten Sie umfangreiche Details. Sie können die Fehlerbeschreibung auch für weitere Analysen nutzen oder an den Support weiterleiten.

Möchten Sie deaktivierte Actions erneut ausführen, müssen Sie auf **Zurücksetzen** klicken. Die Anzahl der fehlgeschlagenen Versuche wird wieder auf 0 zurückgesetzt, und die vorhandene Fehlerbeschreibung wird überschrieben.

[»]

Berechtigung

Sie sind nur dann berechtigt, die Action zurückzusetzen, wenn Sie der Geschäftsprozessadministrator der Prozessinstanz sind oder über die Rolle *NWA_SUPERADMIN* oder *SAP_BPM_SuperAdmin* in Ihrem Benutzerprofil verfügen.

17.3.5 Process Data Archiving

Im Regelbetrieb kann es durchaus vorkommen, dass Sie beispielweise darauf angewiesen sind, geschäftskritische Daten der Nachvollziehbarkeit halber für einen gewissen Zeitraum vorzuhalten. Über das *Process Data Archiving* haben Sie die Möglichkeit, definierte Prozess- und Aufgabeninstanzen mit relevanten Daten wie dem Prozesskontext, den Aufgaben, den Anhängen oder den Geschäftsprotokollen zu archivieren. Der Hauptprozess stellt hierbei die zu archivierenden Einheit dar und kapselt diesbezüglich alle Subprozesse und teilhabenden Aufgaben sowie deren Kontextdaten. Die Prozessdaten werden über den XML Data Archiving Service (XML DAS) serialisiert und im XML-Format archiviert.

Damit Sie eine Archivierung entsprechend einplanen können, müssen folgende Rollen in Ihrem Berechtigungsprofil enthalten sein:

- XMLDASSecurityRole
- SAP_ARCH_SUPERADMIN

Um die Archivierung einzurichten, rufen Sie den NetWeaver Administrator über *http://<host>:<port>/nwa* auf. Navigieren Sie über **Operationen • Prozesse und Aufgaben • Prozesse verwalten**, und öffnen Sie die Ansicht für die Anzeige der Prozessinstanzen. Suchen Sie den relevanten Prozess anhand Ihrer Kriterien, und markieren Sie diesen. Anschließend klicken Sie im oberen Bildschirmbereich auf die Schaltfläche **Navigation zur Java-Archivierung**, woraufhin Sie direkt in das Java Archivierungs-Cockpit gelangen (siehe Abbildung 17.17)

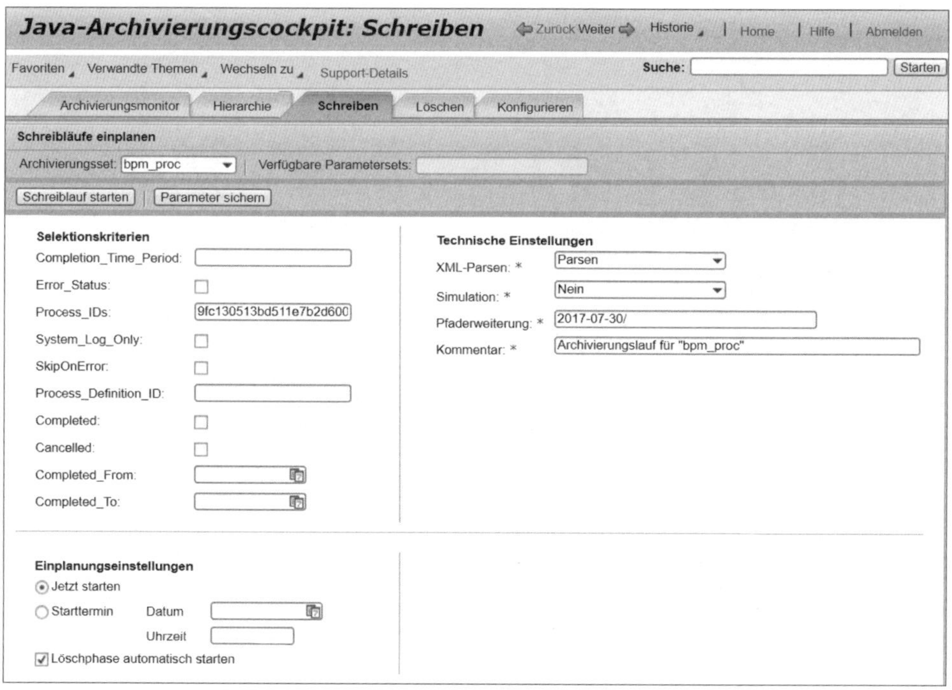

Abbildung 17.17 Java-Archivierungscockpit

[»]

Archivierung

Sie können die Prozessinstanz nicht archivieren, wenn diese nicht in einem finalen Zustand ist, also wenn der Lebenszyklusstatus weder »Erfolgreich« noch »Abgebrochen« ist.

In der Eingabemaske sind die Daten zum Teil bereits vorbelegt. Sie haben nun die Möglichkeit, diese anzupassen bzw. weitere Selektionskriterien wie den Zeitraum oder den Status der zu archivierenden Prozessinstanzen anzugeben. Die Voreinstellungen für die automatische Löschphase sollten Sie so belassen, damit Ihre Daten regelmäßig durch den Löschjob reorganisiert werden.

Sichern Sie anschließend Ihre Parameter. Planen Sie Ihre Schreibläufe ein, indem Sie mit der Schaltfläche **Schreiblauf starten** bestätigen.

Kapitel 18
Ausblick: SAP Operational Process Intelligence

In den vorherigen Kapiteln haben Sie bereits einige Werkzeuge für die Überwachung und Verwaltung Ihrer SAP-Systeme kennengelernt. Zum Abschluss stellen wir Ihnen noch eine systemübergreifende SAP-Lösung zur Echtzeitanalyse und -überwachung vor: SAP Operational Process Intelligence.

Das lokale und zentrale Monitoring von Schnittstellen auf einem oder mehrerer SAP-Process-Orchestration-Systemen oder die Überwachung von Geschäftsprozessen im SAP Business Process Management (BPM) bietet je nach Geschäftsprozess gegebenenfalls nur einen Ausschnitt aus eine gesamtheitlichen und systemübergreifenden Unternehmensprozess. Wie bereits in den vorherigen Kapiteln beschrieben, bieten die hier zur Verfügung stehenden Werkzeuge ausreichende Möglichkeiten, für eine erfolgreiche Überwachung und Sicherstellung des Regelbetriebes. Um dieses Portfolio zu ergänzen, bietet *SAP Operational Process Intelligence* eine systemübergreifende Lösung für die Überwachung und Geschäftsprozess-Analyse über SAP- und Nicht-SAP-Systeme in Echtzeit an.

18.1 Einführung

Um eine Überwachung und Auswertung der Geschäftsprozesse in Echzeit zu ermöglichen, basiert SAP Operational Process Intelligence auf SAP HANA. Die laufenden und relevanten Prozessinformationen werden kontinuierlich in eine zentrale SAP-HANA-Datenbank übertragen und stehen dort als Basis für zahlreiche Analysen und Auswertungen zur Verfügung. Mit dieser Möglichkeit lassen sich zum einem kritischen Situation frühzeitig erkennen und zum anderen die Prozesseffizienz verbessern. Im Hintergrund werden die Daten anhand von definierten Prozessmodellen ausgewertet und können einfach und schnell über Standard-Dashboards visualisiert werden.

Weiterhin erlaubt SAP Operational Process Intelligence die interaktive Überwachung eines Geschäftsprozesses, d. h. es besteht die Möglichkeit, innerhalb eines beobachteten Prozesses in Echtzeit für weiterführende Analysen bis in die Detailebene zu navigieren und nachrichtenspezifischen Inhalte nach verschiedenen Kriterien zu filtern bzw. zu visualisieren.

Ein Praxisbeispiel: Der bestehende Bestellprozess ist über mehrere IT-Systeme verteilt und beinhaltet mehrere Prozessschritte. Er startet mit der Initiierung der Bestellung über die Auftragsbestätigung bzw. den Eingang der Ware bis zum anschließenden Versand der Kundeninformation. Um nun eine ganzheitliche Darstellung und systemübergreifende Überwachungsmöglichkeit des Prozesses zu schaffen, werden die einzelnen Schritt in Phasen modelliert und mit entsprechende Durchlaufzeiten versehen. Die in den einzelnen Phasen definierten Durchlaufzeiten können später den tatsächlichen Laufzeiten im Geschäftsprozesses gegenübergestellt werden. Wie eine mögliche Erreichung der jeweiligen Meilensteine in Ihrem Prozess aussehen kann, können Sie in Abbildung 18.1 sehen.

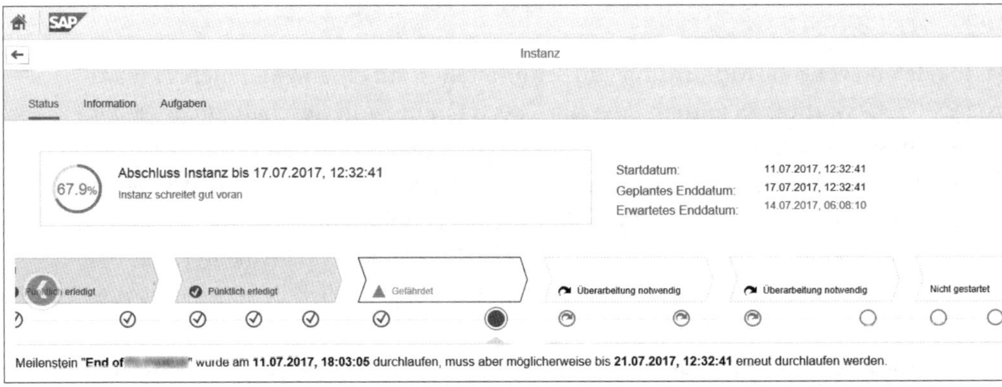

Abbildung 18.1 Prozessüberwachung

Mit den zur Verfügung stehenden Dashboards und der farblichen Darstellung ist eine schneller Überblick möglich. Sie erhalten Aufschluss, in welchem Teil des Geschäftsprozesses ihre Bestellung stockt und können für die Detailanalyse über Drilldowns in die weiteren Details des Prozesses navigieren. Darüber hinaus ist ein Absprung bis in die betreffenden Systeme möglich. So werden Verzögerungen oder Fehlerquellen im Prozess direkt ersichtlich und ermöglichen ein schnelles Eingreifen bzw. Analysieren der Ursache. So bringen Sie in Erfahrung, um welche Bestellung es sich konkret handelt, warum und in welchem Maß der Prozess zeitlich überschritten oder welcher Mitarbeiter für den jeweiligen Prozess verantwortlich ist. Ursachen für eine mögliche Verzögerung im Prozess können technischer Natur sein oder auch eine nicht erfolgte Bearbeitung durch den zuständigen Mitarbeiter.

Da diese Kapitel lediglich einen Ausblick auf das Thema SAP Operational Process Intelligence bieten will und nicht Schwerpunkt des Buches ist, konzentrieren wir uns lediglich auf die wichtigsten Punkte und zeigen Ihnen nur einen Auszug aus den vielfältigen Möglichkeiten. Um die systemübergreifende Überwachung der Unternehmensprozesse in Echtzeit zu ermöglich, müssen verschiedene Voraussetzungen erfüllt sein.

18.2 Installation des SAP-HANA-Add-ons

Bevor Sie mit der Modellierung ihrer SAP-Operational-Process-Intelligence-Szenarien beginnen können, müssen verschiedene Voraussetzungen erfüllt sein. Eine der Voraussetzung ist die Installation des Add-ons SAP Operational Process Intelligence als Datenbasis für eine Modellierung und Überwachung der systemübergreifenden Geschäftsprozesse. Die In-Memory-Technologie ist eine der grundlegenden Voraussetzung für die Auswertung der Prozesse in Echtzeit.

Alle notwendigen Informationen rund um die Installation von SAP Operational Process Intelligence und Konfiguration finden Sie im SAP-Hilfe-Portal unter folgender Web-Adresse: *http://s-prs.de/v448126*.

Um die Daten für eine Auswertung über den gesamten Geschäftsprozess verfügbar zu machen, müssen die relevante Daten kontinuierlich aus allen beteiligten Systemen in die SAP-HANA-Datenbank repliziert werden.

18.3 Datenreplikation mit SAP Landscape Transformation Server

Für die Datenreplikation kommt bestenfalls der *SAP Landscape Transformation Replication Server* zum Einsatz. Er sorgt für eine Echtzeitreplikation großer Datenmengen für SAP-basierte Systeme und SAP-unterstützte Datenbanken, aber auch für Nicht-SAP Datenquellen, die in der SAP-Product-Availability-Matrix aufgeführt sind. Der SAP Landscape Transformation Replication Server kann als separates SAP-System oder, sofern die technischen Voraussetzungen gegeben sind, auf einem ABAP-System installiert werden. Um die grundlegende Voraussetzung der Echtzeitreplikation zu erfüllen, lädt der Replication Server die Daten triggerbasiert in die SAP-HANA-Datenbank. Der SAP Landscape Transformation Server kann mit der klassischen SAP GUI administriert werden, ist aber auch in das SAP HANA Studio integriert und kann zudem mit dem SAP Solution Manager überwacht werden.

Da der Server nicht Teil des Buchthemas, sondern lediglich ein Teil eines Ausblicks ist, möchten wir Sie an dieser Stelle nur auf weiterführenden Informationen verweisen *http://s-prs.de/v448127*. Hier finden Sie neben einem »Getting Started with SAP LT Replication Server« mit verschiedenen Anleitungen (User Guides), Videos und Trainings zum Einstieg, auch Detailinformation zur Installation und Replikation.

Wenn Sie die Replizierung der Daten aus ihren gewünschten System in die SAP-HANA-Datenbank abgeschlossen haben, könne Sie mit der Modellierung des Prozesses im SAP HANA Studio beginnen.

18.4 Modellierung mit dem SAP HANA Studio

Für die Erstellung und Implementierung eines SAP Operational Process Intelligence Projektes, benötigen Sie ein zu Ihrer SAP-Operational-Process-Intelligence-Version passendes *SAP HANA Studio* mit dem entsprechenden Add-On SAP Operational Process Intelligence. Welche Version zu Ihrer SAP-HANA-Datenbank passt, lesen Sie in SAP-Hinweis 2029252 (Kompatibilitätsinformationen für SAP HANA und SAP Operational Process Intelligence).

Mit diesem Add-On können Sie dann Business-Szenarien und SAP-HANA-Workflows modellieren, sowie bestehende Business-Szenarien aus anderen Systemen importieren. Hierfür sollte Ihr Administrator die entsprechende Archivdatei auf dem Server hinterlegt haben, so dass das Sie das Add-On über die Update-Site in Ihr lokales SAP HANA Studio herunterladen und installieren können.

Um das vom Administrator bereitgestellte Add-on zu installieren, öffnen Sie das SAP HANA Studio und gehen Sie auf **Help • Install New Software** und wählen dort **Add**. Legen Sie nun eine neue Updatesite an, indem Sie folgenden Endpunkt anlegen: *http://<host>:80<instance_number>/sap/opi/updatesite*. Gehen Sie auf **Archive** und wählen Sie die vom Administrator bereitgestellt Datei OPIDESIGNTIME09.zip.

Add-on SAP Operational Process Intelligence

Sollte das entsprechende Add-on Ihnen nicht auf dem Server zu Verfügung stehen, können Sie sich das Add-on auch alternativ vom SAP Service Marketplace herunterladen und direkt über den Wizard lokal installieren.

Beenden Sie den Wizard und schließen Sie Installation ab. Nach einem Neustart ist das Add-On aktiv und Sie können mit der Modellierung beginnen.

18.4.1 SAP BPM importieren

Um den SAP-BPM-Prozess aus SAP Process Orchestration für eine Modellierung zu importieren, müssen Sie zu Beginn die SAP-BPM-Komponente als Suchquelle in den Voreinstellungen des SAP HANA Studios angeben. Starten Sie das SAP HANA Studio, öffnen Sie den Menüpunkt **Fenster • Präferenzen**, suchen Sie dort den Eintrag **Search Destinations**, und geben Sie den Endpunkt für das SAP BPM an (siehe Abbildung 18.2).

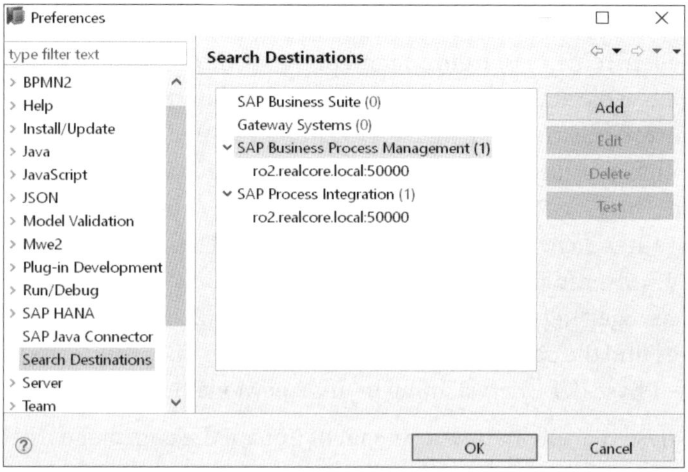

Abbildung 18.2 Anbindung von SAP BPM

Rufen Sie anschließend die SAP-HANA-Development-Perspektive auf und legen Sie ein neues SAP-Operational-Process-Intelligence-Projekt über **File • New • New Project** an. Um mit der Modellierung zu beginnen, können Sie nun ein BPM importieren. Öffnen Sie die Suchansicht über **Window • Show View • Other • Search Console** und wählen Sie im Pull-Down-Menü **Search for** die Auswahl **Business Process**. Anschließend geben im Sie Feld **Find** eine *Wildcard* ein und Sie erhalten im Ergebnisfenster auf der rechten Seite eine Auswahl der Ihnen zur Verfügung stehenden SAP-BPM-Prozesse. Ziehen Sie einen gewünschten Prozess in den Editor und beginnen Sie mit der Modellierung bzw. mit der Anlage der gewünschten Phasen (siehe Abbildung 18.3).

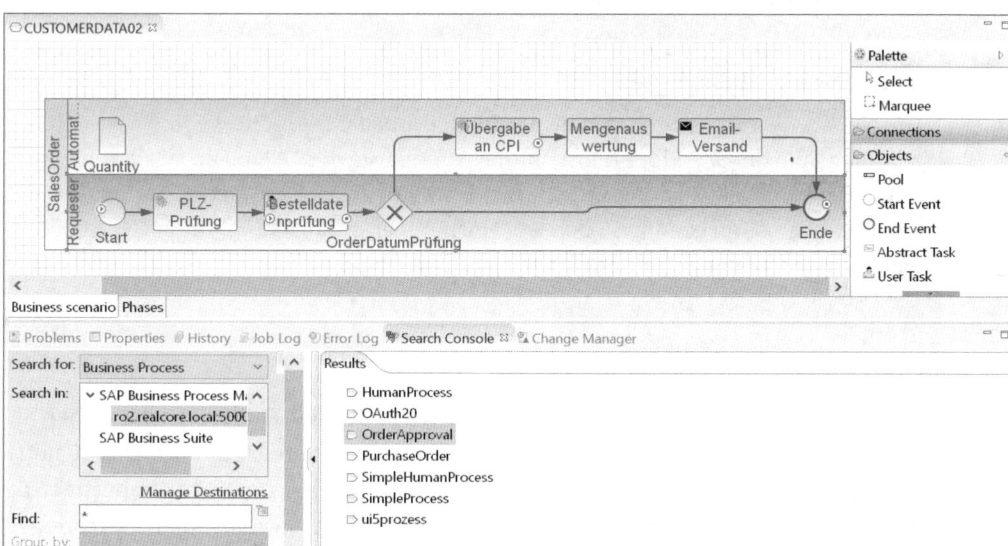

Abbildung 18.3 SAP BPM in Editor importieren

18.4.2 Definition einer Phase

Die Phasen, oder auch Meilensteine, fassen ein oder mehrere Schritte eines Geschäftsprozesses zu einer Gruppe zusammen. Eine solche Phase repräsentiert einen Ausschnitt aus einem Gesamtprozess, der für eine Überwachung von Bedeutung ist. Die gruppierten Schritte können aus automatisierten Aktionen oder auch aus menschliche Interaktion bestehen. Um eine Phase zu definieren, müssen Sie ein Ereignis aus dem Prozess wählen. Sie sollten sich im Vorfeld überlegen, welche Daten für eine Auswertung sinnvoll sind. Für unseren fiktiven Bestellprozess, ist es beispielweise wichtig, dass Ware innerhalb weniger Tagen wieder verfügbar ist. Deshalb ist eine schnelle Bearbeitung des Auftrages und die daraus resultierende Bestellung im Fokus unseres Prozesses und somit eine Phase der Überwachung in unserer Modellierung.

In der Realität wird sich dieser beispielhafte Prozess nicht nur auf die eine hier dargestellte Phase beschränken, sondern höchstwahrscheinlich um weitere Phasen, wie z. B. eine Rechnungsabwicklung, erweitert werden müssen.

Neben den Durchlaufzeiten sind für eine bessere Recherche und Analyse sicherlich weitere Detaildaten aus der Bestellung interessant. Kommt es zu zeitlichen Überschreitungen im Prozess, ist es zusätzlich zu den Kennzahlen hilfreich, per Drill-Down in den Prozess zu navigieren, um Detailinformationen wie Artikel und Bestellmenge zu erhalten. Damit Sie diese Informationen abrufen können, müssen bereits in der BPM-Modellierung Reportingschritte implementiert werden. Die Reportingschritte schreiben die relevanten Attribute zur Laufzeit in die Datenbank und werden anschließend nach SAP HANA repliziert. In der Geschäftsprozessanalyse stehen sie später als Filterkriterien und Detailinformationen bei der Navigation per Drill-Down in der Web-Oberfläche zur Verfügung.

[»]

Integration Visibillity

Für die Auswertung schnittstellenspezifischer Inhaltsinformation von Nachrichten zur Laufzeit in der SAP Process Integration, können Sie in SAP Process Integration die Integration Visibillity konfigurieren (siehe Abschnitt 16.3.2, »Konfiguration«). Die Daten werden dann ebenfalls nach SAP HANA repliziert und stehen in SAP Operational Process Intelligence für Detailanalysen zur Verfügung.

Phasen definieren

Um Phasen zu definieren, wechseln Sie im Editor in den Reiter **Phasen** und ziehen Sie das gleichnamige Objekt aus der im rechten Bildschirmbereich befindlichen Palette **Standard Shapes** in den Editor. Hier können Sie nun über die Sicht **Properties**, die notwendigen Einstellungen wie Start und End Ereignis der jeweiligen Phase festlegen (siehe Abbildung 18.4).

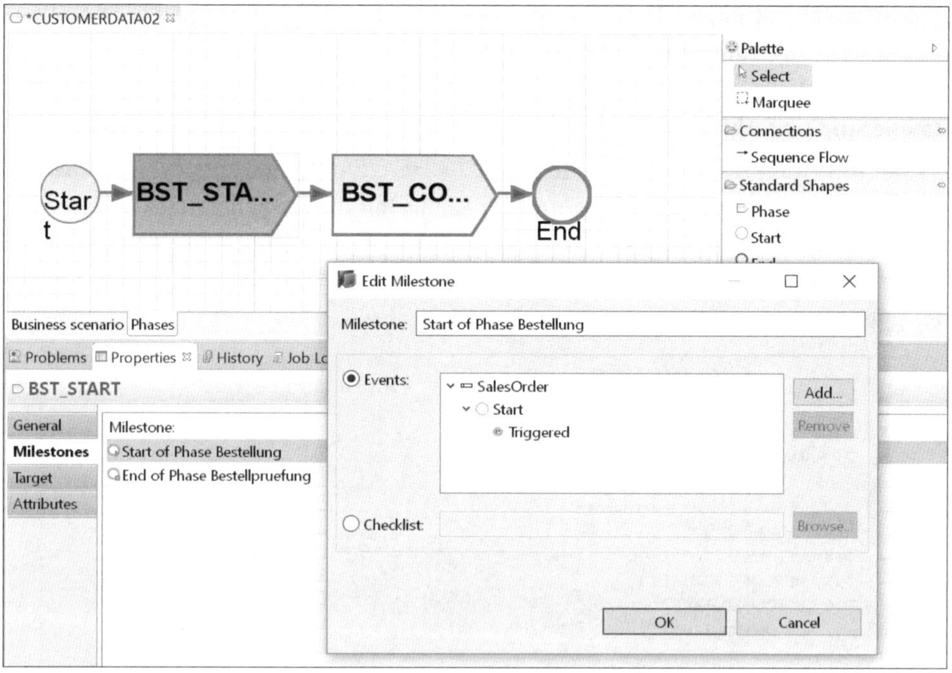

Abbildung 18.4 Start- und Endeereignisse einer Phase definieren

Kennzahlen definieren

Neben allgemeinen Information, wie dem Abschluss einer Phase, kann auch die Definition von Schwellenwerten aufschlussreich sein. Die Festlegung von Kennzahlen sind eine Voraussetzung für die Auswertungen eines Geschäftsprozesses, auf Basis derer Sie Prozesse verbessern und Engpässe frühzeitig erkennen können. Daraus resultierend können Sie Gegenmaßnahem für eine Steigerung der Qualität einzuleiten. Sie haben hier folgenden Möglichkeiten:

- **Zähler**
  Fügen Sie einen Zähler ein, um zu analysieren, wie oft ein bestimmtes Ereignis in Ihre Szenario aufgetreten ist.
- **Dauer**
  Definieren Sie einen Zeitraum zwischen zwei Ereignissen, um die Dauer eines Prozesses zu überwachen.

Anhand dieser Kennzahlen können Sie anschließend verschiedene Schwellenwerte in ihrem Geschäftsprozess definieren. Diese Schwellenwerte können Sie nutzen, um sich z. B. automatisch bei einer erfolgten Überschreitung informieren zu lassen oder gegebenenfalls rechtzeitig über eine negative Tendenz benachrichtigt zu werden. Darüber hinaus ermögliche die Indikatoren, dass andere Anwender später in der Prozessüberwachung eigene Indikatoren setzen, um sich ebenfalls individuell bei Über- oder Unterschreitung eines Schwellenwertes informieren zu lassen.

Validierung und Aktivierung

Da Sie nun einen rudimentären Prozess in Phasen und Kennzahlen definiert haben, können Sie nun eine Validierung und im Erfolgsfall die anschließende Aktivierung durchführen. Wählen Sie ihr Geschäftsszenario aus und generieren Sie es für eine Auslieferung auf Ihre SAP-Operational-Process-Intelligence-Installation (siehe Abbildung 18.5).

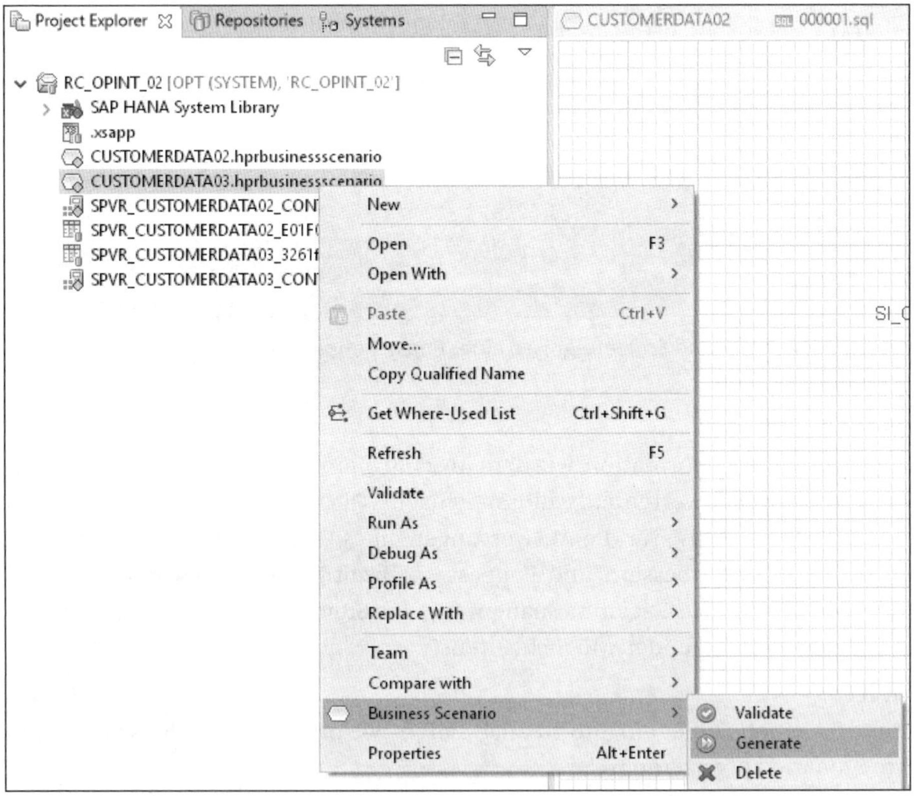

Abbildung 18.5 Geschäftsszenario generieren

Wenn Ihr Prozess nun erfolgreich auf dem Server ausgeliefert wurde, können Sie in die Weboberfläche Ihres Arbeitsbereiches wechseln und die Überwachung Ihres Prozesses aufnehmen.

18.5 Überwachung

Der Arbeitsbereiche für die Endanwender ist nun auch im ansprechendem Design für mobile Endgeräte konzipiert und unter dem Namen *Space.me* bekannt. Space.me folgt dem SAP-Fiori-Design-Paradigma und ist mit seinem ansprechenden Design für unterschiedliche Bildschirmauflösungen optimiert. Deshalb ist auch die Anwendung auf mobilen Geräte mit niedriger Auflösung unproblematisch.

Hier können Sie nun die Geschäftsprozesse in Echtzeit verfolgen, bestimmte Prozessinstanzen suchen und filtern, Indikatoren auswerten, analysierende Maßnahmen durchführen und Prognosen erstellen. Schlussfolgern Sie, ob eine Geschäftsprozess pünktlich abgeschlossen sein wird oder ob sich dieser auf einem kritischen Pfad befindet. Die kontinuierliche Echtzeitanalyse ermöglicht Ihnen, ein schnelles frühzeitiges und schnelles Eingreifen und einen reibungslosen Geschäftsbetrieb sicherzustellen. Das integrierte Aufgabenmanagement bietet Ihnen zudem noch verschiedene Möglichkeiten, Maßnahmen zu ergreifen und Aufgaben zu bearbeiten bzw. zu delegieren.

Um den Überblick zu behalten, bieten sich Ihnen drei verschiedene Sichten an.

- **Persönlicher Arbeitsplatz**
  Dieser zeigt alle Benachrichtigungen an, die Sie abonniert haben, sowie die Aufgaben, an denen Sie beteiligt sind.
- **Anforderungs-Ansicht**
  In dieser Ansicht werden alle von Ihnen abonnierten Geschäftsprozesse angezeigt.
- **Geschäftsprozess-Ansicht**
  Hier finden Sie eine allgemeine Übersicht mit verschiedenen Kennzahlen über all Ihre Geschäftsprozesse. Die Anzeige der verschiedenen Kennzahlen präsentiert sich im Kacheldesign und ermöglicht Ihnen, wie bereits gewohnt, einen farblich hervorgehobenen schnellen Überblick (siehe Abbildung 18.6).

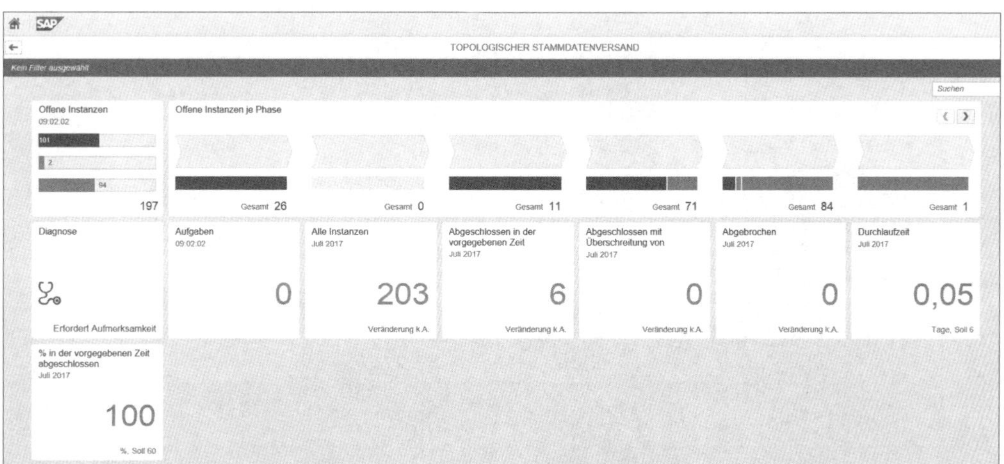

Abbildung 18.6 Geschäftsprozess Ansicht

Darüber hinaus bietet die Sicht den Einstieg für zwei Arten der Vorwärtsnavigation zu detaillierteren Information in Echtzeit an.

- Drilldown auf Details einer bestimmten Anfrage oder Geschäftsprozess Instanz
- Drilldown auf die Details zu einer bestimmten Kennzahl oder einem bestimmten Indikator

Die Echtzeitnavigation bietet ihnen so die Möglichkeit schnell zu reagieren und Engpässe zu vermeiden.

Anhang

In Listing A.1 finden Sie die XML-Beispielnachricht aus Abschnitt 6.4.2, Unterabschnitt »Kontext und Kontextwechsel«.

```
<?xml version="1.0" encoding="UTF-8"?>
<ns0:RLC_MT_Bahnticketing xmlns:ns0="urn:realcore.de/Schulung/Block1/User00">
      <BookingID>ABCD1234</BookingID>
      <ReisendePerson Pos="10">
            <Stammdaten>
                  <Anrede>Herr</Anrede>
                  <Nachname>Mustermann</Nachname>
                  <Vorname>Michael</Vorname>
                  <Geburtstag>01.01.1970</Geburtstag>
                  <Strasse>DerNameEinerVielZuLangenStrasseDerenAnzahlZeichenDi
e60BeiWeitemÜbersteigt</Strasse>
                  <Hausnummer>123</Hausnummer>
                  <Postleitzahl>12345</Postleitzahl>
                  <Ort>Musterort</Ort>
                  <Land>Deutschland</Land>
                  <Email>Michael.Mustermann@testemail.de</Email>
            </Stammdaten>
            <Klauseln>
                  <Datenschutzklausel>1</Datenschutzklausel>
                  <Marketingklausel>-1</Marketingklausel>
                  <AGB>1</AGB>
            </Klauseln>
            <Zahlungsmethode>
                  <Kreditkarte>
                        <Kartennummer>1234234534564567</Kartennummer>
                        <Type>Visa</Type>
                  </Kreditkarte>
            </Zahlungsmethode>
            <Reise>
                  <Von>Frankfurt</Von>
                  <Bis>Köln</Bis>
                  <Preis>100€</Preis>
                  <Rabatt>-1</Rabatt>
                  <Datum>21.10.2014</Datum>
```

```
            <Rueckfahrt>1</Rueckfahrt>
            <RDatum>22.10.2014</RDatum>
            <Sitzplatz>15A</Sitzplatz>
            <RSitzplatz>15A</RSitzplatz>
        </Reise>
    </ReisendePerson>
    <ReisendePerson Pos="20">
        <Stammdaten>
            <Anrede>Frau</Anrede>
            <Nachname>Mustermann</Nachname>
            <Vorname>Stefanie</Vorname>
            <Geburtstag>25.06.1975</Geburtstag>
            <Strasse>Musterstr.</Strasse>
            <Hausnummer>123</Hausnummer>
            <Postleitzahl>12345</Postleitzahl>
            <Ort>Musterort</Ort>
            <Land>Deutschland</Land>
            <Email>Stefanie.Mustermann@testemail.de</Email>
        </Stammdaten>
        <Klauseln>
            <Datenschutzklausel>1</Datenschutzklausel>
            <Marketingklausel>-1</Marketingklausel>
            <AGB>1</AGB>
        </Klauseln>
        <Reise>
            <Von>Frankfurt</Von>
            <Bis>Köln</Bis>
            <Preis>100€</Preis>
            <Rabatt>-1</Rabatt>
            <Datum>21.10.2014</Datum>
            <Rueckfahrt>1</Rueckfahrt>
            <RDatum>22.10.2014</RDatum>
            <Sitzplatz>15B</Sitzplatz>
            <RSitzplatz>15B</RSitzplatz>
        </Reise>
    </ReisendePerson>
    <ReisendePerson Pos="30">
        <Stammdaten>
            <Anrede>Frau</Anrede>
            <Nachname>Mustermann</Nachname>
            <Vorname>Adelheid</Vorname>
            <Geburtstag>05.03.1940</Geburtstag>
            <Strasse>Musterstr.</Strasse>
```

```
            <Hausnummer>123</Hausnummer>
            <Postleitzahl>12345</Postleitzahl>
            <Ort>Musterort</Ort>
            <Land>Deutschland</Land>
            <Email>Michael.Mustermann@testemail.de</Email>
        </Stammdaten>
        <Klauseln>
            <Datenschutzklausel>1</Datenschutzklausel>
            <Marketingklausel>1</Marketingklausel>
            <AGB>1</AGB>
        </Klauseln>
        <Reise>
            <Von>Frankfurt</Von>
            <Bis>Köln</Bis>
            <Preis>100€</Preis>
            <Rabatt>Senior</Rabatt>
            <Datum>21.10.2014</Datum>
            <Rueckfahrt>1</Rueckfahrt>
            <RDatum>22.10.2014</RDatum>
            <Sitzplatz>15C</Sitzplatz>
            <RSitzplatz>15C</RSitzplatz>
        </Reise>
    </ReisendePerson>
    <ReisendePerson Pos="40">
        <Stammdaten>
            <Anrede>Herr</Anrede>
            <Nachname>Mustermann</Nachname>
            <Vorname>Tim</Vorname>
            <Geburtstag>05.04.2000</Geburtstag>
            <Strasse>Musterstr.</Strasse>
            <Hausnummer>123</Hausnummer>
            <Postleitzahl>12345</Postleitzahl>
            <Ort>Musterort</Ort>
            <Land>Deutschland</Land>
            <Email>Michael.Mustermann@testemail.de</Email>
        </Stammdaten>
        <Klauseln>
            <Datenschutzklausel>1</Datenschutzklausel>
            <Marketingklausel>-1</Marketingklausel>
            <AGB>1</AGB>
        </Klauseln>
        <Reise>
            <Von>Frankfurt</Von>
```

```
            <Bis>Köln</Bis>
            <Preis>100€</Preis>
            <Rabatt>Schüler</Rabatt>
            <Datum>21.10.2014</Datum>
            <Rueckfahrt>1</Rueckfahrt>
            <RDatum>22.10.2014</RDatum>
            <Sitzplatz>15C</Sitzplatz>
            <RSitzplatz>15C</RSitzplatz>
        </Reise>
    </ReisendePerson>
</ns0:RLC_MT_Bahnticketing>
```

Listing A.1 XML-Beispielnachricht

Die Autoren

Marcus Banner ist Mitgründer und Vorsitzender Geschäftsführer der RealCore Group. Er ist in der 180 Mitarbeiter starken Firmengruppe unter anderem für den technischen Produkt- und Innovations-Lab verantwortlich und treibt in dieser Funktion die Beschäftigung mit den neuesten Themen der Branche voran. Marcus Banner begleitet seit über 20 Jahren SAP-Einführungen und -Projekte. Nach seinen Anfängen als CO-Berater wechselte er in den Entwicklungs- und Technologiesektor und war mehrere Jahre bei der Itellium Systems & Services GmbH (der ehemaligen IT von KarstadtQuelle) für das zentrale SAP-Technologieteam verantwortlich, das er mit aufgebaut hat. Seine ersten Erfahrungen mit SAP NetWeaver konnte er bereits in der Ramp-up-Phase der ersten Version bei der KarstadtQuelle AG sammeln. Seitdem erweiterte er sein Wissen zu den Komponenten der horizontalen und vertikalen Integration in zahlreichen Projekten als Berater und Projektleiter (SAP Process Orchestration/SAP Process Integration, SAP-Portale, SAP Cloud Platform, SAP Hybris as a Service, SAP HANA, SAPUI5/SAP Fiori etc.).

Olaf Glebsattel ist Diplom-Informatiker und leitet bei der RealCore Group den Unternehmensbereich SAP Process Integration & Technology. Seit den 1990iger Jahren war er als Java-Anwendungsentwickler tätig und konzentrierte sich seit 2007 auf den Bereich der Integration mit Schwerpunkt SAP Process Integration/SAP Process Orchestration. In der Vergangenheit betreute und verantwortete er konzerneigene SAP-PI/PO-Systeme im Regelbetrieb und war als Berater der RealCore Group in zahlreichen Kundenprojekten tätig. In seiner Funktion als Team Lead baut er heute das SAP-PI/PO-Team aus und ist auch als Projektleiter tätig. Darüber hinaus ist er in seiner Funktion als Prokurist für organisatorische Themen innerhalb der Firmengruppe zuständig.

Raffael Herrmann arbeitet als SAP-zertifizierter Berater für die RealCore Group für Kunden unterschiedlichster Branchen. Nach Abschluss seiner Ausbildung fand er recht schnell zu seinem Schwerpunkt im Bereich SAP Process Integration/SAP Process Orchestration, in dem er sich noch heute bewegt. Neben seiner Beratertätigkeit absolvierte er den Bachelor in Wirtschaftsinformatik und strebt derzeit nebenberuflich einen Master in IT-Management an.

Abdeljalil Labrache arbeitet als SAP-zertifizierter Berater bei der RealCore Group. Seine Schwerpunkte liegen in den Bereichen serviceorientierte Architektur, Business Process Management, Integration und SAP-NetWeaver-Technologien. Er startete im Jahr 2007 mit SAP NetWeaver Exchange Infrastructure XI 3.0 und hat im Anschluss mit allen SAP-Process-Integration-/SAP-Process-Orchestration-Releases gearbeitet. Während seines Studiums hat er sich mit Prozessmodellierung und SAP beschäftigt. Seinen Master machte er 2009 im Fach Information Systems.

Christian Niermann arbeitet als SAP-zertifizierter Berater für die RealCore Group. Durch sein Studium der Angewandten Informatik sammelte er als Java-Entwickler bereits früh umfassende Erfahrungen in den Bereichen Software-Engineering und Development. Im Rahmen seines weiterführenden nebenberuflichen Studiums der Wirtschaftsinformatik spezialisierte er sich auf das Modul SAP Process Integration/SAP Process Orchestration. Er betreut seit Jahren erfolgreich Kunden in den Schwerpunkten Architektur, Entwicklung und Migration. Durch seine Expertise und langjährige Erfahrung konnten unter seiner Teamleitung bereits zahlreiche Projekte mit Erfolg abgeschlossen werden.

Index

H

I

J

K

L

M

N

O

P

Q

R

S

T

U

V

W